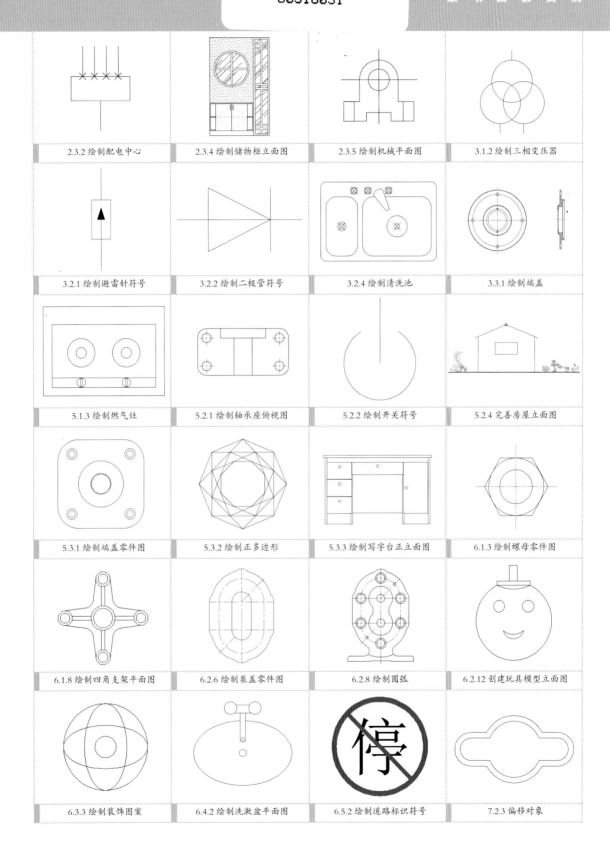

2.3.2 绘制配电中心	2.3.4 绘制储物柜立面图	2.3.5 绘制机械平面图	3.1.2 绘制三相变压器
3.2.1 绘制避雷针符号	3.2.2 绘制二极管符号	3.2.4 绘制清洗池	3.3.1 绘制端盖
5.1.3 绘制燃气灶	5.2.1 绘制轴承座俯视图	5.2.2 绘制开关符号	5.2.4 完善房屋立面图
5.3.1 绘制端盖零件图	5.3.2 绘制正多边形	5.3.3 绘制写字台正立面图	6.1.3 绘制螺母零件图
6.1.8 绘制四角支架平面图	6.2.6 绘制泵盖零件图	6.2.8 绘制圆弧	6.2.12 创建玩具模型立面图
6.3.3 绘制装饰图案	6.4.2 绘制洗漱盆平面图	6.5.2 绘制道路标识符号	7.2.3 偏移对象

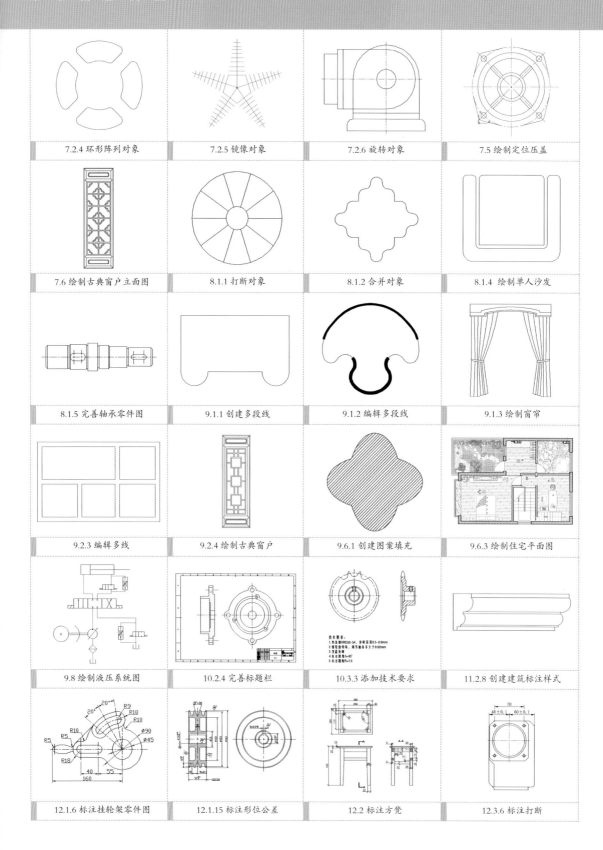

7.2.4 环形阵列对象	7.2.5 镜像对象	7.2.6 旋转对象	7.5 绘制定位压盖
7.6 绘制古典窗户立面图	8.1.1 打断对象	8.1.2 合并对象	8.1.4 绘制单人沙发
8.1.5 完善轴承零件图	9.1.1 创建多段线	9.1.2 编辑多段线	9.1.3 绘制窗帘
9.2.3 编辑多线	9.2.4 绘制古典窗户	9.6.1 创建图案填充	9.6.3 绘制住宅平面图
9.8 绘制液压系统图	10.2.4 完善标题栏	10.3.3 添加技术要求	11.2.8 创建建筑标注样式
12.1.6 标注挂轮架零件图	12.1.15 标注形位公差	12.2 标注方凳	12.3.6 标注打断

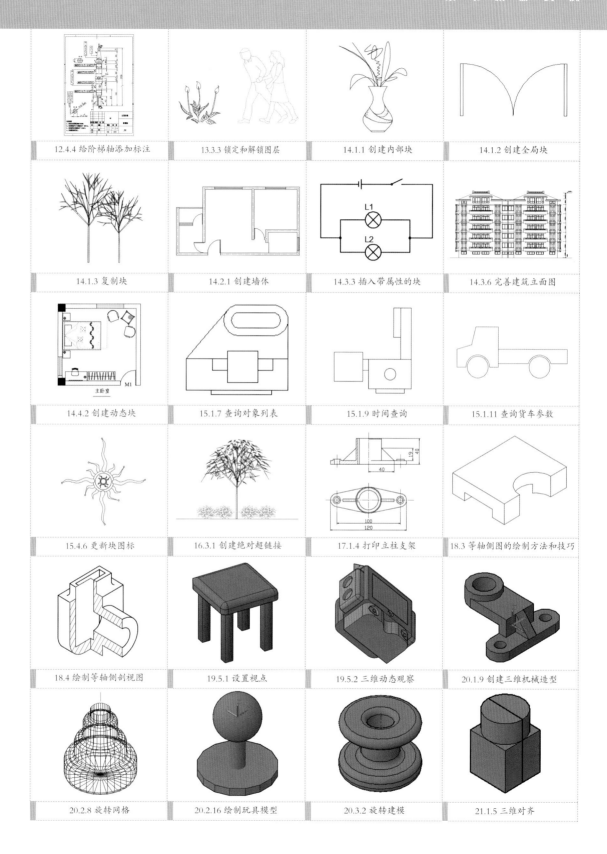

12.4.4 给阶梯轴添加标注	13.3.3 锁定和解锁图层	14.1.1 创建内部块	14.1.2 创建全局块
14.1.3 复制块	14.2.1 创建墙体	14.3.3 插入带属性的块	14.3.6 完善建筑立面图
14.4.2 创建动态块	15.1.7 查询对象列表	15.1.9 时间查询	15.1.11 查询货车参数
15.4.6 更新块图标	16.3.1 创建绝对超链接	17.1.4 打印立柱支架	18.3 等轴侧图的绘制方法和技巧
18.4 绘制等轴侧剖视图	19.5.1 设置视点	19.5.2 三维动态观察	20.1.9 创建三维机械造型
20.2.8 旋转网格	20.2.16 绘制玩具模型	20.3.2 旋转建模	21.1.5 三维对齐

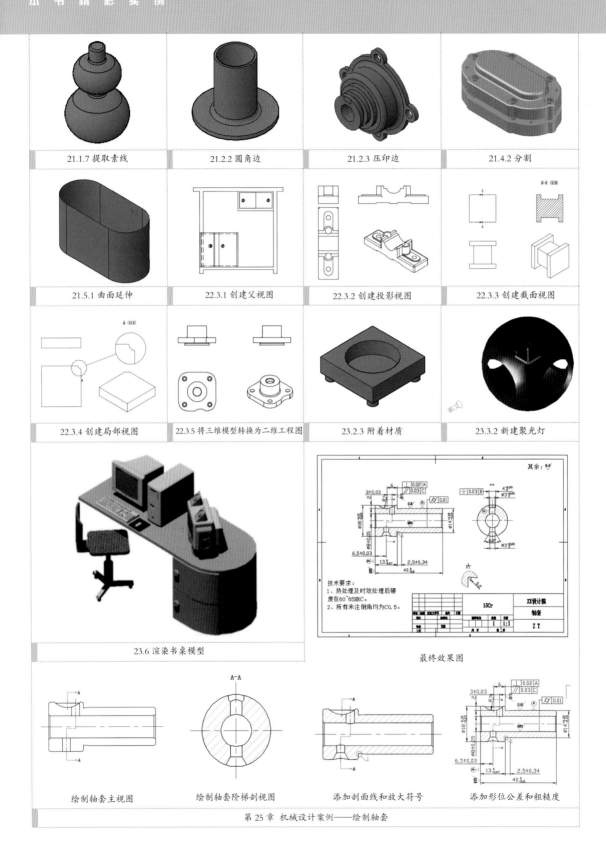

21.1.7 提取素线

21.2.2 圆角边

21.2.3 压印边

21.4.2 分割

21.5.1 曲面延伸

22.3.1 创建父视图

22.3.2 创建投影视图

22.3.3 创建截面视图

22.3.4 创建局部视图

22.3.5 将三维模型转换为二维工程图

23.2.3 附着材质

23.3.2 新建聚光灯

23.6 渲染书桌模型

最终效果图

绘制轴套主视图

绘制轴套阶梯剖视图

添加剖面线和放大符号

添加形位公差和粗糙度

第 25 章 机械设计案例——绘制轴套

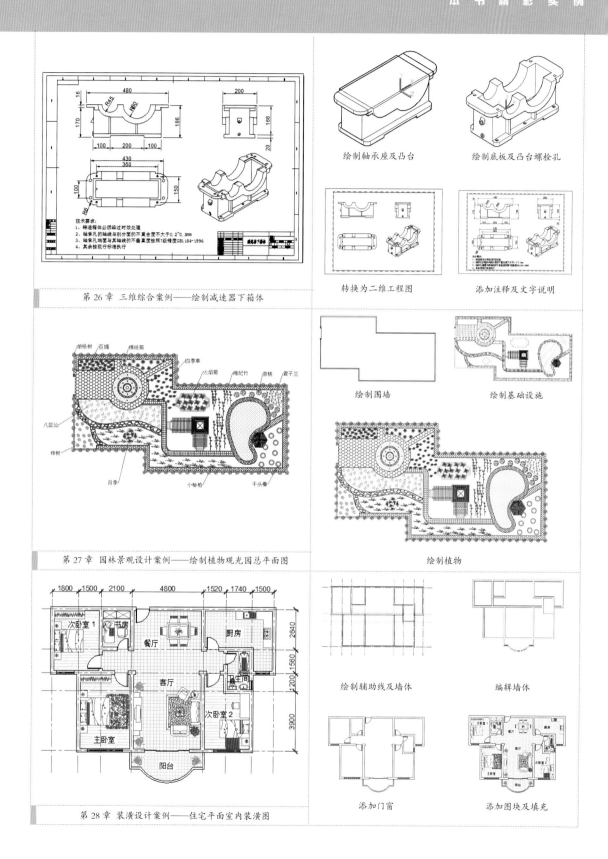

第26章 三维综合案例——绘制减速器下箱体

绘制轴承座及凸台

绘制底板及凸台螺栓孔

转换为二维工程图

添加注释及文字说明

第27章 园林景观设计案例——绘制植物观光园总平面图

绘制围墙

绘制基础设施

绘制植物

第28章 装潢设计案例——住宅平面室内装潢图

绘制辅助线及墙体

编辑墙体

添加门窗

添加图块及填充

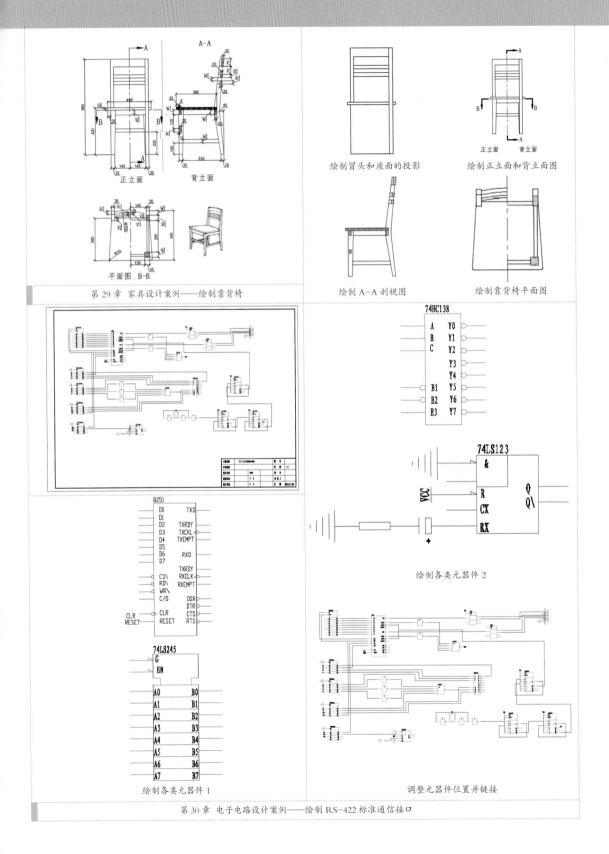

第 29 章　家具设计案例——绘制靠背椅

第 30 章　电子电路设计案例——绘制 RS-422 标准通信接口

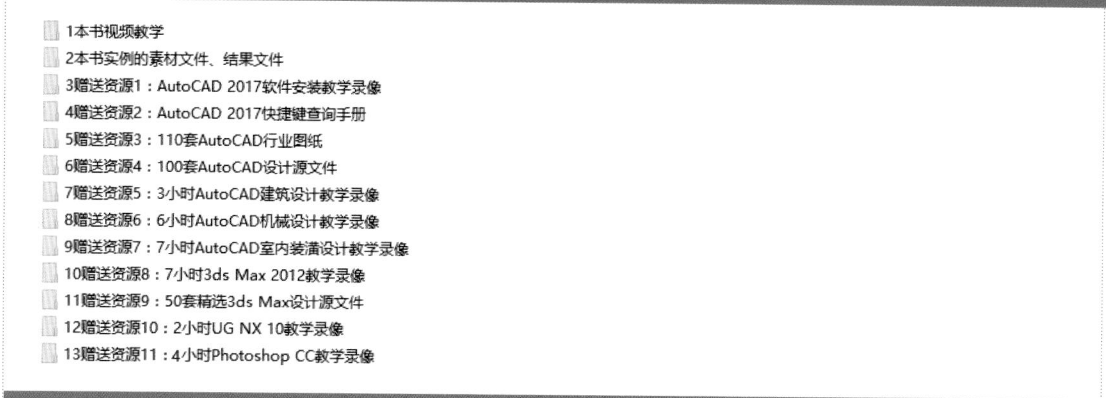

- 1 本书视频教学
- 2 本书实例的素材文件、结果文件
- 3 赠送资源1：AutoCAD 2017软件安装教学录像
- 4 赠送资源2：AutoCAD 2017快捷键查询手册
- 5 赠送资源3：110套AutoCAD行业图纸
- 6 赠送资源4：100套AutoCAD设计源文件
- 7 赠送资源5：3小时AutoCAD建筑设计教学录像
- 8 赠送资源6：6小时AutoCAD机械设计教学录像
- 9 赠送资源7：7小时AutoCAD室内装潢设计教学录像
- 10 赠送资源8：7小时3ds Max 2012教学录像
- 11 赠送资源9：50套精选3ds Max设计源文件
- 12 赠送资源10：2小时UG NX 10教学录像
- 13 赠送资源11：4小时Photoshop CC教学录像

本书光盘内容

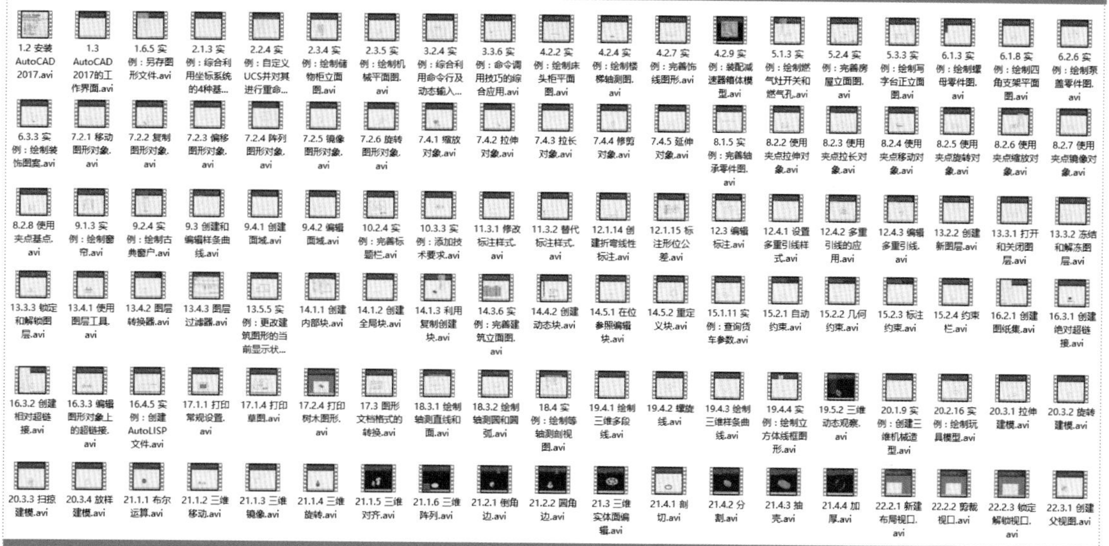

22 小时案例同步教学视频

本书实例的素材文件、结果文件

RS-422标准通信接口电路图.dwg
按钮开关.dwg
办公楼平面图.dwg
插头和插座.dwg
厨房平面图.dwg
厨卫大 (20个) .dwg
窗帘及其它 (18个) .dwg
大厅平面图.dwg
单相他式整流电路.dwg
灯具副 (36个) .dwg
凳子立面图 (20个) .dwg
电动机.dwg
电动机正反转电气控制图.dwg
电感.dwg
电桥线.dwg
电疗仪电路图.dwg
电桥.dwg
电容.dwg
电容三维元件.dwg
电阻.dwg
二极管.dwg
二室二厅平面图.dwg
发光二极管.dwg
反馈电路图.dwg
户型介绍平面图.dwg
机床工作台的往返循环控制电路图.dwg
机械育台.dwg
机械接口侧视图.dwg
机械接口三维视图.dwg

机械零部件4.dwg
机械零部件5.dwg
机械零部件6.dwg
机械零部件7.dwg
机械零部件8.dwg
机械零部件9.dwg
机械零部件10.dwg
机械零部件11.dwg
机械零部件12.dwg
机械零部件13.dwg
机械零部件14.dwg
机械零部件15.dwg
机械零部件16.dwg
机械零部件17.dwg
机械零部件18.dwg
机械零部件19.dwg
机械零部件20.dwg
继电器.dwg
继电器控制.dwg
家具副 (36个) .dwg
家用电器件 (12个) .dwg
家家庭控制电气控制.dwg
节点图 (4个) .dwg
结构图 (2个) .dwg
进门新厨房图.dwg
酒店平面图2.dwg
立面图1.dwg
立面图2.dwg
立面图3.dwg

立面图8.dwg
立面图9.dwg
立面图10.dwg
立面图11.dwg
门立面图集 (20个) .dwg
平面天花布置图.dwg
剖面图 (3个) .dwg
启动器.dwg
三角集成晶压器的绘制.dwg
三维图.dwg
三室二厅二卫平面图.dwg
射极偶置电路图.dwg
室内电气图系统图.dwg
室内平面布置图1.dwg
室内平面布置图2.dwg
手机侧视图.dwg
手机顶视图.dwg
手机正视图.dwg
数字电子电路图.dwg
双幅设置图.dwg
顺序控制电气控制图.dwg
图表1.dwg
图表2.dwg
图表3.dwg
图表4.dwg
卫生间平面图.dwg
五柱联联系压整流电路图.dwg
香水瓶侧视图.dwg
香水瓶正视图.dwg

拨叉零件图.dwg
餐椅平面图.dwg
齿轮.dwg
大衣柜平面图.dwg
单人床平面图.dwg
电视机平面图.dwg
电视机平面图.dwg
垫片.dwg
定位销.dwg
房间插座布置图.dwg
房间地面布置图.dwg
房间平面布置图.dwg
房间天花布置图.dwg
房间原始结构图.dwg
工艺桌平面图.dwg
滚动轴承.dwg
弧形台阶.dwg
花瓶.dwg
洗涤池.dwg
酒杯.dwg
酒瓶.dwg
矩形台阶.dwg
空调.dwg
老板椅平面图.dwg
轴套零件图.dwg
立面大衣柜.dwg

立面电脑桌.dwg
立面电视柜.dwg
立面电视机.dwg
立面干枝.dwg
立面门.dwg
立面显示器.dwg
立面写字台.dwg
立面饮水机.dwg
楼梯透视图.dwg
螺栓.dwg
欧式罗马柱.dwg
平面植物.dwg
沙发平面图.dwg
双人床平面图.dwg
水果盘.dwg
五角星.dwg
洗衣机平面图.dwg
烟灰缸.dwg
圆形花盆.dwg
轴零件图.dwg
轴套的等轴测图.dwg
装饰图.dwg

办公桌.max
笔记本电脑.max
冰激凌.max
冰块.max
茶几.max
窗帘.max
床.max
灯笼.max
电视柜.max
电机.max
电影效果.max
吊灯.max
废纸篓.max
花.max
花瓶.max
花坛.max
会议桌.max
酒杯.max
橘子.max
可乐瓶.max
空调.max
篮球.max

牵牛花.max
沙发.max
书柜.max
水果盘.max
水龙头.max
水蜜桃.max
台灯.max
台球桌.max
铁艺.max
筒灯.max
弯曲楼梯.max
吸顶灯.max
香蕉.max
象棋.max
休闲椅.max
雪山.max
鸭梨.max
烟灰缸与烟.max
衣柜.max
饮水机.max
枕头.max
直角楼梯.max

赠送的行业图纸及设计源文件（光盘\赠送资源3、赠送资源4、赠送资源9）

01 合并咖啡杯到茶几.avi
02 导入CAD图纸.avi
03 对音箱进行简单编辑.avi
04 调整花摆放顺序.avi
05 调整轿车行驶方向.avi
06 创建各式各样的酒杯.avi
07 装配桌零件.avi
08 堆砌欧式建筑构件.avi
09 创建链条模型.avi
10 完善陈列饰品的摆放.avi
11 镜像及陈列木桌.avi
12 创建时尚书柜.avi
13 创建沙发模型.avi
14 创建咖啡杯.avi
15 创建中式吊灯.avi
16 创建钻戒.avi
17 创建可曲的吸管.avi
18 创建茶几.avi
19 创建时尚吊灯.avi
20 创建翻折的杂志.avi

21 创建螺旋杆.avi
22 创建鸟笼模型.avi
23 创建齿轮模型.avi
24 创建烟灰缸模型.avi
25 创建轿车模型.avi
26 创建螺丝刀模型.avi
27 创建象棋模型.avi
28 创建螺钉模型.avi
29 创建骰子模型.avi
30 创建床模型.avi
31 创建床枕模型.avi
32 创建床模型.avi
33 创建汤勺模型.avi
34 创建床头灯模型.avi
35 创建标示牌模型.avi
36 创建特效文字模型.avi
37 创建纸扇模型.avi
38 创建山形模型.avi
39 创建山形模型.avi
40 创建仙人球模型.avi

41 创建电饭煲模型.avi
42 创建丝绸材质.avi
43 创建陶瓷材质.avi
44 创建金属材质.avi
45 创建玻璃材质.avi
46 创建苹果材质.avi
47 创建玉材质.avi
48 创建显示器材质.avi
49 创建塑料木材质.avi
50 创建枯木材质.avi
51 创建室内布光效果.avi
52 创建纷飞的图片动画.avi
53 创建卷轴动画.avi
54 创建弹簧球动画.avi
55 工业产品造型设计.avi
56 家具造型设计.avi
57 游戏动画设计.avi
58 影视广告片头设计.avi
59 室内装饰设计.avi
60 建筑设计.avi

1.1 Photoshop CC 的应用领域.avi
1.2 安装 Photoshop CC.avi
1.3 启动与退出 Photoshop CC.avi
1.4 Photoshop CC 的工作界面.avi
1.5 熟悉Photoshop的操作.avi
1.6 帮助资源.avi
2.1 像素与图像.avi
2.2 了解图像的类型.avi
2.3 新建文件.avi
2.4 打开文件.avi
2.5 存入文件.avi
2.6 关闭文件.avi
2.7 图像文件的打印.avi
2.8 综合实战——探讨的打印.avi
3.1 查看图像.avi
3.2 使用辅助工具查看图像.avi
3.3 制配置的.avi
3.4 修改图像的大小.avi
3.5 修改图像的大小.avi
3.6 图像的变换与变形.avi
3.7 Photoshop全新的透视扭曲.avi
3.8 恢复操作.avi
3.9 综合实战.avi
3.10 综合实战.avi
3.11 【举例】参考.avi
3.12 综合实战.avi
4.1 使用魔棒工具创建选区.avi
4.2 使用选区工具创建选区.avi
4.3 调整选区.avi

4.5 图像的颜色模式.avi
5.1 快速调整图像效果.avi
5.2 根据基调的明暗调整色彩.avi
5.3 【举例】图标.avi
5.4 综合实战.avi
6.1 综合实战——为图片填充背景.avi
6.2 使用面板.avi
6.3 用【润色】滤镜复制图像.avi
6.4 图层的操作.avi
6.5 设置图层的.avi
6.6 填充与调整图层.avi
6.7 用自动色彩处理图像.avi
7.1 矢量工具创建的钢笔.avi
7.2 了解路径选择.avi
7.3 钢笔工具.avi
7.4 形状工具组.avi
7.5 综合实战.avi
7.6 综合实战——手绘MP4.avi
8.1 创建文字的类型.avi
8.2 使用文字蒙版工具.avi
8.3 设置文字.avi
8.4 编辑文字.avi
8.5 创建路径文字.avi
8.6 创建变形文字.avi
9.1 通道的概念.avi
9.2 通道的.avi
9.3 使用通道创建特殊选区.avi

9.5 使用渐变做出效果.avi
9.6 综合实战——用渐变做作.avi
10.1 通道的.avi
10.2 【图层】.avi
10.3 通道的使用与.avi
10.4 滤镜与菜单.avi
10.5 滤镜抽象库.avi
10.6 综合实战.avi
10.7 综合实战.avi
10.8 滤镜效果.avi
10.9 综合实战——含属系统图标.avi
11.1 动作.avi
11.2 用自动化功能批.avi
11.3 使用动作.avi
11.4 任务自动化.avi
11.5 处理功能.avi
11.6 输出功能.avi
11.7 色的时的照片批处理混合图层.avi
11.8 综合实战——杯口广告.avi
12.1 【平面】设计.avi
12.2 通道的作品.avi
12.3 通道的设计.avi
12.4 综合实战.avi
12.6 综合实战——商业建筑广告.avi
13.1 矢量图.avi
13.2 模型的使用.avi
13.3 光效.avi
13.4 的应用.avi
13.5 图像的.avi

赠送的 3ds Max、UG NX、Photoshop CC 教学录像（光盘\赠送资源8、赠送资源10、赠送资源11）

拨叉零件图.avi | 餐桌椅平面图.avi | 齿轮平面图.avi | 大衣柜平面图.avi | 单人床平面图.avi | 电视柜平面图.avi | 电视机平面图.avi | 垫片.avi | 定位销.avi | 房间插座布置图.avi | 房间地面布置图.avi | 房间平面布置图.avi | 房间原始结构图.avi

滚动轴承.avi | 弧形台阶.avi | 绘制机械连接件.avi | 绘制轴套.avi | 绘制装饰平面图.avi | 绘制组合柜正立面图.avi | 机械部件设计.avi | 建筑模型-楼体.avi | 建筑模型图.avi | 矩形台阶.avi | 空调.avi | 老板椅平面图.avi | 离心泵体.avi

立面餐桌.avi | 立面大衣柜.avi | 立面电脑桌.avi | 立面电视柜.avi | 立面电视机.avi | 立面干枝.avi | 立面门.avi | 立面沙发.avi | 立面显示器.avi | 立面写字台.avi | 立面饮水机.avi | 立体组合柜立面图.avi | 楼梯透视.avi

螺栓.avi | 欧式罗马柱.avi | 平面植物.avi | 三维精体和排风管的绘制.avi | 沙发平面图.avi | 室内装饰设计.avi | 双人床平面图.avi | 洗涤池.avi | 洗衣机平面图.avi | 休闲椅平面图.avi | 液压动力滑台液压系统设计.avi | 轴零件图.avi | 轴套的等轴测图.avi

---

赠送的行业教学录像（光盘\赠送资源5、赠送资源6、赠送资源7）

扫描二维码，登录手机 APP，问同学，问专家，尽享海量资源

囊括丰富的电脑基础、电脑办公、图形图像、网站开发等多媒体资源
扩展学习，无师自通！

龙马高新教育 APP

AutoCAD 2017

中文版
完全自学手册

龙马高新教育 策划

教传艳 主编

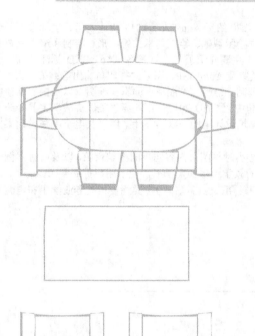

人民邮电出版社

北京

图书在版编目（CIP）数据

AutoCAD 2017中文版完全自学手册 / 教传艳主编
. -- 北京 : 人民邮电出版社，2017.5（2018.2重印）
ISBN 978-7-115-45126-2

Ⅰ. ①A… Ⅱ. ①教… Ⅲ. ①AutoCAD软件—手册
Ⅳ. ①TP391.72

中国版本图书馆CIP数据核字(2017)第047795号

内 容 提 要

本书以零基础讲解为宗旨，用实例引导读者学习，深入浅出地介绍了 AutoCAD 2017 的相关知识和应用方法。

全书分为 6 篇，共 30 章。第 1 篇"新手入门"主要介绍了 AutoCAD 2017 快速入门、坐标系以及命令的调用方式等；第 2 篇"二维图形"主要介绍了二维绘图基础、绘制基本二维图形、绘制和编辑复杂二维图形以及二维图形编辑操作等；第 3 篇"辅助绘图"主要介绍了文字与表格、AutoCAD 标注基础、创建与编辑标注、图层、图块、图形文件管理操作、图纸集及 AutoLISP、图纸的打印与输出等；第 4 篇"三维图形"主要介绍了绘制机械零件轴测图、三维建模基础、绘制三维图形、编辑三维图形以及由三维模型生成二维图等；第 5 篇"高级应用"主要介绍了渲染和中望 CAD 2017；第 6 篇"案例实战"主要介绍了机械设计案例、三维综合案例、园林景观设计案例、建筑设计案例、家具设计案例以及电子电路设计案例等，供读者巩固提高。

在本书附赠的 DVD 多媒体教学光盘中，包含了 22 小时与图书内容同步的教学录像，以及所有案例的配套素材和结果文件。此外，还赠送了大量相关内容的教学录像和电子书，便于用户扩展学习。

本书不仅适合 AutoCAD 2017 的初、中级用户学习使用，也可以作为各类院校相关专业学生和电脑培训班学员的教材或辅导用书。

◆ 策　　划　龙马高新教育
　　主　　编　教传艳
　　责任编辑　马雪伶
　　责任印制　彭志环

◆ 人民邮电出版社出版发行　　北京市丰台区成寿寺路 11 号
　　邮编　100164　　电子邮件　315@ptpress.com.cn
　　网址　http://www.ptpress.com.cn
　　固安县铭成印刷有限公司印刷

◆ 开本：787×1092　1/16
　　印张：44　　　　　　　　　彩插：4
　　字数：1 123 千字　　　　　2017 年 5 月第 1 版
　　印数：3 601－4 200 册　　　2018 年 2 月河北第 4 次印刷

定价：99.00 元（附光盘）

读者服务热线：**(010)81055410**　印装质量热线：**(010)81055316**
反盗版热线：**(010)81055315**
广告经营许可证：**京东工商广登字 20170147 号**

AutoCAD是Autodesk公司推出的一款著名的计算机辅助设计软件，被广泛地应用于机械设计、建筑设计、室内装饰设计、电子设计和服装设计等领域，具有易于掌握、使用方便、体系结构开放等优点。本书以软件功能为主线，从实用的角度出发，结合大量实际应用案例，介绍了AutoCAD 2017的几乎全部功能、使用方法与技巧，旨在帮助读者全面、系统地掌握AutoCAD在二维图形绘制、三维图形绘制、图像渲染与输出等方面的技术。

◎ 本书特色

≫ 从零开始，完全自学

本书内容编排由浅入深，无论读者是否从事辅助设计相关行业，是否使用过AutoCAD，都能从本书中找到最佳的起点。本书入门级的讲解，可以帮助读者快速地掌握AutoCAD 2017的应用。

≫ 实例讲解，深入透彻

在介绍过程中，每一个知识点均配有实例辅助讲解，每一个操作步骤均配有对应的插图加深认识。这种图文并茂的方法，能够使读者在学习过程中直观、清晰地看到操作过程和效果，便于深刻理解和掌握。

≫ 高手指导，扩展学习

本书在每章的最后以"实战技巧"的形式为读者提炼了各种高级操作技巧，总结了大量系统实用的操作方法，以便读者学习到更多的内容。

≫ 双栏排版，超大容量

本书采用双栏排版的格式，大大扩充了信息容量，在680多页的篇幅中容纳了传统图书1000多页的内容。这样，就能在有限的篇幅中为读者奉送更多的知识和实战案例。

≫ 书盘结合，互动教学

本书配套的多媒体教学光盘内容与书中知识紧密结合并互相补充。在多媒体光盘中，我们仿真工作、学习中的真实场景，帮助读者体验实际工作环境，并借此掌握日常所需的知识和技能以及处理各种问题的方法，达到学以致用的目的，从而大大增强了本书的实用性。

◎ 光盘特点

本书附带一张DVD电脑教学光盘，包括如下内容。

≫ 22小时与图书内容同步的视频教学

教学录像涵盖本书所有知识点，详细讲解每个实例及实战案例的操作过程和关键点。读者可更轻松地掌握书中所介绍的方法和技巧，而且扩展的讲解部分可使读者获得更多的知识。

≫ 超多、超值资源大放送

随书奉送AutoCAD 2017软件安装教学录像、AutoCAD 2017快捷键查询手册、110套AutoCAD行业图纸、100套AutoCAD设计源文件、3小时AutoCAD建筑设计教学录像、6小时AutoCAD机械设计教学录像、7小时AutoCAD室内装潢设计教学录像、7小时3ds Max 2012教学录像、50套精选3ds Max设计源文件、2小时UG NX 10教学录像、4小时Photoshop CC教学录像。

网站支持

更多学习资料，请访问www.51pcbook.cn。

创作团队

本书由龙马高新教育策划，教传艳任主编，孔长征、李震、赵源源任副主编。参与本书编写、资料整理、多媒体开发及程序调试的人员有孔万里、乔娜、周奎奎、祖兵新、董晶晶、吕扬扬、陈小杰、彭超、李东颖、左琨、邓艳丽、任芳、王杰鹏、崔姝怡、左花苹、刘锦源、普宁、王常吉、师鸣若、钟宏伟、陈川、刘子威、徐永俊、朱涛、张允、杨雪青、孙娟和王菲等。

在编写过程中，我们竭尽所能地将最好的讲解呈现给读者，但也难免有疏漏和不妥之处，敬请广大读者不吝指正。若您在学习过程中产生疑问，或有任何建议，可发送电子邮件至maxueling@ptpress.com.cn。

龙马高新教育

第1篇　新手入门

第2篇 二维图形

第3篇　辅助绘图

第4篇　三维图形

AutoCAD 2017 中文版 完全自学手册

第5篇 高级应用

第6篇　案例实战

第1篇

新手入门

导读

本篇主要讲解AutoCAD 2017的入门基础。通过对
AutoCAD 2017快速入门、命令的调用方式以及坐标系
的讲解，让读者很快就能了解AutoCAD 2017的功能，
从而为进一步学习AutoCAD 2017打下扎实的基础。

第 1 章

AutoCAD 2017快速几门

■ 本章引言

要学习好AutoCAD，首先就需要对AutoCAD有一个清晰的认识，要知道AutoCAD主要应用在哪些行业以及其特色功能和文件管理等。本章将对AutoCAD 2017的入门知识进行详细的介绍。

■ 学习要点

» 掌握AutoCAD的应用领域
» 掌握AutoCAD 2017的工作界面
» 掌握AutoCAD 2017的新增功能

1.1 AutoCAD 的应用领域

要实现计算机辅助绘图，完成图形的处理、显示和输出等操作，除了要借助硬件系统外，还离不开软件系统的支持。随着计算机技术的飞速发展，CAD软件在工程中的应用层次也在不断地提高，一个集成的、智能化的CAD软件系统已经成为当今CAD工程的主流。CAD是当今时代最能实现设计创意的设计工具、设计手段，是现代设计方法之首。CAD使用方便，易于掌握，体系结构开放，因此被广泛应用于机械、建筑、电子、航天、造船、石油化工、土木工程、冶金、地质、气象、纺织、轻工和商业等领域。

1. CAD在机械制造行业中的应用

CAD在机械制造行业中的应用是最早的，也是最为广泛的。采用CAD技术进行产品的设计，不但可以使设计人员放弃繁琐的手工绘制方法，更新传统的设计思想，实现设计自动化，降低产品的成本，提高企业及其产品在市场上的竞争能力；还可以使企业由原来的串行式作业转变为并行作业，建立一种全新的设计和生产技术管理体制，缩短产品的开发周期，提高劳动生产率。

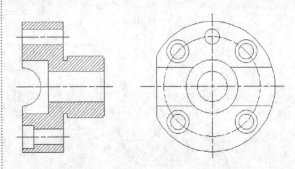

2. CAD在电子电气行业中的应用

CAD在电子电气领域的应用被称为电子电气CAD。它主要包括电气原理图的编辑、电路功能仿真、工作环境模拟、印制板设计（自动布局、自动布线）与检测等。使用电子电气CAD软件还能迅速形成各种各样的报表文件（如元件清单报表），为元件的采购及工程预算和决算等提供了方便。

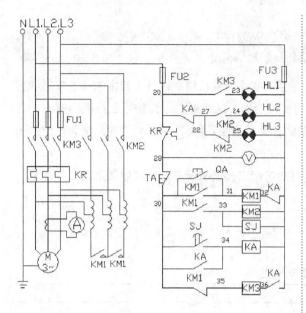

花色多、质量高、交货要迅速，这使得我国纺织产品在国际市场上的竞争力显得尤为落后。而CAD技术的使用，则大大加快了我国轻工纺织及服装企业走向国际市场的步伐。

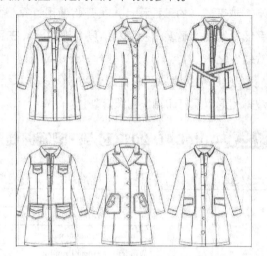

3. CAD在建筑行业中的应用

计算机辅助建筑设计（Computer Aided Architecture Design，简称CAAD）是CAD在建筑方面的应用，它为建筑设计带来了一场真正的革命。随着CAAD软件从最初的二维通用绘图软件发展到如今的三维建筑模型软件，CAAD技术已开始被广为采用。这不但可以提高设计质量，缩短工程周期，更为可贵的是，采用CAAD技术还可以为国家和建筑商节约很大的建筑投资。

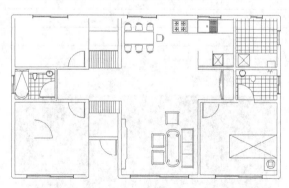

4. CAD在轻工纺织行业中的应用

以前我国纺织品及服装的花样设计、图案的协调、色彩的变化、图案的分色、描稿及配色等均由人工完成，速度慢且效率低。而目前国际市场上对纺织品及服装的要求是批量小、

5. CAD在娱乐行业中的应用

时至今日，CAD技术已进入人们的日常生活，在电影、动画、广告和娱乐等领域中大显身手。例如，美国好莱坞电影公司主要利用CAD技术构造布景，可以利用虚拟现实的手法设计出人工难以做到的布景，这不仅节省了大量的人力、物力，降低电影的拍摄成本，而且还可以给观众营造一种新奇、古怪和难以想象的环境，获得丰厚的票房收入。

由上可见，AutoCAD技术的应用将会越来越广，我国的CAD技术应用也定会呈现出一片欣欣向荣的景象，因此学好AutoCAD技术将会成为更多人追求的目标。

1.2 安装AutoCAD 2017

图形是工程设计人员表达和交流技术的工具。随着CAD（计算机辅助设计）技术的飞速发展和普及，越来越多的工程设计人员开始使用计算机绘制各种图形，从而解决了传统手工绘图中存在的效率低、绘图准确度差及劳动强度大等问题。在目前的计算机绘图领域，AutoCAD是使用最为广泛的一款软件之一。

AutoCAD具有易于掌握、使用方便、体系结构开放等优点，具有能够绘制二维图形与三维图形、渲染图形以及打印输出图纸等功能。

1.2.1 AutoCAD 2017对用户电脑的要求

AutoCAD 2017对用户（非网络用户）的电脑最低配置要求见下表。

操作系统	Windows 7 Enterprise
	Windows 7 Ultimate
	Windows 7 Professional
	Windows 7 Home Premium
	Windows 8/8.1 Enterprise
	Windows 8/8.1 Pro
	Windows 8 /8.1
	Windows 10
处理器	最小 Intel Pentium 4 或 AMD Athlon 64 处理器
内存容量	用于 32 位 AutoCAD 2017：2 GB（建议使用 3 GB）
	用于 64 位 AutoCAD 2017：4 GB（建议 8 GB）
显示分辨率	1024×768VGA真彩色（推荐1600×1050或更高）
显卡	Windows 显示适配器（1024×768 真彩色功能。DirectX 9 或 DirectX 11 兼容的图形卡
硬盘	6GB以上
其他设备	鼠标、键盘及DVD-ROM
Web浏览器	Microsoft Internet Explorer 9.0或更高版本

1.2.2 安装AutoCAD 2017

安装AutoCAD 2017的具体操作步骤如下。

Step 01 将AutoCAD 2017安装光盘放入光驱中，系统会自动弹出【安装初始化】进度窗口。如果没有自动弹出，双击【我的电脑】中的光盘图标即可，或者双击安装光盘内的setup.exe文件。

Step 02 安装初始化完成后，系统会弹出安装向导主界面，选择安装语言后单击【安装 在此计

算机上安装】选项按钮。

Step 03 确定安装要求后，会弹出【许可协议】界面，选中【我接受】单选按钮，单击【下一步】按钮。

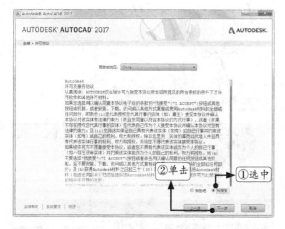

Step 04 在【配置安装】界面中，选择要安装的组件以及安装软件的目标位置后单击【安装】按钮。

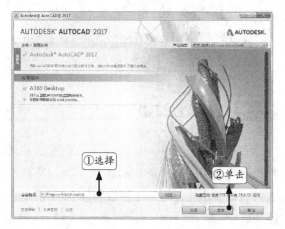

Step 05 在【安装进度】界面中，显示各个组件的安装进度。

Step 06 AutoCAD 2017安装完成后，在【安装完成】界面中单击【完成】按钮，退出安装向导界面。

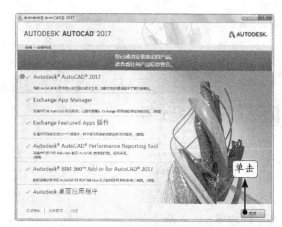

Tips

对于初学者，安装时如果安装盘的空间足够，可以选择对全部组件进行安装。

成功安装AutoCAD 2017后，还应进行产品注册。

1.3 AutoCAD 2017的工作界面

AutoCAD 2017的工作界面如下图所示，主要由应用程序菜单、标题栏、快速访问工具栏、菜单栏、功能区、命令窗口、绘图窗口和状态栏等组成。

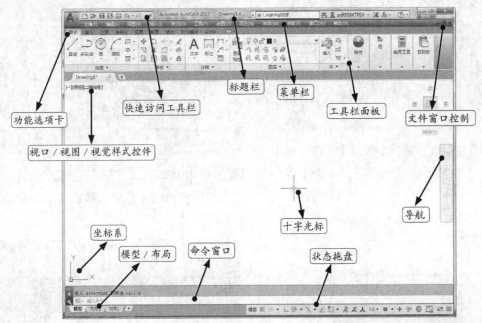

1.3.1 切换工作空间

AutoCAD 2017版本软件包括【草图与注释】、【三维基础】和【三维建模】3种工作空间类型，用户可以根据需要切换工作空间，切换工作空间有以下两种方法。

方法1：启动AutoCAD 2017，然后单击工作界面右下角中的【切换工作空间】按钮，在弹出的菜单中选择需要的工作空间，如下图所示。

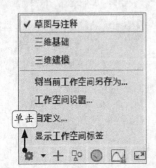

方法2：用户也可以在快速访问工具栏中选择相应的工作空间，如图所示。

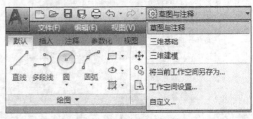

Tips

在切换工作空间后，AutoCAD 2017会默认将菜单栏隐藏，单击快速访问工具栏右侧的下拉按钮，弹出下拉列表，在下拉列表中选择【显示菜单栏】选项即可显示或隐藏菜单栏。

1.3.2 应用程序菜单

在应用程序菜单中，可以搜索命令、访问常用工具并浏览文件。在AutoCAD 2017界面左上方，单击【应用程序】按钮，弹出应用程序菜单。

可以在应用程序菜单中快速创建、打开、保存、核查、修复和清除文件，打印或发布图形，还可以单击右下方的【选项】按钮打开【选项】对话框或退出AutoCAD，如下左图所示。

在应用程序菜单上方的搜索框中，输入搜索字段，按【Enter】键确认，下方将显示搜索到的命令，如下右图所示。

1.3.3 标题栏

标题栏显示在AutoCAD工作界面的顶部，主要包括软件名称、文件名称、搜索区域、【登录】按钮、【Autodesk Exchange应用程序】按钮、【保持连接】按钮、【帮助】按钮、【最小化】按钮、【最大化】按钮以【关闭】按钮组成。

1.3.4 菜单栏

菜单栏显示在绘图区域的顶部，AutoCAD 2017默认有12个菜单选项（部分可能会和用户安装的插件有关，如Express），每个菜单选项下都有各类不同的菜单命令，是AutoCAD中最常用的调用命令的方式之一，如下右图所示。

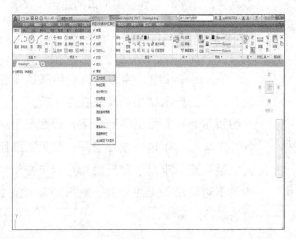
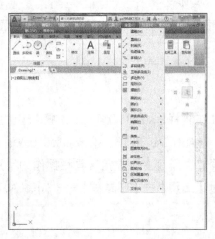

1.3.5 选项卡与面板

AutoCAD 2017根据任务标记将许多面板组织集中到某个选项卡中，面板包含的很多工具和控件与工具栏和对话框中的相同，如【默认】选项卡中的【绘图】面板如下图所示。

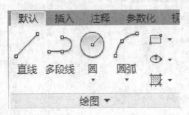

Tips

在选项卡中的任一面板上按住鼠标左键，然后将其拖曳到绘图区域中，则该面板将在放置的区域浮动。浮动面板一直处于打开状态，直到被放回到选项卡中。

1.3.6 工具栏

工具栏是应用程序调用命令的另一种方式，它包含许多由图标表示的命令按钮。在AutoCAD 2017中，系统提供了多个已命名的工具栏，每一个工具栏上均有一些按钮，将鼠标指针放到工具栏按钮上停留一段时间，AutoCAD会弹出一个文字提示标签，说明该按钮的功能。单击工具栏上的某一按钮可以启动对应的AutoCAD命令。

工具栏是AutoCAD经典工作界面下的重要内容，从AutoCAD 2015开始，AutoCAD取消了经典界面，对于那些习惯用工具栏操作的用户可以通过【工具】→【工具栏】→【AutoCAD】菜单

栏选择适合自己需要的工具栏显示，如下图所示。菜单中，前面有"√"的菜单项表示已打开对应的工具栏。

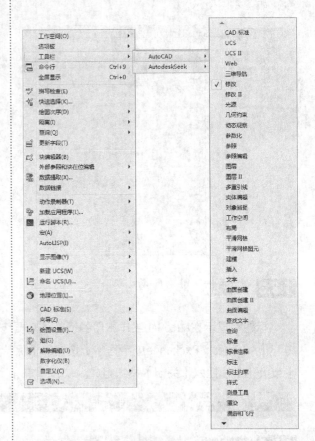

AutoCAD的工具栏是浮动的，用户可以将各工具栏拖曳到工作界面的任意位置。由于用计算机绘图时的绘图区域有限，因此，当绘图时，应根据需要只打开那些当前使用或常用的工具栏，并将其放到绘图窗口的适当位置。

1.3.7 绘图窗口

在AutoCAD中，绘图窗口是绘图的工作区域，所有的绘图结果都反映在这个窗口中，如下图所示。可以根据需要关闭其周围和里面的各个工具栏，以增大绘图空间。如果图纸比较大，需要查看未显示部分时，可以单击窗口右边与下边滚动条上的箭头，或拖动滚动条上的滑块来移动图纸。

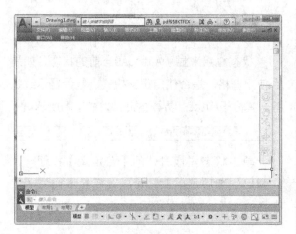

在绘图窗口中除了显示当前的绘图结果外，还显示了当前使用的坐标系类型和坐标原点，以及x轴、y轴、z轴的方向等。默认情况下，坐标系为世界坐标系。

绘图窗口的下方有【模型】和【布局】选项卡，单击相应选项卡可以在模型空间或布局空间之间切换。

1.3.8 坐标系

在AutoCAD中有两个坐标系，一个是WCS（World Coordinate System）即世界坐标系，一个是UCS（User Coordinate System）即用户坐标系。掌握这两种坐标系的使用方法对于精确绘图是十分重要的。

1. 世界坐标系

启动AutoCAD 2017后，在绘图区的左下角会看到一个坐标，即默认的世界坐标系（WCS），包含x轴和y轴，如下左图所示。如果是在三维空间中则还有一个z轴，并且沿x、y、z轴的方向规定为正方向，如下右图所示。

通常在二维视图中，世界坐标系（WCS）的x轴水平，y轴垂直。原点为x轴和y轴的交点（0，0）。

2. 用户坐标系

有时为了更方便地使用AutoCAD进行辅助设计，需要对坐标系的原点和方向进行相关设置和修改，即将世界坐标系更改为用户坐标系。更改为用户坐标系后的x、y、z轴仍然互相垂直，但是其方向和位置可以任意指定，有了很大的灵活性。

单击【工具】→【新建UCS】→【三点】。

指定 UCS 的原点或 [面(F)/命名(NA)/对象(OB)/上一个(P)/视图(V)/世界(W)/X/Y/Z/Z 轴(ZA)] <世界>: _3

指定新原点 <0,0,0>:

【指定UCS的原点】：重新指定UCS的原点以确定新的UCS。

【面】：将UCS与三维实体的选定面对齐。

【命名】：按名称保存、恢复或删除常用的UCS方向。

【对象】：指定一个实体以定义新的坐标系。

【上一个】：恢复上一个UCS。

【视图】：将新的UCS的xy平面设置在与当前视图平行的平面上。

【世界】：将当前的UCS设置成WCS。

【X/Y/Z】：确定当前的UCS绕x、y和z轴中的某一轴旋转一定的角度以形成新的UCS。

【Z轴】：将当前UCS沿z轴的正方向移动一定的距离。

1.3.9 命令行与文本窗口

【命令行】窗口位于绘图窗口的底部，用于接收输入的命令，并显示AutoCAD提供信息。在AutoCAD 2017中，【命令行】窗口可以拖放为浮动窗口，如下图所示。处于浮动状态的【命令行】窗口随拖放位置的不同，其标题显示的方向也不同。

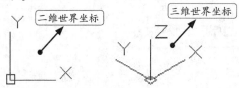

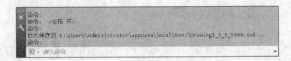

AutoCAD文本窗口是记录AutoCAD命令的窗口，是放大的【命令行】窗口，它记录了已执行的命令，也可以用来输入新命令。在AutoCAD 2017中，可以通过执行【视图】→【显示】→【文本窗口】菜单命令，或在命令行中输入"Textscr"命令或按【F2】键打开AutoCAD文本窗口，如下图所示。

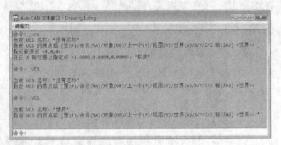

Tips

在AutoCAD 2017中，用户可以根据需要隐藏/打开命令行，隐藏/打开的方法为选择【工具】→【命令行】命令或按【Ctrl+9】，AutoCAD会弹出【隐藏命令行窗口】对话框，如下图所示。

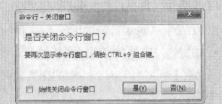

1.3.10 状态栏

状态栏用来显示AutoCAD当前的状态，如是否使用栅格、是否使用正交模式、是否显示线宽等，其位于AutoCAD界面的底部，如下图所示。

单击状态栏最右端的【自定义】按钮 ，在弹出的选项菜单上，可以选择显示或关闭状态栏的选项，如下图所示。

1.4 启动与退出AutoCAD

AutoCAD 2017的启动方法通常有以下两种。

- 在【开始】菜单中选择【所有程序】→【Autodesk】→【AutoCAD 2017-Simplified Chinese】→【AutoCAD 2017】命令。
- 双击桌面上的快捷图标。

Step 01 启动AutoCAD 2017，弹出【新选项卡】界面，如下图所示。

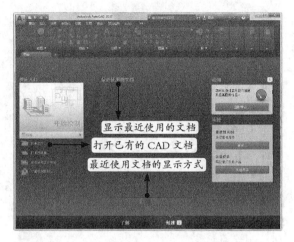

Step 02 单击【了解】按钮，即可观看"新特性"和"快速入门"等视频，如下图所示。

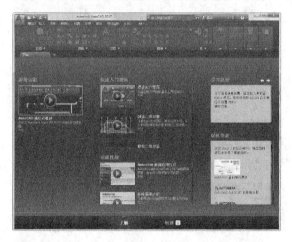

Step 03 单击【创建】按钮，然后单击【快速入门】选项下的【开始绘制】，即可进入AutoCAD 2017工作界面，如右上图所示。

如果需要退出AutoCAD 2017，可以使用以下5种方法。

• 在命令行中输入"QUIT"命令，按【Enter】键确定。

• 单击标题栏中的【关闭】按钮，或在标题栏空白位置处单击鼠标右键，在弹出的下拉菜单中选择【关闭】选项。

• 使用快捷键【Alt+F4】也可以退出AutoCAD 2017。

• 双击【应用程序菜单】按钮。

• 单击【应用程序菜单】，在弹出的菜单中单击【退出AutoCAD】按钮 退出 Autodesk AutoCAD 2017 。

Tips

系统参数Startmode控制着是否显示开始选项卡，当Startmode值为1时，显示开始选项卡，当该值为0时，不显示开始选项卡。

1.5 AutoCAD 2017新增功能

AutoCAD 2017对许多功能进行了改进和提升，比如平滑移植、全新的PDF输入功能、通过AutoDesk 360共享设计图、关联的中心标记和中心线等。

1.5.1 平滑移植

平滑移植功能从早期版本移植设置更容易管理，新的移植界面将自定义设置组织到不同类别中，新的移植界面如下图所示。

选择移植项目，然后单击"√"即可移植，移植完成后弹出【移植自定义设置】对话框，单击【是】按钮可以从这些自定义文件和设置中生成移植摘要报告。

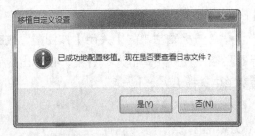

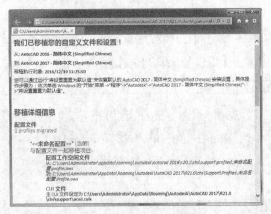

1.5.2 全新的PDF输入功能

AutoCAD 2017以将几何图形、填充、光栅图像和 TrueType 文字从PDF文件输入到当前图形中。PD数据可以来自当前图形中附着的PDF，也可以来自指定的任何PDF文件。数据精度受限于PDF文件的精度和支持的对象类型的精度。某些特性（例如PDF比例、图层、线宽和颜色）可

以保留。

AutoCAD 2017中PDF的输入方法有以下4种：

* 单击【插入】选项卡→【输入】面板→【输入】命令。
* 选择【文件】→【输入】菜单命令。
* 单击【应用程序菜单】按钮，然后选择【输入】→【PDF】菜单命令。
* 在命令行中输入"PDFIMPORT"命令并按空格键确认。

Step 01 启动AutoCAD 2017并新建一个dwg文件，如下图所示。

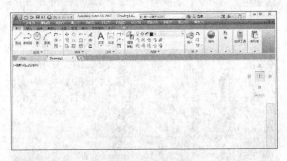

Step 02 单击【插入】→【输入】→【输入】选项，如下图所示。

Step 03 在弹出的【输入文件】对话框中选择附带光盘的"素材\CH01\卧室布局.PDF"文件，单击【打开】按钮。

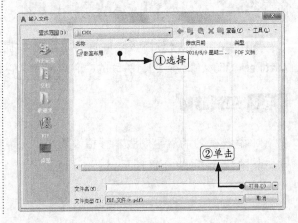

Step 04 弹出【输入PDF】对话框，在对话框中可以设置插入的比例和旋转角度等，这里选择旋转角度为270。

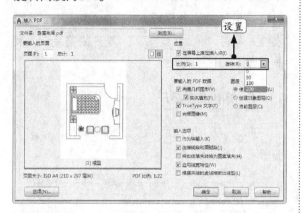

Step 05 单击【确定】按钮，在AutoCAD中指定插入点。

Step 06 指定插入点，将PDF文件输入后如下图所示。

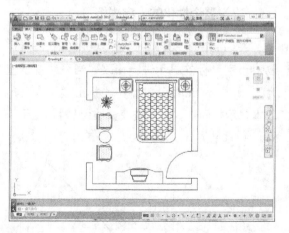

1.5.3 安全性提高

AutoCAD 2017提高对设计文件的保护，在【安全选项】对话框中，通过设置将限制加载可执行文件的位置，保护可执行文件免受恶意代码的侵害。

在命令行输入"SECURITYOPTIONS"并按空格键，弹出如下图所示的【安全选项】对话框。

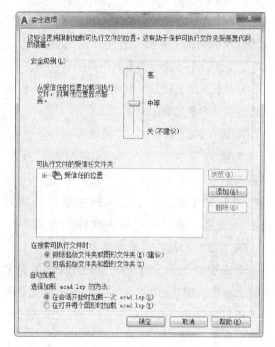

【安全选项】对话框中各选项的含义如下：

（1）安全级别

控制可执行文件的路径限制级别，以及是否会显示一个警告对话框。（SECURELOAD 系统变量）

① 高：仅从受信任的位置加载可执行文件。将忽略所有其他位置中的可执行文件。（SECURELOAD 系统变量 = 2）

② 中：从受信任的位置加载可执行文件。来自不受信任位置的可执行文件请求加载时，将显示一条警告。（SECURELOAD 系统变量 = 1）

③ 关闭：加载可执行文件，而不显示警告。此选项将保留传统行为，但不建议使用。（SECURELOAD 系统变量 = 0）

（2）受信任的位置

控制可在其中加载并运行可执行文件的受信任文件夹位置。

① 树状图：列出"支持文件搜索路径"中具有加载并运行可执行文件权限的文件夹。（TRUSTEDPATHS 系统变量）

② 【浏览】按钮：显示【浏览文件夹】对话框，从中可以为列表中选定的文件夹指定新位置。

③ 【添加】按钮：将文件夹位置添加到受信任位置的列表。在单击【添加】按钮后，您可以单击【浏览】按钮以浏览到所需的文件夹。

④ 【删除】按钮：从受信任的位置列表删除选定的文件夹位置。

（3）自动加载

在搜索可执行文件时：在搜索可执行文件时，控制是包括还是排除起始文件夹和当前图形文件夹。起始文件夹由桌面快捷方式图标确定，或者通过双击文件启动程序。（LEGACYCODESEARCH 系统变量）

选择加载 acad.lsp 的方法：用来控制是将 acad.lsp 文件加载到每个图形中，还是仅加载到任务中打开的第一个图形中。（ACADLSPASDOC 系统变量）

1.5.4 其他更新功能

除了上面介绍新功能外，AutoCAD 2017新增了关联中心标记中心线、三维模型打印、美制单位等功能，另外对渲染功能也进行了加强。

1. 关联中心标记中心线功能

在AutoCAD 2017中可以创建圆或圆弧对象关联的中心标记，以及与选定的直线和多段线线段关联的中心线，关于关联中心标记和中心线功能参见本书第9章的高手支招。

2. 共享设计图

AutoCAD 2017中可以将设计视图发布到

Autodesk A360内的安全、匿名位置。可以通过向指定的人员转发生成的链接来共享设计视图，而无需发布 DWG 文件本身。支持任何 Web 浏览器提供对这些视图的访问，并且不会要求收件人具有 Autodesk A360 账户或安装任何其他软件。

3. 美制测量英尺

AutoCAD 2017添加了美制测量英尺，如下图所示。

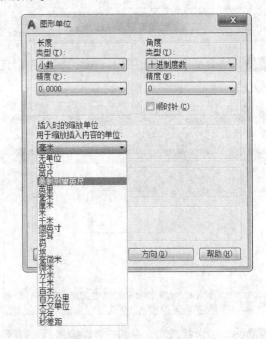

4. 设置个性化的十字光标

在AutoCAD 2017中通过"CURSORTYPE"可以对十字光标的显示进行修改，当系统变量值为0时，显示CAD默认的十字光标形式（和之前版本显示相同），当系统变量值为1时，显示为Windows箭头光标。

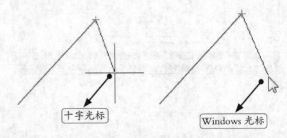

1.6 AutoCAD图形文件管理

在AutoCAD中，图形文件管理一般包括创建新文件、打开图形文件、保存图形文件及关闭图形文件等。以下分别介绍各种图形文件管理操作。

1.6.1 新建图形文件

AutoCAD 2017中的【新建】功能用于创建新的图形文件。

【新建】命令的几种常用调用方法如下：

• 选择【文件】→【新建】菜单命令；

• 单击快速访问工具栏中的【新建】按钮 ；

• 在命令行中输入"NEW"命令并按空格键或【Enter】键确认；

• 单击【应用程序菜单】按钮，然后选择【新建】→【图形】菜单命令；

• 使用组合键【Ctrl+N】。

在【菜单栏】中选择【文件】→【新建】菜单命令，弹出【选择样板】对话框，如下图所示。

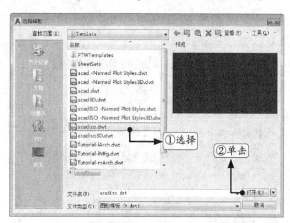

选择对应的样板后（初学者一般选择样板文件acadiso.dwt即可），单击【打开】按钮，就会以对应的样板为模板建立新图形。

Tips

"NEW"命令的方式由【STARTUP】系统变量控制，当【STARTUP】系统变量值为"0"时，执行"NEW"命令后，将显示【选择样板】对话框，如上图所示。

当【STARTUP】系统变量值为"1"时，执行"NEW"命令后，将显示【创建新图形】对话框，如下图所示。

1.6.2 打开图形文件

AutoCAD 2017中的【打开】功能用于打开现有的图形文件。

【打开】命令的几种常用调用方法如下：

• 选择【文件】→【打开】菜单命令；

• 单击快速访问工具栏中的【打开】按钮 ；

• 在命令行中输入"OPEN"命令并按空格键或【Enter】键确认；

• 单击【应用程序菜单】按钮，然后选择【打开】→【图形】菜单命令；

• 使用组合键【Ctrl+O】。

在【菜单栏】中选择【文件】→【打开】菜单命令，弹出【选择文件】对话框，如下图所示。

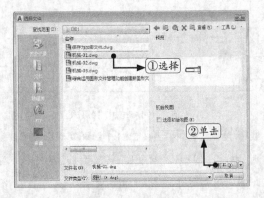

选择要打开的图形文件，单击【打开】按钮即可打开该图形文件。

Tips

【OPEN】命令的方式由【FILEDIA】系统变量控制，当【FILEDIA】系统变量值为"0"时，执行【OPEN】命令后，将以命令行的方式进行提示。

输入要打开的图形文件名 <.>:

当【FILEDIA】系统变量值为"1"时，执行【OPEN】命令后，将显示【选择文件】对话框，如上图所示。

另外利用【打开】命令可以打开和加载局部图形，包括特定视图或图层中的几何图形。在【选择文件】对话框中单击【打开】旁边的箭头，然后选择【局部打开】或【以只读方式局部打开】，将显示【局部打开】对话框，如下图所示。

1.6.3 保存图形文件

AutoCAD 2017中的【保存】功能用于使用指定的默认文件格式保存当前图形。

【保存】命令的几种常用调用方法如下：

• 选择【文件】→【保存】菜单命令；

• 单击快速访问工具栏中的【保存】按钮；

• 在命令行中输入"QSAVE"命令并按空格键或【Enter】键确认；

• 单击【应用程序菜单】按钮，然后选择【保存】命令；

• 使用组合键【Ctrl+S】。

在菜单栏中选择【文件】→【保存】菜单命令，在图形第一次被保存时会弹出【图形另存为】对话框，如下图所示，需要用户确定文件的保存位置及文件名。如果图形已经保存过，只是在原有图形基础上重新对图形进行保存，则直接保存而不弹出【图形另存为】对话框。

Tips

如果需要将已经命名的图形以新名称或新位置进行命名保存时，可以执行另存为命令（SAVEAS），系统会弹出【图形另存为】对话框，可以根据需要进行命名保存。

另外可以在【选项】对话框的【打开和保存】选项卡中指定默认文件格式，如下图所示。

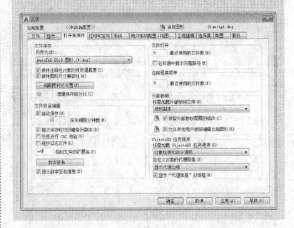

1.6.4 关闭图形文件

AutoCAD 2017中的【关闭】功能用于关闭当前图形。

【关闭】命令的几种常用调用方法如下：

• 选择【文件】→【关闭】菜单命令（如果选择全部关闭，则关闭所有打开的图形文件，但CAD程序仍然保留开启状态）；

• 选择【窗口】→【关闭】菜单命令；

• 在绘图窗口中单击【关闭】按钮 **X**；

• 在命令行中输入"CLOSE"命令并按空格键或【Enter】键确认；

• 单击【应用程序菜单】按钮 **A·**，然后选择【关闭】→【当前图形】菜单命令。

如果图形文件已经保存过，单击【关闭】按钮，图形文件将直接被关闭。如果图形文件尚未保存，则会弹出【保存】窗口，如下图所示。单击【是】按钮，AutoCAD会保存改动后的图形并关闭该图形；单击【否】按钮，将不保存图形并关闭该图形；单击【取消】按钮，将放弃当前操作。

Tips

上面的操作方法都是用来退出单个图形文件的。而如果想关闭整个AutoCAD应用程序则操作如下：

• 选择【文件】→【退出】命令；

• 单击工作界面右上角的【关闭】按钮；

• 在命令行窗口中输入"quit"或"exit"命令并按空格键或【Enter】键。

1.6.5 实例：另存图形文件

下面将综合运用图形文件的管理功能进行图形文件的另存操作，具体操作步骤如下。

Step 01 启动AutoCAD 2017，然后选择【文件】→【打开】菜单命令。

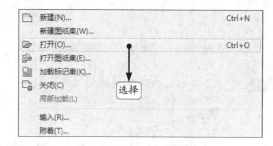

Step 02 弹出【选择文件】对话框，选择光盘中的"素材\CH01\另存图形文件.dwg"文件。

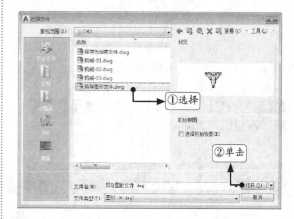

Step 03 单击【打开】按钮后，结果如下图所示。

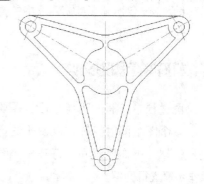

Step 04 将光标移动至如下图所示的水平直线段上面并单击鼠标左键。

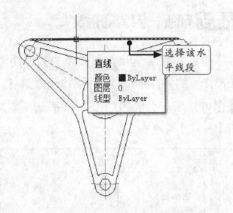

选择该水平线段

Step 05 水平直线段选中的状态如下图所示。

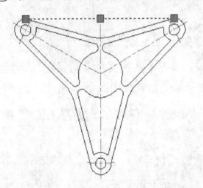

Step 06 按【Delete】键将所选水平直线段删除，结果如右图所示。

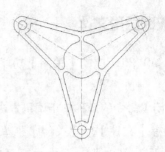

Step 07 选择【文件】→【另存为】菜单命令，弹出【图形另存为】对话框，如下图所示。

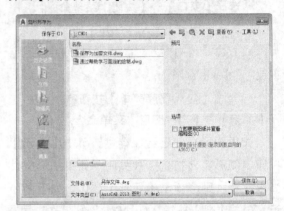

Step 08 对文件名称及保存路径进行相关设置后，单击【保存】按钮即可。

1.7 实战技巧

下面将以同时打开多个图形文件，以及如何使用帮助为例，对AutoCAD 2017中的操作技巧进行介绍。

技巧1 打开多个图形文件

在绘图过程中，有时可能会根据需要将所涉及到的多个图纸同时打开，以便于进行图形的绘制及编辑，下面将对同时打开多个图形文件的操作步骤进行介绍。

Step 01 启动AutoCAD 2017，选择【文件】→【打开】菜单命令，弹出【选择文件】对话框。浏览至光盘中的"素材\CH01"文件夹，然后按住【Ctrl】键分别单击"机械-01.dwg、机械-02.dwg、机械-03.dwg"文件，如下图所示。

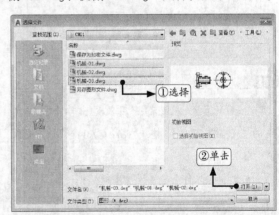

①选择

②单击

Step 02 单击【打开】按钮后，所选文件全部被打开，结果如下图所示。

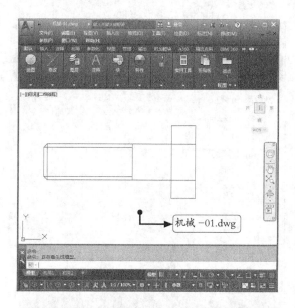

机械-01.dwg

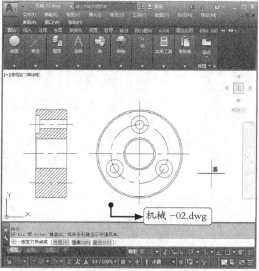

机械-02.dwg

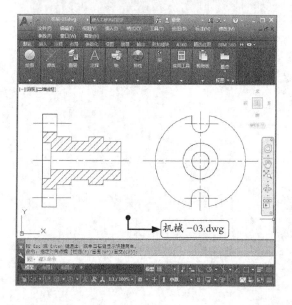

机械-03.dwg

技巧2 如何使用帮助

【帮助】对话框中几乎可以搜索到所有的AutoCAD 2017的信息，是AutoCAD 2017中最重要的获取帮助的方式。

【帮助】对话框的几种常用打开方法如下：

• 选择【帮助】→【帮助】菜单命令；

• 按【F1】快捷键；

• 在命令行中输入"HELP"命令并按【Enter】键确认；

• 单击标题栏中的【搜索】按钮。

利用【帮助】对话框了解【偏移】命令（Offset）命令的操作步骤如下。

Step 01 选择【帮助】→【帮助】菜单命令，弹出【帮助】对话框，如下图所示。

Step 02 在【搜索】文本框中输入"Offset"命令，并单击【搜索】按钮，如下图所示。

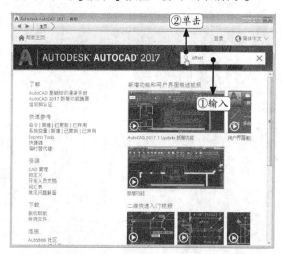

Step 03 将显示搜索结果，选择要查看的连接结果如下图所示。

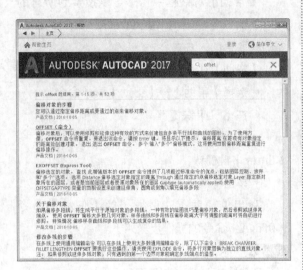

Step 04 即可打开页面查看相关内容，如右图所示。

Tips

单击【偏移】图标 <u>』</u> 或图标旁的【查找】链接，绘制AutoCAD的绘图界面出现指向该命令的动态箭头。

第 **2** 章

坐标系

■■ **本章引言**

　　通过坐标系可以精确控制图形对象的坐标点，用户可以通过输入坐标值进行坐标点的控制，也可以通过特殊点进行坐标点的控制。本章将对AutoCAD 2017的坐标系统进行详细的介绍。

■■ **学习要点**

- ❯❯ 了解坐标系统
- ❯❯ 用户坐标系
- ❯❯ 掌握坐标值的输入
- ❯❯ 坐标的显示与隐藏

2.1 了解坐标系统

　　在AutoCAD中，坐标的输入有绝对坐标和相对坐标，绝对坐标又分为绝对直角坐标和绝对极坐标。相对坐标又有相对直角坐标和相对极坐标等。下面将分别对各个坐标的输入形式进行详细介绍。

2.1.1 绝对坐标

　　绝对坐标是不管目前你处于什么位置，x,y值表示从坐标原点到你的位置，x,y的值就是绝对坐标值。

1. 绝对直角坐标

　　绝对直角坐标是从原点出发的位移，其表示方式为（x，y），其中x、y分别对应坐标轴上的数值。

　　下面将以绝对直角坐标的输入形式绘制一个矩形，具体操作步骤如下。

Step 01 打开随书光盘中的"素材\CH02\绝对直角坐标.dwg"文件。

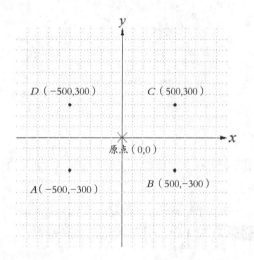

Step 02 选择【绘图】→【直线】菜单命令并在命令行输入"-500,-300"，即A点的绝对坐标。

命令：_line

指定第一个点：-500,-300

Step 03 按【Enter】键确认，如图所示。

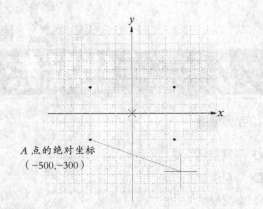

A 点的绝对坐标
（−500，−300）

Step 04 在命令行输入"500，−300"，即 B 点的绝对坐标。

指定下一点或 [放弃(U)]：500，−300

Step 05 按【Enter】键确认，如下图所示。

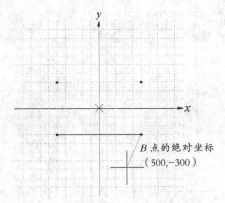

B 点的绝对坐标
（500，−300）

Step 06 在命令行输入"500，300"，即 C 点的绝对坐标。

指定下一点或 [放弃(U)]：500，300

Step 07 按【Enter】键确认，如下图所示。

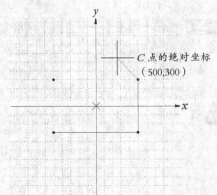

C 点的绝对坐标
（500，300）

Step 08 在命令行输入"−500，300"，即 D 点的绝对坐标。

指定下一点或 [放弃(U)]：−500，300

Step 09 按【Enter】键确认，如下图所示。

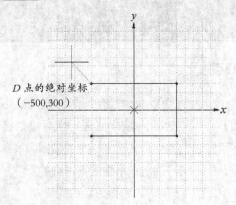

D 点的绝对坐标
（−500，300）

Step 10 在命令行输入"−500，−300"，即 A 点的绝对坐标。

指定下一点或 [放弃(U)]：−500，−300

Step 11 按【Enter】键确认，如下图所示。

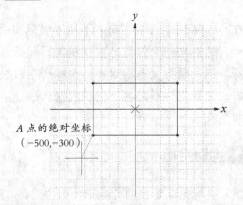

A 点的绝对坐标
（−500，−300）

Step 12 按【Enter】键结束【直线】命令，结果如图所示。

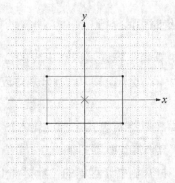

2. 绝对极坐标

绝对极坐标也是从原点出发的位移，但绝

对极坐标的参数是距离和角度，其中距离和角度之间用"<"分开，而角度值是和x轴正方向之间的夹角。下面将以绝对极坐标的输入形式绘制一个三角形，具体操作步骤如下。

Step 01 打开随书光盘中的"素材\CH02\绝对极坐标.dwg"文件。

各点之间的关系如下图所示。

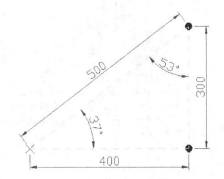

Step 02 选择【绘图】→【直线】菜单命令，并在命令行输入"0,0"，即原点的绝对坐标。

命令: _line
指定第一个点: 0,0

Step 03 按【Enter】键确认，如图所示。

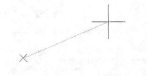

Step 04 在命令行输入"400<0"，其中400确定直线的长度，0确定直线和x轴正方向的角度。

指定下一点或 [放弃(U)]: 400<0

Step 05 按【Enter】键确认，如图所示。

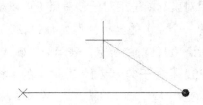

Step 06 在命令行输入"500<37"，其中500确定直线的长度，37确定直线和x轴正方向的角度。

指定下一点或 [放弃(U)]: 500<37

Step 07 按【Enter】键确认，如图所示。

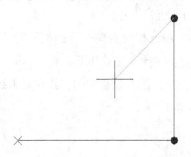

Step 08 在命令行输入"0,0"，即原点的绝对坐标。

指定下一点或 [放弃(U)]: 0,0

Step 09 按【Enter】键确认，如图所示。

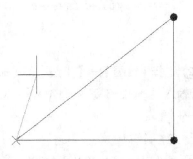

Step 10 按【Enter】键结束【直线】命令，结果如图所示。

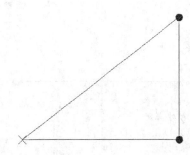

2.1.2 相对坐标

相对坐标就是相对于参考点（可以是自己设定的一个点）的坐标。例如（15,20）相对于参考点（1,1）的坐标，表示为：@14,19。（15,20）相对于参考点（-1,-1）的坐标，表示为：@16,21。

1. 相对直角坐标

相对直角坐标是指相对于某一点的x和y轴的距离。具体表示方式是在绝对坐标表达式的前面加上 "@" 符号。

下面将以相对直角坐标的输入形式绘制一个矩形，具体操作步骤如下。

Step 01 打开随书光盘中的 "素材\CH02\相对直角坐标.dwg" 文件。

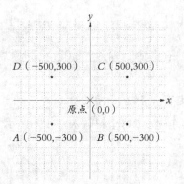

Step 02 选择【绘图】→【直线】菜单命令并在命令行输入 "-500,-300"，即A点的绝对坐标。

命令: _line

指定第一个点: -500,-300

Step 03 按【Enter】键确认，如图所示。

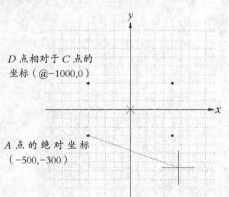

Step 04 在命令行输入 "@1000,0"，即B点相对于A点的坐标。

指定下一点或 [放弃(U)]: @1000,0

Tips

> B点相对于A点的坐标是怎么计算出来的呢？
>
> B点绝对坐标的x值减去A点绝对坐标的x值，即 $500-(-500)=1000$ 得出B点相对于A点在x轴上的相对坐标。
>
> B点绝对坐标的y值减去A点绝对坐标的y值，即 $-300-(-300)=0$ 得出B点相对于A点在y轴上的相对坐标。

Step 05 按【Enter】键确认，如图所示。

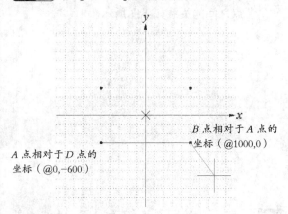

Step 06 在命令行输入 "@0,600"，即C点相对于B点的坐标。

指定下一点或 [放弃(U)]: @0,600

Step 07 按【Enter】键确认，如图所示。

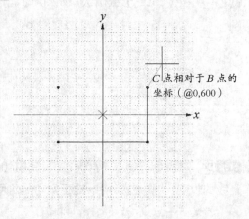

Step 08 在命令行输入 "@-1000,0"，即D点相对于C点的坐标。

指定下一点或 [放弃(U)]: @-1000,0

Step 09 按【Enter】键确认，如图所示。

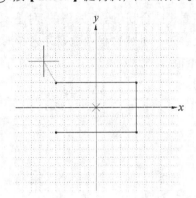

Step 10 在命令行输入"@0,-600"，即A点相对于D点的坐标。

指定下一点或 [放弃(U)]: @0,-600

Step 11 按【Enter】键确认，如图所示。

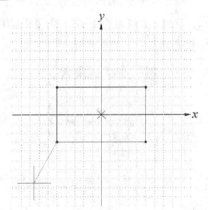

Step 12 按【Enter】键结束【直线】命令，结果如图所示。

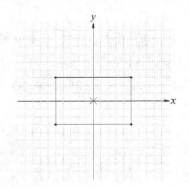

2. 相对极坐标

相对极坐标是指相对于某一点的距离和角

度。具体表示方式是在绝对极坐标表达式的前面加上"@"符号。

下面将以相对极坐标的输入形式绘制一个三角形，具体操作步骤如下。

Step 01 打开随书光盘中的"素材\CH02\相对极坐标.dwg"文件。

A（500<37）

原点（0,0）   B（@300<270）

Step 02 各点之间的关系如下图所示。

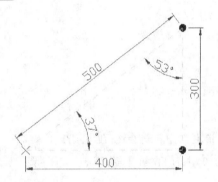

Step 03 选择【绘图】→【直线】菜单命令，并在命令行输入"0,0"，即原点的绝对坐标。

命令: _line

指定第一个点: 0,0

Step 04 按【Enter】键确认，如图所示。

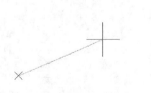

Step 05 在命令行输入"500<37"，即A点的绝对极坐标。

指定下一点或 [放弃(U)]: 500<37

Step 06 按【Enter】键确认，如图所示。

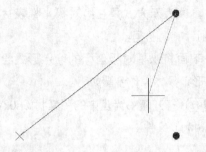

Step 07 在命令行输入 "@300<270"，即B点相对于A点的极坐标。

> 指定下一点或 [放弃(U)]: @300<270

Step 08 按【Enter】键确认，如图所示。

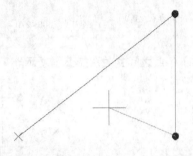

Step 09 在命令行输入 "0,0"，即原点的绝对坐标。

> 指定下一点或 [放弃(U)]: 0,0

Step 10 按【Enter】键确认，如图所示。

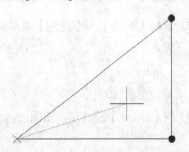

Step 11 按【Enter】键结束【直线】命令，结果如图所示。

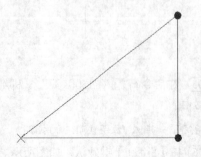

2.1.3 实例：综合利用坐标系统的4种基本类型创建梯形

下面将综合利用坐标系统的4种基本类型创建一个梯形，创建过程中需要注意梯形的各个顶点之间的关系，如图所示。

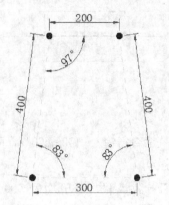

创建梯形的具体操作步骤如下。

Step 01 启动AutoCAD 2017，选择【绘图】→【直线】菜单命令，如图所示。

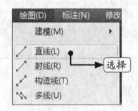

Step 02 在绘图窗口中任意单击一点作为直线的起点。

Step 03 在命令行输入直线下一点的坐标值并按【Enter】键确认，如下图所示。

> 指定下一点或 [放弃(U)]: @400<83

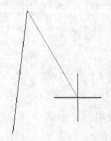

Step 04 在命令行输入直线下一点的坐标值并按

【Enter】键确认，如下图所示。

指定下一点或 [放弃(U)]: @200,0 ✓

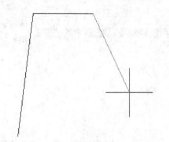

Step 05 在命令行输入直线下一点的坐标值并按【Enter】键确认，如下图所示。

指定下一点或 [放弃(U)]: @400<-83 ✓

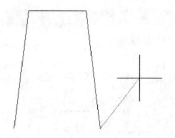

Step 06 在命令行输入直线下一点的坐标值并按【Enter】键确认，如图所示。

指定下一点或 [放弃(U)]: @-300,0 ✓

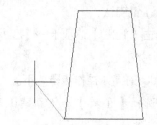

Step 07 按【Enter】键结束【直线】命令，结果如图所示。

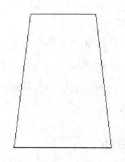

2.2 用户坐标系

在三维环境中工作时，用户坐标系对于输入坐标、在二维工作平面上创建三维对象以及在三维中旋转对象都很有用。

2.2.1 基本概念

在三维环境中创建或修改对象时，可以在三维模型空间中移动和重新定向UCS，以便简化工作。UCS的xy平面称为工作平面。

在三维环境中，基于UCS的位置和方向对对象进行的重要操作包括如下内容。

• 建立要在其中创建和修改对象的工作平面。

• 建立包含栅格显示和栅格捕捉的工作平面。

• 建立对象在三维中要绕其旋转的新UCS z轴。

• 确定正交模式、极轴追踪和对象捕捉追踪的上下方向、水平方向和垂直方向。

• 使用plan命令将三维视图直接定义在工作平面中。

• 移动或旋转UCS可以更容易地处理图形的特定区域。

用户可以使用以下方法重新定位用户坐标系。

• 通过定义新原点移动UCS。

• 将UCS与现有对象对齐。

• 通过指定新原点和新x轴上的一点旋转UCS。

每种方法均在UCS命令中有相对应的选项。一旦定义了UCS，则可以为其命名并在需要再次使用时恢复。

2.2.2 定义UCS

在AutoCAD 2017中，用户可以根据工作需要定义UCS。

【UCS】命令的几种常用调用方法如下：

● 选择【工具】→【新建UCS】菜单命令（选择一种定义方式）；

● 在命令行中输入 "UCS" 命令并按空格键或【Enter】键确认；

● 单击【视图】选项卡→【坐标】面板中的【UCS】按钮凵。

定义UCS的具体操作步骤如下。

Step 01 选择【工具】→【新建UCS】→【世界】菜单命令。

Step 02 命令行提示如下，显示当前UCS名称为【世界】。

命令: _ucs

当前 UCS 名称: ★世界★

指定 UCS 的原点或 [面(F)/命名(NA)/对象(OB)/上一个(P)/视图(V)/世界(W)/X/Y/Z/Z 轴(ZA)] <世界>: _w

2.2.3 命名UCS

命名UCS的几种常用调用方法如下：

● 选择【工具】→【命名UCS】菜单命令；

● 在命令行中输入 "UCSMAN" 命令并按空格键或【Enter】键确认；

● 单击【视图】选项卡→【坐标】面板中的【UCS，命名UCS】按钮凹。

命名UCS的具体操作步骤如下。

Step 01 打开光盘中的 "素材\CH2\命名UCS.dwg" 文件。

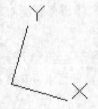

Step 02 选择【工具】→【命名UCS】菜单命令，弹出【UCS】对话框，如图所示。

Step 03 在【自定义UCS】选项上右击，在弹出的快捷菜单中选择【重命名】命令，如图所示。

Step 04 输入新的名称【工作UCS】，单击【确定】按钮完成操作。

2.2.4 实例：自定义UCS并对其进行重命名

本实例将定义一个新的UCS并进行重命名，具体操作步骤如下。

1. 定义UCS

Step 01 打开随书光盘中的"素材\CH2\自定义UCS.dwg"文件。

Step 02 选择【工具】→【新建UCS】→【三点】菜单命令，在绘图区域中单击以指定UCS的新原点，如图所示。

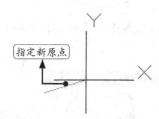

指定新原点

Step 03 在绘图区域中单击以指定UCS在正x轴范围上的点，如图所示。

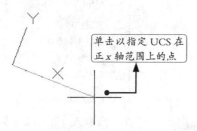

单击以指定 UCS 在正 x 轴范围上的点

Step 04 在绘图区域中拖动鼠标并单击，以指定UCS在xy平面正y轴范围上的点，如图所示。

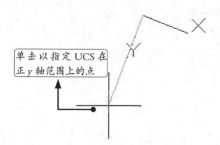

单击以指定 UCS 在正 y 轴范围上的点

Step 05 结果如图所示。

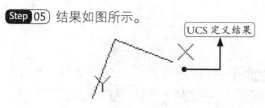

UCS 定义结果

2. 命名UCS

Step 01 选择【工具】→【命名UCS】菜单命令，弹出【UCS】对话框，如图所示。

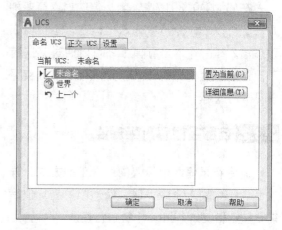

Step 02 在【未命名】选项上右击，在弹出的快捷菜单中选择【重命名】命令，如图所示。

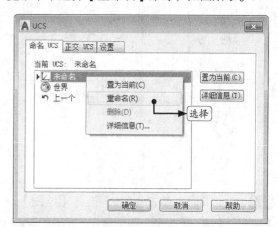

Step 03 输入新的名称【新建UCS】，单击【确定】按钮完成操作。

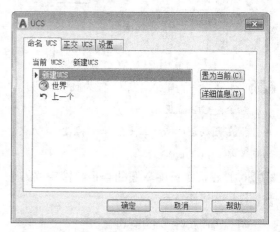

2.3 坐标值的输入

在AutoCAD 2017中，坐标值的输入有多种方式，可以在命令行中输入坐标值，也可以在动态输入框中输入坐标值，还可以通过某些特殊设置进行坐标值的输入。用户可以根据实际情况灵活运用。

2.3.1 在命令行输入坐标值

命令行是输入坐标值的最常用的方式，与在命令行中输入命令类似，输入相关坐标值后需要按空格键或【Enter】键进行确认。

下面将以命令行输入坐标值的方式绘制一个花灯符号图形，完成后如下图所示。

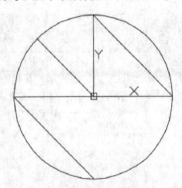

Step 01 启动AutoCAD 2017，选择【绘图】→【圆】→【圆心、半径】菜单命令，如图所示。

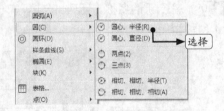

Step 02 在命令行输入（0,0）作为圆的圆心。

命令: _CIRCLE

指定圆的圆心或 [三点(3P)/两点(2P)/切点、切点、半径(T)]: 0,0

Step 03 在命令行输入圆的半径并按空格键确认，结果如下图所示。

指定圆的半径或 [直径(D)]: 10

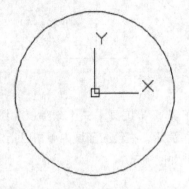

Step 04 选择【绘图】→【直线】菜单命令，如图所示。

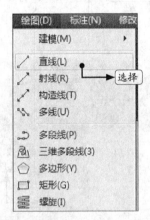

Step 05 在命令行输入（0,-10）并按空格键作为直线的第一个点，如下图所示。

命令: _line

指定第一个点: 0,-10

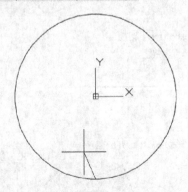

Step 06 在命令行输入直线"@-10,10"并按空格键作为下一点的坐标值，如下图所示。

指定下一点或 [放弃(U)]: @-10,10

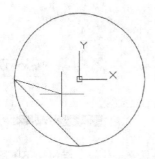

Step 07 在命令行输入"@20<0"并按空格键作为直线的下一点，结果如下图所示。

指定下一点或 [放弃(U)]: @20<0 ✓

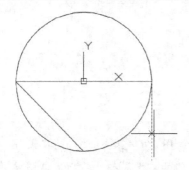

Step 08 在命令行输入直线"@-10,10"并按空格键作为下一点的坐标值，如下图所示。

指定下一点或 [放弃(U)]: @-10,10 ✓

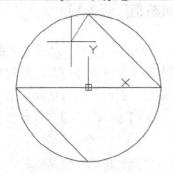

Step 09 在命令行输入直线"0, 0"并按空格键作为下一点的坐标值，如下图所示。

指定下一点或 [放弃(U)]: 0,0 ✓

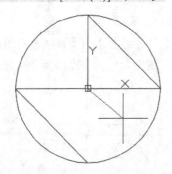

Step 10 在命令行输入直线"10<135"并连按两次空格键结束【直线】命令，结果如下图所示。

指定下一点或 [放弃(U)]: 10<135 ✓

指定下一点或 [放弃(U)]: ✓

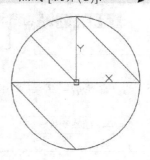

2.3.2 利用动态输入提示框输入坐标值

开启AutoCAD 2017的动态输入功能后，默认情况下用户输入坐标值时，动态输入提示框会自动取代命令行，并且动态输入提示框会随光标位置的改变而移动。

下面将以动态输入提示框输入坐标值的方式绘制一个配电中心符号图形，具体操作步骤如下。

Step 01 打开随书光盘中的"素材\CH02\配电中心.dwg"文件。

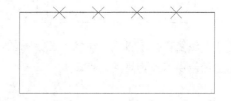

Tips

按【F12】键开启【动态输入】功能。

Step 02 选择【绘图】→【直线】菜单命令，在绘图区域捕捉如图所示节点作为直线起点。

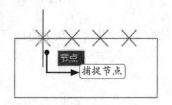

Step 03 在动态输入提示框输入直线下一点的坐标值"@0,5"，如图所示。

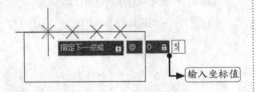

输入坐标值

Step 04 连按两次空格键，结果如下图所示。

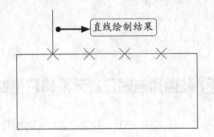

直线绘制结果

Step 05 重复 **Step 02** ~ **Step 04** ，绘制其他直线，结果如下图所示。

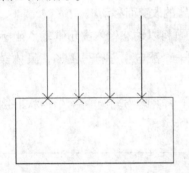

Step 06 重复执行【直线】命令，在绘图区域捕捉如图所示中点作为直线起点。

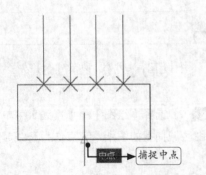

捕捉中点

Step 07 在动态输入提示框输入直线下一点的坐标值"@0,-5"，如下图所示。

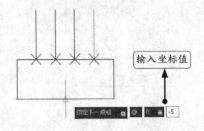

输入坐标值

Step 08 按两次空格键，结果如下图所示。

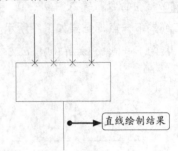

直线绘制结果

Tips

在绘图前首先进行对象捕捉设置，关于对象捕捉的具体设置参见4.3节"草图设置"的相关内容。

2.3.3 直接输入距离值

在AutoCAD 2017中，对于【直线】以及【多段线】等大部分图形而言，为其指定起点并指定方向后，在命令行直接输入距离值按空格键或【Enter】键确认，便可以指定相应的坐标点位置。

下面将利用直接输入距离值的方式绘制一个矩形，具体操作步骤如下。

Step 01 启动AutoCAD 2017，按【F8】键开启【正交】功能。

命令: <正交 开>

Step 02 选择【绘图】→【直线】菜单命令，然后在绘图区域任意单击一点作为直线起点。

Step 03 水平向右拖动鼠标指定直线方向。

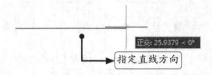

指定直线方向

正交: 25.9379 < 0°

Step 04 在命令行输入直线长度200，并按空格键确认。

指定下一点或 [放弃(U)]: 200

Step 05 垂直向下拖动鼠标指定直线方向。

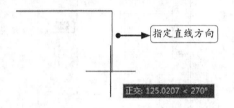

指定直线方向

正交: 125.0207 < 270°

Step 06 在命令行输入直线长度100，并按空格键确认。

指定下一点或 [放弃(U)]: 100

Step 07 水平向左拖动鼠标指定直线方向。

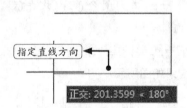

指定直线方向

正交: 201.3599 < 180°

Step 08 在命令行输入直线长度200，并按空格键确认。

指定下一点或 [放弃(U)]: 200

Step 09 垂直向上拖动鼠标指定直线方向。

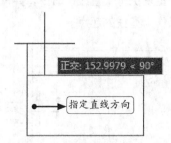

正交: 152.9979 < 90°

指定直线方向

Step 10 在命令行输入直线长度100，并按空格键确认。

指定下一点或 [放弃(U)]: 100

Step 11 按空格键结束【直线】命令，结果如下图所示。

2.3.4 实例：绘制储物柜立面图

下面将以命令行输入坐标值的方式绘制玄关鞋柜立面图，具体操作步骤如下。

Step 01 打开随书光盘中的"素材\CH02\玄关储物柜.dwg"文件。

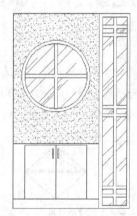

Step 02 选择【绘图】→【直线】菜单命令，然后捕捉如图所示端点作为直线的起点。

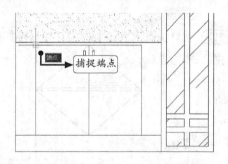

端点

捕捉端点

Step 03 在命令行依次输入直线的其他点的坐标值。

指定下一点或 [放弃(U)]: @-130,0

指定下一点或 [放弃(U)]: @0,-640

指定下一点或 [放弃(U)]: @130,0 ✓

指定下一点或 [放弃(U)]: ✓

Step 04 结果如下图所示。

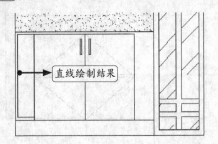

Step 05 重复执行【直线】命令，并捕捉如图所示的端点作为直线的起点。

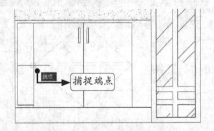

Step 06 在命令行输入直线下一点的坐标值。

指定下一点或 [放弃(U)]: @-130,0

Step 07 按两次空格键，结果如图所示。

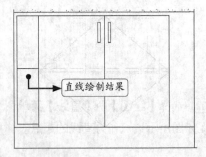

Step 08 重复执行【直线】命令，并捕捉如图所示的端点作为直线的起点。

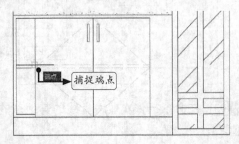

Step 09 在命令行输入直线下一点的坐标值。

指定下一点或 [放弃(U)]: @-130,0

Step 10 按两次空格键，结果如图所示。

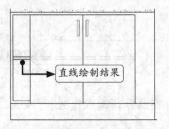

Step 11 重复执行【直线】命令，并捕捉如图所示的端点作为直线的起点。

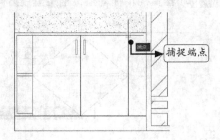

Step 12 在命令行输入直线下一点的坐标值并分别按空格键确认。

指定下一点或 [放弃(U)]: @130,0 ✓

指定下一点或 [放弃(U)]: @0,-640 ✓

指定下一点或 [闭合(C)/放弃(U)]: @-130,0 ✓

指定下一点或 [闭合(C)/放弃(U)]: ✓

Step 13 结果如图所示。

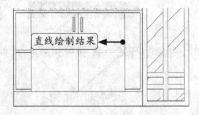

Step 14 重复执行【直线】命令，并捕捉如图所示的端点作为直线的起点。

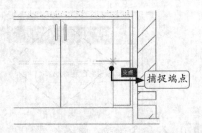

Step 15 在命令行输入直线下一点的坐标值。

指定下一点或 [放弃(U)]: @130,0

Step 16 按两次空格键，结果如图所示。

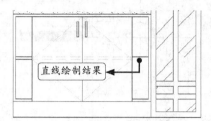

直线绘制结果

Step 17 重复执行【直线】命令，并捕捉如图所示的端点作为直线的起点。

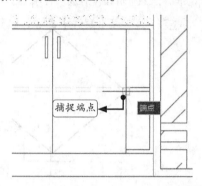

捕捉端点 ← 端点

Step 18 在命令行输入直线下一点的坐标值。

指定下一点或 [放弃(U)]: @130,0

Step 19 按两次空格键，结果如图所示。

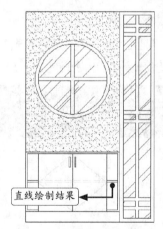

直线绘制结果

2.3.5 实例：绘制机械平面图

下面将综合利用坐标值的输入方式绘制机械平面图，具体操作步骤如下。

Step 01 打开随书光盘中的"素材\CH02\机械平面图.dwg"文件。

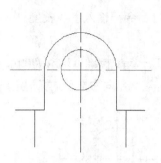

Step 02 选择【绘图】→【直线】菜单命令。捕捉如图所示端点作为直线起点。根据命令行提示，输入直线下一点的坐标值，并分别按空格键确认。

命令: _line
指定第一个点: 捕捉上图中的端点
指定下一点或 [放弃(U)]: @0,-22
指定下一点或 [放弃(U)]: @26,0
指定下一点或 [闭合(C)/放弃(U)]: @0,10
指定下一点或 [闭合(C)/放弃(U)]: @28,0

Step 03 结果如图所示。

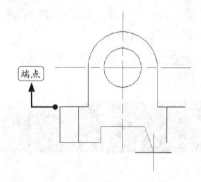

端点

Step 04 按【F8】键开启正交功能，然后垂直向下拖动鼠标指定直线方向。

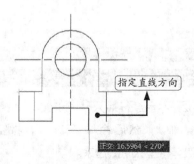

指定直线方向

正交: 16.5964 < 270°

Step 05 在命令行输入直线长度10，并按空格键确认。

> 指定下一点或 [闭合(C)/放弃(U)]: 10

Step 06 继续水平向右拖动鼠标指定直线方向。

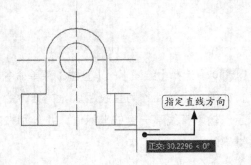

指定直线方向

正交: 30.2296 < 0°

Step 07 在命令行输入直线长度26，并按空格键确认。

> 指定下一点或 [闭合(C)/放弃(U)]: 26

Step 08 继续垂直向上拖动鼠标指定直线方向。

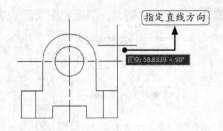

指定直线方向

正交: 58.8339 < 90°

Step 09 在命令行输入直线长度22，并按空格键确认。

> 指定下一点或 [闭合(C)/放弃(U)]: 22

Step 10 按空格键结束【直线】命令，结果如图所示。

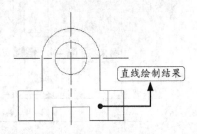

直线绘制结果

2.4 坐标的显示与隐藏

在CAD中，用户可以通过设置将坐标隐藏起来，需要时再重新显示坐标。

Step 01 新建空白文件，默认情况下坐标将显示在左下角。

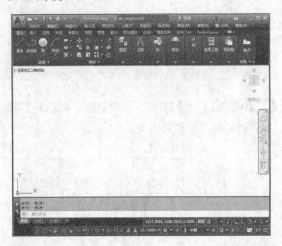

Step 02 在命令行输入"UCSICON"命令，并按空格键确认。然后输入"OFF"，按空格键确认，即可将坐标隐藏起来。

命令: UCSICON

输入选项 [开(ON)/关(OFF)/全部(A)/非原点(N)/原点(OR)/可选(S)/特性(P)] <开>: OFF

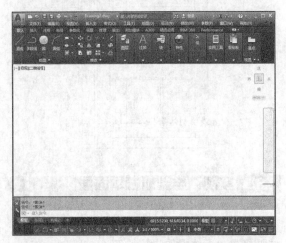

Tips

再次输入"UCSICON"命令，按空格键确认后然后输入"ON"，按空格键确认，即可显示坐标。

2.5 实战技巧

在CAD中，坐标系是为绘图服务的，是灵活的，有时候为了绘图方便可以将它关闭或者将它移动到合适的位置作为定位，下面就来介绍如何控制坐标系图标的显示和移动。

技巧1 如何控制坐标系图标的显示

在绘制图形时，为了方便观察图形，有时想让坐标系图标暂时消失。用"UCSICON"命令就能很好地达到这个效果。

Step 01 打开随书光盘中的"素材\CH02\关闭坐标系图标.dwg"文件。

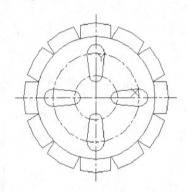

Step 02 在命令行输入"UCSICON"，并按空格键，然后输入"off"后按空格键。

命令: UCSICON

输入选项 [开(ON)/关(OFF)/全部(A)/非原点(N)/原点(OR)/可选(S)/特性(P)] <开>: off ↙

Step 03 将坐标系图标关闭后，如下图所示。

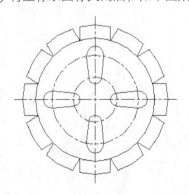

Tips

如果想让"UCS"图标重新显示，则可以在命令行输入"UCSICON"，然后输入"on"将它打开。

技巧2 如何快速移动坐标系

在绘图过程中，常将坐标系移动到某个特殊点来辅助绘图，在三维绘图中尤为常见。

Step 01 打开随书光盘中的"素材\CH02\快速移动坐标系.dwg"文件。

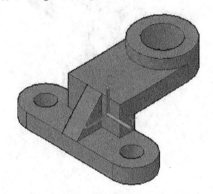

Step 02 用鼠标单击选中坐标系，如下图所示。

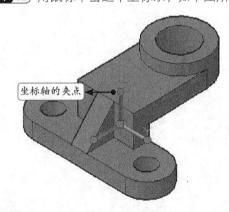

坐标轴的夹点

Step 03 按住坐标原点的夹点拖动鼠标，将它拖动到想要放置的特殊点的位置，如下图所示。

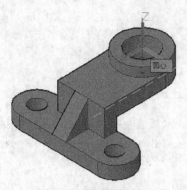

Step 04 单击鼠标左键确定放置位置，如下图所示。

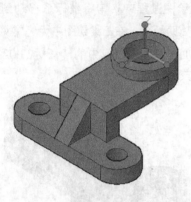

Step 05 在空白的绘图区单击鼠标左键退出坐标系移动，结果如下图所示。

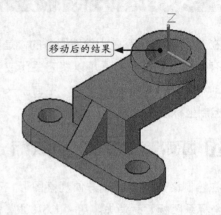

移动后的结果

Tips

在第四步中，按住坐标轴的夹点，可以通过旋转来确定坐标系的坐标轴的方向。

第 3 章

命令的调用方式

本章引言

　　如何在AutoCAD中调用命令，是AutoCAD绘图操作的基础。本章将对AutoCAD 2017的命令调用方式进行详细的介绍。

学习要点

◈ 利用菜单及按钮调用命令

◈ 命令调用技巧

3.1 利用菜单及按钮调用命令

　　菜单及按钮是AutoCAD中最直观的调用命令的方式，就算是新手也可以熟练掌握。下面将对这些命令调用方式进行详细介绍。

3.1.1 使用菜单调用命令

　　从菜单栏调用命令是AutoCAD提供的功能最全、最强大的调用命令方法。在菜单栏中，各个命令都被分类后按级别收藏起来。例如，若需要调用【直线】命令，则可以选择【绘图】→【直线】命令。

　　下面将以菜单调用命令的方式绘制一个法兰盘图形，具体操作步骤如下。

Step 01 打开光盘中的"素材\CH03\使用菜单调用命令.dwg"文件。

Step 02 选择【绘图】→【圆】→【圆心、半径】菜单命令，如图所示。

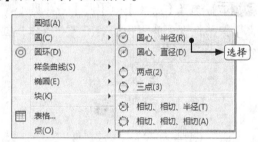

Step 03 捕捉如图所示交点作为圆的圆心。

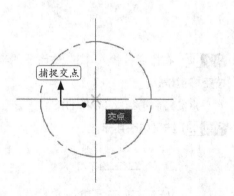

Step 04 在命令行输入"10"作为圆的半径，并按空格键确认。

　　　指定圆的半径或 [直径(D)]: 10

Step 05 结果如图所示。

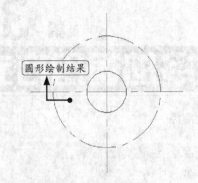

圆形绘制结果

Step 06 重复上述步骤，进行同心圆的绘制，圆的半径分别指定为"14""15""34""35"，结果如图所示。

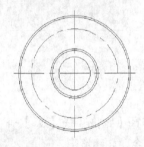

Step 07 选择【绘图】→【圆】→【圆心、半径】菜单命令，并捕捉如图所示交点作为圆的圆心。

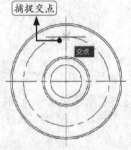

捕捉交点

交点

Step 08 在命令行输入"3"作为圆的半径，并按空格键确认。

指定圆的半径或 [直径(D)]: 3

Step 09 结果如图所示。

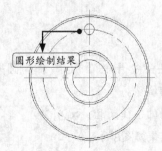

圆形绘制结果

Step 10 重复 **Step 07**~**Step 09** 继续绘制圆，结果如下图所示。

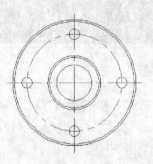

3.1.2 使用选项板及面板调用命令

功能区选项板是最常见、最直观的调用命令的方式，用户可以根据需求对选项卡及面板进行相关的隐藏与显示。

下面将以功能区选项板调用命令的方式绘制一个三相变压器图形，具体操作步骤如下。

Step 01 打开随书光盘中的"素材\CH03\三相变压器.dwg"文件。

Step 02 单击【默认】选项卡→【绘图】面板→【圆】按钮，展开【圆】命令下拉菜单，并选择【圆心、半径】选项。

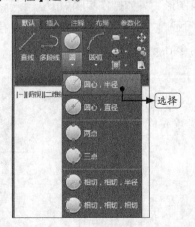

选择

Step 03 捕捉如下图所示的节点作为圆的圆心。

Step 04 在命令行输入"100"作为圆的半径，并按空格键确认。

指定圆的半径或 [直径(D)]: 100

Step 05 结果如图所示。

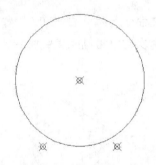

Step 06 重复 **Step 02** ~ **Step 05** ，绘制其他圆，结果如下图所示。

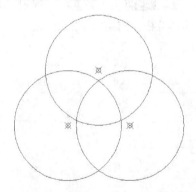

Step 07 单击【默认】选项卡→【绘图】面板→【直线】按钮。

Step 08 捕捉如图所示的象限点作为直线起点。

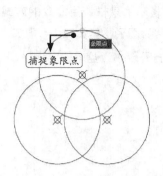

Step 09 在命令行输入"@0,50"作为直线端点，并按两次空格键结束【直线】命令，结果如图所示。

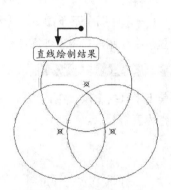

Step 10 重复 **Step 07** ~ **Step 09** ，绘制其他两条长度为50的直线，结果如下图所示。

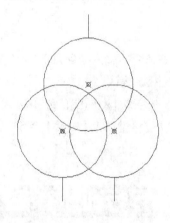

3.1.3 使用工具栏调用命令

在使用工具栏调用命令之前，首先将工具栏调出来，选择【工具】→【工具栏】→【AutoCAD】，在弹出的子菜单中可以选择相应的命令，之后相应的工具栏就会显示在绘图窗口中。

下面将以工具栏调用命令的方式绘制一个电缆密封终端图形，具体操作步骤如下。

Step 01 打开随书光盘中的"素材\CH03\使用工具栏调用命令.dwg"文件。

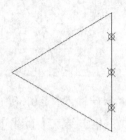

Step 02 选择【工具】→【工具栏】→【AutoCAD】→【绘图】菜单命令，【绘图】工具栏将会显示在绘图窗口中，如图所示。

Step 03 单击【直线】按钮，然后捕捉如图所示的端点作为直线起点。

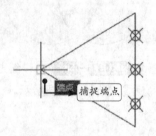

Step 04 在命令行输入"@-10,0"作为直线端点，并按空格键确认。

指定下一点或 [放弃(U)]: @-10,0

Step 05 按空格键结束【直线】命令，结果如图所示。

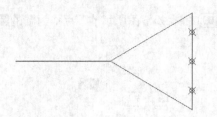

Step 06 在【绘图】工具栏中单击【直线】按钮，并捕捉如图所示的节点作为直线起点。

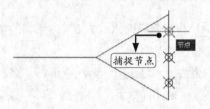

Step 07 在命令行输入"@10,0"作为直线端点，并按两次空格键结束直线命令，结果如图所示。

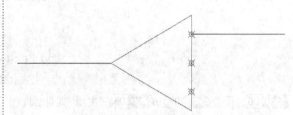

Step 08 重复 **Step 06**~**Step 07**，绘制另外两条长度为10的直线，结果如下图所示。

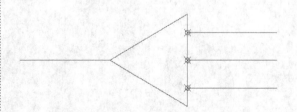

3.2 命令行和动态输入

下面将对命令行以及动态输入进行详细介绍，对于专业绘图人员而言，命令行是最常用的命令调用方式。

3.2.1 使用命令行调用命令

【命令行】窗口是AutoCAD提供的最人性化的窗口，也是专业绘图人员在工作当中使用最多的窗口。

下面将以命令行调用命令的方式绘制一个避雷器符号图形，具体操作步骤如下。

Step 01 打开随书光盘中的"素材\CH03\避雷器符号.dwg"文件。

Step 02 在命令行输入"LINE"并按空格键确认。

命令: LINE ✓

Step 03 捕捉如图所示的中点作为直线起点。

Step 04 命令行提示如下。

指定下一点或 [放弃(U)]: @0,8 ✓

指定下一点或 [放弃(U)]: ✓

Step 05 结果如图所示。

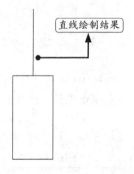

Step 06 重复执行【LINE】命令,并捕捉如图所示的中点作为直线起点,绘制一条长度为8的竖直线,如下图所示。

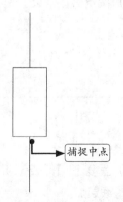

Step 07 在命令行输入"PLINE"并按空格键确认。

命令: PLINE ✓

Step 08 捕捉如图所示的端点作为多段线起点。

Step 09 根据命令行提示,进行如下操作。

指定下一个点或 [圆弧(A)/半宽(H)/长度(L)/放弃(U)/宽度(W)]: @0,5 ✓

指定下一点或 [圆弧(A)/闭合(C)/半宽(H)/长度(L)/放弃(U)/宽度(W)]: w ✓

指定起点宽度 <0.0000>: 2 ✓

指定端点宽度 <2.0000>: 0 ✓

指定下一点或 [圆弧(A)/闭合(C)/半宽(H)/长度(L)/放弃(U)/宽度(W)]: @0,3 ✓

指定下一点或 [圆弧(A)/闭合(C)/半宽(H)/长度(L)/放弃(U)/宽度(W)]: ✓

Step 10 结果如图所示。

Tips

命令行允许以快捷方式进行命令的调用,例如直线命令【LINE】可以在命令行中输入"L"进行调用,多段线命令【PLINE】输入"PL"进行调用。关于【多段线】命令的介绍详见本书9.1节。

3.2.2 使用动态输入调用命令

启用【动态输入】命令后，用户可以在工具提示（而非命令窗口）输入相关命令及坐标值，【动态输入】窗口默认将会显示在十字光标旁边。

下面将以动态输入调用命令的方式绘制一个二极管符号图形，具体操作步骤如下。

Step 01 打开随书光盘中的"素材\CH03\二极管符号.dwg"文件。

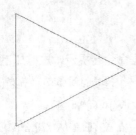

Step 02 按【F12】键开启动态输入功能，然后在动态输入窗口输入"L"，并按空格键确认，如图所示。

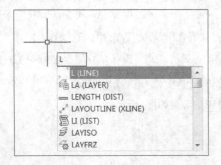

Step 03 捕捉如图所示的端点作为直线起点。

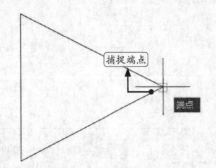

Step 04 在动态输入窗口中指定直线端点的坐标值，并按空格键确认。

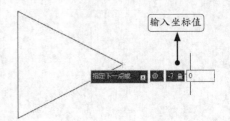

Step 05 按空格键结束【直线】命令，结果如图所示。

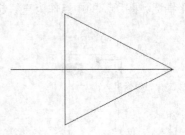

Step 06 重复【L】命令，并捕捉如图所示端点作为直线起点。

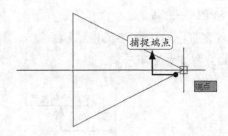

Step 07 在动态输入窗口中指定直线端点的坐标值，并按空格键确认。

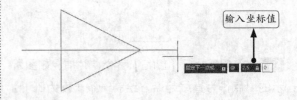

Step 08 按空格键结束【直线】命令，结果如图所示。

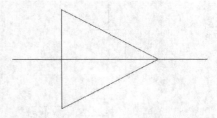

Step 09 重复【L】命令，并捕捉如图所示的端点作为直线起点。

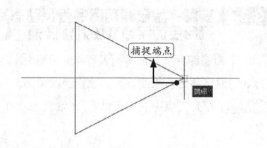

Step 10 在动态输入窗口中指定直线端点的坐标值，并按空格键确认。

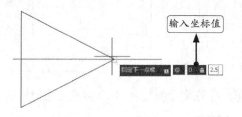

输入坐标值

Step 11 按空格键结束【直线】命令，结果如图所示。

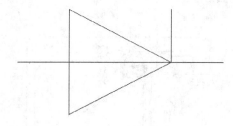

Step 12 重复【L】命令，并捕捉如图所示端点作为直线起点。

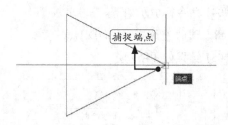

捕捉端点

端点

Step 13 在动态输入窗口中指定直线端点的坐标值，并按空格键确认。

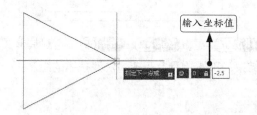

输入坐标值

Step 14 按空格键结束【直线】命令，结果如图所示。

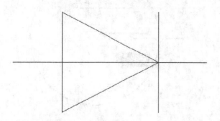

Tips

按【F12】键可以控制动态输入的打开或关闭。

3.2.3 命令查询方式

文本窗口与命令行相似，用户可以在其中输入命令、查看提示和信息。文本窗口显示当前工作任务的完整的命令历史记录。

下面将对当前执行的命令进行查询，具体操作步骤如下。

Step 01 启动AutoCAD 2017，选择【绘图】→【圆】→【图心、半径】菜单命令，在绘图区域单击指定圆的圆心。

Step 02 命令行提示如下。

指定圆的半径或 [直径(D)]: 200 ↙

Step 03 结果如图所示。

Step 04 选择【绘图】→【直线】菜单命令，在绘图区域捕捉如图所示的象限点作为直线起点。

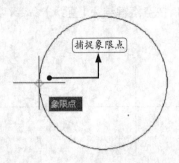

Step 05 拖动鼠标并捕捉如图所示的象限点作为直线端点。

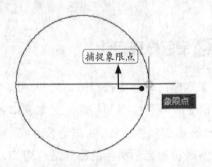

Step 06 按空格键结束【直线】命令，结果如图所示。

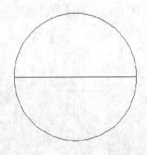

Step 07 按【F2】键打开AutoCAD文本窗口，如图所示。

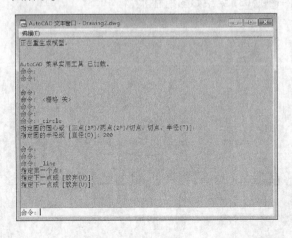

3.2.4 实例：综合利用命令行及动态输入命令调用方式绘制清洗池

下面将综合利用命令行及动态输入命令调用方式对清洗池进行绘制，具体操作步骤如下。

Step 01 打开光盘中的"素材\CH03\清洗池.dwg"文件。

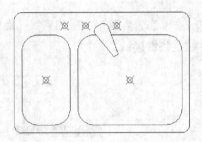

Step 02 在命令行输入"C"并按空格键确认。

命令：C

Step 03 在绘图区域中捕捉如图所示的节点作为圆的圆心。

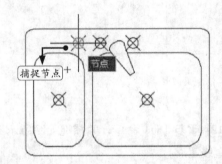

Step 04 命令行提示如下。

指定圆的半径或 [直径(D)]: 20

Step 05 结果如图所示。

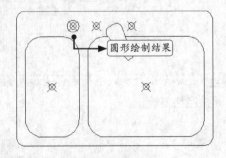

Step 06 重复 **Step 02**~**Step 05**，绘制其他圆，结果如下图所示。完成清洗池按钮的绘制。

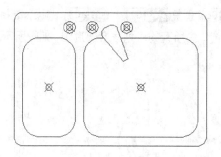

Step 07 按【F12】键启用动态输入功能，然后在动态输入窗口中输入"C"并按空格键确认。

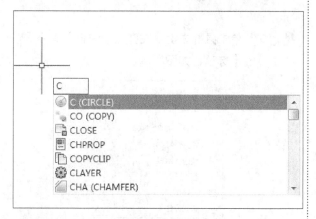

Step 08 在绘图区域中捕捉如图所示的节点作为圆的圆心。

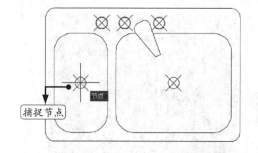

Step 09 在动态输入窗口中输入圆的半径25，并按空格键确认。

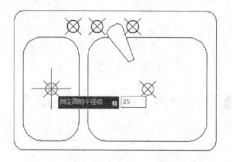

Step 10 结果如图所示。

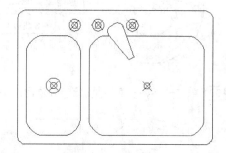

Step 11 重复 **Step 07** ~ **Step 10**，绘制一个半径为60的圆，结果如下图所示。完成清洗池漏水孔的绘制。

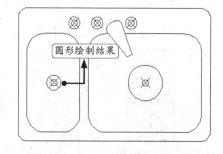

3.3 命令调用技巧

下面将对命令的调用技巧进行详细介绍，对于新手而言，这些技巧性的命令调用方式会更加容易理解，更容易掌握。

3.3.1 关于鼠标

在AutoCAD 2017中，鼠标可以根据实际情况灵活运用，例如滚动鼠标滚轮可以对当前窗口的图形实时地放大和缩小，而在绘图窗口中单击鼠标右键则可以调用相关编辑命令。

下面将利用鼠标右键调用命令的方式对端盖图形进行编辑，具体操作步骤如下。

Step 01 打开光盘中的"素材\CH03\端盖.dwg"文件。

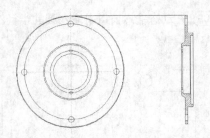

Step 02 将光标移至如图所示的水平直线段上面。

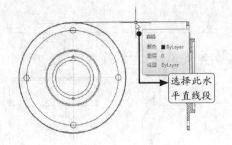

选择此水平直线段

Step 03 单击一下，该直线段被选中，如图所示。

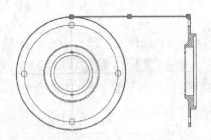

Step 04 单击鼠标右键，在弹出的快捷菜单中选择【删除】选项，如图所示。

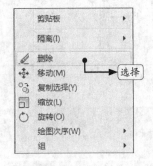

选择

Step 05 结果如图所示。

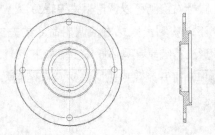

Step 06 重复 **Step 02** ~ **Step 03** 的操作，将当前绘图窗口中所有的点划线全部选中，如图所示。

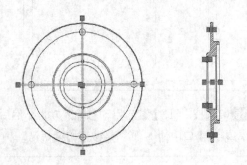

Step 07 单击鼠标右键，在弹出的快捷菜单中选择【特性】选项，如图所示。

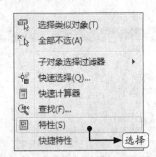

选择

Step 08 弹出【特性】选项板，单击【常规】区域中的【颜色】选项，选择蓝色，如图所示。

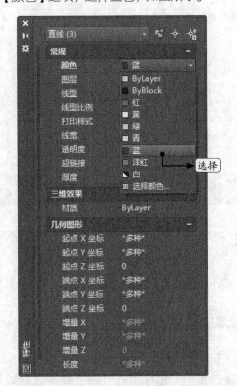

选择

Step 09 按【Esc】键将当前窗口中的图形全部取消选择，结果如图所示。

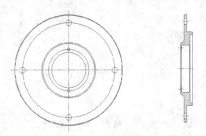

3.3.2 取消命令

在AutoCAD 2017中，取消命令操作可用于终止当前部分命令或整个命令的执行，下面将通过图形的编辑对取消命令操作进行详细介绍，具体操作步骤如下。

Step 01 打开随书光盘中的"素材\CH03\取消命令.dwg"文件。

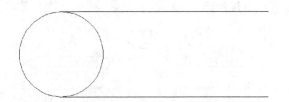

Step 02 选择【修改】→【复制】菜单命令，如图所示。

Step 03 将光标移至圆形上面并单击鼠标左键选择此圆形，如图所示。

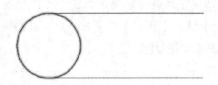

Step 04 按【Enter】键确认，并单击选择如图所示的象限点作为复制基点。

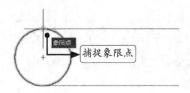

Step 05 拖动鼠标并单击，选择如图所示的端点作为位移第二点。

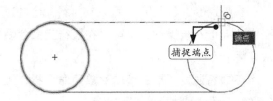

Step 06 按【Enter】键结束【复制】命令，此时圆形被成功复制，如图所示。

Step 07 重复 **Step 02**~**Step 04** 的操作，选择如图所示的圆形作为复制对象。

Step 08 捕捉如图所示的象限点作为复制基点。

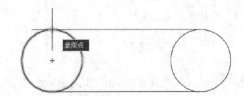

Step 09 在系统提示指定第二个点的情况下按【Esc】键，【复制】命令被终止，此时所选择的圆形没有被复制。

Tips

关于【复制】命令和【选择】命令详见本书第7章内容。

3.3.3 放弃命令

在AutoCAD 2017中，可以在执行命令的过程中放弃上一步操作，也可以在执行完命令后放弃整个命令。

下面将通过图形的编辑对放弃命令操作进行详细介绍，具体操作步骤如下。

Step 01 打开随书光盘中的"素材\CH03\放弃命令.dwg"文件。

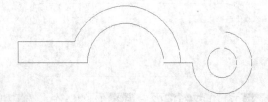

Step 02 选择【绘图】→【直线】菜单命令，如图所示。

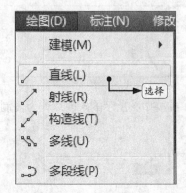

Step 03 捕捉如图所示的端点作为直线起点。

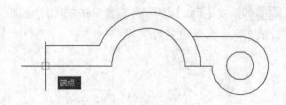

Step 04 在命令行输入相应坐标值，并按空格键确认。

指定下一点或 [放弃(U)]: @0,-100

Step 05 结果如图所示。

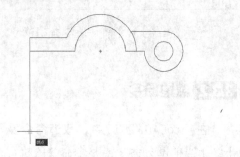

Step 06 在命令行输入参数"u"，并按空格键确认。

指定下一点或 [放弃(U)]: u

Step 07 绘制的长度为"100"的竖直直线被取消，如图所示。

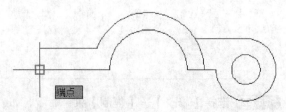

Step 08 继续在命令行输入相关坐标值，并分别按空格键确认。

指定下一点或 [放弃(U)]: @0,-50

指定下一点或 [放弃(U)]: @30,0

Step 09 捕如如图所示的端点作为直线端点。

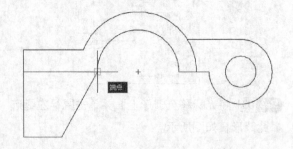

Step 10 按空格键结束【直线】命令，结果如图所示。

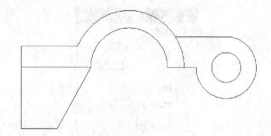

Step 11 在命令行输入"U"并按空格键确认。

命令: U ✓

Step 12 直线命令绘制结果全部被放弃，结果如图所示。

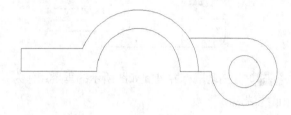

3.3.4 重复上一次命令

在AutoCAD 2017中，可以在执行完命令后按空格键或【Enter】键重复上一次命令，也可以在绘图窗口中单击鼠标右键，通过快捷菜单重复上一次命令。

下面将通过图形的编辑对重复上一次命令进行详细介绍，具体操作步骤如下。

Step 01 打开随书光盘中的"素材\CH03\重复上一次命令.dwg"文件。

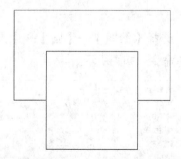

Step 02 选择【绘图】→【直线】菜单命令，如图所示。

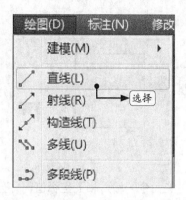

Step 03 捕捉如图所示的端点作为直线起点。

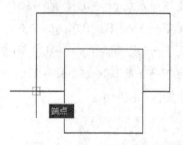

Step 04 在命令行输入相关坐标值，并分别按空格键确认。

指定下一点或 [放弃(U)]: @0,-50 ✓

指定下一点或 [放弃(U)]: @17,0 ✓

指定下一点或 [闭合(C)/放弃(U)]: @0,25 ✓

指定下一点或 [闭合(C)/放弃(U)]: ✓

Step 05 结果如图所示。

Step 06 按空格键后，系统重复执行【直线】命令。

命令:

LINE

Step 07 捕捉如图所示的端点作为直线起点。

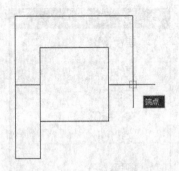

Step 08 在命令行输入相关坐标值，并分别按空格键确认。

指定下一点或 [放弃(U)]: @0,-50 ↙

指定下一点或 [放弃(U)]: @-17,0 ↙

指定下一点或 [闭合(C)/放弃(U)]: @0,25 ↙

指定下一点或 [闭合(C)/放弃(U)]: ↙

Step 09 结果如图所示。

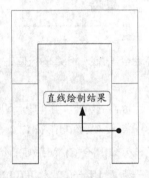

3.3.5 使用近期输入命令

在绘图窗口中单击鼠标右键，然后在弹出的快捷菜单中可以调用近期输入的命令，【最近的输入】选项用于显示命令的最近输入历史记录。

下面将通过图形的编辑对近期输入命令进行详细介绍，具体操作步骤如下。

Step 01 打开随书光盘中的"素材\CH03\近期输入命令.dwg"文件。

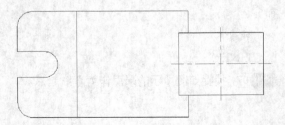

Step 02 选择【绘图】→【直线】菜单命令，如图所示。

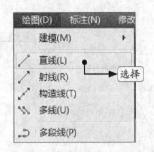

Step 03 捕捉如图所示的端点作为直线起点。

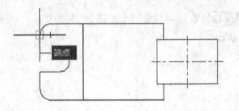

Step 04 拖动鼠标并捕捉如图所示的垂足点作为直线端点。

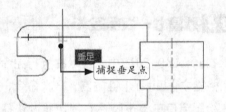

Step 05 按空格键确认后结果如图所示。

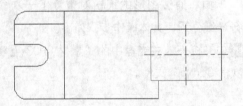

Step 06 选择【绘图】→【圆】→【圆心、半径】菜单命令，如图所示。

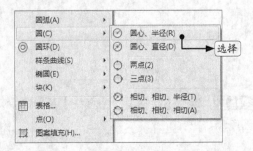

Step 07 捕捉如图所示的交点作为圆心点。

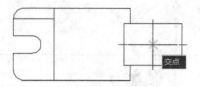

Step 08 在命令行输入坐标值，并按空格键确认。

指定圆的半径或 [直径(D)]: 12

Step 09 结果如图所示。

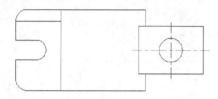

Step 10 单击鼠标右键，在弹出的快捷菜单中选择【最近的输入】，并在级联菜单中选择【LINE】，如图所示。

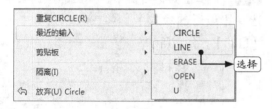

Step 11 系统执行【LINE】命令，如图所示。

命令: LINE

Step 12 捕捉如图所示的端点作为直线起点。

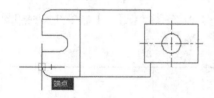

Step 13 拖动鼠标并捕捉如图所示的垂足点作为直线端点。

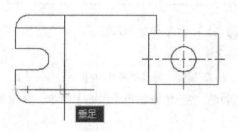

Step 14 按空格键确认后结果如图所示。

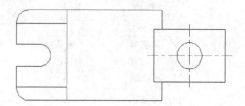

3.3.6 实例：命令调用技巧的综合应用

下面将综合利用命令调用技巧进行熔断电阻器符号的绘制，具体操作步骤如下。

Step 01 启动AutoCAD 2017，然后选择【绘图】→【矩形】菜单命令，如图所示。

Step 02 在绘图区域中任意单击一点作为矩形第一角点，如图所示。

Step 03 在命令行中输入矩形另一角点的坐标值，并按空格键确认。

指定另一个角点或 [面积(A)/尺寸(D)/旋转(R)]: @10,4

Step 04 结果如图所示。

Step 05 选择【绘图】→【直线】菜单命令，如图所示。

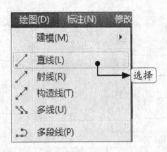

Step 06 捕捉如图所示的端点作为直线起点。

Step 07 拖动鼠标并捕捉如图所示的端点作为直线端点。

Step 08 将光标移至如图所示的竖直直线段上面并单击。

Step 09 在绘图窗口中单击鼠标右键，在弹出的快捷菜单中选择【移动】选项。

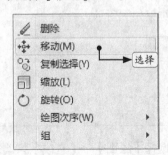

Step 10 捕捉如图所示端点作为移动基点。

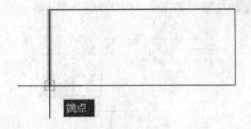

Step 11 在命令行中输入位移第二点坐标值，并按空格键确认。

指定第二个点或 <使用第一个点作为位移>: @3,0 ✓

Step 12 结果如图所示。

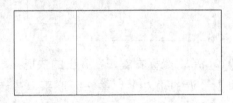

Step 13 单击鼠标右键，在弹出的快捷菜单中选择【最近的输入】，并在级联菜单中选择【LINE】，如图所示。

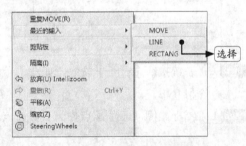

Step 14 系统执行【LINE】命令并捕捉如图所示中点作为直线起点。

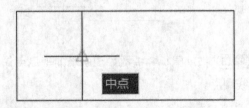

Step 15 在命令行中输入直线端点坐标值，并按空格键确认。

指定下一点或 [放弃(U)]: @-7,0 ✓

Step 16 按空格键结束【LINE】命令，结果如图所示。

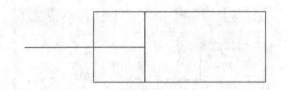

Step 17 按空格键重复使用【LINE】命令并捕捉如图所示中点作为直线起点。

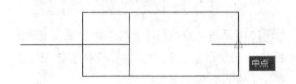

3.4 实战技巧

下面将对透明命令以及鼠标右键功能的设置进行详细介绍。

技巧1 透明命令的应用

对于透明命令而言，可以在不中断其他当前正在执行的命令的状态下进行调用。此种命令可以极大地方便用户的操作，尤其体现在对当前所绘制图形的即时观察方面。

下面以绘制不同线宽的三角形为例，对透明命令的使用进行详细介绍。

Step 01 启动AutoCAD 2017，选择【绘图】→【直线】菜单命令。

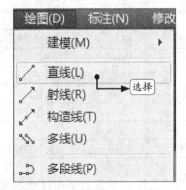

Step 02 在绘图窗口单击指定第一点，如图所示。

Step 18 在命令行中输入直线端点坐标值，并按空格键确认。

　　指定下一点或 [放弃(U)]: @4,0　　✓

Step 19 按空格键结束【LINE】命令，结果如图所示。

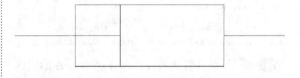

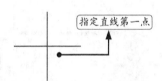

Step 03 拖动鼠标在绘图窗口单击指定直线第二点，如图所示。

Step 04 在命令行输入"'lw"命令并按空格键，弹出【线宽设置】对话框。

Step 05 选择线宽值"0.40mm"，并单击【确定】按钮。

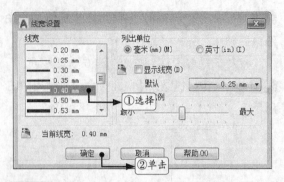

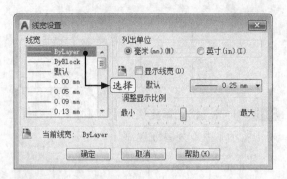

Step 06 系统恢复执行【直线】命令，在绘图区域中水平拖动鼠标并单击指定直线下一点。

Step 08 系统恢复执行【直线】命令后，拖动鼠标绘制三角形第三条边，并按空格键结束【直线】命令，结果如下图所示。

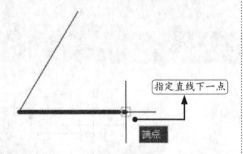

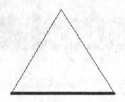

Step 07 重复 **Step 04**～**Step 05** 的操作，将线宽值设置为"Bylayer"。

Tips

为了便于操作管理，AutoCAD将许多命令都赋予了透明的功能，现将部分透明命令提供如下，供用户参考。需要注意的是所有透明命令前面都带有符号"'"。

透明命令	对应操作	透明命令	对应操作	透明命令	对应操作
' Color	设置当前对象颜色	' Dist	查询距离	' Layer	管理图层
' Linetype	设置当前对象线型	' ID	点坐标	' PAN	实时平移
' Lweight	设置当前对象线宽	' Time	时间查询	' Redraw	重画
' Style	文字样式	' Status	状态查询	' Redrawall	全部重画
' Dimstyle	样注样式	' Setvar	设置变量	' Zoom	缩放
' Ddptype	点样式	' Textscr	文本窗口	' Units	单位控制
' Base	基点设置	' Thickness	厚度	' Limits	模型空间界限
' Adcenter	CAD设计中心	' Matchprop	特性匹配	' Help或'？	CAD帮助
' Adcclose	CAD设计中心关闭	' Filter	过滤器	' About	关于CAD
' Script	执行脚本	' Cal	计算器	' Osnap	对象捕捉
' Attdisp	属性显示	' Dsettlngs	草图设置	' Plinewid	多段线变量设置
' Snapang	十字光标角度	' Textsize	文字高度	' Cursorsize	十字光标大小
' Filletrad	倒圆角半径	' Osmode	对象捕捉模式	' Clayer	设置当前层

技巧2 设置鼠标右键功能

在AutoCAD 2017中，用户可以根据需要对鼠标的右键单击功能进行设置，以使AutoCAD具有更大的灵活性，下面以单击鼠标右键重复上一个命令为例，对鼠标右键功能的设置过程进行详细介绍。

Step 01 选择【工具】→【选项】菜单命令，弹出【选项】对话框，如图所示。

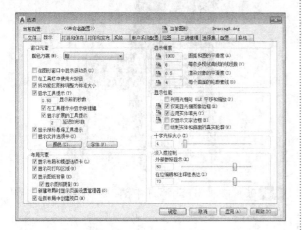

Step 02 选择【用户系统配置】选项卡，并单击【自定义右键单击】按钮。

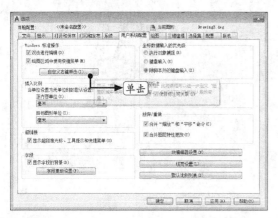

Step 03 弹出【自定义右键单击】对话框，在【默认模式】区域中单击【重复上一个命令】单选按钮，如图所示。

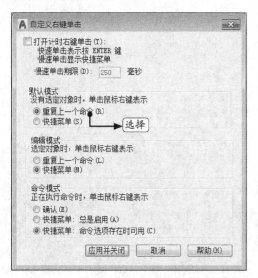

Step 04 单击【应用并关闭】按钮，返回【选项】对话框，单击【确定】按钮。

Step 05 在绘图区单击鼠标右键，系统自动弹出如第二步所示的【选项】对话框。

技巧3 鼠标中键的妙用

鼠标中键在CAD绘图过程中用途非常广泛，除了前面介绍的上下滚动可以缩放图形外，还可以按住中键平移图形，以及和其他按键组合来旋转图形。

Step 01 打开随书光盘中的"素材\CH03\鼠标中键妙用.dwg"文件。

Step 02 按住中键可以平移图形，如下图所示。

Step 03 滚动中键可以缩放图形。

Step 04 双击中键，可以全屏显示图形，如下图所示。

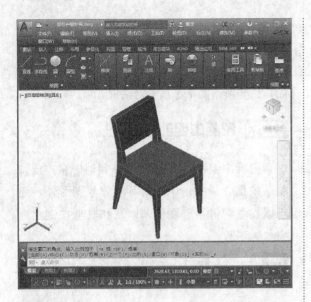

Step 05 按Shift+中键，可以受约束动态观察图形，如右图所示。

Step 06 按Ctrl+Shift+中键，可以自由动态观察图形，如下图所示。

第2篇

二维图形

导读

二维图形篇主要讲解AutoCAD 2017的二维图形绘制基础。通过二维绘图基础、绘制基本二维图形、绘制复杂的二维图形以及二维图形的编辑操作等的讲解，让读者了解AutoCAD 2017的绘图基础，从而进一步掌握二维绘图技巧。

第 4 章

二维绘图基础

▚▚ 本章引言

利用AutoCAD绘图之前，需要对草图对话框、系统选项对话框进行设置。对于有特殊要求的还要对图形的单位以及比例等进行设置。本章将对相关知识点进行详细介绍。

▚▚ 学习要点

- ◈ 掌握设置图形单位的方法
- ◈ 掌握草图设置的方法
- ◈ 掌握选项设置的方法
- ◈ 掌握自定义用户设置的方法

4.1 设置图形单位

在AutoCAD中，图形单位用于设置显示坐标、距离和角度时要使用的格式、精度及其他约定，保存在图形样板文件中，用户也可以在当前图形文件中更改这些设置。下面将对图形单位的设置进行详细介绍。

在AutoCAD 2017中设置绘图单位通常有以下3种方法。

- 选择【格式】→【单位】菜单命令；
- 命令行输入 "UNITS/UN" 命令并按空格键；
- 选择【应用程序菜单】按钮 （窗口左上角）→【图形实用工具】→单位。

在命令行输入 "UN" 并按空格键，弹出【图形单位】对话框，如下图所示。

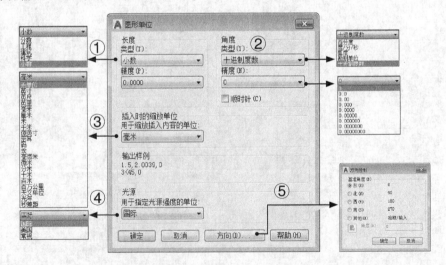

1. 长度

【类型】：用于设置测量单位的当前格式。该值包括 "建筑" "小数" "工程" "分数" 和 "科学"。其中"工程"和"建筑"格式提供英尺和英寸显示并假定每个图形单位表示一英寸。其他格式可表示任何真实世界单位。

【精度】：用于设置线性测量值显示的小数位数或分数大小。

2. 角度

【类型】：用于设置当前角度的格式。该值包括"十进制度数""百分度""度/分/秒""弧度"和"勘测单位"。

【精度】：用于设置当前角度显示的精度。

以下约定用于各种角度测量：

- 十进制度数以十进制数表示；
- 百分度附带一个小写g后缀；
- 弧度附带一个小写r后缀；
- 度/分/秒格式用d表示度，用 ′ 表示分，用 ″ 表示秒；例如：135d45′35.6″；
- 勘测单位以方位表示角度，N表示正北，S表示正南，度/分/秒表示从正北或正南开始的偏角的大小，E表示正东，W表示正西，此形式只使用度/分/秒格式来表示角度大小，且角度值始终小于90°，例如：N45d0′0″E。如果角度值正好是正北、正南、正东或正西，则只显示表示方向的单个字母。

【顺时针】：勾选该复选框后将以顺时针方向计算正的角度值，默认的正角度方向是逆时针方向。当提示用户输入角度时，可以点击所需方向或输入角度，而不必考虑【顺时针】设置。

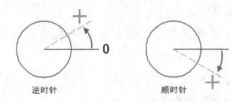

逆时针　　　　　　顺时针

3. 插入时的缩放单位

控制插入到当前图形中的块和图形的测量单位。如果块或图形创建时使用的单位与该选项指定的单位不同，则在插入这些块或图形时，将对其按比例缩放。插入比例是源块或图形使用的单位与目标图形使用的单位之比。若插入块时不按指定单位缩放，请选择"无单位"。

当源块或目标图形中的"插入比例"设定为"无单位"时，将使用【选项】对话框的【用户系统配置】选项卡中的"源内容单位"和"目标图形单位"设置。

4. 光源

光源用于控制当前图形中光度控制光源的强度控制单位。

为创建和使用光度控制光源，必须从选项列表中指定非"常规"的单位。如果"插入比例"设定为"无单位"，则将显示警告信息，通知用户渲染输出可能不正确。

5. 方向

基准角度：设置零角度的方向。

东：指定正东方向（默认方向）。

北：指定正北方向。

西：指定正西方向。

南：指定正南方向。

其他：指定除正方向以外的其他方向。

角度：选择"其他"时指定零角度值。

拾取/输入：基于假想线的角度定义图形区域中的零角度，该假想线连接用户使用定点设备指定的任意两点。

4.2 草图设置

在AutoCAD中绘制图形时，可以使用系统提供的极轴追踪、对象捕捉和正交等功能来进行精确定位。使用户在不知道坐标的情况下也可以精确定位和绘制图形。这些设置都是在【草图设置】对话框中进行的。

AutoCAD 2017中调用【草图设置】对话框的方法有以下2种：

- 选择【工具】→【绘图设置】菜单命令。
- 在命令行中输入"DSETTINGS/DS/SE/OS"命令。

4.2.1 捕捉和栅格设置

在命令行输入【SE】，按空格键弹出【草图设置】对话框。单击【捕捉和栅格】选项卡，可以设置捕捉模式和栅格模式，如下图所示。

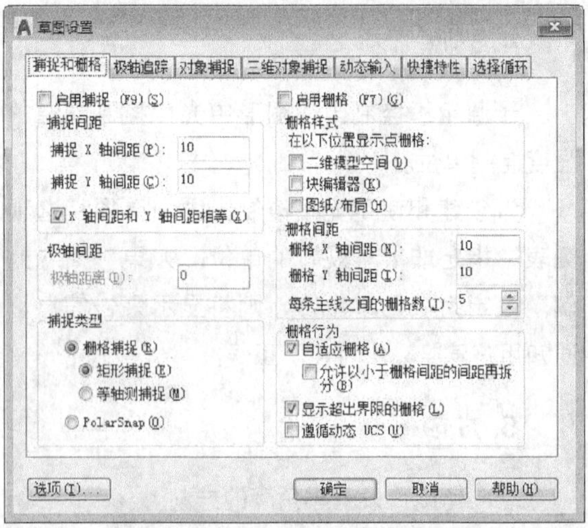

1. 启用捕捉各选项含义如下

【启用捕捉】：打开或关闭捕捉模式。也可以通过单击状态栏上的【捕捉】按钮或按【F9】键来打开或关闭捕捉模式。

【捕捉间距】：控制捕捉位置的不可见矩形栅格，以限制光标仅在指定的x和y间隔内移动。

【捕捉X轴间距】：指定x方向的捕捉间距。间距值必须为正实数。

【捕捉Y轴间距】：指定y方向的捕捉间距。间距值必须为正实数。

【X轴间距和Y轴间距相等】：为捕捉间距和栅格间距强制使用同一x和y间距值。捕捉间距可以与栅格间距不同。

【极轴间距】：控制极轴捕捉增量距离。

【极轴距离】：选定【捕捉类型】下的【PolarSnap】时，设置捕捉增量距离。如果该值为0，则PolarSnap距离采用【捕捉X轴间距】的值。【极轴距离】设置与极坐标追踪和（或）对象捕捉追踪结合使用。如果两个追踪功能都未启用，则【极轴距离】设置无效。

【矩形捕捉】：将捕捉样式设置为标准"矩形"捕捉模式。当捕捉类型设置为"栅格"并且打开【捕捉】模式时，光标将捕捉矩形捕捉栅格。

【等轴测捕捉】：将捕捉样式设置为"等轴测"捕捉模式。当捕捉类型设置为"栅格"并且打开【捕捉】模式时，光标将捕捉等轴测捕捉栅格。

【PolarSnap】：将捕捉类型设置为【PolarSnap】。如果启用了【捕捉】模式并在极轴追踪打开的情况下指定点，光标将沿在【极轴追踪】选项卡上相对于极轴追踪起点设置的极轴对齐角度进行捕捉。

2. 启用栅格各选项含义如下

【启用栅格】：打开或关闭栅格。也可以通过单击状态栏上的【栅格】按钮或按【F7】键，或使用GRIDMODE系统变量，来打开或关闭栅格模式。

【二维模型空间】：将二维模型空间的栅格样式设定为点栅格。

【块编辑器】：将块编辑器的栅格样式设定为点栅格。

【图纸/布局】：将图纸和布局的栅格样式设定为点栅格。

【栅格间距】：控制栅格的显示，有助于形象化显示距离。

【栅格Y轴间距】：指定y方向上的栅格间距。如果该值为0，则栅格采用【捕捉Y轴间距】的值。

【每条主线之间的栅格数】：指定主栅格

线相对于次栅格线的频率。VSCURRENT设置为除二维线框之外的任何视觉样式时，将显示栅格线而不是栅格点。

【栅格行为】：控制当VSCURRENT设置为除二维线框之外的任何视觉样式时，所显示栅格线的外观。

【自适应栅格】：缩小时，限制栅格密度。允许以小于栅格间距的间距再拆分。放大时，生成更多间距更小的栅格线。主栅格线的频率确定这些栅格线的频率。

【显示超出界线的栅格】：显示超出LIMITS命令指定区域的栅格。

【遵循动态UCS】：更改栅格平面以跟随动态UCS的xy平面。

Tips

　　勾选【启用捕捉】复选框后光标在绘图屏幕上按指定的步距移动，隐含的栅格点对光标有吸附作用，即能够捕捉光标，使光标只能落在由这些点确定的位置上，因此使光标只能按指定的步距移动，而使得鼠标不受控制，选不到其他任务里想要的点或线条，这时候只要按【F9】键把【启用捕捉】关闭，或者打开【工具】>【选项】>【绘图】>【自动捕捉】将【磁性】选项复选框的"对勾"去掉即可，这样就可以自由准确的任何对象。

4.2.2 实例：绘制床头柜平面图

下面将利用捕捉和栅格功能绘制床头柜平面图，具体操作步骤如下。

Step 01 打开光盘中的"素材\CH04\床头柜.dwg"文件。

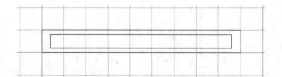

Step 02 选择【绘图】→【矩形】菜单命令，如图所示。

Step 03 捕捉如图所示的端点作为矩形的第一角点。

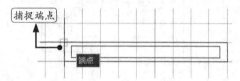

Step 04 拖动鼠标并捕捉如图所示的栅格点作为矩形的另一角点。

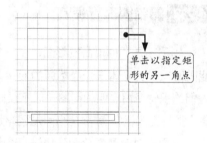

Step 05 结果如图所示。

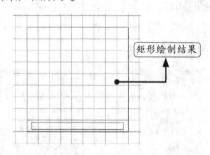

Step 06 重复【矩形】命令并捕捉如图所示的栅格点作为矩形的第一角点。

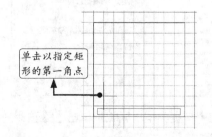

Step 07 拖动鼠标并捕捉如图所示的栅格点作为

矩形的另一角点。

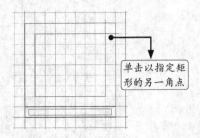

单击以指定矩形的另一角点

Step 08 结果如图所示。

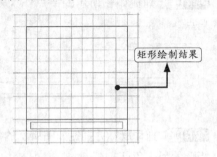

矩形绘制结果

4.2.3 等轴侧捕捉模式

轴测图是一种单面投影图，在一个投影面上能同时反映出物体三个坐标面的形状，并接近于人们的视觉习惯。但轴测图一般不反映物体各表面实形，在工程中通常作为辅助图样使用。

下面将对轴测图绘图环境进行介绍。

Step 01 选择【工具】→【绘图设置】菜单命令，弹出【草图设置】对话框，选择【捕捉和栅格】选项卡。

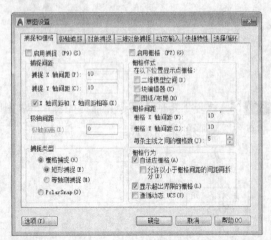

Step 02 在【捕捉类型】区域中单击【等轴测捕捉】单选按钮。

捕捉类型

○ 栅格捕捉(R)
○ 矩形捕捉(E)
○ 等轴测捕捉(M)
○ PolarSnap(O) → 单击

Step 03 单击【确定】按钮后进入等轴测绘图环境，光标随之改变，如图所示。

Step 04 正在绘图的轴测面称为"当前轴测面"，由于立体的不同表面必须在不同的轴测面上绘制，所以用户在绘制轴测图的过程中就要不断改变当前轴测面。按快捷键【Ctrl+E】或者【F5】键，可按顺时针方向在左平面、上平面和右平面3个轴测面之间进行切换。

左平面　　　　上平面　　　　右平面

Step 05 在等轴测模式下，有3个等轴测面。如果用一个正方体来表示一个三维坐标系，那么，在等轴测图中，这个正方体只有3个面可见，这3个面就是等轴测面，如下图所示。这3个面的平面坐标系是各不相同的，因此，在绘制二维等轴测投影图时，首先要在左、上、右3个等轴测面中选择一个设置为当前的等轴测面。

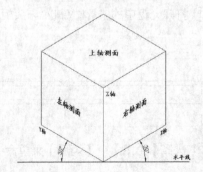

4.2.4 实例：绘制楼梯轴测图

下面将在轴测图模式下绘制楼梯图形，具体操作步骤如下。

第1步：绘制楼梯横截面

Step 01 打开光盘中的"素材\CH04\楼梯.dwg"文件。

Step 02 选择【绘图】→【直线】菜单命令，在绘图区域任意单击一点作为直线起点。

指定直线起点

Step 03 按【F8】键开启【正交】功能，并按【F5】键将当前轴测面调整为右视。

指定下一点或 [放弃(U)]: <正交 开> <等轴测平面 右视>

Step 04 拖动鼠标指定直线方向，如图所示。

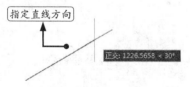

指定直线方向

正交: 1226.5658 < 30°

Step 05 在命令行输入直线长度值，并按【Enter】键确认。

指定下一点或 [放弃(U)]: 30

Step 06 拖动鼠标指定直线方向，如图所示。

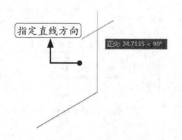

指定直线方向

正交: 24.7135 < 90°

Step 07 在命令行输入直线长度值，并按【Enter】键确认。

指定下一点或 [放弃(U)]: 30

Step 08 重复上述步骤，直线长度始终指定为"30"，并且不断调整直线方向，结果如图所示。

直线绘制结果

Step 09 拖动鼠标指定直线方向，如图所示。

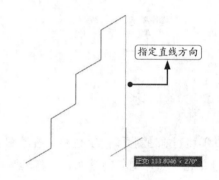

指定直线方向

正交: 133.8046 < 270°

Step 10 在命令行输入直线长度值，并按【Enter】键确认。

指定下一点或 [闭合(C)/放弃(U)]: 120

Step 11 拖动鼠标指定直线方向，如图所示。

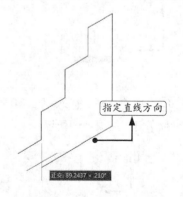

指定直线方向

正交: 89.2437 < 210°

Step 12 在命令行输入直线长度值，并按【Enter】键确认。

指定下一点或 [闭合(C)/放弃(U)]: 120

Step 13 在命令行输入"C"并按【Enter】键确认。

　　指定下一点或 [闭合(C)/放弃(U)]: c ✓

Step 14 结果如图所示。

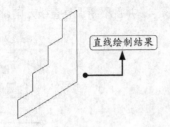

直线绘制结果

第2步：完成楼梯绘制

Step 01 选择【修改】→【复制】菜单命令，选择如图所示图形作为复制对象。

选择对象

Step 02 将当前轴测面调整为左视，在绘图区域中任意单击一点作为复制基点，并拖动鼠标指定复制位移方向，如图所示。

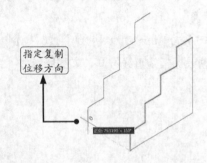

指定复制位移方向

Step 03 在命令行输入"120"并按两次【Enter】键，结果如图所示。

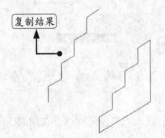

复制结果

Step 04 选择【绘图】→【直线】菜单命令，捕捉如图所示端点作为直线起点。

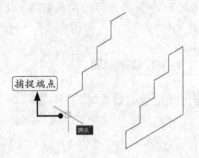

捕捉端点

端点

Step 05 拖动鼠标并捕捉如图所示的端点作为直线端点。

捕捉端点

端点

Step 06 按【Enter】键结束【直线】命令，结果如图所示。

直线绘制结果

Step 07 重复【直线】命令，将相对应的端点用直线连接起来，结果如图所示。

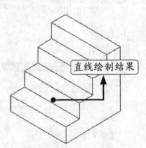

直线绘制结果

4.2.5 极轴追踪设置

单击【极轴追踪】选项卡,可以设置极轴追踪的角度,如下图所示。

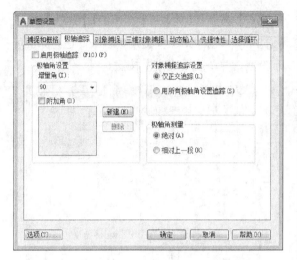

【草图设置】对话框的【极轴追踪】选项卡中,各选项的功能和含义如下。

【启用极轴追踪】:只有勾选前面的复选框,下面的设置才起作用。除此之外,下面两种方法也可以控制是否启用极轴追踪。

【增量角】下拉列表框:用于设置极轴追踪对齐路径的极轴角度增量,可以直接输入角度值,也可以从中选择90、45、30或22.5等常用角度。当启用极轴追踪功能之后,系统将自动追踪该角度整数倍的方向。

【附加角】复选框:勾选此复选框,然后单击【新建】按钮,可以在左侧窗口中设置增量角之外的附加角度。附加的角度系统只追踪该角度,不追踪该角度的整数倍的角度。

【极轴角测量】选项区域:用于选择极轴追踪对齐角度的测量基准,若选中"绝对"单选按钮,将以当前用户坐标系(UCS)的x轴正向为基准确定极轴追踪的角度;若选中【相对上一段】单选按钮,将根据上一次绘制线段的方向为基准确定极轴追踪的角度。

极轴追踪和正交模式不能同时启用,当启用极轴追踪后系统将自动关闭正交模式;同理,当启用正交模式后系统将自动关闭极轴追踪。在绘制水平或竖直直线时常将正交打开,在绘制其他直线时常将极轴追踪打开。

4.2.6 对象捕捉设置

在绘图过程中,经常要指定一些已有对象上的点,例如,端点、圆心和两个对象的交点等。对象捕捉功能,可以迅速、准确地捕捉到某些特殊点,从而精确地绘制图形。

单击【对象捕捉】选项卡,如下图所示,对象捕捉的各选项的含义如下。

【端点】:捕捉到圆弧、椭圆弧、直线、多线、多段线线段、样条曲线等的最近点。

【中点】:捕捉到圆弧、椭圆、椭圆弧、直线、多线、多段线线段、面域、实体、样条曲线或参照线的中点。

【圆心】:捕捉到圆心。

【几何中心】:这是AutoCAD 2017新增的对象捕捉模式,选中该捕捉模式后,在绘图时即可对闭合多边形的中心点进行捕捉。

【节点】：捕捉到点对象、标注定义点或标注文字起点。

【象限点】：捕捉到圆弧、圆、椭圆或椭圆弧的象限点。

【交点】：捕捉到圆弧、圆、椭圆、椭圆弧、直线、多线、多段线、射线、面域、样条曲线或参照线的交点。

【延长线】：当光标经过对象的端点时，显示临时延长线或圆弧，以便用户在延长线或圆弧上指定点。

【插入点】：捕捉到属性、块、形或文字的插入点。

【垂足】：捕捉圆弧、圆、椭圆、椭圆弧、直线、多线、多段线、射线、面域、实体、样条曲线或参照线的垂足。

【切点】：捕捉到圆弧、圆、椭圆、椭圆弧或样条曲线的切点。

【最近点】：捕捉到圆弧、圆、椭圆、椭圆弧、直线、多线、点、多段线、射线、样条曲线或参照线的最近点。

【外观交点】：捕捉到不在同一平面但是可能看起来在当前视图中相交的两个对象的外观交点。

【平行线】：将直线段、多段线线段、射线或构造线限制为与其他线性对象平行。

Tips

> 如果多个对象捕捉都处于活动状态，则使用距离靶框中心最近的选定对象捕捉。如果有多个对象捕捉可用，则可以按【Tab】键在它们之间循环。

4.2.7 实例：完善饰线图形

下面将综合利用对象捕捉以及对象捕捉追踪功能完善饰线图形，具体操作步骤如下。

Step 01 打开光盘中的"素材\CH04\饰线.dwg"文件。

Step 02 选择【工具】→【绘图设置】菜单命令。

Step 03 单击【对象捕捉】选项卡，进行如图所示设置，并单击【确定】按钮。

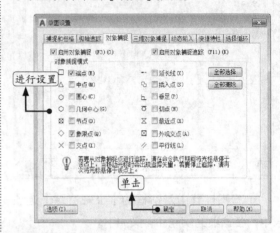

Step 04 选择【绘图】→【直线】菜单命令，捕捉如图所示的端点作为直线起点。

Step 05 将光标移至如图所示的端点位置处。

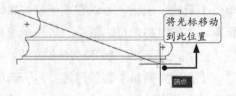

Step 06 水平向左移动鼠标，如图所示。

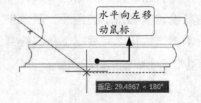

Step 07 单击如图所示的交点作为直线下一点。

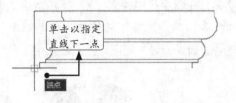

Step 08 捕捉如图所示的端点作为直线下一点。

Step 09 按【Enter】键结束【直线】命令，结果如图所示。

Step 10 重复【直线】命令，捕捉如图所示的端点作为直线起点。

Step 11 拖动鼠标并捕捉如图所示的端点作为直线端点。

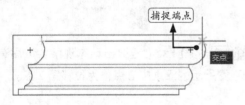

Step 12 按【Enter】键结束【直线】命令，结果如图所示。

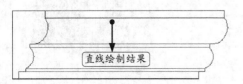

4.2.8 三维对象捕捉

使用三维对象捕捉功能可以控制三维对象的执行对象捕捉设置，AutoCAD 2017对三维对象捕捉的点云功能进行了增加，增加了交点、边、角点、中心线，并且把原来的垂直分成了垂直于平面和垂直于边两项。

单击【三维对象捕捉】选项卡，如下图所示。

三维对象捕捉的各选项的含义如下。

【顶点】：捕捉到三维对象的最近顶点。

【边中点】：捕捉到边的中点。

【面中心】：捕捉到面的中心。

【节点】：捕捉到样条曲线上的节点。

【垂足】：捕捉到垂直于面的点。

【最靠近面】：捕捉到最靠近三维对象面的点。

点云各选项的含义如下。

【节点】：不论点云上的点是否包含来自ReCap 处理期间的分段数据，都可以捕捉到它。

【交点】：捕捉到使用截面平面对象剖切的点云的推断截面的交点。放大可增加交点的精度。

【边】：捕捉到两个平面线段之间的边上的点。当检测到边时，AutoCAD沿该边进行追踪，而不会查找新的边，直到您将光标从该边移开。如果在检测到边时长按【Ctrl】键，则AutoCAD 将沿该边进行追踪，即使将光标从该边移开也是如此。

【角点】：捕捉到检测到的三条平面线段

之间的交点（角点）。

【最靠近平面】：捕捉到平面线段上最近的点。如果线段亮显处于启用状态，在您获取点时，将显示平面线段。

【垂直于平面】：捕捉到垂直于平面线段的点。如果线段亮显处于启用状态，在您获取点时，将显示平面线段。

【垂直于边】：捕捉到垂直于两条平面线段之间的相交线的点。

【中心线】：捕捉到点云中检测到的圆柱段的中心线。

4.2.9 实例：装配减速器箱体模型

下面将利用三维对象捕捉定位点的方式装配减速器箱体模型，具体操作步骤如下。

Step 01 打开随书光盘中的"素材\CH04\三维对象捕捉.dwg"文件，如下图所示。

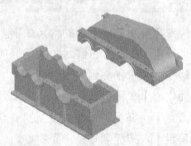

Step 02 在命令行中输入"SE"并按空格键调用【草图设置】对话框，在弹出的对话框上选择【三维对象捕捉】选项卡，勾选【启用三维对象捕捉】复选框和【面中心】复选框，并单击【确定】按钮，如下图所示。

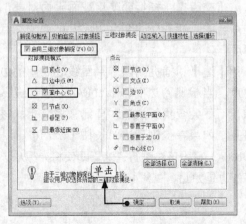

Step 03 在命令行中输入"M"并按空格键调用移动命令，然后选择下箱体作为移动对象，并按空格键确认，如下图所示。

Step 04 选择如下图所示的三维中心点作为移动基点。

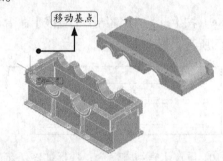

Step 05 选择【视图】→【动态观察】→【受约束的动态观察】菜单命令，对视图进行相应旋转，如下图所示。

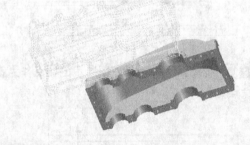

Step 06 按【Esc】键退出动态观察，然后选择如下图所示的三维中心点作为位移第二点。

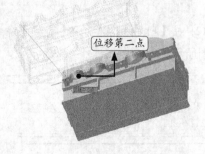

Step 07 结果如图所示。

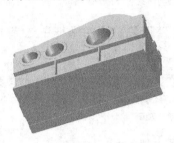

Step 08 选择【视图】→【三维视图】→【西南
等轴测】菜单命令，结果如下图所示。

4.2.10 动态输入设置

按【F12】键可以打开或关闭动态输入功
能。打开动态输入功能，在输入文字时就能看到
光标附近的动态输入提示框。动态输入适用于输
入命令、对提示进行响应以及输入坐标值。

1. 动态输入的设置

在【草图设置】对话框上选择【动态输
入】选项卡，如下图所示。

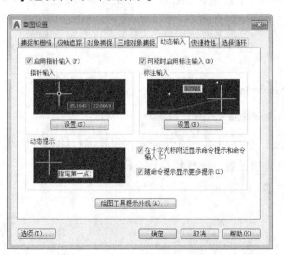

【指针输入设置】：单击【指针输入】选
项栏中的【设置】按钮，打开如图所示的【指
针输入设置】对话框，在这里可以设置第二个
点或后续的点的默认格式。

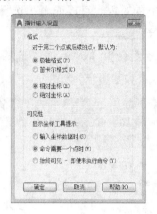

2. 改变动态输入设置

默认的动态输入设置能确保把工具栏提示
中的输入解释为相对极轴坐标，但是，有时需
要为单个坐标改变此设置。在输入时可以在x坐
标前加上一个符号来改变此设置。

AutoCAD提供了3种方法来改变此设置。

绝对坐标：键入"#"，可以将默认的相
对坐标设置改变为输入绝对坐标。例如输入
"#10,10"，那么所指定的就是绝对坐标点
10,10。

相对坐标：键入"@"，可以将事先设置的
绝对坐标改变为相对坐标，例如输入"@4,5"。

世界坐标系：如果在创建一个自定义坐标
系之后又想输入一个世界坐标系的坐标值时，
可以在x轴坐标值之前加入一个"*"。

Tips

在【草图设置】对话框的【动态输入】选项
卡中勾选【动态提示】选项区域中的【在十字光标
附近显示命令提示和命令输入】复选框，可以在
光标附近显示命令提示。

对于【标注输入】，在输入字段中输入值并
按【Tab】键后，该字段将显示一个锁定图标，并
且光标会受输入的值的约束。

4.2.11 快捷特性设置

【快捷特性】选项卡指定用于显示【快捷特性】选项板的设置。【选择循环】选项卡允许选择重叠的对象，可以配置【选择循环】列表框的显示设置。

在【草图设置】对话框中选择【快捷特性】选项卡，如图所示。

【选择时显示快捷特性选项板】：在选择对象时显示"快捷特性"选项板，具体取决于对象类型。"勾选"后选择对象，如图所示。

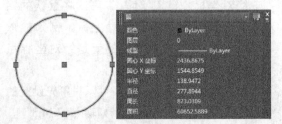

Tips

单击状态栏的圖按钮可以快速地启动和关闭快捷特性。

4.2.12 选择循环设置

在【草图设置】对话框中选择【选择循环】选项卡，如下图所示。

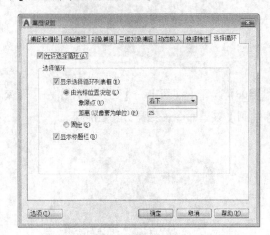

选择循环对于重合的对象或者非常接近的对象难以准确选择其中之一时尤为有用，如下左图是两个重合的多边形，很难单独选中其中的一个，但是将【允许选择循环】复选框勾选后就很容易选择其中任何一个多边形，如下右图所示。

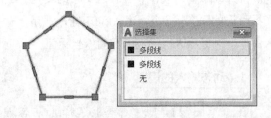

【显示标题栏】：若要节省屏幕空间，可以关闭标题栏。

4.3 系统选项设置

系统选项用于对系统的优化设置，包括文件设置、显示设置、打开和保存设置、打印和发布设置、系统设置、用户系统配置设置、绘图设置、三维建模设置、选择集设置、配置设置和联机。

AutoCAD 2017中调用【选项设置】对话框的方法有以下3种：

- 选择【工具】→【选项】菜单命令。
- 在命令行中输入"OPTIONS/OP"命令。

- 选择【应用程序菜单】按钮 （窗口左上角）→【选项】。

在命令行输入"OP"，按空格键弹出【选项】对话框，如下图所示。

4.3.1 显示设置

显示设置用于设置窗口的明暗、背景颜色、字体样式和颜色和显示的精确度、显示性能及十字光标的大小等。在【选项】对话框中的【显示】选项卡下可以进行显示设置，如上图所示。

1. 窗口元素

窗口元素包括图形窗口显示滚动条、显示图形状态栏、在工具栏中使用大按钮、将功能区图标调整为标准大小、显示提示、显示鼠标悬停工具提示、颜色和字体等选项，如下图所示。

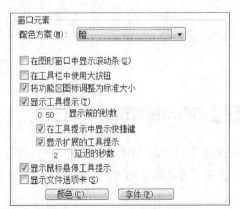

【窗口元素】选项区域中的各项的含义如下。

【配色方案】：用于设置窗口（例如，状态栏、标题栏、功能区栏和应用程序菜单边框）的明亮程度，单击【配色方案】下三角按钮，在下拉列表框中可以设置配色方案为"明"或是"暗"。

【在图形窗口中显示滚动条】：勾选该复选框，将在绘图区域的底部和右侧显示滚动条，如下图所示。

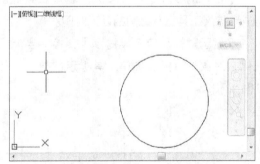

【显示图形状态栏】：勾选该复选框，将显示"绘图"状态栏，此状态栏将显示图形，文件的注释比例、注释可见性和比例的更改。

【在工具栏中使用大按钮】：该功能在AutoCAD经典工作环境下有效，默认情况下的图标是16像素×16像素显示的，勾选该复选框将以32像素×32像素的更大格式显示按钮。

【将功能区图标大小调整为标准大小】：当它们不符合标准图标的大小时，将功能区小图标缩放为16像素×16像素，将功能区大图标缩放为32像素×32像素。

【显示工具提示】：勾选该复选框后将光标移动到功能区、菜单栏、功能面板和其他用户界面上，将出现提示信息，如下图所示。

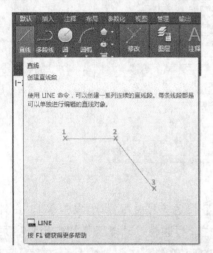

【在工具提示中显示快捷键】：在工具提示中显示快捷键（Alt ＋ 按键）及（Ctrl ＋ 按键）。

【显示扩展的工具提示】：控制扩展工具提示的显示。

【延迟的秒数】：设置显示基本工具提示与显示扩展工具提示之间的延迟时间。

【显示鼠标悬停工具提示】：控制当光标悬停在对象上时鼠标悬停工具提示的显示，如下图所示。

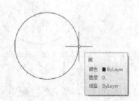

【颜色】：单击该按钮，弹出【图形窗口颜色】对话框，在该对话框中可以设置窗口的背景颜色、光标颜色、栅格颜色等，如下图将二维模型空间的统一背景色设置为白色。

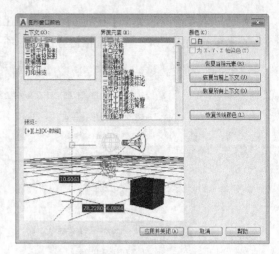

【字体】：单击该按钮，弹出【命令行窗口字体】对话框。使用此对话框指定命令行窗口文字字体，如下图所示。

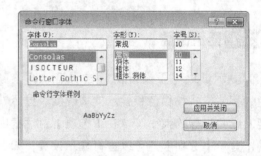

2.十字光标大小显示

在【十字光标大小】选项框中可以对十字光标的大小进行设置，如下图是"十字光标"为5%和20%的显示对比。

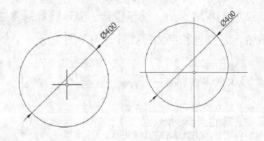

4.3.2 打开与保存设置

选择【打开和保存】选项卡，在这里用户可以设置文件另存的格式。如下图所示。

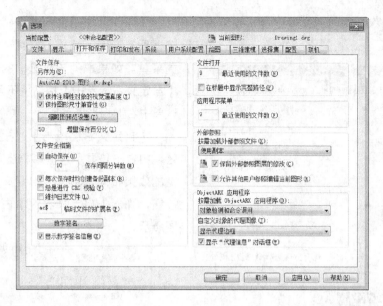

1.【文件保存】选项框

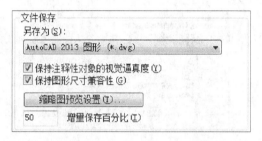

【另存为】：该选项可以设置文件保存的格式和版本，这里的另存格式一旦设定将被作为默认保存格式一直延用下去，直到下次修改为止。

【缩略图预览设置】：单击该按钮，弹出【缩略图预览设置】对话框，此对话框控制保存图形时是否更新缩略图预览。

【增量保存百分比】：设置图形文件中潜在浪费空间的百分比。完全保存将消除浪费的空间。增量保存较快，但会增加图形的大小。如果将【增量保存百分比】设置为 0，则每次保存都是完全保存。要优化性能，可将此值设置为 50。如果硬盘空间不足，可将此值设置为 25。如果将此值设置为 20 或更小，SAVE 和SAVEAS 命令的执行速度将明显变慢。

2.【文件安全措施】选项框

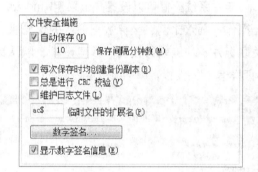

【自动保存】：勾选该复选框可以设置保存文件的间隔分钟数，这样可以避免因为意外造成数据丢失。

【每次保存时均创建备份副本】：提高增量保存的速度，特别是对于大型图形。当保存的源文件出现错误时，可以通过备份文件来恢复。

【安全选项】：主要用来给图形文件加密，关于如何给文件加密请参见第1章高手支招相关内容。

3.设置临时图形文件保存位置

如果因为突然断电或死机造成的文件没有保存，可以在【选项】对话框里打开【文件】选项卡，点开【临时图形文件位置】前面的"田"展开得到系统自动保存的临时文件路径，如下图所示。

4.3.3 用户系统配置

用户系统配置可以设置是否采用Windows标准操作、插入比例、坐标数据输入的优先级、关联标注、块编辑器设置、线宽设置、默认比例列表等相关设置，如下图所示。

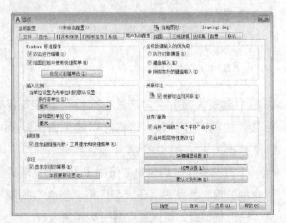

1.【Windows标准操作】选项框

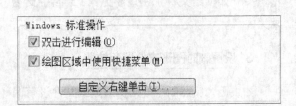

【双击进行编辑】：选中该选项后直接双击图形就会弹出相应的图形编辑对话框，就可以对图形进行编辑操作了。比如：文字。

【绘图区域中使用快捷菜单】：勾选该复选框后在绘图区域单击右键，会弹出相应的快捷菜单。如果取消该复选框的选择，则下面的【自定义右键单击】按钮将不可用，CAD直接默认单击右键相当于重复上一次命令。

【自定义右键单击】：按钮可控制在绘图区域中右击是显示快捷菜单还是与按【Enter】键的效果相同，单击【自定义右键单击……】按钮，弹出【自定义右键单击】对话框，如下图所示。

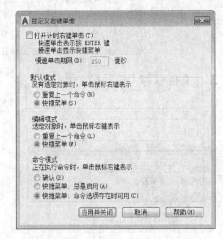

（1）打开计时右键单击

控制右击操作。快速单击与按【Enter】键的效果相同，缓慢单击将显示快捷菜单。可以用毫秒来设置慢速单击的持续时间。

（2）默认模式

确定未选中对象且没有命令在运行时，在绘图区域中右击所产生的结果。

【重复上一个命令】：当没有选择任何对象且没有任何命令运行时，在绘图区域中与按【Enter】键的效果相同，即重复上一次使用的命令。

【快捷菜单】：启用"默认"快捷菜单。

（3）编辑模式

确定当选中了一个或多个对象且没有命令在运行时，在绘图区域中右击所产生的结果。

【重复上一个命令】：当选择了一个或多个对象且没有任何命令运行时，在绘图区域右击与按【Enter】键的效果相同，即重复上一次使用的命令。

【快捷菜单】：启用"编辑"快捷菜单。

（4）命令模式

确定当命令正在运行时，在绘图区域右击所产生的结果。

【确认】：当某个命令正在运行时，在绘图区域中右击与按【Enter】键的效果相同。

【快捷菜单：总是启用】：启用"命令"快捷菜单。

【快捷菜单：命令选项存在时可用】：仅当在命令提示下命令选项为可用状态时，才启用"命令"快捷菜单。如果没有可用的选项，则右击与按【Enter】键的效果一样。

2.【关联标注】选项框

勾选关联标注后，当图形放生变化时，标注尺寸也随着图形的变化而变化。当取消关联标注后，再进行标注的尺寸，当图形修改后尺寸不再随着图形变化。关联标注选项如下图所示。

选择关联标注和不选择关联标注的比较：

Step 01 打开随书光盘中的"素材\CH04\关联标注.dwg"文件，如下图所示。

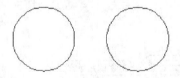

Step 02 选择【默认】选项卡→【注释】面板→【直径】按钮，然后选择左边的圆为标注对象，结果如下图所示。

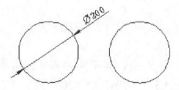

Step 03 鼠标单击选择刚标注的圆，然后用鼠标按住夹点拖动，如下图所示。

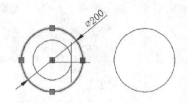

Step 04 在合适的位置放开鼠标，按【Esc】键退出夹点编辑，结果标注尺寸也放生了变化，如下图所示。

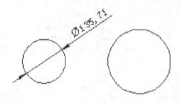

Step 05 在命令行输入"OP"并按空格键，在弹出的【选项】对话框中选择【用户系统配置】选项卡，将【关联标注】选项区的【使新标注可关联】的对勾去掉，如下图所示。

Step 06 重复 **Step 02** 对右侧的圆进行标注，结果下图所示。

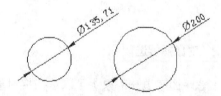

Step 07 重复 **Step 03** ~ **Step 04** 对右侧的圆进行夹点编辑，结果圆的大小发生变化，但是标注尺寸却未发生变化，结果如下图所示。

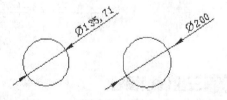

4.3.4 绘图设置

绘图设置可以设置绘制二维图形时的相关设置，包括自动捕捉设置、自动捕捉标记大小、对象捕捉选项以及靶框大小等，选择【绘图】选项卡，如下图所示。

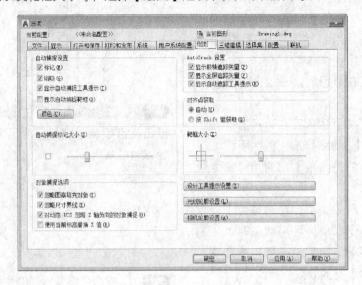

1. 自动捕捉设置

可以控制自动捕捉标记、工具提示和磁吸的显示。

勾选【磁吸】复选框，绘图时，当光标靠近对象时，按【Tab】键可以切换对象所有可用的捕捉点，即使不靠近该点，也可以吸取该点成为直线的以一个端点，如下图所示。

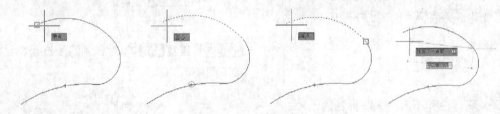

2. 对象捕捉选项

【忽略图案填充对象】可以在捕捉对象时忽略填充的图案，这样就不会捕捉到填充图案中的点，如下图所示。

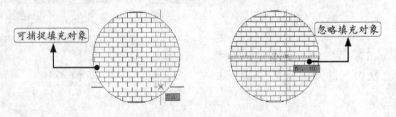

4.3.5 三维建模设置

三维建模设置主要用于设置三维绘图时的操作习惯和显示效果，其中角为常用的有视口控件的显示、曲面的素线显示和鼠标滚轮缩放方向，选择【三维建模】选项卡，如下图所示。

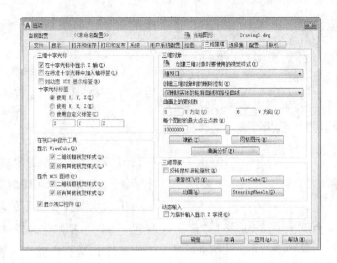

1. 显示视口控件

可以控制视口控件是否在绘图窗口显示，当勾选该复选框时显示视口控件，取消该复选框则不显示视口控件，下左图为显示视口控件的绘图界面，下右图为不显示视口控件的绘图界面。

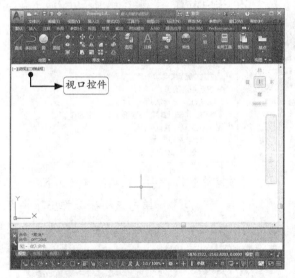 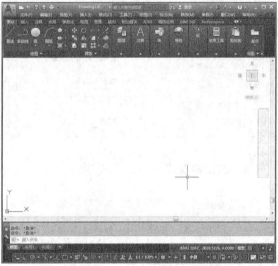

2. 曲面上的素线数

曲面上的素线数主要是控制曲面的U方向和V方向的线数，下左图的平面曲面U方向和V方向线数都为6，下右图的平面曲面U方向的线数为3，V方向上的线数为4。

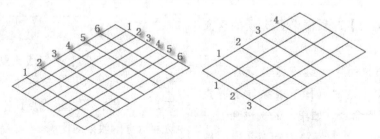

3. 鼠标滚轮缩放设置

CAD默认向上滚动滚轮放大图形，向下滚动滚轮缩小图形，这可能和一些其他三维软件中的设置相反，如果对于习惯向上滚动滚轮缩小，向下滚动放大的读者，可以勾选【反转鼠标滚轮缩放】复选框，改变默认设置即可。

4.3.6 选择集设置

选择集设置主要包含选择集模式的设置和夹点的设置，选择【选择集】选项卡，如下图所示。

1. 选择集模式

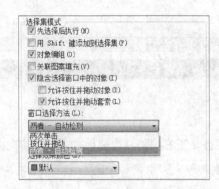

【选择集模式】选项框中各选项的含义如下：

【先选择后执行】：选中该复选框后，允许先选择对象（这时选择的对象显示有夹点），然后再调用命令。如果不勾选该命令，则只能先调用命令，然后再选择对象（这时选

择的对象没有夹点，一般会以虚线或加亮显示）。

【用Shift键添加到选择集】：勾选该复选框后只有在按住【Shift】键才能进行多项选择。

【对象编组】：该复选框是针对编组对象的，勾选了该复选框，只要选择编组对象中的任意一个，则整个对象将被选中。利用【GROUP】命令可以创建编组。

【隐含选择窗口中的对象】：在对象外选择了一点时，初始化选择对象中的图形。

【窗口选择方法】：窗口选择方法有三个选项，即两次单击、按住并拖动和两者—自动检测，如上图所示，默认选项为"两者—自动检测"。

2. 夹点设置

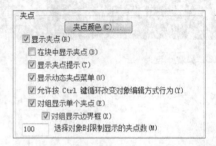

【夹点】选项框中各选项的含义如下：

【夹点颜色】：单击该按钮，弹出【夹点颜色】对话框，在该对话框中可以更改夹点显示的颜色，如下图所示。

【显示夹点】：勾选该复选框后在没有任何命令执行的时候选择对象，将在对象上显示夹点，否则将不显示夹点，下图为勾选和不勾选复选框的效果对比。

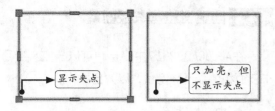

【在块中显示夹点】：该选项控制在没有命令执行时选择图块是否显示夹点，勾选该复选框则显示，否则则不显示，两者的对比如下图所示。

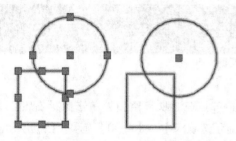

【显示夹点提示】：当光标悬停在支持夹点提示自定义对象的夹点上时，显示夹点的特定提示。

【显示动态夹点菜单】：控制在将鼠标悬停在多功能夹点上时动态菜单显示，如下图所示。

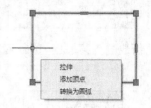

【允许按住Ctrl键循环改变对象编辑方式行为】：允许多功能夹点按【Ctrl】键循环改变对象的编辑方式。如上图，单击选中该夹点，然后按【Ctrl】键，可以在【拉伸】【添加顶点】和【转换为圆弧】选项之间循环选中执行方式。

4.4 自定义用户设置

在使用AutoCAD 2017时，可以根据工作需要对工作环境进行相应的设置。下面将以自定义用户界面以及自定义工具选项板为例对工作环境的自定义设置进行详细介绍。

4.4.1 自定义用户界面

在AutoCAD 2017中，用户可以自定义用户界面。比如，设置菜单中的命令、快速访问工具栏的命令等。下面以添加自定义菜单栏为例，讲述如何自定义用户界面，具体操作步骤如下。

Step 01 单击【管理】选项卡→【自定义设置】面板→【用户界面】按钮。

Step 02 弹出【自定义用户界面】对话框。

Step 03 在【所有文件中的自定义设置】列表中选择【菜单】选项，单击鼠标右键并在弹出的快捷菜单中选择【新建菜单】命令。

Step 04 将新建的"菜单1"重命名为"常用命令菜单"。

Step 05 用户可以将【命令列表】中常用的命令拖曳到新建的菜单中，本实例分别拖曳了【直线】、【圆】和【圆弧】命令。

Step 06 单击【确定】按钮。返回到AutoCAD 2017界面，用户在菜单栏中可以看到自定义的【常用命令菜单】菜单栏。单击【常用命令菜单】菜单栏，显示用户自定义添加的【直线】、【圆】和【圆弧】命令。

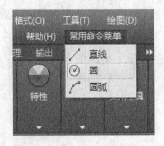

4.4.2 自定义选项卡及面板

在AutoCAD 2017中，用户可以自定义选项卡及面板的显示与隐藏，以方便操作。

1. 自定义选项卡

Step 01 启动AutoCAD 2017，进入到工作环境界面。

Step 02 在选项卡空白处单击鼠标右键，选择【显示选项卡】→【A360】选项，如图所示。

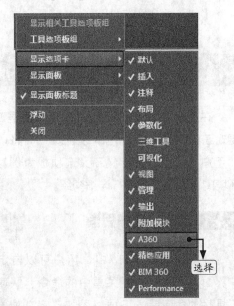

Step 03 【A360】选项卡显示在工作界面中，如图所示。

Step 04 在选项卡空白处单击鼠标右键，选择【显示选项卡】→【附加模块】选项，如图所示。

Step 05 【附加模块】选项卡在当前工作界面中将会处于隐藏状态，如图所示。

Step 02 【绘图】面板在当前工作界面中将会处于隐藏状态，如图所示。

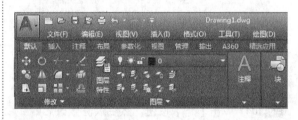

2. 自定义面板

Step 01 启动AutoCAD 2017，进入到工作环境界面。选择【默认】选项卡，然后在选项卡空白处单击鼠标右键，选择【显示面板】→【绘图】选项，如图所示。

Tips

再次单击【绘图】选项，【绘图】面板将会重新显示在当前工作界面中。

4.5 实战技巧

AutoCAD的选项设置默认每次保存时都保存备份文件，这样的好处是当原CAD文件丢失时，就可以使用备份文件，但很多用户知道有备份文件却不会使用，本节的第一个技巧就来介绍如何打开备份文件。

在CAD绘图中，对象捕捉非常重要，利用率也极高，但对于复杂的图形麻烦的是，通过【草图设置】设置的几个模式经常同时显示（比如同时捕捉到交点、中点等），本节就来介绍另一种对象捕捉模式——临时捕捉。

技巧1 利用备份文件恢复丢失文件

在利用AutoCAD 2017进行工作时，如果遇

到突然断电或者程序意外关闭，而当前正在操作中的图形又没有来得及保存的情况下，可以利用系统自动生成的*.bak文件进行相关文件的恢复操作，具体操作步骤如下。

Step 01 找到随书光盘中的"素材\CH04\备份文件.bak"文件，双击弹出如下提示框。

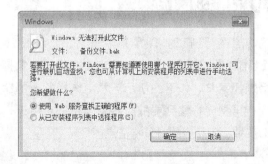

Step 02 选择"备份文件.bak",并单击鼠标右键,在弹出的快捷菜单中选择【重命名】选项,如图所示。

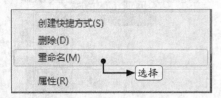

Step 03 将备份文件的后缀".bak"改为".dwg",此时弹出【重命名】询问对话框,如图所示。

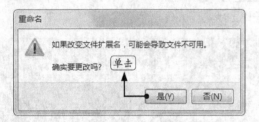

Step 04 单击【是】按钮,然后双击修改后的文件,即可打开备份文件。

Tips

假如在【选项】对话框中将【打开和保存】选项卡下的【每次保存时均创建备份副本】复选框取消掉,如图所示,系统则不保存备份文件。

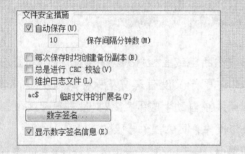

技巧2 临时捕捉

当需要临时捕捉某点时,可以按下【Shift】键或【Ctrl】键并右击,弹出对象捕捉快捷菜单,如下图所示。从中选择需要的命令,再把光标移到要捕捉对象的特征点附近,即可捕捉到相应的对象特征点。

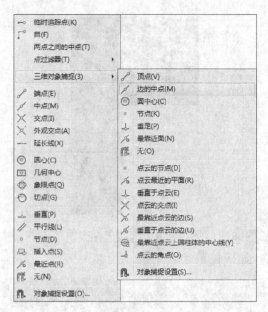

下面对"对象捕捉"的各选项进行具体介绍。

"临时追踪点" ⚬⟶:创建对象捕捉所使用的临时点。

"自" 🔲:从临时参考点偏移。

"端点" ∕:捕捉到线段等对象的端点。

"中点" ∕:捕捉到线段等对象的中点。

"交点" ✕:捕捉到各对象之间的交点。

"外观交点" ⊠:捕捉两个对象的外观的交点。

"延长线" ⋯:捕捉到直线或圆弧的延长线上的点。

"圆心" ◎:捕捉到圆或圆弧的圆心。

"象限点" ◈:捕捉到圆或圆弧的象限点。

"切点" ⭕:捕捉到圆或圆弧的切点。

"垂足" ⊥:捕捉到垂直于线或圆上的点。

"平行线" ∥:捕捉到与指定线平行的线上的点。

"插入点" ⊡:捕捉块、图形、文字或属性的插入点。

"节点" ⚬:捕捉到节点对象。

"最近点" ⟋:捕捉离拾取点最近的线段、圆、圆弧等对象上的点。

"无" ⊠:关闭对象捕捉模式。

"对象捕捉设置" ⯭:设置自动捕捉模式。

第 **5** 章

绘制基本二维图形之点和线

■■ 本章引言

二维绘图是AutoCAD的核心功能，所有物体都可以用相应的二维图形进行有效表达，这在各行各业中已经得到了广泛认可。本章将来学习构成复杂二维图形的基本元素-基本二维图形的创建，通过本章的学习将会对使用AutoCAD创建二维图形有一个初步了解，同时也会对基本二维图形的创建及其使用有一个深入的认识。

■■ 学习要点

» 设置点样式
» 掌握绘制直线方法
» 掌握绘制正多边形方法

5.1 点

点是绘图的基础，通常可以这样理解：点构成线，线构成面，面构成体。在AutoCAD中点可以作为绘制复杂图形的辅助点使用，可以作为某项标识使用，也可以作为直线、圆、矩形、圆弧、椭圆的相应特征的划分点使用。

5.1.1 设置点样式

绘制点之前首先要设置点的样式，CAD默认的点的样式在图形中很难辨别，所以更改点的样式，有利于观察点在图形中的位置。

在AutoCAD 2017中调用【点样式】的命令通常有以下3种方法。

• 选择【格式】→【点样式】菜单命令；

• 单击【默认】选项卡→【实用工具】面板的下拉按钮→【点样式】按钮 ；

• 命令行输入"DDPTYPE"命令并按空格键。

选择【格式】→【点样式】菜单命令，弹出【点样式】对话框，中文版AutoCAD 2017提供了20种点的样式，可以根据绘图需要任意选择

一种点样式。

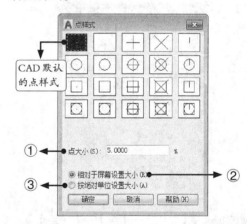

① 点大小：用于设置点在屏幕中显示的大小比例。

② 相对于屏幕设置大小：选中此单选按钮，点的大小比例将相对于计算机屏幕，不随图形的缩放而改变。

③ 按绝对单位设置大小：选中此单选按钮，点的大小表示点的绝对尺寸，当对图形进行缩放时，点的大小也随之变化。

5.1.2 绘制点

在AutoCAD中点的绘制方式有多种，可以根据需要进行单点、多点、定数等分以及定距等分点的绘制。

1. 绘制单点与多点

AutoCAD 2017中【点】命令的几种常用调用方法如下：

- 选择【绘图】→【点】菜单命令；
- 在命令行中输入"POINT/PO"命令并按空格键确认；
- 单击【默认】选项卡→【绘图】面板中的【多点】按钮。

下面将对点的绘制过程进行详细介绍，具体操作步骤如下。

Step 01 选择【格式】→【点样式】菜单命令，弹出【点样式】对话框。在对话框中单击需要的点样式，并单击【确定】按钮，如图所示。

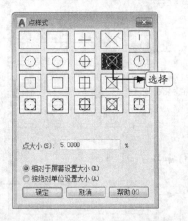

Step 02 选择【绘图】→【点】→【单点】菜单命令，在绘图区域单击指定点的位置，如图所示。

Step 03 结果如图所示。

Step 04 单击【默认】选项卡→【绘图】面板中的【多点】按钮，在绘图区域连续单击指定点的位置。

Step 05 按【Esc】键结束【多点】命令，结果如图所示。

2. 绘制定数等分点

定数等分点可以将点对象或块沿对象的长度或周长等间隔排列。

【定数等分】命令的几种常用调用方法如下：

- 选择【绘图】→【点】→【定数等分】菜单命令；
- 在命令行中输入"DIVIDE/DIV"命令并按空格键确认；
- 单击【默认】选项卡→【绘图】面板中的【定数等分】按钮。

下面将对【定数等分】命令进行详细介绍，具体操作步骤如下。

Step 01 打开随书光盘中的"素材\CH05\定数等分.dwg"文件。

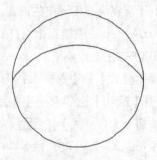

Step 02 在命令行中输入"DIV"命令并按空格键确认，在绘图区域选择圆作为定数等分的对象，如图所示。

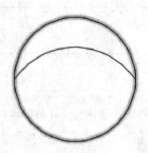

Step 03 在命令行输入线段数目，并按空格键确认。

输入线段数目或 [块(B)]: 5 ✓

Step 04 结果如图所示。

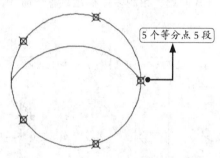

5个等分点5段

Step 05 按空格键继续调用【定数等分】命令，在绘图区域选择圆弧作为定数等分的对象，如图所示。

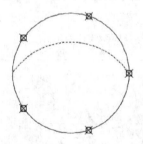

Step 06 在命令行输入线段数目，并按空格键确认。

输入线段数目或 [块(B)]: 3 ✓

Step 07 结果如图所示。

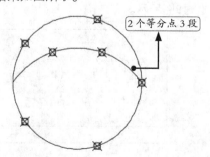

2个等分点3段

3. 绘制定距等分点

定距等分可以从选定对象的一个端点划分出相等的长度。

【定距等分】命令的几种常用调用方法如下：

• 选择【绘图】→【点】→【定距等分】菜单命令；

• 在命令行中输入"MEASURE/ME"命令并按空格键确认；

• 单击【默认】选项卡→【绘图】面板中的【定距等分】按钮 。

下面将对【定距等分】命令进行详细介绍，具体操作步骤如下。

Step 01 打开随书光盘中的"素材\CH05\定距等分.dwg"文件。

Step 02 在命令行中输入"ME"命令并按空格键确认，单击上方直线的左侧部分，如图所示。

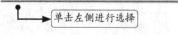

单击左侧进行选择

Step 03 在命令行输入线段长度60，并按空格键确认。

指定线段长度或 [块(B)]: 60 ✓

Step 04 结果如图所示。

Step 05 按空格键继续调用【定距等分】命令，单击下方直线的右侧部分，如图所示。

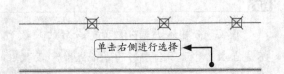

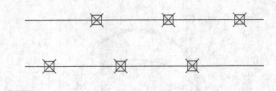

Step 06 在命令行输入线段长度60,并按空格键确认。

指定线段长度或 [块(B)]: 60

Step 07 结果如图所示。

Tips

同样的线段同样的操作却得出不同的结果,这是因为定距等分是从选择端开始等分的,不够等分的部分留在最后。

5.1.3 实例: 绘制燃气灶开关和燃气孔

燃气灶开关和燃气孔的绘制过程中运用到了点样式设置、绘制多点和定数等分命令,燃气灶开关和燃气孔的绘制思路如下:

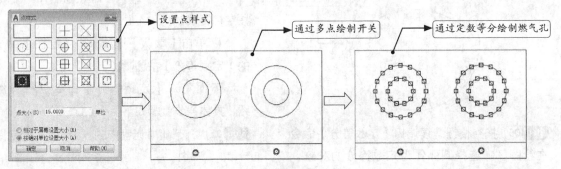

燃气灶开关和燃气孔的具体绘制步骤如下。

Step 01 打开随书光盘中的 "素材\CH05\绘制燃气灶开关和燃气孔.dwg" 文件。

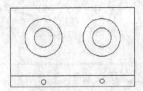

Step 02 选择【格式】→【点样式】菜单命令,在弹出来的【点样式】对话框中选择一种点样式,然后单击【确定】按钮,如图所示。

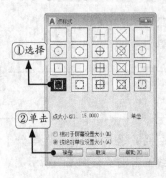

Step 03 单击【默认】选项卡→【绘图】面板中的【多点】按钮,然后以圆心为指定点绘制燃气灶的开关,结果如下图所示。

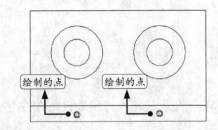

Step 04 在命令行中输入 "DIV" 命令并按空格键确认,在绘图区域选择圆作为定数等分的对象,如图所示。

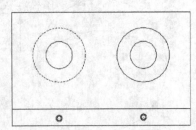

Step 05 在命令行输入线段数目16，并按空格键确认。

　　输入线段数目或 [块(B)]: 16　✓

Step 06 结果如图所示。

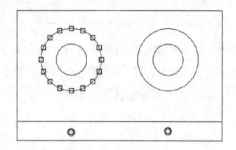

Step 07 重复 **Step 04** ~ **Step 06**，将另外一个灶的外盘进行16等分，结果如下图所示。

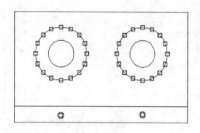

Step 08 重复 **Step 04** ~ **Step 06** 的操作，对两个内盘进行定数等分，等分点数为10，结果如图所示。

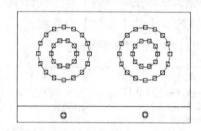

5.2 直线

　　直线段类图形作为绘图的基本元素，用以创建非曲线类的所有几何对象，如图所示的电脑桌正立面图以及货架正立面图等的外轮廓线都是以直线段图形作为基本元素进行创建的。

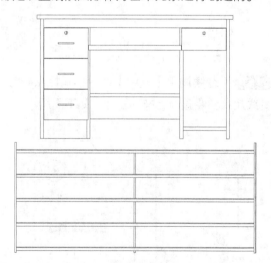

　　直线类图形在AutoCAD中主要包括直线、射线以及构造线等，下面将分别进行详细介绍。

5.2.1 绘制直线

　　直线是线类图形中最基本的元素，由两点之间的距离决定其长度值。直线段的绘制结果可以根据实际需求分为水平、竖直及任意方向，如图所示。

　　【直线】命令的几种常用调用方法如下：

　　● 选择【绘图】→【直线】菜单命令；

　　● 在命令行中输入"LINE/L"命令并按空格键确认；

　　● 单击【默认】选项卡→【绘图】面板中的【直线】按钮 。

　　下面以完善轴承座俯视图为例，对直线命令的应用进行详细介绍。

Step 01 打开随书光盘中的"素材\CH05\轴承座俯视图.dwg"文件。

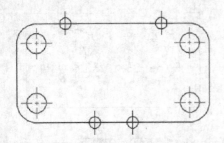

Step 02 在命令行中输入 "DSETTINGS" 命令并按空格键确认，在弹出的【草图设置】对话框中选中【节点】和【垂足】对象捕捉，然后单击【确定】按钮，如下图所示。

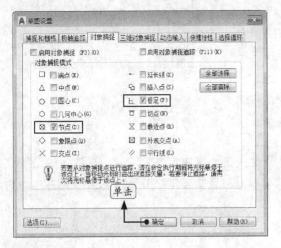

Step 03 在命令行中输入 "L" 命令并按空格键调用【直线】命令，然后单击点1作为直线起点，如图所示。

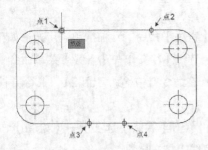

Step 04 根据命令行提示进行如下操作。

指定下一点或 [放弃(U)]: @0,-10

指定下一点或 [放弃(U)]: @50,0

指定下一点或 [放弃(U)]:   //捕捉点2

指定下一点或 [放弃(U)]:

Step 05 结果如图所示。

Step 06 按空格键继续调用【直线】命令，捕捉点3为直线的起点，然后竖直拖动鼠标，捕捉与上步绘制的水平直线的垂足，如图所示。

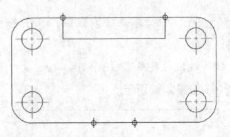

Step 07 在垂足处单击，并按空格键结束【直线】命令，结果如下图所示。

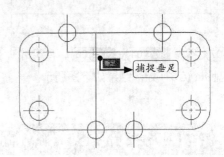

Step 08 继续调用【直线】命令，捕捉点4作为直线起点，竖直向上拖动鼠标，如下图所示。

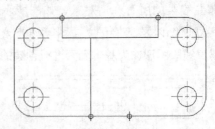

Step 09 输入直线长度40，命令行提示如下。

指定下一点或 [放弃(U)]: 40

Step 10 按空格键（或【Enter】键）结束命令，结果如下图所示。

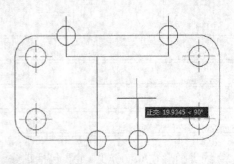

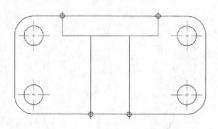

Step 11 选中点1~4，然后按【Delete】键将节点删除，结果如图所示。

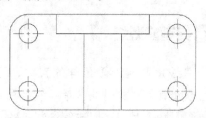

　　因为绘制的都是水平或竖直直线，所以在绘制前按【F8】键，将正交打开，这样有利于直线的绘制。

　　在AutoCAD中创建直线的方法有多种，可以通过指定直线两个端点的坐标值来创建直线，也可以通过指定直线某一个端点的坐标值以及其长度值进行直线的绘制。具体绘制方法参见下表。

绘制方法	绘制步骤	结果图形	相应命令行显示
通过输入绝对坐标绘制直线	1.指定第一个点（或输入绝对坐标确定第一个点）； 2.依次输入第二点、第三点……的绝对坐标。	(500,1000) (500,500)　　(1000,500)	命令: _LINE 指定第一个点: 500,500 指定下一点或 [放弃(U)]: 500,1000 指定下一点或 [放弃(U)]: 1000,500 指定下一点或 [闭合(C)/放弃(U)]: c　　//闭合图形
通过输入相对直角坐标绘制直线	1.指定第一个点（或输入绝对坐标确定第一个点）； 2.依次输入第二点、第三点……的相对前一点的直角坐标。	第二点 第一点　　第三点	命令: _LINE 指定第一个点: //任意点击一点作为第一点 指定下一点或 [放弃(U)]: @0,500 指定下一点或 [放弃(U)]: @500,-500 指定下一点或 [闭合(C)/放弃(U)]: c　　//闭合图形

通过输入相对极坐标绘制直线	1.指定第一个点（或输入绝对坐标确定第一个点）；
	2.依次输入第二点、第三点……的相对前一点的极坐标。
		第三点
		第二点　　第一点
			命令: _LINE
			指定第一个点:
			//任意点击一点作为第一点
			指定下一点或 [放弃(U)]: @500<180
			指定下一点或 [放弃(U)]: @500<90
			指定下一点或 [闭合(C)/放弃(U)]: c
			//闭合图形

5.2.2 绘制射线

　　射线是一端固定，另一端无限延伸的直线。使用【射线】命令，可以创建一系列始于一点并继续无限延伸的直线。

　　【射线】命令的几种常用调用方法如下：

* 选择【绘图】→【射线】菜单命令；

* 在命令行中输入"RAY"命令并按空格键确认；

* 单击【默认】选项卡→【绘图】面板中的【射线】按钮。

　　下面以绘制开关符号为例，对射线的绘制

过程进行详细介绍,具体操作步骤如下。

Step 01 打开随书光盘中的"素材\CH05\开关符号.dwg"文件。

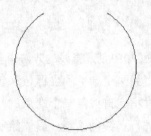

Step 02 单击【默认】选项卡→【绘图】面板中的【射线】按钮![],然后捕捉如图所示圆心点作为射线的起点。

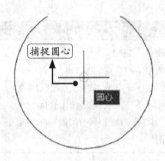

Step 03 垂直向上拖动鼠标并单击指定射线通过点,如图所示。

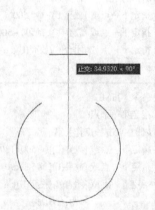

Tips

> 按【F8】键开启正交功能,可以更方便地绘制垂直射线。

Step 04 按【Esc】键退出【射线】命令,结果如图所示。

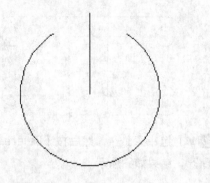

5.2.3 绘制构造线

构造线是两端无限延伸的直线,可以用来作为创建其他对象时的参考线,在执行一次【构造线】命令时,可以连续绘制多条通过一个公共点的构造线。

【构造线】命令的几种常用调用方法如下:

- 选择【绘图】→【构造线】菜单命令;
- 在命令行中输入"XLINE/XL"命令并按空格键确认;
- 单击【默认】选项卡→【绘图】面板中的【构造线】按钮![]。

在命令行中输入"XL"命令并按空格键确认,命令行提示如下:

命令: _xline

指定点或 [水平(H)/垂直(V)/角度(A)/二等分(B)/偏移(O)]:

命令行中各选项含义如下:

水平(H):创建一条通过选定点且平行于*x*轴的参照线。

垂直(V):创建一条通过选定点且平行于*y*轴的参照线。

角度(A):以指定的角度创建一条参照线。

二等分(B):创建一条参照线,此参照线位于由三个点确定的平面中,它经过选定的角顶点,并且将选定的两条线之间的夹角平分。

偏移(O):创建平行于另一个对象的参照线。

构造线的各种绘制方法如下表所示。

绘制方法	绘制步骤	结果图形	相应命令行显示
水平	1.指定第一个点； 2.在水平方向单击指定通过点。		命令：_XLINE 指定点或 [水平(H)/垂直(V)/角度(A)/二等分(B)/偏移(O)]：//单击指定第一点 指定通过点： //在水平方向上单击指定通过点 指定通过点：　//空格键退出命令
垂直	1.指定第一个点； 2.在竖直方向单击指定通过点。		命令：_XLINE 指定点或 [水平(H)/垂直(V)/角度(A)/二等分(B)/偏移(O)]：//单击指定第一点 指定通过点： //在竖直方向上单击指定通过点 指定通过点：　//空格键退出命令
角度	1.输入角度选项； 2.输入构造线的角度； 3.指定构造线通过点。	交点	命令：_XLINE 指定点或 [水平(H)/垂直(V)/角度(A)/二等分(B)/偏移(O)]：a 输入构造线的角度 (0) 或 [参照(R)]：30 指定通过点：　//捕捉交点 指定通过点：　//按空格键退出命令
二等分	1.输入二等分选项； 2.指定角度的顶点； 3.指定角度的起点； 4.指定角度的端点。	起点 顶点 端点	命令：_XLINE 指定点或 [水平(H)/垂直(V)/角度(A)/二等分(B)/偏移(O)]：b 指定角的顶点：　//捕捉角度的顶点 指定角的起点：　//捕捉角度的起点 指定角的端点：　//捕捉角度的端点 指定角的端点：//按空格键退出命令
偏移	1.输入偏移选项； 2.输入偏移距离； 3.选择偏移对象； 4.指定偏移方向。	底边 50	命令：_XLINE 指定点或 [水平(H)/垂直(V)/角度(A)/二等分(B)/偏移(O)]：o 指定偏移距离或 [通过(T)] <0.0000>：50 选择直线对象：　//选择底边 指定向哪侧偏移：//在底边的右侧单击 选择直线对象：//按空格键退出命令

5.2.4 实例：完善房屋立面图

本实例将综合利用【直线】和【构造线】命令对房屋立面图进行完善操作，具体操作步骤如下。

Step 01 打开光盘中的"素材\CH05\房屋图.dwg"文件。

Step 02 在命令行中输入"L"命令并按空格键调用【直线】命令，然后在绘图区域捕捉如图所示的节点作为直线起点。

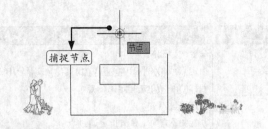

Step 03 在命令行输入直线下一点的坐标值，并按空格键确认。

指定下一点或 [放弃(U)]: @3<202 ✔

Step 04 按空格键结束【直线】命令，结果如图所示。

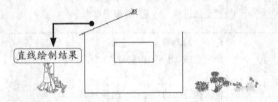

Step 05 重复执行【直线】命令，并在绘图区域捕捉第二步的节点作为直线起点，然后在命令行输入直线的下一点坐标值，并按空格键确认。

指定下一点或 [放弃(U)]: @3<338 ✔

Step 06 按空格键结束【直线】命令，结果如图所示。

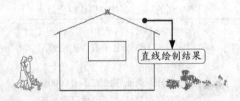

Step 07 在命令行中输入 "XL" 命令并按空格键调用【构造线】命令，命令行提示如下。

命令: _xline

指定点或 [水平(H)/垂直(V)/角度(A)/二等分(B)/偏移(O)]: h ✔

Step 08 在绘图区域捕捉如图所示的端点作为构造线通过点。

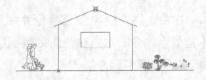

Step 09 按空格键结束【构造线】命令，结果如图所示。

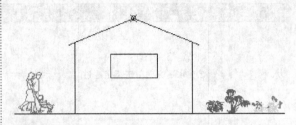

Step 10 选择刚才绘制的构造线，如图所示。

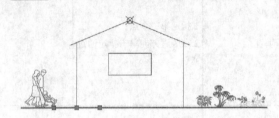

Step 11 单击【默认】选项卡→【特性】面板中的【线宽】下拉按钮，选择【0.30 毫米】，如图所示。

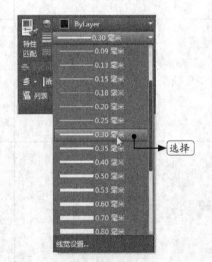

Step 12 按【Esc】键取消构造线的选择，结果如图所示。

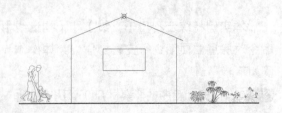

Tips

关于线宽设置详见本书第13章。

5.3 矩形和正多边形

在AutoCAD中，矩形和正多边形都是规则的闭合多段线，下面将分别对矩形和正多边形进行详细介绍。

5.3.1 绘制矩形

创建矩形形状的闭合多段线，可以指定长度、宽度、面积和旋转参数。还可以控制矩形上角点的类型，如圆角、倒角或直角。

【矩形】命令的几种常用调用方法如下：

• 选择【绘图】→【矩形】菜单命令；

• 在命令行中输入"RECTANG/REC"命令并按空格键确认；

• 单击【默认】选项卡→【绘图】面板中的【矩形】按钮 。

在命令行输入"rec"，按空格键后AutoCAD命令行提示如下：

命令：_rectang

指定第一个角点或[倒角（C）/标高（E）/圆角（F）/厚度（T）/宽度（W）]：

各选项的含义如下：

倒角（C）：用于指定矩形各顶点倒斜角的大小。

标高（E）：用于确定矩形所在的平面高度。默认矩形在 xy 平面内的，z 坐标值为0。

圆角（F）：用于指定矩形各顶点倒圆角的半径大小。

厚度（T）：设置矩形的厚度，用于绘制三维图形。

宽度（W）：用于设置矩形的边线宽度。

下面以绘制端盖零件图为例，对矩形的绘制过程进行详细介绍，具体操作步骤如下。

Step 01 打开随书光盘中的"素材\CH05\端盖零件图.dwg"文件。

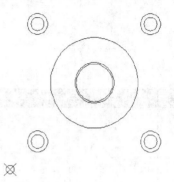

Step 02 在命令行中输入"REC"命令并按空格键调用【矩形】命令，命令行提示如下。

命令：_rectang

指定第一个角点或 [倒角(C)/标高(E)/圆角(F)/厚度(T)/宽度(W)]：

Step 03 在命令行进行矩形的圆角半径设置，命令行提示如下。

指定第一个角点或 [倒角(C)/标高(E)/圆角(F)/厚度(T)/宽度(W)]：f ↙

指定矩形的圆角半径 <0.0000>：27.5 ↙

Step 04 在绘图区域捕捉如图所示的节点作为矩形第一角点。

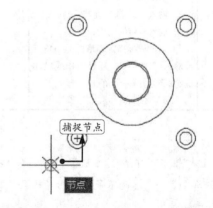

Step 05 在命令行指定矩形的另一角点，命令行提示如下。

指定另一个角点或 [面积(A)/尺寸(D)/旋转(R)]：@115,115 ↙

Step 06 结果如图所示。

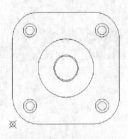

除了用默认的指定两点绘制矩形外，AutoCAD还提供了面积绘制、尺寸绘制和旋转绘制等绘制方法，具体的绘制方法参见下表。

绘制方法	绘制步骤	结果图形	相应命令行显示

面积绘制法	（1）指定第一个角点；
	（2）输入"a"选择面积绘制法；
	（3）输入绘制矩形的面积值；
	（4）指定矩形的长或宽。
		8
		12.5
			命令:_RECTANG
			指定第一个角点或 [倒角(C)/标高(E)/圆角(F)/厚度(T)/宽度(W)]:
			//单击指定第一角点
			指定另一个角点或 [面积(A)/尺寸(D)/旋转(R)]: a
			输入以当前单位计算的矩形面积 <100.0000>: //按空格键接受默认值
			计算矩形标注时依据 [长度(L)/宽度(W)] <长度>:
			//按空格键接受默认值
			输入矩形长度 <10.0000>: 8

尺寸绘制法	（1）指定第一个角点； （2）输入"d"选择尺寸绘制法； （3）指定矩形的长度和宽度； （4）拖动鼠标指定矩形的放置位置。	8 12.5	命令:_RECTANG 指定第一个角点或 [倒角(C)/标高(E)/圆角(F)/厚度(T)/宽度(W)]: //单击指定第一角点 指定另一个角点或 [面积(A)/尺寸(D)/旋转(R)]: d 指定矩形的长度 <8.0000>: 8 指定矩形的宽度 <12.5000>: 12.5 指定另一个角点或 [面积(A)/尺寸(D)/旋转(R)]: //拖动鼠标指定矩形的放置位置
旋转绘制法	（1）指定第一个角点； （2）输入"r"选择旋转绘制法； （3）输入旋转的角度； （4）拖动鼠标指定矩形的另一角点或输入"a""d"通过面积或尺寸确定矩形的另一个角点。	45°	命令:_RECTANG 指定第一个角点或 [倒角(C)/标高(E)/圆角(F)/厚度(T)/宽度(W)]: //单击指定第一角点 指定另一个角点或 [面积(A)/尺寸(D)/旋转(R)]: r 指定旋转角度或 [拾取点(P)] <0>: 45 指定另一个角点或 [面积(A)/尺寸(D)/旋转(R)]: //拖动鼠标指定矩形的另一个角点

Tips

　　CAD的矩形尺寸绘制方法里，长度不是指值较长的那条边，宽度也不是指较短的那条边。而是x轴方向的边为长度，y轴方向的边为宽度。绘制矩形时在指定第一个角点之前选择相应的选项，可以绘制带有倒角、圆角或具有线宽的矩形，如果选择标高和厚度选项则在三维图形中可以观察到一个长方体。

5.3.2 绘制正多边形

　　多边形是由3条或3条以上的线段构成的封闭图形，正多边形每条边的长度都是相等的，正多边形的绘制方法可以分为外切于圆和内接于圆两种。外切于圆是将多边形的边与圆相切，而内接于圆则是将多边形的顶点与圆相接。

　　【多边形】命令的几种常用调用方法如下：

- 选择【绘图】→【多边形】菜单命令；

- 在命令行中输入"POLYGON/POL"命令并按空格键确认；

- 单击【默认】选项卡→【绘图】面板中的【多边形】按钮⬠。

下面以绘制装饰图案为例，对正多边形的绘制过程进行详细介绍，具体操作步骤如下。

第1步：绘制相交的正四边形

Step 01 启动AutoCAD 2017，然后在命令行输入"POL"并按空格键调用【正多边形】命令，在命令行输入正多边形的边数并按空格键确认。

命令: _polygon 输入侧面数 <4>: 4 ✓

Step 02 在绘图区域任意单击一点作为正多边形的中心点，命令行提示如下。

指定正多边形的中心点或 [边(E)]:

命令行中各选项含义如下。

【中心点】：定义正多边形圆心

【边】：通过指定第一条边的端点来定义正多边形

Step 03 输入"I"，选择内接于圆，命令行提示如下。

输入选项 [内接于圆(I)/外切于圆(C)] <I>: ↙

Step 04 根据命令行提示，输入内接圆的半径20。

指定圆的半径: 20

Step 05 结果如下图所示。

Step 06 按空格键重复执行【多边形】命令，输入多边形的边数4，并捕捉上步绘制的多边形的中心为新的多边形的中心，如下图所示。

Step 07 输入"I"，选择内接于圆，当命令行提示输入内接圆半径时，输入"@20<90"。

输入选项 [内接于圆(I)/外切于圆(C)] <I>: ↙

指定圆的半径: @20<90

Step 08 结果如下图所示。

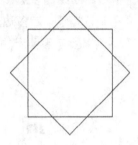

Step 09 按空格键继续绘制多边形，输入多边形的边数，当命令行提示指定多边形的中心点时，输入"E"，命令行提示如下。

指定正多边形的中心点或 [边(E)]: E ↙

Step 10 当命令行提示指定边的第一个端点时，捕捉下图所示的交点。

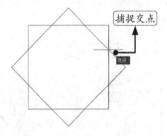

Step 11 当命令行提示捕捉边的第二个端点时捕捉下图所示的交点。

Step 12 结果如下图所示。

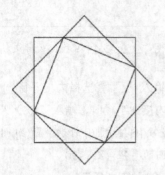

Step 13 按空格键继续绘制多边形，输入多边形的边数，当命令行提示指定多边形的中心点时，输入"E"，并捕捉下图所示的交点作为指定边的第一个交点。

捕捉交点

Step 14 当命令行提示捕捉边的第二个端点时捕捉下图所示的交点。

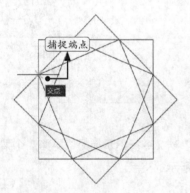

捕捉端点

交点

Step 15 结果如下图所示。

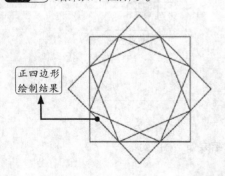

正四边形绘制结果

第2步：绘制正八边形

Step 01 按空格键，继续绘制正多边形，根据命令行提示，进行如下操作。

命令: _polygon 输入侧面数 <4>: 8

指定正多边形的中心点或 [边(E)]: e

Step 02 在绘图区域捕捉如图所示的端点作为多边形边的第一个端点。

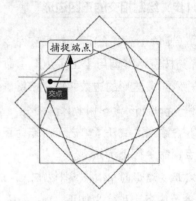

捕捉端点

交点

Step 03 在绘图区域拖动鼠标并捕捉如图所示的端点作为多边形边的第二个端点。

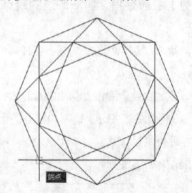

端点

Step 04 结果如图所示。

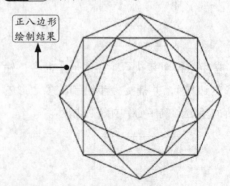

正八边形绘制结果

Step 05 按空格键，继续绘制正多边形，根据命令行提示，进行如下操作。

命令: _polygon 输入侧面数 <8>: ↙

指定正多边形的中心点或 [边(E)]: e ↙

Step 06 在绘图区域捕捉如图所示的中点作为多边形边的第一个端点。

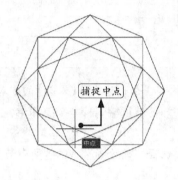

Step 07 在绘图区域拖动鼠标并捕捉如图所示的中点作为多边形边的第二个端点。

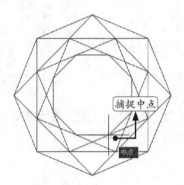

Step 08 结果如图所示。

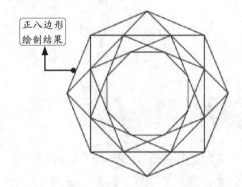

5.3.3 实例：绘制写字台正立面图 ▶

下面将综合利用【矩形】和【多边形】命令绘制写字台正立面图，具体操作步骤如下。

Step 01 打开随书光盘中的"素材\CH05\写字台.dwg"文件。

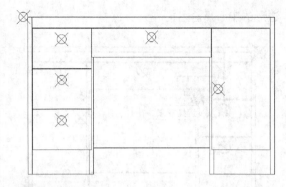

Step 02 在命令行中输入"REC"命令并按空格键调用【矩形】命令，在绘图区域捕捉如图所示的节点作为矩形的第一角点。

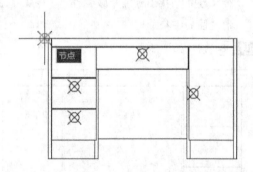

Step 03 在命令行输入矩形的另一角点并按空格键确认。

指定另一个角点或 [面积(A)/尺寸(D)/旋转(R)]: @1200,25 ↙

Step 04 结果如图所示。

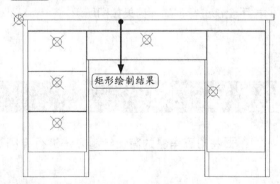

Step 05 在命令行中输入"POL"命令并按空格键调用【多边形】命令，在命令行输入正多边形的边数并按空格键确认。

命令: _polygon 输入侧面数 <4>: 10 ↙

Step 06 在绘图区域捕捉如图所示的节点作为多

边形的中心点。

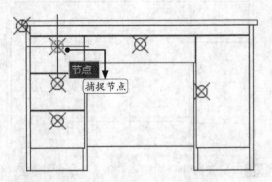

Step 07 在命令行指定正多边形的创建方式并输入圆的半径值，且分别按空格键确认。

输入选项 [内接于圆(I)/外切于圆(C)] <I>: I ✓

指定圆的半径: 15 ✓

Step 08 结果如图所示。

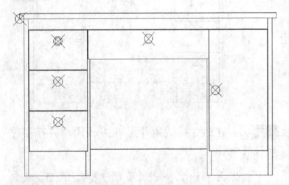

Step 09 重复 **Step 05** ~ **Step 08** 的操作，在其他相应节点位置进行正多边形的绘制，将写字台的拉手全部进行创建，结果如图所示。

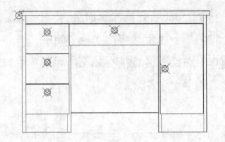

Tips

步骤（9）也可以采用【复制】的方式进行拉手的创建。关于【复制】命令详见本书7.2.2节。

Step 10 选择当前绘图区域中的所有节点，如图所示。

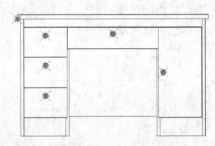

Step 11 按【Delete】键将当前绘图区域中的节点全部删除，结果如图所示。

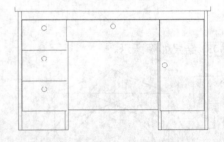

5.4 实战技巧

下面将对五角星的简便绘制方法进行详细介绍。

技巧1 如何绘制旋转的矩形

在使用旋转的方式绘制矩形时，需要用面积和尺寸来限定所绘制的矩形。如果不用面积或尺寸进行限定，得到的结果将截然不同。

下面通过绘制一个200×100，旋转15°的矩形为例来介绍用不受任何限制、受尺寸限制和受面积限制时绘制的结果。

（1）不做任何限制

在命令行输入"REC"命令，AutoCAD提示如下：

命令: RECTANG

指定第一个角点或 [倒角(C)/标高(E)/圆角

（F)/厚度(T)/宽度(W)]: //任意单击一点作为矩形的第一个角点

指定另一个角点或 [面积(A)/尺寸(D)/旋转(R)]: r

指定旋转角度或 [拾取点(P)] <0>: 15

指定另一个角点或 [面积(A)/尺寸(D)/旋转(R)]: @200,100

（2）用尺寸进行限制

在命令行输入"REC"命令，AutoCAD提示如下。

命令: RECTANG

当前矩形模式: 旋转=15

指定第一个角点或 [倒角(C)/标高(E)/圆角(F)/厚度(T)/宽度(W)]: //任意单击一点作为矩形的第一个角点

指定另一个角点或 [面积(A)/尺寸(D)/旋转(R)]: d

指定矩形的长度 <10.0000>: 200

指定矩形的宽度 <10.0000>: 100 //在屏幕上单击一点确定矩形的位置

（3）用面积进行限制

在命令行输入"REC"命令，AutoCAD提示如下。

命令: RECTANG

当前矩形模式: 旋转=15

指定第一个角点或 [倒角(C)/标高(E)/圆角(F)/厚度(T)/宽度(W)]: //任意单击一点作为矩形的第一个角点

指定另一个角点或 [面积(A)/尺寸(D)/旋转(R)]: a

输入以当前单位计算的矩形面积 <100.0000>: 20000

计算矩形标注时依据 [长度(L)/宽度(W)] <长度>: ↙

输入矩形长度 <200.0000>: 200

结果如下图所示。

不作任何限定　　　尺寸限定　　　面积限定

Tips

在绘制矩形的选项中，除了面积一项外，其余都会将所做的设置保存起来作为默认设置应用到后面的矩形绘制当中。

技巧2 利用正五边形绘制五角星

下面将利用正五边形绘制五角星，绘制过程中主要会用到【直线】命令，具体操作步骤如下。

Step 01 打开光盘中的"素材\CH05\五角星.dwg"文件。

Step 02 选择【绘图】→【直线】菜单命令，在绘图区域捕捉如图所示的端点作为直线起点。

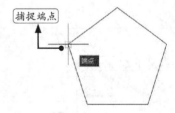

Step 03 在绘图区域拖动鼠标并捕捉如图所示的端点作为直线下一点。

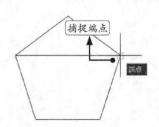

Step 04 继续在绘图区域拖动鼠标并捕捉如图所示的端点作为直线下一点。

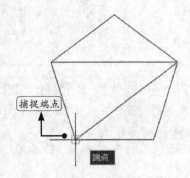

Step 05 继续在绘图区域拖动鼠标并捕捉如图所示的端点作为直线下一点。

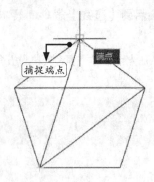

Step 06 继续在绘图区域拖动鼠标并捕捉如图所示的端点作为直线下一点。

Step 07 继续在绘图区域拖动鼠标并捕捉如图所示的端点作为直线下一点。

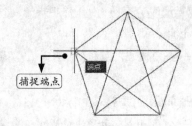

Step 08 按【Enter】键结束【直线】命令，结果如图所示。

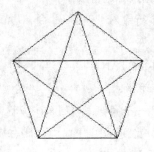

Step 09 选择如图所示的正五边形。

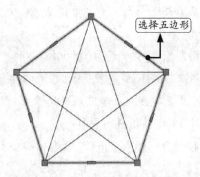

Step 10 按【Delete】键将所选正五边形删除，结果如图所示。

第 **6** 章

绘制基本二维图形之曲线

▓▓ 本章引言

前面学习了AutoCAD 2017中点、直线、矩形和正多边的绘制，下面将继续对圆、圆弧、椭圆、椭圆弧和圆环的绘制进行介绍，这些绘图命令在工程绘图中都有着广泛的应用。

▓▓ 学习要点

- ▶ 绘制圆
- ▶ 绘制圆弧
- ▶ 绘制椭圆和椭圆弧
- ▶ 绘制圆环

6.1 圆

圆在工程图中随处可见，在AutoCAD 2017中创建圆的方法有6种，可以通过指定圆心、半径、直径、圆周上的点或其他对象上的点等不同的方法进行结合绘制。

6.1.1 圆心、半径方式画圆

基于圆心和半径进行圆的绘制。

【圆心、半径】方式的几种常用调用方法如下：

- 选择【绘图】→【圆】→【圆心、半径】菜单命令；
- 在命令行中输入"CIRCLE/C"命令并按空格键确认；
- 单击【默认】选项卡→【绘图】面板中的【圆心、半径】按钮 ◯。

下面以绘制灶具为例，对圆心、半径方式绘制圆的过程进行详细介绍，具体操作步骤如下。

Step 01 打开光盘中的"素材\CH06\灶具.dwg"文件。

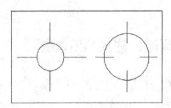

Step 02 在命令行中输入"C"命令并按空格键确认，在绘图区域捕捉如图所示圆心点作为圆的圆心，进行同心圆的绘制。

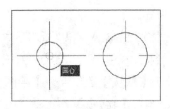

Step 03 在命令行输入圆的半径值，并按空格键确认。

指定圆的半径或 [直径(D)]: 104

Step 04 结果如图所示。

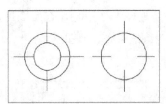

Step 05 按空格键重新调用【圆】命令，在绘图区域捕捉如图所示圆心点作为圆的圆心。

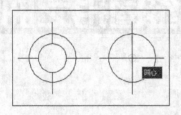

Step 06 在命令行输入圆的半径值，并按空格键确认。

指定圆的半径或 [直径(D)]: 62

Step 07 结果如图所示。

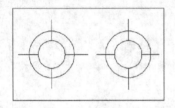

6.1.2 圆心、直径方式画圆

圆心、直径方式绘制圆和圆心、半径方式绘制圆方法类似，先指定圆心，然后再指定直径。

【圆心、直径】方式的几种常用调用方法如下：

• 选择【绘图】→【圆】→【圆心、直径】菜单命令；

• 在命令行中输入"CIRCLE/C"命令并按空键确认（绘制过程中选择"直径"方式）；

• 单击【默认】选项卡→【绘图】面板中的【圆心、直径】按钮。

下面以绘制同心圆为例，对圆心、直径方式绘制圆的过程进行详细介绍，具体操作步骤如下。

Step 01 单击【默认】选项卡→【绘图】面板中的【圆心、直径】按钮，在绘图区域任意单击一点作为圆的圆心，如图所示。

Step 02 在命令行输入圆的直径值，并按空格键确认。

指定圆的半径或 [直径(D)]: _d

指定圆的直径: 30

Step 03 结果如图所示。

Step 04 重复调用【圆心、直径】绘制圆的方式，在绘图区域捕捉如图所示圆心点作为圆的圆心，进行同心圆的绘制。

Step 05 在命令行输入圆的直径值，并按空格键确认。

指定圆的半径或 [直径(D)] <15.0000>: _d

指定圆的直径 <30.0000>: 40

Step 06 结果如图所示。

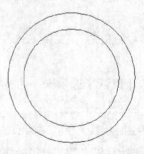

6.1.3 实例：绘制螺母零件图

下面将综合利用【多边形】、【圆】和【直线】命令绘制螺母零件图，在绘制过程中，注意"FOR"命令的应用，以及图层的切换，具体操作步骤如下。

1. 绘制螺母平面图

Step 01 打开光盘中的"素材\CH06\螺母.dwg"文件，在命令行中输入"C"命令并按空格键调用【圆】命令，在绘图区域任意单击一点作为圆的圆心，然后在命令行输入圆的半径值，并按空格键确认。

指定圆的半径或 [直径(D)]: 8.5 ✓

Step 02 结果如图所示。

Step 03 单击【默认】选项卡→【绘图】面板中的【圆心、直径】按钮，在绘图区域捕捉如图所示圆心点作为同心圆的圆心。

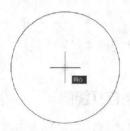

Step 04 在命令行输入圆的直径值，并按空格键确认。

指定圆的半径或 [直径(D)] <8.5000>: _d
指定圆的直径 <17.0000>: 10 ✓

Step 05 结果如图所示。

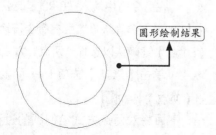

Step 06 在命令行中输入"POL"命令并按空格键调用【多边形】命令，在命令行输入多边形

的边数，并按空格键确认。

命令: _polygon 输入侧面数 <4>: 6 ✓

Step 07 在绘图区域捕捉如图所示的圆心点作为多边形的中心点。

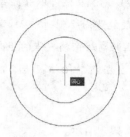

Step 08 选择多边形的绘制方式，命令行提示如下。

输入选项 [内接于圆(I)/外切于圆(C)] <I>: c ✓

Step 09 在绘图区域捕捉如图所示的象限点以指定多边形外切于圆的半径。

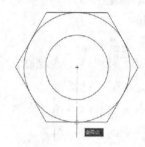

Step 10 结果如图所示。

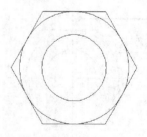

2. 绘制中心线

Step 01 在命令行中输入"L"命令并按空格键调用【直线】命令，命令行提示如下。

命令: _line
指定第一个点: fro ✓
基点: //捕捉圆心作为基点
<偏移>: @-12.5,0

指定下一点或 [放弃(U)]: @25,0

指定下一点或 [放弃(U)]: ↙

Tips

"FRO（自）"功能可以在距离某个点的一定距离和角度处开始绘制新对象。需要指定的点在 x、y 方向上距离对象捕捉点的距离是已知的，但是该点不在任何对象捕捉点上时，即可使用"FRO（自）"功能。

Step 02 结果如图所示。

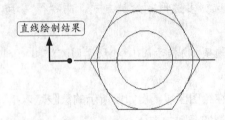

直线绘制结果

Step 03 重复 **Step 01** 的操作，命令行提示如下。

命令: _line

指定第一个点: fro ↙

基点: //捕捉圆心作为基点

<偏移>: @0,-12.5

指定下一点或 [放弃(U)]: @0,25

指定下一点或 [放弃(U)]: ↙

Step 04 结果如图所示。

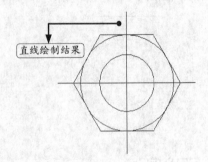

直线绘制结果

Step 05 选择两条中心线，如图所示。

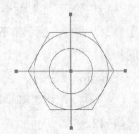

Step 06 单击【默认】选项卡→【图层】面板中的【图层】下拉按钮，选择【中心线】图层，如图所示。

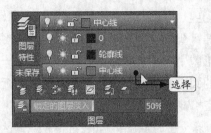

选择

Step 07 按【Esc】键取消中心线的选择，结果如图所示。

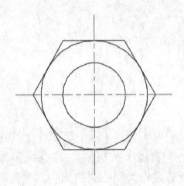

Tips

关于图层详见本书第13章。

6.1.4 两点方式画圆

两点式绘圆是通过指定两点绘制圆，两点间的距离就是圆的直径长度。

【两点】方式的几种常用调用方法如下：

• 选择【绘图】→【圆】→【两点】菜单命令；

• 在命令行中输入"CIRCLE"或"C"命令并按【Enter】键确认（然后在命令行输入"2P"按【Enter】键确认以选择"两点"方式）；

• 单击【默认】选项卡→【绘图】面板中的【两点】按钮 。

下面将对两点方式绘制圆的过程进行详细介绍，具体操作步骤如下。

Step 01 打开随书光盘中的"素材\CH06\两点画

圆.dwg"文件。

Step 02 单击【默认】选项卡→【绘图】面板中的【两点】按钮○，在绘图区域捕捉如图所示的节点作为圆直径上的第一个端点。

Step 03 在绘图区域拖动鼠标并捕捉如图所示的节点作为圆直径上的第二个端点。

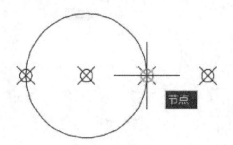

Step 04 结果如图所示。

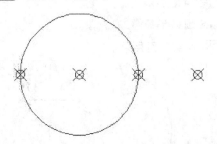

Step 05 重复调用【两点】绘制圆的方式，在绘图区域捕捉如图所示的节点作为圆直径上的第一个端点。

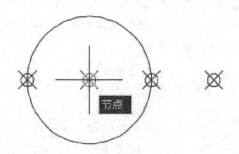

Step 06 在绘图区域拖动鼠标并捕捉如图所示的节点作为圆直径上的第二个端点。

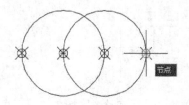

Step 07 结果如图所示。

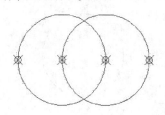

6.1.5 三点方式画圆

三点绘圆是通过指定任意三个不在同一条直线上的三点进行绘圆。

【三点】方式的几种常用调用方法如下。

• 选择【绘图】→【圆】→【三点】菜单命令；

• 在命令行中输入"CIRCLE"或"C"命令并按【Enter】键确认（然后在命令行输入"3P"按【Enter】键确认以选择"三点"方式）；

• 单击【默认】选项卡→【绘图】面板中的【三点】按钮○。

下面对三点方式绘制圆的过程进行详细介绍，具体操作步骤如下。

Step 01 启动AutoCAD 2017，然后单击【默认】选项卡→【绘图】面板中的【三点】按钮○，在绘图区域任意单击一点作为圆周上的第一点，如下图所示。

Step 02 在绘图区域单击第二点作为圆周上的第二个点。

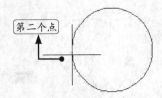

Step 03 拖动鼠标在绘图区域单击第三点作为圆周上的第三个点，结果如下图所示。

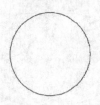

6.1.6 相切、相切、半径方式画圆

基于指定半径和两个相切对象绘制圆。在有多个圆符合指定条件的情况下，程序将绘制具有指定半径的圆，其切点与选定的点距离最近。

【相切、相切、半径】方式的几种常用调用方法如下：

• 选择【绘图】→【圆】→【相切、相切、半径】菜单命令；

• 在命令行中输入 "CIRCLE" 或 "C" 命令并按【Enter】键确认（然后在命令行输入 "T" 按【Enter】键确认以选择 "相切、相切、半径" 方式）；

• 单击【默认】选项卡→【绘图】面板中的【相切、相切、半径】按钮 。

下面将对相切、相切、半径方式绘制圆的过程进行详细介绍，具体操作步骤如下。

Step 01 打开光盘中的 "素材\CH06\相切、相切、半径画圆.dwg" 文件。

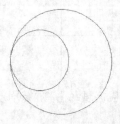

Step 02 单击【默认】选项卡→【绘图】面板中的【相切、相切、半径】按钮 ，在绘图区域捕

捉如图所示的递延切点作为圆周上的第一个切点。

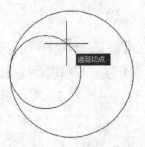

Step 03 继续在绘图区域捕捉如图所示的递延切点作为圆周上的第二个切点。

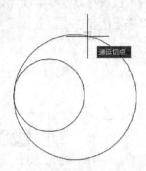

Step 04 在命令行输入圆的半径值并按空格键确认，命令行提示如下。

指定圆的半径: 125

Step 05 结果如图所示。

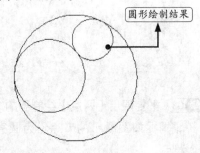

Step 06 重复调用【相切、相切、半径】绘制圆的方式，在绘图区域捕捉如图所示递延切点作为圆周上的第一个切点。

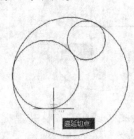

Step 07 继续在绘图区域捕捉如图所示递延切点作为圆周上的第二个切点。

Step 08 在命令行输入圆的半径值并按【Enter】键确认，命令行提示如下。

指定圆的半径: 125

Step 09 结果如图所示。

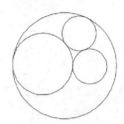

Tips

调用【相切、相切、半径】方式后，当鼠标接近已有图形时，会自动捕捉递延切点。用【相切、相切、半径】方式创建圆，有内切圆和外切圆之分，根据选择的递延切点和输入的半径不同，CAD会自动判断创建内切圆还是外切圆。

6.1.7 相切、相切、相切方式画圆

相切、相切、相切方式画圆是指定三个切点，这三个切点将来都在创建的圆周上，相切、相切、相切方式画圆不能通过命令行调用。

【相切、相切、相切】方式的几种常用调用方法如下：

• 选择【绘图】→【圆】→【相切、相切、相切】菜单命令；

• 单击【默认】选项卡→【绘图】面板中的【相切、相切、相切】按钮。

下面将对相切、相切、相切方式绘制圆的过程进行详细介绍，具体操作步骤如下。

Step 01 打开随书光盘中的"素材\CH06\相切、相切、相切画圆.dwg"文件。

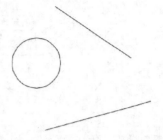

Step 02 单击【默认】选项卡→【绘图】面板中的【相切、相切、相切】按钮，在绘图区域捕捉如图所示递延切点作为圆周上的第一个切点。

Step 03 继续在绘图区域捕捉如图所示递延切点作为圆周上的第二个切点。

Step 04 继续在绘图区域捕捉如图所示递延切点作为圆周上的第三个切点。

Step 05 结果如图所示。

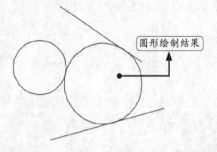

圆形绘制结果

Step 06 重复调用【相切、相切、相切】绘制圆的方式，在绘图区域捕捉如图所示递延切点作为圆周上的第一个切点。

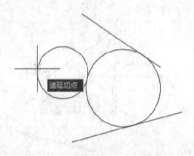

递延切点

Step 07 继续在绘图区域捕捉如图所示递延切点作为圆周上的第二个切点。

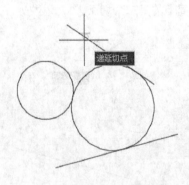

递延切点

Step 08 继续在绘图区域捕捉如图所示递延切点作为圆周上的第三个切点。

递延切点

Step 09 结果如图所示。

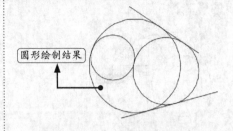

圆形绘制结果

6.1.8 实例：绘制四角支架平面图

下面将利用【圆】命令绘制四角支架平面图，具体操作步骤如下。

Step 01 打开随书光盘中的"素材\CH06\四角支架.dwg"文件。

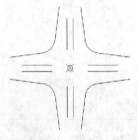

Step 02 单击【默认】选项卡→【绘图】面板中的【相切、相切、半径】按钮，然后在绘图区域捕捉如图所示递延切点作为圆周上的第一个切点。

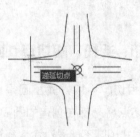

递延切点

Step 03 继续在绘图区域捕捉如图所示递延切点作为圆周上的第二个切点。

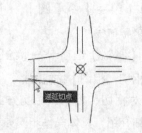

递延切点

Step 04 在命令行输入圆的半径值并按【Enter】键确认，命令行提示如下。

　　指定圆的半径: 9　　↙

Step 05 结果如图所示。

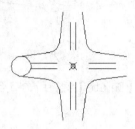

Step 06 重复【相切、相切、半径】绘圆命令，绘制其他圆，结果如下图所示。

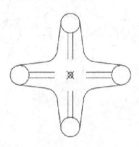

Step 07 在命令行中输入"C"命令并按空格键确认，在绘图区域捕捉如图所示圆心点作为圆的圆心，进行同心圆的绘制。

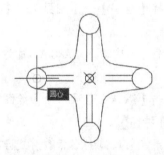

Step 08 在命令行输入圆的半径值并按空格键确认，命令行提示如下。

　　指定圆的半径或 [直径(D)] <9.0000>: 6　　↙

Step 09 结果如图所示。

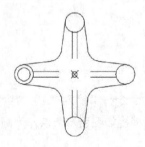

Step 10 重复 **Step 07**~**Step 08**，继续绘制其他3个半径为6的圆，结果如下图所示。

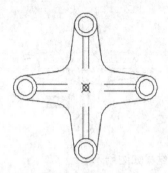

Step 11 重复 **Step 07**~**Step 08**，绘制半径为12的中心圆，结果如下图所示。

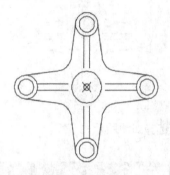

Step 12 单击【默认】选项卡→【绘图】面板中的【三点】按钮，然后捕捉图中的端点作为第一点，如下图所示。

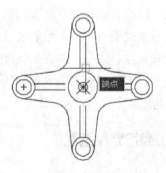

Step 13 捕捉如下图所示的端点作为第二点。

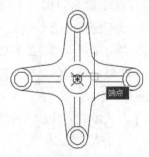

Step 14 捕捉如下图所示的端点作为第三点。

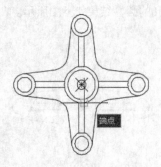

Step 15 结果如图所示。

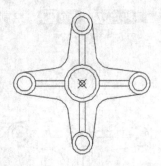

Step 16 选择如图所示的节点。

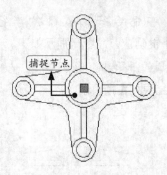

Step 17 按【Delete】键将所选节点删除，结果如图所示。

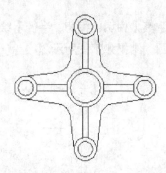

6.2 圆弧

圆弧是圆的一部分，是构成图形的一个最基本的图元。绘制圆弧的方法有10种，其中默认的方法是通过确定三点来绘制圆弧。圆弧可以通过设置起点、方向、中点、角度和弦长等参数来绘制。下面将对圆弧的各种绘制方法分别进行介绍。

6.2.1 三点方式画圆弧

使用圆弧周线上的三个指定点按顺时针或逆时针顺序绘制圆弧。如果未指定点就按【Enter】键，最后绘制的直线或圆弧的端点将会作为起点，并立即提示指定新圆弧的端点，这将创建一条与最后绘制的直线、圆弧或多段线相切的圆弧。

【三点】方式绘制圆弧的几种常用调用方法如下：

- 选择【绘图】→【圆弧】→【三点】菜单命令；
- 在命令行中输入"ARC/A"命令并按空格键确认；
- 单击【默认】选项卡→【绘图】面板中的【三点】按钮。

下面用定义圆弧上三点的方式详细讲解绘制圆弧的步骤。

Step 01 打开随书光盘中的"素材\CH06\三点画圆弧.dwg"文件。

Step 02 在命令行中输入"A"命令并按空格键确认，然后捕捉如图所示节点作为圆弧起点。

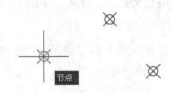

Step 03 在绘图区拖动鼠标并捕捉如图所示的节点作为圆弧的第二个点。

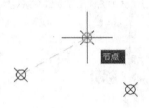

Step 04 在绘图区拖动鼠标并捕捉如图所示的节点作为圆弧的端点。

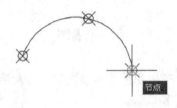

Step 05 结果如下图所示。

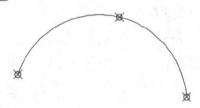

Tips

　　三点的选择顺序不同，结果也不相同，如果把第二点和第三点的选择顺序调换，结果如下图所示。

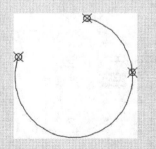

6.2.2 起点、圆心、端点方式画圆弧

　　通过指定圆弧的起点开始，并配合圆弧所在圆的圆心及圆弧的端点进行圆弧的绘制。默认情况下，系统会以逆时针方向绘制圆弧。

　　【起点、圆心、端点】方式绘制圆弧的几种常用调用方法如下：

　　• 选择【绘图】→【圆弧】→【起点、圆心、端点】菜单命令；

　　• 在命令行中输入"ARC/A"命令并按空格键确认，然后按命令行提示进行操作；

　　• 单击【默认】选项卡→【绘图】面板中的【起点、圆心、端点】按钮。

　　下面用定义起点、圆心、端点的方式详细讲解绘制圆弧的步骤。

Step 01 打开光盘中的"素材\CH06\起点、圆心、端点画圆弧.dwg"文件。

Step 02 单击【默认】选项卡→【绘图】面板中的【起点、圆心、端点】按钮，并且捕捉如图所示的节点作为圆弧起点。

Step 03 在绘图区域拖动鼠标并捕捉如图所示的节点作为圆弧的圆心。

Step 04 在绘图区域拖动鼠标并捕捉如图所示的节点作为圆弧的端点。

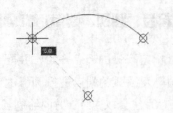

Step 05 结果如下图所示。

Tips

起点、圆心、端点方式绘制圆弧时，因为系统默认是逆时针方向绘制圆弧，所以圆弧的绘制结果与选择的起点和端点顺序有关。本例如果将起点和端点调换，则绘制结果如下图所示。

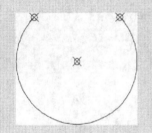

6.2.3 起点、圆心、角度方式画圆弧

通过指定圆弧的起点开始，并配合圆弧所在圆的圆心及圆弧包含角度进行圆弧的绘制。默认情况下，如果角度为正值，系统会以逆时针方向绘制圆弧；如果角度为负值，系统会以顺时针方向绘制圆弧。

【起点、圆心、角度】方式绘制圆弧的几种常用调用方法如下：

• 选择【绘图】→【圆弧】→【起点、圆心、角度】菜单命令；

• 在命令行中输入"ARC/A"命令并按空格键确认，然后按命令行提示进行操作；

• 单击【默认】选项卡→【绘图】面板中的【起点、圆心、角度】按钮 。

下面用定义起点、圆心、角度的方式详细讲解绘制圆弧的步骤。

Step 01 打开光盘中的"素材\CH06\起点、圆心、角度画圆弧.dwg"文件。

Step 02 单击【默认】选项卡→【绘图】面板中的【起点、圆心、角度】按钮 ，并在绘图区域捕捉如图所示节点作为圆弧起点。

Step 03 在绘图区域拖动鼠标并捕捉如图所示的节点作为圆弧的圆心。

Step 04 在命令行输入圆弧的包含角度，并按【Enter】键确认。

指定圆弧的端点或 [角度(A)/弦长(L)]: _a

指定包含角:180

Step 05 结果如图所示。

Step 06 重复【起点、圆心、角度】绘制圆弧的方式，并在绘图区域捕捉如图所示的节点作为圆弧起点。

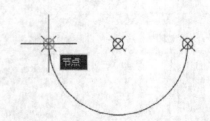

Step 07 在绘图区域拖动鼠标并捕捉如图所示的节点作为圆弧的圆心。

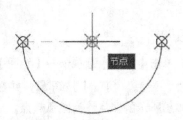

Step 08 在命令行输入圆弧的包含角度，并按【Enter】键确认。

指定圆弧的端点或 [角度(A)/弦长(L)]: _a 指定包含角: –180 ✓

Step 09 结果如图所示。

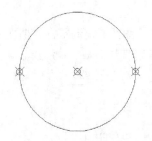

6.2.4 起点、圆心、长度方式画圆弧

通过指定圆弧的起点开始，并配合圆弧所在圆的圆心及圆弧弦长进行圆弧的绘制。默认情况下，如果弦长为正值，系统将绘制劣弧；如果弦长为负值，系统将绘制优弧。

【起点、圆心、长度】方式绘制圆弧的几种常用调用方法如下：

• 选择【绘图】→【圆弧】→【起点、圆心、长度】菜单命令；

• 在命令行中输入"ARC/A"命令并按空格键确认，然后按命令行提示进行操作；

• 单击【默认】选项卡→【绘图】面板中的【起点、圆心、长度】按钮。

下面用定义起点、圆心、长度的方式详细讲解绘制圆弧的步骤。

Step 01 打开光盘中的"素材\CH06\起点、圆心、长度画圆弧.dwg"文件。

Step 02 单击【默认】选项卡→【绘图】面板中的【起点、圆心、长度】按钮，并在绘图区域捕捉如图所示的端点作为圆弧起点。

Step 03 在绘图区域拖动鼠标并捕捉如图所示的中点作为圆弧的圆心。

Step 04 在命令行输入圆弧的弦长，并按【Enter】键确认。

指定圆弧的端点或 [角度(A)/弦长(L)]: _l
指定弦长: 400 ✓

Step 05 结果如图所示。

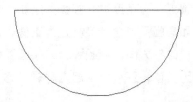

Step 06 重复【起点、圆心、长度】绘制圆弧的方式，并在绘图区域捕捉如图所示的端点作为圆弧起点。

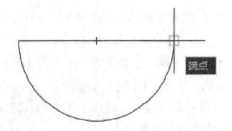

Step 07 在绘图区域拖动鼠标并捕捉如图所示的中点作为圆弧的圆心。

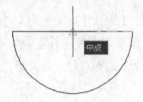

Step 08 在命令行输入圆弧的弦长，并按【Enter】键确认。

指定圆弧的端点或 [角度(A)/弦长(L)]: _l

指定弦长: 400

Step 09 结果如图所示。

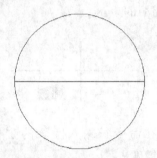

6.2.5 起点、端点、角度方式画圆弧

通过指定圆弧的起点开始，并配合圆弧的端点及圆弧包含角度进行圆弧的绘制。默认情况下，如果圆弧包含角度指定为正值，系统将从起点逆时针方向绘制圆弧；如果圆弧包含角度指定为负值，系统将从起点顺时针方向绘制圆弧。

【起点、端点、角度】方式绘制圆弧的几种常用调用方法如下：

• 选择【绘图】→【圆弧】→【起点、端点、角度】菜单命令；

• 在命令行中输入"ARC/A"命令并按空格键确认，然后按命令行提示进行操作；

• 单击【默认】选项卡→【绘图】面板中的【起点、端点、角度】按钮。

下面用定义起点、端点、角度的方式详细讲解绘制圆弧的步骤。

Step 01 打开光盘中的"素材\CH06\起点、端点、角度画圆弧.dwg"文件。

Step 02 单击【默认】选项卡→【绘图】面板中的【起点、端点、角度】按钮，并在绘图区域捕捉如图所示的端点作为圆弧起点。

Step 03 在绘图区域拖动鼠标并捕捉如图所示的端点作为圆弧端点。

Step 04 在命令行输入圆弧所包含的角度值，并按【Enter】键确认。

指定圆弧的圆心或 [角度(A)/方向(D)/半径(R)]: _a

指定包含角: 270

Step 05 重复【起点、端点、角度】绘制圆弧的方式，并在绘图区域捕捉如图所示的端点作为圆弧起点。

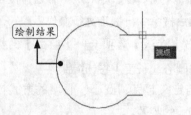

Step 06 在绘图区域拖动鼠标并捕捉如图所示的端点作为圆弧端点。

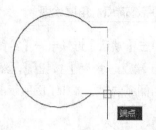

Step 07 在命令行输入圆弧所包含的角度值，并按【Enter】键确认。

指定圆弧的圆心或 [角度(A)/方向(D)/半径(R)]: _a

指定包含角: –270 ✔

Step 08 结果如图所示。

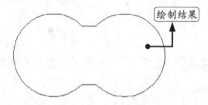

绘制结果

6.2.6 实例：绘制泵盖零件图 ▶

泵盖的主要作用是密封、紧固，保证齿轮泵的正常工作。本实例将综合利用【直线】、【圆弧】和【圆】命令对泵盖零件图进行绘制，具体操作步骤如下。

1. 起点、圆心、端点绘制圆弧

Step 01 打开光盘中的"素材\CH06\泵盖.dwg"文件。

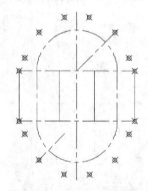

Step 02 单击【默认】选项卡→【绘图】面板中的【起点、圆心、端点】按钮 ，并在绘图区域捕捉如图所示的端点作为圆弧起点。

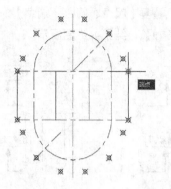

Step 03 在绘图区域拖动鼠标并捕捉如图所示的端点作为圆弧圆心点。

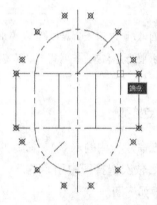

Step 04 在绘图区域拖动鼠标并捕捉如图所示的节点作为圆弧端点。

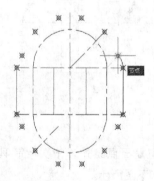

Step 05 结果如图所示。

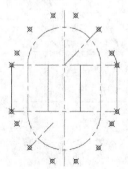

Step 06 重复【起点、圆心、端点】命令，绘制其他三条圆弧，结果如下图所示。

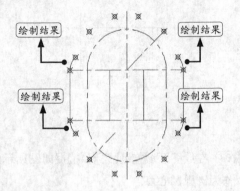

Tips

绘制圆弧时，起点和端点位置成逆时针方向，这样绘制出来的是劣弧，否则得到的是优弧。

2. 三点绘弧

Step 01 在命令行中输入"A"命令并按空格键确认，然后依次选择图中所示的三个节点进行绘制，结果如下图。

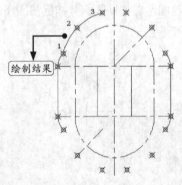

Step 02 重复三点绘弧，依次绘制其他三条圆弧，结果如下图所示。

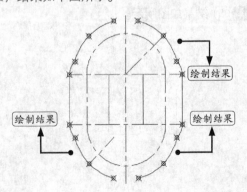

3. 起点、端点、角度绘弧

Step 01 单击【默认】选项卡→【绘图】面板中的【起点、端点、角度】按钮，然后单击图中节点作为圆弧的起点，如下图所示。

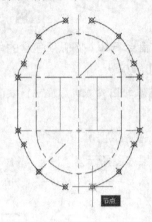

Step 02 捕捉如下图所示的节点作为圆弧的端点。

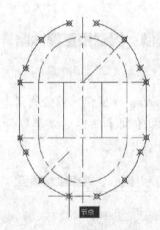

Step 03 在命令行输入圆弧的角度"-90"，结果如下图所示。

默认是以两点的逆时针方向创建圆弧,如果1~2步中起点和端点的选择顺序调换,则输入角度为"90"。

Step 04 重复【起点、端点、角度】绘圆,结果如下图所示。

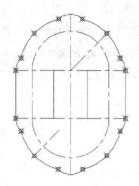

4. 起点、圆心、长度绘弧

Step 01 单击【默认】选项卡→【绘图】面板中的【起点、圆心、长度】按钮,然后捕捉下图中的端点作为起点。

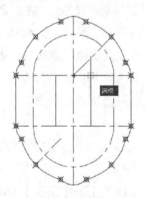

Step 02 捕捉下图所示的端点作为圆弧的圆心。

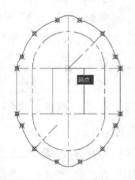

Step 03 输入弦长"26"并按空格键确认,结果如下图所示。

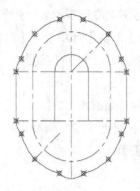

Step 04 重复【起点、圆心、长度】绘弧,绘制另一条圆弧,结果如下图所示。

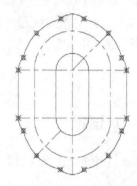

Step 05 选择所有的节点,然后按【Delete】键将它们删除,结果如下图所示。

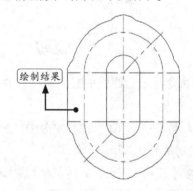

6.2.7 起点、端点、方向方式画圆弧

通过指定圆弧的起点开始,并配合圆弧的端点及圆弧的起点切向进行圆弧的绘制。

【起点、端点、方向】方式绘制圆弧的几种常用调用方法如下:

· 选择【绘图】→【圆弧】→【起点、端

点、方向】菜单命令；

- 在命令行中输入"ARC/A"命令并按空格键确认，然后按命令行提示进行操作；

- 单击【默认】选项卡→【绘图】面板中的【起点、端点、方向】按钮。

下面用定义【起点、端点、方向】的方式详细讲解绘制圆弧的步骤。

Step 01 打开光盘中的"素材\CH06\起点、端点、方向画圆弧.dwg"文件。

Step 02 单击【默认】选项卡→【绘图】面板中的【起点、端点、方向】按钮，并在绘图区域捕捉如图所示端点作为圆弧起点。

Step 03 在绘图区域拖动鼠标并捕捉如图所示的端点作为圆弧端点。

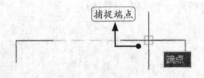

Step 04 在命令行指定圆弧的起点切向，并按【Enter】键确认。

指定圆弧的圆心或 [角度(A)/方向(D)/半径(R)]: _d 指定圆弧的起点切向: 90 ↙

Step 05 重复【起点、端点、方向】绘制圆弧的方式，并在绘图区域捕捉如图所示的端点作为圆弧起点。

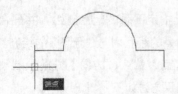

Step 06 在绘图区域拖动鼠标并捕捉如图所示的

端点作为圆弧端点。

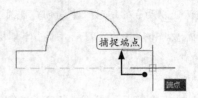

Step 07 在命令行指定圆弧的起点切向，并按【Enter】键确认。

指定圆弧的圆心或 [角度(A)/方向(D)/半径(R)]: _d 指定圆弧的起点切向: −90 ↙

Step 08 结果如图所示。

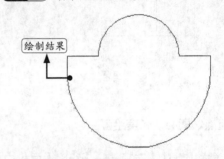

6.2.8 起点、端点、半径方式画圆弧

通过指定圆弧的起点、端点及圆弧所在圆的半径值进行圆弧的绘制。默认情况下半径为正值时，系统从圆弧起点位置开始按逆时针方向进行劣弧的绘制；半径为负值时，系统从圆弧起点位置开始按逆时针方向进行优弧的绘制。

【起点、端点、半径】方式绘制圆弧的几种常用调用方法如下：

- 选择【绘图】→【圆弧】→【起点、端点、半径】菜单命令；

- 在命令行中输入"ARC/A"命令并按空格键确认，然后按命令行提示进行操作；

- 单击【默认】选项卡→【绘图】面板中的【起点、端点、半径】按钮。

下面用定义起点、端点、半径的方式详细讲解绘制圆弧的步骤。

Step 01 打开光盘中的"素材\CH06\起点、端点、半径画圆弧.dwg"文件。

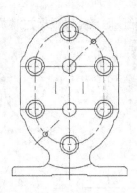

Step 02 单击【默认】选项卡→【绘图】面板中的【起点、端点、半径】按钮，然后在绘图区域捕捉如图所示的端点作为圆弧起点。

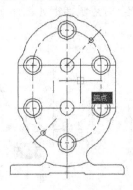

Step 03 在绘图区域拖动鼠标并捕捉如图所示的端点作为圆弧端点。

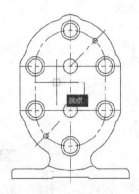

Step 04 在命令行输入圆弧的半径值，并按【Enter】键确认。

指定圆弧的圆心或 [角度(A)/方向(D)/半径(R)]: _r

指定圆弧的半径: -9

Step 05 重复【起点、端点、半径】绘制圆弧的方式，并在绘图区域捕捉如图所示的端点作为圆弧起点。

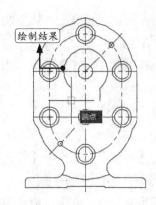

Step 06 在绘图区域拖动鼠标并捕捉如图所示的端点作为圆弧端点。

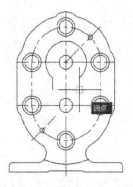

Step 07 在命令行输入圆弧的半径值，并按【Enter】键确认。

指定圆弧的圆心或 [角度(A)/方向(D)/半径(R)]: _r 指定圆弧的半径: -9

Step 08 结果如图所示。

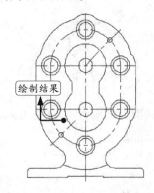

6.2.9 圆心、起点、端点方式画圆弧

通过指定圆弧所在圆的圆心，并配合圆弧的起点及端点进行圆弧的绘制。默认情况下圆弧的绘制方向为圆弧起点开始的逆时针方向。

【圆心、起点、端点】方式绘制圆弧的几种常用调用方法如下:

● 选择【绘图】→【圆弧】→【圆心、起点、端点】菜单命令;

● 在命令行中输入"ARC/A"命令并按空格键确认,然后按命令行提示进行操作;

● 单击【默认】选项卡→【绘图】面板中的【圆心、起点、端点】按钮 。

下面用定义圆心、起点、端点的方式详细讲解绘制圆弧的步骤。

Step 01 打开光盘中的"素材\CH06\圆心、起点、端点画圆弧.dwg"文件。

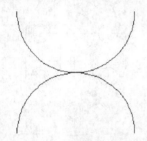

Step 02 单击【默认】选项卡→【绘图】面板中的【圆心、起点、端点】按钮 ,并在绘图区域捕捉如图所示的中点作为圆弧圆心点。

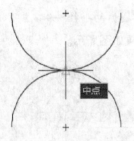

Step 03 在绘图区域拖动鼠标并捕捉如图所示的端点作为圆弧起点。

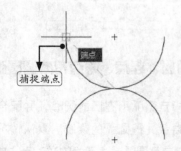

Step 04 在绘图区域拖动鼠标并捕捉如图所示的端点作为圆弧端点。

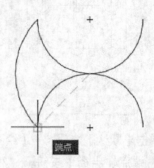

Step 05 重复【圆心、起点、端点】绘制圆弧的方式,并在绘图区域捕捉如图所示的中点作为圆弧圆心点。

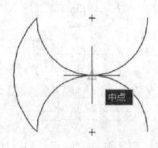

Step 06 在绘图区域拖动鼠标并捕捉如图所示的端点作为圆弧起点。

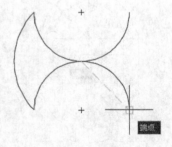

Step 07 在绘图区域拖动鼠标并捕捉如图所示的端点作为圆弧端点。

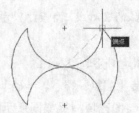

Step 08 结果如图所示。

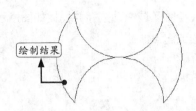

绘制结果

6.2.10 圆心、起点、角度方式画圆弧

通过指定圆弧所在圆的圆心，并配合圆弧的起点及包含角度进行圆弧的绘制。

【圆心、起点、角度】方式绘制圆弧的几种常用调用方法如下：

• 选择【绘图】→【圆弧】→【圆心、起点、角度】菜单命令；

• 在命令行中输入"ARC/A"命令并按空格键确认，然后按命令行提示进行操作；

• 单击【默认】选项卡→【绘图】面板中的【圆心、起点、角度】按钮 。

下面用定义圆心、起点、角度的方式详细讲解绘制圆弧的步骤。

Step 01 打开光盘中的"素材\CH06\圆心、起点、角度画圆弧.dwg"文件。

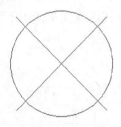

Step 02 单击【默认】选项卡→【绘图】面板中的【圆心、起点、角度】按钮 ，并在绘图区域捕捉如图所示的交点作为圆弧圆心点。

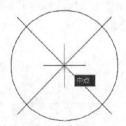

Step 03 在绘图区域拖动鼠标并捕捉如图所示的端点作为圆弧起点。

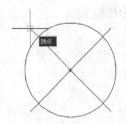

Step 04 在命令行输入圆弧的包含角度值，并按【Enter】键确认。

　　指定圆弧的端点或 [角度(A)/弦长(L)]: _a 指定包含角: 90

Step 05 结果如图所示。

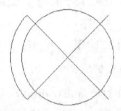

Step 06 重复【圆心、起点、角度】绘制圆弧的方式，并在绘图区域捕捉如图所示的交点作为圆弧圆心点。

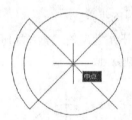

Step 07 在绘图区域拖动鼠标并捕捉如图所示的端点作为圆弧起点。

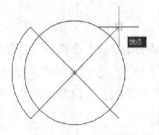

Step 08 在命令行输入圆弧的包含角度值，并按【Enter】键确认。

　　指定圆弧的端点或 [角度(A)/弦长(L)]: _a 指定包含角: -90

Step 09 结果如图所示。

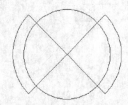

6.2.11 圆心、起点、长度方式画圆弧

通过指定圆弧所在圆的圆心，并配合圆弧的起点及圆弧弦长进行圆弧的绘制。

【圆心、起点、长度】方式绘制圆弧的几种常用调用方法如下：

• 选择【绘图】→【圆弧】→【圆心、起点、长度】菜单命令；

• 在命令行中输入"ARC/A"命令并按空格键确认，然后按命令行提示进行操作；

• 单击【默认】选项卡→【绘图】面板中的【圆心、起点、长度】按钮 。

下面用定义圆心、起点、长度的方式详细讲解绘制圆弧的步骤。

Step 01 打开光盘中的"素材\CH06\圆心、起点、长度画圆弧.dwg"文件。

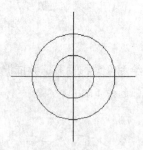

Step 02 单击【默认】选项卡→【绘图】面板中的【圆心、起点、长度】按钮 ，并在绘图区域捕捉如图所示的交点作为圆弧圆心点。

Step 03 在绘图区域拖动鼠标并捕捉如图所示的端点作为圆弧起点。

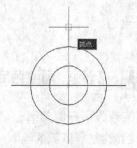

Step 04 在命令行输入圆弧的弦长值，并按【Enter】键确认。

指定圆弧的端点或 [角度(A)/弦长(L)]: _l
指定弦长: 120

Step 05 结果如图所示。

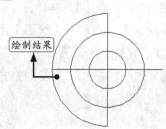

绘制结果

Step 06 重复【圆心、起点、长度】绘制圆弧的方式，并在绘图区域捕捉如图所示的交点作为圆弧圆心点。

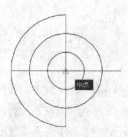

Step 07 在绘图区域拖动鼠标并捕捉如图所示的端点作为圆弧起点。

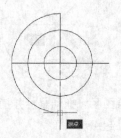

Step 08 在命令行输入圆弧的弦长值，并按【Enter】键确认。

　　指定圆弧的端点或 [角度(A)/弦长(L)]: _l

　　指定弦长: 120 ↙

Step 09 结果如图所示。

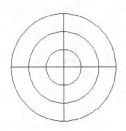

6.2.12 实例：创建玩具模型立面图 ▶

　　本实例将综合利用【圆弧】和【圆】命令对玩具模型立面图进行绘制，具体操作步骤如下。

1. 起点、端点、半径绘弧

Step 01 打开随书光盘中的"素材\CH06\玩具图形.dwg"文件。

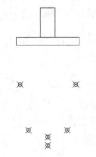

Step 02 单击【默认】选项卡→【绘图】面板中的【起点、端点、半径】按钮，并在绘图区域捕捉如图所示的端点作为圆弧起点。

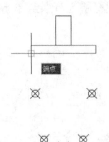

Step 03 在绘图区域拖动鼠标并捕捉如图所示的端点作为圆弧端点。

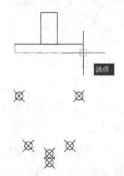

Step 04 在命令行输入圆弧的半径值，并按【Enter】键确认。

　　指定圆弧的圆心或 [角度(A)/方向(D)/半径(R)]: _r 指定圆弧的半径: 20 ↙

Step 05 结果如图所示。

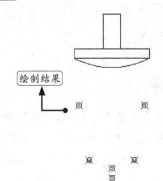

Step 06 单击【默认】选项卡→【绘图】面板中的【起点、端点、半径】按钮，并在绘图区域捕捉如图所示的端点作为圆弧起点。

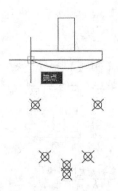

Step 07 在绘图区域拖动鼠标并捕捉如图所示的端点作为圆弧端点。

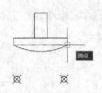

Step 08 在命令行输入圆弧的半径值，并按【Enter】键确认。

指定圆弧的圆心或 [角度(A)/方向(D)/半径(R)]: _r 指定圆弧的半径: −20 ↙

Step 09 结果如图所示。

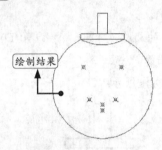

2. 三点绘弧

Step 01 在命令行中输入"A"命令并按空格键确认，然后在绘图区域依次捕捉如下图所示的三个节点，结果绘制圆弧。

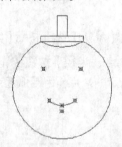

Step 02 重复【圆弧】命令，然后在绘图区域依次捕捉如下图所示的三个节点，结果绘制圆弧。

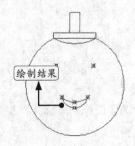

3. 绘制圆形并删除节点

Step 01 在命令行中输入"C"命令并按空格键调用【圆】命令，在绘图区域捕捉如图所示节点作为圆的圆心。

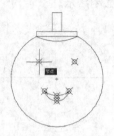

Step 02 在命令行输入圆的半径值，并按【Enter】键确认。

指定圆的半径或 [直径(D)]: 3 ↙

Step 03 结果如图所示。

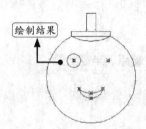

Step 04 重复【圆心、半径】绘制圆的方式，绘制另一个半径为3的圆，结果如下图所示。

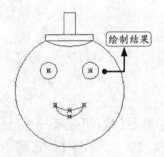

Step 05 在绘图区域中将节点全部选择，然后按【Delete】键将所选节点全部删除，结果如图所示。

6.3 椭圆

在AutoCAD中，椭圆由定义其长度和宽度的两条轴决定，较长的轴称为长轴，较短的轴称为短轴。

6.3.1 指定中心点方式画椭圆

使用中心点、第一个轴的端点和第二个轴的半轴长度创建椭圆。可以通过单击所需距离处的某个位置或输入长度值来指定距离。

使用中心点方式画椭圆的几种常用调用方法如下：

- 选择【绘图】→【椭圆】→【圆心】菜单命令；
- 在命令行中输入"ELLIPSE/EL"命令并按空格键确认，然后按命令行提示进行操作；
- 单击【默认】选项卡→【绘图】面板中的【圆心】按钮 。

下面以指定中心点方式对椭圆的绘制过程进行详细介绍，具体操作步骤如下。

Step 01 打开光盘中的"素材\CH06\中心点画椭圆.dwg"文件。

Step 02 单击【默认】选项卡→【绘图】面板中的【圆心】按钮 ，并在绘图区域捕捉如图所示的节点作为椭圆的中心点。

Step 03 在绘图区域拖动鼠标并捕捉如图所示的节点作为椭圆第一个轴的端点。

Step 04 在命令行输入椭圆另一个轴的半轴长度，并按【Enter】键确认。

指定另一条半轴长度或 [旋转(R)]: 50 ↙

命令行中选项含义如下。

【旋转】：通过绕第一条轴旋转圆来创建椭圆，旋转的值越大，椭圆的离心率越大；旋转值为"0"时，则定义为一个圆形。

Step 05 结果如图所示。

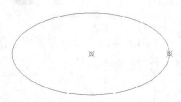

6.3.2 轴、端点方式画椭圆

根据第一条轴的长度和第二条轴的半轴长度创建椭圆。使用两个端点定义椭圆的第一条轴，第一条轴的角度确定了整个椭圆的角度，第一条轴既可以定义为长轴也可以定义为短轴。

使用轴、端点方式画椭圆的几种常用调用方法如下：

- 选择【绘图】→【椭圆】→【轴、端点】菜单命令；
- 在命令行中输入"ELLIPSE/EL"命令并按空格键确认，然后按命令行提示进行操作；
- 单击【默认】选项卡→【绘图】面板中的【轴、端点】按钮 。

下面以指定轴、端点方式对椭圆的绘制过程进行详细介绍，具体操作步骤如下。

Step 01 打开光盘中的"素材\CH06\轴、端点画椭圆.dwg"文件。

Step 02 单击【默认】选项卡→【绘图】面板中的【轴、端点】按钮 ，并在绘图区域捕捉如图所示的中点作为椭圆第一条轴的第一个端点。

Step 03 在绘图区域拖动鼠标并捕捉如图所示的中点作为椭圆第一条轴的另外一个端点。

Step 04 在绘图区域拖动鼠标并捕捉如图所示的中点以指定椭圆另一条轴的半轴长度。

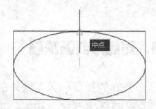

Step 05 结果如图所示。

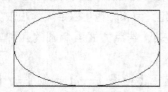

6.3.3 实例：绘制装饰图案

下面将利用【椭圆】命令绘制装饰图案，具体操作步骤如下。

Step 01 打开随书光盘中的"素材\CH06\装饰图案.dwg"文件。

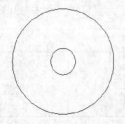

Step 02 单击【默认】选项卡→【绘图】面板中的【圆心】按钮，并在绘图区域捕捉如图所示的节点作为椭圆的中心点。

Step 03 在绘图区域拖动鼠标并捕捉如图所示的象限点作为椭圆第一个轴的端点。

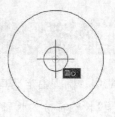

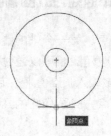

Step 04 在命令行输入椭圆另一个轴的半轴长度，并按【Enter】键确认。

指定另一条半轴长度或 [旋转(R)]: 10

Step 05 结果如图所示。

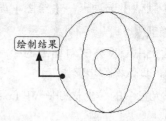

Step 06 单击【默认】选项卡→【绘图】面板中的【轴、端点】按钮，并在绘图区域捕捉如图所示的象限点作为椭圆第一条轴的第一个端点。

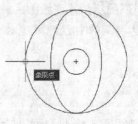

Step 07 在绘图区域拖动鼠标并捕捉如图所示的象限点作为椭圆第一条轴的另外一个端点。

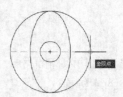

Step 08 在命令行输入椭圆另一个轴的半轴长度，并按【Enter】键确认。

　　指定另一条半轴长度或 [旋转(R)]: 10 ↙

Step 09 结果如图所示。

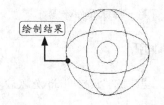
绘制结果

6.4 椭圆弧

　　椭圆弧为椭圆上某一角度到另一角度的一段，在绘制椭圆弧前必须先绘制一个椭圆。

6.4.1 绘制椭圆弧

　　绘制椭圆弧之前必须先绘制一个椭圆，然后移动光标删除椭圆弧的一部分，剩余的部分就是所需要的椭圆弧。

　　椭圆弧命令的几种常用调用方法如下：

　　● 选择【绘图】→【椭圆】→【圆弧】菜单命令；

　　● 在命令行中输入 "ELLIPSE" 或 "EL" 命令并按【Enter】键确认，然后按命令行提示进行操作；

　　● 单击【默认】选项卡→【绘图】面板中的【椭圆弧】按钮 。

　　下面将对椭圆弧的绘制过程进行详细介绍，具体操作步骤如下。

Step 01 打开光盘中的 "素材\CH06\椭圆弧.dwg" 文件。

Step 02 选择【绘图】→【椭圆】→【圆弧】菜单命令，并在绘图区域捕捉如图所示的中点作为椭圆弧第一条轴的第一个端点。

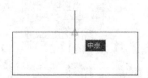

Step 03 在绘图区域拖动鼠标并捕捉如图所示的

中点作为椭圆弧第一条轴的另外一个端点。

Step 04 在绘图区域拖动鼠标并捕捉如图所示的中点以指定椭圆弧另一条轴的半轴长度。

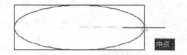

Step 05 在绘图区域拖动鼠标并捕捉如图所示的端点以指定椭圆弧的起始角度。

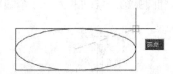

Step 06 在绘图区域拖动鼠标并捕捉如图所示的端点以指定椭圆弧的终止角度。

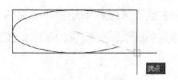

Step 07 结果如图所示。

6.4.2 实例：绘制洗漱盆平面图

　　下面将综合利用【椭圆弧】和【圆】命令

绘制洗漱盆平面图，具体操作步骤如下。

1. 绘制椭圆弧

Step 01 打开光盘中的"素材\CH06\洗漱盆.dwg"文件。

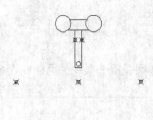

Step 02 选择【绘图】→【椭圆】→【圆弧】菜单命令，并在绘图区域捕捉如图所示的节点作为椭圆弧第一条轴的第一个端点。

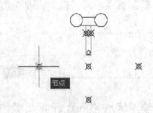

Step 03 在绘图区域拖动鼠标并捕捉如图所示的节点作为椭圆弧第一条轴的另外一个端点。

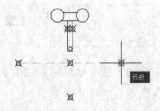

Step 04 在绘图区域拖动鼠标并捕捉如图所示的中点以指定椭圆弧另一条轴的半轴长度。

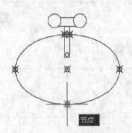

Step 05 在绘图区域拖动鼠标并捕捉如图所示的节点以指定椭圆弧的起始角度。

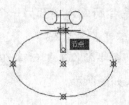

Step 06 在绘图区域拖动鼠标并捕捉如图所示的节点以指定椭圆弧的终止角度。

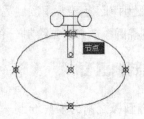

Step 07 结果如图所示。

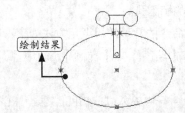

2. 绘制圆形

Step 01 在命令行输入"C"并按空格键调用【圆】命令，并在绘图区域捕捉如图所示的节点作为圆心。

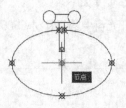

Step 02 在命令行输入圆形的半径值，并按【Enter】键确认。

指定圆的半径或 [直径(D)]: 20

Step 03 结果如图所示。

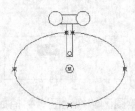

3. 删除节点

Step 01 在绘图区域中选择所有节点,如图所示。

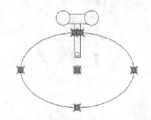

Step 02 按【Delete】键将所选节点删除,结果如图所示。

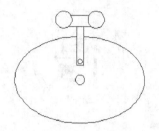

6.5 圆环

圆环是填充环或实体填充圆,即带有宽度的闭合多段线。

6.5.1 绘制圆环

圆环的宽度由指定的内直径和外直径决定,假如要创建实心圆,可以将圆环的内直径指定为"0"。

【圆环】命令的几种常用调用方法如下:

• 选择【绘图】→【圆环】菜单命令;

• 在命令行中输入"DONUT/DO"命令并按空格键确认;

• 单击【默认】选项卡→【绘图】面板中的【圆环】按钮 〇。

下面将对圆环的绘制过程进行详细介绍,具体操作步骤如下。

Step 01 在命令行中输入"DO"调用【圆环】命令,在命令行输入圆环的内径,并按【Enter】键确认。

指定圆环的内径 <0.5000>: 3 ↙

Step 02 在命令行输入圆环的外径,并按【Enter】键确认。

指定圆环的外径 <1.0000>: 5 ↙

Step 03 在绘图区域单击指定圆环的中心点,如图所示。

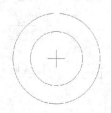

Step 04 按【Enter】键结束【圆环】命令,结果如图所示。

6.5.2 实例:绘制道路标识符号

道路交通标识是显示交通法规及道路信息的图形符号,具有法令的性质。下面将利用【圆环】命令绘制禁止停车道路标识符号,具体操作步骤如下。

Step 01 打开光盘中的"素材\CH06\道路标识符号.dwg"文件。

Step 02 在命令行中输入"DO"调用【圆环】命令,在命令行输入圆环的内径,并按【Enter】键确认。

指定圆环的内径 <0.5000>: 9 ↙

Step 03 在命令行输入圆环的外径,并按【Enter】键确认。

指定圆环的外径 <1.0000>: 10 ↙

Step 04 在绘图区域捕捉如图所示的中点作为圆环的中心点。

Step 05 按【Enter】键结束【圆环】命令，结果如图所示。

6.6 实战技巧

下面将对虚线框的显示方法和绘制圆弧的七要素进行详细介绍。

技巧1 绘图时没有虚线框显示怎么办

在绘制图形时，有时需要显示拖动对象的方式，即显示出虚线边框。如果没有显示，可以按照以下方法进行操作。

Step 01 在命令行中输入"DRAGMODE"。

命令：DRAGMODE

Step 02 按【Enter】键提示输入新值，这里输入"A"。

输入新值 [开(ON)/关(OFF)/自动(A)] <自动>: A

Tips

当系统变量为"ON"时，表示在选定要拖动的对象后，仅当在命令行中输入"DRAG"后才在拖动时显示对象的轮廓；当系统变量为"OFF"时，在拖动时不显示对象的轮廓；当系统变量为"A"（即Auto）时，在拖动时总是显示对象的轮廓。

Step 03 按【Enter】键打开虚线边框，在绘图区域中绘制图形时可以看到显示虚线边框。

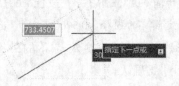

技巧2 绘制圆弧的七要素

想要弄清圆弧命令的所有选项似乎不太容易，但是只要能够理解一条圆弧中所包含的各种要素，那么就能根据需要使用这些选项了。下图是绘制圆弧时可以使用的各种要素。

除了知道绘制圆弧所需要的要素外，还要知道AutoCAD提供绘制圆弧选项的流程示意图，开始执行【ARC】命令时，只有两个选项：指定起点或圆心。根据你的已有信息选择后面的选项。下图是绘制圆弧时的流程图。

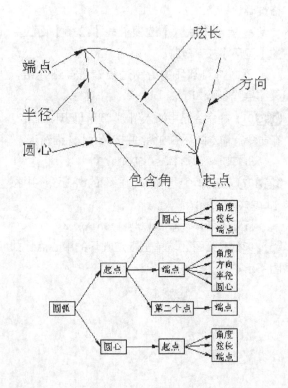

第 7 章

二维图形编辑操作之复制和调整

▊▊ 本章引言

单纯地使用绘图命令，只能创建一些基本的图形对象。如果要绘制复杂的图形，在很多情况下必须借助图形编辑命令。AutoCAD提供了强大的图形编辑功能，可以帮助用户合理地构造和组织图形，既保证绘图的精确性，又简化了绘图操作，从而极大地提高了绘图效率。

▊▊ 学习要点

❯❯ 掌握移动和复制图形对象的方法

❯❯ 掌握分解和删除的方法

❯❯ 掌握调整图形对象大小的方法

7.1 选择对象

在AutoCAD中创建的每个几何图形都是一个AutoCAD对象类型。AutoCAD对象类型具有很多形式。例如，直线、圆、标注、文字、多边形和矩形等都是对象。

在AutoCAD中，选择对象是一个非常重要的环节，无论执行任何编辑命令都必须选择对象或先选择对象再执行编辑命令，因此选择命令会频繁使用。

7.1.1 选择单个对象

在AutoCAD 2017中可以通过单击选择图形对象，具体操作步骤如下。

Step 01 打开随书光盘中的"素材\CH07\选择对象.dwg"文件。

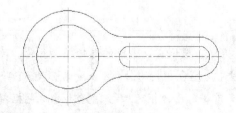

Step 02 移动光标到要选择的对象上（该对象加

亮显示），如图所示。

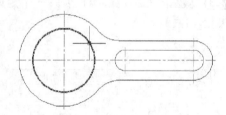

Step 03 单击即可选中此对象，如图所示。

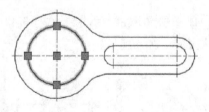

Step 04 按【Esc】键结束对象选择。

7.1.2 选择多个对象

当需要选择多个对象进行编辑操作，如果还一个一个地单击选择对象将是一件很麻烦的事情，不仅花费时间和精力而且影响工作效率，这时如果能同时选择多个对象就显得非常高效了。

1. 窗口选择

Step 01 打开随书光盘中的"素材\CH07\选择对象.dwg"文件。

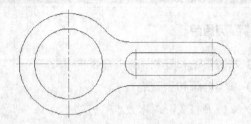

Step 02 在绘图区左边空白处单击鼠标左键,确定矩形窗口第一点,如图所示。

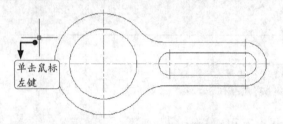

单击鼠标左键

Step 03 从左向右拖动鼠标,展开一个矩形窗口,如图所示。

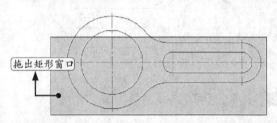

拖出矩形窗口

Step 04 单击鼠标左键后,完全位于窗口内的对象即被选中,如图所示。

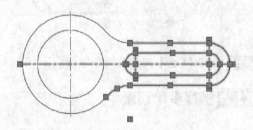

2. 交叉选择

Step 01 打开随书光盘中的"素材\CH07\选择对象"文件。

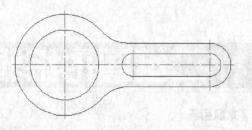

Step 02 在绘图区右边空白处单击鼠标左键,确定矩形窗口第一点,如图所示。

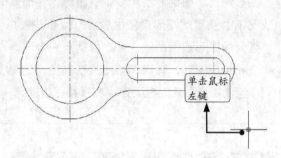

单击鼠标左键

Step 03 从右向左拖动鼠标,展开一个矩形窗口,如图所示。

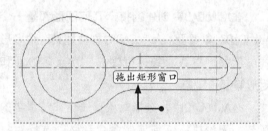

拖出矩形窗口

Step 04 单击鼠标左键,被矩形窗口包围或相交的对象都被选中,如图所示。

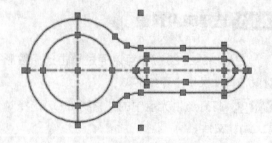

Tips

　　CAD默认窗口选择的选择框为蓝色,只有完全位于蓝色框内的图形才会被选中。CAD默认交叉选择的选择框为绿色,完全位于绿色框内的图形或与绿色框相交的图形都被选中。

7.2 移动和复制图形对象

下面将对AutoCAD 2017中复制和移动类图形对象编辑方法进行详细介绍，包括【移动】、【复制】、【偏移】、【阵列】、【镜像】和【旋转】等。

7.2.1 移动图形对象

移动，顾名思义就是把一个或多个对象从一个位置移动到另一个位置。

【移动】命令的几种常用调用方法如下：

• 选择【修改】→【移动】菜单命令；

• 在命令行中输入"MOVE/M"命令并按空格键确认；

• 单击【默认】选项卡→【修改】面板中的【移动】按钮✥。

下面将通过调整椭圆形的位置对【移动】命令的应用进行详细介绍，具体操作步骤如下。

Step 01 打开随书光盘中的"素材\CH07\移动对象.dwg"文件。

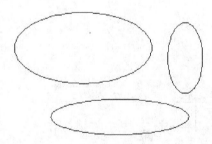

Step 02 在命令行中输入"M"命令并按空格键确认，然后在绘图区域选择如图所示的椭圆形作为移动对象。

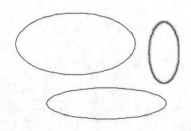

Step 03 按【Enter】键确认选择对象，然后在绘图区域捕捉如图所示的圆心点作为移动基点。

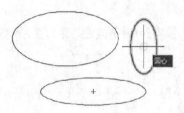

Step 04 在绘图区域拖动鼠标并捕捉如图所示的圆心点作为移动后的目标点。

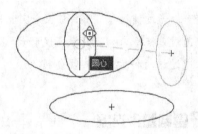

Step 05 结果如图所示。

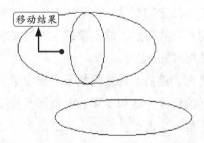

Step 06 重复【移动】命令并在绘图区域选择如图所示的椭圆形作为移动对象。

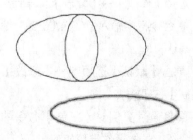

Step 07 按【Enter】键确认选择对象，然后在绘图区域任意单击一点作为移动基点，当命令行提示指定第二点时，输入"@−52,97"。

> 指定基点或 [位移(D)] <位移>: //任意单击一点
>
> 指定第二个点或 <使用第一个点作为位移>: @−52,97

Step 08 按【Enter】键后结果如图所示。

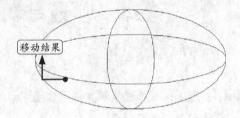

移动结果

Tips

> 既可以通过捕捉基点和目标点来实现移动，也可以通过基点和相对距离来实现移动。同理，也可以通过这两种方法来实现复制。

7.2.2 复制图形对象

在制图的时候，有时需要创建许多相同的对象，而且它们都具有相同的属性，这时就需要复制对象。当然，最主要的是通过复制对象大大提高制图的速度。

复制，通俗地讲就是把原对象变成多个完全一样的对象。这和现实当中复印身份证和求职简历是一个道理。通过【复制】命令，可以很轻松地从单个餐桌复制出多个餐桌以实现一个完整餐厅的效果。

【复制】命令的几种常用调用方法如下：

* 选择【修改】→【复制】菜单命令；
* 在命令行中输入"COPY/CO/CP"命令并按空格键确认；
* 单击【默认】选项卡→【修改】面板中的【复制】按钮。

下面将通过实例对【复制】命令的应用进行详细介绍，具体操作步骤如下。

1. 复制大圆

Step 01 打开随书光盘中的"素材\CH07\复制对象.dwg"文件。

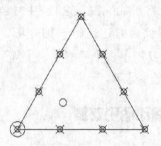

Step 02 在命令行中输入"CO"命令并按空格键确认，然后在绘图区域选择大圆形作为复制对象，如图所示。

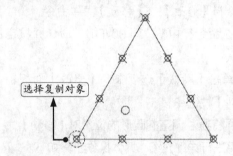

选择复制对象

Step 03 按空格键确认选择对象并捕捉如图所示的圆心点作为复制对象的基点。

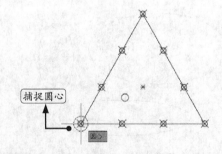

捕捉圆心

Step 04 在绘图区域中拖动鼠标并捕捉如图所示的节点作为复制对象的目标点。

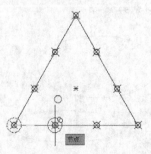

节点

Step 05 继续在绘图区域中拖动鼠标并捕捉如图所示的节点作为复制对象的目标点。

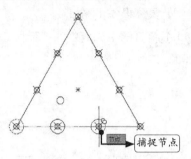

Step 06 继续在绘图区域中拖动鼠标并捕捉相应节点作为复制对象的目标点，结果如图所示。

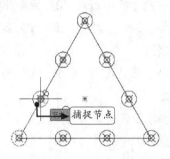

Step 07 按【Enter】键结束【复制】命令，结果如图所示。

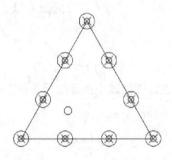

2. 复制小圆

Step 01 命令行中输入"CO"命令并按空格键确认，然后在绘图区域选择下圆形作为复制对象，如图所示。

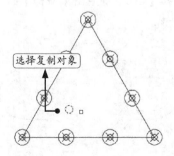

Step 02 按空格键确认选择对象，并捕捉如图所示的圆心点作为复制对象的基点。

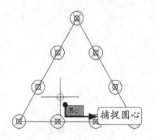

Step 03 水平拖动鼠标，如下图所示。

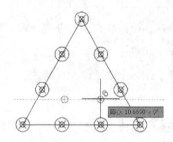

Step 04 输入复制的距离10。

指定第二个点或 [阵列(A)] <使用第一个点作为位移>: 10

Step 05 结果如图所示。

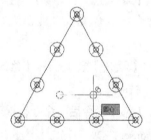

Step 06 在命令行输入另一个复制距离"@10<60 "。

指定第二个点或 [阵列(A)/退出(E)/放弃(U)] <退出>: @10<60

Step 07 按空格键或【Esc】键退出【复制】命令，结果如图所示。

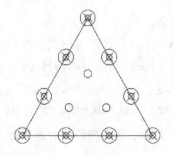

Step 08 选择所有节点和三角形，然后按【Delete】键将它们删除，结果如图所示。

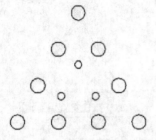

Tips

> 复制命令默认的是连续复制的模式，所以调用复制命令后可以连续复制，直到按【Esc】键、空格键或【Enter】键退出。

7.2.3 偏移图形对象

通过偏移可以创建与原对象造型平行的新对象。

【偏移】命令的几种常用调用方法如下：

• 选择【修改】→【偏移】菜单命令；

• 在命令行中输入"OFFSET/O"命令并按空格键确认；

• 单击【默认】选项卡→【修改】面板中的【偏移】按钮 ㄹ。

调用【偏移】命令后，命令行提示如下。

命令：_offset

当前设置：删除源=否 图层=源 OFFSETGAPTYPE=0

指定偏移距离或 [通过(T)/删除(E)/图层(L)] <通过>：

命令行中各选项含义如下。

【偏移距离】：在距现有对象指定的距离处创建对象。

【通过】：创建通过指定点的对象。要在偏移带角点的多段线时获得最佳效果，请在直线段中点附近（而非角点附近）指定通过点。

【删除】：偏移源对象后将其删除。

【图层】：确定将偏移对象创建在当前图层上还是源对象所在的图层上。

下面将通过实例对偏移命令的应用进行详细介绍，具体操作步骤如下。

Step 01 打开随书光盘中的"素材\CH07\偏移对象.dwg"文件。

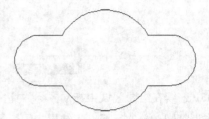

Step 02 在命令行中输入"O"命令并按空格键确认，然后在命令行输入"25"作为偏移距离并按空格键确认。

指定偏移距离或 [通过(T)/删除(E)/图层(L)] <通过>：25

Step 03 在绘图区域单击选择如图所示的图形作为偏移对象。

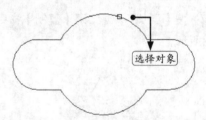

Step 04 在绘图区域中拖动鼠标并单击以指定偏移方向，如图所示。

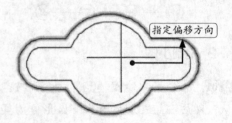

Step 05 按【Esc】键退出【偏移】命令后结果如下图所示。

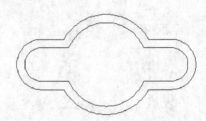

Tips

每次只能选择一个偏移对象进行偏移，偏移直线时相当于在指定的偏移距离处复制一个对象，偏移多段线、圆弧、圆、椭圆等命令时相当于绘制同心圆或同心圆弧，圆或圆弧与源对象的半径差为偏移距离。

7.2.4 阵列图形对象

在AutoCAD 2017中阵列可以分为矩形阵列、环形阵列和路径阵列，用户可以根据需要选择相应的阵列方式。

1. 矩形阵列

矩形阵列可以创建对象的多个副本，并可控制副本之间的数目和距离。

【矩形阵列】命令的几种常用调用方法如下：

● 选择【修改】→【阵列】→【矩形阵列】菜单命令；

● 在命令行中输入"ARRAYRECT"命令并按【Enter】键确认；

● 单击【默认】选项卡→【修改】面板中的【矩形阵列】按钮。

下面将通过阵列不规则图形为例对【矩形阵列】命令的应用进行详细介绍，具体操作步骤如下。

Step 01 打开随书光盘中的"素材\CH07\矩形阵列.dwg"文件。

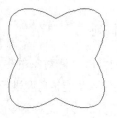

Step 02 单击【默认】选项卡→【修改】面板中的【矩形阵列】按钮，并在绘图区域选择如图所示图形作为阵列对象。

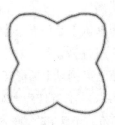

Step 03 按【Enter】键确认选择对象后弹出【阵列创建】选项卡，进行相关阵列参数设置，如图所示。

阵列创建选项卡中各选项含义如下。

【类型】面板：显示当前执行的阵列类型。

【列】面板：用于编辑列数和列间距。

【行】面板：指定阵列中的行数、它们之间的距离以及行之间的增量标高。

【层级】面板：指定三维阵列的层数和层间距。

【关联】：指定阵列中的对象是关联的还是独立的。

【基点】：定义阵列基点和基点夹点的位置。

【关闭阵列】：退出阵列命令。

Step 04 单击【关闭阵列】按钮，结果如图所示。

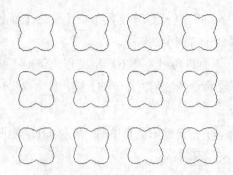

2. 环形阵列

环形阵列可以创建对象的多个副本，并可对副本是否旋转以及旋转角度进行控制。

【环形阵列】命令的几种常用调用方法如下：

• 选择【修改】→【阵列】→【环形阵列】菜单命令；

• 在命令行中输入"ARRAYPOLAR"命令并按【Enter】键确认；

• 单击【默认】选项卡→【修改】面板中的【环形阵列】按钮。

下面将通过实例对【环形阵列】命令的应用进行详细介绍，具体操作步骤如下。

Step 01 打开随书光盘中的"素材\CH07\环形阵列.dwg"文件。

Step 02 单击【默认】选项卡→【修改】面板中的【环形阵列】按钮，并在绘图区域选择如图所示图形作为阵列对象。

Step 03 按【Enter】键确认，然后在绘图区域中捕捉如图所示圆心点作为阵列中心点。

Step 04 系统弹出【阵列创建】选项卡，进行相关阵列参数设置，如图所示。

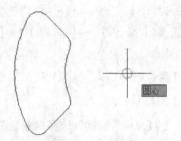

【阵列创建】选项卡中各选项含义如下。

【类型】面板：显示当前执行的阵列类型。

【项目】面板：用于指定项目中的项目数、项目间角度及填充角度。

【行】面板：指定阵列中的行数、它们之间的距离以及行之间的增量标高。

【层级】面板：指定（三维阵列的）层数和层间距。

【关联】：指定阵列中的对象是关联的还是独立的。

【基点】：指定阵列的基点。

【旋转项目】：控制在排列项目时是否旋转项目。

【方向】：控制是否创建逆时针或顺时针阵列。

【关闭阵列】：退出阵列命令。

Step 05 单击【关闭阵列】按钮，结果如图所示。

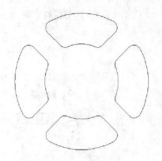

3. 路径阵列

路径阵列可以沿路径或部分路径均匀的分布对象副本。

【路径阵列】命令的几种常用调用方法如下：

● 选择【修改】→【阵列】→【路径阵列】菜单命令；

● 在命令行中输入"ARRAYPATH"命令并按【Enter】键确认；

● 单击【默认】选项卡→【修改】面板中的【路径阵列】按钮。

下面将通过阵列圆形对【路径阵列】命令

的应用进行详细介绍，具体操作步骤如下。

Step 01 打开随书光盘中的"素材\CH07\路径阵列.dwg"文件。

Step 02 单击【默认】选项卡→【修改】面板中的【路径阵列】按钮，并在绘图区域选择如图所示圆形作为阵列对象。

Step 03 按【Enter】键确认，然后在绘图区域选择圆弧作为曲线。

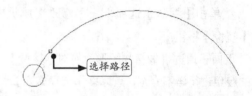

Step 04 系统弹出【阵列创建】选项卡，进行相关阵列参数设置，如图所示。

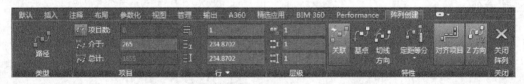

【阵列创建】选项卡中各选项含义如下。

【类型】面板：显示当前执行的阵列类型。

【项目】面板：用于指定项目数及项目之间的距离。

【行】面板：用于指定阵列中的行数、它们之间的距离以及行之间的增量标高。

【层级】面板：用于指定三维阵列的层数和层间距。

【关联】：指定是否创建阵列对象，或者是否创建选定对象的非关联副本。

【基点】：定义阵列的基点，路径阵列中的项目相对于基点放置。

【切线方向】：指定阵列中的项目如何相对于路径的起始方向对齐。

【测量】：以指定的间隔沿路径分布项目。

【定数等分】：将指定数量的项目沿路径的长度均匀分布。

【对齐项目】：指定是否对齐每个项目以与路径的方向相切。对齐相对于第一个项目的方向。

【Z方向】：控制是否保持项目的原始z方向或沿三维路径自然倾斜项目。

【关闭阵列】：退出阵列命令。

Step 05 单击【关闭阵列】按钮，结果如图所示。

7.2.5 镜像图形对象

通过镜像，可以绕指定轴线翻转对象创建对称的图像。

镜像对创建对称的对象非常有用。通常可以快速地绘制半个对象，然后将其镜像，而不必绘制整个对象。

【镜像】命令的几种常用调用方法如下：

• 选择【修改】→【镜像】菜单命令；

• 在命令行中输入"MIRROR/MI"命令并按空格键确认；

• 单击【默认】选项卡→【修改】面板中的【镜像】按钮▲。

下面将通过镜像植物图形为例对【镜像】命令的应用进行详细介绍，具体操作步骤如下。

Step 01 打开随书光盘中的"素材\CH07\镜像对象.dwg"文件。

Step 02 在命令行中输入"MI"命令并按空格键确认，然后在绘图区域选择如图所示的图形作为镜像对象。

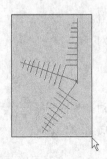

Step 03 按【Enter】键确认，然后在绘图区域捕捉如图所示的端点作为镜像线第一点。

Step 04 在绘图区域垂直向下拖动鼠标并单击指定镜像线第二点。

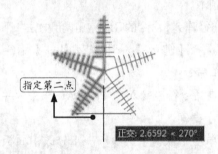

Step 05 命令行提示如下。

要删除源对象吗？[是(Y)/否(N)] <N>：

命令行中各选项含义如下。

【是】：将镜像的图像放置到图形中并删除原始对象。

【否】：将镜像的图像放置到图形中并保留原始对象。

Step 06 按【Enter】键确认，并且不删除源对象，结果如图所示。

7.2.6 旋转图形对象

利用【旋转】命令可以围绕基点将选定的对象旋转到一个绝对的角度。

【旋转】命令的几种常用调用方法如下：

• 选择【修改】→【旋转】菜单命令；

• 在命令行中输入"ROTATE"或"RO"命令并按【Enter】键确认；

• 单击【默认】选项卡→【修改】面板中的【旋转】按钮 ○。

下面将通过旋转圆弧为例对【旋转】命令的应用进行详细介绍，具体操作步骤如下。

Step 01 打开随书光盘中的"素材\CH07\旋转对象.dwg"文件。

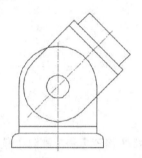

Step 02 单击【默认】选项卡→【修改】面板中的【旋转】按钮 ○，并在绘图区域选择如图所示的图形作为旋转对象。

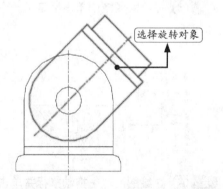

Step 03 按空格键确认，然后在绘图区域捕捉如图所示的圆心作为旋转基点。

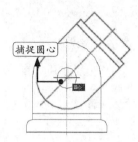

Step 04 命令行提示如下。

指定旋转角度，或 [复制(C)/参照(R)] <0>：

命令行中各选项含义如下。

【旋转角度】：决定对象绕基点旋转的角度。旋转轴通过指定的基点，并且平行于当前UCS的z轴。

【复制】：创建要旋转的选定对象的副本。

【参照】：将对象从指定的角度旋转到新的绝对角度。旋转视口对象时，视口的边框仍然保持与绘图区域的边界平行。

Step 05 在命令行输入"135"并按空格键确认，结果如图所示。

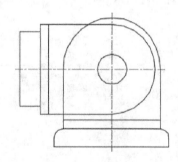

7.3 分解和删除

【分解】命令可以将多段线、图块等一个整体的图形分解成若干个独立的图形。【删除】命令可以将不需要的图形删除。

7.3.1 分解对象

【分解】命令主要是把单个组合的对象分解成多个单独的对象，以便更方便地对各个单独对象进行编辑。

【分解】命令的几种常用调用方法如下：

• 选择【修改】→【分解】菜单命令；

• 命令行输入"Explode/X"命令并按空格键；

• 单击【默认】选项卡→【修改】面板→【分解】按钮。

分解的具体操作步骤如下：

Step 01 打开光盘中的"原始文件\CH07\分解对象.dwg"文件,如下图所示。

Step 02 在命令行输入"X"命令并按空格键,然后单击选择绘图区域中的图形对象,如下图所示。

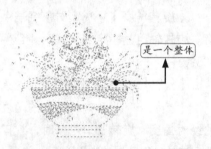

是一个整体

Step 03 按空格键确认后退出【分解】命令,然后单击选择图形,可以看到图形被分解成了多个单体,如下图所示。

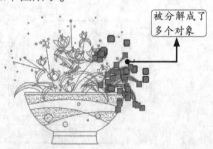

被分解成了多个对象

7.3.2 删除图形对象

【删除】命令可以从图形中删除选定的对象,如果处理的是三维对象,则还可以删除面、网格和顶点等子对象。

【删除】命令执行过程中可以输入选项进行删除对象的选择,例如,输入"L"删除绘制的上一个对象,输入"P"删除前一个选择集,或者输入"ALL"删除所有对象,还可以输入"?"以获得所有选项的列表。

【删除】命令的几种常用调用方法如下:

• 选择【修改】→【删除】菜单命令;

• 在命令行中输入"ERASE/E"命令并按空格键确认;

• 单击【默认】选项卡→【修改】面板中的【删除】按钮。

下面通过编辑一个简单二维图形为例对删除命令的应用进行详细介绍,具体操作步骤如下。

Step 01 打开随书光盘中的"素材\CH07\删除对象.dwg"文件。

Step 02 选择【修改】→【删除】菜单命令,然后在命令行输入"F",并按【Enter】键确认。

命令: _erase

选择对象: f

Step 03 在绘图区域中单击指定第一个栏选点,如图所示。

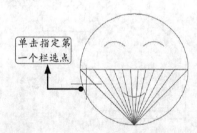

单击指定第一个栏选点

Step 04 在绘图区域中拖动鼠标并单击指定第二个栏选点,如图所示。

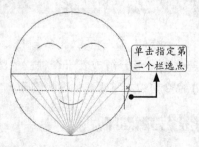

单击指定第二个栏选点

Step 05 按【Enter】键确认,绘图区域将要被删除的对象呈灰色显示,如图所示。

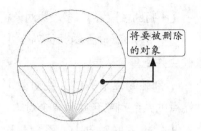

将要被删除的对象

Step 06 按【Enter】键确认，结果如图所示。

Step 07 重复【删除】命令，在绘图区域中选择如图所示水平直线段作为删除对象。

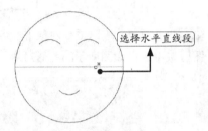

选择水平直线段

Step 08 按【Enter】键确认，结果如图所示。

7.3.3 删除重复对象

删除重复或重叠的直线、圆弧和多段线。此外【删除重复对象】命令还可以合并局部重叠或连续的对象。

【删除重复对象】命令的几种常用调用方法如下：

• 选择【修改】→【删除重复对象】菜单命令；

• 在命令行中输入"OVERKILL"命令并按

【Enter】键确认；

• 单击【默认】选项卡→【修改】面板中的【删除重复对象】按钮 。

下面通过编辑多条直线段组成的矩形为例对【删除重复对象】命令的应用进行详细介绍，具体操作步骤如下。

Step 01 打开光盘中的"素材\CH07\删除重复对象.dwg"文件。

Step 02 单击【默认】选项卡→【修改】面板中的【删除重复对象】按钮 ，然后在绘图区域中选择如图所示的水平直线段。

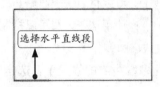

选择水平直线段

Step 03 继续在绘图区域中选择如图所示的水平直线段。

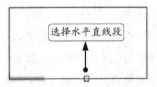

选择水平直线段

Step 04 按【Enter】键确认，系统弹出【删除重复对象】对话框，如图所示。

【删除重复对象】对话框中各选项含义如下。

【公差】：控制精度，OVERKILL通过该精度进行数值比较。如果该值为"0"，则在OVERKILL修改或删除其中一个对象之前，被比较的两个对象必须匹配。

【忽略对象特性】：使用这些设置来确定哪些对象特性将在比较过程中被忽略。

【颜色】：对象颜色将被忽略。

【图层】：对象图层将被忽略。

【线型】：对象线型将被忽略。

【线型比例】：对象线型比例将被忽略。

【线宽】：对象线宽将被忽略。

【厚度】：对象厚度将被忽略。

【透明度】：对象透明度将被忽略。

【打印样式】：对象打印样式将被忽略。

【材质】：对象材质将被忽略。

【选项】：使用这些设置可以控制OVERKILL如何处理直线、圆弧和多段线。

【优化多段线中的线段】：选定后，将检查选定的多段线中单独的直线段和圆弧段，重复的顶点和线段将被删除。此外，OVERKILL将各个多段线线段与完全独立的直线段和圆弧段相比较，如果多段线线段与直线或圆弧对象重复，其中一个会被删除。如果未选择此选项，多段线会作为Discreet对象而被比较，而且两个子选项是不可选的。

【忽略多段线线段宽度】：忽略线段宽度，同时优化多段线线段。

【不打断多段线】：多段线对象将保持不变。

【合并局部重叠的共线对象】：重叠的对象被合并到单个对象。

【合并端点对齐的共线对象】：将具有公共端点的共线对象合并为单个对象。

【保持关联对象】：不会删除或修改关联对象。

Step 05 单击【确定】按钮，然后在绘图区域中将光标移动到如图所示的水平直线段上面，可以看到编辑后的结果。

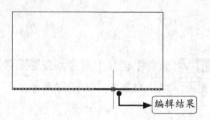

编辑结果

Step 06 重复【删除重复对象】命令，然后在绘图区域中选择如图所示的图形对象。

Step 07 按【Enter】键确认，系统弹出【删除重复对象】对话框。

Step 08 单击【确定】按钮，命令行提示编辑结果。

3 个重复项已删除

0 个重叠对象或线段已删除

7.4 调整图形对象大小

在AutoCAD中，可以根据需要对图形对象进行放大或缩小，也可以对图形对象进行修剪或延伸，下面将分别对相关命令进行详细介绍。

7.4.1 缩放对象

【缩放】命令可以在x、y和z坐标上同比放大或缩小对象，最终使对象符合设计要求。在对对象进行缩放操作时，对象的比例保持不变，但其在x、y、z坐标上的数值将发生改变。

【缩放】命令的几种常用调用方法如下：

• 选择【修改】→【缩放】菜单命令；

• 在命令行中输入"SCALE/SC"命令并按空格键确认；

● 单击【默认】选项卡→【修改】面板中的【缩放】按钮 □。

下面以缩放树木和轿车图形为例，对【缩放】命令的应用进行详细介绍，具体操作步骤如下。

Step 01 打开随书光盘中的"素材\CH07\缩放对象.dwg"文件。

Step 02 在命令行中输入"SC"命令并按空格键确认，在绘图区域中选择如图所示的树木图形作为缩放对象。

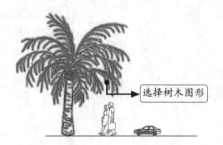

选择树木图形

Step 03 按【Enter】键确认，并在绘图区域中捕捉如图所示的象限点作为缩放基点。

象限点

Step 04 命令行提示如下。

指定比例因子或 [复制(C)/参照(R)]:

命令行中各选项含义如下。

【比例因子】：按指定的比例放大或缩小选定对象的尺寸。大于1的比例因子使对象放大，介于0和1之间的比例因子使对象缩小。还可以拖动光标使对象变大或变小。

【复制】：创建要缩放的选定对象的副本。

【参照】：按参照长度和指定的新长度缩放所选对象。

Step 05 在命令行输入"0.5"并按【Enter】键确认，以指定所选对象的缩放比例，结果如图所示。

Step 06 重复【缩放】命令，在绘图区域中选择如图所示的轿车图形作为缩放对象。

选择轿车图形

Step 07 按【Enter】键确认，并在绘图区域中捕捉如图所的端点作为缩放基点。

端点

Step 08 在命令行输入"2"并按【Enter】键确认，以指定所选对象的缩放比例，结果如图所示。

Tips

在缩放对象时，对象的尺寸发生变化，但是对象的形状并没有发生变化，所以缩放后的对象和原来的对象外观是一样的。读者可用测量工具来测量其具体尺寸。

7.4.2 拉伸对象

通过【拉伸】命令可改变对象的形状。在AutoCAD中，【拉伸】命令主要用于非等比缩放。

【缩放】命令是对对象的整体进行放大或缩小，也就是说，缩放前后对象的大小发生改变，但其比例和形状保持不变。【拉伸】命令可以对对象进行形状或比例上的改变。

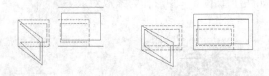

图 1　　　　　图 2

图1为拉伸后对象发生的变形，可以看出其形状发生了改变。

图2为缩放后对象的大小发生改变，但其形状和比例保持不变。

【拉伸】命令的几种常用调用方法如下：

• 选择【修改】→【拉伸】菜单命令；

• 在命令行中输入"STRETCH/S"命令并按空格键确认；

• 单击【默认】选项卡→【修改】面板中的【拉伸】按钮。

下面以对梯形执行【拉伸】命令为例，对拉伸命令的应用进行详细介绍，具体操作步骤如下。

Step 01 打开随书光盘中的"素材\CH07\拉伸对象.dwg"文件。

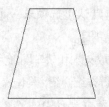

Step 02 在命令行中输入"S"命令并按空格键确认，在绘图区域中将光标移动到如图所示的位置处并单击，以指定选择区域的第一角点。

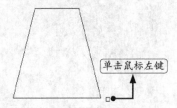

单击鼠标左键

Step 03 在绘图区域中拖动鼠标并单击，以指定选择区域的另一角点。

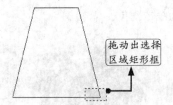

拖动出选择区域矩形框

Step 04 松开鼠标后选择结果如图所示。

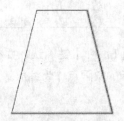

Step 05 按空格键结束对象选择，然后在绘图区域捕捉如图所示的端点作为图形拉伸基点。

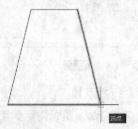

基点

Step 06 命令行提示如下。

指定第二个点或 <使用第一个点作为位移>：
@-5,0

Step 07 结果如图所示。

Step 08 重复【拉伸】命令，在绘图区域中将光标移动到如图所示的位置处并单击，以指定选择区域的第一角点。

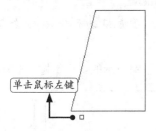

单击鼠标左键

Step 09 在绘图区域中拖动鼠标并单击，以指定选择区域的另一角点。

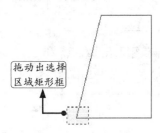

拖动出选择区域矩形框

Step 10 松开鼠标后选择结果如图所示。

Step 11 按空格键结束对象选择，然后在绘图区域捕捉如图所示的端点作为图形拉伸基点。

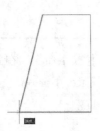

Step 12 命令行提示如下。

指定第二个点或 <使用第一个点作为位移>： @5,0 ↙

Step 13 结果如图所示。

Tips

> 选择拉伸对象时应以交叉窗口选择，如果将整个对象全部框选，则拉伸相当于移动。

7.4.3 拉长对象

【拉长】命令可以通过指定百分比、增量、最终长度或角度来更改对象的长度和圆弧的包含角。

【拉长】命令的几种常用调用方法如下：

• 选择【修改】→【拉长】菜单命令；

• 在命令行中输入"LENGTHEN/LEN"命令并按空格键确认；

• 单击【默认】选项卡→【修改】面板中的【拉长】按钮 。

调用【拉长】命令后，命令行提示如下：

命令：_lengthen

选择对象或 [增量(DE)/百分数(P)/全部(T)/动态(DY)]：

命令行中各选项含义如下。

【选择对象】：显示对象的长度和包含角（如果对象有包含角）。【LENGTHEN】命令不影响闭合的对象，选定对象的拉伸方向不需要与当前用户坐标系（UCS）的z轴平行。

【增量】：以指定的增量修改对象的长度，该增量从距离选择点最近的端点处开始测量。差值还以指定的增量修改圆弧的角度，该增量从距离选择点最近的端点处开始测量，正值扩展对象，负值修剪对象。

【百分数】：通过指定对象总长度的百分数设定对象长度。

【全部】：通过指定从固定端点测量的总长度的绝对值来设定选定对象的长度，【全部】选项也按照指定的总角度设置选定圆弧的包含角。

【动态】：打开动态拖动模式，通过拖动选定对象的端点之一来更改其长度，其他端点保持不变。

下面以对直线段执行【拉长】命令为例，对拉长命令的应用进行详细介绍，具体操作步骤如下。

Step 01 打开随书光盘中的"素材\CH07\拉长对象.dwg"文件。

Step 02 单击【默认】选项卡→【修改】面板中的【拉长】按钮，然后在命令行输入相关参数并分别按【Enter】键确认。

命令: _lengthen

选择对象或 [增量(DE)/百分数(P)/全部(T)/动态(DY)]: de ↙

输入长度增量或 [角度(A)] <0.0000>: 50 ↙

Step 03 在绘图区域中将光标移动到如图所示的位置处并单击。

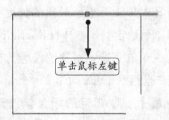

Step 04 按【Enter】键结束【拉长】命令，结

果如图所示。

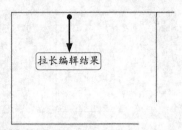

Step 05 重复【拉长】命令，在命令行输入相关参数并分别按【Enter】键确认。

命令: _lengthen

选择对象或 [增量(DE)/百分数(P)/全部(T)/动态(DY)]: dy ↙

Step 06 选择如下图所示的对象为拉长对象。

Step 07 捕捉如下图所示的端点。

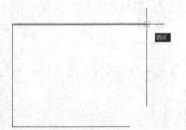

Step 08 在上图端点处单击，然后按空格键结束【拉长】命令后结果如下图所示。

Step 09 重复【拉长】命令，在命令行输入相关参数并分别按【Enter】键确认。

命令: _lengthen

选择要测量的对象或 [增量(DE)/百分比(P)/总计(T)/动态(DY)] <动态(DY)>: t ✓

指定总长度或 [角度(A)] <1.0000>: 200 ✓

Step 10 选择如下图所示的对象为拉长对象。

Step 11 在上图端点处单击鼠标左键，然后按空格键结束拉长命令后结果如下图所示。

Step 12 重复【拉长】命令，在命令行输入相关参数并分别按【Enter】键确认。

命令: _lengthen

选择要测量的对象或 [增量(DE)/百分比(P)/总计(T)/动态(DY)] <总计(T)>: p ✓

输入长度百分数 <80.0000>: 125 ✓

Step 13 选择如下图所示的对象为拉长对象。

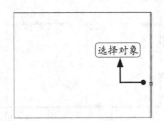

Step 14 在上图端点处单击，然后按空格键结束【拉长】命令后结果如下图所示。

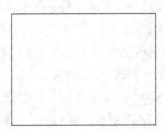

7.4.4 修剪对象

修剪对象可使对象精确地终止于由其他对象定义的边界。

【修剪】命令的几种常用调用方法如下：

• 选择【修改】→【修剪】菜单命令；

• 在命令行中输入"TRIM/TR"命令并按空格键确认；

• 单击【默认】选项卡→【修改】面板中的【修剪】按钮█。

下面以修剪直线段为例，对【修剪】命令的应用进行详细介绍，具体操作步骤如下。

Step 01 打开随书光盘中的"素材\CH07\修剪对象.dwg"文件。

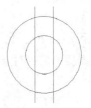

Step 02 在命令行中输入"TR"命令并按空格键确认，然后在绘图区域选择如图所示的圆形作为剪切边。

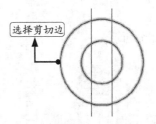

Step 03 按空格键确认选择对象，命令行提示如下。

选择要修剪的对象，或按住 Shift 键选择要延伸的对象，或

[栏选(F)/窗交(C)/投影(P)/边(E)/删除(R)/放弃(U)]:

命令行中各选项含义如下。

【要修剪的对象】：指定修剪对象。

【按住Shift键选择要延伸的对象】：延伸选定对象而不是修剪它们，此选项提供了一种

在修剪和延伸之间切换的简便方法。

【栏选】：选择与选择栏相交的所有对象，选择栏是一系列临时线段，它们是用两个或多个栏选点指定的，选择栏不构成闭合环。

【窗交】：选择矩形区域（由两点确定）内部或与之相交的对象。

【投影】：指定修剪对象时使用的投影方式。

【边】：确定对象是在另一对象的延长边处进行修剪，还是仅在三维空间中与该对象相交的对象处进行修剪。

【删除】：删除选定的对象，此选项提供了一种用来删除不需要的对象的简便方式，而无需退出TRIM命令。

【放弃】：撤消由TRIM命令所做的最近一次修改。

Step 04 在绘图区域中单击鼠标左键，然后自右向左拖动窗交选择要修剪的对象，如下图所示。

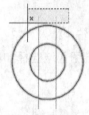

Step 05 结果如图所示。

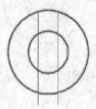

Step 06 重复 **Step 04**，窗交选择要修剪的对象，修剪完成后按空格键退出【修剪】命令，结果如图所示。

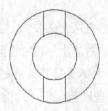

7.4.5 延伸对象

【延伸】命令可以扩展对象以与其他对象的边相接。延伸对象时，需要先选择边界，然后按【Enter】键并选择要延伸的对象。要将所有对象用作边界时，需要在首次出现"选择对象"提示时直接按【Enter】键。

【延伸】命令的几种常用调用方法如下：

• 选择【修改】→【延伸】菜单命令；

• 在命令行中输入"EXTEND/EX"命令并按空格键确认；

• 单击【默认】选项卡→【修改】面板中的【延伸】按钮。

下面以延伸直线和圆弧图形为例，对【延伸】命令的应用进行详细介绍，具体操作步骤如下。

Step 01 打开随书光盘中的"素材\CH07\延伸对象.dwg"文件。

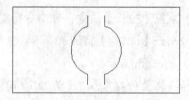

Step 02 在命令行中输入"EX"命令并按空格键确认，然后在绘图区域选择如图所示的矩形作为延伸边界。

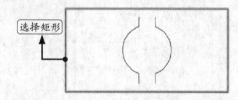

Step 03 按【Enter】键确认选择对象，命令行提示如下。

选择要延伸的对象，或按住 Shift 键选择要修剪的对象，或

[栏选(F)/窗交(C)/投影(P)/边(E)/放弃(U)]:
命令行中各选项含义如下。

【要延伸的对象】：指定要延伸的对象。

【按住Shift键选择要修剪的对象】：将选

定对象修剪到最近的边界而不是将其延伸，这是在修剪和延伸之间切换的简便方法。

【栏选】：选择与选择栏相交的所有对象，选择栏是一系列临时线段，它们是用两个或多个栏选点指定的，选择栏不构成闭合环。

【窗交】：选择矩形区域（由两点确定）内部或与之相交的对象。

【投影】：指定延伸对象时使用的投影方法。

【边】：将对象延伸到另一个对象的隐含边，或仅延伸到三维空间中与其实际相交的对象。

【放弃】：放弃最近由EXTEND所做的更改。

Step 04 在绘图区域中将光标移动到如图所示的位置处并单击。

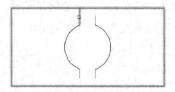

Step 05 结果如图所示。

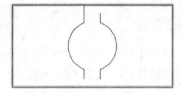

Step 06 继续在其他相应位置处单击，并按【Enter】键结束【延伸】命令，结果如图所示。

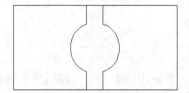

Step 07 重复【延伸】命令，并在绘图区域选择如图所示的两条垂直直线段作为延伸边界。

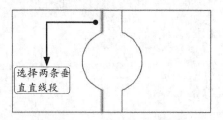

Step 08 按【Enter】键确认选择对象，在绘图区域中将光标移动到如图所示的位置处并单击。

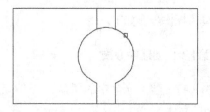

Step 09 在绘图区域中将光标移动到如图所示的位置处并单击。

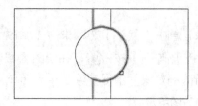

Step 10 按【Enter】键结束【延伸】命令，结果如图所示。

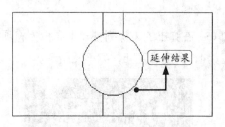

7.5 综合案例1：绘制定位压盖

本实例将综合利用【圆】、【直线】、【阵列】、【偏移】、【修剪】、【旋转】和【镜像】命令绘制定位压盖零件图，绘图思路如下。

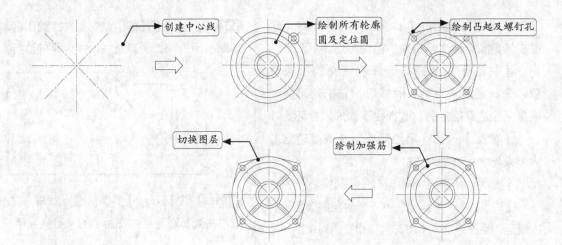

创建中心线

绘制所有轮廓圈及定位圈

绘制凸起及螺钉孔

切换图层

绘制加强筋

具体操作步骤如下。

第1步：创建中心线

Step 01 打开随书光盘中的"素材\CH07\定位压盖.dwg"文件。

Step 02 单击【默认】选项卡→【修改】面板中的【环形阵列】按钮，在绘图区域选择直线作为阵列对象并捕捉直线的中点为阵列的中心，如下图所示。

Step 03 在弹出的【阵列创建】面板上将项目数设置为4，角度设置45，如下图所示。

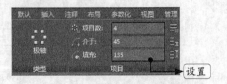

设置

Step 04 设置完毕后单击【关闭阵列】按钮，结果如下图所示。

第2步：绘制所有轮廓及定位圈

Step 01 在命令行中输入"C"命令并按空格键调用【圆】命令，捕捉中心线的交点为圆心，绘制一个半径为20的圆，如下图所示。

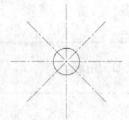

Step 02 重复【圆】命令，分别绘制半径为25、50、60和70的圆，结果如下图所示。

Step 03 重复【圆】命令，捕捉中心线与R70的圆的交点为圆心，绘制一个半径为5的圆，结果如下图所示。

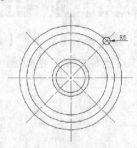

Step 04 在命令行中输入"O"命令并按空格键调用【偏移】命令，将上一步绘制的圆向外偏移5，结果如下图所示。

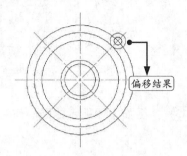

偏移结果

第3步：绘制凸起及螺栓孔

Step 01 在命令行中输入"L"命令并按空格键调用【直线】命令，当命令行提示指定第一点时，按组合键【Ctrl+右键】，弹出临时捕捉快捷菜单，如下图所示。

单击

Step 02 单击【切点】选项，然后在R70圆周上捕捉切点作为直线的第一点，如下图所示。

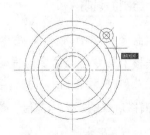

Step 03 重复 **Step 02** ~ **Step 03**，在偏移后的圆的圆周上捕捉切点作为直线的第二点，如下图所示。

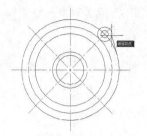

通过切点

Step 04 结果如下图所示。

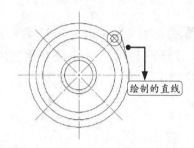

绘制的直线

Step 05 在命令行中输入"MI"命令并按空格键调用【镜像】命令，然后选择上一步刚绘制的直线为镜像对象。

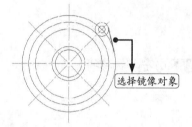

选择镜像对象

Step 06 捕捉中心线的端点为镜像线的第一点，如下图所示。

Step 07 捕捉圆心为镜像线的第二点，如下图所示。

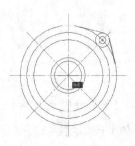

Step 08 选择不删除源对象，结果如下图所示。

Step 09 在命令行中输入"TR"命令并按空格键调用【修剪】命令，然后选择刚创建的两条直线为剪切边。

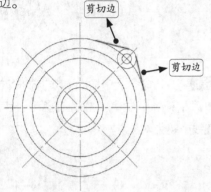

剪切边

剪切边

Step 10 选择偏移的圆修剪对象，如下图所示。

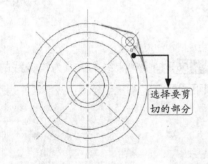

选择要剪切的部分

Step 11 修剪后结果如下图所示。

Step 12 单击【默认】选项卡→【修改】面板中的【环形阵列】按钮，在绘图区域选择阵列对象，如下图所示。

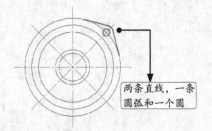

两条直线，一条圆弧和一个圆

Step 13 捕捉如下图所示的圆心作为阵列的中心点。

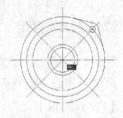

Step 14 在弹出的【阵列创建】面板上将项目数设置为4，角度设置90，如下图所示。

设置

Step 15 设置完毕后单击【关闭阵列】按钮，结果如下图所示。

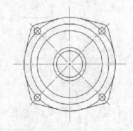

第4步:绘制加强筋

Step 01 在命令行中输入"O"命令并按空格键调用【偏移】命令，当命令行提示输入偏移距离时，输入"L"按【Enter】键后，再输入"C"选择偏移对象的层为当前层，最后输入偏移距离3.5。

命令: OFFSET

当前设置: 删除源=否 图层=源

OFFSETGAPTYPE=0

指定偏移距离或 [通过(T)/删除(E)/图层(L)]
<5.0000>: L ↙

输入偏移对象的图层选项 [当前(C)/源(S)] <
源>:

c ↙

指定偏移距离或 [通过(T)/删除(E)/图层(L)]
<5.0000>:3.5 ↙

Step 02 选择如下图所示的中心线为偏移对象。

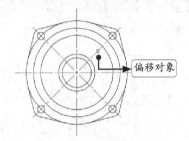

Step 03 在中心线的下方单击鼠标左键作为偏移的方向，结果如下图所示。

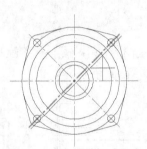

Step 04 继续选择中心线为偏移对象，然后在中心线上方单击鼠标左键作为偏移方向，退出【偏移】命令后结果如下图所示。

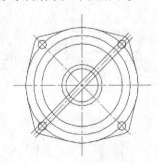

Step 05 在命令行中输入"TR"命令并按空格键调用【修剪】命令，然后选择下图所示的两个圆为剪切边。

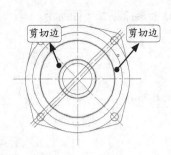

Step 06 对刚偏移的两条直线进行修剪，结果如下图所示。

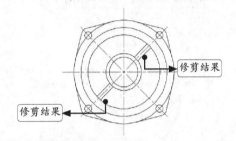

Step 07 在命令行中输入"RO"命令并按空格键调用【旋转】命令，然后选择下图所示的四条直线为旋转对象。

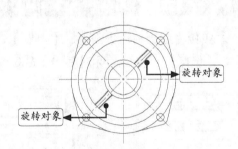

Step 08 捕捉下图所示的圆心为旋转基点。

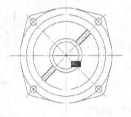

Step 09 选定基点后在明令行输入"C"，即旋转的同时进行复制，然后再输入旋转角度。

指定旋转角度，或 [复制(C)/参照(R)] <0>:
c ↙

指定旋转角度，或 [复制(C)/参照(R)] <0>:
90 ↙

Step 10 旋转结果如下图所示。

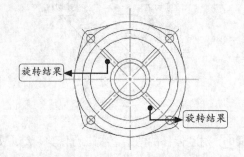

Step 11 选择R70的圆，如下图所示。

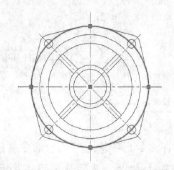

Step 12 单击【默认】选项卡→【图层】面板→【图层】下拉列表，选择【点划线】，如下图所示。

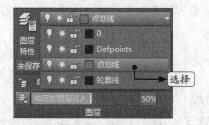

Step 13 按【Esc】键退出选择对象，结果如下图所示。

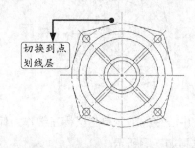

7.6 综合案例2：绘制古典窗户立面图

本实例将综合利用【圆】、【复制】、【缩放】、【移动】、【分解】、【阵列】、【偏移】、【修剪】、【拉伸】和【镜像】命令绘制古典窗户立面图，绘图思路如下。

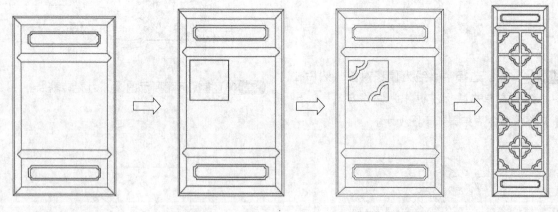

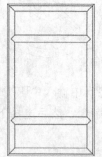

具体操作步骤如下。

第1步：绘制窗户上下部分图案

Step 01 打开光盘中的"素材\CH07\古典窗户立面图.dwg"文件。

Step 02 在命令行中输入 "O" 命令并按空格键调用【偏移】命令, 输入偏移距离为40, 然后选择偏移对象, 如下图所示。

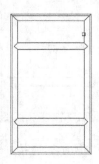

Step 03 在矩形内侧单击作为偏移方向, 然后按【Esc】键退出【偏移】命令, 结果如下图所示。

Step 04 重复【偏移】命令, 将偏移后的矩形再向内侧偏移10, 结果如下图所示。

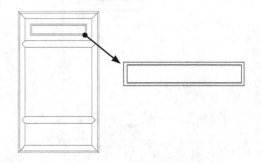

Step 05 在命令行中输入 "C" 命令并按空格键调用【圆】命令, 然后捕捉第一次偏移后矩形的角点为圆心, 绘制4个半径为15的圆。

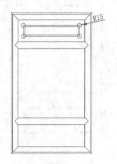

Step 06 在命令行中输入 "TR" 命令并按空格键调用【修剪】命令, 选择第一次偏移后的矩形和4个圆为剪切边, 如下图所示。

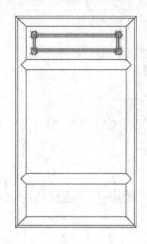

Step 07 修剪后如下图所示。

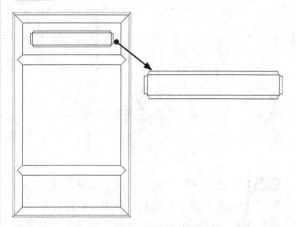

Step 08 在命令行中输入 "C" 命令并按空格键调用【圆】命令, 然后捕捉修剪后圆弧的圆心为圆心, 如下图所示。

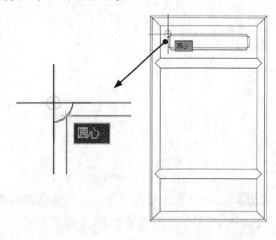

Step 09 输入圆的半径25，结果如下图所示。

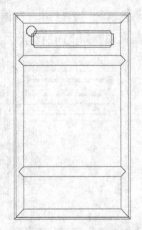

Step 10 重复 Step 08 ~ Step 09，绘制其他3个圆。

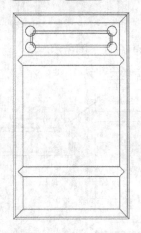

Step 11 在命令行中输入"TR"命令并按空格键调用【修剪】命令，选择矩形和4个圆为剪切边进行修剪，结果如下图所示。

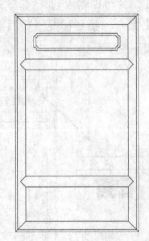

Step 12 在命令行输入"CO"并按空格键调用【复制】命令，选择复制对象，如下图所示。

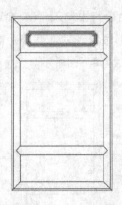

Step 13 捕捉下图所示的端点为基点。

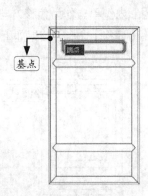

Step 14 捕捉下图所示的端点为第二点。

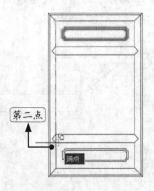

Step 15 复制完成后结果如下图所示。

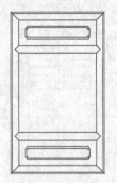

第2步：绘制窗户中部图案

Step 01 在命令行中输入"SC"命令并按空格键调用【缩放】命令，然后选择下图所示正方形为缩放对象。

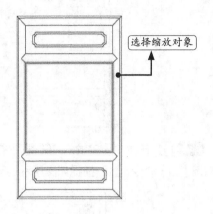

Step 02 捕捉下图所示的端点为缩放基点。

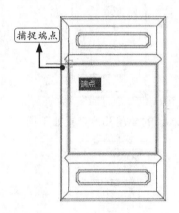

Step 03 根据命令行提示进行如下操作。

指定比例因子或 [复制(C)/参照(R)]: c

指定比例因子或 [复制(C)/参照(R)]: r

指定参照长度 <1.0000>: 500

指定新的长度或 [点(P)] <1.0000>: 220

Step 04 缩放完成后结果如下图所示。

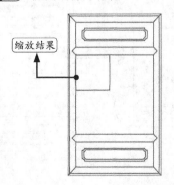

Step 05 在命令行输入"M"命令并按空格键调用【移动】命令，选择刚缩放的图形为移动对象。

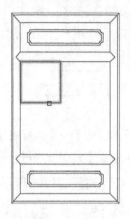

Step 06 在绘图区任意单击一点作为移动的基点，然后输入移动第二点"@20，–20"，结果如下图所示。

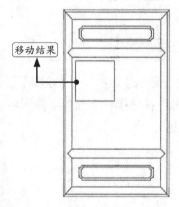

Step 07 在命令行输入"X"命令并按空格键调用【分解】命令，选择移动后的图形进行分解。

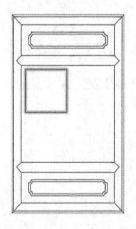

Step 08 分解后图形变成了4条线段，如下图所示。

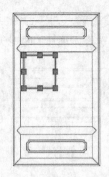

Step 09 选择【格式】→【点样式】菜单命令，在弹出的【点样式】对话框中进行如下设置。

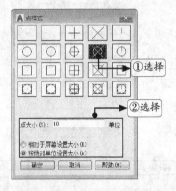

Step 10 单击【默认】选项卡→【绘图】面板中的【定数等分】按钮，选择如下图所示的线段为等分对象。

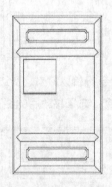

Step 11 输入等分段数"4"，结果如下图所示。

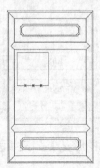

Step 12 重复【定数等分】命令，将另一条水平线段也4等分，将两条竖直线段5等分，如下图所示。

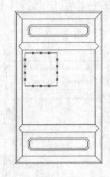

Step 13 在命令行中输入"C"命令并按空格键调用【圆】命令，然后捕捉如图所示的节点为圆心。

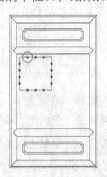

Step 14 输入圆的半径35，结果如下所示。

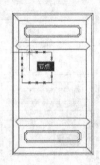

Step 15 重复绘圆，结果如下图所示。

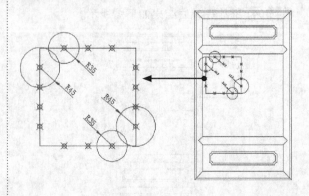

Step 16 在命令行中输入"E"命令并按空格键调用【删除】命令，然后选择所有的等分点，按空格键将它们全部删除，结果如下图所示。

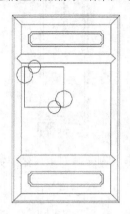

Step 17 在命令行中输入"TR"命令并按空格键调用【修剪】命令，选择4个圆和正方形为剪切边，如下图所示。

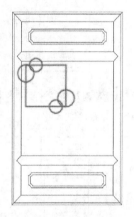

Step 18 对图形进行修剪，结果如下图所示。

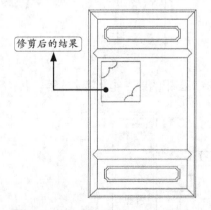

修剪后的结果

Step 19 在命令行中输入"O"命令并按空格键调用【偏移】命令，将修剪后的4段圆弧分别向正方形内侧偏移18，结果如下图所示。

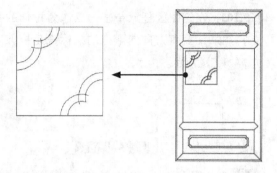

Step 20 在命令行中输入"TR"命令并按空格键调用【修剪】命令，选择8条圆弧为剪切边，然后对图形进行修剪，结果如下图所示。

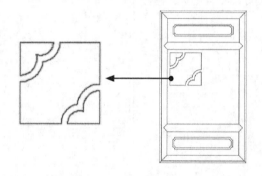

第3步：拉伸窗户图形

Step 01 在命令行输入"S"命令并按空格键调用【拉伸】命令，然后按住鼠标左键自右向左交叉选择图形，结果如下图所示。

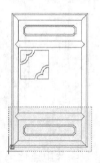

Step 02 选择后如下图所示。

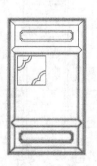

Step 03 在绘图区任意单击一点作为拉伸的基点，然后沿竖直方向向下拖动鼠标指定拉伸方向，如下图所示。

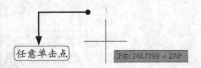

Step 04 在命令行输入拉伸距离960，按【Enter】键后结果如下图所示。

第4步：通过镜像、阵列完成窗户绘制

Step 01 在命令行中输入"MI"命令并按空格键调用【镜像】命令，选择下图所示图形为镜像对象。

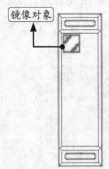

Step 02 捕捉下图中的中点作为镜像的第一点。

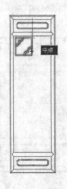

Step 03 捕捉下图中的中点作为镜像的第二点。

Step 04 选择不删除源对象，结果如下图所示。

Step 05 重复【镜像】命令，选择下图所示图形为镜像对象。

Step 06 捕捉下图中的中点作为镜像的第一点。

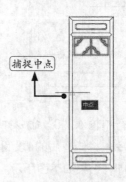

Step 07 捕捉下图中的中点作为镜像的第二点。

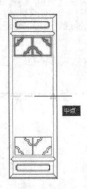

Step 08 选择不删除源对象，结果如下图所示。

Step 09 单击【默认】选项卡→【修改】面板中的【矩形阵列】按钮，然后选择阵列对象，如下图所示。

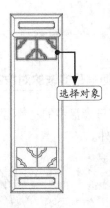

Step 10 在弹出的【阵列创建】面板上将列数设置为1，行数设置为3，行间距设置为-480，如下图所示。

Step 11 设置完毕后单击【关闭阵列】按钮，结果如下图所示。

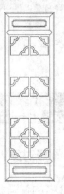

Step 12 重复【矩形阵列】命令，然后选择阵列对象，如下图所示。

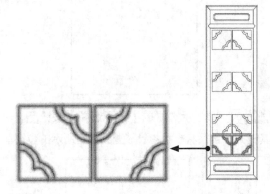

Step 13 在弹出的【阵列创建】面板上将列数设置为1，行数设置为3，行间距设置为480，如下图所示。

Step 14 设置完毕后单击【关闭阵列】按钮，结果如下图所示。

7.7 实战技巧

下面将对选择、延伸、修剪的使用技巧进行详细介绍。

技巧1 如何选择重复对象、删除多选对象和重新选择上一步选择的对象

1.如何选择重复对象?

Step 01 打开光盘中的"素材\CH07\选择重复对象.dwg"文件。

Step 02 单击状态栏的【循环选择】按钮 █ ,将其打开,然后将鼠标指针放置到如图所示的位置。

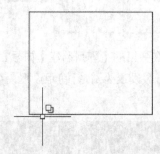

Tips

如果状态栏没有【循环选择】按钮,单击状态最右侧的【自定义】按钮 ≡ ,在弹出的选项列表中选择【循环选择】选项即可。

Step 03 在该位置单击鼠标,即可弹出【选择集】对话框,如图所示。

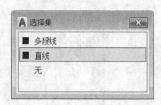

Step 04 选择直线,结果如下图所示。

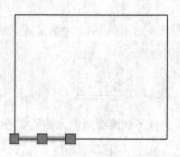

Step 05 按【Delete】键将直线删除。

Tips

如果循环选择按钮没有打开,选择时则不弹出选择集,只显示选中的矩形,如下图所示。

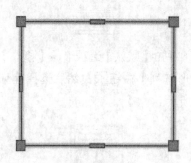

2.如何删除多选的对象?

Step 01 打开光盘中的"素材\CH07\删除多选对象.dwg"文件。

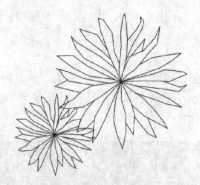

Step 02 在命令行中输入"M"命令并按空格键

确认，然后选择左侧的小花作为移动的对象，如下图所示。

Step 03 上面选择过程中多选择了大花的叶片，需要删除。在命令行输入"r"。

> 选择对象: r

Step 04 选择要删除的对象。

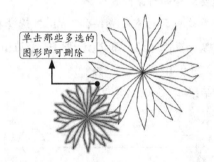

单击那些多选的图形即可删除

Step 05 将剩余的选择对象移动到合适的地方，结果如下图所示。

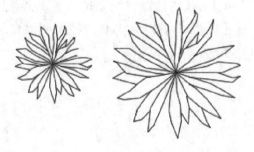

Tips

在不退出命令的情况下输入"r"，删除完成后直接按空格键或【Enter】键即可接着原来的绘图命令进行操作。

3. 如何重新选择上一步选择的对象？

在绘图时，如果两个绘图命令所选择的对象相同，则在执行第二个绘图命令时，当提示选择对象时，在命令行输入"p"即可选择上一个命令所选择的对象。

技巧2 延伸的技巧

在执行【延伸】命令时，经常发现对象不能延伸到所选择的边界，如下左图所示，直线2不能延伸到直线1。这是因为将"隐含边延伸模式"设置为了不延伸，将"隐含边延伸模式"设置为延伸即可。

执行【延伸】命令，根据命令行提示进行如下操作。

> 命令:_EXTEND
>
> 当前设置:投影=UCS，边=无　选择边界的边...
>
> 选择对象或 <全部选择>: 找到 1 个
>
> 选择对象:
>
> 选择要延伸的对象，或按住 Shift 键选择要修剪的对象，或[栏选(F)/窗交(C)/投影(P)/边(E)/放弃(U)]: e
>
> 输入隐含边延伸模式 [延伸(E)/不延伸(N)] < 不延伸>: e
>
> 选择要延伸的对象，或按住 Shift 键选择要修剪的对象，或[栏选(F)/窗交(C)/投影(P)/边(E)/放弃(U)]:

再次执行【延伸】命令，则可以延伸到边界，如下右图所示。

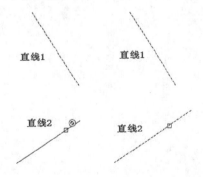

直线1　　　　直线1

直线2　　　　直线2

Tips

延伸命令和修剪命令是相反的过程，但在执行过程中却有很多相似的地方，比如修剪也有"隐含边延伸模式"，设置和延伸命令的设置相同。不仅如此，在选择延伸边后，按住【Shift】键，可以将延伸命令变为修剪命令，同理，修剪命令在选择完剪切边后，按住【Shift】键，也可以将修剪命令变为延伸命令。

技巧3 修剪的同时删除对象

在修剪复杂图形时，经常在修剪的过程中留下一些孤立的图形，如果等退出修剪命令后再用删除命令进行删除，未免显得太笨拙繁琐。下面就来介绍如何再修剪的同时删除对象。

Step 01 打开光盘中的"素材\CH07\修剪的同时删除对象.dwg"文件。

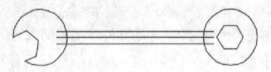

Step 02 在命令行输入"Tr"命令并按空格键，选择圆弧和圆为剪切边，如下图所示。

Step 03 选择圆弧和圆内的直线为修剪的对象，修剪完成后如下图所示。

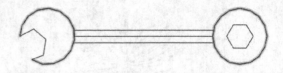

Step 04 在不退出【修剪】命令的情况下输入"r"并按空格键确认。

选择要修剪的对象，或按住 Shift 键选择要延伸的对象，或[栏选(F)/窗交(C)/投影(P)/边(E)/删除(R)/放弃(U)]: r ↙

选择要删除的对象或 <退出>: 找到 1 个 ↙

//选择中间的直线

选择要删除的对象: ↙

选择要修剪的对象，或按住 Shift 键选择要延伸的对象，或[栏选(F)/窗交(C)/投影(P)/边(E)/删除(R)/放弃(U)]: ↙

Step 05 结果如下图所示。

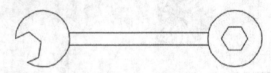

Tips

修剪的过程中随时都可以输入"r"然后对图形进行删除，删除后按空格键或【Enter】键继续执行修剪命令。

第 8 章

二维图形编辑操作之构造和编组

■■ **本章引言**

本章将着重介绍AutoCAD的打断、合并、倒角、圆角以及夹点编辑等功能，灵活运用这些功能将会使图形的编辑工作更加得心应手，从而保证图形精确度、提高绘图效率。

■■ **学习要点**

◈ 掌握构造对象的方法
◈ 使用夹点编辑对象
◈ 通过双击编辑对象
◈ 掌握对象编组的方法

8.1 构造对象

构造对象就是通过编辑命令创建新的对象，比如通过打断，可以将圆变成圆弧，通过合并可以将多个相同性质的对象转变成一个对象等。

8.1.1 打断对象

打断操作可以将一个对象打断为两个对象，对象之间可以有间隙，也可以没有间隙。

要打断对象而不创建间隙，可以将两个打断点指定在同一个位置，也可以在提示输入第二点时输入"@0,0"。

1. 打断（在两点之间打断对象）

在两点之间打断选定对象可以在选定对象上的两个指定点之间创建间隔，从而将对象打断为两个对象，如果这些点不在对象上，则会自动投影到该对象上。

【打断】命令的几种常用调用方法如下。

• 选择【修改】→【打断】菜单命令；

• 在命令行中输入"BREAK/BR"命令并按空格键确认；

• 单击【默认】选项卡→【修改】面板中的【打断】按钮 。

下面以打断直线段为例，对打断命令的应用进行详细介绍。

Step 01 打开光盘中的"素材\CH08\打断.dwg"文件。

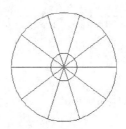

Step 02 在命令行中输入"BR"命令并按空格键确认，然后在绘图区域中选择如图所示的直线段作为打断对象。

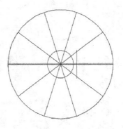

Step 03 命令行提示如下。

指定第二个打断点 或 [第一点(F)]:

命令行中各选项含义如下。

【第二个打断点】：指定用于打断对象的

第二个点，CAD默认选择对象时单击的点为打断的第一点。

【第一点】：如果选择对象时单击的点不是要打断的位置点，则选择该选项，重新指定新的点替换选择对象时的单击点。

Step 04 在命令行中输入"F"并按【Enter】键确认，然后在绘图区域中捕捉如图所示的交点作为第一个打断点。

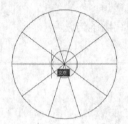

Step 05 在绘图区域中拖动鼠标并捕捉如图所示的交点作为第二个打断点。

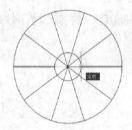

Step 06 结果如图所示。

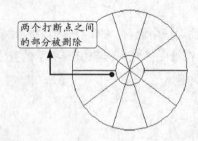

Step 07 重复【打断】命令，继续打断其他直线，结果如图所示。

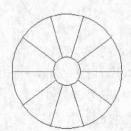

2. 打断于点（在一点打断选定的对象）

"打断"与"打断于点"的区别在于，打断的两点中间有间隔，而打断于点则只是将图形打断成两部分，中间并没有间隔。

在AutoCAD 2017中可以单击【默认】选项卡→【修改】面板→【打断于点】按钮▦，调用【打断于点】命令。

下面将对圆弧图形执行【打断于点】命令，具体操作步骤如下。

Step 01 打开光盘中的"素材\CH08\打断于点.dwg"文件。

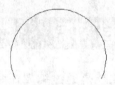

Step 02 选择【常用】选项卡→【修改】面板→【打断于点】按钮▦。

Step 03 在绘图区域中单击选择需要打断的对象，如图所示。

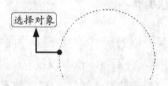

Step 04 在命令行中提示指定第一个打断点时单击中点，并按【Enter】键确定。

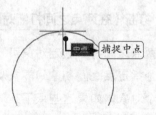

Step 05 最终结果如图所示，在圆弧一端单击鼠标左键，可以看到圆弧显示为两段。

Tips

【打断于点】命令不能打断圆和椭圆。

【打断于点】命令，除了通过选项卡调用外，也可以通过命令行来实现，下面以本例为例来介绍通过命令行来实现"打断于点"。

Step 06 打开随书光盘中的"素材\CH08\打断于点.dwg"文件。

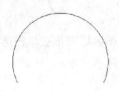

Step 07 在命令行中输入"BR"命令并按空格键确认，然后在绘图区域中选择圆弧作为打断对象。

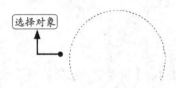

选择对象

Step 08 当命令行提示指定第二点时输入"F"并按空格键确认。

指定第二个打断点 或 [第一点(F)]: f

Step 09 当命令行提示指定第一点时，选择圆弧的中点，如下图所示。

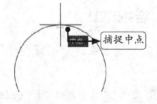

捕捉中点

Step 10 当命令行提示指定第二点时，输入"@"并按空格键确认。

指定第二个打断点: @

Step 11 最终结果如图所示，在圆弧一端单击鼠标，可以看到圆弧显示为两段。

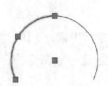

8.1.2 合并对象

使用【合并】命令可以将相似的对象（比如都是直线或都是圆弧）合并为一个完整的对象，还可以通过圆弧和椭圆弧创建完整的圆和椭圆。

【合并】命令的几种常用调用方法如下。

• 选择【修改】→【合并】菜单命令；

• 在命令行中输入"JOIN/J"命令并按空格键确认；

• 单击【默认】选项卡→【修改】面板中的【合并】按钮。

1. 合并直线

Step 01 打开随书光盘中的"素材\CH08\合并直线.dwg"文件。

Step 02 在命令行中输入"J"命令并按空格键确认，在绘图区域中单击选择合并源对象，如图所示。

Step 03 在绘图区域中依次单击选择要合并到源的对象，如图所示。

Step 04 按【Enter】键确认，结果如图所示。

Step 05 重复【合并】命令,将左侧两条直线合并成一条直线,结果如下图所示。

Step 06 重复【合并】命令,将底端三条水平直线合并成一条直线,结果如下图所示。

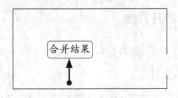

Step 07 重复【合并】命令,将右侧两条竖直线合并成一条直线,结果如下图所示。

Tips

在合并直线时,对象必须位于同一条直线上。

2. 合并多段线

在合并多段线时,对象之间不能有间隙,并且必须位于同一个平面上。

Step 01 打开随书光盘中的"素材\CH08\合并多段线.dwg"文件。

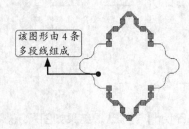

Step 02 在命令行中输入"J"命令并按空格键确认,在绘图区域中单击选择合并源对象,如图所示。

Step 03 在绘图区域中依次单击选择要合并到源的对象,如图所示。

Step 04 按【Enter】键确认,结果如图所示。

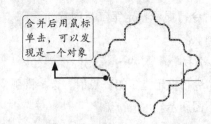

3. 合并圆弧

要合并的圆弧对象必须位于同一个假想的圆上。

Step 01 打开随书光盘中的"素材\CH08\合并圆弧.dwg"文件。

Step 02 在命令行中输入"J"命令并按空格键确认,在绘图区域中单击选择合并源对象,如图所示。

Step 03 在绘图区域中依次单击选择要合并到源的对象，如图所示。

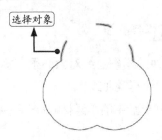

选择对象

Step 04 按【Enter】键确认，结果如图所示。

Tips

合并两条或多条圆弧时，将从原对象开始按递时针方向合并圆弧。上面圆弧的选择顺序如果颠倒过来，则结果如下图所示。

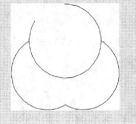

Step 05 重复【合并】命令，在绘图区域中单击选择合并源对象，如图所示。

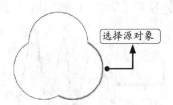

选择源对象

Step 06 按【Enter】键结束选择，当命令行提示选择圆弧时，输入"L"。

选择要合并的对象：

选择圆弧，以合并到源或进行 [闭合(L)]: L

Step 07 结果如图所示。

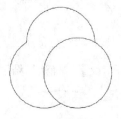

Step 08 重复【合并】命令，将其他两个圆弧也闭合成圆，结果如下图所示。

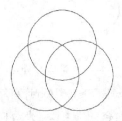

4. 合并椭圆弧

要合并的椭圆弧必须位于同一假想椭圆上。

Step 01 打开随书光盘中的"素材\CH08\合并椭圆弧.dwg"文件。

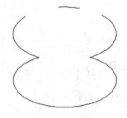

Step 02 在命令行中输入"J"命令并按空格键确认，在绘图区域中单击选择合并源对象，如图所示。

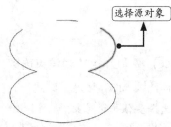

选择源对象

Step 03 在绘图区域中依次单击选择要合并到源的对象，如图所示。

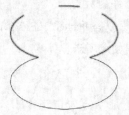

Step 04 按【Enter】键确认，结果如图所示。

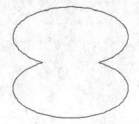

Tips

合并两条或多条椭圆弧时，将从原对象开始按逆时针方向合并椭圆弧。上面椭圆弧的选择顺序如果颠倒过来，则结果如下图所示。

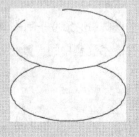

Step 05 重复【合并】命令，在绘图区域中单击选择合并源对象，如图所示。

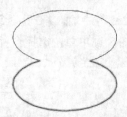

Step 06 按【Enter】键结束选择，当命令行提示选择椭圆弧时，输入"L"。

选择要合并的对象:

选择椭圆弧，以合并到源或进行 [闭合(L)]:

L ↙

Step 07 结果如图所示。

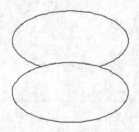

5. 合并样条曲线

需要合并的样条曲线对象必须相接，合并后的结果是单个样条曲线。

Step 01 打开光盘中的"素材\CH08\合并样条曲线.dwg"文件。

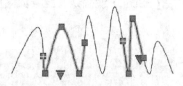

Step 02 在命令行中输入"J"命令并按空格键确认，在绘图区域中单击选择合并源对象，如图所示。

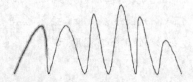

Step 03 在绘图区域中依次单击选择要合并到源的对象，如图所示。

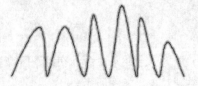

Step 04 按【Enter】键确认，结果如图所示。

单击选择会发现是一个整体

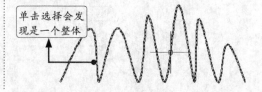

8.1.3 创建倒角

倒角操作用于连接两个对象，使它们以平角或倒角相接。

【倒角】命令的几种常用调用方法如下。

• 选择【修改】→【倒角】菜单命令；

• 在命令行中输入"CHAMFER/CHA"命令并按空格键确认；

• 单击【默认】选项卡→【修改】面板中的【倒角】按钮 ◢ 。

执行倒角命令，命令行提示如下。

命令：_chamfer

（"修剪"模式）当前倒角距离 1 =0.0000，距离 2 = 0.0000

选择第一条直线或 [放弃(U)/多段线(P)/距离(D)/角度(A)/修剪(T)/方式(E)/多个(M)]：

命令行中各选项含义如下。

【第一条直线】：指定定义二维倒角所需的两条边中的第一条边。

【放弃】：恢复在命令中执行的上一个操作。

【多段线】：对整个二维多段线倒角。相交多段线线段在每个多段线顶点被倒角，倒角成为多段线的新线段，如果多段线包含的线段过短以至于无法容纳倒角距离，则不对这些线段倒角。

【距离】：设定倒角至选定边端点的距离，如果将两个距离均设定为零，CHAMFER将延伸或修剪两条直线，以使它们终止于同一点。

【角度】：用第一条线的倒角距离和第二条线的角度设定倒角距离。

【修剪】：控制CHAMFER是否将选定的边修剪到倒角直线的端点。

【方式】：控制CHAMFER使用两个距离还是一个距离和一个角度来创建倒角。

【多个】：为多组对象的边倒角。

下面将对多段线图形执行倒角操作，具体操作步骤如下。

Step 01 打开光盘中的"素材\CH08\倒角.dwg"文件。

Step 02 单击【默认】选项卡→【修改】面板中的【倒角】按钮 ◢ ，然后在命令行中输入"d"，并按空格键确认。

选择第一条直线或 [放弃(U)/多段线(P)/距离(D)/角度(A)/修剪(T)/方式(E)/多个(M)]：d ↙

Step 03 在命令行中输入第一个倒角距离50，并按空格键确认。

指定 第一个 倒角距离 <0.0000>：50 ↙

Step 04 在命令行中输入第二个倒角距离，并按空格键确认。

指定 第二个 倒角距离 <50.0000>：50 ↙

Step 05 在命令行中输入"m"，并按空格键确认。

选择第一条直线或 [放弃(U)/多段线(P)/距离(D)/角度(A)/修剪(T)/方式(E)/多个(M)]：m ↙

Step 06 在绘图区域中选择如图所示的线段作为第一条直线。

选择线段

Step 07 在绘图区域中选择如图所示的线段作为第二条直线。

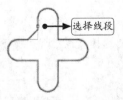

选择线段

Step 08 第一倒角创建后，在绘图区域中继续选择两条相邻的直线进行倒角，然后按空格键退出【倒角】命令，结果如下图所示。

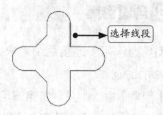

选择线段

Step 09 重复【倒角】命令，然后在命令行中输入 "a"，并按空格键确认。

选择第一条直线或 [放弃(U)/多段线(P)/距离(D)/角度(A)/修剪(T)/方式(E)/多个(M)]: a ✓

Step 10 在命令行中输入第一条直线的倒角长度50，并按空格键确认。

指定第一条直线的倒角长度 <0.0000>: 50 ✓

Step 11 在命令行中输入第一条直线的倒角角度，并按空格键确认。

指定第一条直线的倒角角度 <0>: 45 ✓

Step 12 在命令行中输入 "m"，并按空格键确认。

选择第一条直线或 [放弃(U)/多段线(P)/距离(D)/角度(A)/修剪(T)/方式(E)/多个(M)]: m ✓

Step 13 在绘图区域中选择如图所示的线段作为第一条直线。

Step 14 在绘图区域中选择如图所示的线段作为第二条直线。

选择线段

Step 15 第一倒角创建后，在绘图区域中继续选择两条相邻的直线进行倒角，然后按空格键退出【倒角】命令，结果如下图所示。

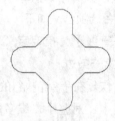

Tips

本例中两个倒角距离相同或者设置的角度为45°，所以在选择两条直线时没有先后顺序，如果两个倒角距离不相同，或者设置的倒角角度不是45°，则选择时两条直线的先后顺序不同，结果也截然不同。例如本例中如果将第一个倒角距离设置为50，第二倒角距离设置为30，则先选择直线1，后选择直线2，结果如下左图所示，如果先选择直线2，后选择直线1，则结果如下右图所示。

同理，如果设置的倒角不是45°，则选择顺序不同，结果也不相同，例如将倒角设置为30°，则先选择直线1，后选择直线2，结果如下左图所示，如果先选择直线2，后选择直线1，则结果如下右图所示。

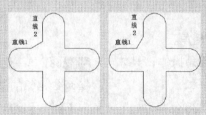

8.1.4 创建圆角

圆角是在两个二维对象之间创建的相切圆弧。此外，圆角命令也可以在三维实体上两个曲面或两个相邻面之间的创建弧形过渡。

【圆角】命令的几种常用调用方法如下。

- 选择【修改】→【圆角】菜单命令；
- 在命令行中输入"FILLET/F"命令并按空格键确认；
- 单击【默认】选项卡→【修改】面板中的【圆角】按钮 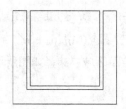。

调用圆角命令后，命令行提示如下：

命令: _fillet

当前设置: 模式 = 修剪，半径 = 0.0000

选择第一个对象或 [放弃(U)/多段线(P)/半径(R)/修剪(T)/多个(M)]:

命令行中各选项含义如下。

【第一个对象】：选择定义二维圆角所需的两个对象中的第一个对象。

【放弃】：恢复在命令中执行的上一个操作。

【多段线】：在二维多段线中两条直线段相交的每个顶点处插入圆角圆弧。

【半径】：定义圆角圆弧的半径，输入的值将成为后续FILLET命令的当前半径，修改此值并不影响现有的圆角圆弧。

【修剪】：控制FILLET是否将选定的边修剪到圆角圆弧的端点。

【多个】：给多个对象集加圆角。

下面以编辑单人沙发图形为例，对圆角命令的操作过程进行详细介绍，具体操作步骤如下。

1. 创建半径为"30"的圆角

Step 01) 打开随书光盘中的"素材\CH08\单人沙发.dwg"文件。

Step 02) 在命令行中输入"F"命令并按空格键确认，在命令行中输入"r"，并按【Enter】键确认。

选择第一个对象或 [放弃(U)/多段线(P)/半径(R)/修剪(T)/多个(M)]: r

Step 03) 在命令行中输入圆角半径，并按【Enter】键确认。

指定圆角半径 <0.0000>: 30

Step 04) 在命令行中输入"m"，并按【Enter】键确认。

选择第一个对象或 [放弃(U)/多段线(P)/半径(R)/修剪(T)/多个(M)]: m

Step 05) 在命令行中输入"p"，并按【Enter】键确认。

选择第一个对象或 [放弃(U)/多段线(P)/半径(R)/修剪(T)/多个(M)]: p

Step 06) 在绘图区域中选择如图所示多段线作为圆角对象。

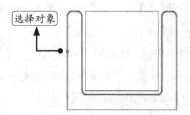

Step 07) 多段线圆角后，如下图所示。

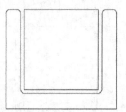

Step 08) 因为之前选择了"多个（m）"选项，所以多段线圆角后并不退出【圆角】命令，在命令行输入"p"并按【Enter】键，继续多段线圆角。

选择第一个对象或 [放弃(U)/多段线(P)/半径(R)/修剪(T)/多个(M)]: p

Step 09 在绘图区域中选择如图所示的多段线作为圆角对象。

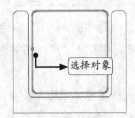

Step 10 多段线圆角后，按空格键退出【圆角】命令，结果如下图所示。

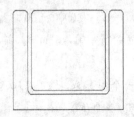

2. 创建半径为"80"的圆角

Step 01 在命令行中输入"F"命令并按空格键确认，命令行提示如下。

命令: _fillet

当前设置: 模式 = 修剪，半径 = 30.0000

选择第一个对象或 [放弃(U)/多段线(P)/半径(R)/修剪(T)/多个(M)]: r

指定圆角半径 <80.0000>:80

选择第一个对象或 [放弃(U)/多段线(P)/半径(R)/修剪(T)/多个(M)]: m

Step 02 在绘图区域中选择如图所示的线段作为第一个对象。

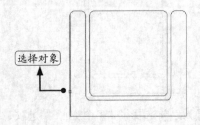

Step 03 在绘图区域中选择如图所示的线段作为第二个对象。

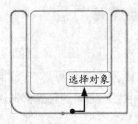

Step 04 第一圆角创建后，在绘图区域中继续选择底边与另一条竖直边进行圆角，然后按空格键退出【倒角】命令，结果如下图所示。

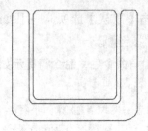

Tips

创建的弧的方向和长度由用于选择对象而拾取的点确定。始终选择距离您希望绘制圆角端点的位置最近的对象。

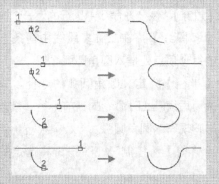

选择圆时，如果圆不用进行修剪，绘制的圆角将与圆平滑地相连。

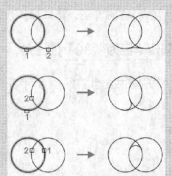

8.1.5 实例：完善轴承零件图 ▶

本实例将综合利用【镜像】、【合并】、【圆角】、【倒角】和【直线】等编辑命令完善阶梯轴零件图。具体操作步骤如下。

1. 镜像并合并阶梯轴

Step 01 打开光盘中的"素材\CH08\阶梯轴.dwg"文件。

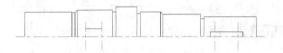

Step 02 在命令行中输入"MI"命令并按空格键调用【镜像】命令，然后单击鼠标从左至右框选镜像对象，如图所示。

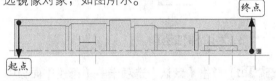

Step 03 选中对象后如图所示。

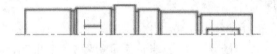

Step 04 按空格键结束对象选择，然后捕捉下图所示的端点为镜像线的第一点。

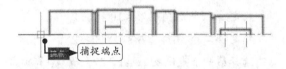

Step 05 捕捉下图所示的另一个端点为镜像线的第二点。

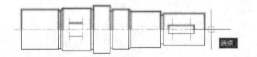

Step 06 选择不删除源对象，结果如下图所示。

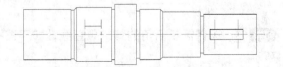

Step 07 在命令行中输入"J"命令并按空格键调用【合并】命令，然后选择所有镜像后的竖直线为合并对象，如下图所示。

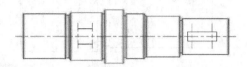

Step 08 按空格键后将所有在一条直线上的对象合并成一体，再选择竖直线对象可以看到每个竖直线都是一个整体，如下图所示。

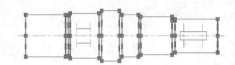

2. 创建键槽圆角

Step 01 在命令行中输入"F"命令并按空格键调用【圆角】命令，根据命令行提示输入"m"并按空格键，如下图所示。

命令: _FILLET

当前设置: 模式 = 修剪，半径 = 0.0000

选择第一个对象或 [放弃(U)/多段线(P)/半径(R)/修剪(T)/多个(M)]: m

Step 02 选择需要圆角的第一条直线，如下图所示。

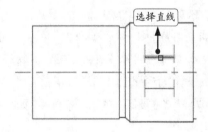

Step 03 选择需要圆角的第二条直线。

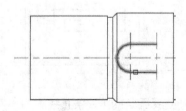

Step 04 结果如下图所示。

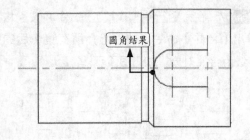

圆角结果

当圆角的对象为两条平行线时，不论设置的圆角半径是多大，此时，都以两平行线的间距为直径创建半圆弧。

Step 05 继续分别在两条直线的另一端选择直线进行圆角，结果如下图所示。

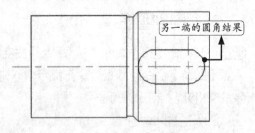

另一端的圆角结果

Step 06 重复【圆角】命令，根据命令行提示进行如下操作。

命令：FILLET

当前设置：模式 = 修剪，半径 = 0.0000

选择第一个对象或 [放弃(U)/多段线(P)/半径(R)/修剪(T)/多个(M)]: r

指定圆角半径 <0.0000>: 3

选择第一个对象或 [放弃(U)/多段线(P)/半径(R)/修剪(T)/多个(M)]: m

Step 07 选择需要圆角的第一条直线，如图所示。

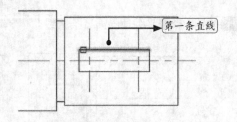

第一条直线

Step 08 选择圆角的第二条直线。

Step 09 结果如下图所示。

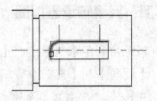

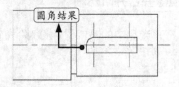

圆角结果

Step 10 继续其他圆角，结果如图所示。

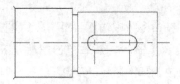

3. 为阶梯轴倒角

Step 01 单击【默认】选项卡→【修改】面板中的【倒角】按钮，根据命令行提示进行如下操作。

命令：_ CHAMFER

（"修剪"模式）当前倒角距离 1 = 0.0000，距离 2 = 0.0000

选择第一条直线或 [放弃(U)/多段线(P)/距离(D)/角度(A)/修剪(T)/方式(E)/多个(M)]: d

指定 第一个 倒角距离 <0.0000>: 2

指定 第二个 倒角距离 <2.0000>: 2

选择第一条直线或 [放弃(U)/多段线(P)/距离(D)/角度(A)/修剪(T)/方式(E)/多个(M)]: m

Step 02 在绘图区域中选择如图所示的垂直直线段作为倒角的第一条直线。

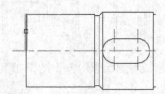

Step 03 选择需要倒角的第二条直线，如下图所示。

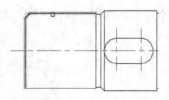

Step 04 结果如图所示。

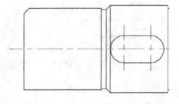

Step 05 继续其他倒角，结果如下图所示。

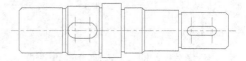

Step 06 在命令行中输入"L"命令并按空格键调用【直线】命令，然后捕捉倒角的两个端点，绘制两条竖直线，结果如下图所示。

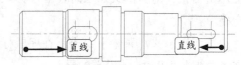

8.2 使用夹点编辑对象

夹点就是对象被选中后显示的一些实心小方块，默认显示为蓝色，可以对夹点执行拉伸、移动、旋转、缩放或镜像操作，同时还可以对多段线、样条曲线和非关联多段线图案填充对象进行编辑。

8.2.1 夹点的显示与关闭

在AutoCAD 2017中可以根据需要利用【选项】对话框对夹点的显示进行控制。

【选项】对话框的几种常用调用方法如下。

• 选择【工具】→【选项】菜单命令；

• 在命令行中输入"OPTIONS/OP"命令并按空格键确认。

下面将对夹点的显示进行详细介绍，具体操作步骤如下。

Step 01 在命令行中输入"OP"命令并按空格键，弹出【选项】对话框，如图所示。

Step 02 选择【选择集】选项卡，如下图所示。

【夹点尺寸】：以像素为单位设置夹点框的大小。按住滑块拖动鼠标可以控制夹点的大小，也可以通过GRIPSIZE 系统变量来控制夹点大小，默认夹点大小为5。

【夹点颜色】：单击后显示【夹点颜色】对话框，可以在其中指定不同夹点状态和元素的颜色。

【显示夹点】：控制夹点在选定对象上的显示。在图形中显示夹点会明显降低性能。可以通过GRIPS 系统变量来控制夹点的显示。

【在块中显示夹点】：控制块中是否显示夹点，默认不显示。

关闭"在块中启用夹点"（GRIPBLOCKS ＝ 0）

打开"在块中启用夹点"（GRIPBLOCK ＝ 1）

【显示夹点提示】：当光标悬停在支持夹点提示的自定义对象的夹点上时，显示夹点的特定提示。

【显示动态夹点菜单】：控制在将鼠标悬停在多功能夹点上时动态菜单的显示。

【允许按 Ctrl 键循环改变对象编辑方式行为】：允许多功能夹点的按【Ctrl】键循环改变对象编辑方式行为。

【对组显示单个夹点】：显示对象组的单个夹点。

【对组显示边界框】：围绕编组对象的范围显示边界框。

【选择对象时限制显示的夹点数】：有效值的范围从 1 到 32767，默认设置是 100。当选择集包括的对象多于指定数量时，不显示夹点。

8.2.2 使用夹点拉伸对象

通过移动选定的夹点，可以拉伸对象。

Step 01 打开光盘中的"素材\CH08\夹点.dwg"文件。

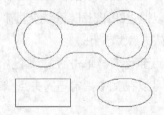

Step 02 在绘图区域中选择矩形对象，如图所示。

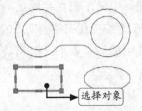

选择对象

Step 03 在绘图区域中单击，选择如图所示的夹点。

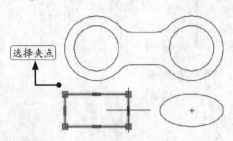

选择夹点

Step 04 在绘图区域中拖动鼠标，将夹点移动到如图所示位置并单击。

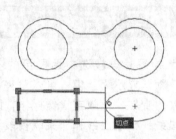

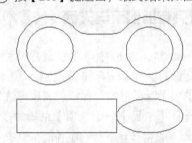

切点

Step 05 按【Esc】键退出，最终结果如图所示。

Tips

夹点编辑的默认选项是拉伸，因此，当通过夹点编辑执行拉伸操作时可以直接进行。

文字、块参照、直线中心、圆心和点对象上的夹点将移动对象而不是拉伸对象。

AutoCAD 2017中包含对多段线、样条曲线和非关联多段线图案填充对象的编辑，框选这些对象的夹点形式也不相同。

8.2.3 使用夹点拉长对象

通过移动选定的夹点，可以拉长对象。

Step 01 打开光盘中的"素材\CH08\夹点拉长对

象.dwg"文件。

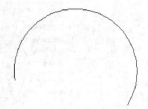

Step 02 在绘图区域中选择圆弧对象，如图所示。

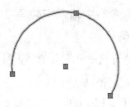

Step 03 将鼠标指针放置到如图所示的夹点上，在弹出的快捷菜单中选择【拉长】，如下图所示。

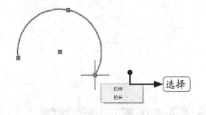

Step 04 在绘图区域中拖动鼠标并单击，指定圆弧端点，如图所示。

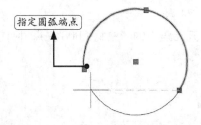

Step 05 按【Esc】键退出，最终结果如图所示。

8.2.4 使用夹点移动对象

使用夹点移动对象和使用【移动】命令移

动对象的结果是一样的。

Step 01 打开光盘中的"素材\CH08\夹点.dwg"文件。

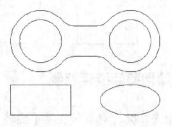

Step 02 在绘图区域中选择圆形对象，如图所示。

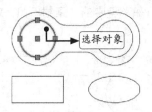

Step 03 在绘图区域中单击，选择如图所示夹点。

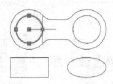

Step 04 单击鼠标右键，选择夹点模式为【移动】，如图所示。

Step 05 指定右象限点为基点，在绘图区域中拖动鼠标并捕捉如图所示的象限点作为移动点。

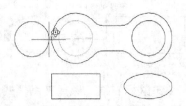

Step 06 按【Esc】键退出，最终结果如图所示。

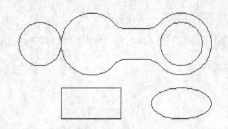

8.2.5 使用夹点旋转对象 ▶

使用夹点旋转对象和使用【旋转】命令旋转对象的结果是一样的。

Step 01 打开光盘中的"素材\CH08\夹点.dwg"文件。

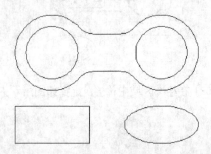

Step 02 在绘图区域中选择椭圆对象，如图所示。

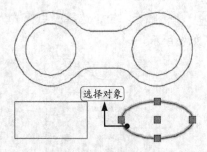

选择对象

Step 03 在绘图区域中单击，选择如图所示的夹点。

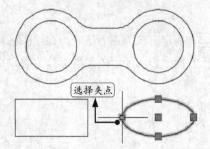

选择夹点

Step 04 单击鼠标右键，选择夹点模式为【旋转】，如图所示。

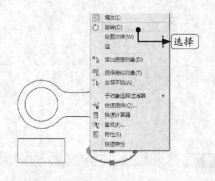

选择

Step 05 在命令行中输入旋转角度"-90"并按【Enter】键确认。

    指定旋转角度或 [基点(B)/复制(C)/放弃(U)/参照(R)/退出(X)]: -90

Step 06 按【Esc】键退出，最终结果如图所示。

8.2.6 使用夹点缩放对象 ▶

使用夹点缩放对象和使用【缩放】命令的结果是一样的。

Step 01 打开光盘中的"素材\CH08\夹点.dwg"文件。

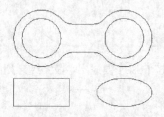

Step 02 在绘图区域中选择多段线对象，如图所示。

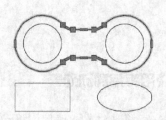

Step 03 在绘图区域中单击，选择如图所示的夹点。

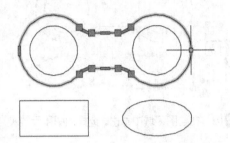

Step 04 单击鼠标右键，选择夹点模式为【缩放】，如图所示。

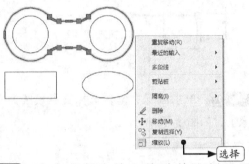

Step 05 在命令行中输入缩放的比例因子"0.5"并按【Enter】键确认。

指定比例因子或 [基点(B)/复制(C)/放弃(U)/参照(R)/退出(X)]: 0.5

Step 06 按【Esc】键退出，最终结果如图所示。

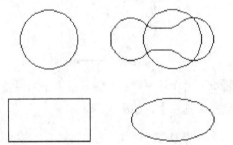

8.2.7 使用夹点镜像对象

使用夹点镜像对象和使用【镜像】命令操作的区别是【镜像】命令后默认是保留源对象，而使用夹点镜像对象的默认是删除源对象。

Step 01 打开光盘中的"素材\CH08\夹点.dwg"文件。

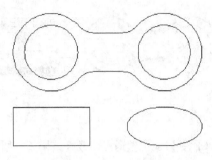

Step 02 在绘图区域中选择多段线对象，如图所示。

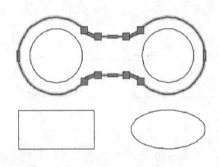

Step 03 在绘图区域中单击，选择如图所示的夹点。

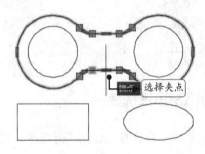

Step 04 单击鼠标右键，选择夹点模式为【镜像】，如图所示。

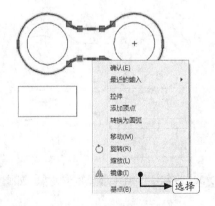

Step 05 在绘图区域中水平拖动鼠标并单击指定镜像线的第二个点，如图所示。

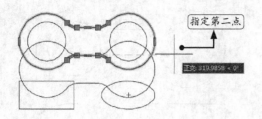

Step 06 按【Esc】键退出，最终结果如图所示。

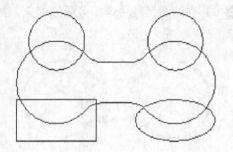

Tips

使用夹点编辑镜像对象，如果要保留源对象，当命令行提示指定镜像线的第二点时，选择【复制】选项：

指定第二点或 [基点(B)/复制(C)/放弃(U)/退出(X)]: c

8.2.8 使用夹点基点

使用夹点编辑图形对象的过程中，可以为图形对象定义编辑基点，具体使用方法如下。

Step 01 打开光盘中的"素材\CH08\夹点.dwg"文件。

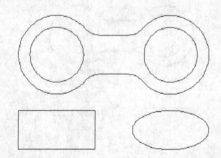

Step 02 在绘图区域中选择矩形对象，如图所示。

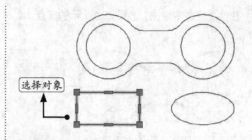

Step 03 在绘图区域中单击，选择如图所示的夹点。

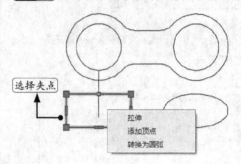

Step 04 单击鼠标右键，选择夹点模式为【镜像】，如图所示。

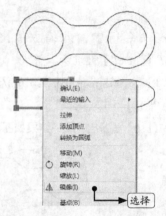

Step 05 再次单击鼠标右键，在弹出的快捷菜单中选择【基点】，如图所示。

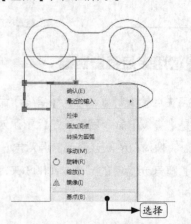

Step 06 在绘图区域中拖动鼠标并捕捉如图所示的端点作为镜像的基点。

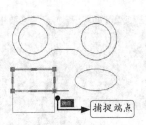

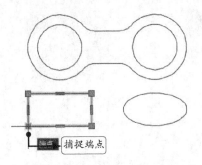

Step 07 在绘图区域中拖动鼠标并捕捉如图所示的端点作为镜像线的第二个点。

Step 08 按【Esc】键退出，最终结果如图所示。

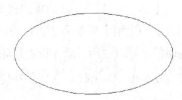

8.3 通过双击编辑对象

在AutoCAD中默认情况下，双击直线、圆、圆弧、椭圆等图形对象时，系统会弹出【快捷特性面板】供用户进行参数更改；双击多段线类的图形对象时，系统会自动执行编辑命令，用户可以在命令行进行相关参数设置；双击文字以及图案填充等对象时，系统会自动执行相关编辑命令或弹出相应选项卡供用户进行调用。

下面以编辑椭圆图形为例，对通过双击编辑图形对象的方法进行详细介绍，具体操作步骤如下。

Step 01 打开光盘中的"素材\CH08\双击编辑对象.dwg"文件。

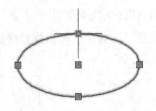

Step 02 在绘图区域中将光标移动到如图所示的图形对象上面。

Step 03 双击图形对象，系统弹出【快捷特性面板】，如图所示。

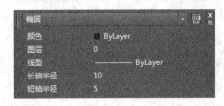

Step 04 对短轴半径进行设置并按【Enter】键确认，如图所示。

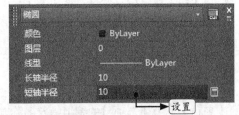

Step 05 对线型进行设置，如图所示。

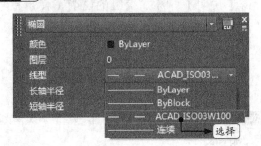

Step 06 对颜色进行设置，如图所示。

Step 07 按【Esc】键取消对当前图形对象的选

择，【快捷特性面板】会自动关闭，结果如图所示。

8.4 对象编组

对象编组提供以组为单位操作图形对象的简单方法，默认情况下，选择编组中任意一个对象即选中了该编组中的所有对象，并可以像修改单个对象那样移动、复制、旋转和修改编组。

【组】命令的几种常用调用方法如下。

• 选择【工具】→【组】菜单命令；

• 在命令行中输入"GROUP/G"命令并按空格键确认；

• 单击【默认】选项卡→【组】面板中的【组】按钮。

执行【组】命令后，命令行提示如下。

命令：_group 选择对象或 [名称(N)/说明(D)]:

命令行中各选项含义如下。

【选择对象】：指定应编组的对象。

【名称】：为所选项目的编组指定名称。

【说明】：添加编组的说明，使用星号（＊）列出现有的编组时，可以通过GROUPEDIT或 –GROUP命令来显示说明。

下面以直线和椭圆图形编组为例，对编组的应用方法进行详细介绍，具体操作步骤如下。

Step 01 打开随书光盘中的"素材\CH08\对象编组.dwg"文件。

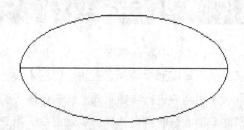

Step 02 在绘图区域中选择直线对象，结果如图所示。

选择直线对象

Step 03 按【Esc】键取消直线对象的选择，然后选择【工具】→【组】菜单命令，在命令行中指定当前编辑的名称及说明，命令行提示如下。

命令：_group 选择对象或 [名称(N)/说明(D)]:n

输入编组名或 [?]: 新组

选择对象或 [名称(N)/说明(D)]:d

输入组说明：直线和椭圆

Step 04 在绘图区域中选择直线和椭圆作为编组对象，如图所示。

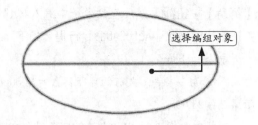

选择编组对象

Step 05 按【Enter】键确认，命令行提示"新组"创建成功。

组"新组"已创建。

Step 06 在绘图区域中选择直线对象，结果如图所示。

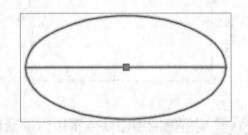

8.5 实战技巧

下面将对夹点的使用技巧和倒角命令的使用技巧进行详细介绍。

技巧1 使用【Shift】键同时移动多夹点

当需要一次移动几何图形中的多个夹点时，可以采用下面的操作方法进行。

Step 01 打开光盘中的"素材\CH08\同时移动多夹点.dwg"文件。

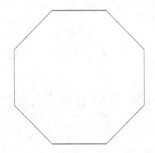

Step 02 在绘图区域中选择正八边形对象，可以看到八边形的所有交点及中点均显示蓝色小方块。

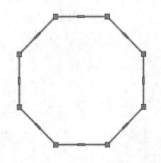

Step 03 按住【Shift】键用鼠标选择下面两个交点和一个中点，可以看到所选择的点变成了红色。

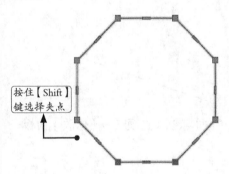

按住【Shift】键选择夹点

Step 04 用鼠标选择其中的一个红点进行拖曳，就可以一次移动多个夹点。

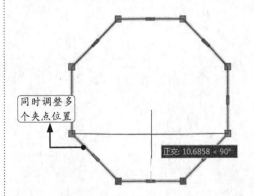

同时调整多个夹点位置

正交: 10.6858 < 90°

Step 05 在适当的位置单击确定夹点的新位置，结果如图所示。

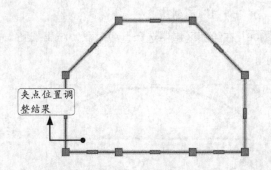

夹点位置调整结果

技巧2 用倒角命令使两条不平行的直线相交

Step 01 打开光盘中的"原始文件\CH08\用倒角命令使两条不平行的直线相交.dwg"文件,如下图所示。

Step 02 单击【默认】选项卡→【修改】面板→

【倒角】按钮◢,然后在命令行中输入"d",并按空格键确认。AutoCAD命令行提示如下。

命令: _chamfer

("修剪"模式) 当前倒角距离 1 =25.0000,距离 2 = 25.0000

选择第一条直线或 [放弃(U)/多段线(P)/距离(D)/角度(A)/修剪(T)/方式(E)/多个(M)]: d

Step 03 在命令行中输入第两个倒角距离都为"0",并按空格键确认。AutoCAD命令行提示如下:

指定 第一个 倒角距离 <25.0000>: 0 ↙

指定 第一个 倒角距离 <25.0000>: 0 ↙

Step 04 设置完成后选择两条倒角的直线,结果如下图所示。

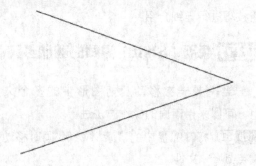

第 9 章

绘制和编辑复杂二维图形

▣ 本章引言

AutoCAD可以满足用户的多种绘图需要，一种图形可以通过多种绘制方式来绘制，如平行线可以用两条直线来绘制，但是用多线绘制会更为快捷准确。本章将讲解如何绘制和编辑复杂的二维图形。

▣ 学习要点

>> 掌握创建和编辑多段线的方法
>> 掌握创建和编辑样条曲线的方法
>> 掌握创建和编辑面域的方法
>> 掌握创建边界的方法

9.1 创建和编辑多段线

在AutoCAD中多段线提供单条直线或单条圆弧所不具备的功能，下面将对多段线的绘制及编辑进行详细介绍。

9.1.1 创建多段线

多段线是由直线段和圆弧段组成的单个对象。

【多段线】命令的几种常用调用方法如下。

• 选择【绘图】→【多段线】菜单命令；

• 在命令行中输入"PLINE/PL"命令并按空格键确认；

• 单击【默认】选项卡→【绘图】面板中的【多段线】按钮 。

下面将对多段线的绘制过程进行详细介绍。

Step 01 打开随书光盘中的"素材\CH09\创建多段线.dwg"文件。

Step 02 在命令行中输入"PL"命令并按空格键调用【多段线】，并在绘图区域中捕捉如图所示的节点作为多段线起点。

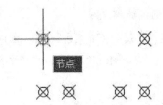

Step 03 在绘图区域中拖动鼠标并捕捉如图所示的节点作为多段线下一点。

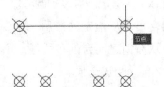

Step 04 在绘图区域中拖动鼠标并捕捉如图所示的节点作为多段线下一点。

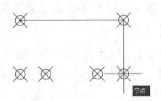

Step 05 命令行提示如下。

指定下一点或 [圆弧(A)/闭合(C)/半宽(H)/长度(L)/放弃(U)/宽度(W)]:

命令行中各选项含义如下。

【圆弧】：选择该选项后，将进入创建圆弧的选项。

【闭合】：从指定的最后一点到起点绘制直线段，从而创建闭合的多段线。必须至少指定两个点才能使用该选项。

【半宽】：指定从宽多段线线段的中心到其一边的宽度。

【长度】：在与上一线段相同的角度方向上绘制指定长度的直线段。如果上一线段是圆弧，将绘制与该圆弧段相切的新直线段。

【放弃】：删除最近一次添加到多段线上的直线段或圆弧。

【宽度】：指定下一条线段的宽度。

Step 06 在命令行输入"A"并按【Enter】键确认，命令行提示如下。

指定圆弧的端点或

[角度(A)/圆心(CE)/闭合(CL)/方向(D)/半宽(H)/直线(L)/半径(R)/第二个点(S)/放弃(U)/宽度(W)]:

命令行中各选项含义如下。

【角度】：指定圆弧段从起点开始的包含角。

【圆心】：指定圆弧段的圆心。

【闭合】：从指定的最后一点到起点绘制圆弧段，从而创建闭合的多段线。必须至少指定两个点才能使用该选项。

【方向】：指定圆弧段的起始方向。

【半宽】：指定从宽多段线线段的中心到其一边的宽度。

【直线】：退出【圆弧】选项并返回初始PLINE命令提示。

【半径】：指定圆弧段的半径。

【第二个点】：指定三点圆弧的第二点和

端点。

【放弃】：删除最近一次添加到多段线上的圆弧段。

【宽度】：指定下一圆弧段的宽度。

Step 07 在绘图区域中拖动鼠标并捕捉如图所示的节点作为圆弧端点。

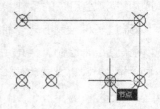

Step 08 在命令行输入"L"并按【Enter】键确认。然后在绘图区域中拖动鼠标并捕捉如图所示的节点作为多段线下一点。

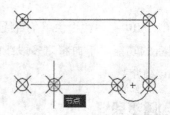

Step 09 接下来根据命令行进行如下操作。

指定下一点或 [圆弧(A)/闭合(C)/半宽(H)/长度(L)/放弃(U)/宽度(W)]: a ↙

指定圆弧的端点或

[角度(A)/圆心(CE)/闭合(CL)/方向(D)/半宽(H)/直线(L)/半径(R)/第二个点(S)/放弃(U)/宽度(W)]: a ↙

指定包含角: −180 ↙

Step 10 在绘图区域中拖动鼠标并捕捉如图所示的节点作为圆弧端点。

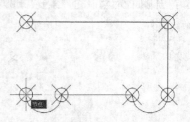

Step 11 命令行提示如下。

指定圆弧的端点或

[角度(A)/圆心(CE)/闭合(CL)/方向(D)/半宽(H)/直线(L)/半径(R)/第二个点(S)/放弃(U)/宽度(W)]: L ✓

指定下一点或 [圆弧(A)/闭合(C)/半宽(H)/长度(L)/放弃(U)/宽度(W)]: c ✓

Step 12 结果如图所示。

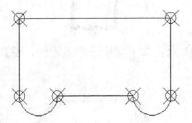

9.1.2 编辑多段线

多段线提供单个直线所不具备的编辑功能。例如，可以调整多段线的宽度和曲率。创建多段线之后，可以使用PEDIT命令对其进行编辑，或者使用EXPLODE（分解）命令将其转换成单独的直线段和弧线段。

多段线编辑命令的几种常用调用方法如下。

• 选择【修改】→【对象】→【多段线】菜单命令；

• 在命令行中输入"PEDIT/PE"命令并按空格键确认；

• 单击【默认】选项卡→【修改】面板中的【编辑多段线】按钮 ；

• 双击多段线。

调用多段线编辑命令后，命令行提示如下。

输入选项 [闭合(C)/合并(J)/宽度(W)/编辑顶点(E)/拟合(F)/样条曲线(S)/非曲线化(D)/线型生成(L)/反转(R)/放弃(U)]:

命令行中各选项含义如下。

【闭合】：创建多段线的闭合线，将首尾连接。

【合并】：在开放的多段线的尾端点添加直线、圆弧或多段线和从曲线拟合多段线中删除曲线拟合。对于要合并多段线的对象，除非第一个PEDIT提示下使用"多个"选项，否则，

它们的端点必须重合。在这种情况下，如果模糊距离设置得足以包括端点，则可以将不相接的多段线合并。

【宽度】：为整个多段线指定新的统一宽度。可以使用"编辑顶点"选项的"宽度"选项来更改线段的起点宽度和端点宽度。

【编辑顶点】：在屏幕上绘制X标记多段线的第一个顶点。如果已指定此顶点的切线方向，则在此方向上绘制箭头。

【拟合】：创建圆弧拟合多段线。

【样条曲线】：使用选定多段线的顶点作为近似B样条曲线的曲线控制点或控制框架。该曲线（称为样条曲线拟合多段线）将通过第一个和最后一个控制点，除非原多段线是闭合的。曲线将会被拉向其他控制点但并不一定通过它们。在框架特定部分指定的控制点越多，曲线上这种拉拽的倾向就越大。可以生成二次和三次拟合样条曲线多段线。

【非曲线化】：删除由拟合曲线或样条曲线插入的多余顶点，拉直多段线的所有线段。保留指定给多段线顶点的切向信息，用于随后的曲线拟合。使用命令（例如BREAK或TRIM）编辑样条曲线拟合多段线时，不能使用"非曲线化"选项。

【线型生成】：生成经过多段线顶点的连续图案线型。关闭此选项，将在每个顶点处以点画线开始和结束生成线型。"线型生成"不能用于带变宽线段的多段线。

【反转】：反转多段线顶点的顺序。使用此选项可反转使用包含文字线型的对象的方向。例如，根据多段线的创建方向，线型中的文字可能会倒置显示。

【放弃】：还原操作，可一直返回到PEDIT任务开始的状态。

下面将对多段线的编辑过程进行详细介绍。

Step 01 打开随书光盘中的"素材\CH09\编辑多段线.dwg"文件。

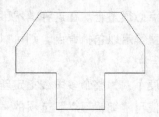

Step 02 双击如下图所示的多段线，使其处于编辑状态。

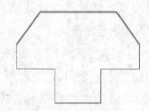

Step 03 在命令行输入"w"，设置所选多段线对象的宽度值，命令行提示如下。

　　输入选项 [闭合(C)/合并(J)/宽度(W)/编辑顶点(E)/拟合(F)/样条曲线(S)/非曲线化(D)/线型生成(L)/反转(R)/放弃(U)]: w

　　指定所有线段的新宽度: 1

Step 04 按【Enter】键结束【多段线】编辑命令，结果如图所示。

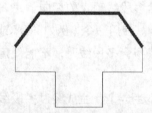

Step 05 双击如下图所示的多段线，使其处于编辑状态。

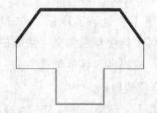

Step 06 设置所选多段线对象的宽度值，命令行提示如下。

　　输入选项 [闭合(C)/合并(J)/宽度(W)/编辑顶点(E)/拟合(F)/样条曲线(S)/非曲线化(D)/线型生成(L)/反转(R)/放弃(U)]: w

　　指定所有线段的新宽度: 1.5

Step 07 按【Enter】键结束【多段线】编辑命令，结果如图所示。

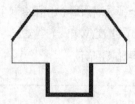

Step 08 双击如下图所示的多段线，使其处于编辑状态。

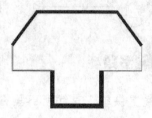

Step 09 在命令行输入"J"并按【Enter】键确认，然后在绘图区域选择所有多段线对象，如图所示。

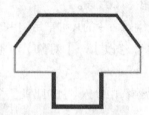

Step 10 按两次【Enter】键结束【多段线】编辑命令，结果如图所示。

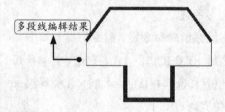

多段线编辑结果

Step 11 双击如下图所示的多段线，使其处于编辑状态。

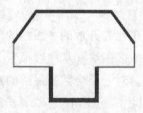

Step 12 在命令行输入"F"并按两次【Enter】键结束【多段线】编辑命令，结果如图所示。

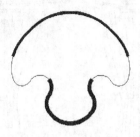

9.1.3 实例：绘制窗帘

窗帘在人居环境中必不可少，不仅起到与外界有效隔断的作用，而且可以美化室内环境。本实例将对窗帘图形进行绘制，具体操作步骤如下。

Step 01 打开光盘中的"素材\CH09\窗帘.dwg"文件。

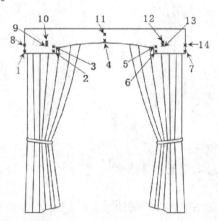

Step 02 在命令行中输入"PL"命令并按空格键调用【多段线】命令，然后依次捕捉1~3节点绘制直线，如下图所示。

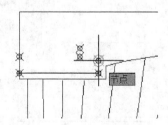

Step 03 在命令行输入"a"进行绘制圆弧，命令行提示如下。

指定下一点或 [圆弧(A)/闭合(C)/半宽(H)/长

度(L)/放弃(U)/宽度(W)]: a ↙

指定圆弧的端点或

[角度(A)/圆心(CE)/闭合(CL)/方向(D)/半宽(H)/直线(L)/半径(R)/第二个点(S)/放弃(U)/宽度(W)]: s ↙

Step 04 拖动鼠标分别捕捉节点4和5，如下图所示。

Step 05 在命令行输入"L"并按【Enter】键确认，然后在绘图区域拖动鼠标并捕捉节点6~7，然后按【Enter】键结束【多段线】命令，结果如下图所示。

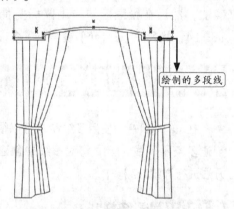

绘制的多段线

Step 06 重复【多段线】绘制命令，然后依次捕捉8~10节点绘制直线，如下图所示

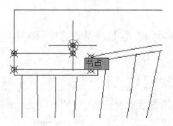

Step 07 在命令行输入"a"进行绘制圆弧，命

令行提示如下。

指定下一点或 [圆弧(A)/闭合(C)/半宽(H)/长度(L)/放弃(U)/宽度(W)]: a

指定圆弧的端点或

[角度(A)/圆心(CE)/闭合(CL)/方向(D)/半宽(H)/直线(L)/半径(R)/第二个点(S)/放弃(U)/宽度(W)]: s

Step 08 拖动鼠标分别捕捉节点11和12，如下图所示。

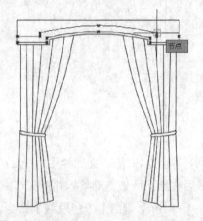

Step 09 在命令行输入"L"并按【Enter】键确认，然后在绘图区域拖动鼠标并捕捉节点13~14，然后按【Enter】键结束【多段线】命

令，结果如下图所示。

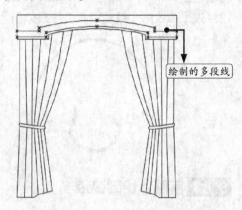

Step 10 选中所有节点，然后按【Delete】键将所选节点删除，结果如下图所示。

9.2 创建和编辑多线

在AutoCAD中，使用多线命令可以很方便地创建多条平行线，下面将对多线的创建和编辑方法进行详细介绍。

9.2.1 设置多线样式

设置多线是通过【多线样式】对话框来进行的。

【多线样式】对话框的几种常用调用方法如下。

• 选择【格式】→【多线样式】菜单命令；

• 在命令行中输入"MLSTYLE"命令并按空格键确认。

调用【多线样式】命令，弹出【多线样式】对话框，如下图所示。

【多线样式】对话框中各选项含义如下。

【当前多线样式】：显示当前多线样式的名称，该样式将在后续创建的多线中用到。

【样式】：显示已加载到图形中的多线样式列表。多线样式列表可包括存在于外部参照图形（xref）中的多线样式，外部参照的多线样式名称使用与其他外部依赖非图形对象所使用语法相同。

【说明】：显示选定多线样式的说明。

【预览】：显示选定多线样式的名称和图像。

【置为当前】：设置用于后续创建的多线的当前多线样式（不能将外部参照中的多线样式设定为当前样式）。

【新建】：显示【创建新的多线样式】对话框，从中可以创建新的多线样式

【修改】：显示【修改多线样式】对话框，从中可以修改选定的多线样式（不能编辑图形中正在使用的任何多线样式的元素和多线特性，要编辑现有多线样式，必须在使用该样式绘制任何多线之前进行）。

【重命名】：重命名当前选定的多线样式，不能重命名STANDARD多线样式。

【删除】：从【样式】列表中删除当前选定的多线样式，此操作并不会删除MLN文件中的样式。不能删除STANDARD多线样式、当前多线样式或正在使用的多线样式。

【加载】：显示【加载多线样式】对话框，从中可以从指定的MLN文件加载多线样式。

【保存】：将多线样式保存或复制到多线库（MLN）文件。如果指定了一个已存在的MLN文件，新样式定义将添加到此文件中，并且不会删除其中已有的定义。

下面将对多线样式进行设置，具体操作步骤如下。

Step 01 单击【新建】按钮，弹出【创建新的多线样式】对话框，输入样式名称，单击【继续】按钮。

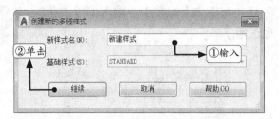

Step 02 弹出【新建多线样式：新建样式】对话框。

【新建多线样式：新建样式】对话框中各选项含义如下。

【说明】文本框：为多线样式添加说明，最多可以输入255个字符（包括空格）。

【封口】区：控制多线起点和端点是否封口。

【填充】区：控制多线之间的背景填充。

【显示连接】区：控制每条多线线段顶点处连接的显示。

【图元】区：设置新的和现有的多线元素的元素特性，例如偏移、颜色和线型。

Step 03 在【封口面版】内勾选【直线】作为封口样式，并在【图元】选项中连续两次单击【添加】按钮添加两个图元，如下图所示。

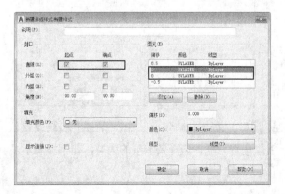

Step 04 在【图元】选项区域中，单击要修改的多线，在下方【偏移】中输入要修改的距离，如下图所示。

Step 05 重复 **Step 04**，将另一个偏移设置为-1，然后单击【颜色】后面的下拉按钮选择红色，如下图所示。

Step 06 选择偏移为1的多线，然后单击【颜色】后面的下拉按钮选择"蓝色"。然后单击【线型】按钮，弹出【选择线型】对话框，如下图所示。

Step 07 单击【加载】按钮，弹出【加载或重载线型】对话框，选择要加载的线型，如下图所示。

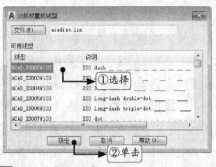

Step 08 单击【确定】按钮，将所选的线型加载到【选择线型】对话框，如下图所示。

Step 09 重复 **Step 06**~**Step 07**，给偏移为-1的多线加载线型，如下图所示。

Step 10 选择线型，单击【确定】后即可将所选择的线型加载给多线，如下图所示。

Step 11 单击【确定】后回到【多线样式】对话框，选择【新建样式】，然后单击【置为当前】按钮，即可将新建的多线样式设置为当前样式，如下图所示。

9.2.2 创建多线

多线是由多条平行线组成的线型。绘制多线与绘制直线相似的地方是需要指定起点和端点，与直线不同的是一条多线可以由一条或多条平行直线线段组成。

【多线】命令的几种常用调用方法如下。

● 选择【绘图】→【多线】菜单命令；

● 在命令行中输入"MLINE/ML"命令并按空格键确认。

执行多线命令后，命令后提示如下。

命令: _MLINE

当前设置: 对正 = 上，比例 = 20.00，样式 = STANDARD

指定起点或 [对正(J)/比例(S)/样式(ST)]:

命令行中各选项含义如下。

【对正】：确定如何在指定的点之间绘制多线，对正的方式有上、无、下三种。

上：光标在绘制的多线上方，因此在指定点处将会出现具有最大正偏移值的直线，如下左图所示。

无：将光标作为原点绘制多线，因此MLSTYLE 命令中"元素特性"的偏移 0.0 将在指定点处，如下中图所示。

下：光标位于所绘多线下方，因此在指定点处将出现具有最大负偏移值的直线，如下右图所示。

【比例】：控制多线的全局宽度。该比例影响多线之间的间距，但不影响线型比例。比例因子为正数时，其宽度是样式定义的宽度的倍数。比例因为为负数时，将翻转偏移线的次序：当从左至右绘制多线时，偏移最小的多线绘制在顶部。比例因子为 0 将使多线变为单一的直线。

比例为 1　　　　　比例为 2

【样式】：指定多线的样式，输入"ST"并按空格键，会提示输入【样式名】或【？】。

【样式名】：指定已加载的样式名或创建的多线库 (MLN) 文件中已定义的样式名。

【？】：列出已加载的多线样式。

下面将对多线进行绘制，具体操作步骤如下。

Step 01　打开随书光盘中的"素材\CH09\创建多线.dwg"文件。

⊠点3　　　　　　点4⊠

⊠　　⊠点2
点1

⊠点6　　　　　　点5⊠

Step 02　在命令行中输入"ML"命令并按空格键调用【多线】命令，并在绘图区域捕捉节点1作为多线起点。

Step 03　依次捕捉节点2~6作为多线的下一点。

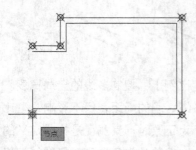

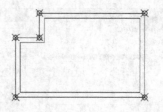

Step 04 在命令行输入 "C" 并按空格键确认。

指定下一点或 [闭合(C)/放弃(U)]: c ↙

Step 05 结果如图所示。

Step 06 在绘图区域选择所有节点，然后按 【Delete】键将所选节点删除，结果如图所示。

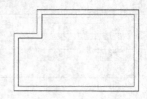

Tips

绘制的多线与选择对齐样式、比例以有关，本例中选择的对齐样式为"上"，假如将对齐样式设置为 "无"，则如下图所示。

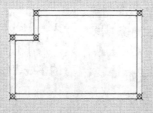

假如将对齐样式设置为"下"，则如下左图所示。

假如对齐样式还为"上，但是将比例改为40，折绘制结果如下右图所示。

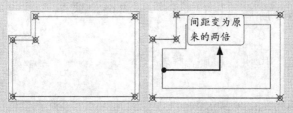

9.2.3 编辑多线

编辑多线是通过【多线编辑工具】对话框来进行的。

【多线编辑工具】对话框的几种常用调用方法如下。

· 选择【修改】→【对象】→【多线】菜单命令；

· 在命令行中输入 "MLEDIT" 命令并按空格键确认；

· 双击多线。

调用【多线编辑工具】对话框，如右图所示。

【多线编辑工具】对话框中各选项含义如下。

【十字闭合】：在两条多线之间创建闭合的十字交点。

【十字打开】：在两条多线之间创建打开的十字交点。打断将插入第一条多线的所有元素和第二条多线的外部元素。

【十字合并】：在两条多线之间创建合并的十字交点。选择多线的次序并不重要。

【T形闭合】：在两条多线之间创建闭合的T形交点。将第一条多线修剪或延伸到与第二条多线的交点处。

【T形打开】：在两条多线之间创建打开的T形交点。将第一条多线修剪或延伸到与第二条多线的交点处。

【T形合并】：在两条多线之间创建合并的T形交点。将多线修剪或延伸到与另一条多线的交点处。

【角点结合】：在多线之间创建角点结合。将多线修剪或延伸到它们的交点处。

【添加顶点】：向多线上添加一个顶点。

【删除顶点】：从多线上删除一个顶点。

【单个剪切】：在选定多线元素中创建可见打断。

【全部剪切】：创建穿过整条多线的可见打断。

【全部接合】：将已被剪切的多线线段重新接合起来。

对话框中第一列各项的操作示例，该列的选择有先后顺序，先选择的将被就剪掉

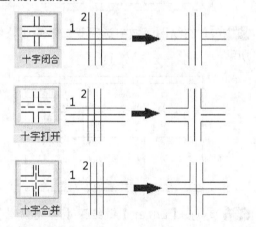

对话框中第二列各项的操作示例，该列的选择有先后顺序，先选择的将被修剪掉，与选择位置也有关系，点取的位置被保留

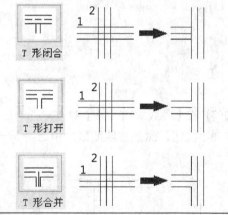

对话框中第三列各项的操作示例，其中"角点结合"与选择的位置有关，选取的位置被保留

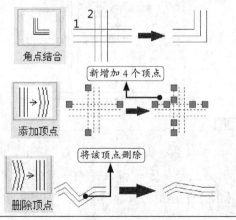

对话框中第四列各项的操作示例，此列中的操作与选择点的先后没有关系

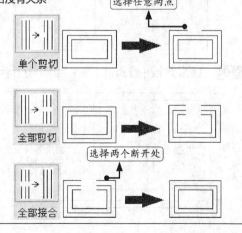

下面将利用【多线编辑工具】对话框对多线进行编辑，具体操作步骤如下。

Step 01 打开随书光盘中的"素材\CH09\编辑多线.dwg"文件。

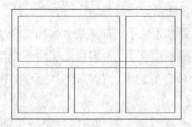

Step 02 选择【修改】→【对象】→【多线】菜单命令，弹出【多线编辑工具】对话框。

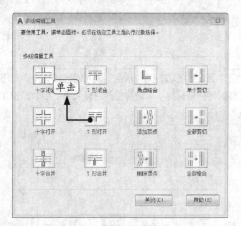

Step 03 在【多线编辑工具】对话框中单击【T形打开】按钮，然后在绘图区域中选择第一条多线，如图所示。

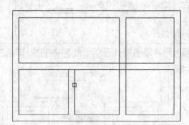

Step 04 在绘图区域中选择第二条多线，如图所示。

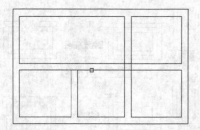

Step 05 按空格键结束【多线编辑】命令，结果如图所示。

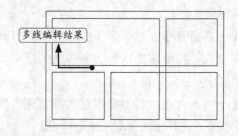

Step 06 重复调用【多线编辑工具】对话框，并单击【十字打开】按钮，然后在绘图区域中选择第一条多线，如图所示。

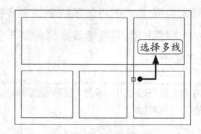

Step 07 在绘图区域中选择第二条多线，如图所示。

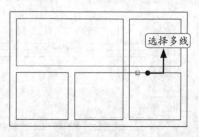

Step 08 按【Enter】键结束【多线编辑】命令，结果如图所示。

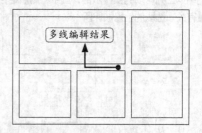

Tips

　　如果一个编辑选项（如T形打开）要多次用到，在选择该选项时双击即可连续使用，直到按【Esc】键退出为止。

9.2.4 实例：绘制古典窗户

下面将利用多线命令及多线编辑命令绘制古典窗户平面图，具体操作步骤如下。

1. 设置多线样式

Step 01 打开随书光盘中的"素材\CH09\古典窗户.dwg"文件。

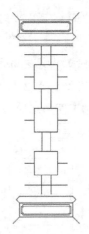

Step 02 选择【格式】→【多线样式】菜单命令，弹出【多线样式】对话框，如下图所示。

Step 03 单击【新建】按钮，在弹出的【创建新的多线样式】对话框中输入新样式名：样式1，单击【继续】按钮，如下图所示。

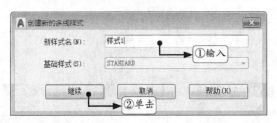

Step 04 在弹出的【新建多线样式：样式1】对话框中的【图元】选项框中，选中偏移为-0.5的图元，然后单击颜色下拉列表，将颜色改为红色，如下图所示。

Step 05 单击【确定】按钮后回到【多线样式】对话框，这时新建的【样式1】显示在样式列表中，如下图所示。

Step 06 选中【STANDARD】样式，然后单击【新建】按钮，在弹出的【创建新的多线样式】对话框中输入新样式名：样式2，单击【继续】按钮，如下图所示。

Step 07 在弹出的【新建多线样式：样式2】对话框中的【图元】选项框中，将两个图元的偏

移距离分别改为-0.45和0.45，如下图所示。

Step 08 单击【添加】按钮，添加一个新图元，并将新添加的图元的偏移距离改为-1.95，如下图所示。

Step 09 设置完成后，单击【确定】按钮回到【多线样式】对话框，这时新建的【样式2】显示在样式列表中，如下图所示。

Step 10 选中【样式1】，然后单击【置为当前】

按钮，将【样式1】设置为当前样式，然后单击【确定】按钮，退出【多线样式】对话框。

2. 绘制内外框及窗户

Step 01 在命令行中输入"ML"命令并按空格键调用【多线】命令，然后在命令行输入"j"对对齐方式进行设置。

命令: _ MLINE

当前设置: 对正 = 无，比例 = 20.00，样式 = 样式1

指定起点或 [对正(J)/比例(S)/样式(ST)]: j ↙

输入对正类型 [上(T)/无(Z)/下(B)] <无>: b ↙

Step 02 依次单击下图所示的1~4点。

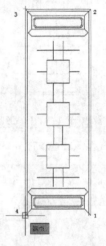

Step 03 单击第4点后，在命令行输入"c"并按空格键，让所绘制的多线闭合，结果如下图所示。

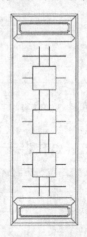

Step 04 重复调用【多线】命令，根据命令行提

示选择多线样式。

命令: _ MLINE

当前设置: 对正 = 下, 比例 = 20.00, 样式 = 样式1

指定起点或 [对正(J)/比例(S)/样式(ST)]: st

输入多线样式名或 [?]: 样式2 ✓

Step 05 依次单击下图所示的1~4点。

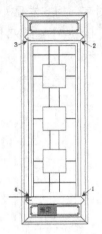

Step 06 单击第4点后, 在命令行输入 "c" 并按空格键, 让所绘制的多线闭合, 结果如下图所示。

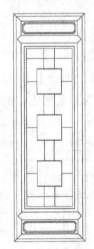

Step 07 重复调用【多线】命令, 根据命令行提示修改对正方式、比例及选择多线样式。

命令: _ MLINE

当前设置: 对正 = 下, 比例 = 20.00, 样式 = 样式2

指定起点或 [对正(J)/比例(S)/样式(ST)]: j

输入对正类型 [上(T)/无(Z)/下(B)] <下>: z

当前设置: 对正 = 无, 比例 = 20.00, 样式 = 样式2

指定起点或 [对正(J)/比例(S)/样式(ST)]: s

输入多线比例 <20.00>: 18

当前设置: 对正 = 无, 比例 = 18.00, 样式 = 样式2

指定起点或 [对正(J)/比例(S)/样式(ST)]: st

输入多线样式名或 [?]: standard

Step 08 单击图中辅助直线的端点绘制多线, 结果如下图所示。

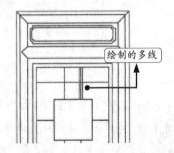

绘制的多线

Step 09 在命令行输入 "MULTIPLE", 然后按空格键调用【重复】命令, 当命令行提示输入要重复的命令名时, 输入 "ML" 调用多线命令。

命令: MULTIPLE ✓

输入要重复的命令名: ml ✓

Step 10 依次单击图中辅助直线的端点绘制多线, 绘制完成后按【Esc】键退出【多线】命令, 结果如下图所示。

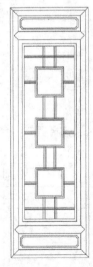

Step 11 在绘图区域中所有辅助线, 然后按

【Delete】键将所选直线段删除，结果如下图
所示。

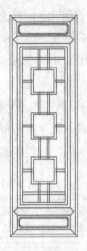

Tips

【MULTIPLE】命令用于多次重复执行同一
命令时使用，先输入该命令，然后输入需要重复
执行的命令即可重复执行该命令，直至最后退
出该命令。

3. 编辑多线

Step 01) 双击任意一处多线，在弹出的【多线编
辑工具】对话框中单击【T形打开】按钮，并在
绘图区域选择第一条多线，如图所示。

Step 02) 在绘图区域选择第二条多线，如图所示。

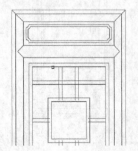

Step 03) 结果如图所示。

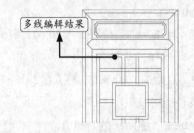

Step 04) 继续对其他相应位置执行【T形打开】
操作，然后按【Enter】键结束【多线编辑】命
令，结果如图所示。

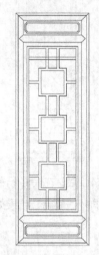

Step 05) 双击任意一处多线，在弹出的【多线编
辑工具】对话框中单击【十字打开】按钮，并
在绘图区域选择第一条多线，如图所示。

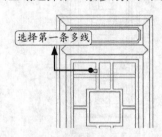

Step 06) 在绘图区域选择第二条多线，如图所示。

Step 07) 结果如图所示。

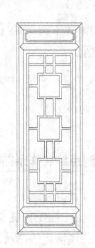

Step 08 继续对其他相应位置执行【十字打开】操作，然后按【Enter】键结束【多线编辑】命令，结果如图所示。

9.3 创建和编辑样条曲线

样条曲线是经过或接近一系列给定点的光滑曲线，可以控制曲线与点的拟合程度。一般用于绘制园林景观。

9.3.1 创建样条曲线

在AutoCAD中，样条曲线的绘制方法有多种，下面将分别进行介绍。

1. 平滑多段线与样条曲线的区别

使用SPLINE命令创建的曲线为样条曲线。与那些包含类似图形的样条曲线拟合多段线的图形相比，包含样条曲线的图形占用较少的内存和磁盘空间。

多段线是作为单个对象创建的相互连接的序列线段。可以创建直线段、弧线段或两者的组合线段。使用 SPLINE命令可以将样条拟合多段线转换为真正的样条曲线。

2. 使用拟合点绘制样条曲线

在AutoCAD中，拟合点绘制样条曲线的方法较为常见，默认情况下，拟合点将与样条曲线重合。

【拟合点】方式的几种常用调用方法如下。

• 选择【绘图】→【样条曲线】→【拟合

点】菜单命令；

• 在命令行中输入"SPLINE/SPL"命令并按空格键确认，然后按命令行提示进行操作；

• 单击【默认】选项卡→【绘图】面板中的【样条曲线拟合】按钮 。

下面以拟合点方式对样条曲线的绘制过程进行详细介绍，具体操作步骤如下。

Step 01 打开光盘中的"素材\CH09\拟合点绘制样条曲线.dwg"文件。

Step 02 单击【默认】选项卡→【绘图】面板中的【样条曲线拟合】按钮 ，在绘图区域捕捉如图所示的节点1作为样条曲线的起点。

Step 03 依次捕捉节点2~5作为样条曲线的下一点。

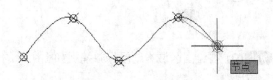

Step 04 按【Enter】键结束【样条曲线】命令，结果如图所示。

3. 使用控制点绘制样条曲线

默认情况下，使用控制点方式绘制样条曲线将会定义控制框，控制框提供了一种简便的方法，用来设置样条曲线的形状。

【控制点】方式的几种常用调用方法如下。

• 选择【绘图】→【样条曲线】→【控制点】菜单命令；

• 在命令行中输入"SPLINE/SPL"命令并按空格键确认，然后按命令行提示进行操作；

• 单击【默认】选项卡→【绘图】面板中的【样条曲线控制点】按钮 。

下面以控制点方式对样条曲线的绘制过程进行详细介绍，具体操作步骤如下。

Step 01 打开光盘中的"素材\CH09\控制点绘制样条曲线.dwg"文件。

Step 02 单击【默认】选项卡→【绘图】面板中的【样条曲线控制点】按钮 ，在绘图区域捕捉如图所示的节点作为样条曲线的起点。

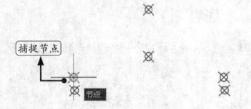

Step 03 在绘图区域拖动鼠标并捕捉如图所示的节点作为样条曲线的下一点。

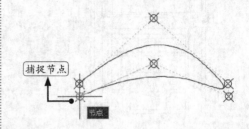

Step 04 在命令行输入"C"并按【Enter】键确认，结果如图所示。

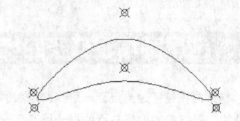

9.3.2 通过光顺曲线创建样条曲线

在两条开放曲线的端点之间创建相切或平滑的样条曲线，生成的样条曲线的形状取决于指定的连续性，选定对象的长度保持不变。

【光顺曲线】命令的几种常用调用方法如下。

• 选择【修改】→【光顺曲线】菜单命令；

• 在命令行中输入"BLEND"命令并按【Enter】键确认；

• 单击【默认】选项卡→【修改】面板中的【光顺曲线】按钮 。

执行【光顺曲线】命令后，命令行提示如下。

命令：_BLEND

连续性 = 相切

选择第一个对象或 [连续性(CON)]：

命令行中各选项含义如下。

【选择第一个对象】：选择样条曲线起始端附近的直线或开放的曲线。

【连续性】：在"相切"和"平滑"两种过渡类型中指定一种。

下面以创建一个不规则的闭合图形为例，对【光顺曲线】命令的应用方法进行详细介绍，具体操作步骤如下。

Step 01 打开随书光盘中的"素材\CH09\光顺曲线.dwg"文件。

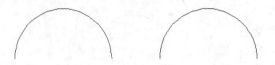

Step 02 选择【修改】→【光顺曲线】菜单命令，在绘图区域中选择如图所示的圆弧图形作为第一个对象。

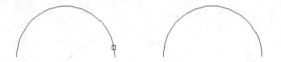

Step 03 在绘图区域中选择如图所示的圆弧图形以指定第二个点。

Step 04 结果如图所示。

编辑结果

Tips

执行【光顺曲线】命令的过程中需要注意图形对象的选择位置。

Step 05 重复【光顺曲线】命令，在绘图区域中选择如图所示的圆弧图形作为第一个对象。

选择圆弧

Step 06 在绘图区域中选择如图所示的圆弧图形以指定第二个点。

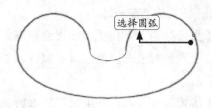

选择圆弧

Step 07 结果如图所示。

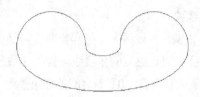

9.3.3 编辑样条曲线

在AutoCAD中，绘制样条曲线后可以根据实际情况对其进行编辑操作。

样条曲线编辑命令的几种常用调用方法如下。

• 选择【修改】→【对象】→【样条曲线】菜单命令；

• 在命令行中输入"SPLINEDIT/SPE"命令并按空格键确认；

• 单击【默认】选项卡→【修改】面板中的【编辑样条曲线】按钮 ；

• 双击样条曲线。

调用样条曲线编辑命令，并选择需要编辑的样条曲线后，AutoCAD命令行提示如下。

输入选项 [闭合(C)/合并(J)/拟合数据(F)/编辑顶点(E)/转换为多段线(P)/反转(R)/放弃(U)/退出(X)] <退出>：

命令行中各选项含义如下。

【闭合】：显示闭合或打开，具体取决于选定的样条曲线是开放的还是闭合的，如果选择的样条曲线是开放的，则显示闭合，如果选择的样条曲线是闭合的，则显示打开。开放的样条曲线有两个端点，而闭合的样条曲线则形成一个环。

【合并】：将选定的样条曲线与其他样条曲线、直线、多段线和圆弧在重合端点处合并，以形成一个较大的样条曲线。对象在连接点处使用扭折连接在一起。

【拟合数据】：用于编辑拟合数据，执行该选项后系统将进一步提示编辑拟合数据的相关选项。

【编辑顶点】：用于编辑控制框数据，执行该选项后系统将进一步提示编辑控制框数据的相关选项。

【转换为多段线】：将样条曲线转换为多段线，精度值决定生成的多段线与样条曲线的接近程度，有效值为介于0到99之间的任意整数。

【反转】：反转样条曲线的方向。

【放弃】：取消上一操作。

【退出】：返回到命令提示。

下面将对样条曲线的编辑过程进行详细介绍，具体操作步骤如下。

Step 01 打开光盘中的"素材\CH09\编辑样条曲线.dwg"文件。

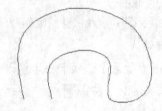

Step 02 双击图中的样条曲线，如下图所示。

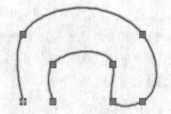

Step 03 进入样条曲线编辑状态后在命令行输入"e"编辑顶点，然后输入"m"移动控制点。

输入选项 [闭合(C)/合并(J)/拟合数据(F)/编辑顶点(E)/转换为多段线(P)/反转(R)/放弃(U)/退出(X)] <退出>: e ↙

输入顶点编辑选项 [添加(A)/删除(D)/提高阶数(E)/移动(M)/权值(W)/退出(X)] <退出>: m ↙

Step 04 输入"m"后AutoCAD会自动捕捉一个

控制点，如图所示。

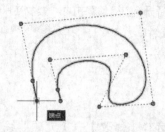

Step 05 拖动鼠标可以控制所选点的位置，如图所示。

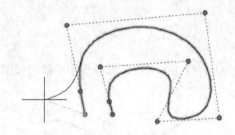

Step 06 在自己需要的位置单击左键，然后连续输入"n"，捕捉需要移动的下一点，如下图所示。

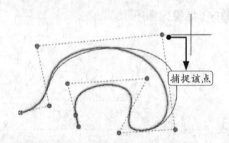

Step 07 拖动鼠标将所选的控制所选点放置到合适的位置，如图所示。

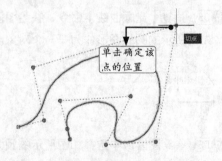

Step 08 重复 **Step 06** ~ **Step 07**，捕捉最后一个端点，并将它放到合适的位置，如下图所示。

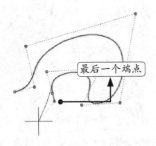

最后一个端点

Step 09 连续输入两次输入"X"退出编辑顶点，然后输入"C"将样条曲线闭合。

指定新位置或 [下一个(N)/上一个(P)/选择点(S)/退出(X)] <下一个>: x

输入顶点编辑选项 [添加(A)/删除(D)/提高阶数(E)/移动(M)/权值(W)/退出(X)] <退出>:x

输入选项 [闭合(C)/合并(J)/拟合数据(F)/编辑顶点(E)/转换为多段线(P)/反转(R)/放弃(U)/退出(X)] <退出>: c

Step 10 闭合后如下图所示。

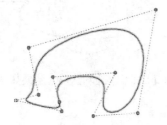

Step 11 在命令行输入"p"并接受默认精度。

输入选项 [打开(O)/拟合数据(F)/编辑顶点(E)/转换为多段线(P)/反转(R)/放弃(U)/退出(X)] <退出>: p

指定精度 <10>:

Step 12 最后结果如下图所示。

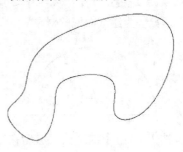

Tips

转换成多段线后，再次双击图形，进入多段线编辑状态：

命令: _pedit

输入选项 [打开(O)/合并(J)/宽度(W)/编辑顶点(E)/拟合(F)/样条曲线(S)/非曲线化(D)/线型生成(L)/反转(R)/放弃(U)]:

9.4 创建和编辑面域

面域是指由闭合的平面环创建的二维区域，有效对象包括多段线、直线、圆弧、圆、椭圆弧、椭圆和样条曲线，每个闭合的环将转换为独立的面域。创建面域时不能有交叉交点和自交曲线。

9.4.1 创建面域

【面域】命令的几种常用调用方法如下。

• 选择【绘图】→【面域】菜单命令；

• 在命令行中输入"REGION/REG"命令并按空格键确认；

• 单击【默认】选项卡→【绘图】面板中的【面域】按钮。

下面将对面域的创建过程进行详细介绍，具体操作步骤如下。

Step 01 打开随书光盘中的"素材\CH09\创建面域.dwg"文件。

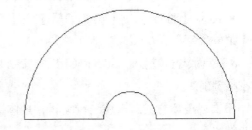

Step 02 在绘图区域中选择圆弧，如图所示。

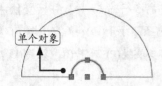

单个对象

Step 03 单击【默认】选项卡→【绘图】面板中的【面域】按钮 ⬜，在绘图区域中选择如图所示的图形对象作为组成面域的对象。

Step 04 按【Enter】键确认，然后在绘图区域中选择圆弧，结果如图所示。

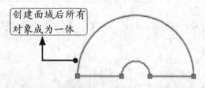

创建面域后所有对象成为一体

9.4.2 编辑面域 ▶

编辑面域的操作非常简单，其中布尔运算是最常用的面域修改方法。

Tips

布尔运算除了用于面域编辑外，还经常用在三维编辑中。

1. 差集运算

差集运算就是通过从另一个对象减去一个重叠面域或三维实体来创建为新对象。

【差集】命令的几种常用调用方法如下。

• 选择【修改】→【实体编辑】→【差集】菜单命令；

• 在命令行中输入"SUBTRACT/SU"命令并按空格键确认。

下面以差集方式对面域进行编辑，具体操作步骤如下。

Step 01 打开随书光盘中的"素材\CH09\编辑面

域.dwg"文件。

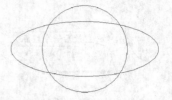

Step 02 在命令行中输入"SU"命令并按空格键，然后在绘图区域选择要从中减去的实体或面域，并按【Enter】键确认。

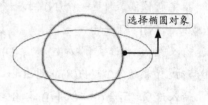

选择椭圆对象

Step 03 在绘图区域选择要减去的实体或面域。

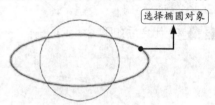

选择椭圆对象

Step 04 按【Enter】键确认后，结果如图所示。

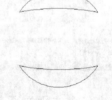

2. 并集运算

并集运算是将两个或多个二维面域、三维实体或曲面合并为一个面域、复合三维实体或曲面。

【并集】命令的几种常用调用方法如下。

• 选择【修改】→【实体编辑】→【并集】菜单命令；

• 在命令行中输入"UNION/UNI"命令并按空格键确认。

下面以并集方式对面域进行编辑，具体操作步骤如下。

Step 01 打开随书光盘中的"素材\CH09\编辑面域.dwg"文件。

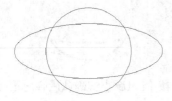

Step 02 选择【修改】→【实体编辑】→【并集】菜单命令，在绘图区域选择第一个对象，如图所示。

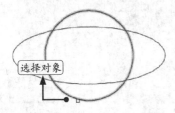

选择对象

Step 03 在绘图区域选择第二个对象，如图所示。

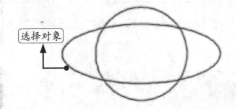

选择对象

Step 04 按【Enter】键确认后，结果如图所示。

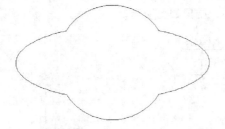

3. 交集运算

交集运算可以从两个或两个以上现有面域、三维实体或曲面的公共体积创建新的对象。

【交集】命令的几种常用调用方法如下。

- 选择【修改】→【实体编辑】→【交集】菜单命令；

- 在命令行中输入"INTERSECT/IN"命令并按空格键确认。

下面以交集方式对面域进行编辑，具体操作步骤如下。

Step 01 打开随书光盘中的"素材\CH09\编辑面域.dwg"文件。

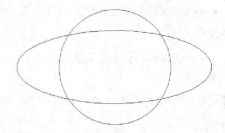

Step 02 在命令行中输入"IN"命令并按空格键，然后在绘图区域选择第一个对象，如图所示。

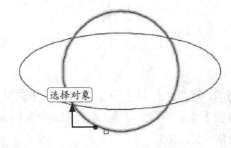

选择对象

Step 03 在绘图区域选择第二个对象，如图所示。

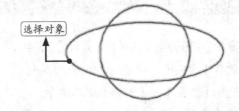

选择对象

Step 04 按【Enter】键确认后，结果如图所示。

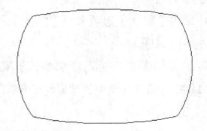

4. 从面域中获取文本数据

在AutoCAD中可以通过面域来计算和显示对象的面积、周长以及质量等信息，当然要想查询对象的这些信息，首先得将对象创建成面域。

【面域/质量特性】命令的几种常用调用方法如下。

- 选择【工具】→【查询】→【面域/质量特性】菜单命令；
- 在命令行中输入"MASSPROP"命令并按空格键确认。

下面将对面域进行文本数据查询，具体操作步骤如下。

Step 01 打开随书光盘中的"素材\CH09\编辑面域.dwg"文件。

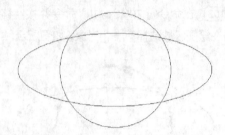

Step 02 选择【工具】→【查询】→【面域/质量特性】菜单命令，在绘图区域选择需要查询的对象，如图所示。

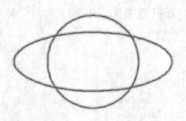

Step 03 按【Enter】键确认后弹出【AutoCAD文本窗口】，如图所示。

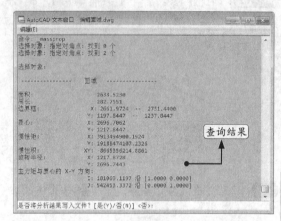

Step 04 按【Enter】键确认不将分析结果写入文件。

9.5 创建边界

边界命令用于从封闭区域创建面域或多段线。【边界】命令的几种常用调用方法如下。

- 选择【绘图】→【边界】菜单命令；
- 在命令行中输入"BOUNDARY/BO"命令并按空格键确认；
- 单击【默认】选项卡→【绘图】面板中的【边界】按钮 。

下面将对边界进行创建，具体操作步骤如下。

Step 01 打开随书光盘中的"素材\CH09\创建边界.dwg"文件。

Step 02 在绘图区域中将光标移到任意一段圆弧上面，结果如图所示。

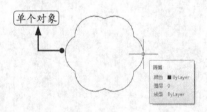

Step 03 在命令行中输入"BO"命令并按空格键确认，弹出【边界创建】对话框。

【边界创建】对话框中各选项含义如下。

【拾取点】：根据围绕指定点构成封闭区域的现有对象来确定边界。

【孤岛检测】：控制BOUNDARY命令是否检测内部闭合边界，该边界称为孤岛。

【对象类型】：控制新边界对象的类型。BOUNDARY将边界作为面域或多段线对象创建。

【边界集】：定义通过指定点定义边界时，BOUNDARY要分析的对象集。

【当前视口】：根据当前视口范围中的所有对象定义边界集，选择此选项将放弃当前所有边界集。

【新建】：提示用户选择用来定义边界集的对象。BOUNDARY仅包括可以在构造新边界集时，用于创建面域或闭合多段线的对象。

Step 04 在【边界创建】对话框中单击【拾取点】按钮，然后在绘图区域中单击拾取内部点，如图所示。

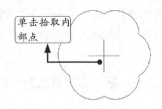

Step 05 按【Enter】键确认，然后在绘图区域中将光标移到创建的边界上面，结果如图所示。

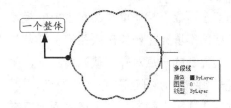

Tips

如果第2步中对象类型选择为"面域"，则最后创建的对象是个面域，如下图所示。

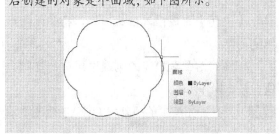

9.6 创建和编辑图案填充

使用填充图案、实体填充或渐变填充来填充封闭区域或选定对象。下面将对图案填充的创建及编辑方法进行详细介绍。

9.6.1 创建图案填充

在AutoCAD中可以使用预定义填充图案填充区域，或使用当前线型定义简单的线图案。既可以创建复杂的填充图案，也可以创建渐变填充。渐变填充是在一种颜色的不同灰度之间或两种颜色之间使用过渡。渐变填充提供光源反射到对象上的外观，可用于增强演示图形的效果。

【图案填充】命令的几种常用调用方法如下。

- 选择【绘图】→【图案填充】菜单命令；
- 在命令行中输入"HATCH/H"命令并按空格键确认；
- 单击【默认】选项卡→【绘图】面板中的【图案填充】按钮█。

执行【图案填充】命令后，弹出【图案填充创建】选项卡，如下图所示。

【图案填充创建】选项卡中各选项含义如下。

【边界】面板：设置拾取点和填充区域的边界。

【图案】面板：指定图案填充的各种图案形状。

【特性】面板：指定图案填充的类型、背景色、透明度、选定填充图案的角度和比例。

【原点】面板：控制填充图案生成的起始位置。某些图案填充（例如砖块图案）需要与图案填充边界上的一点对齐。默认情况下，所有图案填充原点都对应于当前的 UCS 原点。

【选项】面板：控制几个常用的图案填充或填充选项，并可以通过选择【特性匹配】选项使用选定图案填充对象的特性对指定的边界进行填充。

【关闭】面板：单击此面板，将关闭图案填充创建。

下面将对图案填充的创建过程进行详细介绍，具体操作步骤如下。

Step 01 打开光盘中的"素材\CH09\创建图案填充.dwg"文件。

Step 02 在命令行中输入"H"命令并按空格键，在弹出【图案填充创建】选项卡上单击【图案填充图案】按钮，弹出图案填充的图案选项，单击【ANSI31】图案对图形区域进行填充。

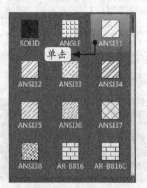

Step 03 在【特性】面板中将【填充图案比例】设置为"10"，如图所示。

Step 04 在绘图区域单击拾取图案填充区域，如图所示。

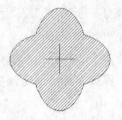

Step 05 按【关闭图案填充创建】按钮结束【图案填充】命令，结果如图所示。

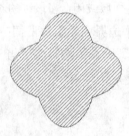

9.6.2 编辑图案填充

修改特定于图案填充的特性，例如现有图案填充或填充的图案、比例和角度。

【编辑图案填充】命令的几种常用调用方法如下。

● 选择【修改】→【对象】→【图案填充】菜单命令；

● 在命令行中输入"HATCHEDIT"命令并按【Enter】键确认；

● 单击【默认】选项卡→【修改】面板中的【编辑图案填充】按钮■。

本实例通过将地板砖填充图案改为水泥混凝土填充，来讲解图案填充编辑的应用。在建筑绘图中会经常用到这两种图案填充。

Step 01 打开光盘中的"素材\CH09\编辑图案填充.dwg"文件。

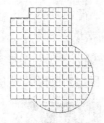

Step 02 单击【默认】选项卡→【修改】面板中的【编辑图案填充】按钮 ，在绘图区域单击填充图案后弹出【图案填充编辑】对话框，如图所示。

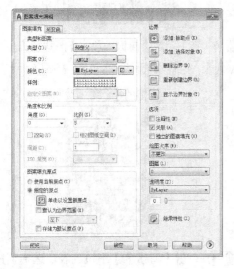

Step 03 在【图案】后面的下拉列表中选择【AR-CONC】选项。

Step 04 更改填充比例为"1"。

Step 05 单击【确定】按钮完成操作。

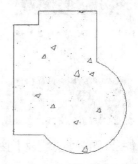

除了上述调用填充编辑命令的方法外，也可以直接单击填充图案，进入【图案填充编辑器】选项卡对填充图案进行编辑，【图案填充编辑器】选项卡和【创建图案填充】选项卡是相同的，用【图案填充编辑器】选项卡编辑填充图案和创建团填充的方法是相同的，具体操作如下。

Step 01 打开光盘中的"素材\CH09\编辑图案填充.dwg"文件。

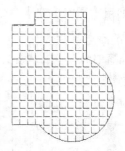

Step 02 单击填充的图案，弹出【图案填充编辑器】选项卡，如图所示。

Step 03 单击【图案填充图案】按钮，弹出图案填充的图案选项，单击【AR-CONC】图案对图形区域进行填充。

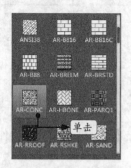

Step 04 在【特性】面板中将【填充图案比例】设置为"1"，如图所示。

Step 05 按【关闭图案填充创建】按钮结束【图案填充】命令，结果如图所示。

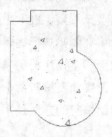

9.6.3 实例：绘制住宅平面图

下面将利用【图案填充】命令绘制住宅平面图，具体操作步骤如下。

Step 01 打开随书光盘中的"素材\CH09\住宅平面图.dwg"文件。

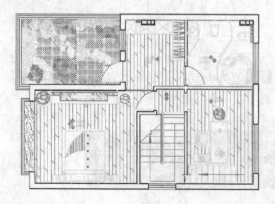

Step 02 在命令行中输入"H"命令并按空格键，在弹出【图案填充创建】选项卡上单击【图案填充图案】按钮，弹出图案填充的图案选项，单击【GRAVEL】图案对图形区域进行填充。

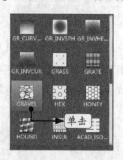

Step 03 在【特性】面板中单击【图案填充颜色】下拉列表，选择填充图案的颜色，如图所示。

Step 04 单击【背景色】下拉列表，选择填充背景色，如图所示。

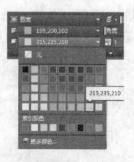

Step 05 将【填充图案比例】设置为"25"，如图所示。

Step 06 单击拾取要填充的区域，然后单击【关闭图案填充创建】按钮结束【图案填充】命令，结果如图所示。

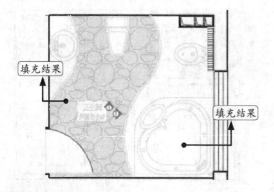

Step 07 重复【图案填充】命令，然后在【特性】面板中单击【图案填充类型】下拉列表，选择填充类型为【渐变色】，如图所示。

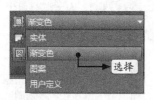

Step 08 在【特性】面板中单击【图案填充颜色】下拉列表，选择填充图案的颜色，如图所示。

Step 09 单击【背景色】下拉列表，选择填充背景色，如图所示。

Step 10 单击拾取要填充的区域，然后单击【关闭图案填充创建】按钮结束【图案填充】命令，结果如下图所示。

Step 11 重复【图案填充】命令，对图形其他区域进行相同的渐变色填充，结果如下图所示。

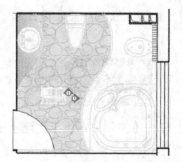

Step 12 在绘图区域单击要修改的填充图案，如图所示。

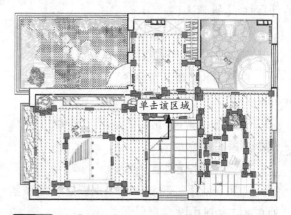

Step 13 在【特性】面板中单击【图案填充颜色】下拉列表，选择填充图案的颜色，如图所示。

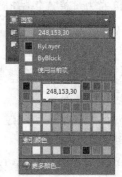

Step 14 将【填充图案角度】设置为"0",如图所示。

Step 15 单击【关闭图案填充创建】按钮结束【图案填充】命令,结果如图所示。

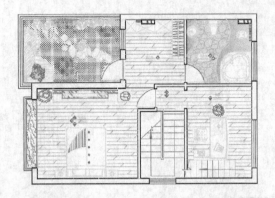

9.7 创建区域覆盖

创建多边形区域,该区域将用当前背景色屏蔽其下面的对象。此区域覆盖区域由边框进行绑定,用户可以打开或关闭该边框,也可以选择在屏幕上显示边框并在打印时隐藏它。

【区域覆盖】命令的几种常用调用方法如下。

• 选择【绘图】→【区域覆盖】菜单命令;

• 在命令行中输入"WIPEOUT"命令并按【Enter】键确认;

• 单击【默认】选项卡→【绘图】面板中的【区域覆盖】按钮。

执行【区域覆盖】命令后,AutoCAD命令行提示如下。

命令: _wipeout 指定第一点或 [边框(F)/多段线(P)] <多段线>:

命令行中各选项含义如下。

【第一点】:根据一系列点确定区域覆盖对象的多边形边界。

【边框】:确定是否显示所有区域覆盖对象的边。可用的边框模式包括打开(显示和打印边框)、关闭(不显示或不打印边框)、显示但不打印(显示但不打印边框)。

【多段线】:根据选定的多段线确定区域覆盖对象的多边形边界。

下面将对区域覆盖的创建过程进行详细介绍,具体操作步骤如下。

Step 01 打开随书光盘中的"素材\CH09\区域覆盖.dwg"文件。

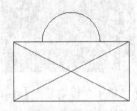

Step 02 单击【默认】选项卡→【绘图】面板中的【区域覆盖】按钮,然后在绘图区域捕捉如图所示端点作为区域覆盖的第一点。

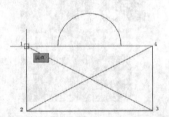

Step 03 继续捕捉2~4点作为区域覆盖的下一点,如下图所示。

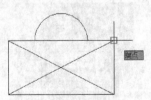

Step 04 按【Enter】键结束【区域覆盖】命令,结果如图所示。

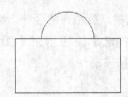

9.8 修订云线

修订云线是由连续圆弧组成的多段线，用来构成云线形状的对象，它们用于提醒用户注意图形的某些部分。

AutoCAD 2017增强了云线修订功能，除了之前版本已经具有的徒手创建修订云线，将闭合对象（例如圆、椭圆、多段线或样条曲线）转换为修订云线外，还可以直接绘制矩形和多边形修订云线，而且还可以任意修改云线修订。

【修订云线】命令的几种常用调用方法如下。

• 选择【绘图】→【修订云线】菜单命令；

• 在命令行中输入"REVCLOUD"命令并按空格键确认；

• 单击【默认】选项卡→【绘图】面板→选择一种【修订云线】按钮■；

执行修订云线命令后，AutoCAD命令行提示如下。

命令: _revcloud

最小弧长: 0.5　最大弧长: 0.5　样式: 普通　类型: 矩形

指定第一个角点或 [弧长(A)/对象(O)/矩形(R)/多边形(P)/徒手画(F)/样式(S)/修改(M)] <对象>:

命令行中各选项含义如下。

【弧长】: 指定云线中圆弧的长度，最大弧长不能大于最小弧长的三倍。

【对象】: 将现有的对象创建为修订云线。

【矩形】: 创建矩形修订云线，AutoCAD 2017新增内容。

【多边形】: 创建多边形修订云线，AutoCAD 2017新增内容。

【徒手画】: 通过拖动鼠标创建修订云线，是之前版本创建修订云线的主要方法。

【样式】: 指定修订云线的样式，选择手绘样式可以使修订云线看起来像是用画笔绘制的。

【修改】: 对已有的修订云线进行修改，

通过修改可以将原修订云线删除，创建新的修订云，是AutoCAD 2017的新增内容。

下面将对修订云线的创建和修改过程进行详细介绍，具体操作步骤如下。

Step 01 打开随书光盘中的"素材\CH09\液压系统图.dwg"文件。

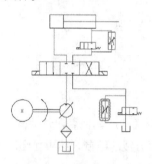

Step 02 单击【默认】选项卡→【绘图】面板→多边形■，根据命令行提示输入"a"，确定最小和最大弧长，然后再输入"s"，选择"手绘"。

命令: _revcloud

最小弧长: 0.5　最大弧长: 0.5　样式: 普通　类型: 徒手画

指定第一个点或 [弧长(A)/对象(O)/矩形(R)/多边形(P)/徒手画(F)/样式(S)/修改(M)] <对象>: _P

最小弧长: 0.5　最大弧长: 0.5　样式: 普通　类型: 多边形

指定起点或 [弧长(A)/对象(O)/矩形(R)/多边形(P)/徒手画(F)/样式(S)/修改(M)] <对象>: a ↙

指定最小弧长 <0.5>: 2　↙

指定最大弧长 <2>:　↙

指定起点或 [弧长(A)/对象(O)/矩形(R)/多边形(P)/徒手画(F)/样式(S)/修改(M)] <对象>: s ↙

选择圆弧样式 [普通(N)/手绘(C)] <普通>: c 手绘 ↙

Step 03 在要创建修订云线的地方单击一点作为起点，如图所示。

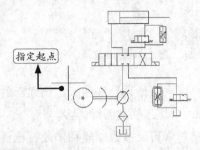

Step 04 拖动鼠标并在合适的位置单击指定第二点，结果如图所示。

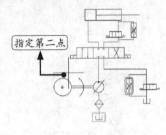

Step 05 继续指定其他点，最后单击【Enter】键结束修订云线的绘制，结果如图所示。

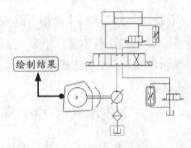

Step 06 单击【默认】选项卡→【绘图】面板→徒手画🌧，在要创建修订云线的地方单击作为起点，然后拖动鼠标绘制云线，如下图所示。

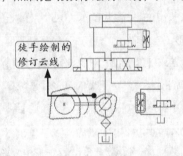

Tips

　　徒手绘制修订云线只需要指定起点，然后拖动鼠标（不需要单击）即可，鼠标滑过的轨迹即为创建的云线。

Step 07 选择【绘图】→【修订云线】菜单命令，在命令行输入"o"。

　　命令: _revcloud

　　最小弧长: 2　最大弧长: 2　样式: 手绘　类型: 徒手画

　　指定第一个点或 [弧长(A)/对象(O)/矩形(R)/多边形(P)/徒手画(F)/样式(S)/修改(M)] <对象>: _F

　　指定第一个点或 [弧长(A)/对象(O)/矩形(R)/多边形(P)/徒手画(F)/样式(S)/修改(M)] <对象>: o ✓

Step 08 当命行提示选择对象时，选择如下图所示的矩形。

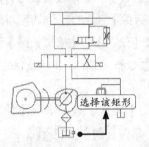

Step 09 按【Enter】键结束命令后，结果如下图所示。

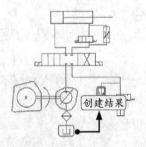

Step 10 选择【绘图】→【修订云线】菜单命令，在命令行输入"m"。

　　命令: _revcloud

　　最小弧长: 2　最大弧长: 2　样式: 手绘　类型: 徒手画

　　指定第一个点或 [弧长(A)/对象(O)/矩形(R)/多边形(P)/徒手画(F)/样式(S)/修改(M)] <对象>: _F

　　指定第一个点或 [弧长(A)/对象(O)/矩形(R)/多边形(P)/徒手画(F)/样式(S)/修改(M)] <对象>: m ✓

Step 11 当命令行提示选择要修改的多段线时，选择如下图所示的修订云线。

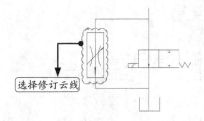

选择修订云线

Step 12 拖动鼠标指定并单击指定下一点，如下图所示。

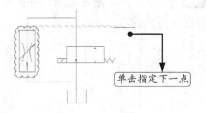

单击指定下一点

Step 13 继续指定下一点，如下图所示。

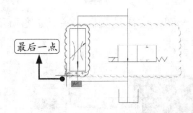

最后一点

Step 14 指定最后一点后，CAD提示拾取要删除的边，选择如下图所示边。

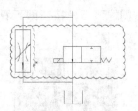

Step 15 删除边后按【Enter】键结束命令，结果如下图所示。

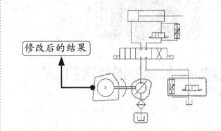

修改后的结果

9.9 实战技巧

下面将对自定义填充图案的方法进行详细介绍。

技巧1 自定义填充图案

CAD中的剖面符号有限，很多剖面符号都需要自己制作或从网上下载后缀名为 ".pat" 的文件（CAD填充图案文件格式），然后将这些文件的相应内容复制到CAD安装目录下的 "Support"文件夹下，就可以在CAD的填充图案中调用了。

Step 01 找到光盘中的 "素材\CH09" 文件中的下列后缀名为 ".pat" 的文件。

胶合板.pat
AutoCAD 填充图案定义
154 字节

木纹面1.pat
AutoCAD 填充图案定义
3.14 KB

木纹面3.pat
AutoCAD 填充图案定义
2.93 KB

木纹面5.pat
AutoCAD 填充图案定义
3.16 KB

木断面纹.pat
AutoCAD 填充图案定义
11.5 KB

木纹面2.pat
AutoCAD 填充图案定义
226 字节

木纹面4.pat
AutoCAD 填充图案定义
414 字节

木纹面6.pat
AutoCAD 填充图案定义
2.35 KB

Step 02 复制上面所有的文件，然后打开CAD的安装目录下的 "Support" 文件夹，将所复制的文件粘贴到该文件夹下，如下图所示。

gdt.shp	header.jpg
india.map	ita.dct
ita2.dct	lstyle.rsc
ltypeshp.shp	Mtextmap.ini
namer.map	nld.dct
nld2.dct	nor.dct
nor2.dct	overhead.dwg
ptb.dct	ptb2.dct
ptg.dct	ptg2.dct
rm_sdb.dwg	rus.dct
samer.map	sample-profile-util.lsp
sh_spot.dwg	sve.dct
sve2.dct	world.map
胶合板.pat	木断面纹.pat
木纹面1.pat	木纹面2.pat
木纹面3.pat	木纹面4.pat
木纹面5.pat	木纹面6.pat

Tips

CAD默认安装位置: C:\Program Files\Autodesk\AutoCAD 2017\Support

Step 03 在命令行中输入"H"命令并按空格键,在弹出【图案填充创建】选项卡上单击【图案】右侧的下三角按钮即可看到刚创建的填充图案,如下图所示。

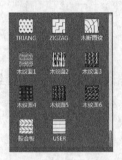

技巧2 使用SOLID命令进行填充

使用SOLID命令可以创建实体填充的三角形或四边形。下面将通过SOLID命令对AutoCAD中的二维线框图形进行填充,具体操作步骤如下。

Step 01 打开随书光盘中的"素材\CH09\实体填充.dwg"文件。

Step 02 在命令行输入"SOLID(或SO)"命令并按【Enter】键确认,然后在绘图区域捕捉如图所示的端点作为第一点。

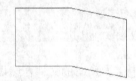

Step 03 在绘图区域拖动鼠标并捕捉如图所示的端点作为第二点。

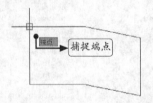

Step 04 在绘图区域拖动鼠标并捕捉如图所示的

端点作为第三点。

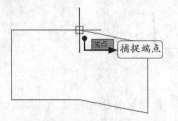

Step 05 在绘图区域拖动鼠标并捕捉如图所示的端点作为第四点。

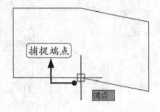

Step 06 在绘图区域拖动鼠标并捕捉如图所示的端点作为第五点。

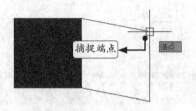

Step 07 在绘图区域拖动鼠标并捕捉如图所示的端点作为第六点。

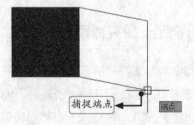

Step 08 按【Enter】键结束【SOLID】命令,结果如图所示。

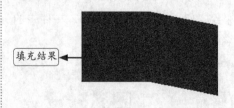

Tips

【SOLID】命令选择点的顺序是"N"字形的。

第3篇

辅助绘图

导读

本篇主要讲解AutoCAD 2017的辅助绘图。通过对文字与表格、AutoCAD标注基础、创建与编辑标注、图层、图块、图形文件管理操作、图纸集及AutoLISP布局选项卡以及图纸的打印与输出等的讲解，帮助读者绘制更加完整的图纸。

■ 本章引言

绘图时需要对图形进行文本标注和说明。AutoCAD 2017提供了强大的文字和表格功能，可以帮助用户创建文字和表格，从而标注图样的非图信息，使设计和施工人员对图形一目了然。

■ 学习要点

» 掌握文字样式
» 掌握单行文字
» 掌握多行文字
» 学会使文字管理操作
» 学会创建表格

10.1 文字样式

创建文字样式是进行文字注释的首要任务。在AutoCAD中，文字样式用于控制图形中所使用文字的字体、宽度和高度等参数。

在一幅图形中可定义多种文字样式以适应工作的需要。比如，在一幅完整的图纸中，需要定义说明性文字的样式、标注文字的样式和标题文字的样式等。在创建文字注释和尺寸标注时，AutoCAD通常使用当前的文字样式。也可以根据具体要求重新设置文字样式或创建新的样式。

【文字样式】命令的几种常用调用方法如下：

• 选择【格式】→【文字样式】菜单命令；

• 在命令行中输入"STYLE/ST"命令并按空格键确认；

• 单击【默认】选项卡→【注释】面板中的【文字样式】按钮 A。

调用文字样式命令后，弹出【文字样式】对话框，如下图所示。

【文字样式】对话框中各选项含义如下。

【当前文字样式】：列出当前文字样式。

【样式】：显示图形中的样式列表，样式名前的 A 图标表示样式为注释性。样式名最长可达255个字符，名称中可包含字母、数字和特殊字符，如下划线（_）、连字符（-）等。

【样式列表过滤器】：下拉列表指定所有样式还是仅使用中的样式显示在样式列表中。

【预览】：显示随着字体的更改和效果的修改而动态更改的样例文字。

【字体】：更改样式的字体，如果更改现有文字样式的方向或字体文件，当图形重生成时所有具有该样式的文字对象都将使用新值。

【字体名】：列出Fonts文件夹中所有注册的TrueType字体和所有编译的形（SHX）字体的字体族名。从列表中选择名称后，该程序将读取指定字体的文件，除非文件已经由另一个文字样式使用，否则将自动加载该文件的字符定义，可以定义使用同样字体的多个样式。

【字体样式】：指定字体格式，比如斜体、粗体或者常规字体。选定"使用大字体"后，该选项变为"大字体"，用于选择大字体文件。

【使用大字体】：指定亚洲语言的大字体文件，只有SHX文件可以创建"大字体"。

【大小】：更改文字的大小。

【注释性】：指定文字为注释性。

【使文字方向与布局匹配】：指定图纸空间视口中的文字方向与布局方向匹配。如果未选择"注释性"选项，则该选项不可用。

【高度】：根据输入的值设置文字高度。如果高度值不为0，则在输入文字时文字高度不能改变，只能用这里设定的高度值。如果文字高度设置为0，则在输入文字时会提示输入文字的高度，默认高度为上次使用的文字高度，或使用存储在图形样板文件中的值。在相同的高度设置下，TrueType字体显示的高度可能会小于SHX字体。如果选择了"注释性"选项，则输入的值将设置图纸空间中的文字高度。

【效果】：修改字体的特性，例如高度、宽度因子、倾斜角以及是否颠倒显示、反向或垂直对齐。

【颠倒】：颠倒显示字符。

【反向】：反向显示字符。

【垂直】：显示垂直对齐的字符，只有在选定字体支持双向时"垂直"才可用。TrueType字体的垂直定位不可用。

【宽度因子】：设置字符间距，输入小于1.0的值将压缩文字，输入大于1.0的值则扩大文字。

【倾斜角度】：设置文字的倾斜角，输入一个-85~85之间的值将使文字倾斜。

【置为当前】：将在"样式"下选定的样式设定为当前。

【新建】：显示"新建文字样式"对话框并自动为当前设置提供名称"样式n"（其中n为所提供样式的编号）。可以采用默认值或在该框中输入名称，然后单击【确定】按钮使新样式名使用当前样式设置。

【删除】：删除未使用的文字样式。

【应用】：将对话框中所做的样式更改应用到当前样式和图形中具有当前样式的文字。

下面创建一个新的文字样式，并设置新建文字样式的字体为宋体，倾斜角度为30。具体操作步骤如下。

Step 01 在命令行中输入"ST"命令并按空格键，在弹出【文字样式】对话框上单击【新建】按钮，弹出【新建文字样式】对话框。

Step 02 单击【确定】按钮后返回【文字样式】对话框，在【样式】栏下多了一个新样式名称"样式1"。

Step 03 选中"样式1"，然后单击【字体】名下拉列表，选择"宋体"，如下图所示。

Step 04 在【倾斜角度】一栏中输入"30"，并单击【应用】按钮。

Step 05 选中"样式1"，单击【置为当前】按钮，把"样式1"设置为当前样式。

10.2 单行文字

使用单行文字命令可以创建一行或多行文字，在创建多行文字的时候，通过按【Enter】键来结束每一行，其中，每行文字都是独立的对象，可对其进行移动、调整格式或进行其他修改。

10.2.1 创建和编辑单行文字

在AutoCAD中，用户可以使用【单行文字】命令创建单行文字，还可以使用【DDEDIT】命令或【特性】选项板编辑单行文字。

1. 输入单行文字

【单行文字】命令用于创建单行或多行文字对象，其中创建的多行文字对象中每行文字都是一个独立的对象。

【单行文字】命令的几种常用调用方法如下：

• 选择【绘图】→【文字】→【单行文字】菜单命令；

• 在命令行中输入"TEXT/DT"命令并按空格键确认；

• 单击【默认】选项卡→【注释】面板中的【单行文字】按钮 A。

下面将利用【单行文字】命令进行单行文字对象的创建，具体操作步骤如下。

Step 01 在命令行中输入"DT"命令并按空格键，然后在绘图区域中单击指定文字的起点，

如图所示。

Step 02 在命令行中指定文字高度及旋转角度，并分别按【Enter】键确认。

指定高度 <2.5000>: 30

指定文字的旋转角度 <0>: 0

Step 03 在绘图区域中输入文字内容，如图所示。

圆管直径25.4mm，长度70mm，允许公差0.5mm

Step 04 按【Enter】键确认，并再次按【Enter】键结束【单行文字】命令，结果如图所示。

圆管直径25.4mm，长度70mm，允许公差0.5mm

2. 编辑单行文字

单行文字对象创建完成后可以对其进行编辑，如果只需要修改文字的内容而无需修改文字对象的格式或特性，则使用 DDEDIT。如果要修改内容、文字样式、位置、方向、大小和对正等其他特性，则使用 PROPERTIES。

【DDEDIT】命令的几种常用调用方法如下：

• 选择【修改】→【对象】→【文字】→【编辑】菜单命令；

• 在命令行中输入"DDEDIT/ED"命令并按空格键确认；

• 在绘图区域中双击单行文字对象；

• 选择文字对象，在绘图区域中单击鼠标右键，然后在快捷菜单中选择【编辑】命令。

【PROPERTIES】命令的几种常用调用方法如下：

• 选择【修改】→【特性】菜单命令；

• 在命令行中输入"PROPERTIES/PR"命令并按空格键确认；

• 按【Ctrl+1】组合键；

• 选择文字对象，在绘图区域中单击鼠标右键，然后在快捷菜单中选择【特性】命令。

下面将利用【DDEDIT】和【PROPERTIES】命令进行单行文字对象的编辑，具体操作步骤如下。

Step 01 打开随书光盘中的"素材\CH10\编辑单行文字"文件。

圆管直径25.4mm，长度70mm，允许公差0.5mm

Step 02 双击文字，如图所示。

圆管直径25.4mm，长度70mm，允许公差0.5mm

Step 03 在"25.4"的前面输入"%%C"以添加直径符号"∅"，结果如图所示。

圆管直径∅25.4mm，长度70mm，允许公差0.5mm

Step 04 在"0.5"的前面输入"%%P"以添加正负公差符号"±"，结果如图所示。

圆管直径∅25.4mm，长度70mm，允许公差±0.5mm

Step 05 按两次【Enter】键结束单行文字编辑操作，结果如图所示。

圆管直径∅25.4mm，长度70mm，允许公差±0.5mm

Step 06 按【Ctrl+1】组合键，弹出【特性】选项板，如图所示。

Step 07 在绘图区域中选择文字对象，如图所示。

圆管直径∅25.4mm，长度70mm，允许公差±0.5mm

Step 08 在【特性】选项板中将文字颜色更改为"蓝色"，如图所示。

Step 09 在【特性】选项板中将文字倾斜度设置为15°，如图所示。

Step 10 按【Esc】键取消对文字对象的选择，结果如图所示。

圆管直径∅25.4mm，长度70mm，允许公差±0.5mm

10.2.2 单行文字的对齐方式

执行单行文字命令后，AutoCAD 命令行提示如下：

命令: _text

当前文字样式："Standard" 文字高度：2.5000 注释性：否 对正：左

指定文字的起点或 [对正(J)/样式(S)]:

命令行中各选项含义如下。

【起点】：指定文字对象的起点，在单行文字的文字编辑器中输入文字。仅在当前文字样式不是注释性且没有固定高度时，才显示"指定高度"提示。仅在当前文字样式为注释性时才显示"指定图纸文字高度"提示。

【对正】：控制文字的对正，也可在"指定文字的起点"提示下输入这些选项。

【样式】：指定文字样式，文字样式决定文字字符的外观，创建的文字使用当前文字样式。输入"?"将列出当前文字样式、关联的字体文件、字体高度及其他参数。

在命令行中输入文字的对正参数"J"并按【Enter】键确认，命令行提示如下。

输入选项 [左(L)/居中(C)/右(R)/对齐(A)/中间(M)/布满(F)/左上(TL)/中上(TC)/右上(TR)/左中(ML)/正中(MC)/右中(MR)/左下(BL)/中下(BC)/右下(BR)]:

命令行中各选项含义如下。

【左（L）】：在由用户给出的点指定的基线上左对正文字。

【居中（C）】：从基线的水平中心对齐文字，此基线是由用户给出的点指定的。（旋转角度是指基线以中点为圆心旋转的角度，它决定了文字基线的方向，可通过指定点来决定该角度。文字基线的绘制方向为从起点到指定点，如果指定的点在圆心的左边，将绘制出倒置的文字）

【右（R）】：在由用户给出的点指定的基线上右对正文字。

【对齐（A）】：通过指定基线端点来指定文字的高度和方向。（字符的大小根据其高度按比例调整，文字字符串越长，字符越矮）

【中间（M）】：文字在基线的水平中点和指定高度的垂直中点上对齐。中间对齐的文字不保持在基线上。

【布满（F）】：指定文字按照由两点定义的方向和一个高度值布满一个区域。只适用于水平方向的文字。（高度以图形单位表格式，是大写字母从基线开始的延伸距离。指定的文字高度是文字起点到用户指定的点之间的距离。文字字符串越长，字符越窄，字符高度保持不变）

【左上（TL）】：在指定为文字顶点的点上左对正文字。只适用于水平方向的文字。

【中上（TC）】：以指定为文字顶点的点居中对正文字。只适用于水平方向的文字。

【右上（TR）】：以指定为文字顶点的点右对正文字。只适用于水平方向的文字。

【左中（ML）】：在指定为文字中间点的点上靠左对正文字。只适用于水平方向的文字。

【正中（MC）】：在文字的中央水平和垂直居中对正文字。只适用于水平方向的文字。（"正中"选项与"中间"选项不同，"正中"选项使用大写字母高度的中点，而"中间"选项使用的中点是所有文字包括下行文字在内的中点）

【右中（MR）】：以指定为文字的中间点的点右对正文字。只适用于水平方向的文字。

【左下（BL）】：以指定为基线的点左对正文字。只适用于水平方向的文字。

【中下（BC）】：以指定为基线的点居中对正文字。只适用于水平方向的文字。

【右下（BR）】：以指定为基线的点靠右对正文字。只适用于水平方向的文字。

对齐方式就是输入文字时的基点，也就是说，如果你选择了"右中对齐"，那么文字右侧中点就会靠着基点对齐，文字的对齐方式如下左图所示。我们选择对齐方式后的文字，会出现两个夹点，一个夹点在固定左下方，而另一个夹点就是基点的位置，如下右图所示。

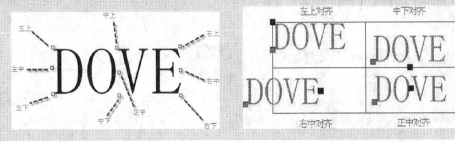

10.2.3 文字控制符

输入文字时，用户可以在文本框中输入特殊字符，例如直径符号∅、百分号％、正负公差符号±等，但是这些特殊符号一般不能由键盘直接输入，为此系统提供了专用的代码，每个代码都是由％％与一个字符组成，如％％C等，常用的特殊字符代码如下表所示。

代　码	功　能	输入效果
％％O	打开或关闭文字上划线	文字
％％U	打开或关闭文字下划线	内容
％％C	标注直径（∅）符号	∅320
％％D	标注度（°）符号	30°
％％P	标注正负公差（±）符号	±0.5
％％％	百分号（％）	％
\U+2260	不相等≠	10≠10.5
\U+2248	几乎等于≈	≈32
\U+2220	角度∠	∠30
\U+0394	差值Δ	Δ60

在AutoCAD的控制符中，％％O和％％U分别是控制上划线与下划线的。在第1次出现此符号时，可打开上划线或下划线；在第2次出现此符号时，则关闭上划线或下划线。

下面以输入不锈钢垫片规格参数为例，对文字控制符的应用进行详细介绍。

Step 01 在命令行中输入"DT"命令并按空格键，然后在绘图区域中单击指定文字的起点，

如图所示。

Step 02 命令行提示如下。

命令：_ TEXT

当前文字样式："Standard" 文字高度：

2.5000 注释性：否 对正：左

指定文字的起点 或 [对正(J)/样式(S)]:

指定高度 <2.5000>:

指定文字的旋转角度 <0>:

Step 03 在文本输入框中输入"%%U不锈钢%%U%%O垫片%%O：直径%%C35，误差%%P0.5"，并按两次【Enter】键结束【单行文字】命令，结果如图所示。

<u>不锈钢</u>垫片：直径⌀35，误差±0.5

Tips

输入控制符时注意中英文切换。

10.2.4 实例：完善标题栏

完整的绘图信息除了图形和标注外，还应该有相应的标题栏。本实例将使用【单行文字】命令对标题栏进行补充，具体操作步骤如下。

1. 新建文字样式

Step 01 打开光盘中的"素材\CH10\标题栏.dwg"文件。

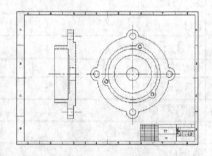

Step 02 在命令行中输入"ST"命令并按空格键，弹出【文字样式】对话框，单击【新建】按钮，如图所示。

Step 03 弹出【新建文字样式】对话框，将样式名设置为"TEXT"，单击【确定】按钮。

Step 04 返回【文字样式】对话框，在【样式】区域中选中"TEXT"文字样式，然后单击【字体名】下拉按钮，选择相应的字体，如图所示。

Step 05 单击【置为当前】按钮，并关闭【文字样式】对话框。

2. 输入单行文字

Step 01 在命令行中输入"DT"命令并按空格键，然后在绘图区域中单击指定文字的起点，如图所示。

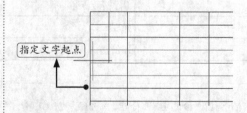

Step 02 在命令行中输入文字的高度及旋转角度，命令行提示如下。

指定高度 <2.5000>: 1.25

指定文字的旋转角度 <0>: 0

Step 03 在绘图区域中输入文字内容"标记"，并按两次【Enter】键结束【单行文字】命令，结果如图所示。

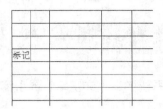

可以使用【移动】命令对创建的单行文字对象进行适当的位置调整，以提高标题栏的整体美观度。

Step 04 重复上述步骤，继续在绘图区域中进行单行文字的创建，结果如图所示。

Tips

可以使用【复制】命令将上步创建的文字复制到其他相应的位置，然后双击复制后的文字进行修改。

3. 编辑文字

Step 01 按【Ctrl+1】组合键，弹出【特性】选项板，如图所示。

Step 02 在绘图区域中选择如图所示的文字对象。

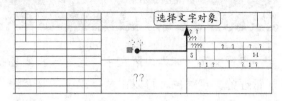

Step 03 在【特性】选项板中单击【样式】下拉按钮，选择文字样式【TEXT】，如图所示。

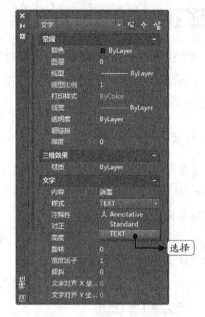

Step 04 按【Esc】键取消文字对象的选择，结果如图所示。

Step 05 重复上述步骤，继续对标题栏中其他文字对象的文字样式进行修改，结果如图所示。

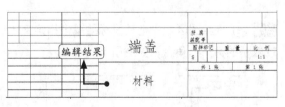

10.3 多行文字

多行文字又称为段落文字，这是一种更易于管理的文字对象，可以由两行以上的文字组成，而且不论多少行，文字都是作为一个整体处理。

10.3.1 创建和编辑多行文字

在AutoCAD 2017中可以使用【多行文字】命令创建多行文字对象，输入完成后还可以对其进行编辑操作。

1. 输入多行文字

【多行文字】命令的几种常用调用方法如下：

• 选择【绘图】→【文字】→【多行文字】菜单命令；

• 在命令行中输入"MTEXT/T"命令并按空格键确认；

• 单击【默认】选项卡→【注释】面板中的【多行文字】按钮A。

下面将对多行文字的输入过程进行详细介绍，具体操作步骤如下。

Step 01 在命令行中输入"T"命令并按空格键，在绘图区域中单击指定文本输入框的第一个角点。

Step 02 在绘图区域中拖动鼠标并单击指定文本输入框的另一个角点，如图所示。

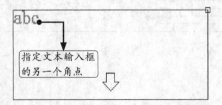

Step 03 系统弹出【文字编辑器】窗口，如图所示。

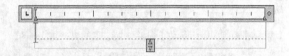

Step 04 在【文字编辑器】功能区【上下文】选项卡中将文字高度设置为"3"，如图所示。

Step 05 在【文字编辑器】窗口中输入文字内容，如图所示。

> AutoCAD已经成为国际上广为流行的绘图工具，它具有良好的用户界面，通过交互菜单或命令行方式便可以进行各种操作。

Step 06 单击【关闭文字编辑器】按钮✕，结果如图所示。

> AutoCAD已经成为国际上广为流行的绘图工具，它具有良好的用户界面，通过交互菜单或命令行方式便可以进行各种操作。

2. 编辑多行文字

多行文字编辑命令的几种常用调用方法如下：

• 选择【修改】→【对象】→【文字】→【编辑】菜单命令；

• 在命令行中输入"DDEDIT/ED"命令并按空格键确认；

• 在命令行中输入"MTEDIT"命令并按空格键确认；

• 在绘图区域中双击多行文字对象。

下面将对多行文字的编辑过程进行详细介绍，具体操作步骤如下。

Step 01 打开随书光盘中的 "素材\CH10\编辑多行文字.dwg" 文件。

> AutoCAD已经成为国际上广为流行的绘图工具，它具有良好的用户界面，通过交互菜单或命令行方式便可以进行各种操作。

Step 02 双击文字，系统弹出【文字编辑器】窗口，如图所示。

Step 03 在【文字编辑器】窗口中选择所有文字对象，如图所示。

Step 04 在【文字编辑器】功能区【上下文】选项卡中将文字的字体类型设置为 "华文行楷"，如图所示。

Step 05 在【文字编辑器】窗口中选择如图所示的部分文字对象作为编辑对象。

Step 06 在【文字编辑器】功能区【上下文】选项卡中单击斜体按钮 I 和下划线按钮 U，并将字体颜色更改为 "蓝色"，如图所示。

Step 07 单击【关闭文字编辑器】按钮 ✕，结果如图所示。

10.3.2 【文字编辑器】功能区选项卡

创建或修改多行文字对象。可以输入或粘贴其他文件中的文字以用于多行文字、设置制表符、调整段落和行距与对齐以及创建和修改列。

调用多行文字命令并指定文字输入框后，弹出【文字编辑器】选项卡，如下图所示。

【样式】面板中各选项含义如下。

文字样式：向多行文字对象应用文字样式，默认情况下， "标准" 文字样式处于活动状态。

注释性：打开或关闭当前多行文字对象的 "注释性"。

文字高度：使用图形单位设定新文字的字符高度或更改选定文字的高度。如果当前文字样式没有固定高度，则文字高度是TEXTSIZE系统变量中存储的值。多行文字对象可以包含不同高度的字符。

背景遮罩 A：显示【背景遮罩】对话框（不适用于表格单元）。

【格式】面板中各选项含义如下。

匹配 ：将选定文字的格式应用到多行文字对象中的其他字符。再次选择按钮或按【Esc】键退出匹配格式。

粗体 B：打开或关闭新文字或选定文字的粗体格式。此选项仅适用于使用TrueType字体的字符。

斜体 I：打开或关闭新文字或选定文字的斜体格式。此选项仅适用于使用TrueType字体的字符。

删除线 A：打开或关闭新文字或选定文字的删除线。

下划线 U：打开或关闭新文字或选定文字的下划线。

上划线 O：为新建文字或选定文字打开或关闭上划线。

堆叠 ：在多行文字对象和多重引线中堆叠分数和公差格式的文字。使用斜线（/）垂直堆叠分数，使用磅字符（#）沿对角方向堆叠分数，或使用插入符号（^）堆叠公差。

上标 X：将选定的文字转为上标或将其切换为关闭状态。

小标 X：将选定的文字转为下标或将其切换为关闭状态。

大写 ：将选定文字更改为大写。

小写 A：将选定文字更改为小写。

清除 ：可以删除字符格式、段落格式或删除所有格式。

字体（下拉列表）：为新输入的文字指定字体或更改选定文字的字体。TrueType字体按字体族的名称列出，AutoCAD编译的形（SHX）字体按字体所在文件的名称列出，自定义字体和第三方字体在编辑器中显示为Autodesk提供的代理字体。

颜色（下拉列表）：指定新文字的颜色或更改选定文字的颜色。

倾斜角度 O：确定文字是向前倾斜还是向后倾斜，倾斜角度表示的是相对于90°角方向的偏移角度。输入一个-85~85之间的数值使文字倾斜，倾斜角度的值为正时文字向右倾斜，倾斜角度的值为负时文字向左倾斜。

追踪 ab：增大或减小选定字符之间的空间，1.0设置是常规间距。

宽度因子 ：扩展或收缩选定字符，1.0设置代表此字体中字母的常规宽度。

【段落】面板中各选项含义如下。

对正 A：显示对正下拉菜单，有九个对齐选项可用，"左上"为默认。

项目符号和编号 ：显示用于创建列表的选项。（不适用于表格单元）缩进列表以与第一个选定的段落对齐。

行距 ：显示建议的行距选项或【段落】对话框，在当前段落或选定段落中设置行距。（行距是多行段落中文字的上一行底部和下一行顶部之间的距离）。

默认 、左对齐 、居中 、右对齐 、对正 、分散对齐 ：设置当前段落或选定段落的左、中或右文字边界的对正和对齐方式，包含在一行的末尾输入的空格，并且这些空格会影响行的对正。

段落：单击"段落"右下角的 ，将显示【段落】对话框。

【插入】面板中各选项含义如下。

列 ：显示弹出菜单，该菜单提供三个栏选项，不分栏、静态栏和动态栏。

符号 @：在光标位置插入符号或不间断空格，也可以手动插入符号。子菜单中列出了常用符号及其控制代码或Unicode字符串，单击"其他"将显示【字符映射表】对话框，其中包含了系统中每种可用字体的整个字符集，选中所有要使用的字符后，单击"复制"关闭对话框，在编辑器中单击鼠标右键并单击"粘贴"。不支持在垂直文字中使用符号。

字段 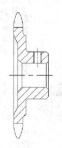：显示【字段】对话框，从中可以选择要插入到文字中的字段，关闭该对话框后，字段的当前值将显示在文字中。

【拼写检查】面板中各选项含义如下。

拼写检查 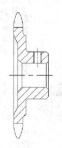：确定键入时拼写检查处于打开还是关闭状态。

编辑词典 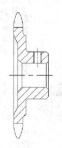：显示【词典】对话框，从中可添加或删除在拼写检查过程中使用的自定义词典。

【工具】面板中各选项含义如下。

查找和替换 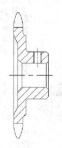：显示【查找和替换】对话框。

输入文字：显示【选择文件】对话框（【标准文件选择】对话框），选择任意ASCII或RTF格式的文件。输入的文字保留原始字符格式和样式特性，但可以在编辑器中编辑输入的文字并设置其格式。选择要输入的文本文件后，可以替换选定的文字或全部文字，或在文字边界内将插入的文字附加到选定的文字中。输入文字的文件必须小于32KB。编辑器自动将文字颜色设定为"BYLAYER"。当插入黑色字符且背景色是黑色时，编辑器自动将其修改为白色或当前颜色。

全部大写：将所有新建文字和输入的文字转换为大写，自动大写不影响已有的文字。要更改现有文字的大小写，请选择文字并单击鼠标右键。

【选项】面板中各选项含义如下。

更多 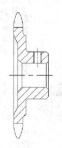：显示其他文字选项列表。

标尺 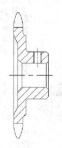：在编辑器顶部显示标尺，拖动标尺末尾的箭头可更改多行文字对象的宽度。列模式处于活动状态时，还显示高度和列夹点。也可以从标尺中选择制表符，单击【制表符选择】按钮将更改制表符样式：左对齐、居中、右对齐和小数点对齐。进行选择后，可以在标尺或【段落】对话框中调整相应的制表符。

放弃 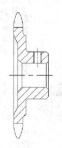：放弃在"文字编辑器"功能区【上下文】选项卡中执行的动作，包括对文字

内容或文字格式的更改。

重做 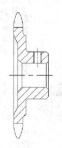：重做在"文字编辑器"功能区【上下文】选项卡中执行的动作，包括对文字内容或文字格式的更改。

【关闭】面板中各选项含义如下。

关闭文字编辑器 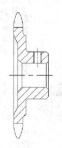：结束【MTEXT】命令并关闭"文字编辑器"功能区【上下文】选项卡。

10.3.3 实例：添加技术要求

下面将利用【多行文字】命令为链轮零件图添加技术要求，具体操作步骤如下。

1. 新建文字样式

Step 01 打开随书光盘中的"素材\CH10\链轮零件图.dwg"文件。

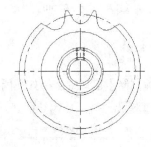

Step 02 在命令行中输入"ST"命令并按空格键，在弹出的【文字样式】对话框上单击【新建】按钮，系统弹出【新建文字样式】对话框，如图所示。

Step 03 选择【样式1】，然后在【文字样式】对话框中进行相应的参数设置，如图所示。

Step 04 单击【置为当前】按钮，然后关闭【文字样式】对话框。

2.输入多行文字

Step 01 在命令行中输入"T"命令并按空格键，然后在绘图区域中拖动鼠标并指定文本输入框，如图所示。

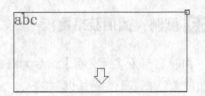

Step 02 在系统弹出的【文字编辑器】窗口中输入文字内容，如图所示。

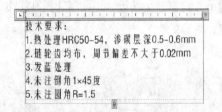

Step 03 在【文字编辑器】窗口中选择如图所示的部分文字作为编辑对象。

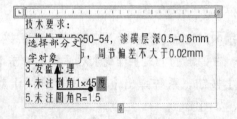

Step 04 单击插入选项板中符号下拉列表并选择度数，如图所示。

Step 05 结果如图所示。

Step 06 在【文字编辑器】窗口中选择如图所示的部分文字作为编辑对象。

Step 07 在【文字编辑器】功能区【上下文】选项卡中将文字高度设置为"3.5"，如图所示。

Step 08 单击【关闭文字编辑器】按钮 ✕ ，结果如图所示。

技术要求：
1.热处理HRC50-54，渗碳层深0.5-0.6mm
2.链轮齿均布，周节偏差不大于0.02mm
3.发蓝处理
4.未注倒角1×45°
5.未注圆角R=1.5

10.4 文字管理操作

可以将字段插入到任意文字对象中，以便在图形或图纸集中显示相关数据，字段更新时将自动显示最新数据。字段可以包含很多信息，例如面积、图层、日期、文件名等。

10.4.1 插入字段

创建带字段的多行文字对象，该对象可以随着字段值的更改而自动更新，字段可插入除公差外任意类型的文字中。

【字段】命令的几种常用调用方法如下。

• 选择【插入】→【字段】菜单命令；

• 在命令行中输入 "FIELD" 命令并按空格键确认；

• 单击【插入】选项卡→【数据】面板中的【字段】按钮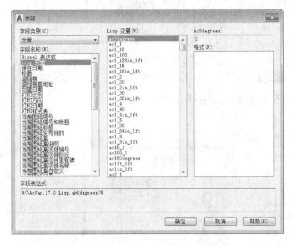；

• 在 "在位文字编辑器" 的插入面板上单击【插入字段】按钮。

调用插入字段命令，弹出【字段】对话框，如下图所示。

【字段】对话框中各选项含义如下。

【字段类别】：设定 "字段名称" 下要列出的字段类型（例如 "日期和时间" "文档" 和 "对象"）。

【字段名称】：列出某个类别中可用的字段，选择一个字段名称以显示可用于该字段的选项。

【字段值】：显示字段的当前值，如果字段值无效，则显示一个空字符串（————）。此项目的标签随字段名称的变化而变化。例如，从【字段名称】列表中选择 "文件名" 时，标签是 "文件名"，值是当前图形文件的名称。"对象" 字段的标签则是 "特性"。例外情况：如果选择的是日期字段，则显示所选日期的格式，如M/d/yyyy。

【格式列表】：列出字段值的显示选项。例如，日期字段可以显示某天是几月几日，也

可以不显示；文字字符串的形式可以是大写、小写、首字母大写或标题。【字段】对话框中显示的值反映了选定的格式。

【字段表达式】：显示字段的表达式。字段表达式不可编辑，但用户可以通过阅读此区域来了解字段的构造方式。

下面将对字段的创建过程进行详细介绍，具体操作步骤如下。

Step 01 打开随书光盘中的 "素材\CH10\插入字段.dwg" 文件。

Step 02 选择【插入】→【字段】菜单命令，在弹出的【字段】对话框的【字段名称】区域中选择【对象】选项，如图所示。

Step 03 在【对象类型】区域中单击【选择对象】按钮，然后在绘图区域中选择矩形作为插入字段对象，如图所示。

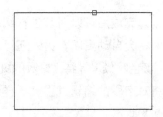

Step 04 在【字段】对话框中的【特性】区域中选择【面积】选项，如图所示。

Step 05 在【格式】区域中选择【小数】选项，并设置其精度值，如图所示。

Step 06 单击【确定】按钮，在绘图区域中单击指定插入字段的起点，如图所示。

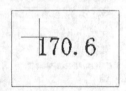

Step 07 结果如图所示。

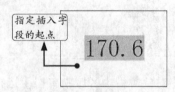

指定插入字段的起点

10.4.2 编辑和更新字段

字段创建完成后可以对其进行编辑，更改后的字段值将会自动更新，另外还可以对字段进行字体、颜色、倾斜等特性参数的更改。

下面将对字段的编辑过程进行详细介绍，具体操作步骤如下。

Step 01 打开随书光盘中的"素材\CH10\编辑字段.dwg"文件。

Step 02 在绘图区域中选择矩形对象，并单击选择如图所示的矩形夹点。

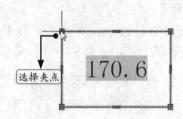

选择夹点

Step 03 在绘图区域中水平向右拖动鼠标并单击指定所选夹点的新位置，如图所示。

端点

Step 04 结果如图所示。

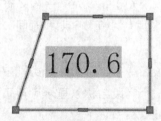

Step 05 按【Esc】键取消矩形对象的选择，然后选择【视图】→【重生成】菜单命令，结果如图所示。

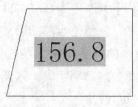

Step 06 双击新的字段文字"156.8"作为编辑对象，如图所示。

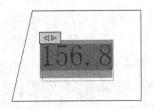

Step 07 在【文字编辑器】功能区【上下文】选项卡中将文字颜色设置为"红色"，如图所示。

Step 08 在【文字编辑器】功能区【上下文】选项卡中单击"加粗"**B**和"倾斜"***I***按钮，如图所示。

Step 09 单击【关闭文字编辑器】按钮，结果如图所示。

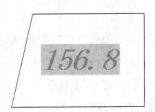

10.4.3 拼写检查

用于检查图形中的拼写，不检查不可见的文字（例如隐藏图层和隐藏块属性上的文字），也不检查未按统一比例缩放的块和不在支持的注释比例上的对象。

【拼写检查】命令的几种常用调用方法如下：

• 选择【工具】→【拼写检查】菜单命令；

• 在命令行中输入"SPELL/SP"命令并按空

格键确认；

• 单击【注释】选项卡→【文字】面板中的【拼写检查】按钮。

调用拼写检查命令，弹出【拼写检查】对话框，如下图所示。

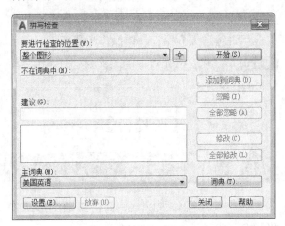

【拼写检查】对话框中各选项含义如下。

【要进行检查的位置】：显示要检查拼写的区域。

【选择对象按钮】：将拼写检查限制在选定的单行文字、多行文字、标注文字、多重引线文字、块属性内的文字和外部参照内的文字范围内。

【不在词典中】：显示标识为拼错的词语。

【建议】：显示当前词典中建议的替换词列表，可以从列表中选择其他替换词语，或在顶部"建议"文字区域中编辑或输入替换词语。

【主词典】：列出主词典选项，默认词典将取决于语言设置。

【开始】：开始检查文字的拼写错误。

【添加到词典】：将当前词语添加到当前自定义词典中，词语的最大长度为63个字符。

【忽略】：跳过当前词语。

【全部忽略】：跳过所有与当前词语相同的词语。

【修改】：用【建议】框中的词语替换当前词语。

【全部修改】：替换拼写检查区域中所有选定文字对象中的当前词语。

【词典】：显示【词典】对话框。

【设置】：打开【拼写检查设置】对话框。

【放弃】：撤消之前的拼写检查操作或一系列操作，包括"忽略""全部忽略""修改""全部修改"和"添加到词典"。

下面将以实例的形式对"拼写检查"命令的应用进行详细介绍，具体操作步骤如下。

Step 01 打开随书光盘中的"素材\CH10\拼写检查.dwg"文件。

boak

Step 02 在命令行中输入"SP"命令并按空格键，在弹出【拼写检查】对话框上单击【开始】按钮，检查结果如图所示。

10.5 创建表格

表格使用行和列以一种简洁清晰的形式提供信息，常用于一些组件的图形中。

10.5.1 创建表格样式

表格样式用于控制一个表格的外观，用于保证标准的字体、颜色、文本、高度和行距。用户可以使用默认的表格样式，也可以根据需要自定义表格样式。

【表格样式】命令的几种常用调用方法如下：

• 选择【格式】→【表格样式】菜单命令；

• 在命令行中输入"TABLESTYLE"命令并按空格键确认；

• 单击【默认】选项卡→【注释】面板中的【表格样式】按钮。

调用【表格样式】命令后，弹出【表格样式】对话框，如下图所示。

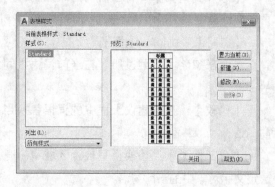

【表格样式】对话框中各选项含义如下。

【当前表格样式】：显示应用于所创建表格的表格样式的名称。

【样式】：显示表格样式列表，当前样式被亮显。

【列出】：控制"样式"列表的内容。

【预览】：显示"样式"列表中选定样式的预览图像。

【置为当前】：将"样式"列表中选定的表格样式设定为当前样式，所有新表格都将使用此表格样式创建。

【新建】：显示【创建新的表格样式】对话框，从中可以定义新的表格样式。

【修改】：显示【修改表格样式】对话框，从中可以修改表格样式。

【删除】：删除"样式"列表中选定的表格样式，不能删除图形中正在使用的样式。

下面将对新表格样式的创建过程进行详细介绍，具体操作步骤如下。

Step 01 选择【格式】→【表格样式】菜单命令，在弹出的【表格样式】对话框上单击【新建】按钮，弹出【创建新的表格样式】对话框，输入新表格样式的名称为ability。单击【继续】按钮。

Step 02 弹出【新建表格样式：ability】对话框，如图所示。

Step 03 在右侧【常规】选项卡下更改表格的填充颜色为"蓝色"，如图所示。

Step 04 选择【边框】选项卡，更改表格的线宽为"0.13"。单击下面的【所有边框】按钮田，将设置应用于所有边框。单击【确定】按钮。

Step 05 返回【表格样式】对话框，在【样式】区域中显示"ability"表格样式的创建结果，如图所示。

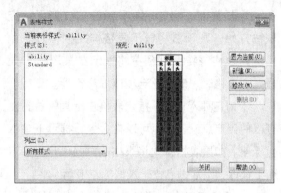

10.5.2 创建表格

调用【表格】命令的几种常用调用方法如下：

• 选择【绘图】→【表格】菜单命令；

• 在命令行中输入"TABLE"命令并按空格键确认；

• 单击【默认】选项卡→【注释】面板中的【表格】按钮 田 表格。

调用【表格】命令，弹出【插入表格】对话框，如下图所示。

【插入表格】对话框中各选项含义如下。

【表格样式】：在要从中创建表格的当前图形中选择表格样式。通过单击下拉列表旁边的按钮，用户可以创建新的表格样式。

【从空表格开始】：创建可以手动填充数据的空表格。

【自数据链接】：从外部电子表格中的数

据创建表格。

【自图形中的对象数据（数据提取）】：启动数据提取向导。

【预览】：控制是否显示预览。如果从空表格开始，则预览将显示表格样式的样例。如果创建表格链接，则预览将显示结果表格。处理大型表格时，清除此选项以提高性能。

【指定插入点】：指定表格左上角的位置。可以使用定点设备，也可以在命令行提示下输入坐标值。如果表格样式将表格的方向设定为由下而上读取，则插入点位于表格的左下角。

【指定窗口】：指定表格的大小和位置。可以使用定点设备，也可以在命令行提示下输入坐标值。选定此选项时，行数、列数、列宽和行高取决于窗口的大小以及列和行设置。

【列数】：指定列数。选定【指定窗口】选项并指定列宽时，【自动】选项将被选定，且列数由表格的宽度控制。如果已指定包含起始表格的表格样式，则可以选择要添加到此起始表格的其他列的数量。

【列宽】：指定列的宽度。选定【指定窗口】选项并指定列数时，则选定了【自动】选项，且列宽由表格的宽度控制，最小列宽为一个字符。

【数据行数】：指定行数。选定【指定窗口】选项并指定行高时，则选定了【自动】选项，且行数由表格的高度控制。带有标题行和表格头行的表格样式最少应有三行。最小行高为一个文字行。如果已指定包含起始表格的表格样式，则可以选择要添加到此起始表格的其他数据行的数量。

【行高】：按照行数指定行高。文字行高基于文字高度和单元边距，这两项均在表格样式中设置。选定【指定窗口】选项并指定行数时，则选定了【自动】选项，且行高由表格的高度控制。

【第一行单元样式】：指定表格中第一行的

单元样式。默认情况下，使用标题单元样式。

【第二行单元样式】：指定表格中第二行的单元样式。默认情况下，使用表头单元样式。

【所有其他行单元样式】：指定表格中所有其他行的单元样式。默认情况下，使用数据单元样式。

下面将对新表格的创建过程进行详细介绍，具体操作步骤如下。

Step 01 打开随书光盘中的"素材\CH10\创建表格.dwg"文件。单击【默认】选项卡→【注释】面板中的【表格】按钮  表格，在弹出的【插入表格】对话框上设置表格列数为"3"，数据行数为"6"，如图所示。

Step 02 单击【确定】按钮，然后在绘图区域单击指定插入点，如图所示。

Step 03 在【文字编辑器】功能区【上下文】选项卡中更改文字大小为"10"，如图所示。

Step 04 系统弹出【文字编辑器】窗口，输入表格的标题"三年级各班募捐情况"，如图所示。

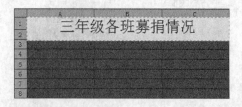

Step 05 单击【关闭文字编辑器】按钮，结

果如图所示。

10.5.3 修改表格

表格创建完成后，用户可以单击该表格上的任意网格线以选中该表格，然后通过使用【属性】选项卡或夹点来修改该表格。

下面将对表格的修改方法进行详细介绍，具体操作步骤如下。

Step 01 打开随书光盘中的"素材\CH10\修改表格.dwg"文件。

Step 02 在绘图区域中单击表格任意网格线，将当前表格选中，如图所示。

Step 03 在绘图区域中单击选择如图所示的夹点。

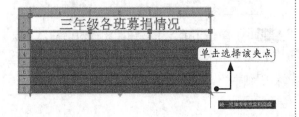

Step 04 在绘图区域中拖动鼠标并在适当的位置处单击，以确定所选夹点的新位置，如图所示。

Step 05 按【Esc】键取消对当前表格的选择，结果如图所示。

Tips

在使用列夹点时，按住【Ctrl】键可以更改列宽并相应地拉伸表格。

10.5.4 向表格中添加内容

表格创建完成后，用户可以通过向表格中添加内容以完善表格，下面将对表格内容的添加方法进行详细介绍，具体操作步骤如下。

Step 01 打开随书光盘中的"素材\CH10\向表格中添加内容.dwg"文件。

Step 02 选中所有单元格，右击弹出快捷菜单，选择【对齐】→【正中】命令以使输入的文字位于单元格的正中。

Step 03 在绘图区域中双击要添加内容的单元格，如图所示。

	A	B	C
1		三年级各班募捐情况	
2			
3			
4			
5			
6			
7			
8			

Step 04 在弹出的【文字编辑器】的功能区【上下文】选项卡中更改文字大小为"8"，如图所示。

Step 05 在【文字编辑器】窗口中输入"班级"，如图所示。

	A	B	C
1		三年级各班募捐情况	
2	班级		
3			
4			
5			
6			
7			
8			

Step 06 按↑、↓、←、→键移动光标的位置到合适的表格中并输入相应的文字，最后单击【关闭文字编辑器】按钮✕，结果如图所示。

三年级各班募捐情况		
班级	资金（元）	衣物（件）
1	85	6
2	60	13
3	65	7
4	75	5
5	55	11
6	90	9

Tips

在选中单元格时按【F2】键或双击单元格可快速输入文字。

10.5.5 实例：使用表格创建明细栏

本实例是利用表格创建施工图中常见的明细栏。其具体操作步骤如下。

Step 01 在命令行输入"ST"命令并按空格键，弹出【文字样式】对话框，设置字体为"仿宋"，大小为"10"，如下图所示。单击"置为当前"按钮后单击【关闭】按钮关闭该对话框。

Step 02 单击【默认】选项卡→【注释】面板→【表格】按钮，弹出【插入表格】对话框，设置"列数"为4，数据行数为"5"，如下图所示。

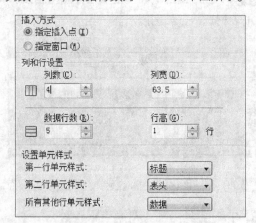

Step 03 单击【确定】按钮关闭该对话框，在绘图区单击指定插入点，并输入表格的标题"材料明细栏"，如下图所示。

	A	B	C	D
1		材料明细栏		
2				
3				
4				
5				
6				
7				

Step 04 选中所有单元格，右键单击，在弹出的列表中选择【对齐】→【正中】菜单命令，如下图所示。

Step 05 双击单元格输入文字，并进行适当调整后结果如下图所示。

材料明细栏			
材料名称	数量	规格	备注
内芯材	1	2440×1220mm	E1级中密度板
面材	3		天然胡桃木皮
铰链	6		
导轨	2		
油漆	1		清漆

Step 06 在命令行输入"L"命令并按空格键，在绘图区域拾取直线第一点，如下图所示。

材料明细栏			
材料名称	数量	规格	备注
内芯材	1	2440×1220mm	E1级中密度板
面材	3		天然胡桃木皮
铰链	6		
导轨	2		
油漆	1		清漆

端点

Step 07 在绘图区域拾取直线第二点，如下图所示。

材料明细栏			
材料名称	数量	规格	备注
内芯材	1	2440×1220mm	E1级中密度板
面材	3		天然胡桃木皮
铰链	6		
导轨	2		
油漆	1		清漆

交点

Step 08 按空格键结束直线的绘制，结果如下图所示。

材料明细栏			
材料名称	数量	规格	备注
内芯材	1	2440×1220mm	E1级中密度板
面材	3		天然胡桃木皮
铰链	6		
导轨	2		
油漆	1		清漆

Step 09 再次调用【直线】命令，重复 **Step 06** ~ **Step 08** 的操作，对其他空白单元格进行直线绘制，最终结果如下图所示。

材料明细栏			
材料名称	数量	规格	备注
内芯材	1	2440×1220mm	E1级中密度板
面材	3		天然胡桃木皮
铰链	6		
导轨	2		
油漆	1		清漆

Tips

　　在设置文字样式时，一旦设置了文字高度，那么在接下来的文字输入中或在创建表格时，不在提示输入文字高度，而是直接默认使用设置的文字高度，这也是在很多情况下输入的文字高度不可更改的原因所在。

10.6 实战技巧

下面将对在AutoCAD中文字为什么会是"？"、镜像文字以及插入Excel表格的简便方法进行详细介绍。

技巧1 AutoCAD中的文字为什么是"？"

AutoCAD字体通常可以分为标准字体和大字体，标准字体一般存放在AutoCAD安装目录下的FONT文件夹里面，而大字体则存放在AutoCAD安装目录下的FONTS文件夹里面。假如字体库里面没有所需字体，AutoCAD文件里面的文字对象则会以乱码或"?"显示，如果需要将类似文字进行正常显示则需要进行替换。

下面以实例形式对文字字体的替换过程进行详细介绍，具体操作步骤如下。

Step 01 打开随书光盘中的"素材\CH10\AutoCAD字体.dwg"文件。

Step 02 选择【格式】→【文字样式】菜单命令，弹出【文字样式】对话框，如图所示。

Step 03 在【样式】区域中选择"中文字体"，然后单击【字体】区域中的【字体名】下拉按钮，选择"华文彩云"，如图所示。

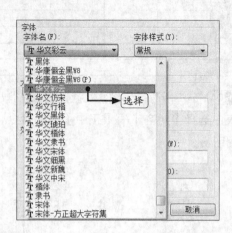

Step 04 单击【应用】按钮并关闭【文字样式】对话框。

Step 05 选择【视图】→【重生成】菜单命令，结果如图所示。

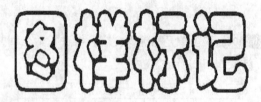

技巧2 关于镜像文字

在AutoCAD中可以根据需要决定文字镜像后的显示方式，可以使镜像后的文字保持原方向，也可以使其镜像显示。

下面以实例形式对文字的镜像显示进行详细介绍，具体操作步骤如下。

Step 01 打开光盘中的"素材\CH10\镜像文字.dwg"文件。

设计软件

镜像文字

Step 02 在命令行输入"MIRRTEXT"，按【Enter】键确认，并设置其新值为"0"，命令行提示如下。

命令: MIRRTEXT

输入 MIRRTEXT 的新值 <0>: 0 ✓

Step 03 在命令行输入"MI"并按空格键调用【镜像】命令，在绘图区域中选择"设计软件"作为镜像对象，如图所示。

设计软件

镜像文字

Step 04 按【Enter】键确认，并在绘图区域中单击指定镜像线的第一点，如图所示。

设计软件

镜像文字

指定镜像线的第一点

Step 05 在绘图区域中垂直拖动鼠标并单击指定镜像线的第二点，如图所示。

设计软件   设计软件

镜像文字

指定镜像线的第二点

Step 06 命令行提示如下。

要删除源对象吗? [是(Y)/否(N)] <N>: ✓

Step 07 结果如图所示。

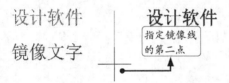

设计软件   设计软件

镜像文字   镜像结果

Step 08 在命令行输入"MIRRTEXT"，按【Enter】键确认，并设置其新值为"1"，命令行提示如下。

命令: MIRRTEXT

输入 MIRRTEXT 的新值 <0>: 1 ✓

Step 09 在命令行输入"MI"并按空格键调用【镜像】命令，在绘图区域中选择"镜像文字"作为镜像对象，如图所示。

设计软件   设计软件

镜像文字

Step 10 按【Enter】键确认，并在绘图区域中单击指定镜像线的第一点，如图所示。

设计软件   设计软件

镜像文字

Step 11 在绘图区域中垂直拖动鼠标并单击指定镜像线的第二点，如图所示。

设计软件   设计软件

镜像文字   字文像镜

Step 12 命令行提示如下。

要删除源对象吗? [是(Y)/否(N)] <N>: ✓

Step 13 结果如图所示。

设计软件   设计软件

镜像文字   字文像镜

镜像结果

技巧3 在AutoCAD中插入Excel表格

如果需要在AutoCAD 2017中插入Excel表格，则可以按照以下方法进行。

Step 01 打开光盘中的"素材\CH10\Excel表格.xlsx"文件，将Excel中的内容选择并进行复制。

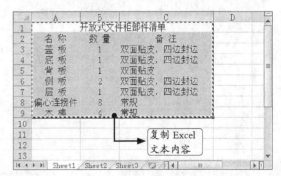

复制Excel文本内容

Step 02 在AutoCAD中单击【默认】选项卡下【剪贴板】面板中的【粘贴】按钮，在弹出的下拉列表中选择【选择性粘贴】选项。

选择

Step 03 在弹出的【选择性粘贴】对话框中选择【AutoCAD 图元】选项。

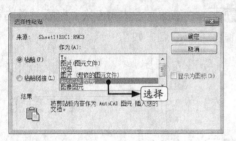

选择

Step 04 单击【确定】按钮,移动光标至合适位置并单击,即可将Excel中的表格插入AutoCAD中。

开放式文件框部件清单		
名 称	数 量	备 注
盖 板	1.0000	双面贴皮,四边封边
底 板	1.0000	双面贴皮,四边封边
背 板	1.0000	双面贴皮
侧 板	2.0000	双面贴皮,四边封边
层 板	1.0000	双面贴皮,四边封边
偏心连接件	8.0000	常规
木 榫	4.0000	常规

第 11 章

AutoCAD标注基础

■■ **本章引言**

　　零件的大小和形状取决于工程图中的尺寸，图纸设计得是否合理与工程图中的尺寸设置也是紧密相连的，所以尺寸标注是工程图中的一项重要内容。

■■ **学习要点**

❯ 掌握尺寸标注的规则和组成的方法
❯ 掌握标注样式
❯ 掌握修改标注样式的方法

11.1 尺寸标注的规则和组成

　　绘制图形的根本目的是反映对象的形状，而图形中各个对象的大小和相互位置只有经过尺寸标注才能表现出来。AutoCAD 2017提供了一套完整的尺寸标注命令，用户使用它们足以完成图纸中要求的尺寸标注。

1. 尺寸标注的规则

　　在AutoCAD中，对绘制的图形进行尺寸标注时应当遵循以下规则。

　　（1）对象的真实大小应以图样上所标注的尺寸数值为依据，与图形的大小及绘图的准确度无关。

　　（2）图形中的尺寸以毫米（mm）为单位时，不需要标注计量单位的代号或名称。如果采用其他的单位，则必须注明相应计量单位的代号或名称。

　　（3）图形中所标注的尺寸应为该图形所表示的对象的最后完工尺寸，否则应另加说明。

　　（4）对象的每一个尺寸一般只标注一次。

2. 尺寸标注的组成

　　在工程绘图中，一个完整的尺寸标注一般由尺寸线、尺寸界线、尺寸箭头和尺寸文字等4部分组成。

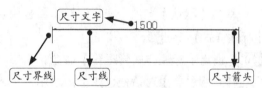

3. 创建尺寸标注的步骤

　　在AutoCAD中对图形进行尺寸标注时，通常应按照以下步骤进行。

Step 01 选择【格式】→【标注样式】菜单命令，利用弹出的【标注样式管理器】对话框设置标注样式。

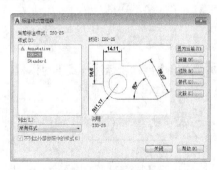

Step 02 使用对象捕捉等功能对图形中的元素进行标注。

11.2 标注样式

尺寸标注样式用于控制尺寸标注的外观，如箭头的样式、文字的位置及尺寸界线的长度等，设置尺寸标注可以确保所绘图纸中的尺寸标注符合行业或项目标准。

在AutoCAD中，用户可以使用【标注样式管理器】对话框创建新的标注样式。

【标注样式管理器】对话框的几种常用调用方法如下。

• 选择【格式】→【标注样式】菜单命令；

• 在命令行中输入"DIMSTYLE/D"命令并按空格键确认；

• 单击【默认】选项卡→【注释】面板中的【标注样式】按钮。

Step 01 调用【标注样式管理器】命令，弹出【标注样式管理器】对话框，如下图所示，单击【新建】按钮。

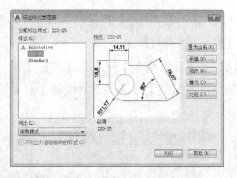

Step 02 弹出【创建新标注样式】对话框，如图所示。

【创建新标注样式】对话框中各选项含义如下。

【新样式名】：指定新的标注样式名。

【基础样式】：设定作为新样式的基础的样式。对于新样式，仅更改那些与基础特性不同的特性。

【注释性】：指定标注样式为注释性。

【用于】：创建一种仅适用于特定标注类型的标注子样式。例如，可以创建一个标注样式，该样式仅用于直径标注。

【继续】：显示【新建标注样式】对话框，从中可以定义新的标注样式特性。

11.2.1 尺寸线和尺寸界线的设定

【线】选项卡主要用于设定尺寸线、尺寸界线、箭头和圆心标记的格式和特性。单击【继续】按钮，弹出【新建标注样式：副本ISO-25】对话框，选择【线】选项卡，如图所示。

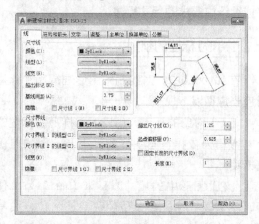

【尺寸线】区域中各选项含义如下。

颜色：单击颜色下拉列表，设定尺寸线的颜色，如下图所示。

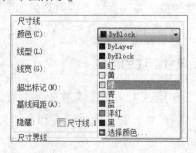

如果单击【选择颜色】（在"颜色"列表的底部），将显示【选择颜色】对话框，如下图所示。也可以输入颜色名或颜色号。可以从255种AutoCAD颜色索引（ACI）颜色、真彩色和配色系统颜色中选择颜色。

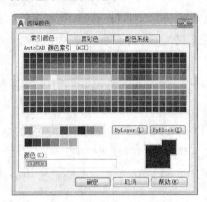

线型：单击下拉列表，可以选择尺寸线的线型，如下图所示。

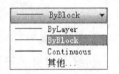

单击【其他】选项，可以在弹出的对话框中加载下拉列表中没有的线型，如下图所示。

线宽：单击下拉列表，为尺寸线设定线宽，如下图所示。

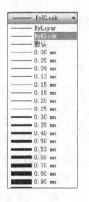

超出标记：指定当箭头使用倾斜、建筑标记、积分和无标记时尺寸线超过尺寸界线的距离。

基线间距：设定基线标注的尺寸线之间的距离。

隐藏：不显示尺寸线。勾选"尺寸线1"将不显示第一条尺寸线，勾选"尺寸线2"将不显示第二条尺寸线。隐藏"尺寸线2"后，如下图所示。

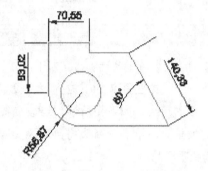

【尺寸界线】区域中各选项含义如下。

超出尺寸线：指定尺寸界线超出尺寸线的距离。

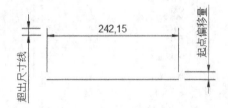

起点偏移量：设定自图形中定义标注的点到尺寸界线的偏移距离。

固定长度的尺寸界线：启用固定长度的尺寸界线。

长度：设定尺寸界线的总长度，起始于尺寸线，直到标注原点。

11.2.2 符号和箭头的设定

【箭头和符号】选项卡主要用于设定箭头、圆心标记、弧长符号和折弯半径标注的格式和位置。选择【符号和箭头】选项卡，如下图所示。

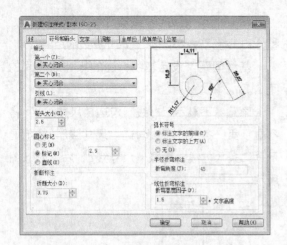

【箭头】区域中各选项含义如下。

第一个：单击箭头的下拉列表，设定第一条尺寸线的箭头，如下图所示。当改变第一个箭头的类型时，第二个箭头将自动改变以同第一个箭头相匹配。

要指定用户定义的箭头块，请选择"用户箭头"，弹出【选择自定义箭头块】对话框。选择用户定义的箭头块的名称（该块必须在图形中，注释性块不能用作标注或引线的自定义箭头）。

第二个：设定第二条尺寸线的箭头。要指定用户定义的箭头块，请选择"用户箭头"，弹出【选择自定义箭头块】对话框，选择用户定义的箭头块的名称（该块必须在图形中，注释性块不能用作标注或引线的自定义箭头）。

引线：设定引线箭头。要指定用户定义的

箭头块，请选择"用户箭头"，弹出【选择自定义箭头块】对话框，选择用户定义的箭头块的名称（该块必须在图形中，注释性块不能用作标注或引线的自定义箭头）。

箭头大小：显示和设定箭头的大小。

【圆心标记】区域中各选项含义如下。

无：不创建圆心标记或中心线。该值在DIMCEN系统变量中存储为0。

标记：创建圆心标记。在DIMCEN系统变量中，圆心标记的大小存储为正值。

直线：创建中心线。中心线的大小在DIMCEN系统变量中存储为负值。

大小：显示和设定圆心标记或中心线的大小。

【折断标注】区域中各选项含义如下。

折断大小：显示和设定用于折断标注的间隙大小。

【弧长符号】区域中各选项含义如下。

标注文字的前缀：将弧长符号放置在标注文字之前。

标注文字的上方：将弧长符号放置在标注文字的上方。

无：不显示弧长符号。

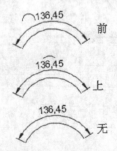

【半径折弯标注】区域中各选项含义如下。

折弯角度：确定折弯半径标注中，尺寸线的横向线段的角度。

【线性折弯标注】区域中各选项含义如下。

折弯高度因子：通过形成折弯的角度的两个顶点之间的距离确定折弯高度。

11.2.3 文字的设定

【文字】选项卡主要用于设定标注文字的格式、放置和对齐。选择【文字】选项卡，如下图所示。

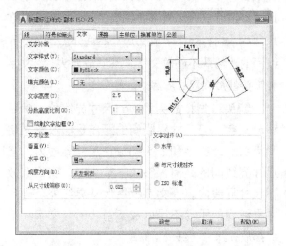

【文字外观】区域中各选项含义如下。

文字样式：列出可用的文字样式。

文字样式按钮 [...]：弹出【文字样式】对话框，从中可以创建或修改文字样式，如下图所示。

文字颜色：设定标注文字的颜色。如果单击"选择颜色"（在"颜色"列表的底部），将弹出【选择颜色】对话框，也可以输入颜色名或颜色号。

填充颜色：设定标注中文字背景的颜色。如果单击"选择颜色"（在"颜色"列表的底部），将弹出【选择颜色】对话框，也可以输入颜色名或颜色号。

文字高度：设定当前标注文字样式的高度，在文本框中输入值。如果在"文字样式"中将

文字高度设定为固定值（即文字样式高度大于0），则该高度将替代此处设定的文字高度。如果要使用在【文字】选项卡上设定的高度，需确保"文字样式"中的文字高度设定为0。

分数高度比例：设定相对于标注文字的分数比例。仅当在【主单位】选项卡上选择"分数"作为"单位格式"时，此选项才可用。在此处输入的值乘以文字高度，可确定标注分数相对于标注文字的高度。

绘制文字边框：如果选择此选项，将在标注文字周围绘制一个边框，如下图所示。选择此选项会将存储在DIMGAP系统变量中的值更改为负值。

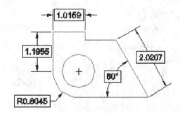

【文字位置】区域中各选项含义如下。

垂直：控制标注文字相对尺寸线的垂直位置。

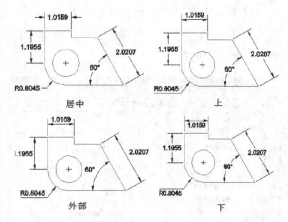

居中　　　　　　　上

外部　　　　　　　下

水平：控制标注文字在尺寸线上相对于尺寸界线的水平位置。

观察方向：控制标注文字的观察方向。

从尺寸线偏移：设定当前文字间距，文字间距是指当尺寸线断开以容纳标注文字时标注文字周围的距离。此值也用作尺寸线段所需的最小长度。仅当生成的线段至少与文字间距同

样长时，才会将文字放置在尺寸界线内侧。仅当箭头、标注文字以及页边距有足够的空间容纳文字间距时，才将尺寸线上方或下方的文字置于内侧。

【文字对齐】区域中各选项含义如下。

水平：水平放置文字。

与尺寸线对齐：文字与尺寸线对齐。

ISO标准：当文字在尺寸界线内时，文字与尺寸线对齐。当文字在尺寸界线外时，文字水平排列。

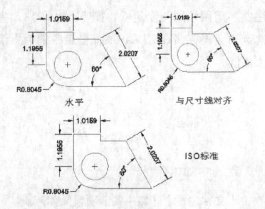

水平　　　　　　与尺寸线对齐

ISO标准

11.2.4 标注参数调整

【调整】选项卡主要用于控制标注文字、箭头、引线和尺寸线的放置。选择【调整】选项卡，如下图所示。

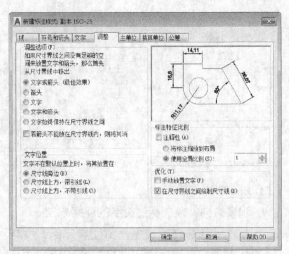

【调整选项】区域中各选项含义如下。

文字或箭头（最佳效果）：按照最佳效果将

文字或箭头移动到尺寸界线外。当尺寸界线间的距离足够放置文字和箭头时，文字和箭头都放在尺寸界线内，否则将按照最佳效果移动文字或箭头。当尺寸界线间的距离仅够容纳文字时，将文字放在尺寸界线内，而箭头放在尺寸界线外。当尺寸界线间的距离仅够容纳箭头时，将箭头放在尺寸界线内，而文字放在尺寸界线外。当尺寸界线间的距离既不够放文字又不够放箭头时，文字和箭头都放在尺寸界线外。

箭头：先将箭头移动到尺寸界线外，然后移动文字。当尺寸界线间的距离足够放置文字和箭头时，文字和箭头都放在尺寸界线内。当尺寸界线间的距离仅够放下箭头时，将箭头放在尺寸界线内，而文字放在尺寸界线外。当尺寸界线间的距离不足以放下箭头时，文字和箭头都放在尺寸界线外。

文字：先将文字移动到尺寸界线外，然后移动箭头。当尺寸界线间的距离足够放置文字和箭头时，文字和箭头都放在尺寸界线内。当尺寸界线间的距离仅能容纳文字时，将文字放在尺寸界线内，而箭头放在尺寸界线外。当尺寸界线间的距离不足以放下文字时，文字和箭头都放在尺寸界线外。

文字和箭头：当尺寸界线间的距离不足以放下文字和箭头时，文字和箭头都移到尺寸界线外。

文字始终保持在尺寸界线之间：始终将文字放在尺寸界线之间。

【文字位置】区域中各选项含义如下。

尺寸线旁边：如果选定，只要移动标注文字，尺寸线就会随之移动。

尺寸线上方，带引线：如果选定，移动文字时尺寸线不会移动。如果将文字从尺寸线上移开，将创建一条连接文字和尺寸线的引线。当文字非常靠近尺寸线时，将省略引线。

尺寸线上方，不带引线：如果选定，移动文字时尺寸线不会移动。远离尺寸线的文字不与带引线的尺寸线相连。

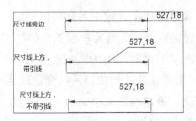

【标注特征比例】区域中各选项含义如下。

注释性：指定标注为注释性。

将标注缩放到布局：根据当前模型空间视口和图纸空间之间的比例确定比例因子。当在图纸空间而不是模型空间视口中绘图时，或当TILEMODE设置为1时，将使用默认比例因子1.0或使用DIMSCALE系统变量。

使用全局比例：为所有标注样式设置设定一个比例，这些设置指定了大小、距离或间距，包括文字和箭头大小。该缩放比例并不更改标注的测量值。

【优化】区域中各选项含义如下。

手动放置文字：忽略所有水平对正设置，并把文字放在"尺寸线位置"提示下指定的位置。

在尺寸界线之间绘制尺寸线：即使箭头放在测量点之外，也在测量点之间绘制尺寸线。

11.2.5 主单位的设定

【主单位】选项卡用于设定主标注单位的格式和精度，并设定标注文字的前缀和后缀。选择【主单位】选项卡，如下图所示。

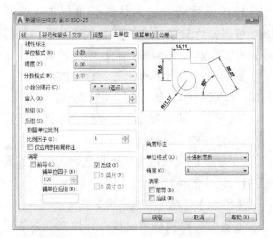

【线性标注】区域中各选项含义如下。

单位格式：设定除角度之外的所有标注类型的当前单位格式。堆叠分数中数字的相对大小由DIMTFAC系统变量确定（同样，公差数值也由此系统变量确定）。

精度：显示和设定标注文字中的小数位数。

分数格式：设定分数格式。

小数分隔符：设定用于十进制格式的分隔符，包含"句点""逗点"和"空格"。

舍入：为除"角度"之外的所有标注类型设置标注测量值的舍入规则。如果输入"0.25"，则所有标注距离都以"0.25"为单位进行舍入；如果输入"1.0"，则所有标注距离都将舍入为最接近的整数。小数点后显示的位数取决于"精度"设置。

前缀：在标注文字中包含前缀。可以输入文字或使用控制代码显示特殊符号。当输入前缀时，将覆盖在直径和半径等标注中使用的任何默认前缀。如果指定了公差，前缀将添加到公差和主标注中。

后缀：在标注文字中包含后缀。可以输入文字或使用控制代码显示特殊符号。输入的后缀将替代所有默认后缀。如果指定了公差，后缀将添加到公差和主标注中。

【测量单位比例】区域中各选项含义如下。

比例因子：设置线性标注测量值的比例因子。建议不要更改此值的默认值1.00，例如，如果输入2，则1毫米直线的尺寸将显示为2英寸。该值不应用到角度标注，也不应用到舍入值或者正负公差值。

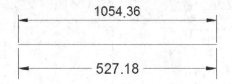

仅应用到布局标注：仅将测量比例因子应用于在布局视口中创建的标注。除非使用非关联标注，否则，该设置应保持取消复选状态。

【消零】区域中各选项含义如下。

前导：不输出所有十进制标注中的前导零，例如，0.5000变为.5000。选择前导以启用小于一个单位的标注距离的显示（以辅单位为单位）。

辅单位因子：将辅单位的数量设定为一个单位，它用于在距离小于一个单位时以辅单位为单位计算标注距离，例如，如果后缀为m而辅单位后缀以cm显示，则输入100。

辅单位后缀：在标注值子单位中包含后缀，可以输入文字或使用控制代码显示特殊符号，例如，输入cm可将.35m显示为35cm。

后续：不输出所有十进制标注的后续零，例如，3.2000变成3.2，15.0000变成15。

0英尺：如果长度小于一英尺，则消除英尺−英寸标注中的英尺部分。

0英寸：如果长度为整英尺数，则消除英尺−英寸标注中的英寸部分。

【角度标注】区域中各选项含义如下。

单位格式：设定角度单位格式。

精度：设定角度标注的小数位数。

【消零】区域中各选项含义如下。

前导：禁止输出角度十进制标注中的前导零，例如，0.5000变成.5000。也可以显示小于一个单位的标注距离（以辅单位为单位）。

后续：禁止输出角度十进制标注中的后续零，例如，13.9000变成13.9，27.0000变成27。

11.2.6 换算单位的设定

【换算单位】选项卡主要用于指定标注测量值中换算单位的显示并设定其格式和精度。选择【换算单位】选项卡，如下图所示。

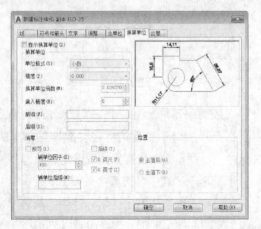

【换算单位】区域中各选项含义如下。

单位格式：设定换算单位的单位格式。堆叠分数中数字的相对大小由系统变量DIMTFAC确定（同样，公差值大小也由该系统变量确定）。

精度：设定换算单位中的小数位数。

换算单位倍数：指定一个倍数，作为主单位和换算单位之间的转换因子使用。例如，要将英寸转换为毫米，请输入25.4。此值对角度标注没有影响，而且不会应用于舍入值或者正、负公差值。

舍入精度：设定除角度之外的所有标注类型的换算单位的舍入规则。如果输入0.25，则所有标注测量值都以0.25为单位进行舍入。如果输入1.0，则所有标注测量值都将舍入为最接近的整数。小数点后显示的位数取决于"精度"设置。

前缀：在换算标注文字中包含前缀。可以输入文字或使用控制代码显示特殊符号，例如，输入控制代码%%C显示直径符号。

后缀：在换算标注文字中包含后缀。可以输入文字或使用控制代码显示特殊符号。输入的后缀将替代所有默认后缀。

【消零】区域中各选项含义如下。

前导：不输出所有十进制标注中的前导零，例如，0.5000变成.5000。

辅单位因子：将辅单位的数量设定为一个单位，它用于在距离小于一个单位时以辅单位为单位计算标注距离。例如，如果后缀为m而辅单位后缀以cm显示，则输入100。

辅单位后缀：在标注值子单位中包含后缀，可以输入文字或使用控制代码显示特殊符号。例如，输入cm可将.34m显示为34cm。

后续：不输出所有十进制标注的后续零。例如，7.5000变成7.5，24.0000变成24。

0英尺：如果长度小于一英尺，则消除英尺−英寸标注中的英尺部分。

0英寸：如果长度为整英尺数，则消除英尺−英寸标注中的英寸部分。

【位置】区域中各选项含义如下。

主值后：将换算单位放在标注文字中的主单位之后。

主值下：将换算单位放在标注文字中的主单位下面。

11.2.7 标注公差的设定

【公差】选项卡用于指定标注文字中公差的显示及格式。选择【公差】选项卡，如下图所示。

【公差格式】区域中各选项含义如下。

方式：设定计算公差的方法，单击下拉列表，选择公差的格式，如下图所示。

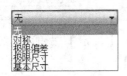

精度：设定小数位数。

上偏差：设定最大公差或上偏差。如果在"方式"中选择"对称"，则此值将用于公差。

下偏差：设定最小公差或下偏差。

高度比例：设定公差文字的当前高度。计算出的公差高度与主标注文字高度的比例存储在DIMTFAC系统变量中。

垂直位置：控制对称公差和极限公差的文字对正。

【公差对齐】区域中各选项含义如下。

对齐小数分隔符：通过值的小数分隔符堆叠值。

对齐运算符：通过值的运算符堆叠值。

【消零】区域中各选项含义如下。

前导：不输出所有十进制标注中的前导零，例如，0.5000变成.5000。

后续：不输出所有十进制标注的后续零，例如，13.9000变成13.9，27.0000变成27。

0英尺：如果长度小于一英尺，则消除英尺-英寸标注中的英尺部分。

0英寸：如果长度为整英尺数，则消除英尺-英寸标注中的英寸部分。

【换算单位公差】区域中各选项含义如下。

精度：显示和设定小数位数。

Tips

标注样式里的公差与通过特性选项板创建的公差区别在于，标注样式里一旦设定了公差，在整个标注的所有尺寸中都将显示该公差。

11.2.8 实例：创建建筑标注样式

下面将利用【标注样式】命令创建一个新的标注样式，具体操作步骤如下。

Step 01 打开随书光盘中的"素材\CH11\创建建筑标注样式.dwg"文件。

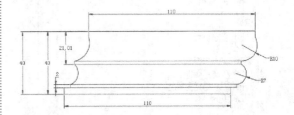

Step 02 在命令行中输入"D"命令并按空格键，弹出【标注样式管理器】对话框，如下图所示。

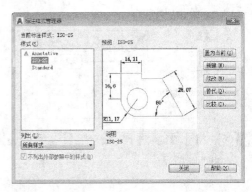

Step 03 单击【新建】按钮，在弹出的【创建新标注样式】对话框中将新样式名改为【建筑标注样式】，单击【继续】按钮，如图所示。

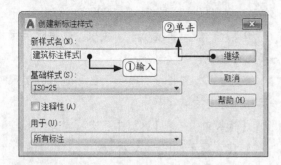

Step 04 弹出【新建标注样式：建筑标注样式】对话框，选择【符号和箭头】选项卡，单击箭头下拉列表，选择建筑标记，如图所示。

Step 05 单击【文字】选项卡，将文字的垂直位置改为【居中】，如下图所示。

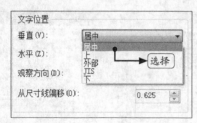

Step 06 将【文字对齐】改为【与尺寸线对齐】，如下图所示。

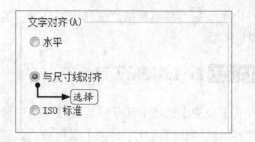

Step 07 单击【调整】选项卡，将【全局比例】改为1.5，如下图所示。

Step 08 单击【主单位】选项卡，将精度改为【0.0】，如下图所示。

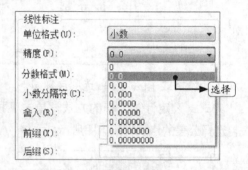

Step 09 单击【确定】按钮，系统返回【标注样式管理器】对话框。在【样式】区域中选择标注样式【建筑标注样式】，并单击【置为当前】按钮，然后将【标注样式管理器】对话框关闭。

Step 10 选择图中所有的尺寸标注，如下图所示。

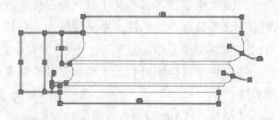

Step 11 在命令行中输入"PR"命令并按空格键，在弹出的【特性】选项板上将标注样式改为【建筑标注样式】，如下图所示。

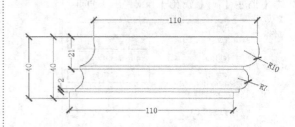

Step 12 标注样式修改后，结果如图所示。

11.3 修改标注样式

在使用AutoCAD绘图的过程中，通常需要对已创建好的标注样式进行修改，以满足图形的标注需求，下面将对标注样式的修改操作进行详细介绍。

11.3.1 修改标注样式

可以在【修改标注样式】对话框中进行标注样式的修改操作，该对话框选项与【新建标注样式】对话框选项相同。下面将对标注样式的修改过程进行详细介绍，具体操作步骤如下。

Step 01 打开随书光盘中的"素材\CH11\修改标注样式.dwg"文件。

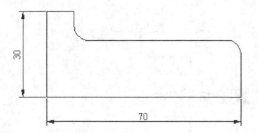

Step 02 在命令行中输入"D"命令并按空格键，弹出【标注样式管理器】对话框，如下图所示。

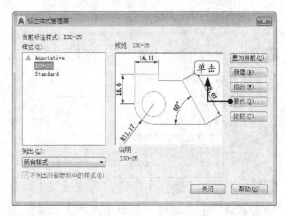

Step 03 单击【修改】按钮，弹出【修改标注样式：ISO-25】对话框，选择【线】选项卡，如图所示。

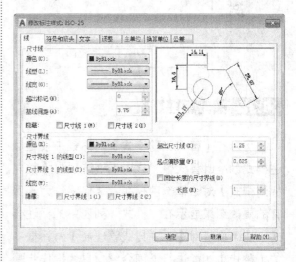

Step 04 在【尺寸线】区域将尺寸线的颜色设置为【蓝色】，【线宽】设置为0.13mm。

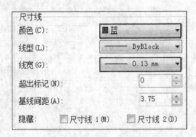

Step 05 在【尺寸界线】区域将尺寸线的颜色设置为【蓝】，【线宽】设置为0.13mm。

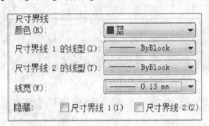

Step 06 单击【调整】选项卡，将【使用全局比例】改为2，如下图所示。

Step 07 单击【确定】按钮，系统返回【标注样式管理器】对话框，单击【关闭】按钮关闭【标注样式管理器】对话框，结果如图所示。

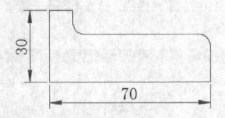

11.3.2 替代标注样式

可以在【替代当前样式】对话框中设定标注样式的临时替代值，该对话框选项与【新建标注样式】对话框选项相同，替代将作为未保存的更改结果显示在"样式"列表中的标注样式下。下面将对【标注样式管理器】对话框中的【替代】功能进行详细介绍，具体操作步骤如下。

Step 01 打开随书光盘中的"素材\CH11\替代标注样式.dwg"文件。

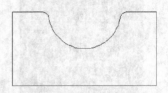

Step 02 选择【标注】→【线性】菜单命令，在绘图区域中捕捉如图所示的端点作为线性标注的第一个尺寸界线原点。

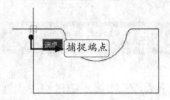

Step 03 在绘图区域中拖动鼠标并捕捉如图所示的端点作为线性标注的第二个尺寸界线原点。

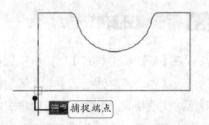

Step 04 在绘图区域中拖动鼠标并单击鼠标左键指定尺寸线的位置，如图所示。

Step 05 结果如图所示。

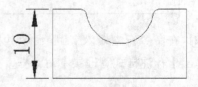

Tips

关于【线性】标注命令详见本书12.1.1节内容。

Step 06 在命令行中输入 "D" 命令并按空格键，弹出【标注样式管理器】对话框，单击【替代】按钮。

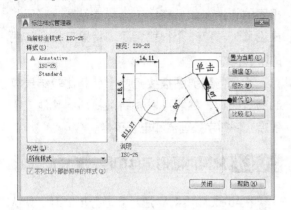

Step 07 弹出【替代当前样式：ISO-25】对话框，选择【线】选项卡，在【尺寸线】区域进行如图所示的参数设置。

Step 08 单击【文字】选项卡，将文字的垂直位置改为【居中】，如下图所示。

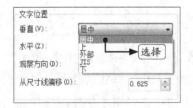

Step 09 单击【调整】选项卡，将【使用全局比例】改为0.6，如下图所示。

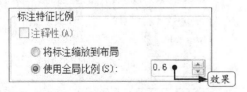

Step 10 在【替代当前样式：ISO-25】对话框中单击【确定】按钮，系统返回【标注样式管理器】对话框，在原来的【ISO-25】样式下出现了一个【样式替代】选项，如下图所示。

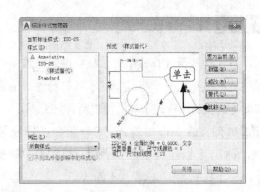

Step 11 单击【关闭】按钮关闭【标注样式管理器】对话框。

Step 12 选择【标注】→【线性】菜单命令，在绘图区域中捕捉如图所示的端点作为线性标注的第一个尺寸界线原点。

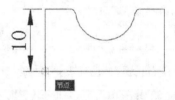

Step 13 在绘图区域中拖动鼠标并捕捉如图所示的端点作为线性标注的第二个尺寸界线原点。

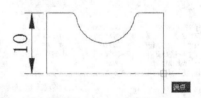

Step 14 在绘图区域中拖动鼠标并单击指定尺寸线的位置，如图所示。

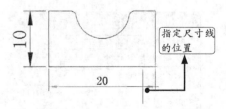

Step 15 结果如图所示。

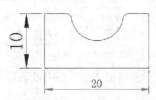

11.3.3 比较标注样式

在【比较标注样式】对话框中可以比较两个标注样式或列出一个标注样式的所有特性。下面将对【比较标注样式】对话框进行详细介绍。

Step 01 在命令行中输入"D"命令并按空格键，弹出【标注样式管理器】对话框，单击【比较】按钮。

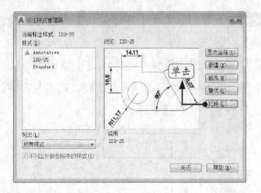

Step 02 弹出【比较标注样式】对话框，如图所示。

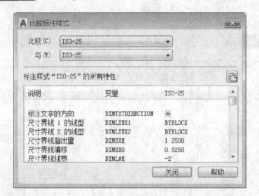

Step 03 将比较对象选择为【STANDARD】，结果如图所示。

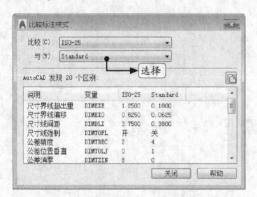

【比较标注样式】对话框中各选项含义如下。

【比较】：指定第一个标注样式以进行比较。

【与】：指定第二个标注样式以进行比较。如果比较两个不同的样式，将显示它们不相同的特性，如果将第二个样式设置为"无"或设置为与第一个样式相同，将显示标注样式的所有特性。

【复制到剪贴板按钮 📋】：将比较结果复制到剪贴板，然后可以将结果粘贴到其他应用程序，例如字处理器和电子表格。

11.3.4 从其他图形文件中复制标注样式 ▶

在AutoCAD中对标注对象进行复制时，默认情况下相应的标注样式也会一同被复制，用户可以利用此种方法进行新标注样式的创建，下面将进行详细介绍。

1. 新建标注样式

Step 01 打开随书光盘中的"素材\CH11\复制标注样式.dwg"文件。

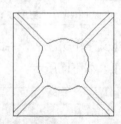

Step 02 在命令行中输入"D"命令并按空格键，在弹出【标注样式管理器】对话框上单击【新建】按钮，弹出【创建新标注样式】对话框，单击【继续】按钮，如图所示。

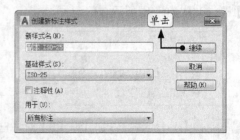

Step 03 弹出【新建标注样式：副本ISO-25】对话框，选择【线】选项卡，在【尺寸线】区域进行如图所示的参数设置。

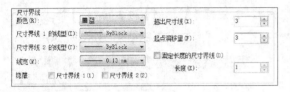

Step 04 在【尺寸界线】区域进行如图所示的参数设置。

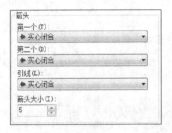

Step 05 选择【符号和箭头】选项卡，在【箭头】区域进行如图所示的参数设置。

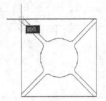

Step 02 在绘图区域中拖动鼠标并捕捉如图所示的端点作为线性标注的第二个尺寸界线原点。

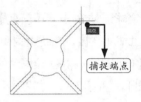

Step 03 在绘图区域中拖动鼠标并单击鼠标左键指定尺寸线的位置，如图所示。

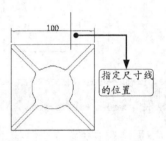

Step 06 选择【文字】选项卡，在【文字外观】区域进行如图所示的参数设置。

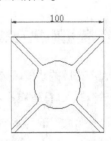

Step 04 结果如图所示。

Step 07 在【新建标注样式：副本ISO-25】对话框中单击【确定】按钮，系统返回【标注样式管理器】对话框。

Step 08 在【样式】区域中选择标注样式【副本ISO-25】，并单击【置为当前】按钮，然后将【标注样式管理器】对话框关闭。

2. 创建【线性】标注

Step 01 选择【标注】→【线性】菜单命令，在绘图区域中捕捉如图所示的端点作为线性标注的第一个尺寸界线原点。

3. 复制标注样式

Step 01 在绘图区域中选择如图所示的对象作为复制对象。

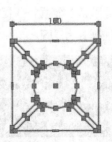

Step 02 在绘图区域中的空白位置处单击鼠标右键，在弹出的快捷菜单中选择"复制"选项，如图所示。

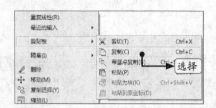

Step 03 选择【文件】→【新建】菜单命令，新建一个AutoCAD文档，在新建的AutoCAD文档中按组合键【Ctrl+V】，并在绘图区域中单击鼠标左键指定图形对象插入点，如图所示。

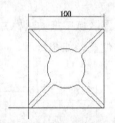

Step 04 结果如图所示。

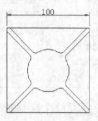

Step 05 选择【格式】→【标注样式】菜单命令，弹出【标注样式管理器】对话框，在【样式】区域中显示了标注样式的复制结果，如图所示。

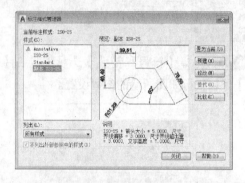

11.4 实战技巧

下面将对快速切换当前标注样式的方法进行详细介绍。

技巧 快速切换当前标注样式

利用AutoCAD 2017的功能区选项卡可以实现快速切换当前标注样式，具体操作步骤如下。

Step 01 打开随书光盘中的"素材\CH11\切换当前标注样式.dwg"文件。

Step 02 选择【默认】选项卡→【注释】面板，可以发现当前标注样式为"ISO-25"，如图所示。

Step 03 单击【标注样式】下拉按钮，选择"DIM"，如图所示。

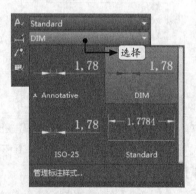

Step 04 可以发现当前标注样式已经切换为"DIM"，如图所示。

第12章

创建与编辑标注

本章引言

在AutoCAD中可以对图形对象执行标注的创建与编辑操作，轻松创建及完善图形标注，从而实现图形对象信息准确、明了的结果。

学习要点

» 掌握创建标注的方法
» 掌握智能标注的方法
» 掌握编辑标注的方法
» 掌握多重引线标注的方法

12.1 创建标注

AutoCAD中有多种标注方式，可以实现图形对象不同情况下的标注需求。下面将对各种标注方式的应用方法进行详细介绍。

12.1.1 线性标注

使用水平、竖直或旋转的尺寸线创建线性标注。

【线性】标注命令的几种常用调用方法如下。

• 选择【标注】→【线性】菜单命令；

• 在命令行中输入"DIMLINEAR/DLI"命令并按空格键确认；

• 单击【默认】选项卡→【注释】面板中的【线性】按钮■。

下面以标注矩形边长为例，对【线性】标注命令的应用进行详细介绍。

Step 01 打开随书光盘中的"素材\CH12\线性标注.dwg"文件。

Step 02 单击【默认】选项卡→【注释】面板中

的【线性】按钮■，在绘图区域中捕捉如图所示的端点作为第一个尺寸界线的原点。

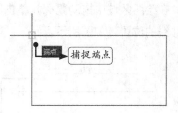

Step 03 在绘图区域中拖动鼠标并捕捉如图所示的端点作为第二个尺寸界线的原点。

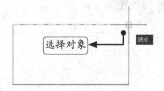

Step 04 命令行提示如下。

指定尺寸线位置或[多行文字(M)/文字(T)/角度(A)/水平(H)/垂直(V)/旋转(R)]:

命令行中各选项含义如下。

【尺寸线位置】：AutoCAD使用指定点定位尺寸线并且确定绘制尺寸界线的方向。指定位置之后，将绘制标注。

【多行文字】：显示在位文字编辑器，可

用它来编辑标注文字。用控制代码和Unicode字符串来输入特殊字符或符号。如果标注样式中未打开换算单位，可以输入方括号"【】"来显示它们。当前标注样式决定生成的测量值的外观。

【文字】：在命令提示下，自定义标注文字。生成的标注测量值显示在尖括号中。要包括生成的测量值，请用尖括号"<>"表示生成的测量值。如果标注样式中未打开换算单位，可以通过输入方括号"【】"来显示换算单位。标注文字特性在【新建文字样式】【修改标注样式】【替代标注样式】对话框的"文字"选项卡上进行设定。

【角度】：修改标注文字的角度。

【水平】：创建水平线性标注。

【垂直】：创建垂直线性标注。

【旋转】：创建旋转线性标注。

Step 05 在绘图区域中拖动鼠标并单击鼠标左键指定尺寸线的位置，如图所示。

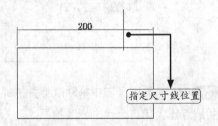

Step 06 结果如图所示。

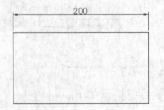

Step 07 重复上述步骤，对矩形的另外一条边进行线性尺寸标注，结果如图所示。

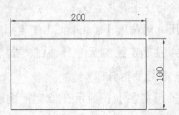

12.1.2 对齐标注

创建与尺寸界线的原点对齐的线性标注。

【对齐】标注命令的几种常用调用方法如下。

• 选择【标注】→【对齐】菜单命令；

• 在命令行中输入"DIMALIGNED/DAL"命令并按空格键确认；

• 单击【默认】选项卡→【注释】面板中的【对齐】按钮。

下面以标注三角形边长为例，对【对齐】标注命令的应用进行详细介绍。

Step 01 打开光盘中的"素材\CH12\对齐.dwg"文件。

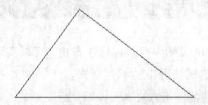

Step 02 单击【默认】选项卡→【注释】面板中的【对齐】按钮，在绘图区域中捕捉如图所示的端点作为第一个尺寸界线的原点。

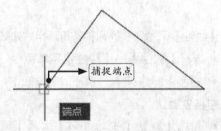

Step 03 在绘图区域中拖动鼠标并捕捉如图所示的端点作为第二个尺寸界线的原点。

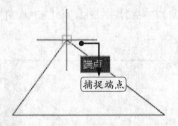

Step 04 在绘图区域中拖动鼠标并单击鼠标左键指定尺寸线的位置，如图所示。

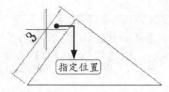

Step 05 结果如图所示。

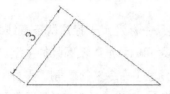

Step 06 重复上述步骤，对三角形的另外一条边进行对齐尺寸标注，结果如图所示。

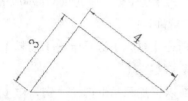

12.1.3 半径标注

半径尺寸常用于标注圆弧和圆角。在标注时，AutoCAD 将自动在标注文字前添加半径符号 "R"。

【半径】标注命令的几种常用调用方法如下。

• 选择【标注】→【半径】菜单命令；

• 在命令行中输入 "DIMRADIUS/DRA" 命令并按空格键确认；

• 单击【默认】选项卡→【注释】面板中的【半径】按钮。

下面以标注圆弧半径为例，对【半径】标注命令的应用进行详细介绍。

Step 01 打开随书光盘中的 "素材\CH12\半径标注.dwg" 文件。

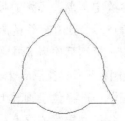

Step 02 单击【默认】选项卡→【注释】面板中

的【半径】按钮，在绘图区域中单击选择如图所示的圆弧作为标注对象。

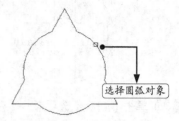

Step 03 在绘图区域中拖动鼠标并单击鼠标左键指定尺寸线的位置，如图所示。

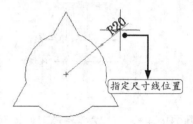

Step 04 结果如图所示。

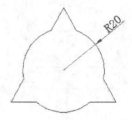

12.1.4 直径标注

直径尺寸常用于标注圆的大小。在标注时，AutoCAD 将自动在标注文字前添加直径符号 "Φ"。

【直径】标注命令的几种常用调用方法如下。

• 选择【标注】→【直径】菜单命令；

• 在命令行中输入 "DIMDIAMETER/DDI" 命令并按空格键确认；

• 单击【默认】选项卡→【注释】面板中的【直径】按钮。

下面以标注圆形的直径为例，对【直径标注】命令的应用进行详细介绍。

Step 01 打开随书光盘中的 "素材\CH12\直径标

注.dwg"文件。

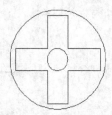

Step 02 单击【默认】选项卡→【注释】面板中的【直径】按钮◉，在绘图区域中单击选择如图所示的圆形作为标注对象。

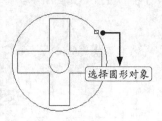

选择圆形对象

Step 03 在绘图区域中拖动鼠标并单击鼠标左键，指定尺寸线的位置，如图所示。

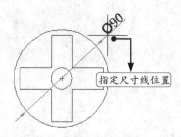

指定尺寸线位置

Step 04 结果如图所示。

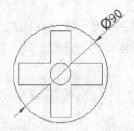

Step 05 重复上述步骤，对另外一个圆形进行直径标注，结果如图所示。

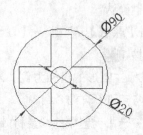

一般当圆弧的角度小于180°时用半径标注，当圆弧的角度大于180°时用直径标注。

12.1.5 角度标注

角度尺寸标注用于标注两条直线之间的夹角、三点之间的角度以及圆弧的角度。AutoCAD提供了【角度】命令来创建角度尺寸标注。

【角度】标注命令的几种常用调用方法如下。

• 选择【标注】→【角度】菜单命令；

• 在命令行中输入"DIMANGULAR/DAN"命令并按空格键确认；

• 单击【默认】选项卡→【注释】面板中的【角度】按钮◢。

下面以标注三角形内角为例，对【角度】标注命令的应用进行详细介绍。

Step 01 打开随书光盘中的"素材\CH12\角度标注.dwg"文件。

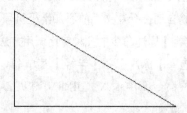

Step 02 单击【默认】选项卡→【注释】面板中的【角度】按钮◢，命令行提示如下。

命令: _dimangular

选择圆弧、圆、直线或 <指定顶点>:

命令行中各选项含义如下。

【选择圆弧】：使用选定圆弧上的点作为三点角度标注的定义点。圆弧的圆心是角度的顶点，圆弧端点成为尺寸界线的原点。在尺寸界线之间绘制一条圆弧作为尺寸线，尺寸界线从角度端点绘制到尺寸线交点。

【选择圆】：选择位于圆周上的第一个定义点作为第一条尺寸界线的原点；第二个定义点作为第二条尺寸界线的原点，且该点无需位于圆上；圆的圆心是角度的顶点。

【选择直线】：用两条直线定义角度。程序通过将每条直线作为角度的矢量，将直线的交点作为角度顶点来确定角度。尺寸线跨越这两条直线之间的角度。如果尺寸线与被标注的直线不相交，将根据需要添加尺寸界线，以延长一条或两条直线，圆弧总是小于180°。

【指定顶点】：创建基于指定三点的标注。角度顶点可以同时为一个角度端点。如果需要尺寸界线，那么角度端点可用作尺寸界线的原点。在尺寸界线之间绘制一条圆弧作为尺寸线，尺寸界线从角度端点绘制到尺寸线交点。

Step 03 在绘图区域中单击选择第一条直线，如图所示。

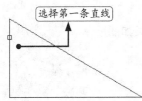

Step 04 在绘图区域中拖动鼠标并单击选择第二条直线，如图所示。

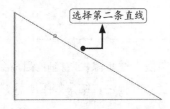

Step 05 命令行提示如下。

指定标注弧线位置或 [多行文字(M)/文字(T)/角度(A)/象限点(Q)]:

【象限点】：指定标注应锁定到的象限。打开象限行为后，将标注文字放置在角度标注外时，尺寸线会延伸超过尺寸界线

Step 06 在绘图区域中拖动鼠标并单击确定尺寸线的位置，如图所示。

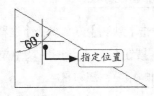

Step 07 结果如图所示。

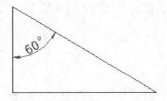

Step 08 重复上述步骤，对三角形的另外一个内角进行角度标注，结果如图所示。

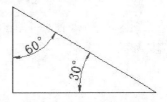

12.1.6 实例：标注挂轮架零件图

下面将综合利用线性标注、半径标注、直径标注和角度标注对挂轮架零件图进行尺寸标注，具体操作步骤如下。

1. 添加线性标注

Step 01 打开光盘中的"素材\CH12\挂轮架.dwg"文件。

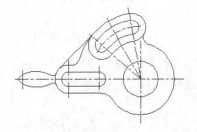

Step 02 单击【默认】选项卡→【注释】面板中的【线性】按钮，在绘图区域中捕捉如图所示的象限点作为第一个尺寸界线的原点。

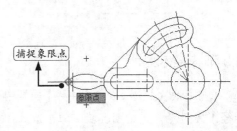

Step 03 在绘图区域中拖动鼠标并捕捉如图所示的端点作为第二个尺寸界线的原点。

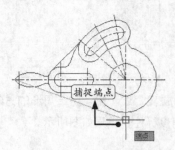

Step 04 在绘图区域中拖动鼠标并单击，指定尺寸线的位置，如图所示。

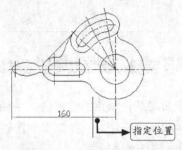

Step 05 结果如图所示。

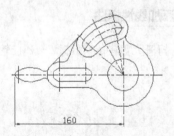

Step 06 重复上述步骤，对挂轮架图形的其他位置进行线性尺寸标注，结果如图所示。

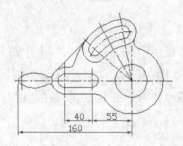

2. 添加半径标注

Step 01 单击【默认】选项卡→【注释】面板中的【半径】按钮◎，在绘图区域中单击选择如图所示的圆弧作为标注对象。

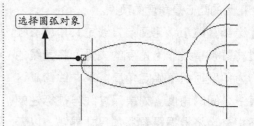

Step 02 在绘图区域中拖动鼠标并单击，指定尺寸线的位置，如图所示。

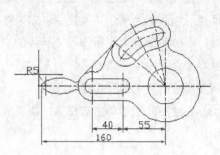

Step 03 结果如图所示。

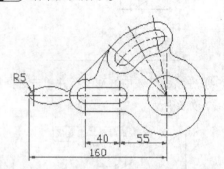

Step 04 重复上述步骤，对挂轮架图形的其他位置进行半径尺寸标注，结果如图所示。

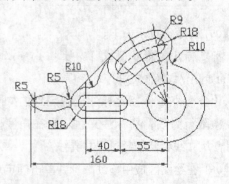

3. 添加直径标注

Step 01 单击【默认】选项卡→【注释】面板中的【直径】按钮◎，在绘图区域中单击选择如图所示的圆弧作为标注对象。

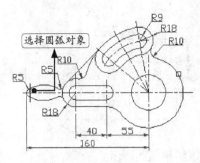

Step 02 在绘图区域中拖动鼠标并单击，指定尺寸线的位置，如图所示。

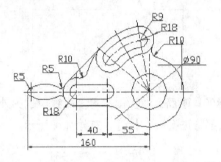

Step 03 结果如图所示。

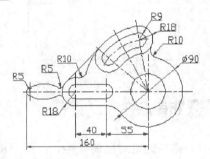

Step 04 重复上述步骤，对挂轮架图形的其他位置进行直径尺寸标注，结果如图所示。

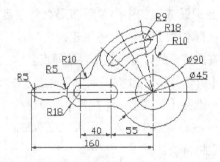

4. 添加角度标注

Step 01 单击【默认】选项卡→【注释】面板中的【角度】按钮△，在绘图区域中单击选择如图所示的点划线作为第一条直线。

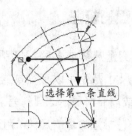

Step 02 在绘图区域中拖动鼠标并单击，选择如图所示的点划线作为第二条直线。

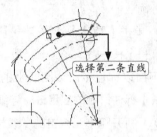

Step 03 在绘图区域中拖动鼠标并单击确定尺寸线的位置，如图所示。

Step 04 结果如图所示。

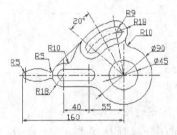

Step 05 重复上述步骤，对挂轮架图形的其他位置进行角度标注，结果如图所示。

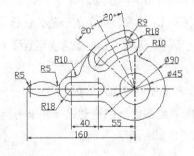

12.1.7 弧长标注

用于测量圆弧或多段线圆弧上的距离，弧长标注的尺寸界线可以正交或径向，在标注文字的上方或前面将显示圆弧符号。

【弧长】标注命令的几种常用调用方法如下。

• 选择【标注】→【弧长】菜单命令；

• 在命令行中输入"DIMARC/DAR"命令并按空格键确认；

• 单击【默认】选项卡→【注释】面板中的【弧长】按钮。

下面以标注多段线圆弧上的距离为例，对【弧长】标注命令的应用进行详细介绍。

Step 01 打开随书光盘中的"素材\CH12\弧长标注.dwg"文件。

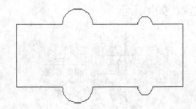

Step 02 单击【默认】选项卡→【注释】面板中的【弧长】按钮，在绘图区域中单击选择如图所示的圆弧作为标注对象。

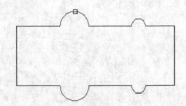

Step 03 命令行提示如下。

指定弧长标注位置或 [多行文字(M)/文字(T)/角度(A)/部分(P)/引线(L)]：

命令行中选项含义如下。

【部分】：选择圆弧上的一部分进行标注。

【引线】：添加引线对象。仅当圆弧（或圆弧段）大于90°时才会显示此选项。引线是按径向绘制的，指向所标注圆弧的圆心。

Step 04 在绘图区域中拖动鼠标并单击指定尺寸线的位置，如图所示。

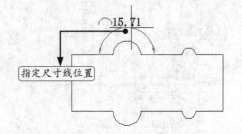

Step 05 结果如图所示。

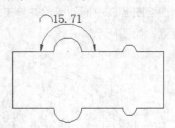

Step 06 重复上述步骤，对多段线中的另外一段圆弧部分进行弧长标注，结果如图所示。

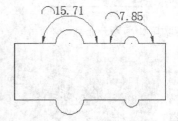

12.1.8 折弯标注

用于测量选定对象的半径，并显示前面带有一个半径符号的标注文字。可以在任意合适的位置指定尺寸线的原点。

当圆弧或圆的中心位于布局之外并且无法在其实际位置显示时，将创建折弯半径标注，可以在更方便的位置指定标注的原点。

【折弯】标注命令的几种常用调用方法如下。

• 选择【标注】→【折弯】菜单命令；

• 在命令行中输入"DIMJOGGED/DJO"命令并按空格键确认；

• 单击【默认】选项卡→【注释】面板中的【折弯】按钮。

下面将对圆弧图形进行折弯标注，具体操作步骤如下。

Step 01 打开随书光盘中的"素材\CH12\折弯标

注.dwg" 文件。

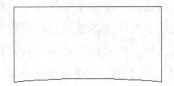

Step 02 单击【默认】选项卡→【注释】面板中的【折弯】按钮 ，在绘图区域中单击选择如图所示的圆弧作为标注对象。

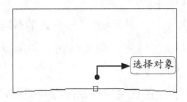

选择对象

Step 03 在绘图区域中拖动鼠标并单击指定图示中心位置，如图所示。

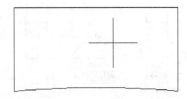

Step 04 在绘图区域中拖动鼠标并单击指定尺寸线的位置，如图所示。

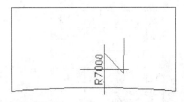

Step 05 在绘图区域中拖动鼠标并单击指定折弯位置，如图所示。

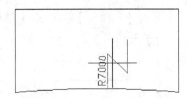

Step 06 结果如图所示。

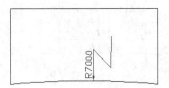

12.1.9 基线标注

从上一个标注或选定标注的基线处创建线性标注、角度标注或坐标标注。可以通过"标注样式管理器"和"基线间距"（DIMDLI系统变量）设定基线标注之间的默认间距。

【基线】标注命令的几种常用调用方法如下。

• 选择【标注】→【基线】菜单命令；

• 在命令行中输入"DIMBASELINE/DBA"命令并按空格键确认；

• 单击【注释】选项卡→【标注】面板中的【基线】按钮 。

下面将对装饰图案图形进行线性尺寸的基线标注，具体操作步骤如下。

Step 01 打开随书光盘中的"素材\CH12\基线标注.dwg"文件。

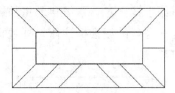

Step 02 单击【默认】选项卡→【注释】面板中的【线性】按钮 ，在绘图区域中捕捉如图所示的端点作为第一个尺寸界线的原点。

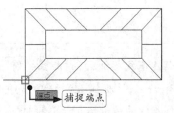

端点 捕捉端点

Step 03 在绘图区域中拖动鼠标并捕捉如图所示的端点作为第二个尺寸界线的原点。

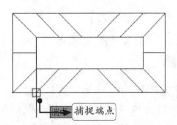

端点 捕捉端点

Step 04 在绘图区域中拖动鼠标并单击，指定尺寸线的位置，如图所示。

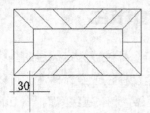

Step 05 结果如图所示。

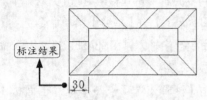

标注结果

Step 06 在命令行输入"DIMDLI"并按【Enter】键确认，命令行提示如下。

命令: DIMDLI

输入 DIMDLI 的新值 <3.7500>: 22

Step 07 单击【注释】选项卡→【标注】面板中的【基线】按钮，系统自动将前面创建的距离值为"30"的线性标注作为基线标注的基准，如图所示。

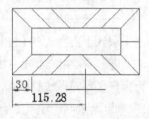

Tips

在创建基线标注、连续标注之前，应先创建或至少有一个线性标注、坐标标注或角度标注以用作基线标注的基准。如果当前图中未创建任何标注，将提示用户选择基准标注。

Step 08 命令行提示如下。

指定第二条尺寸界线原点或 [放弃(U)/选择(S)] <选择>:

命令行中各选项含义如下。

【第二条尺寸界线原点】：默认情况下，使用基线标注的第一条尺寸界线作为基线标注的尺寸界线原点。可以通过显示的基线标注来替换默认情况，这时作为基准的尺寸界线是离选择拾取点最近的基准标注的尺寸界线。选择第二点之后，将绘制基线标注并再次显示"指定第二条尺寸界线原点"提示。若要结束此命令，请按【Esc】键。若要选择其他线性标注、坐标标注或角度标注用作基线标注的基准，请按【Enter】键。

【放弃】：放弃在命令任务期间上一次输入的基线标注。

【选择】：不用AutoCAD默认的基准，重新选择一个线性标注、坐标标注或角度标注作为基线标注的基准。

Step 09 在绘图区域中拖动鼠标并捕捉如图所示的端点作为第二条尺寸界线的原点。

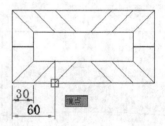

端点

Step 10 继续在绘图区域中拖动鼠标并捕捉相应端点分别作为第二条尺寸界线的原点，如图所示。

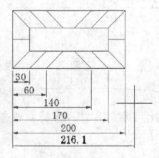

Step 11 按两次【Enter】键结束【基线】命令，结果如图所示。

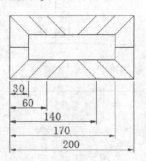

12.1.10 连续标注

自动从创建的上一个线性标注、角度标注或坐标标注继续创建其他标注，或者从选定的尺寸界线继续创建其他标注。系统将自动排列尺寸线。

【连续】标注命令的几种常用调用方法如下。

● 选择【标注】→【连续】菜单命令；

● 在命令行中输入"DIMCONTINUE/DCO"命令并按空格键确认；

● 单击【注释】选项卡→【标注】面板中的【连续】按钮▥。

下面将对圆弧图形进行角度尺寸的连续标注，具体操作步骤如下。

Step 01 打开随书光盘中的"素材\CH12\连续标注.dwg"文件。

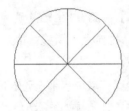

Step 02 单击【默认】选项卡→【注释】面板中的【角度】按钮◢，在绘图区域中选择如图所示的圆弧段作为标注对象。

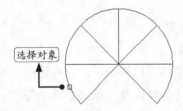

Step 03 在绘图区域中拖动鼠标并单击指定尺寸线的位置，如图所示。

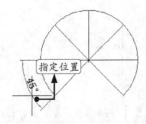

Step 04 结果如图所示。

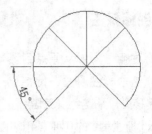

Step 05 单击【注释】选项卡→【标注】面板中的【连续】按钮▥，绘图区域显示如图所示。

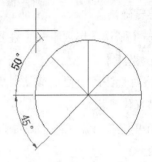

Step 06 在绘图区域中拖动鼠标并捕捉如图所示的端点作为第二条尺寸界线的原点。

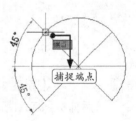

Step 07 继续在绘图区域中捕捉相应端点分别作为第二条尺寸界线的原点，如图所示。

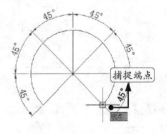

Step 08 按两次【Enter】键结束【连续】标注命令，结果如图所示。

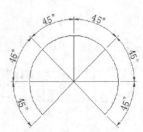

12.1.11 坐标标注

坐标标注用于测量从原点到要素的水平或垂直距离。这些标注通过保持特征与基准点之间的精确偏移量，来避免误差增大。

【坐标】标注命令的几种常用调用方法如下。

- 选择【标注】→【坐标】菜单命令；
- 在命令行中输入"DIMORDINATE/DOR"命令并按空格键确认；
- 单击【默认】选项卡→【注释】面板中的【坐标】按钮 ⊥。

下面将对直线段上面的节点对象进行坐标标注，具体操作步骤如下。

Step 01 打开随书光盘中的"素材\CH12\坐标标注.dwg"文件。

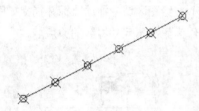

Step 02 单击【工具】→【新建UCS】→【原点】菜单命令，然后捕捉如下图所示的端点作为新的坐标原点。

Step 03 结果如下图所示。

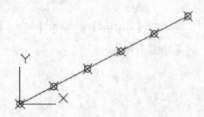

Step 04 单击【默认】选项卡→【注释】面板中的【坐标】按钮 ⊥，在绘图区域中捕捉如图所示的端点。

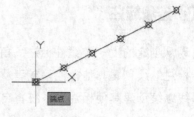

Step 05 命令行提示如下。

指定引线端点或 [X 基准(X)/Y 基准(Y)/多行文字(M)/文字(T)/角度(A)]:

命令行中各选项含义如下。

【指定引线端点】：使用点坐标和引线端点的坐标差可确定它是x坐标标注还是y坐标标注。如果y坐标的标注差较大，标注就测量X坐标。否则就测量y坐标。

【X基准】：测量x坐标并确定引线和标注文字的方向。将显示"引线端点"提示，从中可以指定端点。

【Y基准】：测量y坐标并确定引线和标注文字的方向。将显示"引线端点"提示，从中可以指定端点。

Step 06 在绘图区域中水平拖动鼠标并单击指定引线端点的位置，结果如图所示。

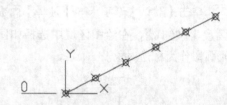

Step 07 重复【坐标】标注命令，并在绘图区域中捕捉上一步所示的端点，然后在绘图区域中垂直拖动鼠标并单击指定引线端点的位置，结果如图所示。

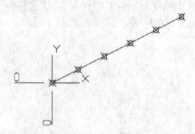

Step 08 重复【坐标】标注命令，在绘图区域中继续对其他节点进行坐标标注，结果如图所示。

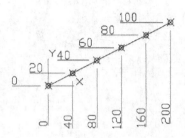

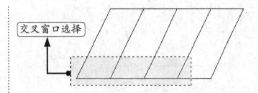

Step 09 单击【工具】→【新建UCS】→【世界】菜单命令，结果如图所示。

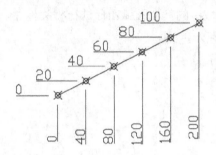

12.1.12 快速标注

为了提高标注尺寸的速度，AutoCAD提供了【快速标注】命令。启用【快速标注】命令后，一次选择多个图形对象，AutoCAD将自动完成标注操作。

【快速标注】命令的几种常用调用方法如下。

• 选择【标注】→【快速标注】菜单命令；

• 在命令行中输入"QDIM"命令并按空格键确认；

• 单击【注释】选项卡→【标注】面板中的【快速】按钮。

下面将对【快速标注】命令的应用进行详细介绍，具体操作步骤如下。

Step 01 打开随书光盘中的"素材\CH12\快速标注.dwg"文件。

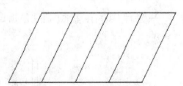

Step 02 选择【标注】→【快速标注】菜单命令，在绘图区域中选择如图所示的部分区域作为标注对象，并按【Enter】键确认。

Step 03 命令行提示如下。

指定尺寸线位置或 [连续(C)/并列(S)/基线(B)/坐标(O)/半径(R)/直径(D)/基准点(P)/编辑(E)/设置(T)] <连续>:

命令行中各选项含义如下。

【连续】：创建一系列连续标注，其中线性标注线端对端地沿同一条直线排列。

【并列】：创建一系列并列标注，其中线性尺寸线以恒定的增量相互偏移。

【基线】：创建一系列基线标注，其中线性标注共享一条公用尺寸界线。

【坐标】：创建一系列坐标标注，其中元素将以单个尺寸界线以及X或Y值进行注释，相对于基准点进行测量。

【半径】：创建一系列半径标注，其中将显示选定圆弧和圆的半径值。

【直径】：创建一系列直径标注，其中将显示选定圆弧和圆的直径值。

【基准点】：为基线和坐标标注设置新的基准点。

【编辑】：在生成标注之前，删除出于各种考虑而选定的点位置。

【设置】：为指定尺寸界线原点（交点或端点）设置对象捕捉优先级。

Step 04 在绘图区域中拖动鼠标并单击指定尺寸线的位置，如图所示。

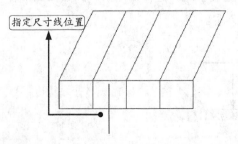

Step 05 结果如图所示。

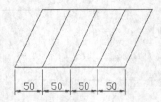

12.1.13 创建圆心标记

创建圆和圆弧的圆心标记或中心线。可以通过【标注样式管理器】对话框或DIMCEN系统变量对圆心标记进行设置。

【圆心标记】标注命令的几种常用调用方法如下。

- 选择【标注】→【圆心标记】菜单命令；
- 在命令行中输入"DIMCENTER/DCE"命令并按空格键确认。

下面将对圆形进行圆心标记的创建，具体操作步骤如下。

Step 01 打开随书光盘中的"素材\CH12\圆心标记.dwg"文件。

Step 02 在命令行中输入系统变量"DIMCEN"并按【Enter】键确认，命令行提示如下。

命令: DIMCEN

输入 DIMCEN 的新值 <2.5000>: 2 ↙

Step 03 选择【标注】→【圆心标记】菜单命令，在绘图区域中选择如图所示的圆弧图形作为标注对象。

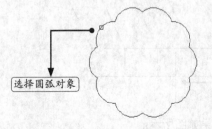

选择圆弧对象

Step 04 结果如图所示。

Step 05 重复【圆心标记】标注命令，继续对绘图区域中的其他圆弧图形进行相关标注，结果如图所示。

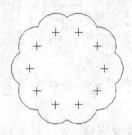

12.1.14 创建折弯线性标注

在线性标注或对齐标注中添加或删除折弯线。标注中的折弯线表示所标注的对象中的折断，标注值表示实际距离，而不是图形中测量的距离。

【折弯线性】标注命令的几种常用调用方法如下。

- 选择【标注】→【折弯线性】菜单命令；
- 在命令行中输入"DIMJOGLINE/DJL"命令并按空格键确认；
- 单击【注释】选项卡→【标注】面板中的【折弯标注】按钮 ⌁ 。

下面将对线性标注对象添加以及删除折弯线，具体操作步骤如下。

Step 01 打开光盘中的"素材\CH12\折弯线性标注.dwg"文件。

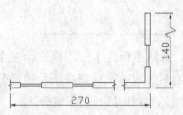

Step 02 选择【标注】→【折弯线性】菜单命令，命令行提示如下。

选择要添加折弯的标注或 [删除(R)]:

命令行中各选项含义如下。

【添加折弯】：指定要向其添加折弯的线性标注或对齐标注。系统将提示用户指定折弯的位置。按【Enter】键可在标注文字与第一条尺寸界线之间的中点处放置折弯，或在基于标注文字位置的尺寸线的中点处放置折弯。

【删除】：指定要从中删除折弯的线性标注或对齐标注。

Step 03 在绘图区域中单击选择需要添加折弯的线性标注对象，如图所示。

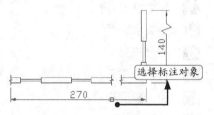

Step 04 在绘图区域中单击以指定折弯位置，如图所示。

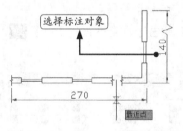

Step 05 结果如图所示。

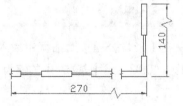

Step 06 选择【标注】→【折弯线性】菜单命令，命令行提示如下。

命令: _DIMJOGLINE

选择要添加折弯的标注或 [删除(R)]:r

Step 07 在绘图区域中单击选择需要删除折弯的线性标注对象，如图所示。

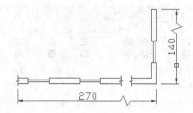

Step 08 结果如图所示。

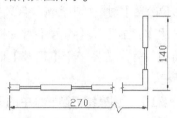

12.1.15 标注形位公差

创建包含在特征控制框中的形位公差。形位公差用于表示形状、轮廓、方向、位置和跳动的允许偏差。特征控制框可通过引线使用TOLERANCE、LEADER或QLEADER进行创建。

【公差】标注命令的几种常用调用方法如下。

• 选择【标注】→【公差】菜单命令；

• 在命令行中输入"TOLERANCE/TOL"命令并按空格键确认；

• 单击【注释】选项卡→【标注】面板中的【公差】按钮。

下面将对三角皮带轮零件图进行形位公差标注，具体操作步骤如下。

Step 01 打开随书光盘中的"素材\CH12\三角皮带轮.dwg"文件。

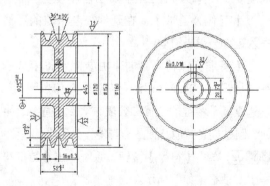

Step 02 选择【标注】→【公差】菜单命令，系统弹出【形位公差】对话框，如图所示。

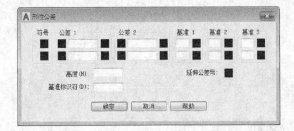

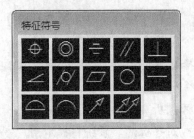

【形位公差】对话框中各选项含义如下。

【符号】：显示从【符号】对话框中选择的几何特征符号。选择一个【符号】框时，显示该对话框。

【公差1】：创建特征控制框中的第一个公差值。公差值指明了几何特征相对于精确形状的允许偏差量。可在公差值前插入直径符号，在其后插入包容条件符号。

【公差2】：在特征控制框中创建第二个公差值。以与第一个相同的方式指定第二个公差值。

【基准1】：在特征控制框中创建第一级基准参照。基准参照由值和修饰符号组成。基准是理论上精确的几何参照，用于建立特征的公差带。

【基准2】：在特征控制框中创建第二级基准参照，方式与创建第一级基准参照相同。

【基准3】：在特征控制框中创建第三级基准参照，方式与创建第一级基准参照相同。

【高度】：创建特征控制框中的投影公差零值。投影公差带控制固定垂直部分延伸区的高度变化，并以位置公差控制公差精度。

【延伸公差带】：在延伸公差带值的后面插入延伸公差带符号。

【基准标识符】：创建由参照字母组成的基准标识符。基准是理论上精确的几何参照，用于建立其他特征的位置和公差带。点、直线、平面、圆柱或者其他几何图形都能作为基准。

Step 03 单击【符号】按钮，系统弹出【特征符号】对话框，如图所示。

【特征符号】对话框中各符号含义如下。

⊕：位置符号；

◎：同轴（同心）度符号；

═：对称度符号；

∥：平行度符号；

⊥：垂直度符号；

∠：倾斜度符号；

⌀：柱面性符号；

▱：平面度符号；

○：圆度符号；

─：直线度符号；

⌓：面轮廓度符号；

⌒：线轮廓度符号；

↗：圆跳动符号；

⌰：全跳动符号。

Step 04 单击【垂直度符号】按钮⊥，结果如图所示。

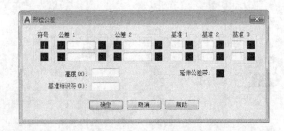

Step 05 在【形位公差】对话框中输入【公差1】的值为"0.02"，【基准1】的值为【A】，如图所示。

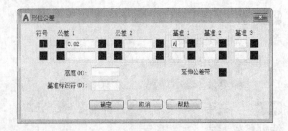

Step 06 单击【确定】按钮，在绘图区域中单击指定公差位置，如图所示。

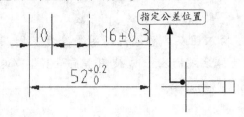

Step 07 结果如图所示。

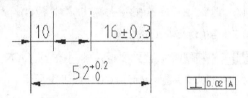

Step 08 在命令行输入"L"并按空格键，然后在绘图区域中单击指定直线的起点，如图所示。

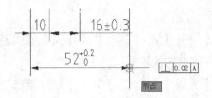

Step 09 拖动鼠标指定直线的第二点，如图所示。

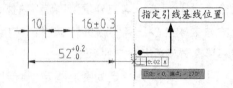

Step 10 按空格键结束【直线】命令，结果如图所示。

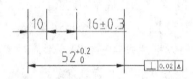

12.2 智能标注——dim功能

【dim】命令可以实现在同一命令任务中创建多种类型的标注。【dim】命令支持的标注类型包括垂直标注、水平标注、对齐标注、旋转的线性标注、角度标注、半径标注、直径标注、折弯半径标注、弧长标注、基线标注和连续标注。

调用【dim】命令后，将光标悬停在标注对象上时，将自动预览要使用的合适标注类型。选择对象、线或点进行标注，然后单击绘图区域中的任意位置绘制标注。

【dim】标注命令的几种常用调用方法如下。

• 在命令行中输入"dim"命令并按空格键确认；

• 单击【默认】选项卡→【注释】面板→【标注】按钮▦；

• 单击【注释】选项卡→【标注】面板→【标注】按钮▦。

调用【dim】命令后，命令行提示如下。

命令: _dim

选择对象或指定第一个尺寸界线原点或 [角

度(A)/基线(B)/连续(C)/坐标(O)/对齐(G)/分发(D)/图层(L)/放弃(U)]:

命令行各选项的含义如下。

【选择对象】：自动为所选对象选择合适的标准类型，并显示与该标注类型相对应的提示。圆弧：默认显示半径标注；圆：默认显示直径标注；直线：默认为线性标注。

【第一条尺寸界线原点】：选择两个点时创建线性标注。

【角度】：创建一个角度标注来显示三个点或两条直线之间的角度（同 DIMANGULAR 命令）。

【基线】：从上一个或选定标准的第一条界线创建线性、角度或坐标标注（同 DIMBASELINE 命令）。

【连续】：从选定标注的第二条尺寸界线创建线性、角度或坐标标注（同 DIMCONTINUE 命令）。

【坐标】：创建坐标标注（同 DIMORDINATE 命令），相比坐标标注，可以调用一次命令进行多个标注。

【对齐】：将多个平行、同心或同基准标注对齐到选定的基准标注。

【分发】：指定可用于分发一组选定的孤立线性标注或坐标标注的方法，有相等和偏移两个选项。相等：均匀分发所有选定的标注。此方法要求至少三条标注线；偏移：按指定的偏移距离分发所有选定的标注。

【图层】：为指定的图层指定新标注，以替代当前图层，该选项在创建复杂图形时尤为有用，选定标注图层后即可标注，不需要在标注图层和绘图图层之间来回切换。

【放弃】：反转上一个标注操作。

下面以标注方凳三视图为例，对智能标注命令各选项的应用进行详细介绍。

1. 标注仰视图外轮廓

Step 01 打开光盘中的"素材\CH12\方凳.dwg"文件。

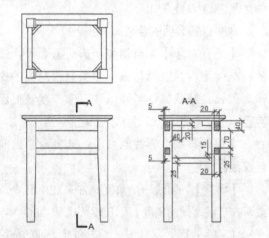

Step 02 单击【默认】选项卡→【注释】面板→【标注】按钮，然后在命令行输入"L"，然后输入"标注"，在标注层上进行标注，命令行提示如下。

命令: _dim

选择对象或指定第一个尺寸界线原点或 [角度(A)/基线(B)/连续(C)/坐标(O)/对齐(G)/分发(D)/图层(L)/放弃(U)]:L

输入图层名称或选择对象来指定图层以放置标注或输入 . 以使用当前设置 [?/退出(X)]<"轮廓线">:标注

输入图层名称或选择对象来指定图层以放置标注或输入 . 以使用当前设置 [?/退出(X)]<"标注">:

选择对象或指定第一个尺寸界线原点或 [角度(A)/基线(B)/连续(C)/坐标(O)/对齐(G)/分发(D)/图层(L)/放弃(U)]:

Step 03 将鼠标放置到要标注的对象上，CAD对自动判断该对象并显示标注尺寸，如下图所示。

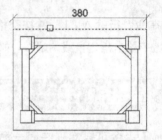

Step 04 单击鼠标左键选中对象，然后拖动鼠标选择尺寸线的放置位置，如图所示。

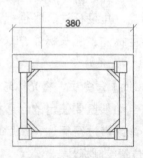

Step 05 确定标注位置后单击鼠标左键，结果如下图所示。

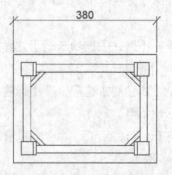

Step 06 重复上述步骤，选择外轮廓的另一条边

进行标注，结果如图所示。

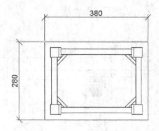

Step 07 继续标注，选择如图所示的端点作为标注的第一点。

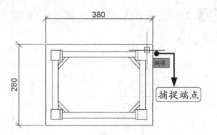

Step 08 捕捉如下图所示的节点为标注的第二点。

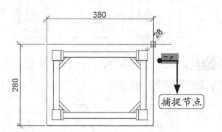

Step 09 向上拖动鼠标进行线性标注，如下图所示。

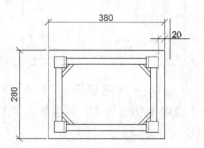

Step 10 在合适的位置单击鼠标左键，结果如图所示。

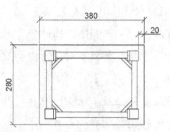

2. 标注仰视图其他对象

Step 01 重复上述步骤，标注另一个长度为20的尺寸，结果如图所示。

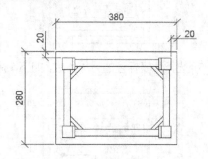

Step 02 继续标注，选择如图所示的中点作为标注的第一点。

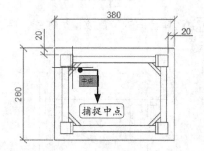

Step 03 捕捉如下图所示的另一条斜线的中点为标注的第二点。

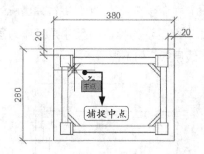

Step 04 沿标注尺寸方向拖动鼠标进行对齐标注，结果如下图所示。

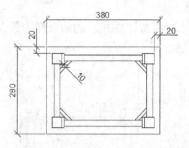

Step 05 在命令行输入"A"进行角度标注，然后选择角度标注的第一条边，如下图所示。

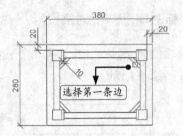

Step 06 选择角度标注的另一条边，如下图所示。

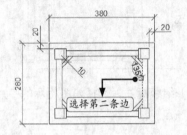

Step 07 选择合适的位置放置尺寸线，结果如下图所示。

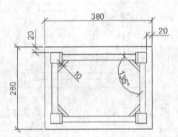

Step 08 在命令行输入"C"进行连续标注，然后以如下图所示的标注的尺寸界线作为第一个尺寸界线原点，如下图所示。

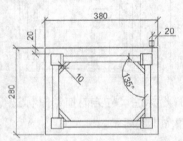

Step 09 捕捉如下图所示的端点作为第二个尺寸界线的原点。

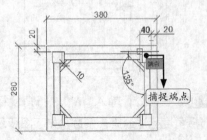

Step 10 捕捉如下图所示的端点作为另一条连续标注的第二个尺寸界线的原点。

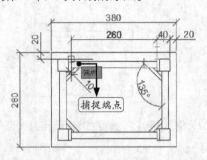

Step 11 按空格键结束连续标注后结果如下图所示。

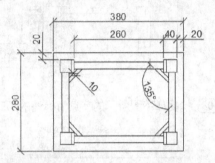

Step 12 重复连续标注，对另一边也进行连续标注，结果如下图所示。

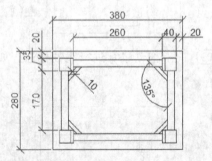

Step 13 连续按空格键退出连续标注回到【dim】命令的初始状态，然后输入"D"并根据提示设置分发距离。

选择对象或指定第一个尺寸界线原点或 [角度(A)/基线(B)/连续(C)/坐标(O)/对齐(G)/分发(D)/图层(L)/放弃(U)]:   d   ↙

当前设置: 偏移 (DIMDLI) = 3.750000

指定用于分发标注的方法 [相等(E)/偏移(O)]<相等>:o   ↙

选择基准标注或 [偏移(O)]:o   ↙

指定偏移距离 <3.750000>:6   ↙

Step 14 选择标注为260的尺寸作为基准标注，如下图所示。

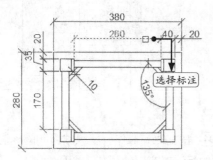

Step 15 选择标注为380的尺寸作为要分发的标注，如下图所示。

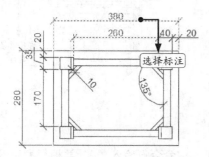

Step 16 按空格键后结果如下图所示。

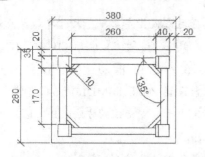

Step 17 重复分发标注，选择标注为170的尺寸作为基准标注，标注为280的尺寸为分发标注，结果如下图所示。

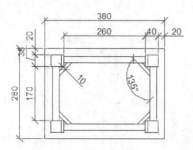

3. 标注主视图

Step 01 将鼠标指针放置到要标注的对象上，单击鼠标选中对象，然后拖动鼠标选择尺寸线的放置位置，如图所示。

Step 02 继续标注，捕捉两点进行线性标注，结果如下图所示。

Step 03 输入"B"进行基线标注，并捕捉尺寸为10的标注的上尺寸界线为基线的第一个尺寸界线原点，如下图所示。

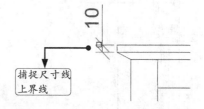

Step 04 捕捉如下图所示的端点为第二尺寸界线的原点。

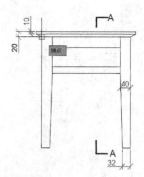

Step 05 继续捕捉如下图所示的端点作为下一尺寸线界线的原点。

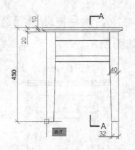

Step 06 标注完成后结果如下图所示。

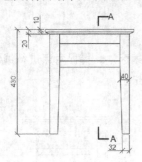

4. 调整左视图标注

Step 01 退出基础标注回到【dim】命令的初始状态，然后输入"G"进行对齐，选择尺寸为70的标注作为基准标注，如下图所示。

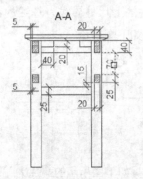

Step 02 选择尺寸为40的标注为要对齐到的标注，如下图所示。

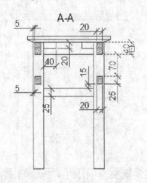

Step 03 按空格键后如下图所示。

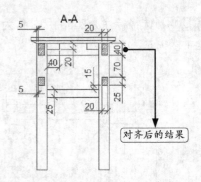

对齐后的结果

Step 04 重复对齐操作，将尺寸为20的标注和尺寸为5的标注对齐，结果如下图所示。

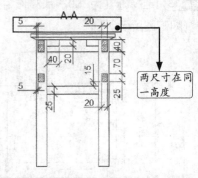

两尺寸在同一高度

Step 05 在命令行输入"D"并根据提示设置分发距离。

选择对象或指定第一个尺寸界线原点或 [角度(A)/基线(B)/连续(C)/坐标(O)/对齐(G)/分发(D)/图层(L)/放弃(U)]: d

当前设置: 偏移 (DIMDLI) =6.000000

指定用于分发标注的方法 [相等(E)/偏移(O)] <相等>:o

选择基准标注或 [偏移(O)]:o

指定偏移距离 <6.000000>:4

Step 06 选择标注为20的尺寸作为基准标注，如下图所示。

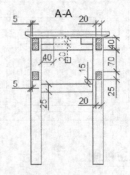

Step 07 选择标注为25和15的尺寸作为要分发

的标注，如下图所示。

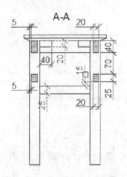

Step 08 按空格键后结果如下图所示。

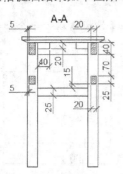

Step 09 按空格键或【Esc】键退出【dim】命令后结果如下图所示。

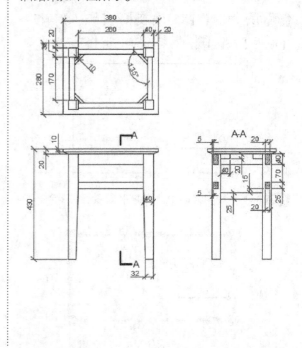

12.3 编辑标注

标注对象创建完成后可以根据需要对其进行编辑操作，以满足工程图纸的实际标注需求，下面将分别对标注对象的编辑方法进行详细介绍。

12.3.1 编辑关联性

标注可以是关联的、无关联的或分解的。关联标注根据所测量的几何对象的变化而进行调整。当系统变量DIMASSOC设置为2时，将创建关联标注；当系统变量DIMASSOC设置为1时，将创建非关联标注；当系统变量DIMASSOC设置为0时，将创建已分解的标注。

标注创建完成后，还可以通过【DIMREASSOCIATE】命令对其关联性进行编辑。

【重新关联标注】命令的几种常用调用方法如下。

• 选择【标注】→【重新关联标注】菜单命令；

• 在命令行中输入"DIMREASSOCIATE"命令并按空格键确认；

• 单击【注释】选项卡→【标注】面板中的【重新关联】按钮 。

下面以编辑线性标注对象为例，对标注关联性的编辑过程进行详细介绍，具体操作步骤如下。

1. 添加线性标注

Step 01 打开随书光盘中的"素材\CH12\编辑关联性.dwg"文件。

Step 02 在命令行中将系统变量【DIMASSOC】的新值设置为"1"，命令行提示如下。

命令: DIMASSOC

输入 DIMASSOC 的新值 <2>: 1 ↙

Step 03 单击【注释】选项卡→【标注】面板→【线性】按钮，对矩形的长边进行标注。

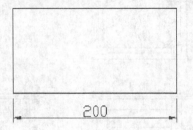

Step 04 在绘图区域中选择矩形对象，如图所示。

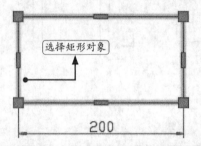

Step 05 在绘图区域中单击选择如图所示的矩形夹点。

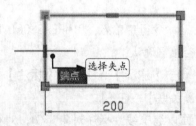

Step 06 在绘图区域中水平向右拖动鼠标并单击指定夹点的新位置，如图所示。

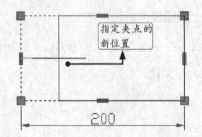

Step 07 按【Esc】键取消对矩形的选择，结果如图所示。

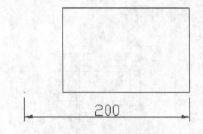

Tips

> 从上图可以看出，当前所创建的线性标注与矩形对象为非关联状态。

Step 08 利用【线性】标注命令对矩形的短边进行标注，结果如图所示。

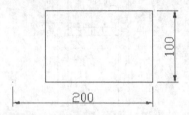

2. 创建关联标注

Step 01 单击【注释】选项卡→【标注】面板中的【重新关联】按钮，在绘图区域中选择如图所示的标注对象作为编辑对象。

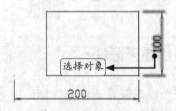

Step 02 按【Enter】键确认后，在绘图区域中捕捉如图所示的端点作为第一个尺寸界线原点。

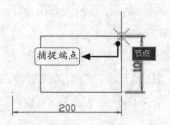

Step 03 在绘图区域中拖动鼠标并捕捉如图所示

的端点作为第二个尺寸界线原点。

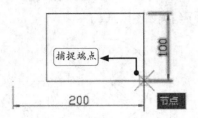

Step 04 结果如图所示。

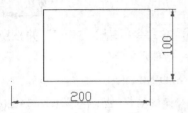

Step 05 在绘图区域中选择矩形对象,如图所示。

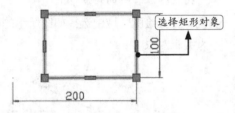

Step 06 在绘图区域中单击选择如图所示的矩形夹点。

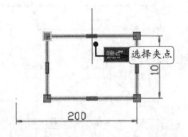

Step 07 在绘图区域中垂直向下拖动鼠标并单击指定夹点的新位置,如图所示。

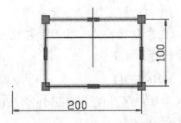

Step 08 按【Esc】键取消对矩形的选择,结果

如图所示。

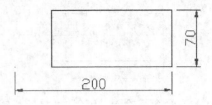

Tips

从上图可以看出,编辑后的线性标注与矩形对象为关联状态。

12.3.2 DIMEDIT(DED)编辑标注

【DIMEDIT(DED)】命令主要用于编辑标注文字和尺寸界线,可以旋转、修改或恢复标注文字、更改尺寸界线的倾斜角等。

在命令行输入"DED"并按空格键确认,命令行提示如下:

命令: DIMEDIT

输入标注编辑类型 [默认(H)/新建(N)/旋转(R)/倾斜(O)] <默认>:

命令行中各选项含义如下。

【默认】:将旋转标注文字移回默认位置。

【新建】:使用在位文字编辑器更改标注文字。

【旋转】:旋转标注文字。输入"0"将标注文字按缺省方向放置,缺省方向由【新建标注样式】对话框、【修改标注样式】对话框和【替代当前样式】对话框中的【文字】选项卡上的垂直和水平文字设置进行设置。该方向由DIMTIH和DIMTOH系统变量控制。

【倾斜】:当尺寸界线与图形的其他要素冲突时,【倾斜】选项将很有用处,倾斜角从USC的*x*轴进行测量。

下面对编辑标注命令的应用进行详细介绍,具体操作步骤如下。

Step 01 打开随书光盘中的"素材\CH12\编辑标注.dwg"文件。

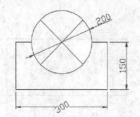

Step 02 在命令行输入"DED"并按空格键调用标注编辑命令，然后在命令行输入"H"并按空格键确认，命令行提示如下。

命令: DIMEDIT

输入标注编辑类型 [默认(H)/新建(N)/旋转(R)/倾斜(O)] <默认>: h

Step 03 在绘图区域中选择如图所示的标注对象作为编辑对象。

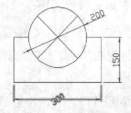

Step 04 按空格键确认，结果如图所示。

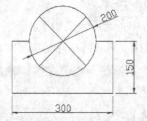

Step 05 在命令行输入"DED"并按空格键确认，命令行提示如下。

命令: DIMEDIT

输入标注编辑类型 [默认(H)/新建(N)/旋转(R)/倾斜(O)] <默认>: o

Step 06 在绘图区域中选择如图所示的标注对象作为编辑对象。

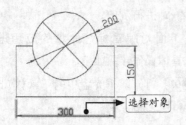

Step 07 按空格键确认，命令行提示如下。

输入倾斜角度 (按 ENTER 表示无): 75

Step 08 结果如图所示。

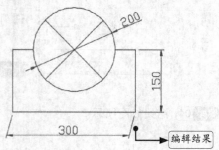

Step 09 在命令行输入"DED"并按空格键确认，命令行提示如下。

命令: DIMEDIT

输入标注编辑类型 [默认(H)/新建(N)/旋转(R)/倾斜(O)] <默认>: r

指定标注文字的角度: 45

Step 10 在绘图区域中选择如图所示的标注对象作为编辑对象。

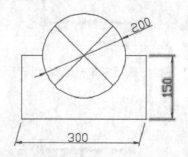

Step 11 结果如图所示。

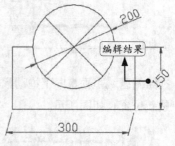

Step 12 在命令行输入"DED"并按空格键确认，命令行提示如下。

命令: DIMEDIT

输入标注编辑类型 [默认(H)/新建(N)/旋转(R)/倾斜(O)] <默认>: n

Step 13 在输入框输入"%%C200",如下图所示。

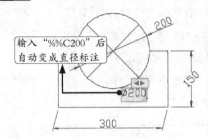

Step 14 在绘图区域中选择如图所示的标注对象作为编辑对象。

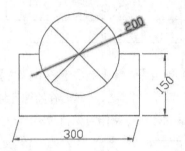

Step 15 结果如图所示。

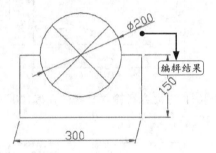

12.3.3 检验标注

检验标注用于指定应检查制造的部件的频率,以确保标注值和部件公差处于指定范围内。可以在现有标注中添加或删除检验标注。

【检验】标注命令的几种常用调用方法如下。

• 选择【标注】→【检验】菜单命令;

• 在命令行中输入"DIMINSPECT"命令并按空格键确认;

• 单击【注释】选项卡→【标注】面板中的【检验】按钮 ⊟。

调用【检验】命令,系统弹出【检验标注】对话框,如图所示。

【检验标注】对话框中各选项含义如下。

【选择标注】:指定应在其中添加或删除检验标注。

【删除检验】:从选定的标注中删除检验标注。

【圆形】:使用两端点上的半圆创建边框,并通过垂直线分隔边框内的字段。

【角度】:使用在两端点上形成90°角的直线创建边框,并通过垂直线分隔边框内的字段。

【无】:指定不围绕值绘制任何边框,并且不通过垂直线分隔字段。

【标签】:打开和关闭标签字段显示。

【标签值】:指定标签文字。选择【标签】复选框后,将在检验标注最左侧部分中显示标签。

【检验率】:打开和关闭比率字段显示。

【检验率值】:指定检验部件的频率。值以百分比表示,有效范围为0~100。选择【检验率】复选框后,将在检验标注的最右侧部分中显示检验率

下面将对机械图形进行检验标注,具体操作步骤如下。

Step 01 打开随书光盘中的"素材\CH12\检验标注.dwg"文件。

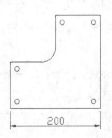

Step 02 选择【标注】→【检验】菜单命令,在弹出【检验标注】对话框上单击【选择标注】按钮⊞,然后在绘图区域中选择如图所示的标注对象。

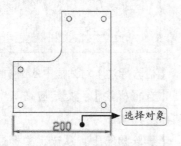

Step 03 按空格键确认,系统返回【检验标注】对话框,将"检验率"设置为"50%",如图所示。

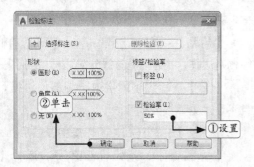

Step 04 单击【确定】按钮,结果如图所示。

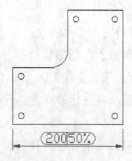

12.3.4 文字对齐方式

移动和旋转标注文字,并重新定位尺寸线。

【文字对齐】命令的几种常用调用方法如下。

• 选择【标注】→【文字对齐】菜单命令(选择一种适当的文字对齐方式);

• 在命令行中输入"DIMTEDIT/DIMTED"命令并按空格键确认;

• 单击【注释】选项卡→【标注】面板(选择一种适当的文字对齐方式)。

下面将对文字对齐命令的应用进行详细介绍,具体操作步骤如下。

Step 01 打开随书光盘中的"素材\CH12\文字对齐.dwg"文件。

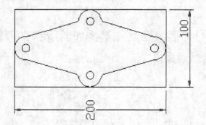

Step 02 单击【注释】选项卡→【标注】面板→【文字角度】按钮,然后在绘图区域中选择如图所示的标注对象作为编辑对象。

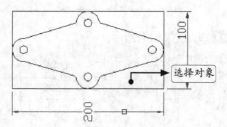

Step 03 在命令行输入文字的角度"0",结果如图所示。

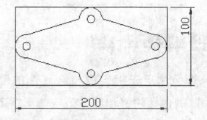

Step 04 单击【注释】选项卡→【标注】面板→【居中对正】按钮,然后在绘图区域中选择如图所示的标注对象作为编辑对象。

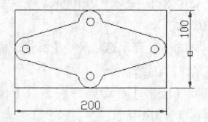

Step 05 结果如图所示。

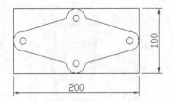

12.3.5 标注间距调整

调整线性标注或角度标注之间的间距。平行尺寸线之间的间距将设为相等，也可以通过使用间距值"0"使一系列线性标注或角度标注的尺寸线齐平。间距仅适用于平行的线性标注或共用一个顶点的角度标注。

【标注间距】命令的几种常用调用方法如下。

• 选择【标注】→【标注间距】菜单命令；

• 在命令行中输入"DIMSPACE"命令并按空格键确认；

• 单击【注释】选项卡→【标注】面板中的【调整间距】按钮🔲。

下面将对线性标注对象的标注间距进行调整，具体操作步骤如下。

Step 01 打开随书光盘中的"素材\CH12\标注间距.dwg"文件。

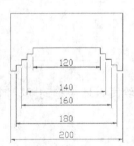

Step 02 单击【注释】选项卡→【标注】面板中的【调整间距】按钮🔲，在绘图区域中选择如图所示的线性标注对象作为基准标注。

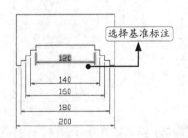

Step 03 在绘图区域中将其余线性标注对象全部选择，以作为要产生间距的标注对象，如图所示。

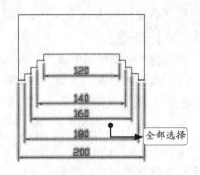

Step 04 按空格键确认，命令行提示如下。

输入值或 [自动(A)] <自动>:

命令行中各选项含义如下。

【输入值】：将间距值应用于从基准标注中选择的标注。例如，如果输入值为0.5000，则所有选定标注将以0.5000的距离隔开。可以使用间距值0（零）将选定的线性标注和角度标注的标注线末端对齐。

【自动】：基于在选定基准标注的标注样式中指定的文字高度自动计算间距。所得的间距值是标注文字高度的两倍。

Step 05 按空格键接受【自动】选项，结果如图所示。

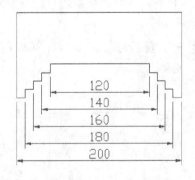

12.3.6 标注打断处理

在标注和尺寸界线与其他对象的相交处打断或恢复标注和尺寸界线。

【标注打断】命令的几种常用调用方法如下。

• 选择【标注】→【标注打断】菜单命令

● 在命令行中输入"DIMBREAK"命令并按空格键确认；

● 单击【注释】选项卡→【标注】面板中的【打断】按钮 。

调用【标注打断】命令后，命令行提示如下。

选择要打断标注的对象或 [自动(A)/手动(M)/删除(R)] <自动>:

命令行中各选项含义如下。

【自动（A）】：自动将打断标注放置在与选定标注相交的对象的所有交点处。修改标注或相交对象时，会自动更新使用此选项创建的所有打断标注。在具有任何打断标注的标注上方绘制新对象后，在交点处不会沿标注对象自动应用任何新的打断标注。要添加新的打断标注，必须再次运用此命令。

【手动（M）】：手动放置打断标注。为打断位置指定标注或尺寸界线上的两点。如果修改标注或相交对象，则不会更新使用此选项创建的任何打断标注。使用此选项，一次仅可以放置一个手动折断标注。

【删除（R）】：从选定的标注中删除所有打断标注。

下面将对线性标注对象进行打断处理，具体操作步骤如下。

Step 01 打开随书光盘中的"素材\CH12\标注打断.dwg"文件。

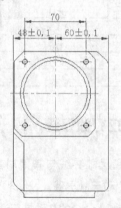

Step 02 单击【注释】选项卡→【标注】面板中的【打断】按钮 ，在绘图区域中选择如图所示的线性标注对象作为需要添加打断标注的对象。

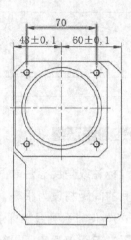

Step 03 在命令行中输入"M"并按空格键确认，命令行提示如下。

选择要折断标注的对象或 [自动(A)/手动(M)/删除(R)] <自动>: m ↙

Step 04 在绘图区域中捕捉第一个打断点。

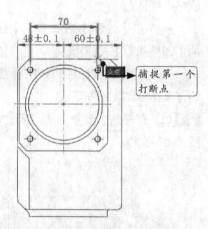

捕捉第一个
打断点

Step 05 在绘图区域中拖动鼠标捕捉第二个打断点。

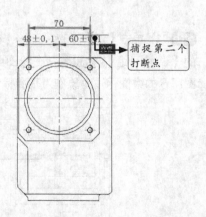

捕捉第二个
打断点

Step 06 结果如图所示。

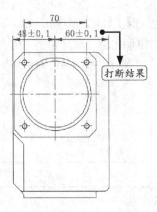

Step 07 重复【标注打断】命令，继续对绘图区域中的线性标注对象进行"手动"打断处理，结果如图所示。

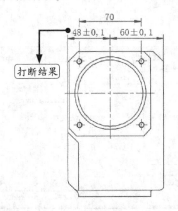

12.3.7 使用夹点编辑标注

在AutoCAD 2017中，标注对象同直线、多段线等图形对象一样可以使用夹点功能进行编辑，下面将对使用夹点编辑标注对象的方法进行详细介绍，具体操作步骤如下。

Step 01 打开随书光盘中的"素材\CH12\使用夹点编辑标注.dwg"文件。

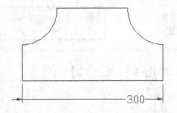

Step 02 在绘图区域中选择线性标注对象，如图所示。

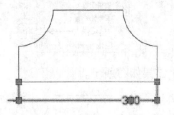

Step 03 单击选择如图所示的夹点。

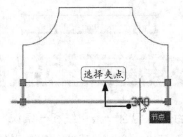

Step 04 在绘图区域中单击鼠标右键，在弹出的快捷菜单中选择【重置文字位置】选项。

Step 05 结果如图所示。

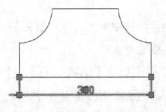

Step 06 在绘图区域中单击选择如图所示的夹点。

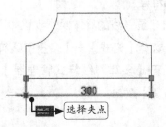

Step 07 在绘图区域中单击鼠标右键，在弹出的快捷菜单中选择【翻转箭头】选项。

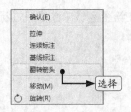

Step 08 结果如图所示。

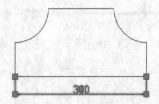

Step 09 按【Esc】键取消对标注对象的选择，结果如图所示。

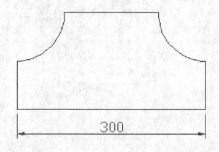

12.4 多重引线标注

引线对象包含一条引线和一条说明。多重引线对象可以包含多条引线，每条引线可以包含一条或多条线段，因此，一条说明可以指向图形中的多个对象。

12.4.1 设置多重引线样式

在创建多重引线之前，首先应该创建适合自己的多重引线样式，AutoCAD 2017中，调用【多重引线样式】命令的方法通常有以下几种。

• 选择【格式】→【多重引线样式】菜单命令；

• 在命令行中输入"MLEADERSTYLE/MLS"命令并按空格键确认；

• 单击【默认】选项卡→【注释】面板的下拉按钮，然后单击多重引线样式按钮；

• 单击【注释】选项卡→【引线】面板右下角的符号。

设置多重引线的具体操作步骤如下。

Step 01 选择【格式】→【多重引线样式】菜单命令，打开【多重引线样式管理器】对话框。单击【新建】按钮。

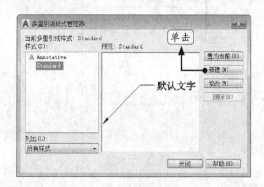

Step 02 弹出【创建新多重引线样式】对话框，设置【新样式名】为"样式1"，如下图所示。

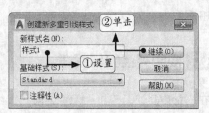

Step 03 单击【继续】按钮，在弹出的【新建多重引线样式：样式1】对话框中选择【引线格式】选项卡，并将【箭头符号】改为【小点】，大小设置为25，其他不变，如下图所示。

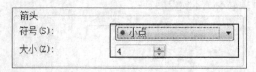

Step 04 单击【引线结构】选项卡，将【自动包含基线】选项的"√"去掉，其他设置不变，

如下图所示。

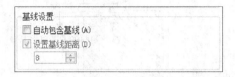

Step 05 单击【内容】选项卡，将文字高度设置为25，将最后一行加下划线，并且将基线间隙设置为0，其他设置不变，如下图所示。

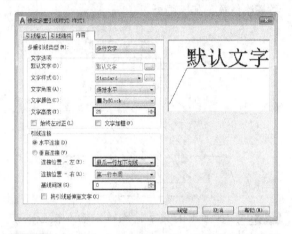

Step 06 单击【确定】按钮，回到【多重引线样式管理器】对话窗口后，单击【新建】按钮，以"样式1"为基础创建"样式2"，如下图所示。

Step 07 单击【继续】按钮，在弹出的对话框中单击【内容】选项卡，将"多重引线类型"设置为"块"，"源块"设置为"圆"，比例设置为5，如下图所示。

Step 08 单击【确定】按钮，回到【多重引线样式管理器】对话窗口后，单击【新建】按钮，以"样式2"为基础创建"样式3"，如下图所示。

Step 09 单击【继续】按钮，在弹出的对话框中单击【引线格式】选项卡，将【类型】改为"无"，其他设置不变。单击【确定】并单击【关闭】按钮。

Tips

当多重引线类型为"多行文字"时，下面会出现"文字选项"和"引线连接"等，"文字选项"区域主要控制多重引线文字的外观；"引线连接"主要控制多重引线的引线连接设置，它可以是水平连接，也可以是垂直连接。

当多重引线类型为"块"时，下面会出现"块选项"，它主要是控制多重引线对象中块内容的特性，包括源块、附着、颜色和比例。如下图为文字内容为"块"时的显示效果。只有"多重引线"的文字类型为"块"时才可以对多重引线进行"合并"操作。

12.4.2 多重引线的应用

"多重引线"可以从图形中的任意点或部件创建多重引线并在绘制时控制其外观。多重引线可先创建箭头，也可先创建尾部或内容。

调用【多重引线】标注命令通常有以下几种方法。

- 选择【标注】→【多重引线】菜单命令；
- 在命令行中输入"MLEADER/MLD"命令并按空格键；
- 单击【默认】选项卡→【注释】面板→【多重引线】按钮🔧；
- 单击【注释】选项卡→【引线】面板→【多重引线】按钮🔧。

执行【多重引线】命令后，CAD命令行提示如下：

指定引线箭头的位置或 [引线基线优先(L)/内容优先(C)/选项(O)] <选项>：

命令行中各选项含义如下。

【指定引线箭头的位置】：指定多重引线对象箭头的位置。

【引线基线优先】：选择该选项后，将先指定多重引线对象的基线的位置，然后再输入内容，CAD默认引线基线优先。

【内容优先】：选择该选项后，将线指定与多重引线对象相关联的文字或块的位置，然后在指定基线位置。

【选项】：指定用于放置多重引线对象的选项。

下面将对建筑施工图中所用材料进行多重引线标注，具体操作步骤如下。

Step 01 打开光盘中的"素材\CH12\多重引线标注.dwg"文件，如下图所示。

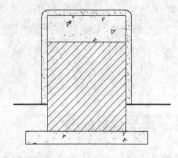

Step 02 创建一个和12.4.1节中"样式1"相同的多重引线样式，并将其置为当前。然后单击【默认】选项卡→【注释】面板→【多重引线】按钮🔧，在需要创建标注的位置单击，指定箭头的位置，如下图所示。

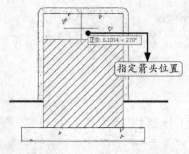

Step 03 拖动鼠标，在合适的位置单击，作为引线基线位置，如下图所示。

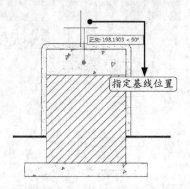

Step 04 在弹出的文字输入框中输入相应的文字，如下图所示。

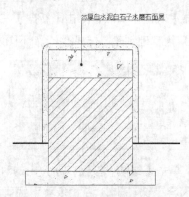

Step 05 重复上步操作，选择上步选择的"引线箭头"位置，在合适的高度指定引线基线的位置，然后输入文字，结果如下图所示。

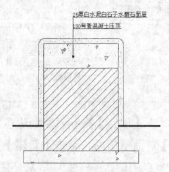

12.4.3 编辑多重引线

多重引线的编辑主要包括对齐多重引线、合并多重引线、添加多重引线和删除多重引线。

调用【对齐引线】标注命令通常有以下几种方法：

• 在命令行中输入"MLEADERALIGN/MLA"命令并按空格键；

• 单击【默认】选项卡→【注释】面板→【对齐线】按钮；

• 单击【注释】选项卡→【引线】面板→【对齐】按钮。

调用【合并引线】标注命令通常有以下几种方法：

• 在命令行中输入"MLEADERCOLLECT/MLC"命令并按空格键；

• 单击【默认】选项卡→【注释】面板→【合并】按钮；

• 单击【注释】选项卡→【引线】面板→【合并】按钮。

调用【添加引线】标注命令通常有以下几种方法：

• 在命令行中输入"MLEADEREDIT/MLE"命令并按空格键；

• 单击【默认】选项卡→【注释】面板→【添加多重引线】按钮；

• 单击【注释】选项卡→【引线】面板→【添加多重引线】按钮。

调用【删除引线】标注命令通常有以下几种方法：

• 在命令行中输入"AIMLEADEREDITREMOVE"命令并按空格键；

• 单击【默认】选项卡→【注释】面板→【删除多重引线】按钮；

• 单击【注释】选项卡→【引线】面板→【删除多重引线】按钮。

下面将对装配图进行多重引线标注并编辑多重引线，具体操作步骤如下。

Step 01 打开光盘中的"素材\CH12\编辑多重引线.dwg"文件，如下图所示。

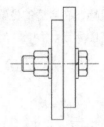

Step 02 参照12.4.1节中"样式2"创建一个多线样式，多线样式名称设置为【装配】，单击【引线结构】选项卡，将"自动包含基线"距离设置为12，其他设置不变，如下图所示。

Step 03 单击【注释】选项卡→【引线】面板→【多重引线】按钮，在需要创建标注的位置单击。

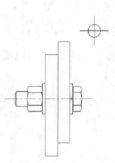

Step 04 在弹出的【编辑属性】对话框中输入标记编号"1"，如下图所示。

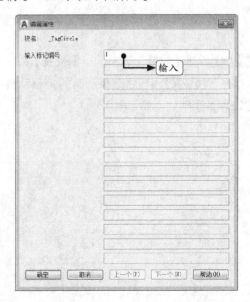

Step 05 拖动鼠标，在合适的位置单击，指定箭头的位置，如下图所示。

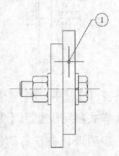

Step 06 单击确定后结果如下图所示。

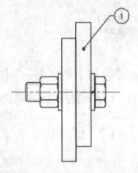

Step 07 重复多重引线标注，结果如下图所示。

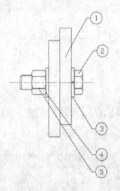

Step 08 单击【注释】选项卡→【引线】面板→【对齐】按钮，然后选择所有的多重引线，按【Enter】确认，如下图所示。

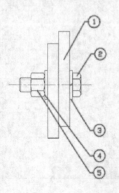

Step 09 捕捉多重引线2，将其他多重引线与其对齐，如下图所示。

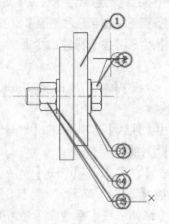

Step 10 对齐后结果如下图所示。

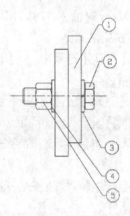

Step 11 单击【注释】选项卡→【引线】面板→【合并】按钮，然后选择多重引线2~5，如下图所示。

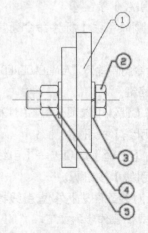

Step 12 选择后拖动鼠标指定合并后的多重引线的位置，如下图所示。

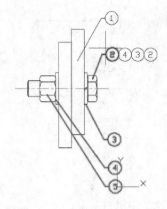

Step 13 合并后如下图所示。

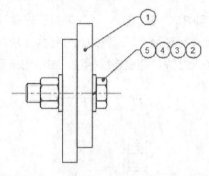

Step 14 单击【注释】选项卡→【引线】面板→【添加多重引线】按钮，然后选择多重引线1并拖动鼠标指定添加的位置，如下图所示。

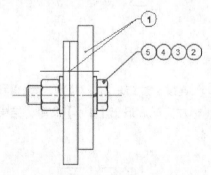

Step 15 添加完成后结果如下图所示。

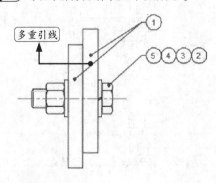

Tips

为了便于指定点和引线的位置，在创建多重引线时可以关闭对象捕捉和正交模式。

12.4.4 实例：给阶梯轴添加标注

阶梯轴是机械设计中常见的零件，本例通过线性标注、基线标注、连续标注、直径标注、半径标注、公差标注、形位公差标注等给阶梯轴添加标注，标注完成后最终结果如下图所示。

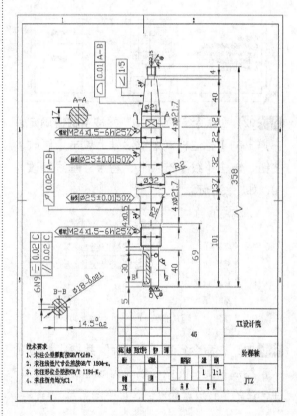

1. 给阶梯轴添加尺寸标注

Step 01 打开光盘中的"素材\CH12\给阶梯轴添加标注.dwg"文件，如下图所示。

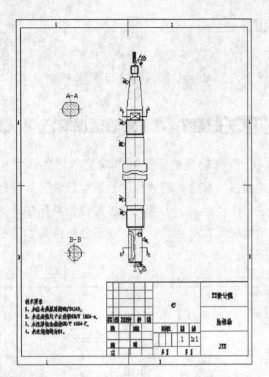

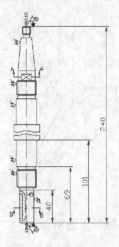

Step 02 在命令行输入"D"并按空格键确定，在弹出的【标注样式】对话框上单击【修改】按钮，单击【线】选项卡，将尺寸基线修改为20，如下图所示。

Step 03 在命令行输入"dim"并按空格键确认，然后捕捉轴的两个端点为尺寸界线原点，在合适的位置放置尺寸线，如下图所示。

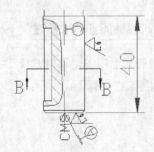

Step 04 在命令行输入"B"并按空格键，创建基线标注，如下图所示。

Step 05 在命令行输入"C"并按空格键确认，然后选择标注为"101"的尺寸作为连续标注的第一条尺寸线，创建连续标注，如下图所示。

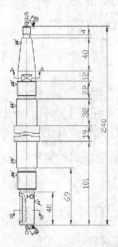

Step 06 连续标注结束后，对标注退刀槽和轴的直径，标注完成后退出【dim】命令，结果如下图所示。

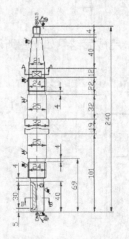

Step 07 双击标注为25的尺寸，在弹出的【文字编辑器】选项卡下【插入】面板中选择【符号】按钮，插入直径符号和正负号，并输入公差值，结果如下图所示。

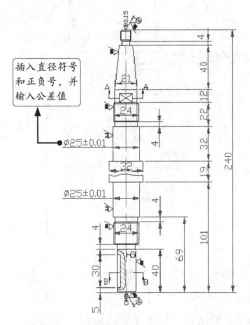

Step 08 重复 **Step 07**，修改退刀槽和螺纹标注等，结果如下图所示。

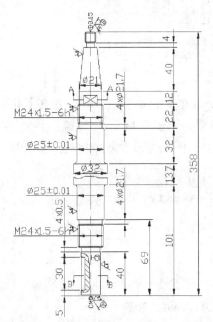

Step 09 单击【注释】选项卡→【标注】面板中的【打断】按钮，对相互干涉的尺寸进行打断，如下图所示。

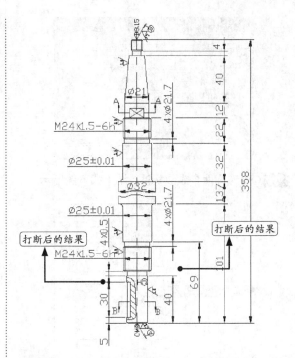

Step 10 单击【注释】选项卡→【标注】面板中的【折弯标注】按钮，给358的尺寸添加折弯线性标注，结果如下图所示。

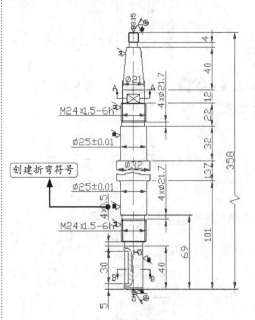

2. 添加检验标注和多重引线标注

Step 01 单击【注释】选项卡→【标注】面板→【检验】标注按钮，弹出【检验标注】对话框，如下图所示。

Step 02 选择两个螺纹标注，结果如下图所示。

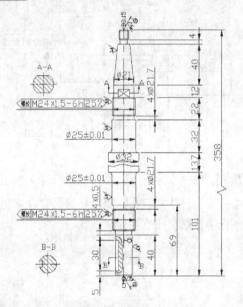

Step 03 重复 **Step 01**~**Step 02**，继续给阶梯轴添加检验标注，如下图所示。

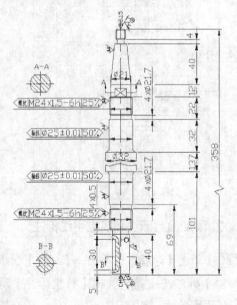

Step 04 单击【注释】选项卡→【标注】面板中

的【半径】按钮⊙，给圆角添加半径标注，如下图所示。

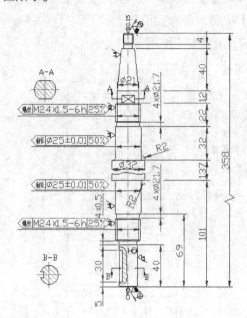

Step 05 在命令行输入"MLS"，然后单击【修改】按钮，在弹出的【修改多重引线样式：Standard】对话框中单击【引线结构选项卡】，将【设置基线距离】复选框的对勾去掉，如下图所示。

Step 06 单击【内容】选项卡，将多【重引线类型】设置为"无"，然后单击【确定】按钮并将修改后多重引线样式设置为当前样式，如下图所示。

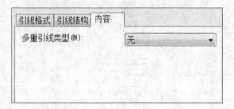

Step 07 在命令行输入"UCS"，将坐标系统Z轴旋转90°，AutoCAD提示如下：

当前 UCS 名称: *世界*

指定 UCS 的原点或 [面(F)/命名(NA)/对象(OB)/上一个(P)/视图(V)/世界(W)/X/Y/Z/Z 轴

(ZA)] <世界>: z

　　指定绕 Z 轴的旋转角度 <90>: 90

　　旋转后的坐标如下图所示：

Step 08　在命令行输入"TOL"并按空格键确认，然后创建形位公差，如下图所示。

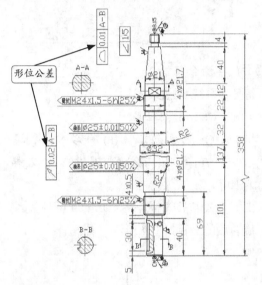

Step 09　在命令行输入"MULTIPLE"并按空格键，然后输入"MLD"并按空格键创建多重引线，如下图所示。

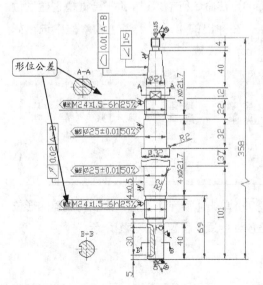

Step 10　在命令行输入"UCS"并按空格键，将坐标系绕z轴旋转180°，然后在命令行输入"MLD"并按空格键创一条多重引线，结果如下图所示。

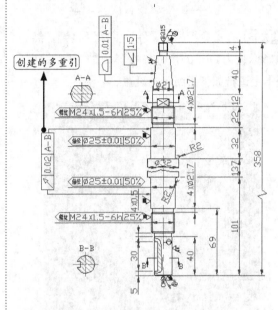

Tips

　　第7步和第10步中，只有坐标系旋转后创建的形位公差和多重引线标注才可以一次到位，标注成竖直方向的。

3. 给断面图添加标注

Step 01　在命令行输入"UCS"然后按回车键，将坐标系重新设置为世界坐标系，命令行提示如下：

　　当前 UCS 名称：*没有名称*

　　指定 UCS 的原点或 [面(F)/命名(NA)/对象(OB)/上一个(P)/视图(V)/世界(W)/X/Y/Z/Z 轴(ZA)] <世界>：

　　结果如下图所示。

Step 02　单击【注释】选项卡→【标注】面板中

的【线性】按钮 ▊，然后在断面图添加线性标注，如下图所示。

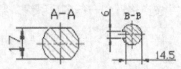

Step 03 在命令行输入"PR"并按空格键，然后选择标注为14.5的尺寸，在弹出的【特性选项板】上进行如下图所示的设置。

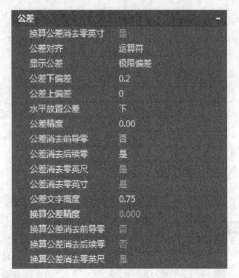

Step 04 关闭【特性选项板】后结果如下图所示。

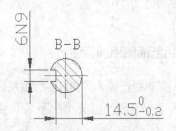

Step 05 在命令行输入"D"并按空格键，然后单击【替代】按钮，在弹出的对话框上选择【公差】选项卡，进行如下图所示的设置。

Step 06 将替代样式设置为当前样式，单击【注释】选项卡→【标注】面板→【直径】按钮 ◎，然后选择键槽断面图的圆弧进行标注，如下图所示。

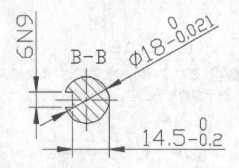

Step 07 在命令行输入"UCS"并按空格键确认，将坐标系统z轴旋转90°。

当前 UCS 名称: *世界*

指定 UCS 的原点或 [面(F)/命名(NA)/对象(OB)/上一个(P)/视图(V)/世界(W)/X/Y/Z/Z 轴(ZA)] <世界>: z ↙

指定绕 Z 轴的旋转角度 <90>: 90 ↙

旋转后的坐标如下图所示:

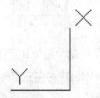

Step 08 在命令行输入"TOL"给键槽创建形位公差，在弹出的【形位公差】输入框中进行如下图所示的设置。

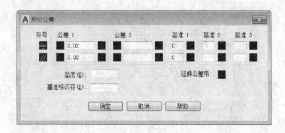

Step 09 单击【确定】按钮，然后将创建的形位公差放到合适的位置，如下图所示。

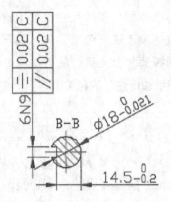

Step 10 所有尺寸标注完成后将坐标系重新设置为世界坐标系，最终结果如右图所示。

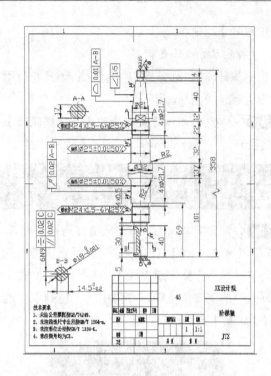

12.5 实战技巧

下面将对标注尺寸公差的简便方法、如何标注大于180°的角以及对齐标注的水平竖直标注与线性标注的区别进行详细介绍。

技巧1 轻松标注尺寸公差

在利用AutoCAD软件绘制机械图时，经常遇到标注尺寸公差的情况。设计人员需根据尺寸公差代号查找国家标准极限偏差表，找出该尺寸的极限偏差数值，按照一定的格式在图中标注。其实现方法如下。

方法1：利用【尺寸样式管理器】对话框设置当前尺寸标注样式的替代样式

在替代样式中设置公差的形式是极限偏差或对称偏差，然后输入偏差数值及偏差文字高度和位置。用此替代样式标注的尺寸都将带有所设置的公差文字，直至取消该样式替代。若要标注不同的尺寸公差则需重复上述过程，建立一个新的样式替代。

Tips

在这一操作过程中用户必须使用系统给出的默认基本尺寸文本，否则系统不予标注偏差，只标注基本尺寸，这样就会给用户的尺寸偏差标注工作造成不便。

方法2：利用【多行文字编辑器】对话框的文字堆叠功能添加公差文字

Step 01 在尺寸标注命令执行过程中，当命令行显示【指定尺寸线位置或[多行文字(M)/文字(T)/

角度(A):】时输入"M"。

指定尺寸线位置或

[多行文字(M)/文字(T)/角度(A)/水平(H)/垂直(V)/旋转(R)]: m ↙

Step 02 按【Enter】键,弹出【文字编辑器】选项卡。

Step 03 直接输入上下偏差数值并用符号"^"分隔(例如:+0.01^-0.02),然后选中输入的文字,单击【文字编辑器】选项卡下【格式】面板中的倒三角按钮,在弹出的下拉列表中选择【堆叠】选项。

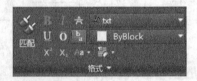

Step 04 选中堆叠的文字后单击鼠标右键,在弹出的快捷菜单中选择【堆叠特性】命令,打开【堆叠特性】对话框,根据堆叠文字的内容、大小和位置等内容进行修改。

Tips

这种方法比直接使用AutoCAD的公差标注功能要简便,可用于线性标注、对齐标注、直径标注、半径标注和角度标注,但不能用于基线标注和连续标注。

方法3:利用【特性】选项板公差选项进行标注

标注完成后,调用【特性】选项板命令,

然后选中要添加公差的尺寸,在【特性】选项板的公差选项下进行公差设置,关于利用【特性】选项板添加公差标注的方法参见12.5中给"断面图添加标注"的相关内容。

Tips

利用【特性】选项板添加的公差,可以通过"特性匹配"命令,将该公差匹配给其他尺寸,关于【特性匹配】命令详见13.6节技巧2。

技巧2 如何标注大于180°的角

前面介绍的角度标注标注的角都是小于180°的,那么如何标注大于180°的角呢?下面就通过案例来详细介绍如何标注大于180°的角。

Step 01 打开随书光盘中的"素材\CH12\标注大于180°的角.dwg"文件,如下图所示。

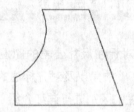

Step 02 单击【默认】选项卡→【注释】面板中的【角度】按钮,当命令行提示选择"圆弧、圆、直线或<指定顶点>"时直接按空格键接受"指定顶点"选项。

命令: _dimangular

选择圆弧、圆、直线或<指定顶点>: ↙

Step 03 用鼠标捕捉如下图所示的端点为角的顶点。

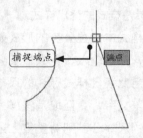

Step 04 用鼠标捕捉如下图所示的中点为角的第一个端点。

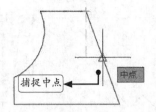

Step 05 用鼠标捕捉如下图所示的中点为角的第二个端点。

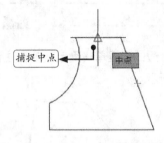

Step 06 拖动鼠标在合适的位置单击放置角度标注，如图所示。

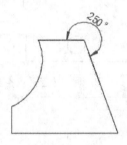

技巧3 对齐标注的水平竖直标注与线性标注的区别

对齐标注也可以标注水平或竖直直线，但是当标注完成后，再重新调节标注位置时，往往得不到想要的结果。因此，在标注水平或竖直尺寸时最好用线性标注。

Step 01 打开光盘中的"素材\CH12\用对齐标注标注水平竖直线.dwg"文件，如下图所示。

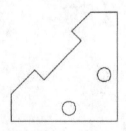

Step 02 单击【默认】选项卡→【注释】面板中的【对齐】按钮，然后捕捉如下图所示的端点为标注的第一点。

Step 03 捕捉如下图所示的垂足为标注的第二点。

Step 04 拖动鼠标在合适的位置单击，放置对齐标注线，如图所示。

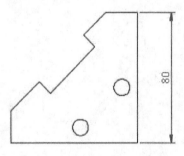

Step 05 重复对齐标注，对水平直线进行标注，结果如图所示。

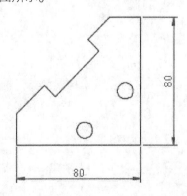

Step 06 选中竖直标注，然后单击下图所示的夹点。

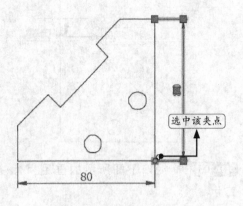

Step 07 向右拖动鼠标调整标注位置，可以看到标注尺寸发生变化，如右图所示。

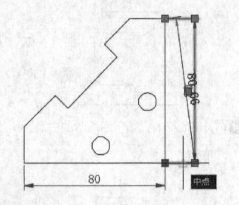

Step 08 在合适的位置单击确定新的标注位置，结果如下图所示。

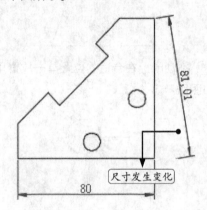

■■ **本章引言**

利用图层可以控制对象的可见性以及指定特性，因此使用图层可以简单、有效地管理AutoCAD对象。为了方便进行管理操作，图层上的对象通常采用该图层的特性。

■■ **学习要点**

» 掌握图层的基本概念
» 掌握创建图层的方法
» 掌握图层的控制状态
» 掌握管理图层的方法
» 掌握在同一图层中设置图形的不同特性

13.1 图层的基本概念

图层相当于重叠的透明图纸，每张图纸上面的图形都具备自己的颜色、线宽、线型等特性，将所有图纸上面的图形绘制完成后，可以根据需要对其进行相应的隐藏或显示，将会得到最终的图形需求结果。

下面图A所示的桌椅图纸，可以理解为是由桌子和椅子两张透明的重叠图纸组合而成的，如图B所示。

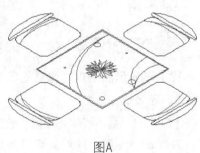

图A

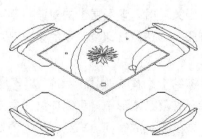

图B

1. 图层的用途

为方便对AutoCAD对象进行统一管理和修改，用户可以把类型相同或相似的对象指定给同一图层。常见的图层管理功能有以下几项。

• 为图层上的对象指定统一的颜色、线型、线宽等特性。

• 设置某图层上的对象是否可见，以及是否被编辑。

• 设置是否打印某图层上的对象。

2. 图层的特点

AutoCAD中的新建图形均包含一个名称为"0"的图层，该图层无法进行删除或重命名。"0"图层主要有以下几个特点。

• "0"图层可以确保每个图形至少包含一个可用图层。

• "0"图层是一个特殊图层，可以提供与块中的控制颜色相关的参数。

Tips

"0"图层尽量用于放置图块，不要用于绘图。

13.2 创建图层

在AutoCAD中，可以在一个文件中创建多个图层，而且图层创建完成后可以对其进行相应的修改编辑。

13.2.1 图层特性管理器

图层特性管理器可以显示图形中的图层列表及其特性，可以添加、删除和重命名图层，还可以更改图层特性、设置布局视口的特性替代或添加说明等。

在AutoCAD 2017中打开图层特性管理器通常有以下几种方法。

- 选择【格式】→【图层】菜单命令；
- 命令行输入"Layer/La"命令并按空格键；
- 选择【默认】选项卡→【图层】面板→【图层特性】按钮。

【图层特性管理器】对话框打开后如下图所示。

【图层特性管理器】对话框中各选项含义如下。

【新建图层】：创建新的图层，新图层将继承图层列表中当前选定图层的特性。

【在所有视口中都被冻结的新图层】：创建图层，然后在所有现有布局视口中将其冻结。可以在【模型】选项卡或【布局】选项卡上访问此按钮。

【删除图层】：删除选定的图层，但无法删除以下图层：

- 图层 0 和 Defpoints；
- 包含对象（包括块定义中的对象）的图层；
- 当前图层；
- 在外部参照中使用的图层；
- 局部已打开的图形中的图层。

【置为当前】：将选定图层设定为当前图层，然后再绘制的图形将是该图层上的对象。

【图层列表】：列出当前所有的图层，单击可以选定图层或修改图层的特性。

【状态】："✔"表示此图层为当前图层；"➤"表示此图层包含对象；"➤"表示此图层不包含任何对象。

Tips

为了提高性能，所有图层均默认指示为包含对象➤。您可以在图层设置中启用此功能。单击"⚙"按钮，弹出【图层设置】对话框，在【对话框设置】选项框中勾选【指示正在使用的图层】选项，则不包含任何对象的图层将呈➤显示。

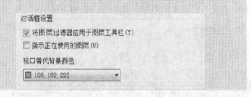

【名称】：显示图层或过滤器的名称，按【F2】键输入新名称 。

【开】：打开（💡）和关闭（💡）选定的图层。当打开时，该图层上的对象可见并且可以打印。当关闭时，该图层上的对象将不可见且不能打印，即使"打印"列中的设置已打开也是如此。

【冻结】：解冻（☀）和冻结（❄）选定的图层。在复杂图形中，可以冻结图层来提高性能并减少重生成时间。冻结图层上的对象将不会显示、打印或重生成。在三维建模的图形中，将无法渲染冻结图层上的对象。

Tips

如果希望图层长期保持不可见就选择冻结，如果图层经常切换可见性设置，请使用"开/关"设置，以避免重生成图形。

【锁定】：解锁（🔓）和锁定（🔒）选定的图层。锁定图层上的对象无法修改，将光标悬停在锁定图层中的对象上时，对象显示为淡入并显示一个小锁图标。

【颜色】：单击当前的颜色按钮█将显示【选择颜色】对话框，可以在其中更改图层的颜色。

【线型】：单击当前的线型按钮 Continu… 将显示【选择线型】对话框，可以在其中更改图层的线型。

【型宽】：单击当前的线宽按钮—— 默认 将显示【线宽】对话框，可以在其中更改图层的线宽。

【透明度】：单击当前的透明度按钮 0 将

显示【透明度】对话框，可以在其中更改图层的透明度。透明度的有效值从 0 到 90，值越大对象越显得透明。

【打印】：控制是否打印（🖨）和不打印（🖨）选定的图层。但即使关闭图层的打印，仍将显示该图层上的对象。对于已关闭或冻结的图层，即使设置为"打印"也不打印该图层上的对象。

【新视口冻结】：在新布局视口中解冻（🔲）或冻结（🔲）选定图层。例如，若在所有新视口中冻结 DIMENSIONS 图层，将在所有新建的布局视口中限制标注显示，但不会影响现有视口中的 DIMENSIONS 图层。如果以后创建了需要标注的视口，则可以通过更改当前视口设置来替代默认设置。

【说明】：用于描述图层或图层过滤器。

【搜索图层🔍】：在框中输入字符时，按名称过滤图层列表。也可以通过输入下列通配符来搜索图层。

字符	定义
#（磅字符）	匹配任意数字
@	匹配任意字母字符
.（句点）	匹配任意非字母数字字符
*（星号）	匹配任意字符串，可以在搜索字符串的任意位置使用
?（问好）	匹配任意单个字符，例如，?BC 匹配 ABC、3BC 等
~（波浪号）	匹配不包含自身的任意字符串，例如，~*AB* 匹配所有不包含 AB 的字符串
[]	匹配括号中包含的任意一个字符，例如，[AB]C 匹配 AC 和 BC
[~]	匹配括号中未包含的任意字符，例如，[AB]C 匹配 XC 而不匹配 AC
[-]	指定单个字符的范围，例如，[A-G]C 匹配 AC、BC 直到 GC，但不匹配 HC
`（反问号）	逐字读取其后的字符；例如，`~AB 匹配 ~AB

13.2.2 创建新图层

根据工作需要，可以在一个工程文件中创建多个图层，而每个图层均可以控制相同属性的对象。

下面将以创建"中心线"层为例，对新图层的创建过程进行详细介绍，具体操作步骤如下。

Step 01 启动AutoCAD 2017，新建一个图形文件，选择【默认】选项卡→【图层】面板→

【图层特性】按钮，弹出【图层特性管理器】对话框，如图所示。

Step 02 单击【图层特性管理器】对话框中的【新建图层】按钮，CAD默认新建的图层名称为【图层1】，如下图所示。

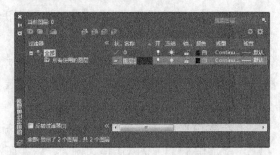

Step 03 将新图层的名字改为【中心线】，如下图所示。

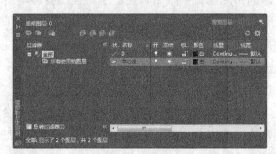

Step 04 单击【颜色】按钮，弹出【选择颜色】对话框，选择"红色"，如下图所示。

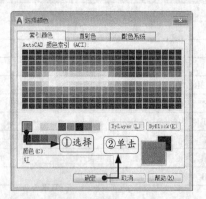

Step 05 单击【确定】按钮，【中心线】层的颜色更改为红色，如下图所示。

Step 06 单击【线型】按钮 Continu...，弹出【选择线型】对话框，单击【加载】按钮。

Step 07 弹出【加载或重载线型】对话框，选择【CENTER】线型，单击【确定】按钮。

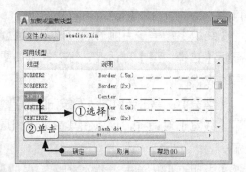

Step 08 返回【选择线型】对话框，这时【CENTER】线型已存在于对话框中，如下图所示。

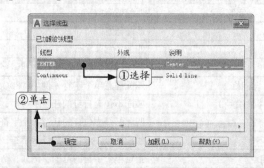

Step 09 选择【CENTER】线型并单击【确定】按钮，返回【图层特性管理器】后可以看到线型已经更改成了【CENTER】，如下图所示。

Step 10 单击【线宽】按钮 —— 默认，弹出【线宽】对话框，选择"0.13mm"并单击【确定】按钮。

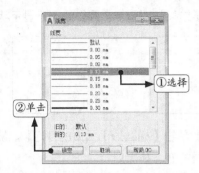

Step 11 返回【图层特性管理器】后可以看到线宽已经更变成了"0.13mm"，如下图所示。

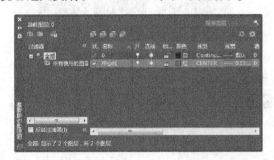

Step 12 单击【置为当前】按钮 即可将新建的【中心线】层置为当前层，如下图所示。

Step 13 单击【关闭】按钮，回到绘图界面后在命令行输入"L"并按空格键调用【直线】命令，绘制一条竖直直线，如下图所示。

Step 14 在命令行输入"PR"并按空格键确认，弹出【特性】选项板，如下图所示。

Step 15 选择刚创建的中心线，然后在【特性】选项板上将它的线型比例改为2，如下图所示。

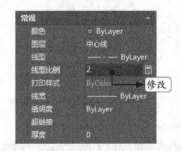

Step 16 按【Esc】键退出选择后如下图所示。

Tips

如果点画线的线型显示的是直线或显示的点和线不明显，可以通过【特性】选项板修改它的线型比例来改变其显示。

13.3 控制图层的状态

图层可通过图层状态进行控制，以便于对图形进行管理和编辑，在绘图过程中，常用到的图层状态属性有开/关、冻结/解冻、锁定/解锁等，下面将分别对图层状态的设置进行详细介绍。

13.3.1 打开和关闭图层关

当图层打开时，该图层前面的"灯泡"呈亮色，该图层上的对象可见并且可以打印。当图层关闭时，该图层前面的"灯泡"呈暗色，该图层上的对象不可见并且不能打印，即使已打开【打印】选项。

Step 01 打开光盘中的"素材\CH13\打开和关闭图层关.dwg"文件。

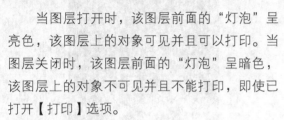

Step 02 选择【默认】选项卡→【图层】面板→【图层特性】按钮，系统弹出【图层特性管理器】对话框，如图所示。

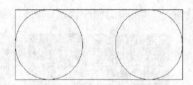

Step 03 单击【圆形】后面的灯泡💡，使当前选择图层关闭，如图所示。

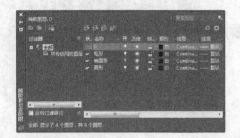

Step 04 结果如图所示，圆形处于不显示状态。

Step 05 单击【椭圆形】后面的灯泡💡，使当前选择图层打开，如图所示。

Step 06 结果如图所示，椭圆形处于显示状态。

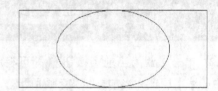

13.3.2 冻结和解冻图层

通过冻结操作可以冻结图层来提高ZOOM、PAN或其他若干操作的运行速度，提高对象选择性能并减少复杂图形的重生成时间。

Step 01 打开光盘中的"素材\CH13\冻结和解冻图层.dwg"文件。

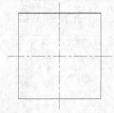

Step 02 选择【默认】选项卡→【图层】面板→【图层特性】按钮，系统弹出【图层特性管理器】对话框，如图所示。

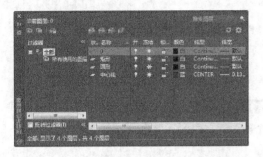

Step 03 单击【矩形】后面的冻结 ☀，使当前选择图层冻结，如图所示。

Step 04 结果如图所示，矩形处于关闭状态。

Step 05 单击【圆形】后面的冻结 ❄，使当前选择图层解冻，如图所示。

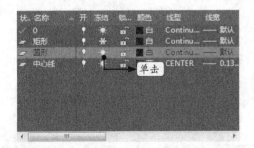

Step 06 结果如图所示，圆形处于显示状态。

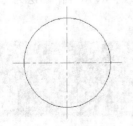

Tips

若关闭当前图层，将会出现如下警示对话框。

13.3.3 锁定和解锁图层

锁定和解锁选定图层，用户将无法修改锁定图层上的对象。

Step 01 打开光盘中的"素材\CH13\锁定和解锁图层.dwg"文件。

Step 02 当把光标放置到植物图形上时，出现一个 🔒 图标，表明植物图形被锁定。

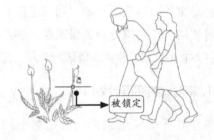

Step 03 选择【默认】选项卡→【图层】面板→【图层】列表的下拉按钮 ▾，如图所示。

Step 04 单击【植物】前面的 🔒，使当前选择图层解锁，如图所示。

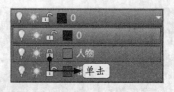

Step 05 当再次把光标放置到植物图形上时，没有出现🔓图标，表明植物图形被解锁。

Step 07 当把光标放置到人物图形上时，出现一个🔒图标，表明人物图形被锁定。

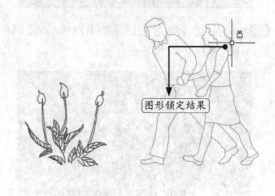

图形锁定结果

Step 06 单击【人物】前面的🔓，使当前选择图层锁定，如图所示。

13.4 管理图层

用户可以使用图层管理功能对图层进行管理操作，以切实有效地发挥AutoCAD的图层功能。

13.4.1 使用图层工具

【图层工具】中包含众多图层管理功能，例如将对象的图层置为当前、图层匹配、更改为当前图层、将对象复制到新图层、图层合并等等，下面将分别对相关功能进行详细介绍。

1. 将对象的图层置为当前

用于将当前图层设定为选定对象所在的图层。

【将对象的图层置为当前】命令的几种常用调用方法如下：

• 选择【格式】→【图层工具】→【将对象的图层置为当前】菜单命令；

• 在命令行中输入"LAYMCUR"命令并按空格键确认；

• 单击【默认】选项卡→【图层】面板中

的【置为当前】按钮🔷。

下面将利用【将对象的图层置为当前】命令将【装饰品】图层置为当前，具体操作步骤如下。

Step 01 打开光盘中的"素材\CH13\将对象的图层置为当前"文件。

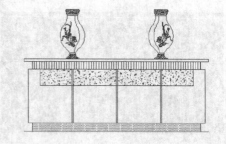

Step 02 查看【默认】选项卡→【图层】面板→【图层】列表，显示当前图层为【柜台】，如图所示。

当前图层为"台柜"层

Step 03 单击【默认】选项卡→【图层】面板中的【将对象的图层设为当前图层】按钮 ，然后在绘图区域中选择花瓶图形，如图所示。

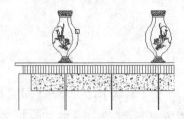

Step 04 再查看【默认】选项卡→【图层】面板→【图层】列表，当前图层显示为【装饰品】，如图所示。

2. 图层匹配

如果在错误的图层上创建了对象，可以通过选择目标图层上的对象来更改该对象的图层。若在命令行输入"LAYMCH"命令，将仅在命令提示下显示选项。

【图层匹配】命令的几种常用调用方法如下：

• 选择【格式】→【图层工具】→【图层匹配】菜单命令；

• 在命令行中输入"LAYMCH"命令并按空格键确认；

• 单击【默认】选项卡→【图层】面板中的【匹配图层】按钮 。

下面将利用【图层匹配】命令将实线图形转换为虚线图形，具体操作步骤如下。

Step 01 打开随书光盘中的"素材\CH13\图层匹配.dwg"文件。

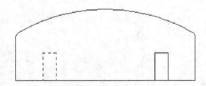

Step 02 单击【默认】选项卡→【图层】面板中的【匹配图层】按钮 ，在绘图区域中选择如

图所示的部分图形作为需要更改的对象。

Step 03 按空格键确认，然后在绘图区域中选择如图所示的图形作为目标图层上的对象。

Step 04 结果如图所示。

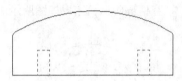

3. 更改为当前图层

用于将选定对象的图层特性更改为当前图层的特性。

【更改为当前图层】命令的几种常用调用方法如下：

• 选择【格式】→【图层工具】→【更改为当前图层】菜单命令；

• 在命令行中输入"LAYCUR"命令并按空格键确认；

• 单击【默认】选项卡→【图层】面板中的【更改为当前图层】按钮 。

下面将利用【更改为当前图层】命令将实线图形转换为中心线图形，具体操作步骤如下。

Step 01 打开随书光盘中的"素材\CH13\更改为当前图层.dwg"文件。

Step 02 单击【默认】选项卡→【图层】面板中的【更改为当前图层】按钮，在绘图区域中选择如图所示的直线段图形作为要更改到当前图层的对象。

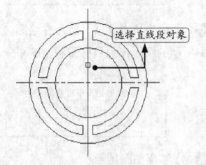
选择直线段对象

Step 03 按空格键确认，结果如图所示。

4. 将对象复制到新图层

在指定的图层上创建选定对象的副本，用户还可以为复制的对象指定其他位置。如果在命令行提示下输入"-COPYTOLAYER"，将显示选项。

【将对象复制到新图层】命令的几种常用调用方法如下：

● 选择【格式】→【图层工具】→【将对象复制到新图层】菜单命令；

● 在命令行中输入"-COPYTOLAYER"命令并按空格键确认；

● 单击【默认】选项卡→【图层】面板中的【将对象复制到新图层】按钮。

下面将利用【将对象复制到新图层】命令创建蓝色的圆形对象，具体操作步骤如下。

Step 01 打开光盘中的"素材\CH13\将对象复制到新图层.dwg"文件。

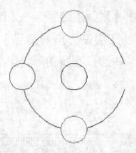

Step 02 单击【默认】选项卡→【图层】面板中的【将对象复制到新图层】按钮，在绘图区域选择如图所示的圆形作为要复制的对象。

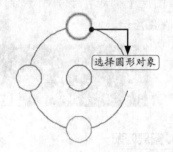
选择圆形对象

Step 03 按空格键确认，然后在绘图区域选择如图所示的圆形作为目标图层上的对象。

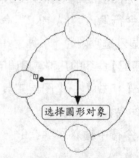
选择圆形对象

Step 04 在绘图区域中捕捉如图所示的象限点作为复制基点。

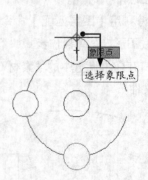
象限点
选择象限点

Step 05 在绘图区域中拖动鼠标并捕捉如图所示的端点作为位移第二点。

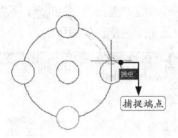

Step 06 结果如图所示。

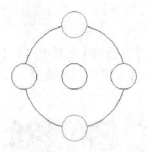

5. 合并图层

可以通过合并图层来减少图形中的图层数。将所合并图层上的对象移动到目标图层，并从图形中清理原始图层。如果在命令行提示下输入"-LAYMRG"，将仅在命令行中显示选项。

【图层合并】命令的几种常用调用方法如下：

• 选择【格式】→【图层工具】→【图层合并】菜单命令；

• 在命令行中输入"-LAYMRG"命令并按空格键确认；

• 单击【默认】选项卡→【图层】面板中的【合并】按钮 🖪 。

下面将对【图层合并】命令的应用进行详细介绍，具体操作步骤如下。

Step 01 打开随书光盘中的"素材\CH13\合并图层.dwg"文件。

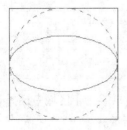

Step 02 选择【默认】选项卡→【图层】面板→【图层】列表，从中可以看出该文件当前的图层状况。

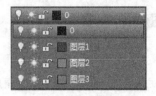

Step 03 单击【默认】选项卡→【图层】面板中的【合并】按钮 🖪 ，在绘图区域中选择圆形和椭圆形作为要合并图层的对象，如图所示。

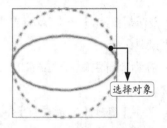

Step 04 按空格键确认，然后在绘图区域中选择矩形作为目标图层的对象，如图所示。

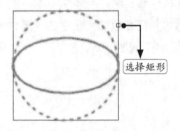

Step 05 在命令行输入"Y"并按空格键确认，命令行提示如下。

是否继续？ [是(Y)/否(N)] <否(N)>: y ↙

Step 06 结果如图所示。

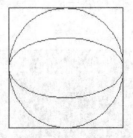

Step 07 选择【默认】选项卡→【图层】面板→【图层】列表，从中可以看出该文件当前的图层状况。

13.4.2 图层转换器

使用图层转换器可以将当前图形中的图层转换为指定的图层标准。可以将当前图形中的图层映射到指定的图形或标准文件中的图层，然后使用这些映射对其进行转换。

【图层转换器】命令的几种常用调用方法如下：

• 选择【工具】→【CAD标准】→【图层转换器】菜单命令；

• 在命令行中输入"LAYTRANS"命令并按空格键确认；

• 单击【管理】选项卡→【CAD标准】面板中的【图层转换器】按钮。

下面将利用【图层转换器】命令对相关图层进行批量转换，具体操作步骤如下。

Step 01 打开随书光盘中的"素材\CH13\图层转换器.dwg"文件。

Step 02 选择【默认】选项卡→【图层】面板→【图层】列表，从中可以看出该文件当前的图层状况。

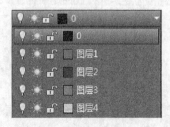

Step 03 单击【管理】选项卡→【CAD标准】面板中的【图层转换器】按钮，系统弹出【图层转换器】对话框，如图所示。

Step 04 在【转换自】区域中选择【图层2】、【图层3】、【图层4】三个选项，如图所示。

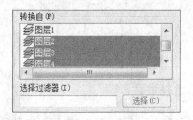

Step 05 在【转换为】区域中单击【新建】按钮，系统弹出【新图层】对话框，如图所示。

Step 06 在【名称】栏中输入新图层的名称【转换图层】，然后单击【确定】按钮。

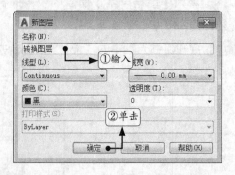

Step 07 在【转换为】区域中选择【转换图层】选项，如图所示。

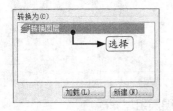

Step 08 在【图层转换器】对话框中单击【映射】按钮，如图所示。

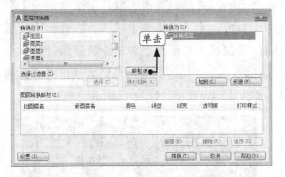

Step 09 在【图层转换器】对话框中单击【转换】按钮，系统弹出【图层转换器-未保存更改】提示框，如图所示。

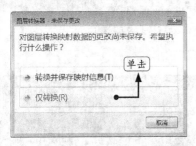

Step 10 在【图层转换器-未保存更改】提示框中单击【仅转换】选项，结果如图所示。

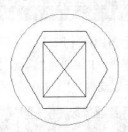

Step 11 选择【默认】选项卡→【图层】面板→【图层】列表，从中可以看出该文件当前的图层状况。

13.4.3 图层过滤器

图层特性管理器中提供了图层过滤功能，包括特性过滤器和组过滤器。利用这两种过滤器可以把图层进行分类，从而实现批量管理图层的操作。

下面将分别利用特性过滤器和组过滤器命令对相关图层进行批量管理，具体操作步骤如下。

1. 图层特性过滤器

Step 01 打开随书光盘中的"素材\CH13\图层过滤器.dwg"文件。

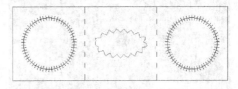

Step 02 选择【默认】选项卡→【图层】面板→【图层特性】按钮，系统弹出【图层特性管理器】对话框，如图所示。

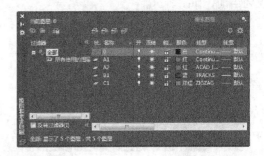

Step 03 单击【新建特性过滤器】按钮，弹出【图层过滤器特性】对话框，如图所示。

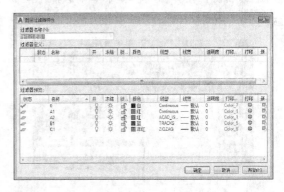

Step 04 在【过滤器名称】文本框中输入过滤器的名称为【A】，在【过滤器定义】区域中单击

【名称】输入框,并输入"A",如图所示。

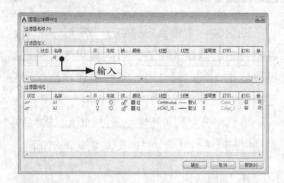

Step 05 单击【确定】按钮,系统返回【图层特性管理器】对话框,如图所示。

Step 06 选择【A1】层,并单击 按钮,将其置为当前,如图所示。

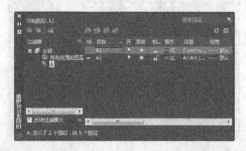

Step 07 在【过滤器】区域中选择【A】,并单击鼠标右键,在弹出的快捷菜单中选择【隔离组】→【所有视口】选项,如图所示。

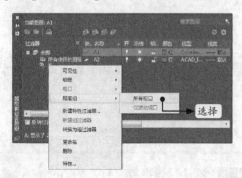

Step 08 绘图区域显示如图所示。

2. 图层组过滤器

Step 01 打开随书光盘中的"素材\CH13\图层过滤器.dwg"文件,选择【默认】选项卡→【图层】面板→【图层特性】按钮,在弹出【图层特性管理器】对话框上单击【新建组过滤器】按钮,创建组过滤器,系统默认组过滤器的名称为【组过滤器1】,如图所示。

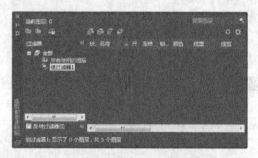

Step 02 在【过滤器】区域中选择【全部】选项,如下图所示。

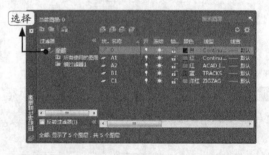

Step 03 分别将图层【B1】、【C1】按住并拖动到【组过滤器1】里面,然后在【过滤器】区域中选择【组过滤器1】选项,如图所示。

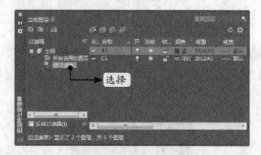

Step 04 选择图层【B1】,并单击置为当前按

钮 将其置为当前。在【过滤器】区域中选择
【组过滤器1】，并单击鼠标右键，在弹出的
快捷菜单中选择【隔离组】→【所有视口】选
项，如图所示。

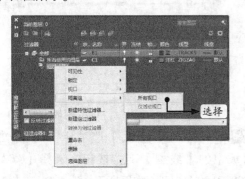

Step 05 绘图区域显示如图所示。

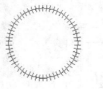

13.5 在同一图层中设置图形的不同特性

用户可以在同一个图层中创建不同特性的
对象，例如创建不同颜色、不同线型、不同线
宽的对象等，这对于创建结构比较简单的图形
非常有用。

13.5.1 设置对象颜色

用户可以在同一图层中创建不同颜色的图
形对象，此操作可以通过【选择颜色】对话框
实现，下面将对该功能进行详细介绍。

Step 01 新建一个dwg文件，然后在命令行输入
"C"并按空格键调用【圆】命令，在绘图区域
中单击指定圆心位置，在命令行中指定圆的半
径值为"300"，命令行提示如下。

指定圆的半径或 [直径(D)]: 300

Step 02 结果如图所示。

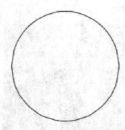

Step 03 选择【格式】→【颜色】菜单命令，
弹出【选择颜色】对话框，选择红色，如图所

示。

Step 04 重复绘圆命令，绘制一个半径为180的
同心圆，结果如下图所示。

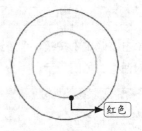

红色

13.5.2 设置对象线型

在同一图层中为不同的图形对象加载不同
的线型，使图形对象根据需要按不同的线型进
行显示。

Step 01 打开光盘中的"素材\CH13\设置对象线型.dwg"文件。

Step 02 选择【格式】→【线型】菜单命令，弹出【线型管理器】对话框，如图所示。

Step 03 单击【加载】按钮，弹出【加载或重载线型】对话框，在【加载或重载线型】对话框中配合【Ctrl】键选择【ACAD_ISO03W100】和【CENTER】线型，如图所示。

Step 04 单击【确定】按钮，系统返回到【线型管理器】对话框，如图所示。

Step 05 单击【确定】按钮，关闭【线型管理器】对话框，在绘图区域中选择如图所示的矩形对象。

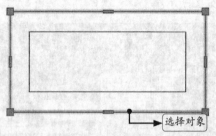

选择对象

Step 06 单击【默认】选项卡→【特性】面板中的【线型】下拉按钮，选择【ACAD_ISO03W100】线型，如图所示。

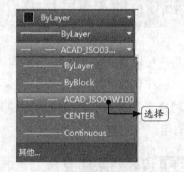

选择

Step 07 按【Esc】键取消对矩形的选择，然后在绘图区域中选择如图所示的矩形对象。

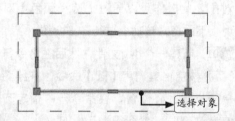

选择对象

Step 08 在单击【默认】选项卡→【特性】面板中的【线型】下拉按钮，选择【CENTER】线型，如图所示。

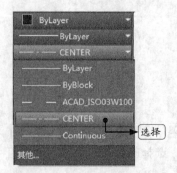

选择

Step 09 按【Esc】键取消对矩形的选择，结果如图所示。

13.5.3 设置对象线宽

在同一图层中可以为不同的图形对象设置不同的线宽，具体操作步骤如下。

Step 01 打开光盘中的"素材\CH13\设置对象线宽.dwg"文件。

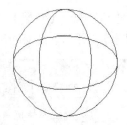

Step 02 在绘图区域中选择如图所示的圆形对象。

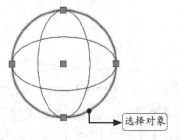

选择对象

Step 03 单击【默认】选项卡→【特性】面板中的【线宽】下拉按钮，选择【0.50 毫米】选项，如图所示。

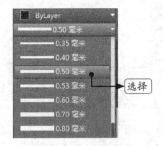

选择

Step 04 按【Esc】键取消对圆形的选择，然后在绘图区域中选择如图所示的椭圆形对象。

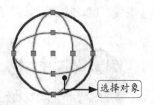

选择对象

Step 05 单击【默认】选项卡→【特性】面板中的【线宽】下拉按钮，选择【0.30 毫米】选项，如图所示。

选择

Step 06 按【Esc】键取消对椭圆形的选择，结果如图所示。

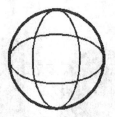

Tips

只有状态栏的线宽按钮处于开启状态时，才能显示出线宽。

13.5.4 设置对象透明度

在同一图层中可以为不同的对象设置不同的透明度，具体操作步骤如下。

Step 01 打开光盘中的"素材\CH13\设置对象透明度.dwg"文件。

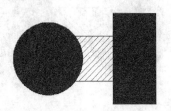

Step 02 在绘图区域中选择如图所示的圆环。

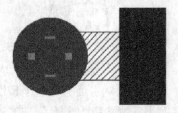

Step 03 单击【默认】选项卡→【特性】面板的下拉按钮，将透明度设置为15，如图所示。

Step 04 按【Esc】键取消对圆形填充区域的选择，并在绘图区域中选择如图所示的矩形填充区域。

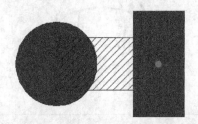

Step 05 在弹出的【图案填充编辑器】选项卡的【特性】面板中将透明度改为15，如图所示。

Step 06 单击【关闭图案填充编辑器】按钮，结果如图所示。

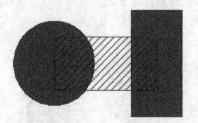

13.5.5 实例：更改建筑图形的当前显示状态

下面将在同一图层上面显示建筑墙体的不同图形特性，具体操作步骤如下。

1. 更改线型和颜色

Step 01 打开光盘中的"素材\CH13\建筑墙体.dwg"文件。

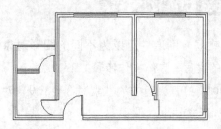

Step 02 选择【格式】→【线型】菜单命令，弹出【线型管理器】对话框，如图所示。

Step 03 单击【加载】按钮，弹出【加载或重载线型】对话框，在【加载或重载线型】对话框中选择【CENTER】线型，如下图所示。

Step 04 单击【确定】按钮，系统返回到【线型管理器】对话框，单击【显示细节按钮】，然后设置【全局比例因子】为"10"，如图所示。

Step 05 单击【确定】按钮，关闭【线型管理器】对话框。在绘图区域中选择如图所示的直线对象。

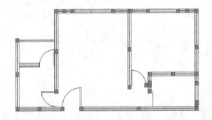

Step 06 单击【默认】选项卡→【特性】面板中的【线型】下拉按钮，选择【CENTER】线型，如图所示。

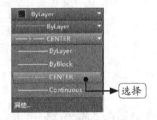

Step 07 单击【默认】选项卡→【特性】面板中的【对象颜色】下拉按钮，选择红色，如图所示。

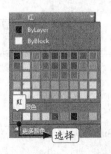

Step 08 按【Esc】键取消对直线对象的选择，结果如图所示。

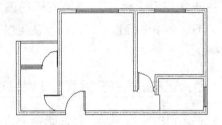

2. 更改线宽

Step 01 在绘图区域中选择如图所示的墙体轮廓线。

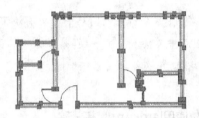

Step 02 单击【默认】选项卡→【特性】面板中的【线宽】下拉按钮，选择【0.30毫米】，如图所示。

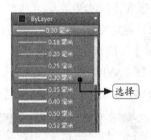

Step 03 按【Esc】键取消对轮廓线对象的选择，结果如图所示。

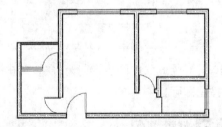

13.6 实战技巧

下面将对顽固图层的删除方法和【特性匹配】命令进行详细介绍。

技巧1 删除顽固图层

在一幅图形文件中，如果使用的图层太多，又不好选中进行删除，则可以使用以下方法来删除。

1. 关闭无用图层后将剩余图层复制到新文件

先将无用的图层关闭，然后选择剩余的全部图层，并进行复制，之后将复制的图层粘贴至一个新的文件中。此时，那些无用的图层就不会被粘贴过来了。

Tips

> 如果在这个不要的图层中定义有块，而在另一个图层中又插入了这个块，那么这个不要的图层则不能使用这种方法进行删除。

2. 使用laytrans直接删除

使用【laytrans】命令可将需删除的图层影射为0层，这个方法可以删除具有实体对象或被其他块嵌套定义的图层。

Step 01 在命令行中输入"laytrans"，并按【Enter】键确认。

命令：LAYTRANS

Step 02 打开【图层转换器】对话框，如图所示。

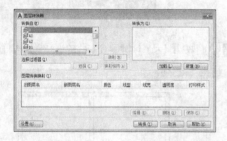

Step 03 将需删除的图层影射为0层，单击【转换】按钮即可。

技巧2 特性匹配

将选定对象的特性应用于其他对象。可应用的特性类型包括颜色、图层、线型、线型比例、线宽、打印样式、透明度和其他指定的特性。

【特性匹配】命令的几种常用调用方法如下：

* 选择【修改】→【特性匹配】菜单命令；

* 在命令行中输入"MATCHPROP/MA"命令并按空格键确认；

* 单击【默认】选项卡→【特性】面板→特性匹配按钮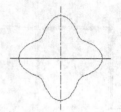。

下面将利用【特性匹配】命令对图形进行编辑，具体操作步骤如下。

Step 01 打开随书光盘中的"素材\CH13\特性匹配.dwg"文件。

Step 02 单击【默认】选项卡→【特性】面板→【特性匹配】按钮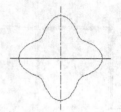，在绘图区域中选择如图所示的直线段对象作为源对象。

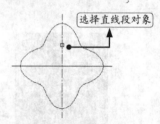

Step 03 在绘图区域中鼠标单击选择如图所示的直线段对象作为目标对象。

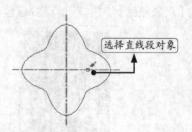

Step 04 按【Enter】键确认，结果如图所示。

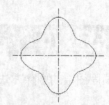

■■ **本章引言**

　　AutoCAD提供了强大的块和属性功能，在绘图时可以创建块、插入块、定义属性、修改属性和编辑属性，极大地提高了绘图效率。

■■ **学习要点**

❯❯ 掌握创建块的方法

❯❯ 掌握插入图块的方法

❯❯ 学习动态块

❯❯ 学会图块管理操作

14.1 创建块

　　图块是一组图形实体的总称，在应用过程中，CAD图块将作为一个独立的、完整的对象来操作，在图块中各部分图形可以拥有各自的图层、线型、颜色等特征。

14.1.1 创建内部块　

　　块分为内部块和全局块（写块），内部块顾名思义只能在当前图形内部使用。创建内部块的方法通常有"使用对话框"创建或"命令行"创建，下面将分别进行详细介绍。

1. 使用对话框创建块

　　【块定义】对话框的几种常用调用方法如下。

　　• 选择【绘图】→【块】→【创建】菜单命令；

　　• 在命令行中输入"BLOCK/B"命令并按空格键确认；

　　• 单击【插入】选项卡→【块定义】面板中的【创建块】按钮。

　　调用命令后，弹出【块定义】对话框，如右图所示。

　　【块定义】对话框中各选项含义如下。

　　【名称】文本框：指定块的名称。名称最多可以包含255个字符，包括字母、数字、空格以及操作系统或程序未作他用的任何特殊字符。

　　【基点】：指定块的插入基点，默认值是(0,0,0)。用户可以选中【在屏幕上指定】复选框，也可单击【拾取点】按钮，在绘图区单击指定。

　　【对象】：指定新块中要包含的对象，以及创建块之后如何处理这些对象，如果选择保留，则创建块以后，选定对象仍保留在图形中；如果选择转化为块，则创建块以后，将选定对象转换成块后保留在图形中；如果选择删除，则创建块以后，将选定对象从图形中删除。

【方式】：指定块的方式。在该区域中可指定块参照是否可以被分解和是否阻止块参照不按统一比例缩放。如果勾选了"允许分解"，则块插入到图形后可以将其分解，否则不能将插入块分解。

【设置】：指定块的设置。在该区域中可指定块参照插入单位等。

下面将对使用对话框创建块的方法进行详细介绍，具体操作步骤如下。

Step 01 打开光盘中的"素材\CH14\使用对话框创建块.dwg"文件。

Step 02 在命令行中输入"B"命令并按空格键确认，在弹出【块定义】对话框上选择【转换为块】，如下图所示。

Step 03 单击【选择对象】前的 按钮，并在绘图区域中选择如图所示的图形对象作为组成块的对象。

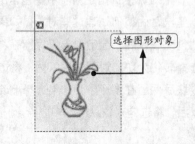

选择图形对象

Step 04 按【Enter】键以确认，返回【块定义】对话框，单击【拾取点】按钮，然后捕捉如下图所示的中点为拾取点。

捕捉中点

Step 05 返回【块定义】对话框后为块添加名称【花瓶】，并单击【确定】按钮结束块的创建。

①输入

②单击

Step 06 回到绘图区域后鼠标放置到图形上，CAD提示图形为块，如下图所示。

块参照
颜色　ByLayer
图层　0
线型　ByLayer

2. 使用命令行创建块

下面对使用命令行创建块的方法进行详细介绍。

Step 01 打开光盘中的"素材\CH14\使用命令行创建块.dwg"文件。

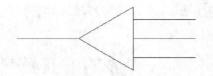

Step 02 在命令行中输入 "–B" 并按【Enter】键确认。

命令: –B

Step 03 在命令行中输入块名称 "电缆密封终端" 并按【Enter】键确认。

输入块名或 [?]: 电缆密封终端

Step 04 在绘图区域中单击指定基点，如图所示。

Step 05 在绘图区域中选择如图所示的图形对象作为组成块的对象。

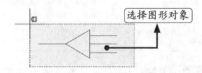

Step 06 按【Enter】键确认以结束命令。

Tips

CAD默认使用【–BLOCK】命令创建块后原图形是删除的。在【–BLOCK】命令创建块之后立即输入 "OOPS" 命令可以恢复已删除的对象并且创建块依然保留着。

14.1.2 创建全局块

全局块就是将选定对象保存到指定的图形文件或将块转换为指定的图形文件，全局块和内部块的差别在于，全局块不仅能插入到当前的图形中，还能插入其他外部图形中。

【写块】对话框的几种常用调用方法如下：

• 在命令行中输入 "WBLOCK/W" 命令并按空格键确认；

• 单击【插入】选项卡→【块定义】面板中的【写块】按钮。

下面将对外部块的创建方法进行详细介绍，具体操作步骤如下。

Step 01 打开光盘中的 "素材\CH14\双扇门.dwg" 文件。

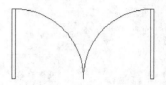

Step 02 在命令行中输入 "W" 命令后按空格键，弹出【写块】对话框。

Step 03 单击【选择对象】前的 ✛ 按钮，在绘图区选择对象，并按【Enter】键确认。

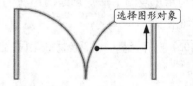

Step 04 单击【拾取点】前的 按钮，在绘图区选择如下点作为插入基点。

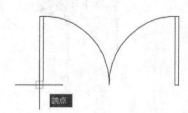

Step 05 在【文件名和路径】栏中可以设置保存路径。

Step 06 设置完成后单击【确定】按钮。

14.1.3 利用复制创建块

除了上面介绍的创建图块外，用户还可以通过【复制】命令创建块，通过复制命令创建的块具有全局块的作用，既可以放置（粘贴）在当前图形，也可以放置（粘贴）在其他图形中。

Tips

> 这里的"复制"不是CAD修改里的【COPY】命令，而是Windows中的【Ctrl+C】。

利用【复制】命令创建内部块的具体操作步骤如下。

Step 01 打开光盘中的"素材\CH14\复制块.dwg"文件。

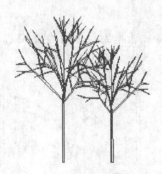

Step 02 在绘图区域中选择如图所示的图形对象。

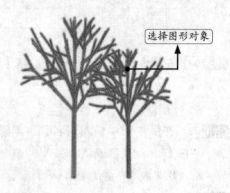

Step 03 在绘图区域中单击鼠标右键，并在弹出的快捷菜单中选择【剪贴板】→【复制】命令，如图所示。

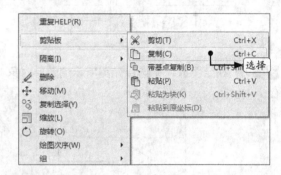

Step 04 在绘图区域中单击鼠标右键，并在弹出的快捷菜单中选择【剪贴板】→【粘贴为块】命令，如图所示。

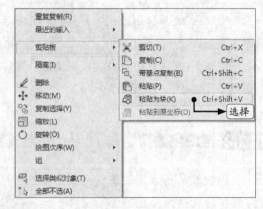

Step 05 在绘图区域中单击指定插入点，如图所示。

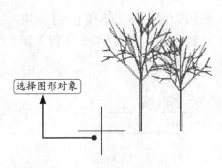

选择图形对象

Step 06 结果如图所示。

Tips

除了单击右键的快捷菜单的【复制】、【粘贴为块】外，还可以通过【编辑】菜单，选择【复制】和【粘贴为块】命令，如下图所示。

此外，复制时，还可以选择【代基点复制】，这样，在【粘贴为块】时，就可以以复制的基点为粘贴插入点。

14.2 插几图块

图块是作为一个实体插入的，用户可以根据需要按指定插入的比例和角度。

在应用过程中只保存图块的整体特征参数，而不需要保存图块中每一个实体的特征参数，因此在复杂图形中应用图块功能可以有效节省磁盘空间。

Tips

如果插入的块所使用的图形单位与当前图形单位不同，则块将自动按照两种单位相比的等价比例因子进行缩放。

14.2.1 使用【插几】对话框插几图块

利用【插入】对话框可以指定要插入的块或图形的位置、比例、旋转角度以及插入后是否分解。

【插入】对话框的几种常用调用方法如下。

● 选择【插入】→【块】菜单命令；

● 在命令行中输入"INSERT/I"命令并按空格键确认；

● 单击【插入】选项卡→【块】面板中的【插入】按钮。

调用【插入】命令后弹出【插入】对话框，如下图所示。

【插入】对话框中各选项含义如下。

【名称】文本框：指定要插入块的名称。

【插入点】：指定块的插入点。

【比例】：指定插入块的缩放比例。如果指定负的x、y或z缩放比例因子，则插入后镜像图形。

【旋转】：在当前UCS中指定插入块的旋转角度。

【块单位】：显示有关块单位的信息。

【分解】复选框：分解块并插入该块的各个部分。选中时，只可以指定统一的比例因子。

下面将为墙体图形插入"门"图块，具体操作步骤如下。

Step 01 打开光盘中的"素材\CH14\墙体.dwg"文件。

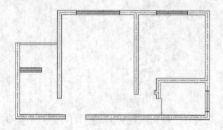

Step 02 在命令行中输入"I"命令并按空格键确认，弹出【插入】对话框，单击【名称】下拉列表，选择【门】图块，如图所示。

Step 03 单击【确定】按钮，并在绘图区域中捕捉如图所示的端点作为插入点。

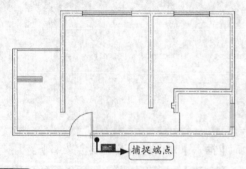

Step 04 插入后结果如图所示。

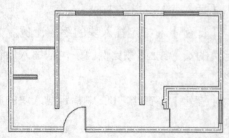

Step 05 重复【插入】命令，选择【门】图块，将插入比例设置为0.8并勾选【统一比例】复选框，如图所示。

Step 06 单击【确定】按钮，并在绘图区域中捕捉如图所示的中点作为插入点。

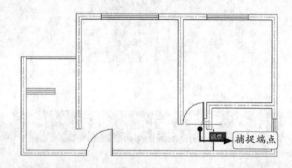

Step 07 插入后结果如图所示。

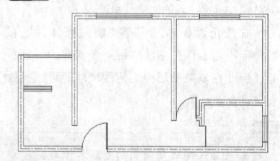

Step 08 重复【插入】命令，选择【门】图块，将插入比例设置为0.8并勾选【统一比例】复选框，如图所示。

Step 09 单击【确定】按钮，并在绘图区域中捕捉如图所示的中点，只捕捉但不选取，如下图

所示。

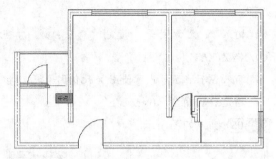

Step 10 拖动鼠标，当出现如下图所示的交点时单击鼠标。

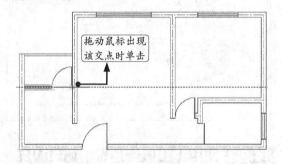

Step 11 插入后结果如图所示。

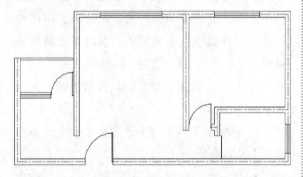

Step 12 重复【插入】命令，选择【门】图块，对插入的比例和旋转角度进行设置，如图所示。

Step 13 单击【确定】按钮，并在绘图区域中捕捉如图所示的端点，只捕捉但不选取，如右图所示。

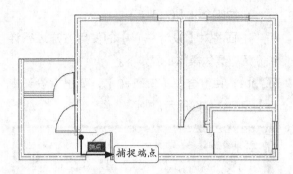

Step 14 拖动鼠标，当出现如下图所示的交点时单击鼠标。

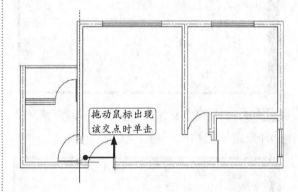

Step 15 插入后结果如图所示。

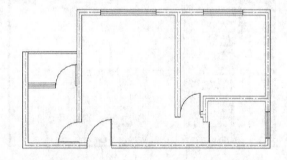

14.2.2 使用【设计中心】插入图块

CAD的【设计中心】用于管理和插入块、外部参照和填充图案等内容。

【设计中心】命令的几种常用调用方法如下。

• 选择【工具】→【选项板】→【设计中心】菜单命令；

• 在命令行中输入"ADCENTER/ADC"命令并按空格键确认；

• 单击【插入】选项卡→【内容】面板→【设计中心】按钮；

- 按组合键【Ctrl+2】。

下面将对【设计中心】的使用方法进行详细介绍，具体操作步骤如下。

Step 01 按组合键【Ctrl+2】，弹出【设计中心】窗口，如图所示。

Step 02 在左侧【文件夹列表】中任意浏览一个文件夹，如图所示。

Step 03 在右侧预览窗口中选择相关的图形文件，并按住将其拖动到绘图区域中，在绘图区域中单击指定图形的插入点，如图所示。

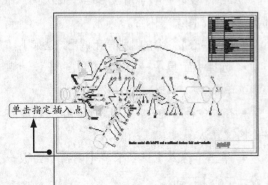

单击指定插入点

Step 04 在命令行指定相关参数，命令行提示如下。

输入 X 比例因子，指定对角点，或 [角点 (C)/XYZ(XYZ)] <1>: 1 ↙

输入 Y 比例因子或 <使用 X 比例因子>: ↙

指定旋转角度 <0>: ↙

Step 05 结果如图所示。

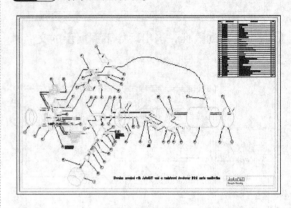

14.2.3 使用【工具选项板】插入图块

使用【工具选项板】可在选项卡形式的窗口中整理块、图案填充和自定义工具。可以通过在【工具选项板】窗口的各区域单击鼠标右键时显示的快捷菜单访问各种选项和设置。

【工具选项板】命令的几种常用调用方法如下。

- 选择【工具】→【选项板】→【工具选项板】菜单命令；
- 在命令行中输入"TOOLPALETTES"命令并按空格键确认；
- 单击【视图】选项卡→【选项板】面板中的【工具选项板】按钮；
- 按组合键【Ctrl+3】。

下面将利用【工具选项板】窗口创建一个多线路电气开关符号，具体操作步骤如下。

Step 01 按组合键【Ctrl+3】，弹出【工具选项板-所有选项板】窗口，如图所示。

Step 02 选择【机械】选项卡，如图所示。

Step 04 输入开关说明，如图所示。

Step 05 单击【确定】按钮，结果如图所示。

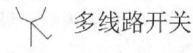

Step 03 选择【开关-公制】选项，在绘图区域单击制定插入点，弹出【编辑属性】对话框，如图所示。

14.3 创建带属性的块

要想创建属性，首先要创建包含属性特征的属性定义。属性特征主要包括标记（标识属性的名称）、插入块时显示的提示、值的信息、文字格式、块中的位置和所有可选模式（不可见、常数、验证、预设、锁定位置和多行）。

14.3.1 定义属性

创建用于在块中存储数据的属性定义。如果在命令提示下输入"-ATTDEF"，将显示选项。属性是所创建的包含在块定义中的对象，属性可以存储数据，例如部件号、产品名等。

【属性定义】对话框的几种常用调用方法如下。

• 选择【绘图】→【块】→【定义属性】菜单命令；

• 在命令行中输入"-ATTDEF/ATT"命令并按空格键确认；

• 单击【插入】选项卡→【块定义】面板中的【定义属性】按钮。

调用【定义属性】命令，弹出【属性定义】对话框，如下图所示。

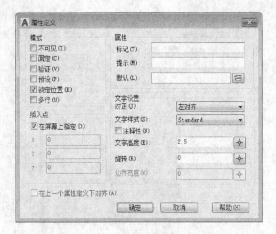

【模式】区域中各选项含义如下。

● 不可见：指定插入块时不显示或打印属性值。

● 固定：在插入块时赋予属性固定值。

● 验证：插入块时提示验证属性值是否正确。

● 预设：插入包含预设属性值的块时，将属性设置为默认值。

● 锁定位置：锁定块参照中属性的位置。解锁后，属性可以相对于使用夹点编辑的块的其他部分移动，并且可以调整多行文字属性的大小。

● 多行：指定属性值可以包含多行文字。选定此项后，可指定属性的边界宽度。

【插入点】区域中各选项含义如下。

● 在屏幕上指定：关闭对话框后将显示"起点"提示，使用定点设备相对于要与属性关联的对象指定属性的位置。

● x：指定属性插入点的x坐标。

● y：指定属性插入点的y坐标。

● z：指定属性插入点的z坐标。

【属性】区域中各选项含义如下。

● 标记：标识图形中每次出现的属性，使用任何字符组合（空格除外）输入属性标记，小写字母会自动转换为大写字母。

● 提示：指定在插入包含该属性定义的块时显示的提示。如果不输入提示，属性标记将用作提示。

● 默认：指定默认属性值。

● 插入字段按钮 📄：显示【字段】对话框，可以插入一个字段作为属性的全部或部分值。

【文字设置】区域中各选项含义如下。

● 对正：指定属性文字的对正。

● 文字样式：指定属性文字的预定义样式。显示当前加载的文字样式。

● 注释性：指定属性为注释性。如果块是注释性的，则属性将与块的方向相匹配。单击信息图标可以了解有关注释性对象的详细信息。

● 文字高度：指定属性文字的高度。此高度为从原点到指定位置的测量值。如果选择有固定高度的文字样式，或者在【对正】下拉列表中选择了【对齐】或【高度】选项，则此项不可用。

● 旋转：指定属性文字的旋转角度。此旋转角度为从原点到指定位置的测量值。如果在【对正】下拉列表中选择了【对齐】或【调整】选项，则【旋转】选项不可用。

● 边界宽度：换行前需指定多行文字属性中文字行的最大长度。值0.000表示对文字行的长度没有限制。此选项不适用于单行文字属性。

14.3.2 创建带属性的块

下面将利用【属性定义】对话框创建带属性的块，具体操作步骤如下。

1. 定义属性

Step 01 打开光盘中的"素材\CH14\树木.dwg"文件。

Step 02 选择【绘图】→【块】→【定义属性】

菜单命令，弹出【属性定义】对话框，勾选【锁定位置】，并输入属性标记"shumu"如图所示。

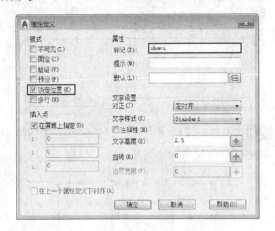

Step 03 在【文字设置】区的【对正】下拉列表中选择【左对齐】选项，在【文字高度】文本框中输入"700"，如图所示。

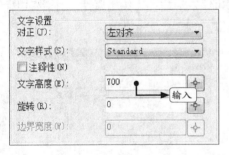

Step 04 单击【确定】按钮，在绘图区域中单击指定起点，如图所示。

Step 05 结果如图所示。

2. 创建块

Step 01 在命令行中输入"B"命令并按空格键确认，弹出【块定义】对话框，如图所示。

Step 02 单击【选择对象】前的 ✛ 按钮，并在绘图区域中选择如图所示的图形对象作为组成块的对象。

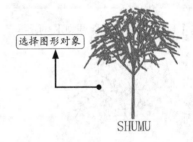

Step 03 按【Enter】键确认，然后单击【拾取点】前的 按钮，并在绘图区域中单击指定插入基点，如图所示。

Step 04 返回【块定义】对话框，为块添加名称，如图所示。

Step 05 单击【确定】按钮，弹出【编辑属性】对话框，输入参数值"shumu1"，如图所示。

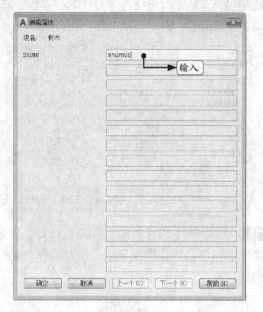

Step 06 单击【确定】按钮，结果如图所示。

shumu1

14.3.3 插入带属性的块

下面将利用【插入】命令插入带属性的块，具体操作步骤如下。

Step 01 打开光盘中的"素材\CH14\电路图.dwg"文件。

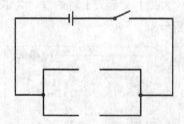

Step 02 在命令行中输入"I"命令并按空格键

确认，弹出【插入】对话框，在【名称】栏中选择【灯泡】选项，如图所示。

Step 03 单击【确定】按钮，然后在绘图区域中单击指定插入点，如图所示。

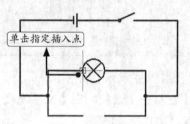

单击指定插入点

Step 04 在弹出的【编辑属性】对话框中输入灯泡标记"L1"，如下图所示。

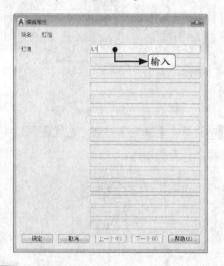

Step 05 结果如图所示。

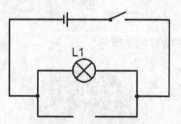

L1

Step 06 重复 **Step 02**~**Step 04**，插入灯泡L2，结果如下图所示。

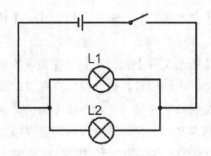

14.3.4 修改属性定义

编辑块中每个属性的值、文字选项和特性。

编辑单个属性命令的几种常用调用方法如下：

• 选择【修改】→【对象】→【属性】→【单个】菜单命令；

• 在命令行中输入"EATTEDIT"命令并按空格键确认；

• 单击【默认】选项卡→【块】面板→【编辑属性】按钮 ⌄。

下面将利用单个属性编辑命令对块的属性进行修改，具体操作步骤如下。

Step 01 打开光盘中的"素材\CH14\修改属性定义.dwg"文件。

Step 02 单击【默认】选项卡→【块】面板→【编辑属性】按钮 ⌄，在绘图区单击选择要编辑的图块，如图所示。

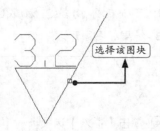

Step 03 弹出【增强属性编辑器】对话框，修改【值】参数为"1.6"，如图所示。

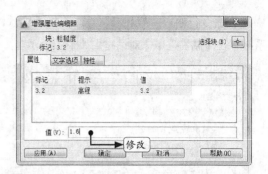

Step 04 选中【文字选项】选项卡，修改【倾斜角度】参数为"15"，如图所示。

Step 05 选择【特性】选项卡，修改【颜色】为"红色"，如图所示。

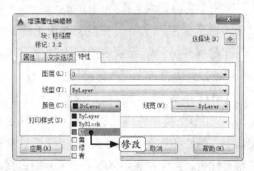

Step 06 单击【确定】按钮，结果如图所示。

14.3.5 属性提取

【属性提取】命令主要是将与块关联的属性数据、文字信息提取到文件中。如果在命令提示下输入"-ATTEXT"，将显示选项。

在命令行输入"ATTEXT"并按空格键确认，系统弹出【属性提取】对话框，如下图所示。

【属性提取】对话框中各选项含义如下。

【逗号分隔文件（CDF）】：生成一个文件，其中包含的记录与图形中的块参照一一对应，图形至少包含一个与样板文件中的属性标记匹配的属性标记。用逗号来分隔每个记录的字段。字符字段置于单引号中。

【空格分隔文件（SDF）】：生成一个文件，其中包含的记录与图形中的块参照一一对应，图形至少包含一个与样板文件中的属性标记匹配的属性标记。记录中的字段宽度固定，不需要字段分隔符或字符串分隔符。

【DXF格式提取文件（DXX）】：生成AutoCAD图形交换文件格式的子集，其中只包括块参照、属性和序列结束对象。DXFTM格式提取不需要样板。文件扩展名.dxx用于区分输出文件和普通DXF文件。

【选择对象】：关闭对话框，以便使用定点设备选择带属性的块。【属性提取】对话框重新打开时，【已找到的数目】将显示已选的对象。

【已找到的数目】：指明使用【选择对象】选定的对象数目。

【样板文件】：指定CDF和SDF格式的样板提取文件。可以在框中输入文件名，或者选择【样板文件】以使用标准文件选择对话框搜索现有样板文件。默认的文件扩展名为.txt。如

果在【文件格式】下选择了【DXF】，【样板文件】选项将不可用。

【输出文件】：指定要保存提取的属性数据的文件名和位置。输入要保存提取的属性数据的路径和文件名，或者选择【输出文件】以使用标准文件选择对话框搜索现有样板文件。将.txt文件扩展名附加到CDF或SDF文件上，将.dxx文件扩展名附加到DXF文件上。

14.3.6 实例：完善建筑立面图

本实例将在建筑立面图中创建带属性的块，并将它插入到图形中，具体操作步骤如下。

1. 创建带属性的块

Step 01 打开随书光盘中的"素材\CH14\建筑立面图.dwg"文件。

Step 02 在命令行中输入"L"并按空格调用【直线】命令，在绘图区域中任意单击一点作为直线的起点，然后在命令行提示下分别指定直线的各个端点坐标值，命令行提示如下。

指定下一点或 [放弃(U)]: @430<-120
指定下一点或 [放弃(U)]: @430<120
指定下一点或 [闭合(C)/放弃(U)]: @1790<0
指定下一点或 [闭合(C)/放弃(U)]:

Step 03 结果如图所示。

Step 04 单击【插入】选项卡→【块定义】面板中的【定义属性】按钮，弹出【属性定义】对话框，在【属性】区域中的【标记】文本框

中输入"biaogao"，在【文字高度】文本框中
输入"200"，如图所示。

单击【确定】按钮，在绘图区域中单击
指定起点，如图所示。

Step 06 结果如图所示。

Step 07 在命令行中输入"B"并按空格调用块
命令，弹出【块定义】对话框，单击【选择对
象】前的 按钮，并在绘图区域中选择如图所
示的图形对象作为组成块的对象。

Step 08 按【Enter】键确认，然后单击【拾取
点】前的 按钮，并在绘图区域中单击指定插
入基点，如图所示。

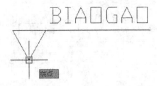

Step 09 返回【块定义】对话框，为块添加名称
【标高】，如图所示。

Step 10 单击【确定】按钮，弹出【编辑属性】
对话框，在【编辑属性】对话框中输入参数值
【biaogao】，如图所示。

Step 11 单击【确定】按钮，结果如图所示。

2. 插入带属性的块

Step 01 在命令行中输入"I"并按空格调用插
入命令，弹出【插入】对话框，在【名称】栏
中选择【标高】选项，如图所示。

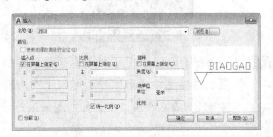

Step 02 单击【确定】按钮，然后在绘图区域中单击指定插入点，如图所示。

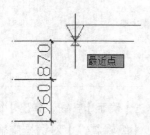

Step 03 在命令行输入"20.330"，并按【Enter】键确认，命令行提示如下。

输入属性值

BIAOGAO: 20.330

Step 04 结果如图所示。

14.4 动态块

动态块定义包含规则或参数，用于说明当块参照插入图形时如何更改块参照的外观，利用动态块定义可在块编辑器之外编辑块参照。

14.4.1 动态块夹点的属性

要弄清楚什么是动态块，首先来了解一下AutoCAD自带的动态块——【工具选项板】。

Step 01 按组合键【Ctrl+3】，弹出【工具选项板-所有选项板】窗口，选择【建筑】选项卡，如图所示。

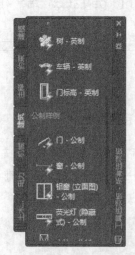

Step 02 选择【门-公制】，将其放到绘图窗口中，然后选中该图块，可以看到图块上有多种夹点（普通块只有一个夹点），如右图所示。

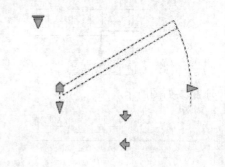

Tips

动态块参照包含可在插入参照后更改参照在图形中的显示方式的夹点或自定义特性。例如，将块参照插入图形后，门的动态块参照可以更改大小。用户可以使用动态块插入可更改形状、大小或配置的一个块，而不是插入许多静态块定义中的一个。

Step 03 单击"查询"夹点▽，会弹出一个项目列表，如下图所示。

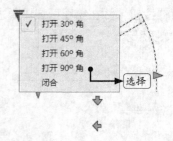

Step 04 选择【打开90°角】，就会变成另外一个块，如下图所示。

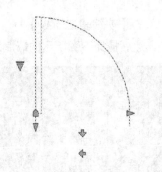

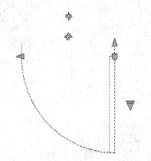

左活向右翻转，如下图所示。

Step 05 单击"翻转"夹点⬆（或⬆）可以向上或向下翻转，如下图所示。

Step 07 单击"线性"夹点◀，可以按规定方向或沿某一条轴拉伸图块，如下图所示。

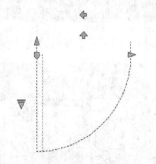

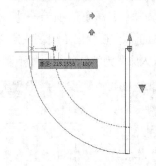

指定: 225.1358 < 180°

Step 06 单击"翻转"夹点⬅（或➡）可以向

下表显示了可以包含在动态块中的不同类型的自定义夹点。

夹点类型	夹点图标	夹点在图形中的操作方式
标准	◼	在平面内的任意方向移动、拉伸
线性	▶	按规定方向或沿某一条轴往返移动、拉伸、缩放、阵列
旋转	●	围绕某一条轴旋转
翻转	➡	单击以翻转动态块参照
对齐	▶	如果在某个对象上移动，则使块参照与该对象对齐
查寻	▼	单击以显示项目列表

14.4.2 创建动态块

动态块可以让用户指定每个块的类型和各种变化量。可以使用【块编辑器】创建动态块。要使块变为动态块，必须包含至少一个参数。而每个参数通常又有相关联的动作。

参数可以定义动态块的特殊属性，包括位置、距离和角度等。参数还可以将值强制在参数功能范围之内。而动作则指定某个块如何以某种方式使用其相关的参数。

【块编辑器】对话框的几种常用调用方法如下。

• 选择【工具】→【块编辑器】菜单命令；

• 在命令行中输入"BEDIT/BE"命令并按空格键确认；

• 单击【默认】选项卡→【块】面板→【编辑】按钮；

• 单击【插入】选项卡→【块定义】面板→【块编辑器】按钮。

下面通过将卧室的床创建为动态块为例来介绍动态块的具体创建方法，具体操作步骤如下。

Step 01 打开光盘中的"素材\CH14\自定义动态块"文件。

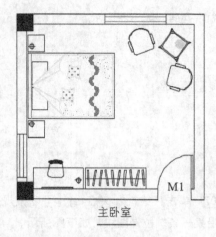

主卧室

Step 02　单击【默认】选项卡→【块】面板→
【编辑】按钮 ，在弹出【编辑块定义】对话框
中选中"双人床"为编辑的块，如下图所示。

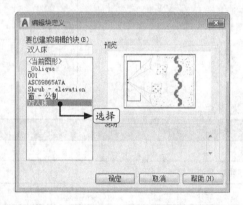

Tips

创建动态块的对象必须是块。

Step 03　单击【确定】按钮，进入【块编辑器】
对话框，并弹出【块编写选项板】。

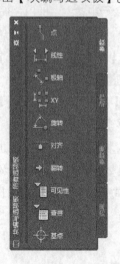

Step 04　单击【块编辑选项板】→　【参数】→
【线性】，然后捕捉下图所示的端点为起点。

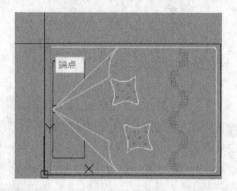

Step 05　捕捉下图所示的端点为线性参数的端点。

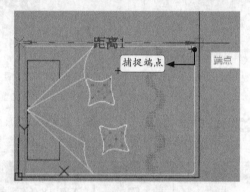

Step 06　拖动鼠标在合适位置单击作为放置标签
的位置。

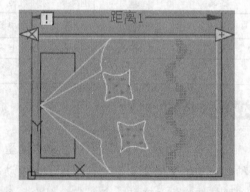

Tips

当只有一个参数时，将出现 标记，表示
没有与参数关联的动作。当动作与该参数关联后，该
标记自动消失。

Step 07　选中"距离"参数，单击鼠标右键，在
快捷菜单中选择【夹点显示】→【1】选项。

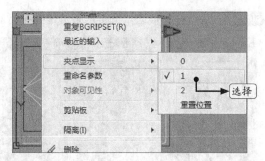

Step 08 按【Esc】键退出选择后，距离左侧的移动调节箭头不见了，如下图所示。

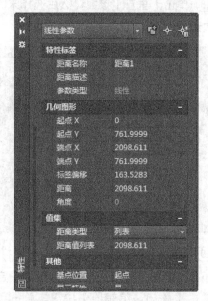

Step 09 选中图形中的【距离】，然后在命令行输入"PR"并按空格键调用【特性】选项板，选择【值集】中的【距离类型】为【列表】。

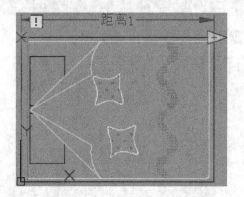

Step 10 单击【距离值列表】右侧的□按钮，弹出【添加距离值】对话框，在文本框内分别输入：1500、2200、2500，并单击【添加】按钮将它们添加到距离表中，如下图所示。

Step 11 单击【确定】按钮，在块中出现以距离值定位的4条线。

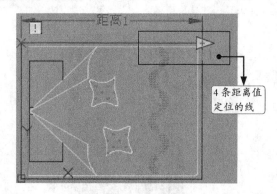

Step 12 将【块编写选项板】切换到【动作】选项卡。

Step 13 单击【缩放】，然后选择【距离1】让它们相关联，关联后，图形中添加了一个"缩放"图标。

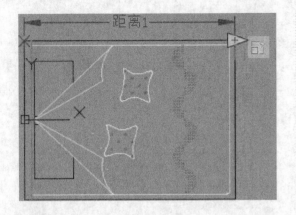

Step 14 将【块编写选项板】切换到【约束】选项卡。

Step 15 单击【平行】参数，然后选择床的一条边，如下图所示。

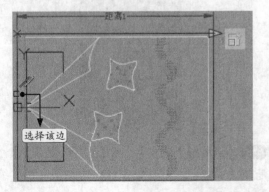

Step 16 选择另一条边，使得两条边保持平行。

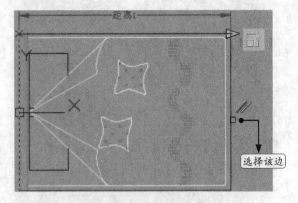

Step 17 平行约束后结果如下图所示。

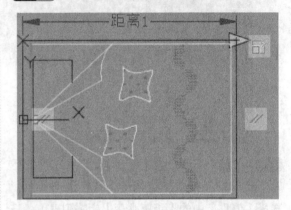

Step 18 单击【垂直】参数，然后选择床的两条垂直边进行约束，结果如下图所示。

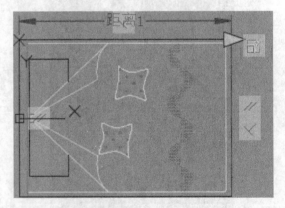

Step 19 单击【块编辑器】选项卡→【打开/保存】→【保存块】按钮，保存当前块定义，然后单击【关闭块编辑器】按钮。单击"双人床"图块，出现 ▷ 标签，表示此处可以拖动。

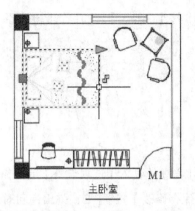

主卧室

可实现双人床的缩放。

主卧室

Step 20 拖动 ▶ 标签到位置为2500的地方，即

下表列出了动态块的参数和动作。

参数	可用动作	用途
点	移动、拉伸	从该点移动或拉伸
线性	移动、缩放、拉伸、阵列	沿两点之间的线移动、缩放、拉伸或者进行阵列
极轴	移动、缩放、拉伸、极轴拉伸、阵列	以特定角拉伸或以特定角度沿两点之间的线进行阵列
XY	移动、缩放、拉伸、阵列	以指定的X、Y距离进行移动、缩放、拉伸和阵列
旋转	旋转	按指定角度旋转
翻转	翻转	沿某一投影线翻转
对齐	无	整个块与其他对象对齐
可见性	无	控制块中部件的可见性
查询	查询	从定义的列表或表格中选择一个自定义特性
基点	无	为动态定义基点

14.5 图块管理操作

AutoCAD中较为常见的图块管理操作包括分解块、编辑已定义的块以及对已定义的块进行重定义等，下面将分别对相关内容进行详细介绍。

14.5.1 在位参照编辑块 ▶

将临时提取从选定的外部参照或块中选择的对象，并使其可在当前图形中进行编辑。提取的对象集合称为工作集，可以对其进行修改并存回以更新外部参照或块定义。

【在位编辑参照】命令的几种常用调用方法如下。

• 选择【工具】→【外部参照和块在位编辑】→【在位编辑参照】菜单命令；

• 在命令行中输入"REFEDIT"命令并按空格键确认；

• 单击【插入】选项卡→【参照】面板中的【编辑参照】按钮 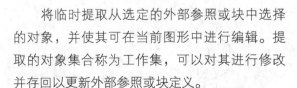。

下面将对已定义的图块进行相关编辑，具体操作步骤如下。

Step 01 打开光盘中的"素材\CH14\编辑块.dwg"文件。

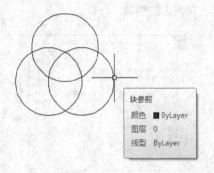

Step 02 选择【工具】→【外部参照和块在位编辑】→【在位编辑参照】菜单命令，并在绘图区域中单击选择如图所示的图形对象。

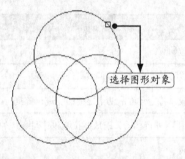

选择图形对象

Step 03 系统弹出【参照编辑】对话框，如图所示。

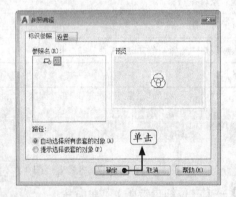

单击

Step 04 单击【确定】按钮，然后在绘图区域中单击选择如图所示的圆形。

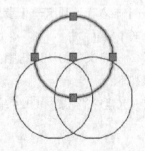

Step 05 按【Delete】键将所选圆形删除，如图所示。

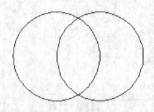

Step 06 单击【插入】选项卡→【编辑参照】面板→【保存修改】按钮，弹出询问对话框，如图所示。

Step 07 单击【确定】按钮，结果如图所示。

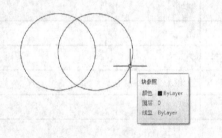

14.5.2 重定义块

对于已定义的块，用户可以根据需要对其进行重定义，下面将对重定义块的方法进行详细介绍，具体操作步骤如下。

Step 01 打开随书光盘中的"素材\CH14\重定义块.dwg"文件。

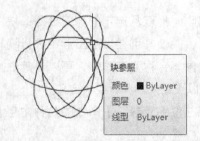

Step 02 在命令行中输入 "X" 并按空格键调用【分解】命令，然后选择图形将其分解。

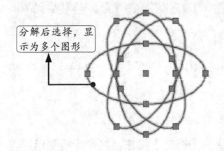

分解后选择，显示为多个图形

Step 03 在命令行中输入 "E" 并按空格键调用【删除】命令，然后选择竖直的椭圆，按空格键后将其删除，结果如图所示。

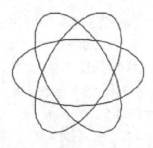

Step 04 在命令行中输入 "B" 并按空格键调用【块定义】命令，弹出【块定义】对话框，如图所示。

Step 05 单击【选择对象】按钮 ⊕，然后选择剩余的三个椭圆。

Step 06 按空格键结束对象选择后，系统返回【块定义】对话框，单击【名称】下拉列表，选择【图案】名称，如图所示。

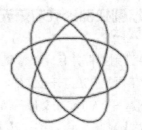

Step 07 单击【确定】按钮，系统弹出【块-重定义块】对话框，如图所示。

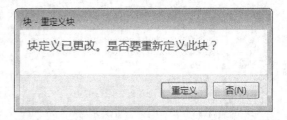

块 · 重定义块

块定义已更改。是否要重新定义此块？

重定义   否(N)

Step 08 单击【重定义】按钮，完成操作后三个椭圆组成新的块，如下图所示。

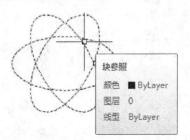

块参照
颜色   ■ByLayer
图层   0
线型   ByLayer

14.6 实战技巧

下面将对图块在绘图中的使用技巧进行详细介绍。

技巧1 以图块的形式打开无法修复的文件

当文件遭到损坏并且无法修复的时候，可以尝试使用下面的方法打开该文件。

Step 01 新建一个AutoCAD文件，然后选择【插入】→【块】菜单命令，弹出【插入】对话框，如图所示。

Step 02 单击【浏览】按钮，弹出【选择图形文件】对话框，如图所示。

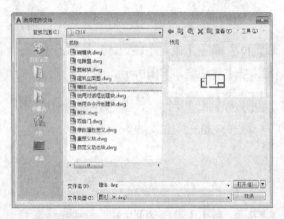

Step 03 浏览到相应文件并且单击【打开】按钮，系统返回【插入】对话框，如图所示。

Step 04 单击【确定】按钮，按命令行提示即可完成操作。

技巧2 调整块的大小

插入模块时，需要注意命令行中的提示，并根据提示输入x、y、z这3个方向的比例因子。同时，在调整块的大小时，需要注意以下几点。

（1）当整体大小需要改动时，可以使用SCALE进行比例缩放。

（2）当x方向的值为负值时，块围绕y轴作镜像；当y方向的值为负值时，块围绕x轴作镜像。

（3）可以使用【refedit】命令进入内部进行调整。

图形文件管理操作

■ 本章引言

AutoCAD中包含许多辅助管理功能供用户进行调用，例如查询、参数化、快速计算器、核查、修复等，本章将对相关工具的使用进行详细介绍。

■ 学习要点

- » 查询操作
- » 参数化操作
- » 快速计算器
- » 图形实用工具

15.1 查询操作

AutoCAD中，查询命令包含众多的功能，比如查询两点之间的距离、查询面积、查询图纸状态和图纸的绘图时间等。利用各种查询功能，既可以辅助绘制图形，也可以对图形的各种状态进行查询。

15.1.1 查询距离

距离查询用于测量选定对象或点序列的距离。

【距离】查询命令的几种常用调用方法如下：

- 选择【工具】→【查询】→【距离】菜单命令；
- 在命令行中输入 "DIST/DI" 命令并按空格键确认；
- 在命令行中输入 "MEASUREGEOM/MEA" 命令并按空格键确认，然后选择 "D" 选项；
- 单击【默认】选项卡→【实用工具】面板中的【距离】按钮▦。

下面对距离的查询过程进行详细介绍，具体操作步骤如下。

Step 01 打开随书光盘中的 "素材\CH15\距离查询.dwg" 文件。

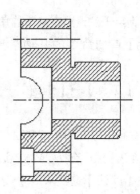

Step 02 单击【默认】选项卡→【实用工具】面板中的【距离】按钮▦，在绘图区域中捕捉如图所示的端点作为第一点。

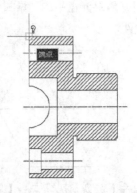

Step 03 在绘图区域中拖动鼠标并捕捉如图所示的端点作为第二点。

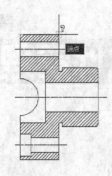

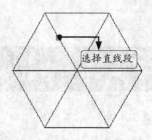

Step 04) 命令行显示查询结果如下。

> 距离 = 110.0000，XY 平面中的倾角 = 0，
>
> 与 XY 平面的夹角 = 0
>
> X 增量 = 110.0000， Y 增量 = 0.0000， Z
>
> 增量 = 0.0000

Step 03) 在绘图区域中用鼠标单击选择如图所示的直线段作为需要查询的终止边。

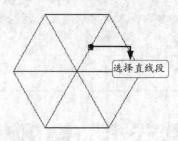

15.1.2 查询角度

角度查询用于测量选定对象的角度。

【角度】查询命令的几种常用调用方法如下：

- 选择【工具】→【查询】→【角度】菜单命令；

- 在命令行中输入"MEASUREGEOM/MEA"命令并按空格键确认，然后选择"A"选项；

- 单击【默认】选项卡→【实用工具】面板中的【角度】按钮。

下面对角度的查询过程进行详细介绍，具体操作步骤如下。

Step 01) 打开随书光盘中的"素材\CH15\角度查询.dwg"文件。

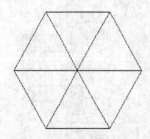

Step 02) 单击【默认】选项卡→【实用工具】面板中的【角度】按钮，在绘图区域中单击选择如图所示的直线段作为需要查询的起始边。

Step 04) 命令行显示查询结果如下。

> 角度 = 60°

15.1.3 查询半径

半径查询用于测量选定对象的半径。

【半径】查询命令的几种常用调用方法如下。

- 选择【工具】→【查询】→【半径】菜单命令；

- 在命令行中输入"MEASUREGEOM/MEA"命令并按空格键确认，然后选择"R"选项；

- 单击【默认】选项卡→【实用工具】面板中的【半径】按钮。

下面对半径的查询过程进行详细介绍，具体操作步骤如下。

Step 01) 打开随书光盘中的"素材\CH15\半径查询.dwg"文件。

Step 02) 单击【默认】选项卡→【实用工具】面板中的【半径】按钮，在绘图区域中单击选

择如图所示的圆弧作为需要查询的对象。

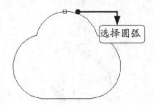

Step 03 在命令行中显示出了所选圆弧半径和直径的大小。

半径 = 20.0000

直径 = 40.0000

15.1.4 查询面积和周长

用于测量选定对象或定义区域的面积。

【面积和周长】查询命令的几种常用调用方法如下。

• 选择【工具】→【查询】→【面积】菜单命令；

• 在命令行中输入"AREA/AA"命令并按空格键确认；

• 在命令行中输入"MEASUREGEOM/MEA"命令并按空格键确认，然后选择"AR"选项；

• 单击【默认】选项卡→【实用工具】面板中的【面积】按钮🔲。

执行【面积】查询命令，CAD命令行提示如下：

命令： _MEASUREGEOM

输入选项 [距离(D)/半径(R)/角度(A)/面积(AR)/体积(V)] <距离>： _area

指定第一个角点或 [对象(O)/增加面积(A)/减少面积(S)/退出(X)] <对象(O)>：

命令行中各选项的含义如下。

【指定第一个角点】：计算由指定点所定义的面积和周长。所有点必须位于与当前 UCS 的 xy 平面平行的平面上。必须至少指定三个点才能定义多边形，如果未闭合多边形，则将计算面积，就如同输入的第一个点和最后一个点之间存在一条直线。

【对象】：计算所选择的二维面域或多段

线围成的区域的面积和周长。

【增加面积】：打开"加"模式，并在定义区域时即时保持总面积。

【减少面积】：打开"减"模式，从总面积中减去指定的面积。

Tips

【面积】查询命令无法计算自交对象的面积。

下面对面积的查询过程进行详细介绍，具体操作步骤如下。

Step 01 打开随书光盘中的"素材\CH15\面积查询.dwg"文件。

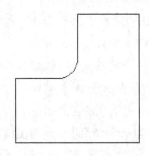

Step 02 单击【默认】选项卡→【实用工具】面板中的【面积】按钮🔲，命令行提示如下：

命令： _MEASUREGEOM

输入选项 [距离(D)/半径(R)/角度(A)/面积(AR)/体积(V)] <距离>： _area

指定第一个角点或 [对象(O)/增加面积(A)/减少面积(S)/退出(X)] <对象(O)>：

Step 03 按【Enter】键，接受CAD的默认选项对象，然后在绘图区域中单击选择如图所示的图形作为需要查询的对象。

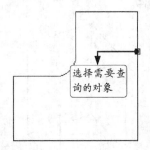

Step 04 在命令行中显示查询查询结果。

区域 = 30193.1417，长度 = 887.1239

15.1.5 查询体积

体积查询用于测量选定对象或定义区域的体积。

【体积】查询命令的几种常用调用方法如下。

• 选择【工具】→【查询】→【体积】菜单命令;

• 在命令行中输入 "MEASUREGEOM/MEA" 命令并按空格键确认,然后选择 "V" 选项;

• 单击【默认】选项卡→【实用工具】面板中的【体积】按钮 ⬜。

执行【体积】查询命令,CAD命令行提示如下:

命令: _MEASUREGEOM

输入选项 [距离(D)/半径(R)/角度(A)/面积(AR)/体积(V)] <距离>: _volume

指定第一个角点或 [对象(O)/增加体积(A)/减去体积(S)/退出(X)] <对象(O)>:

命令行中各选项的含义如下。

【指定第一个角点】:计算由指定点所定义的体积。

【对象】:可以选择三维实体或二维对象。如果选择二维对象,则必须指定该对象的高度。

【增加体积】:打开 "加" 模式,并在定义区域时即时保持总体积。

【减少体积】:打开 "减" 模式,并从总体积中减去指定体积。

下面对体积的查询过程进行详细介绍,具体操作步骤如下。

Step 01 打开随书光盘中的 "素材\CH15\体积查询.dwg" 文件。

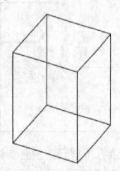

Step 02 单击【默认】选项卡→【实用工具】面板中的【体积】按钮 ⬜,然后依次捕捉下底面的4个点。

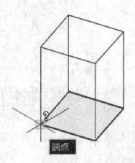

Step 03 捕捉完上面4点后按【Enter】键确认,然后在绘图区域中拖动鼠标并单击长方体的顶点,以指定其高度,如图所示。

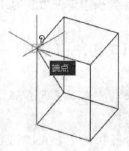

Step 04 在命令行中显示出了查询结果。

体积 = 12000000.0000

Tips

除了上面的指定角点计算体积,本例还可以通过 "对象" 选项,选择长方体直接计算体积。

15.1.6 查询质量特性

计算和显示面域或三维实体的质量特性。

【面域/质量特性】查询命令的几种常用调用方法如下。

• 选择【工具】→【查询】→【面域/质量特性】菜单命令;

• 在命令行中输入 "MASSPROP" 命令并按空格键确认。

下面对质量特性的查询过程进行详细介绍,具体操作步骤如下。

Step 01 打开光盘中的"素材\CH15\质量特性查询.dwg"文件。

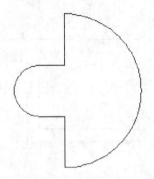

Step 02 选择【工具】→【查询】→【面域/质量特性】菜单命令，在绘图区域中选择要查询的对象，如图所示。

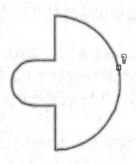

Step 03 按【Enter】键确认后，弹出查询结果，如图所示。

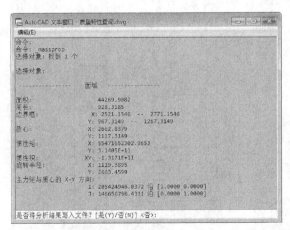

15.1.7 查询对象列表

用户可以使用LIST显示选定对象的特性，然后将其复制到文本文件中。

【LIST】命令查询的文本窗口将显示对象类型、对象图层、相对于当前用户坐标系（UCS）的X、Y、Z位置以及对象是位于模型空间还是图纸空间。

【列表】查询命令的几种常用调用方法如下。

• 选择【工具】→【查询】→【列表】菜单命令；

• 在命令行中输入"LIST/LI"命令并按空格键确认；

• 单击【默认】选项卡→【特性】面板中的【列表】按钮圖。

下面对对象列表的查询过程进行详细介绍，具体操作步骤如下。

Step 01 打开随书光盘中的"素材\CH15\对象列表.dwg"文件。

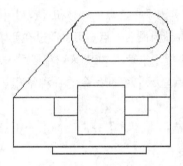

Step 02 在命令行中输入"LI"命令并按空格键调用【列表】查询命令，在绘图区域中选择要查询的对象，如图所示。

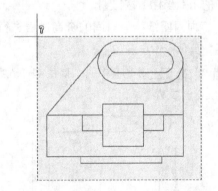

Step 03 按【Enter】键确定，弹出【AutoCAD文本窗口】窗口，在该窗口中可显示结果。

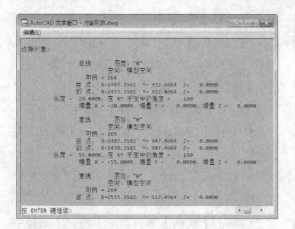

Step 04 继续按【Enter】键可以查询图形中其他结构的信息。

15.1.8 查询点坐标

点坐标查询用于显示指定位置的 UCS 坐标值。ID 列出了指定点的x、y和z值，并将指定点的坐标存储为最后一点。可以通过在要求输入点的下一个提示中输入"@"来引用最后一点。

【点坐标】查询命令的几种常用调用方法如下。

• 选择【工具】→【查询】→【点坐标】菜单命令；

• 在命令行中输入"ID"命令并按空格键确认；

• 单击【默认】选项卡→【实用工具】面板中的【点坐标】按钮。

下面对图纸绘制时间的查询过程进行详细介绍，具体操作步骤如下。

Step 01 打开随书光盘中的"素材\CH15\点坐标查询.dwg"文件。

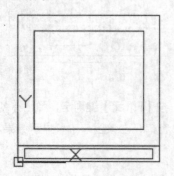

Step 02 在命令行中输入"ID"命令并按空格键确认，然后捕捉如下图所示的端点。

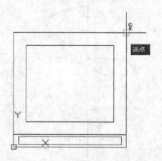

Step 03 在命令行中显示出了查询结果。

指定点：X = 450.0000　　Y = 450.0000　　Z = 0.0000

15.1.9 查询图纸绘制时间

查询后显示图形的日期和时间统计信息。

【时间】查询命令的几种常用调用方法如下：

• 选择【工具】→【查询】→【时间】菜单命令；

• 在命令行中输入"TIME"命令并按空格键确认。

下面对图纸绘制时间的查询过程进行详细介绍，具体操作步骤如下。

Step 01 打开随书光盘中的"素材\CH15\时间查询.dwg"文件。

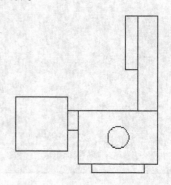

Step 02 选择【工具】→【查询】→【时间】菜单命令，执行命令后弹出【AutoCAD文本窗口】窗口，以显示时间查询，如图所示。

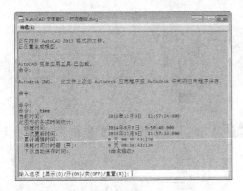

15.1.10 查询图纸状态

查询后显示图形的统计信息、模式和范围。

【状态】查询命令的几种常用调用方法如下。

• 选择【工具】→【查询】→【状态】菜单命令；

• 在命令行中输入"STATUS"命令并按空格键确认。

下面对图纸状态的查询过程进行详细介绍，具体操作步骤如下。

Step 01 打开随书光盘中的"素材\CH15\状态查询.dwg"文件。

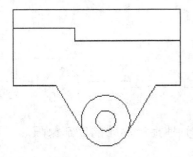

Step 02 选择【工具】→【查询】→【状态】菜单命令。

Step 03 执行命令后弹出【AutoCAD文本窗口】

窗口，以显示查询结果，如图所示。

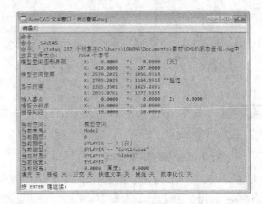

Step 04 按【Enter】键继续，如图所示。

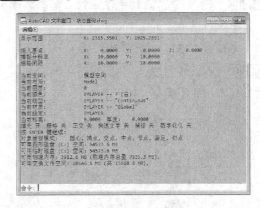

15.1.11 实例：查询货车参数

本实例将综合利用【距离】、【面积】、【角度】、【半径】和【体积】查询命令对货车参数进行相关查询，具体操作步骤如下。

Step 01 打开光盘中的"素材\CH15\货车参数查询.dwg"文件。

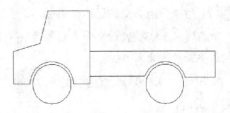

Tips

图中使用的绘图单位是"米"。

Step 02 选择【默认】选项板→【绘图】面板→【面域】按钮，然后在绘图区域选择要创建面域的对象，如下图所示。

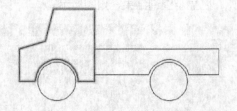

Step 03 按空格键后将选择的对象创建为一个面域。在命令行输入"MEA"，命令行提示如下。

命令:: MEASUREGEOM

输入选项 [距离(D)/半径(R)/角度(A)/面积(AR)/体积(V)] <距离>:

Step 04 输入"r"进行半径查询，然后选择车轮，命令行显示查询结果如下。

半径 = 0.7500   直径 = 1.5000

Step 05 在命令行输入"d"进行距离查询，然后捕捉车前轮的圆心，如下图所示。

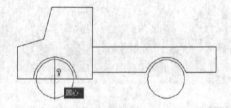

Step 06 捕捉车后轮的圆心，如下图所示。

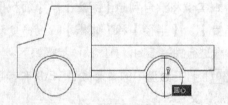

Step 07 命令行距离查询显示结果如下。

距离 = 4.5003，XY 平面中的倾角 = 0.00，与 XY 平面的夹角 = 0.00

X 增量 = 4.5003，Y 增量 = 0.0000，Z 增量 = 0.0000

Step 08 继续在命令行输入"d"进行距离查询，然后捕捉驾驶室的底部端点，如下图所示。

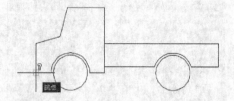

Step 09 捕捉车前轮的底部象限点，如下图所示。

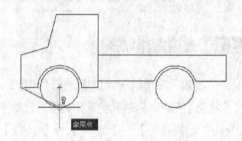

Step 10 命令行距离查询显示结果如下。

距离 = 1.6771，XY 平面中的倾角 = 333.43，与 XY 平面的夹角 = 0.00

X 增量 = 1.5000，Y 增量 = −0.7500，Z 增量 = 0.0000

Step 11 继续在命令行输入"d"进行距离查询，然后捕捉车厢底部端点，如下图所示。

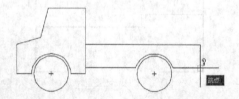

Step 12 捕捉车后轮的底部象限点，如下图所示。

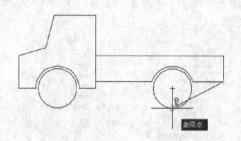

Step 13 命令行距离查询显示结果如下。

距离 = 2.2371，XY 平面中的倾角 = 206.62， 与 XY 平面的夹角 = 0.00

X 增量 = −1.9999， Y 增量 = −1.0024，Z 增量 = 0.0000

Step 14 在命令行输入 "a" 进行角度查询，然后捕捉驾驶室的一条斜边，如下图所示。

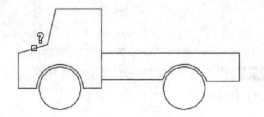

Step 15 捕捉驾驶室的另一条斜边，如下图所示。

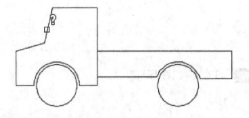

Step 16 命令行角度查询显示结果如下。

角度 = 120°

Step 17 在命令行输入 "ar" 进行面积查询，然

后输入 "o"，单击驾驶室为查询的对象，如下图所示。

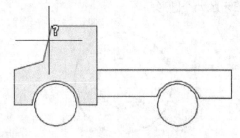

Step 18 命令行面积查询显示结果如下。

区域 = 5.6054，修剪的区域 = 0.0000 ， 周长 = 12.0394

Step 19 在命令行输入 "v" 进行体积查询，然后依次捕捉下图中的4点，如下图所示。

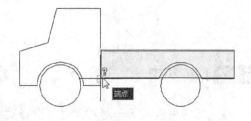

Step 20 捕捉4点后按空格键结束点的捕捉，然后在命令行输入高度，查询结果显示如下。

指定高度: 0,0,2.5

体积 = 1308.5001

15.2 参数化操作

参数化绘图功能可以让用户通过基于设计意图的图形对象约束提高绘图效率，该操作可以确保在对象修改后还保持特定的关联及尺寸关系。

15.2.1 自动约束

自动约束是根据对象相对于彼此的方向将几何约束应用于对象的选择集。

【自动约束】命令的几种常用调用方法如下。

• 选择【参数】→【自动约束】菜单命令；

• 在命令行中输入 "AUTOCONSTRAIN" 命令并按空格键确认；

• 单击【参数化】选项卡→【几何】面板中的【自动约束】按钮。

下面对自动约束的创建过程进行详细介绍，具体操作步骤如下。

Step 01 打开随书光盘中的 "素材\CH15\自动约束.dwg" 文件。

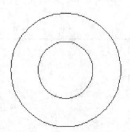

Step 02 单击【参数化】选项卡→【几何】面板中的【自动约束】按钮📐，在绘图区域中选择如图所示的两个圆形。

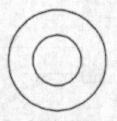

Step 03 按【Enter】键确认，结果如图所示。

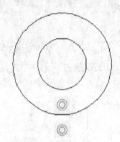

15.2.2 几何约束

将几何约束应用于一对对象时，选择对象的顺序以及选择每个对象的点可能会影响对象彼此间的放置方式。

【几何约束】命令的几种常用调用方法如下。

• 选择【参数】→【几何约束】菜单命令，选择一种适当的约束方式；

• 在命令行中输入"GEOMCONSTRAINT"命令并按空格键确认，选择一种适当的约束方式；

• 单击【参数化】选项卡→【几何】面板，选择一种适当的约束方式。

下面以【平行】几何约束为例，对【几何约束】命令的应用进行详细介绍，具体操作步骤如下。

Step 01 打开光盘中的"素材\CH15\平行几何约束.dwg"文件。

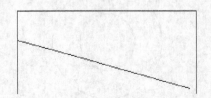

Step 02 单击【参数化】选项卡→【几何】面板→【平行】按钮⟋，在绘图区域中选择第一个对象，如图所示。

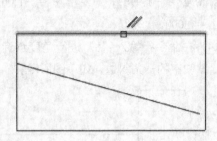

Step 03 在绘图区域中拖动鼠标并选择第二个对象，如图所示。

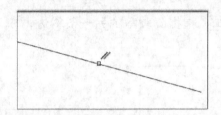

Step 04 结果如图所示。

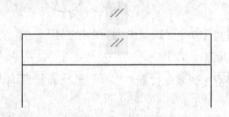

15.2.3 标注约束

对选定对象或对象上的点应用标注约束，或将关联标注转换为标注约束。

【标注约束】命令的几种常用调用方法如下。

• 选择【参数】→【标注约束】菜单命令，选择一种适当的约束方式；

• 在命令行中输入"DIMCONSTRAINT"命令并按空格键确认，选择一种适当的约束方式；

• 单击【参数化】选项卡→【标注】面板，选择一种适当的约束方式。

下面以【对齐】标注约束为例，对【标注约束】命令的应用进行详细介绍，具体操作步骤如下。

Step 01 打开光盘中的"素材\CH15\对齐标注约束.dwg"文件。

Step 02 单击【参数化】选项卡→【标注】面板→【对齐】按钮，在绘图区域中指定第一个约束点，如图所示。

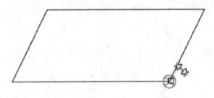

Step 03 在绘图区域中拖动鼠标并指定第二个约束点，如图所示。

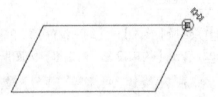

Step 04 在绘图区域中拖动鼠标并单击指定尺寸线的位置，如图所示。

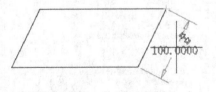

Step 05 在绘图区域中可以编辑标注文字，如图所示。

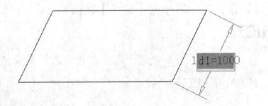

Step 06 按【Enter】键确认，结果如图所示。

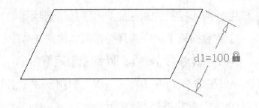

15.2.4 约束栏

显示或隐藏对象上的几何约束。

【约束栏】命令的几种常用调用方法如下。

• 选择【参数】→【约束栏】菜单命令，然后选择相关选项；

• 在命令行中输入"CONSTRAINTBAR"命令并按空格键确认；

• 单击【参数化】选项卡→【几何】面板，然后选择相关选项。

下面以显示约束栏为例，对【约束栏】命令的应用进行详细介绍，具体操作步骤如下。

Step 01 打开光盘中的"素材\CH15\约束栏.dwg"文件。

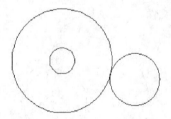

Step 02 单击【参数化】选项卡→【几何】面板→【全部显示】按钮，绘图区域显示如图所示。

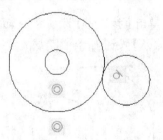

15.2.5 约束管理操作

约束管理主要包括【删除约束】和【约束设置】。【删除约束】命令主要用于从选定的对象删除所有几何约束和标注约束。【约束设置】对话框主要用于控制约束栏上几何约束的显示。

【删除约束】命令的几种常用调用方法如下。

• 选择【参数】→【删除约束】菜单命令；

• 在命令行中输入"DELCONSTRAINT/DELCON"命令并按空格键确认；

• 单击【参数化】选项卡→【管理】面板中的【删除约束】按钮■。

【约束设置】对话框的几种常用调用方法如下：

• 选择【参数】→【约束设置】菜单命令；

• 在命令行中输入"CONSTRAINTSETTINGS"命令并按空格键确认；

• 单击【参数化】选项卡→【几何】面板中的【对话框启动器】按钮■。

下面将对【删除约束】和【约束设置】的应用进行详细介绍。

1. 删除约束

Step 01 打开随书光盘中的"素材\CH15\删除约束.dwg"文件。

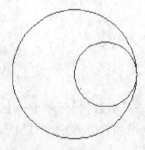

Step 02 单击【参数化】选项卡→【几何】面板→【全部显示】按钮■，绘图区域显示如图所示。

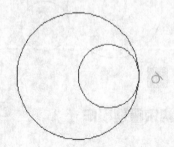

Step 03 单击【参数化】选项卡→【管理】面板→【删除约束】按钮■，在绘图区域中选择需要

删除约束的对象，如图所示。

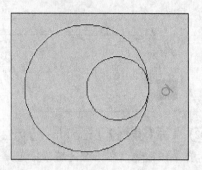

Step 04 按【Enter】键确认，结果如图所示。

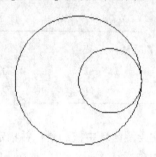

2. 约束设置

Step 01 选择【参数】→【约束设置】菜单命令。

Step 02 弹出【约束设置】对话框，如图所示。

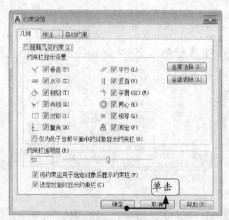

Step 03 用户可以在该对话框中进行相关约束设置，设置完成后单击【确定】按钮即可。

Tips

只有在【约束设置】对话框中勾选的约束在创建时才会显示符号。

15.3 快速计算器

快速计算器包括与大多数标准数学计算器类似的基本功能。另外，快速计算器还具有特别适用于AutoCAD的功能，例如几何函数、单位转换区域和变量区域。

与大多数计算器不同的是，快速计算器是一个表达式生成器。为了获取更大的灵活性，它不会在用户单击某个函数时立即计算出答案。相反，它让用户输入一个可以轻松编辑的表达式，完成后，用户可以单击等号（=）或按【Enter】键。稍后，用户可以从历史记录区域中检索出该表达式，对其进行修改并重新计算结果。

使用【快速计算器】可以：

* 执行数学计算和三角计算；
* 访问和查看以前输入的计算值进行重新计算；
* 从【特性】选项板访问计算器来修改对象特性
* 转换测量单位；
* 执行与特定对象相关的几何计算
* 向（从）【特性】选项板和命令提示复制和粘贴值和表达式；
* 计算混合数字（分数）、英寸和英尺；
* 定义、存储和使用计算器变量；
* 使用 CAL 命令中的几何函数。

15.3.1 了解【快速计算器】选项板

【快速计算器】命令的几种常用调用方法如下。

* 选择【工具】→【选项板】→【快速计算器】菜单命令；
* 在命令行中输入"QUICKCALC/QC"命令并按空格键确认；
* 单击【默认】选项卡→【实用工具】面板→【快速计算器】按钮；
* 按【Ctrl+8】组合键；
* 在无活动命令时，单击鼠标右键，然后单击【快速计算器】命令。

执行【快速计算器】命令后，如右图所示。

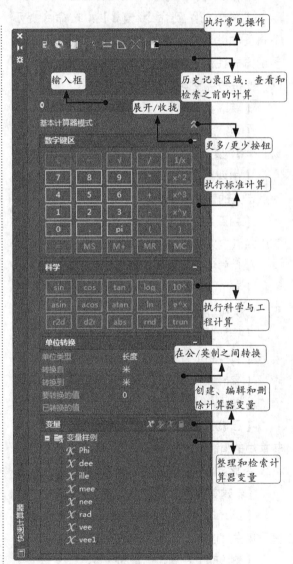

单击计算器上的【更多/更少】按钮，将只显示输入框和历史记录区域。可以使用展开/收拢箭头打开和关闭区域。还可以控制"快速计算器"的大小、位置和外观。

工具栏中各选项含义如下。

【清除██】：清除输入框。

【清除历史记录██】：清楚历史记录区域。

【将值粘贴到命令行██】：在命令提示下将值粘贴到输入框中。在命令执行过程中以透明方式使用【快速计算器】时，在计算器底部，此按钮将替换为【应用】按钮。

【获取坐标██】：计算点的坐标。

【两点之间的距离██】：计算两点之间的距离。计算的距离始终显示为无单位的十进制值。

【由两点定义的直线的角度██】：计算由两点定义的直线的角度。

【由四点定义的两条直线的交点██】：计算由四点定义的两条直线的交点。

单位转换区域中各选项含义如下。

【单位类型】：从列表中选择长度、面积、体积和角度值。

【转换自】：列出转换的源测量单位。

【转换到】：列出转换的目标测量单位。

【要转换的值】：提供可供输入要转换的值的输入框。

【已转换的值】：转换输入的单位并显示转换后的值。

变量区域中各选项含义如下。

【新建变量██】：打开【变量定义】对话框。

【编辑变量██】：打开【变量定义】对话框，用户可以在此更改选定的变量。

【删除██】：删除选定的变量。

【将变量返回到输入区域██】：将选定的变量返回到输入框中。

其他区域中各选项含义如下。

【输入框】：为用户提供了一个可以输入和检索表达式的框。

【更多/更少██】：隐藏或显示所有【快速计算器】函数区域。单击鼠标右键选择要隐藏或显示的各个函数区域。

【数字键区】：提供可供用户输入算术表达式的数字和符号的标准计算器键盘。

【科学】区域：计算通常与科学和工程应用相关的三角、对数、指数和其他表达式。

15.3.2 计算数值和快捷函数

1. 计算数值

在AutoCAD中使用快速计算器计算数值非常简单，它使用的是标准的运算法则。例如，输入"3*(5-3)/4-1"并按【Enter】键，计算结果为0.5，如下图所示。

在输入公式时，要使用英文字符进行输入，如果输入中文字符，则会出错。

2. 快捷函数

快速计算器中含有一些变量，可将它们用于表达式中，这些变量包括若干函数和一个常量，即所谓的黄金比率phi。快捷函数是常用表达式，它们将函数与对象捕捉组合在一起。下表说明了列表中预定义的快捷函数。

快捷函数	快捷方式所对应的函数	说明
dee	dist(end,end)	两端点之间的距离
ille	ill(end,end,end,end)	四个端点确定的两条直线的交点
mee	(end+end)/2	两端点的中点
nee	nor(end,end)	xy平面中两个端点的法向单位矢量
rad	rad	选定的圆、圆弧或多段线圆弧的半径
vee	vec(end,end)	两个端点所确定的矢量
vee1	vec1(end,end)	两个端点所确定的单位矢量

下面通过使用函数结合对象捕捉绘制一条过三角形中心的十字线为例来介绍快速计算器的应用。

Step 01 打开光盘中的"素材\CH15\绘制过三角形中心的十字线.dwg"文件。

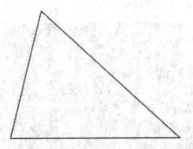

Step 02 单击【默认】选项卡→【绘图】面板→【构造线】按钮 ，当提示指定点时输入"'qc"并按空格键。

命令: _xline

指定点或 [水平(H)/垂直(V)/角度(A)/二等分(B)/偏移(O)]: 'qc

Step 03 在弹出的【快速计算器】选项板的输入框中输入(end+end+end)/3，如下图所示。

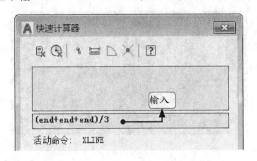

Step 04 单击【应用】按钮，然后在视图中分别单击三角形的3个端点，计算器会计算出三角形的中心点的坐标，并自动捕捉到该点。

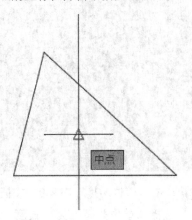

Step 05 继续在视图中水平位置和垂直方向分别任意指定一点，即可绘制出过三角形中心的十字线，如下图所示。

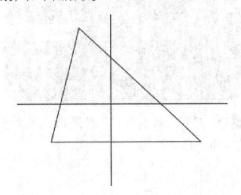

15.3.3 转换单位

可以使用快速计算器中的"单位转换"部分转换长度、面积、体积以及角度等量的单位。例如，可以将英亩转换为平方英尺或者将米转换为英寸。

下面以将2.5英寸转换为毫米为例来介绍快速计算器中的单位转换。

Step 01 在命令行中输入"QC"命令并按空格键调用快速计算器，如下图所示。

Step 02 单击"单位转换"右侧的+按钮使其展开，然后选择"单位类型"为"长度"，如下图所示。

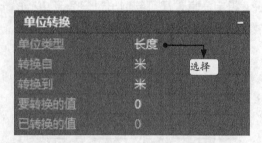

Step 03 单击"转换自"下拉列表，选择"英寸"，如下图所示。

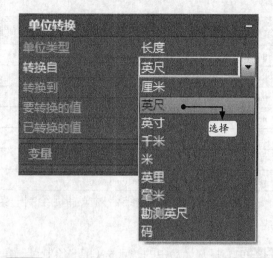

Step 04 单击"转换到"下拉列表，选择"毫米"，如下图所示。

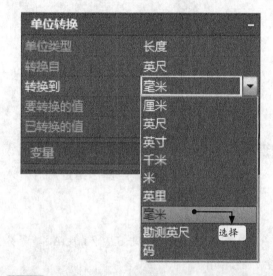

Step 05 在"要转换的值"的输入框输入"2.5"并按【Enter】键，结果如下图所示。

15.4 图形实用工具

为了便于管理，AutoCAD提供了许多图形实用工具，如核查、修复、修复图形和外部参照、图形修复管理器、清理和更新块图标等，下面将分别对相关内容进行详细介绍。

15.4.1 核查

使用【核查】命令可检查图形的完整性并更正某些错误。在文件损坏后，可以通过使用该命令查找并更正错误，以修复部分或全部数据。

【核查】命令的几种常用调用方法如下。

• 选择【文件】→【图形实用工具】→【核查】菜单命令；

• 在命令行中输入"AUDIT"命令并按空格键确认；

• 选择【应用按钮】→【图形实用工具】→【核查】。

下面将对【核查】命令的应用进行详细介绍，具体操作步骤如下。

Step 01 选择【文件】→【图形实用工具】→【核查】菜单命令。

Step 02 执行命令后，命令行提示如下。

是否更正检测到的任何错误？[是(Y)/否(N)]<N>:

Step 03 在命令行中输入参数"Y"，按【Enter】键确认以更正检测到的错误。

15.4.2 修复

使用【修复】命令可以修复损坏的图形。当文件损坏后，可以通过使用该命令查找并更正错误，以修复部分或全部数据。

【修复】命令的几种常用调用方法如下。

• 选择【文件】→【图形实用工具】→【修复】菜单命令；

• 在命令行中输入"RECOVER"命令并按空格键确认；

• 选择【应用按钮】→【图形实用工具】→【修复】。

下面将对【修复】命令的应用进行详细介绍，具体操作步骤如下。

Step 01 选择【文件】→【图形实用工具】→【修复】菜单命令。

Step 02 弹出【选择文件】对话框，从中选择要修复的文件。

Step 03 单击【打开】按钮后系统自动进行修复。

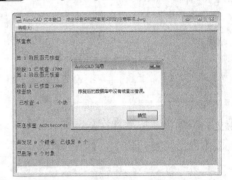

15.4.3 修复图形和外部参照

修复损坏的图形文件以及所有附着的外部参照。

【修复图形和外部参照】命令的几种常用调用方法如下。

• 选择【文件】→【图形实用工具】→【修复图形和外部参照】菜单命令；

• 在命令行中输入"RECOVERALL"命令并按空格键确认。

下面将对【修复图形和外部参照】命令的应用进行详细介绍，具体操作步骤如下。

Step 01 选择【文件】→【图形实用工具】→【修复图形和外部参照】菜单命令。

Step 02 系统弹出【全部修复】对话框，如图所示。

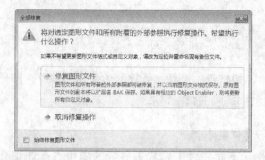

Step 03 选择【修复图形文件】选项，弹出【选择文件】对话框，选择需要修复的图形文件，并单击【打开】按钮，如图所示。

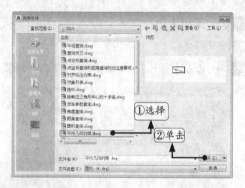

Step 04 系统进行修复操作。修复完成后，系统会生成【图形修复日志】，如图所示。

15.4.4 图形修复管理器

显示在程序或系统失败时打开的所有图形文件列表。可以预览并打开每个图形，也可以备份文件，以便选择要另存为DWG文件的图形文件。

【图形修复管理器】命令的几种常用调用方法如下。

- 选择【文件】→【图形实用工具】→【图形修复管理器】菜单命令；
- 在命令行中输入"DRAWINGRECOVERY"命令并按空格键确认；
- 选择【应用按钮】→【图形实用工具】→【打开图形修复管理器】。

下面将对【图形修复管理器】命令的应用进行详细介绍，具体操作步骤如下。

Step 01 选择【文件】→【图形实用工具】→【图形修复管理器】菜单命令。

Step 02 系统弹出【图形修复管理器】对话框，如图所示。

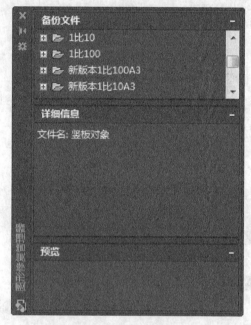

【图形修复管理器】对话框中各选项含义如下。

【备份文件】区域：显示在程序或系统失败后可能需要修复的图形。

【详细信息】区域：提供有关在【备份文件】区域中当前选定节点的信息。

【预览】区域：显示当前选定的图形文件或备份文件的缩略图预览图像。

15.4.5 清理

可以从当前图形中删除未使用的命名对象。这些对象包括块定义、标注样式、组、图层、线型以及文字样式。还可以删除长度为零的几何图形和空文字对象。

【清理】命令的几种常用调用方法如下。

• 选择【文件】→【图形实用工具】→【清理】菜单命令；

• 在命令行中输入"PURGE/PU"命令并按空格键确认；

• 选择【应用按钮】→【图形实用工具】→【清理】。

下面以清理多余图块为例，对【清理】命令的应用进行详细介绍，具体操作步骤如下。

Step 01 打开光盘中的"素材\CH15\清理.dwg"文件。

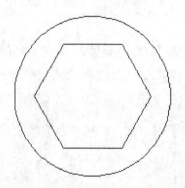

Step 02 选择【文件】→【图形实用工具】→【清理】菜单命令，弹出【清理】对话框，如图所示。

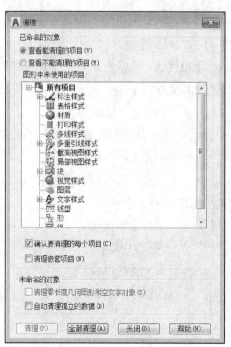

Step 03 在【图形中未使用的项目】区域中单击【块】卷展按钮，并选择【矩形】图块，如图所示。

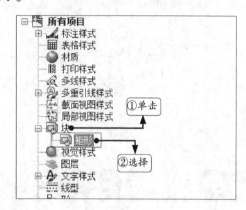

Step 04 单击【清理】按钮，弹出【清理-确认清理】询问对话框，如图所示。

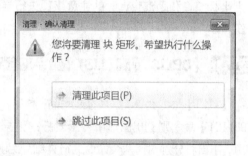

Step 05 选择【清理此项目】选项，完成操作。

15.4.6 更新块图标

可以从当前图形中删除未使用的命名对象。这些对象包括块定义、标注样式、组、图层、线型以及文字样式。还可以删除长度为零的几何图形和空文字对象。

【更新块图标】命令的几种常用调用方法如下。

• 选择【文件】→【图形实用工具】→【更新块图标】菜单命令；

• 在命令行中输入"BLOCKICON"命令并按空格键确认。

下面将对【更新块图标】命令的应用进行详细介绍，具体操作步骤如下。

Step 01 打开光盘中的"素材\CH15\挂件.dwg"文件。

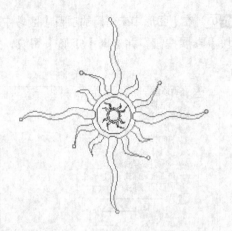

Step 02 选择【文件】→【图形实用工具】→【更新块图标】菜单命令。

Step 03 在命令行输入块名称"挂件",命令行提示如下。

命令: _blockicon 输入块名 <*>: 挂件

Step 04 按【Enter】键确认,命令行提示更新结果。

已更新 1 个块。

15.5 实战技巧

下面将对【DBLIST】和【LIST】命令的区别以及点坐标查询和距离查询时的注意事项进行详细介绍。

技巧1 【DBLIST】和【LIST】命令的区别

【LIST】命令为选定对象显示特性数据,而【DBLIST】命令则列出图形中每个对象的数据库信息,下面将分别对这两个命令进行详细介绍。

Step 01 打开随书光盘中的"素材\CH15\查询技巧.dwg"文件。

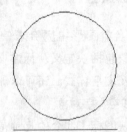

Step 02 在命令行输入"LIST"命令并按【Enter】键确认,然后在绘图区域中选择直线图形,如图所示。

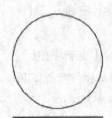

Step 03 按【Enter】键确认,查询结果如图所示。

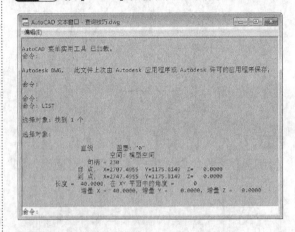

Step 04 在命令行输入"DBLIST"命令并按【Enter】键确认,命令行中显示了查询结果。

命令: DBLIST

圆　　图层:"0"

空间: 模型空间

句柄 = 22f

圆心 点,　X=2727.4955
Y=1199.4827 Z=　0.0000

半径　20.0000

周长　125.6637

面积　1256.6371

直线　　图层:"0"

Step 05 按【Enter】键可继续进行查询。

按 ENTER 键继续：

空间：模型空间

　　　　　句柄 = 230

　　　　　　　自　点，　X＝2707.4955

Y＝1175.8149 Z＝　0.0000

　　　　　　　到　点，　X＝2747.4955

Y＝1175.8149 Z＝　0.0000

　　　　长度 = 40.0000，在 XY 平面中的角

度＝　0

　　　　　增量 X = 40.0000，增量 Y =

0.0000，增量 Z＝　0.0000

技巧2 点坐标查询和距离查询时的注意事项

如果绘制的图形是三维图形，在【选项】对话框的【绘图】选项卡选中【使用当前标高替换Z值】复选框时，那么在为点坐标查询和距离查询拾取点时，所获取的值可能是错误的数据。

Step 01 打开光盘中的"素材\CH15\点坐标查询和距离查询时的注意事项.dwg"文件，如下图所示。

Step 02 在命令行中输入"ID"命令并按空格键调用【点坐标】查询命令，然后在绘图区域中捕捉如下图所示的圆心。

Step 03 命令行显示查询结果如下。

X = −145.5920　　　Y = 104.4085　　　Z = 155.8846

Step 04 在命令行输入"di"命令并按空格键调用【距离】查询命令，然后捕捉第2步捕捉的圆心为第一点，捕捉下图所示的圆心为第二点。

Step 05 命令行显示查询结果如下。

距离 = 180.0562，XY 平面中的倾角 = 87，与 XY 平面的夹角 = 300

X 增量 = 4.5000，　Y 增量 = 90.0000，　Z 增量 = −155.8846

Step 06 在命令行中输入"OP"命令并按空格键在弹出的【选项】对话框上单击【绘图】选项卡，然后在【对象捕捉选项】区域勾选【使用当前标高替换Z值】复选框，如下图所示。

对象捕捉选项

☑ 忽略图案填充对象(I)

☑ 忽略尺寸界线(X)

☑ 对动态 UCS 忽略 Z 轴负向的对象捕捉(O)

☑ 使用当前标高替换 Z 值(R)

Step 07 重复 **Step 02**，查询圆心的坐标，结果显示如下。

X = −145.5920　　Y = 104.4085　　Z = 0.0000

Step 08 重复 **Step 04**，查询两圆心之间的距

离，结果显示如下。

距离 = 90.1124，XY 平面中的倾角 = 87，与 XY 平面的夹角 = 0

X 增量 = 4.5000，　Y 增量 = 90.0000，　Z 增量 = 0.0000

第16章

图纸集及AutoLISP

　　AutoCAD的图纸集管理器可以协助用户将多个图形文件组织为一个图纸集，使用图纸集，用户可以更快速地准备好要分发的图形集，也可以将整个图纸集作为一个单元进行发布。

　　AutoLISP是AutoCAD中的应用程序接口，用于自动执行设计任务。当加载AutoLISP应用程序或程序后，它在自己的名称空间中为每个打开的图形执行任务。名称空间是一个隔离的环境，用于避免特定于某一文档的AutoLISP程序与另一个图形中的程序在符号或变量名和值方面发生冲突。

» 掌握图纸集管理的方法

» 掌握对象超链接

» 掌握AutoLISP和Visual LISP基础

16.1　图纸集概述

　　在工程设计中，一组图形可能包括俯视图、主视图、侧面图、剖面图以及其他数据，组织并管理这些图形将会是一件很繁琐的工作，同时由于图纸有编号并且相互参照，所以一旦某个环节发生变化，就会导致整个图纸集重新编号和重新参照。AutoCAD中的图纸集功能为用户提供了一种更加便捷、高效的管理图形的手段，可以有效提高工作效率、降低工作量，使用图纸集的过程中用户仍然要以几乎相同的方式创建自己的图形，但是要在图纸集中定义图纸，即图纸空间布局。

　　使用图纸集可以实现以下功能。

　　• 管理打开和查找图纸：使用图纸集管理器，可以非常方便地打开或者查找该集合中的任意图纸或删除任意图纸。

　　• 对图纸编号：每张图纸都可以拥有一个编号，以便于对它们进行排序。使用字段可以使图纸编号的过程自动化，图纸集顺序的变化会自动改变图纸上的编号（可能需要重载或者重生成）。

　　• 将图纸与样板相关联：使每一张图纸或某几张图纸使用某一个样板。

　　• 传递和归档图纸：可以电子传递整个图纸集，以及其他有关的文件，也可以创建归档文件包以便备份。

　　• 打印和发布图纸：可以一次打印或者发布整个图纸集或部分选择集。

　　• 创建索引图纸：用于列出该图纸集中的所有图纸。

　　• 便于多用户访问：可以使多个人同时访问图纸集的信息。

　　• 自动完成标题块中的文字：可以使用字段自动在图纸集的每个标题块中放置文字。

　　• 自动创建视点：可以使用模型空间中的命名视图创建图纸布局空间中的视图，并指定放置比例。

　　• 自动添加标签和参照：使用字段可以使创建图纸标签和插图编号的过程自动化。

16.2 图纸集管理

在【图纸集管理器】中可以管理图纸集及其一张张的图纸。下面将对图纸的创建、打开、关闭、编辑及其查看等相关内容进行详细介绍。

16.2.1 创建图纸集

创建图纸集之前，需要首先完成以下工作。

• 合并图形文件：将要在图纸集中使用的图形文件移动到几个特定文件夹中，以便于简化图纸集管理操作。

• 避免多个布局选项卡：由于一次只能在一个图形中打开一张图纸，所以在图纸集中使用的每个图形只应包含一个布局（用做图纸集中的图纸）。对于多用户访问的情况，更加有必要这样做。

• 创建图纸创建样板：创建或指定图纸用来创建新图纸的图形样板（DWT）文件称为"图纸创建样板"。在【图纸集特性】对话框或【子集特性】对话框中指定该样板文件。

• 创建页面设置替代文件：创建或指定DWT文件来存储页面设置，以便打印和发布。

【新建图纸集】命令的几种常用调用方法如下：

• 选择【文件】→【新建图纸集】菜单命令；

• 在命令行中输入"NEWSHEETSET"命令并按空格键确认。

下面将对创建图纸集的步骤进行详细介绍。

Step 01 启动AutoCAD 2017，新建一个dwg文件。选择【文件】→【新建图纸集】菜单命令，弹出

【创建图纸集-开始】对话框，如图所示。

Step 02 选择【样例图纸集】选项，然后单击【下一步】按钮，弹出【创建图纸集-图纸集样例】对话框，如图所示。

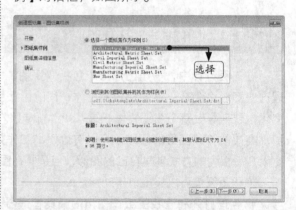

Step 03 选择【Architectural Metric Sheet Set】选项，如图所示。

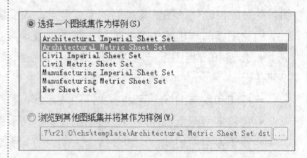

Step 04 单击【下一步】按钮，弹出【创建图纸集-图纸集详细信息】对话框，如图所示。

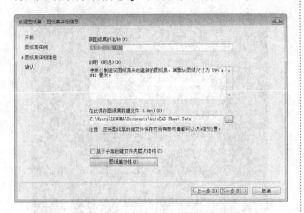

Step 05 指定【新图纸集的名称】，如图所示。

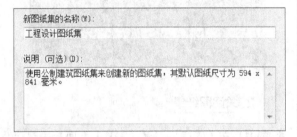

Step 06 单击□按钮，指定保存图纸集数据文件的位置，如图所示。

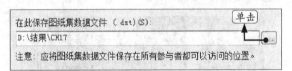

Step 07 单击【下一步】按钮，弹出【创建图纸集-确认】对话框，如图所示。

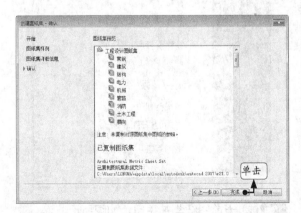

Step 08 单击【完成】按钮，弹出【图纸集管理器】对话框，如图所示。

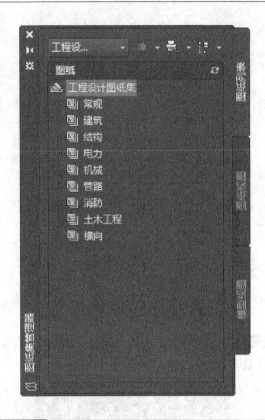

16.2.2 打开和关闭图纸集

创建图纸集后，用户在【图纸集管理器】中可以执行图纸集的【打开】及【关闭】操作。

【图纸集管理器】对话框的几种常用调用方法如下：

• 选择【工具】→【选项板】→【图纸集管理器】菜单命令；

• 在命令行中输入"SHEETSET/SSM"命令并按空格键确认；

• 单击【视图】选项卡→【选项板】面板→【图纸集管理器】按钮 ；

• 按组合键【Ctrl+4】。

下面将对图纸集的打开及关闭操作进行详细介绍。

1. 打开图纸集

Step 01 打开一个AutoCAD文件，按组合键【Ctrl+4】，系统弹出【图纸集管理器】选项板，如图所示。

Step 02 选择【打开】后的按钮，选择【打开】选项，如图所示。

Step 03 弹出【打开图纸集】对话框，选择光盘中的"素材\CH16\新建图纸集（1）.dst"，如图所示。

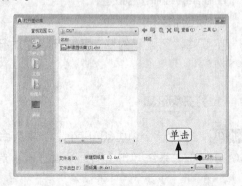

Step 04 单击【打开】按钮，返回【图纸集管理器】选项板，如图所示。

2. 关闭图纸集

Step 01 在【新建图纸集（1）】上面单击鼠标右键，然后在弹出的快捷菜单中选择【关闭图纸集】选项，如图所示。

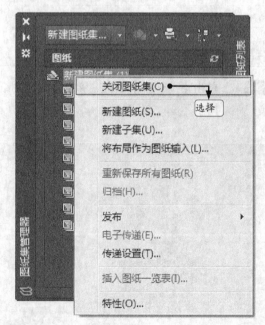

Step 02 当前图纸集被关闭，如图所示。

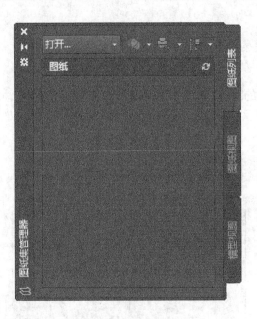

包含有关此图纸集中的图纸的特定信息。

【子集特性】对话框

16.2.3 查看和修改图纸集

创建图纸集后，用户在图纸集管理器中可以执行图纸集的查看及更改操作。具体操作步骤如下。

Step 01 参见上一节打开新建图纸集（1）.dst"，然后在【建筑】上面单击鼠标右键，弹出如图所示的快捷菜单，用户可以根据需要向图纸集添加图纸和修改子集。

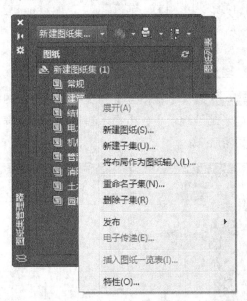

Step 02 在快捷菜单中选择【特性】选项，弹出【子集特性】对话框，如图所示。此对话框中

16.2.4 关于网上发布

通过提供便于查看和分发的文件中图形的压缩模式，发布可提供简化的替代方案来打印多个图形。

电子图形集是打印的图形集的数字形式。可以通过将图形发布为DWF、DWFx或PDF文件来创建电子图形集。

通过图纸集管理器可以发布整个图纸集，只需单击一下鼠标，即可以通过将图纸集发布为DWF、DWFx或PDF文件（每种格式都可以是单个文件或多页文件）来创建电子图形集。

可以通过将图纸集发布至每个图纸页面设置中指定的绘图仪来创建图纸图形集。

使用【发布】对话框，可以合并图形集，从而以图形集说明（DSD）文件的形式发布和保存该列表。可以为特定用户自定义该图形集合，并且可以随着工程的进展添加和删除图纸。在【发布】对话框中创建图纸列表后，可以将图形发布至以下任意目标：

（1）每个图纸页面设置中的指定绘图仪（包括要打印至文件的图形）。

（2）单个多页DWF或DWFx文件，包含二维和三维内容。

（3）单个多页PDF文件包含二维内容。

（4）包含二维和三维内容的多个单页DWF或DWFx文件。

（5）多个单页PDF文件包含二维内容。

使用三维DWF发布，用户可以创建和发布三维模型的DWF文件，并且可以使用Autodesk DWF Viewer查看这些文件。

16.3 对象超链接

超链接可以将AutoCAD图形链接到相关的文件上，使用超链接可供用户共享的资源更加丰富，协作交流的范围更加广阔。

16.3.1 创建绝对超链接

利用【插入超链接】对话框可以为指定对象创建绝对超链接。

【插入超链接】对话框的几种常用调用方法如下：

• 选择【插入】→【超链接】菜单命令；

• 在命令行中输入"HYPERLINK"命令并按空格键确认；

• 单击【插入】选项卡→【数据】面板→【超链接】按钮；

• 按组合键【Ctrl+K】。

下面将对创建绝对超链接的步骤进行详细介绍。

Step 01 打开光盘中的"素材\CH16\创建绝对超链接.dwg"文件。

Step 02 按组合键【Ctrl+K】，在绘图区域中选择如图所示的图形对象。

Step 03 按【Enter】键确认，弹出【插入超链接】对话框，如图所示。

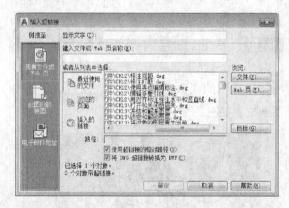

Step 04 选择【链接至】列表中的第三个图标【电子邮件地址】，【插入超链接】对话框显示如图所示。

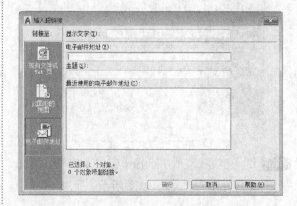

Step 05 在【显示文字】文本框中输入要显示的文字提示，在【电子邮件地址】文本框中输入要链接的电子邮件地址，在【主题】文本框中输入关于当前图形的主题，如图所示。

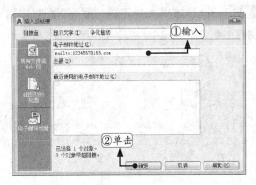

Step 06 单击【确定】按钮，返回绘图区域，将光标移至图形对象上面，显示结果如图所示。

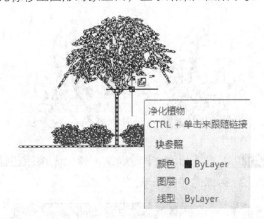

16.3.2 创建相对超链接

创建相对超链接之前需要设置一个图形相对路径的基准路径，下面将对创建相对超链接的步骤进行详细介绍。

Step 01 打开光盘中的"素材\CH16\端盖.dwg"文件。

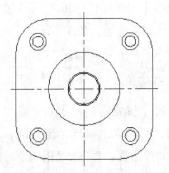

Step 02 选择【文件】→【图形特性】菜单命令，弹出【端盖.dwg 属性】对话框，切换到【概要】选项卡，如图所示。

Step 03 在【超链接基地址（H）】文本框中输入一个基准路径，如图所示。

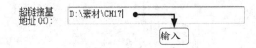

Tips

超链接基地址即文件的放置位置，建议用户将光盘中的"素材\CH16\垫圈.dwg"文件复制到本地磁盘"D"盘中。

Step 04 基地址输入完成后单击【确定】按钮，系统自动返回绘图区域。

Step 05 选择【插入】→【超链接】菜单命令，在绘图区域中选择如图所示的图形对象。

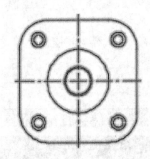

Step 06 按【Enter】键确认，弹出【插入超链接】对话框，在【键入文件或Web页名称（E）】文本框中输入要与该超链接相关联的文件名，如图所示。单击【确定】按钮，系统自动返回绘图区域。

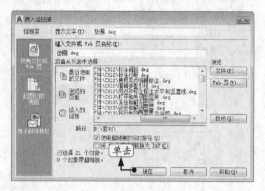

Tips

在文件名中不要有任何的文件路径的信息，否则就是创建绝对超链接。

Step 07 按住【Ctrl】键并在绘图区域中单击如图所示的图形对象。

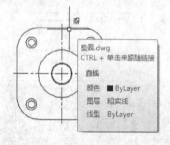

Step 08 系统自动打开"垫圈.dwg"文件，如图所示。

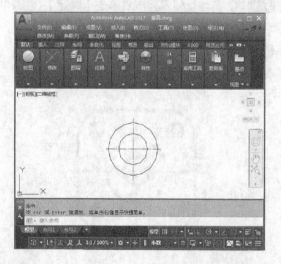

16.3.3 编辑图形对象上的超链接

用户可以在【插入超链接】对话框中编辑相关图形对象上的超链接，具体操作步骤如下。

Step 01 打开随书光盘中的"素材\CH16\编辑超链接.dwg"文件。

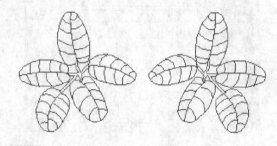

Step 02 选择【插入】→【超链接】菜单命令，在绘图区域中选择如图所示的图形对象。

Step 03 按【Enter】键确认，弹出【编辑超链接】对话框，如图所示。

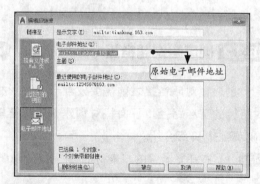

Step 04 在【电子邮件地址（E）】文本框中指定新的电子邮件地址，如图所示。

Step 05 在【编辑超链接】对话框中单击【确定】按钮，系统自动返回绘图区域，将光标移动到图形对象上面，显示如图所示。

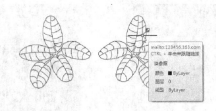

16.4 AutoLISP和Visual LISP基础

AutoLISP基于简单易学而又功能强大的LISP编程语言。由于AutoCAD具有内置LISP解释器，因此用户可以在命令提示下输入AutoLISP代码，或从外部文件加载AutoLISP代码。Visual LISP是为加速AutoLISP程序开发而设计的软件工具。

16.4.1 打开Visual LISP编辑器

可以使用Visual LISP开发、测试和调试AutoLISP程序。

【Visual LISP编辑器】窗口的几种常用调用方法如下：

- 选择【工具】→【AutoLISP】→【Visual LISP编辑器】菜单命令；
- 在命令行中输入"VLISP"命令并按空格键确认；
- 单击【管理】选项卡→【应用程序】面板→【Visual LISP编辑器】按钮📇。

下面将对【Visual LISP编辑器】窗口的打开方法进行详细介绍。

单击【管理】选项卡→【应用程序】面板→【Visual LISP编辑器】按钮📇，系统弹出【Visual LISP for AutoCAD】窗口，如图所示。

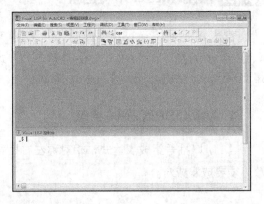

Visual LISP编辑器作为一种书写工具，不但具有常规的编辑功能，还具有许多为支持AutoLISP编程而设计的功能。

（1）设置文本格式：可以设置AutoLISP代码的格式，以方便阅读。

（2）文件语法着色：为便于识别，可以为AutoLISP程序的不同部分分别指定各自的颜色。用户因此也可以更容易地找到程序的各个组成部分和拼写错误。

（3）括号匹配：通过查找与任意开括号匹配的闭括号来检测括号匹配错误。

（4）多文件查找：用单个命令便可以在多个文件中查找某个词或表达式。

（5）AutoLISP代码的语法检查：可以对AutoLISP代码进行求值并亮显语法错误。

（6）执行AutoLISP表达式：不需要离开文本编辑器便可以测试表达式和代码行。

16.4.2 加载AutoLISP文件

下面将对加载AutoLISP文件的几种常见方式进行详细介绍。

1. 从主程序加载AutoLISP文件

Step 01 选择【工具】→【AutoLISP】→【加载应用程序】菜单命令，弹出【加载/卸载应用程序】对话框，如图所示。

Step 02 从列表中选择一个 ".lsp" 文件,并单击【加载】按钮,如图所示。

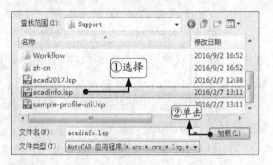

Step 03 所选程序将会自动加载,如图所示。

Step 04 将【加载/卸载应用程序】对话框关闭,命令行提示如下。

命令: _appload 已成功加载 acadinfo.lsp。

2. 从Visual LISP编辑器加载AutoLISP文件

Step 01 选择【工具】→【AutoLISP】→【Visual LISP编辑器】菜单命令,弹出【Visual LISP for AutoCAD】窗口,如图所示。

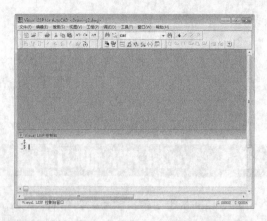

Step 02 在【Visual LISP for AutoCAD】窗口中选择【文件】→【加载文件】菜单命令,弹出【加载LISP文件】对话框,选择一个 ".lsp" 文件,并单击【打开】按钮,如图所示。

Step 03 加载成功后,【Visual LISP控制台】窗口将显示相应信息,如图所示。

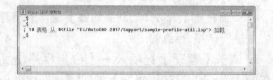

16.4.3 使用AutoLISP表达式

表达式是AutoLISP的基础,也是学习AutoLISP的关键,下面将对"语法结构"和"功能函数"的相关内容进行详细介绍。

1. AutoLISP语法基本结构

(1)以括号组成表达式,相对称左右括号数必须要成双成对。

（2）表达式型态：操作数 运算子 运算子 运算子。

Tips

> 操作数包括"功能函数"和"自定函数"。运算子（自变量）包括整数（Integer）、实数（Real）、字符串（String）、串行（List）、像素名称代码、档案代码、选择群集代码。

2. AutoLISP设计规则

规则1：以括号组成表达式，左右括号数必须要成双成对，并且相对称。

规则2：多重的括号表达式，运算的先后顺序是"由内而外、由左而右"。

规则3：表达式型态为（操作数 运算子 运算子 运算子 …），或者（函数 自变量 自变量 自变量 …），或者（函数 元素 元素 元素 …）。

规则4：表达式中的运算子，可以是另一"表达式"或"子程序"功能函数。

规则5：一般的可编辑ASCII文档的文本编辑软件都可以作为AutoLISP的编辑环境，例如Windows中的"记事本"。

规则6：以文档形态存在的AutoLISP程序（ASCII档案），其扩展名必须是.lsp。

规则7：以defun功能函数定义新的指令或新的功能函数（自变量及局部变量可省略）。

规则8：新定义的功能函数名称若为"C:函数名"，则此函数可作为AutoCAD新指令。

规则9：快速加载AutoLISP程序时可在命令后直接输入（load "LISP文件名"）。

规则10：以setq功能函数设置变量值，语法为（setq 变量名称 设定值）。

规则11：AutoLISP最常用的变量型态是"整数""实数""字符串""点串行"4种，变量的型态根据设定值而自动定义，变量会一直保存该值，直到需要重新设定值或绘图结束自动消失。

规则12：AutoLISP程序中，在";"后的内容均为注释，程序不做处理。

规则13：需要在AutoCAD环境中查看变量值时，直接在命令行中输入"!变量名"即可。

3. 关于AutoLISP功能函数

AutoLISP提供了大量的函数，每个函数都实现特定的功能。通过调用AutoLISP函数，并对这些函数做适当的组合和编排，就可以编写一个AutoLISP程序，来完成用户的特定操作。AutoLISP语言是函数的语言，AutoLISP程序也是由函数语句组成的。

16.4.4 在命令行中使用AutoLISP

功能除了可以在程序中使用外，还可以直接在命令行中使用。在命令行中使用AutoLISP功能函数可以快速测试某个功能函数语法及返回结果。

1. 在命令行中加载.lsp文件

在命令行中加载一个编辑好的.lsp程序文件，可以使用（load "LISP文件名"）格式，其中LISP文件名不包括扩展名，但是可以包括文件的完整路径。

2. 在命令行中使用功能函数

用户可以在命令行中使用功能函数，当用户直接在AutoCAD命令行中输入AutoLISP表达式后便可以使用相应功能。AutoCAD通过括号()来确认AutoLISP表达式，在AutoCAD中每发现一个左括号(，就确认为AutoLISP表达式，并由AutoLISP求得表达式的值后返回给AutoCAD，然后AutoCAD使用返回结果并继续进行其他工作。

16.4.5 实例：创建AutoLISP文件 ▶

下面将根据AutoLISP的语法结构和功能函数，编写一个简单的AutoLISP程序，用户可以使用该程序对图形对象进行线性标注，具体操作步骤如下。

1. 编写AutoLISP程序

Step 01 打开随书光盘中的"素材\CH16\创建AutoLISP文件.dwg"文件。

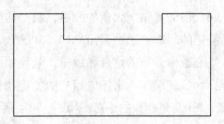

Step 02 选择【工具】→【AutoLISP】→【Visual LISP编辑器】菜单命令，弹出【Visual LISP for AutoCAD】窗口，如图所示。

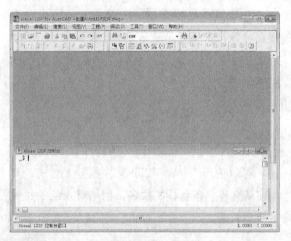

Step 03 在【Visual LISP for AutoCAD】窗口中选择【文件】→【新建文件】菜单命令，新建一个空白文档，如图所示。

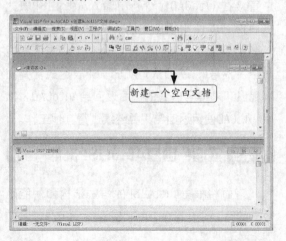

新建一个空白文档

Step 04 在空白文档中输入以下代码，如图所示。

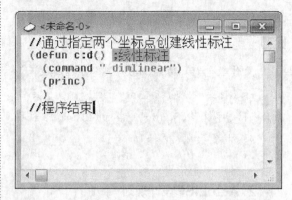

```
//通过指定两个坐标点创建线性标注
(defun c:d()    ;线性标注
  (command "_dimlinear")
  (princ)
  )
//程序结束
```

Step 05 在【Visual LISP for AutoCAD】窗口中选择【工具】→【检查编辑器中的文字】菜单命令，系统将在【编译输出】窗口中显示检查结果，仅返回一个"."表示没有任何错误，如图所示。

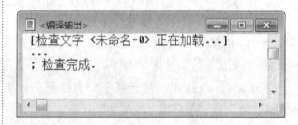

```
[检查文字 <未命名-0> 正在加载...]
...
; 检查完成.
```

Step 06 在【Visual LISP for AutoCAD】窗口中选择【工具】→【设置编辑器中代码的格式】菜单命令，格式重新设置后的代码如图所示。

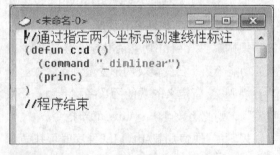

```
//通过指定两个坐标点创建线性标注
(defun c:d ()
  (command "_dimlinear")
  (princ)
)
//程序结束
```

Step 07 在【Visual LISP for AutoCAD】窗口中选择【文件】→【保存】菜单命令，在系统弹出的【另存为】对话框中指定相应的保存路径及文件名，并单击【保存】按钮，如图所示。

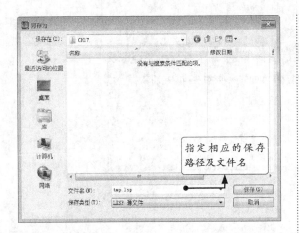

指定相应的保存
路径及文件名

Step 08 在【Visual LISP for AutoCAD】窗口中选择【工具】→【加载编辑器中的文字】菜单命令，加载完成后，【Visual LISP控制台】窗口中会有相应提示，如图所示。

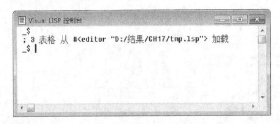

Step 09 将【Visual LISP for AutoCAD】窗口关闭。

2. 添加线性标注

Step 01 在命令行中执行(c:d)命令，命令行提示如下。

命令: (c:d)

_dimlinear

指定第一个尺寸界线原点或 <选择对象>:

Step 02 在绘图区域中捕捉如图所示的端点作为第一个尺寸界线原点。

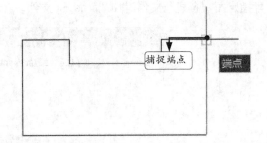

捕捉端点　端点

Step 03 在绘图区域中拖动鼠标并捕捉如图所示的端点作为第二个尺寸界线原点。

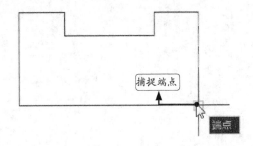

捕捉端点　端点

Step 04 在绘图区域中拖动鼠标并单击指定尺寸线的位置，如图所示。

单击指定尺寸线的位置　100

Step 05 结果如图所示。

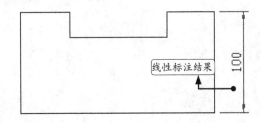

线性标注结果　100

16.5 实战技巧

下面将对自动加载AutoLISP的方法进行详细介绍。

技巧 自动加载AutoLISP文件

在AutoCAD中可以自动加载LISP程序。每次启动AutoCAD时，AutoCAD都会从库路径中搜索acad.lsp文件，如果能够找到该文件，则将它加载到内存中。因此用户将相关AutoLISP程序代码复制到acad.lsp文件中便可以实现每次运行AutoCAD时都自动加载该AutoLISP程序。用户还可指定每次创建新文件时加载acad.lsp文件。

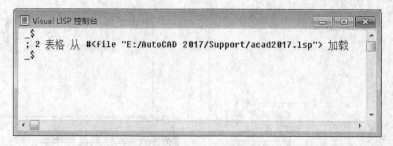

图纸的打印与输出

■ 本章引言

　　用户在使用AutoCAD创建图形以后，通常要将其打印到图纸上。打印的图形可以是包含图形的单一视图，也可以是更为复杂的视图排列。根据不同的需要来设置选项，以决定打印的内容和图形在图纸上的布置。

■ 学习要点

- ❯❯ 掌握在模型空间打印图形的方法
- ❯❯ 掌握在布局空间打印图形的方法
- ❯❯ 掌握图形文档格式的转换的方法
- ❯❯ 掌握三维打印的方法

17.1 在模型空间打印图形

　　一般情况下，用户在模型空间中绘制完图形后会直接将其打印出来。下面将分别对模型空间中的打印常规设置、打印样式表的设定以及着色视口选项的设置等进行详细介绍。

17.1.1 打印常规设置

　　利用AutoCAD打印图形的时候，通常需要进行一些常规设置，例如选择打印机、设置打印区域、设置打印比例、设置打印位置，同时还可以对需要打印的图形进行打印预览等。下面将对打印的常规设置进行详细介绍。

　　【打印-模型】对话框的几种常用调用方法如下：

- 选择【文件】→【打印】菜单命令；
- 在命令行中输入"PLOT"命令并按空格】键确认；
- 单击【输出】选项卡→【打印】面板中的【打印】按钮🖨；
- 按组合键【Ctrl+P】。

　　下面以光盘中的"素材\CH17\打印设置.dwg"文件为例，来介绍打印的常规设置，"打印设置.dwg"打开后如右图所示。

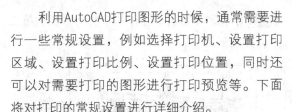

1. 选择打印机

Step 01 选择【文件】→【打印】菜单命令，系统弹出【打印-模型】对话框，如图所示。

Step 02 在【打印机/绘图仪】的【名称】下拉列表中单击选择已安装的打印机，如图所示。

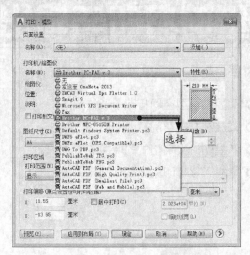

2. 选择打印纸的尺寸和打印份数

Step 01 单击【图纸尺寸】区域中选择打印所用的打印纸的尺寸，如图所示。

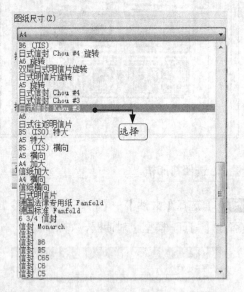

Step 02 单击【打印份数】输入框，输入打印的份数，如图所示。

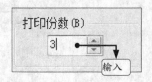

3. 设置打印区域

Step 01 在【打印区域】区域中选择打印范围的类型为【窗口】，如图所示。

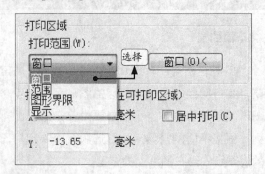

Step 02 在绘图区域中单击指定打印区域的第一点，如图所示。

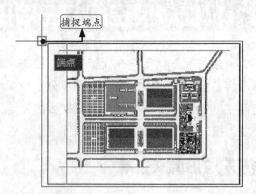

Step 03 拖动鼠标并单击以指定打印区域的第二点，如图所示。

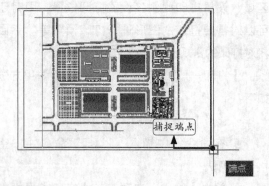

Step 04 单击后自动返回【打印-模型】对话框，如图所示。

4. 设置打印位置

Step 01 在【打印偏移（原点设置在可打印区域）】区域可设置打印的位置，选中【打印偏移（原点设置在可打印区域）】区域的【居中打印】复选框，如图所示。

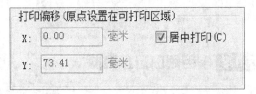

Step 02 单击【应用到布局】按钮，这样就可以居中打印了。

5. 设置打印比例

CAD默认是"布满"图纸打印，如果不需要布满图纸，而是想按一定的比例打印图纸，可以取消【布满图纸】复选框，然后选择相应的比例进行打印。

Step 01 取消选中【打印比例】区域的【布满图纸】复选框，如图所示。

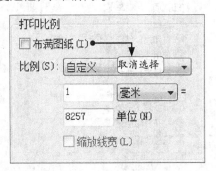

Step 02 单击【比例】下拉按钮，选择所需要的打印比例，如图所示。

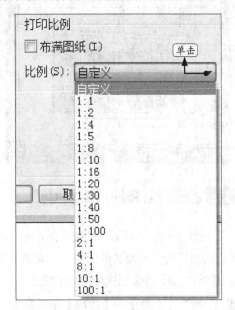

6. 打印方向设置

Step 01 在【图形方向】区域选择【横向】，如图所示。

Tips

如果没有【图形方向】区域，单击右下角【更多选项】按钮⊙，即可在对话框的右侧看到该区域。

Step 02 改变方向后结果如图所示。

7. 打印预览

Step 01 设置完成后单击【预览】按钮。

Step 02 弹出预览窗口，在该窗口中可查看预览效果。

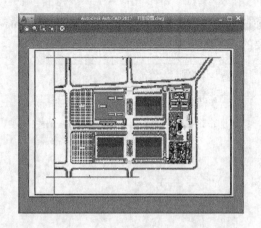

17.1.2 打印样式表的设定及编辑

上一节介绍的是打印的常规设置，如果用户想要打印出符合自己要求的图纸，还需要设定、编辑打印样式表，或者创建新的打印样式表。

Step 01 选择【文件】→【打印】菜单命令，系统弹出【打印-模型】对话框，单击【打印样式表（画笔指定）】下拉按钮，选择适当选项，如图所示。

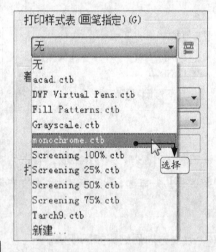

Tips

如果是黑白打印机，则选择【monochrome. ctb】，选择之后不需要任何改动。因为CAD默认该打印样式下所有对象颜色均为黑色，黑白打印机若不选择此项，彩色图层上的图形打印出来将非常模糊。

Step 02 系统弹出【问题】对话框，单击【是】按钮，如图所示。

Step 03 单击【编辑】按钮，弹出【打印样式表编辑器】对话框，可以对当前打印样式表进行编辑操作。

17.1.3 着色视口选项设置

着色视口选项用于指定着色和渲染视口的打印方式，并确定它们的分辨率大小和每英寸点数。

Step 01 选择【文件】→【打印】菜单命令，系统弹出【打印-模型】对话框，单击【着色打印】下拉按钮，如图所示。

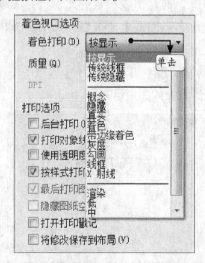

【着色打印】中各选项含义如下。

【按显示】：按对象在屏幕上的显示方式打印对象。

【传统线框】：使用传统【SHADEMODE】命令在线框中打印对象，不考虑其在屏幕上的显示方式。

【传统隐藏】：使用传统【SHADEMODE】命令打印对象并消除隐藏线，不考虑其在屏幕上的显示方式。

【概念】：打印对象时应用【概念】视觉样式，不考虑其在屏幕上的显示方式。

【隐藏】：打印对象时消除隐藏线，不考虑对象在屏幕上的显示方式。

【真实】：打印对象时应用【真实】视觉样式，不考虑其在屏幕上的显示方式。

【着色】：打印对象时应用【着色】视觉样式，不考虑其在屏幕上的显示方式。

【带边缘着色】：打印对象时应用【带边缘着色】视觉样式，不考虑其在屏幕上的显示方式。

【灰度】：打印对象时应用【灰度】视觉样式，不考虑其在屏幕上的显示方式。

【勾画】：打印对象时应用【勾画】视觉样式，不考虑其在屏幕上的显示方式。

【线框】：在线框中打印对象，不考虑其在屏幕上的显示方式。

【X射线】：打印对象时应用【X射线】视觉样式，不考虑其在屏幕上的显示方式。

【渲染】：按渲染的方式打印对象，不考虑其在屏幕上的显示方式。

【草稿】：打印对象时应用【草稿】渲染预设，从而以最快的渲染速度生成质量非常低的渲染。

【低】：打印对象时应用【低】渲染预设，以生成质量高于【草稿】的渲染。

【中】：打印对象时应用【中】渲染预设，可提供质量和渲染速度之间的良好平衡。

【高】：打印对象时应用【高】渲染预设。

【演示】：打印对象时应用适用于真实照片渲染图像的【演示】渲染预设。

Step 02 单击【质量】下拉按钮，如图所示。

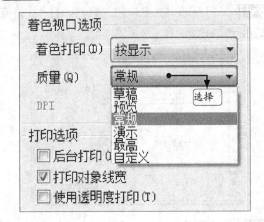

【质量】各选项含义如下。

【草稿】：将渲染和着色模型空间视图设定为线框打印。

【预览】：将渲染模型和着色模型空间视图的打印分辨率设定为当前设备分辨率的四分之一，最大值为150 DPI。

【常规】：将渲染模型和着色模型空间视图的打印分辨率设定为当前设备分辨率的二分之一，最大值为300 DPI。

【演示】：将渲染模型和着色模型空间视图的打印分辨率设定为当前设备的分辨率，最大值为600 DPI。

【最高】：将渲染模型和着色模型空间视图的打印分辨率设定为当前设备的分辨率，无最大值。

【自定义】：将渲染模型和着色模型空间视图的打印分辨率设定为【DPI】框中指定的分辨率设置，最大可为当前设备的分辨率。

Tips

【DPI】选项用于指定渲染和着色视图的每英寸点数，最大可为当前打印设备的最大分辨率。只有在【质量】框中选择了【自定义】后，此选项才可用。

17.1.4 打印草图

下面以打印机械图形为例，对图形的打印过程进行详细介绍，具体操作步骤如下。

Step 01 打开随书光盘中的 "素材\CH17\立柱支架.dwg" 文件。

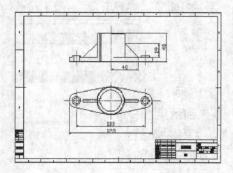

Step 02 选择【文件】→【打印】菜单命令，系统弹出【打印-模型】对话框，如图所示。

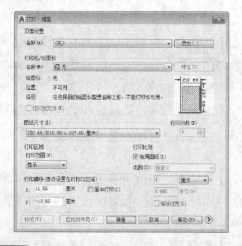

Step 03 在【打印机/绘图仪】下面的【名称】下拉列表中单击选择相应的打印机，如图所示。

Step 04 在【打印区域】区域中选择打印范围的类型为【窗口】，如图所示。

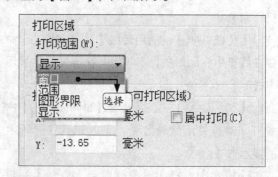

Step 05 在绘图区域中单击指定打印区域的第一点，如图所示。

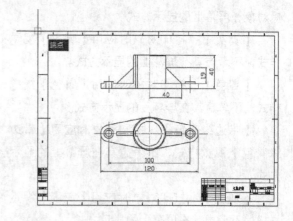

Step 06 拖动鼠标并单击以指定打印区域的第二点，如图所示。

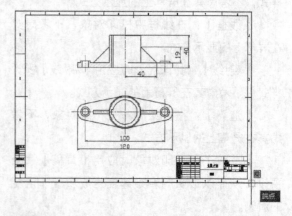

Step 07 单击后自动返回【打印-模型】对话框，如图所示。

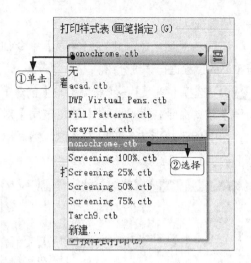

Step 08 勾选【打印比例】区域中的【布满图纸】复选框，如图所示。

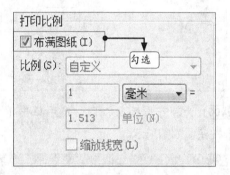

Step 09 勾选【打印偏移（原点设置在可打印区域）】区域中的【居中打印】复选框，如图所示。

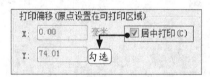

Step 10 单击【打印样式表（画笔指定）】下拉按钮，选择【monochrome.ctb】，如图所示。

Step 11 在【图形方向】区域中选择【横向】，如图所示。

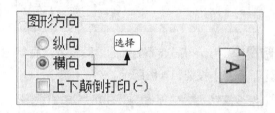

Step 12 单击【预览】按钮，弹出打印预览窗口，如图所示。

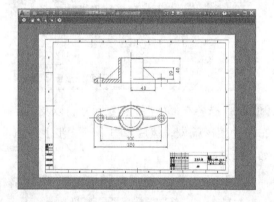

17.2 在布局空间打印图形

用户可以在布局空间中对模型空间的图形进行布局，以满足打印需求。下面将对在布局空间中打印图形的相关内容进行详细介绍。

17.2.1 使用布局向导

【创建布局向导】用于帮助用户创建新的布局选项卡，并指定页面和打印设置。

【创建布局向导】命令的几种常用调用方法如下：

• 选择【插入】→【布局】→【创建布局向导】菜单命令；

• 在命令行中输入"LAYOUTWIZARD"命令并

按空格键确认。

下面将对使用【创建布局向导】命令创建新布局的过程进行详细介绍。

Step 01 选择【插入】→【布局】→【创建布局向导】菜单命令，系统弹出【创建布局】对话框，如图所示。指定新布局的名称，然后单击【下一步】按钮。

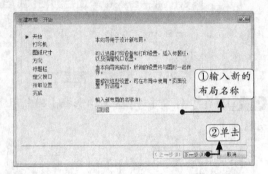

Step 02 为新布局选择配置的绘图仪，然后单击【下一步】按钮，如图所示。

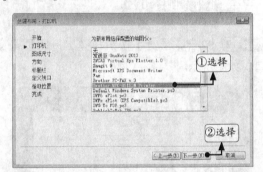

Step 03 选择布局使用的图纸尺寸，以及设定新布局的图形单位，然后单击【下一步】按钮，如图所示。

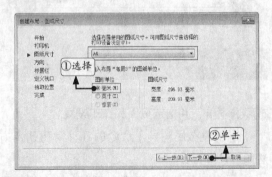

Step 04 选择图形在图纸上的方向，然后单击【下一步】按钮，如图所示。

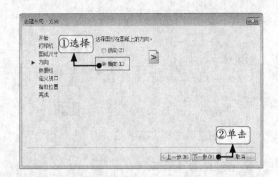

Step 05 选择用于新布局的标题栏，然后单击【下一步】按钮，如图所示。

Step 06 为新布局定义视口，然后单击【下一步】按钮，如图所示。

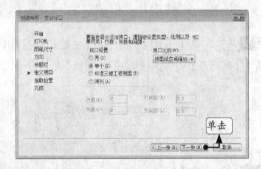

Step 07 为新布局指定视口配置的位置，然后单击【下一步】按钮，如图所示。

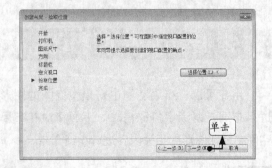

Step 08 单击【完成】按钮，即可完成操作。

17.2.2 在图纸空间中安排图形布局

用户可以通过使用【缩放】、【平移】等操作，合理布置图形的位置及大小，以满足出图需求。下面将对图形的合理布局方法进行详细介绍。

Step 01 打开随书光盘中的"素材\CH17\图形布局.dwg"文件。

Step 02 选择【视图】→【视口】→【两个视口】菜单命令，命令行提示如下。

输入视口排列方式 [水平(H)/垂直(V)] <垂直>：✓

指定第一个角点或 [布满(F)] <布满>：✓

Step 03 结果如图所示。

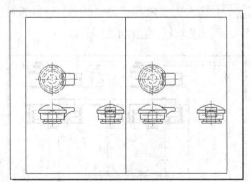

Step 04 双击右侧视口空白处将其激活，如图所示。

Step 05 单击【默认】选项卡→【图层】面板中的【图层】下拉按钮，单击【标注】前面的【在当前视口中冻结或解冻】按钮，如图所示。

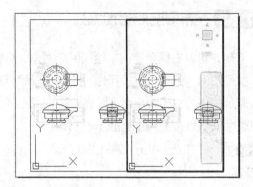

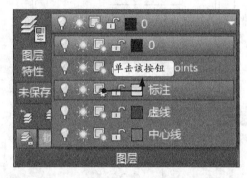

Step 06 继续单击【虚线】及【中心线】前面的【在当前视口中冻结或解冻】按钮，如图所示。

Step 07 在空白位置处双击，取消右侧视口的激活状态，结果如图所示。

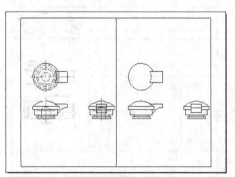

17.2.3 在布局空间添加标注

用户可以在模型空间中绘制图形对象，然后在布局空间中为对象添加标注，操作完成后再对图形对象进行打印输出。下面将对在布局空间为图形对象添加标注的过程进行详细介绍。

Step 01 打开光盘中的"素材\CH17\储物柜.dwg"文件。

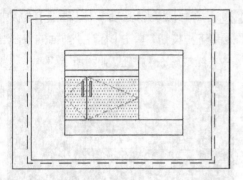

Step 02 选择【默认】选项卡→【注释】面板→【标注】按钮，然后捕捉如下图所示的对象。

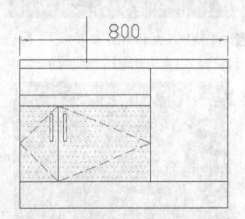

Step 03 拖动鼠标并在合适的位置单击放置尺寸标注，如下图所示。

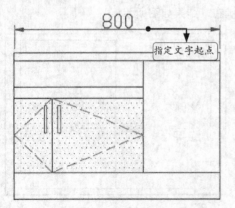

Step 04 继续选择标注对象，并指定合适的放置位置，结果如下图所示。

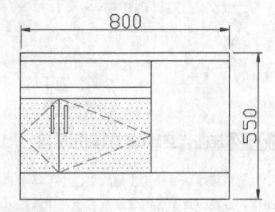

Step 05 选择【默认】选项卡→【注释】面板→单行文字按钮A，并单击指定文字的起点，如图所示。

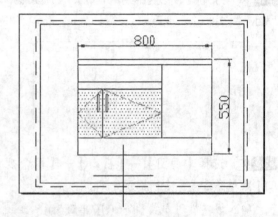

Step 06 命令行提示如下。

指定高度 <10.0000>: 10 ↙

指定文字的旋转角度 <0>: 0 ↙

Step 07 输入文字内容"正立面图"，并按两次【Enter】键确认，结果如图所示。

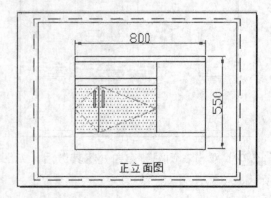

17.2.4 打印树木图形

下面将在布局空间中打印树木图形，具体操作步骤如下。

Step 01 打开光盘中的"素材\CH17\树木.dwg"文件。

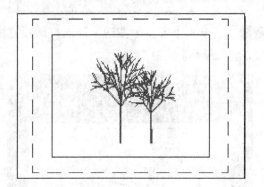

Step 02 将光标移动到【布局1】选项卡上面，然后单击鼠标右键，在弹出的快捷菜单中选择【打印】命令，如图所示。

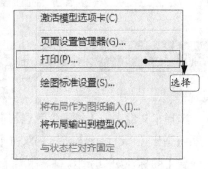

Step 03 系统弹出【打印-布局1】对话框，如图所示。

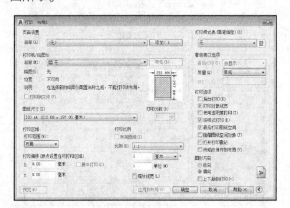

Step 04 在【打印机/绘图仪】区域中选择相应打印机，如图所示。

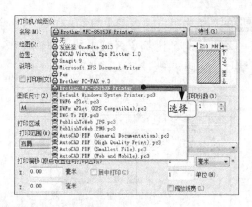

Step 05 在【打印区域】区域中选择打印范围的类型为【窗口】，如图所示。

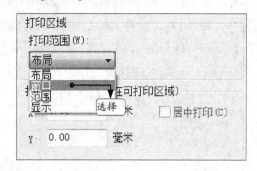

Step 06 单击指定打印区域的第一点，如图所示。

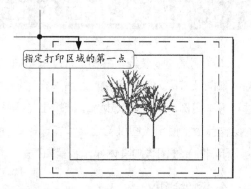

Step 07 拖动鼠标并单击以指定打印区域的第二点，如图所示。

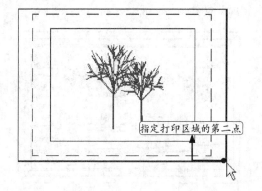

Step 08 单击后自动返回【打印-布局1】对话框，勾选【打印比例】区域中的【布满图纸】复选框，如图所示。

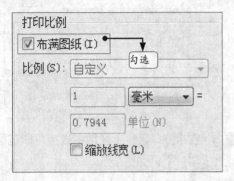

Step 09 勾选【打印偏移（原点设置在可打印区域）】区域中的【居中打印】复选框，如图所示。

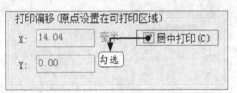

Step 10 在【图形方向】区域中选择【横向】，如图所示。

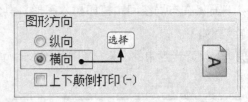

Step 11 单击【预览】按钮，弹出打印预览窗口，如图所示。

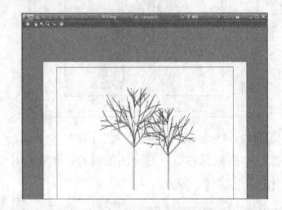

17.3 图形文档格式的转换

本实例是一张装饰挂件图，通过所学的知识将这张图纸打印为光栅图像，之后进行印刷。通过学习本实例，读者可以熟练掌握输出光栅图像的操作步骤。使用绘图仪管理器和打印命令输出为可印刷的光栅图像的具体操作步骤如下。

1. 添加绘图仪

Step 01 打开随书光盘中的"素材\CH17\装饰挂件.dwg"文件。

Step 02 选择【文件】→【绘图仪管理器】菜单命令，系统弹出【Plotters】窗口，双击【添加绘图仪向导】图标，如图所示。

Step 03 弹出【添加绘图仪 - 简介】对话框，如图所示，单击【下一步】按钮。

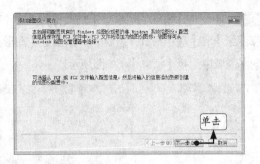

Step 04 弹出【添加绘图仪 – 开始】对话框，如图所示，单击【下一步】按钮。

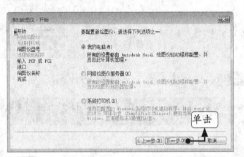

Step 05 弹出【添加绘图仪 – 绘图仪型号】对话框，【生产商】选择为"光栅文件格式"，【型号】选择为"独立JPEG编组JFIF（JPEG压缩），单击【下一步】按钮。

Step 06 弹出【添加绘图仪 – 输入PCP或PC2】对话框，如图所示，单击【下一步】按钮。

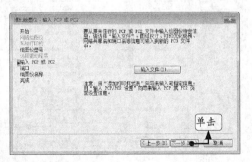

Step 07 弹出【添加绘图仪 – 端口】对话框，如图所示，单击【下一步】按钮。

Step 08 弹出【添加绘图仪 – 绘图仪名称】对话框，如图所示，单击【下一步】按钮。

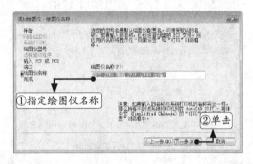

Step 09 弹出【添加绘图仪 – 完成】对话框，单击【完成】按钮完成操作。

2. 打印图纸

Step 01 选择【文件】→【打印】菜单命令，在弹出【打印-模型】对话框上单击【打印机/绘图仪】区域右边的下拉按钮▼，从中选择刚才新建的虚拟打印机"独立JPEG编组JFIF(JPEG压缩).pc3"，如图所示。

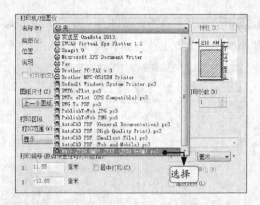

Step 02 弹出【打印-未找到图纸尺寸】对话框，如图所示，选择【使用默认图纸尺寸Sun Hi-Res(1600.00×1280.00像素)】选项。

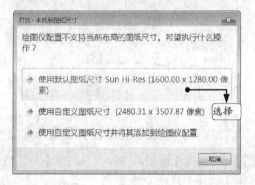

Step 03 并在【打印 – 模型】对话框中选择【打印范围】为【窗口】，如图所示。

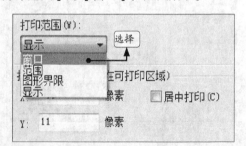

Step 04 在绘图区单击并拖动鼠标以指定打印区域，如图所示。

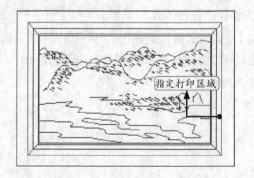

Step 05 返回【打印 – 模型】对话框后选中【布满图纸】和【居中打印】复选框，然后在【图形方向】区域中选择【横向】，如图所示。

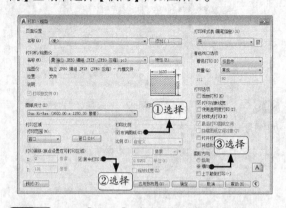

Step 06 单击【预览】按钮预览图像。

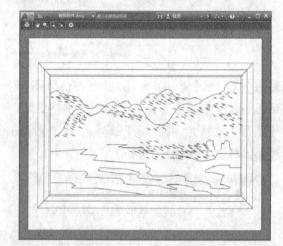

Step 07 在预览图上单击【打印】按钮，在弹出的【浏览打印文件】对话框中选择文件保存的路径和名字，单击【保存】按钮完成操作。

17.4 三维打印

AutoCAD支持直连3D打印机，用户可以通过一个互联网连接来直接输出3D AutoCAD图形到支持STL的打印机上。

【三维打印-准备打印模型】对话框的几种常用调用方法如下：

• 选择【应用程序菜单】→【发布】→【发送到三维打印服务】菜单命令；

• 在命令行中输入"3DPRINT/3DP"命令并按空格键确认。

本实例是利用AutoCAD 2017的3D打印功能来输出3D AutoCAD图形到支持STL的打印机上。通过学习本实例，读者可以熟练掌握输出STL格式三维图形的操作步骤。使用三维打印命令输出三维图形到打印机的具体操作步骤如下。

Step 01 打开随书光盘中的"素材\CH17\三维打印.dwg"文件。

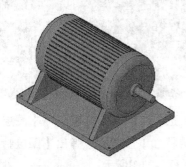

Step 02 选择【应用程序菜单】→【发布】→【发送到三维打印服务】命令，弹出【三维打印 - 准备打印模型】对话框，如图所示。

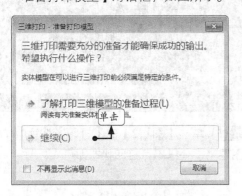

Step 03 单击【继续】选项后在绘图区域选择要打印的实体或无间隙网格，如图所示。

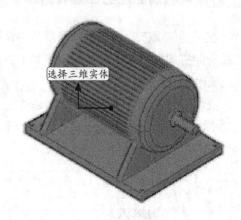

选择三维实体

Step 04 按【Enter】键确认，弹出【三维打印服务选项】对话框，如图所示。

Step 05 单击【确定】按钮，弹出【创建STL文件】对话框，设置文件名称及保存路径，并单击【保存】按钮。

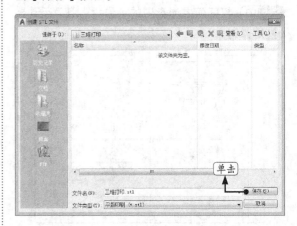

17.5 实战技巧

下面将对打印的相关技巧进行详细介绍。

技巧1 将当前时间打印到图纸中

在某些情况下，由于工作需要用户需要将当前时间打印到图纸中，可以按照如下方法实现此操作需求。

选择【文件】→【打印】菜单命令，在弹出的【打印-模型】对话框的【打印选项】区域中将【打开打印戳记】复选框勾选即可。

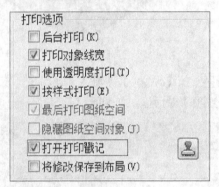

技巧2 打印过程中巧妙隐藏布局视口线

在布局中创建了多个视口后，默认情况下，打印图形的时候会将视口线打印到图纸上面，用户也可以根据需要将视口线隐藏，以使图纸打印出来以后更加整洁、美观。

Step 01 打开随书光盘中的"素材\CH17\运动器械.dwg"文件。

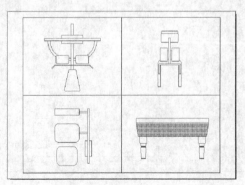

Step 02 选择如图所示的四个视口的视口线。

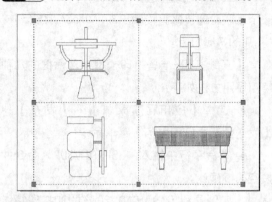

Step 03 选择【默认】选项卡→【图层】面板→图层下拉列表，并将四个视口的视口线切换到【图层2】。

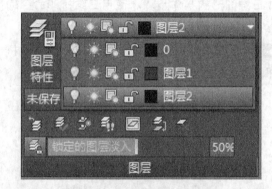

Step 04 选择【默认】选项卡→【图层】面板→【图层特性】按钮，弹出【图层特性管理器】对话框，如图所示。

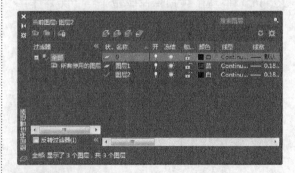

Step 05 单击【图层2】的【打印】按钮，使该图层当前处于不可打印状态即可。

使【图层2】当前处于不可打印状态

技巧3 自定义输出文件的尺寸

AutoCAD打印机默认的最大尺寸是1600×1280，当这个尺寸不能满足用户的需求时，就需要自定义纸张尺寸，操作步骤如下。

Step 01 选择【文件】→【打印】菜单命令，在弹出的【打印-模型】对话框上选择已安装的打印机，如下图所示。

选择

Step 02 单击打印机名称后面的【特性】按钮，在弹出的【绘图仪配置编辑器】对话框中选择【自定义图纸尺寸】，如下图所示。

①选择

②单击

Step 03 单击【添加】按钮，在系统弹出的对话框中选择【创建新图纸】，单击【下一步】按钮。

单击

Step 04 在系统弹出的对话框中输入图纸的宽度和高度，例如设置为2970×2100，单位为像素，单击【下一步】按钮。

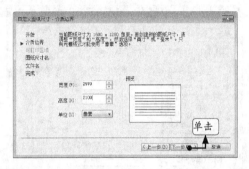

单击

Step 05 在系统弹出的对话框中为图纸尺寸命名，一般使用默认的名称即可，单击【下一步】按钮。

单击

Step 06 在系统弹出的【文件名】对话框中为PMP文件命名，单击【下一步】按钮。

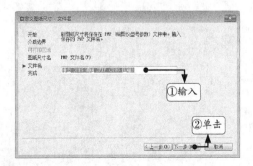

①输入

②单击

Step 07 系统弹出的设置完成对话框，单击【完成】按钮。

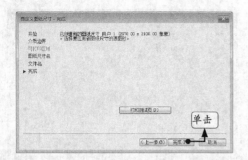

Step 08 完成新图纸的尺寸设置，返回到【绘图仪配置管理器】对话框，自定义的尺寸已存在于列表框中，单击【确定】按钮。

Step 09 弹出【修改打印机配置文件】对话框，单击【确定】按钮。

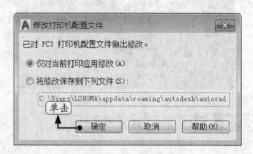

Step 10 保存修改配置。返回到【打印-模型】对话框，单击【图纸尺寸】下拉列表，选择自定义的图纸尺寸即可用自定义的图纸尺寸打印图形，如下图所示。

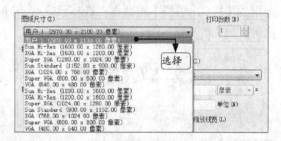

第4篇

三维图形

导读

本篇主要讲解AutoCAD 2017的三维绘图基础。通过对绘制轴测图、三维建模基础、绘制三维图形、编辑三维图形以及由三维模型生成二维图等的讲解，让用户很快就能了解AutoCAD 2017的三维绘图功能。

第18章

绘制机械零件轴测图

▪▪ 本章引言

工程上通常用多面正投影图来表达物体，每个视图表达物体一面的形状，绘制出来的图形不变形。但是这种方法下绘制的图形缺乏立体感，没有一定的读图基础不那么容易看得懂。

这时，就引入了轴测图这个能表达物体的视图方式，它能改变物体和投影面的相对位置，在一个视图上能同时反映3个向度的形状，绘制出来的图形具有立体感。

等轴测图作为机械设计中的辅助图样，它不仅在机械的制造和安装过程中起到了很重要的作用，同时也是三维建模的一个重要基础，同时，学习绘制轴测图有助于提高看图和绘图的能力。

▪▪ 学习要点

>> 掌握轴测图概念

>> 掌握草图对话框设置等轴测环境

>> 掌握等轴测图的绘制方法和技巧

18.1 轴测图的概念

轴测图是采用特定的投射方向，将空间的立体按平行投影的方法在投影面上得到的投影图。因为采用了平行投影的方法，所以形成的轴测图有以下两个特点。

- 若两直线在空间相互平行，则它们的轴测投影仍相互平行。
- 两平行线段的轴测投影长度与空间实长的比值相等。

为了使轴测图具有较好的立体感，一般应让它尽可能多地表达出立体所具有的表面，这可以通过改变投射方向或者改变立体在投影面体系中的位置来实现。对于具有较好立体感的轴测图，立体的基本表面都是和投影面不平行的，这样可以避免在投影中使平面的投影积聚成直线。

轴测投影具有多种类型，最常用的是正等轴测投影，通常简称为"等轴测"或"正等测"。我们在本章介绍的轴测图均限于等轴测投影。

在轴测投影中，坐标轴的轴测投影称为"轴测轴"，它们之间的夹角称为"轴间角"。在等轴测图中，3个轴向的缩放比例相等，并且3个轴测轴与水平方向所成的角度分别为30°、90°和150°。在3个轴测轴中，每两个轴测轴定义一个"轴测面"，它们分别是：

- 右视平面（Right）：即右视图，由x轴和z轴定义。
- 左视平面（Left）：即左视图，由y轴和z轴定义。
- 俯视平面（Top）：即俯视图，由x轴和y轴定义。

轴测轴和轴测面的构成如下图所示。

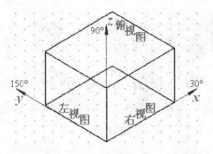

在绘制轴测图时，按快捷键【Ctrl+E】或者按【F5】键可以在3个轴测平面之间循环切换。如下图所示。

顶平面　　　　　左平面　　　　　右平面

绘制轴测图必须注意的几个问题：

• 任何时候用户只能在一个轴测面上绘图。因此绘制立体不同方位的面时，必须切换到不同的轴测面上作图。

• 切换到不同的轴测面上作图时，十字光标、捕捉与栅格显示都会相应于不同的轴测面进行调整，以便看起来仍像位于当前轴测面上。

• 正交模式也要被调整。要在某一轴测面上画正交线，首先应使该轴测面成为当前轴测面，然后再打开正交模式。

• 用户只能沿轴测轴的方向进行长度的测量，而沿非轴测轴方向的测量是不正确的。

18.2 在AutoCAD中设置等轴测环境

AutoCAD为绘制等轴测图创造了一个特定的环境。在这个环境中，系统提供了相应的辅助手段，以帮助用户方便地构建轴测图，这就是等轴测图绘制模式。用户可以通过【草图设置】对话框来设置等轴测环境。

在命令行输入"SE"并按空格键弹出【草图设置】对话框。单击【捕捉和栅格】选项卡，然后选择【等轴测捕捉】单选项，如下图所示。

Tips

要关闭等轴测模式，则选择另外一个单选项【矩形捕捉】即可。设置等轴测模式之后，原来的十字光标将随当前所处的不同轴测面而改变成夹角各异的交叉线，如右图所示。

顶平面的光标样式　　左平面的光标样式　　右平面的光标样式

18.3 等轴测图的绘制方法与技巧

设置为等轴测模式后，用户就可以很方便地绘制出直线、圆、圆弧、面和体的轴测图，并由这些基本的图形对象组成复杂形体的轴测投影图。

18.3.1 绘制轴测直线和面

立体上凡与坐标轴平行的棱线，在立体的轴测图中也分别与轴测轴平行。由于3个轴测轴与水平方向所成的角度分别为30°、90°和150°，所以在绘图时，可分别把这些直线画成与水平方向成30°、90°和150°的角。对于与3个坐标轴均不平行的直线，则可以通过平行线来确定该直线两个端点的轴测投影，然后再连接这两个端点的轴测图，组成一般位置直线的轴测图。

下面举例来说明如何在等轴测环境中绘制直线，具体操作如下：

1. 设置等轴测绘图环境

Step 01 启动AutoCAD 2017，新建一个DWG文件。参照18.2节对轴测图的绘图环境进行设置。

Step 02 设置完成之后，系统进入等轴测绘图环境，并且在绘图区域显示栅格点，如下图所示。

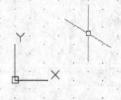

Tips

如果栅格点之间的距离太近，系统可能会无法显示，这时可以通过增加"栅格Y轴间距"来解决；反之则减小间距。

Step 03 单击状态栏中的■按钮使它亮显，启用"捕捉"功能。单击状态栏中的■按钮使它亮显，打开"正交"功能。

2. 绘制正面

Step 01 连续按【F5】键，将等轴测平面切换到左视图平面，然后在命令行输入"L"并按空格键调用【直线】命令，在绘图区任意单击一点作为直线的起点，然后向上拖动鼠标，如下图所示。

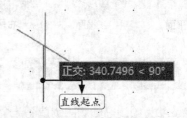

Step 02 输入距离20，然后向左拖动鼠标，如下图所示。

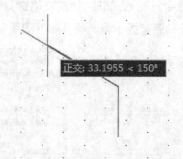

Step 03 输入距离60，然后向下拖动鼠标，如下图所示。

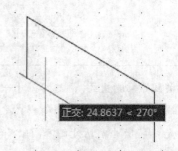

Step 04 输入距离20，然后向右拖动鼠标，如下图所示。

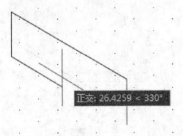

Step 05 输入距离14，然后向上拖动鼠标，如下图所示。

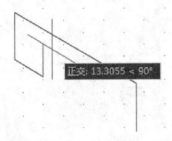

Step 06 输入距离8，然后向右拖动鼠标，如下图所示。

Step 07 输入距离32，然后向下拖动鼠标，如下图所示。

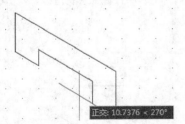

Step 08 输入距离8，然后在命令行输入 "c"，结果如下图所示。

3. 绘制顶面

Step 01 按【F5】键，将等轴测平面切换到俯视图平面，然后在命令行输入 "L" 并按空格键调用【直线】命令，捕捉如下图所示的端点作为直线的起点，如下图所示。

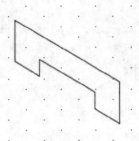

Step 02 向后拖动鼠标，如下图所示。

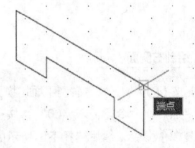

Step 03 输入距离72，然后向左拖动鼠标，如下图所示。

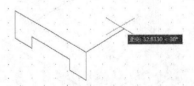

Step 04 输入距离60，然后捕捉如下图所示的端点为下一点，如下图所示。

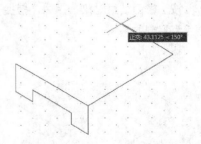

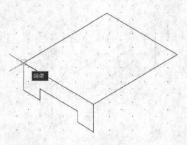

Step 05 单击端点后，结果如下图所示。

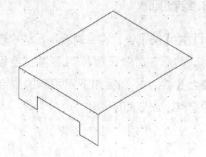

4. 绘制右侧面

Step 01 按【F5】键，将等轴测平面切换到右视图平面，然后在命令行输入"CO"并按空格键调用【复制】命令，然后选择下图所示的直线为复制对象，如下图所示。

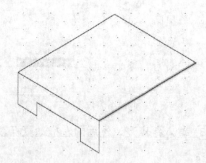

Step 02 按空格键结束对象选择后，捕捉下图所示的端点为复制的基点。

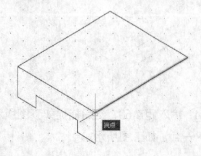

Step 03 捕捉如下图所示的端点为复制的第二点。

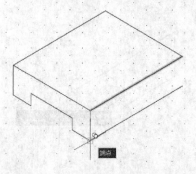

Step 04 捕捉如下图所示的端点为复制的第二点。

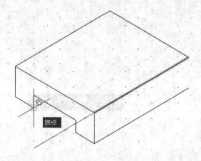

Step 05 按空格键结束【复制】命令后结果如下图所示。

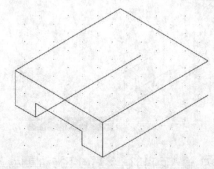

Step 06 在命令行输入"L"并按空格键调用【直线】命令，捕捉两个端点绘制直线，如下图所示。

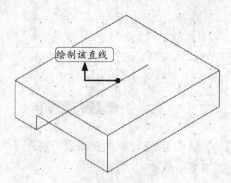

5. 修剪直线

Step 01 在命令行输入"TR"并按空格键调用【修剪】命令，选择如下图所示的直线为剪切边。

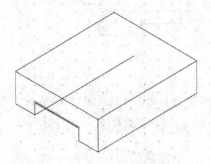

Step 02 将轴测图中看不见的部分进行修剪，修剪后如下图所示。

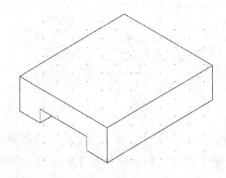

18.3.2 绘制轴测圆和圆弧

圆的轴测图是椭圆，在轴测模式下执行【Ellipse（椭圆）】命令时，命令的提示中将增加一个叫作"等轴测圆（I）"的选择项，选择该选项，即可绘制出相应轴测面内的轴测椭圆。同理，圆弧的轴测图是椭圆弧。

接下来我们在上一节的绘图基础上来绘制轴测圆和圆弧，具体操作如下：

Step 01 连续按【F5】键，将等轴测平面切换到俯视图平面，然后在命令行输入"EL"并按空格键调用【椭圆】命令，在命令行输入"I"绘制等轴测圆。

命令ELLIPSE

指定椭圆轴的端点或 [圆弧(A)/中心点(C)/等轴测圆(I)]: i

Step 02 捕捉如下图所示的中点为等轴测圆的

圆心。

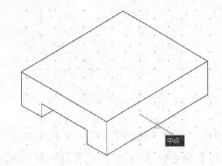

Step 03 输入半径18，结果如下图所示。

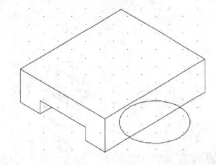

Step 04 在命令行输入"CO"并按空格键调用【复制】命令，然后选择刚绘制的等轴测圆为复制对象，并捕捉圆心为复制的基点，如下图所示。

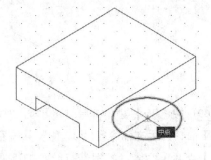

Step 05 捕捉如下图所示的中点为复制的第二点。

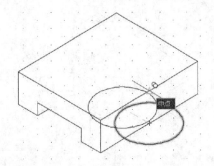

Step 06 复制完成后如下图所示。

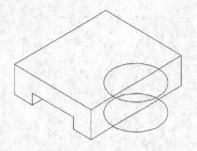

Step 07 在命令行输入"TR"并按空格键调用【修剪】命令,选择如下图所示的直线和等轴测圆为剪切边。

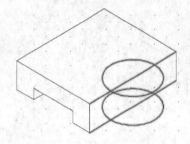

Step 08 剪后如下图所示。

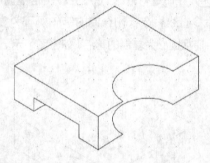

Step 09 按【F5】键,将等轴测平面切换到右视图平面,然后在命令行输入"L"并按空格键调用【直线】命令,捕捉端点绘制如下两条直线,如下图所示。

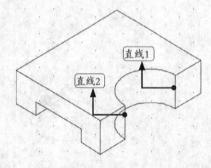

Step 10 重复 **Step 09**,绘制两条直线,如下图所示。

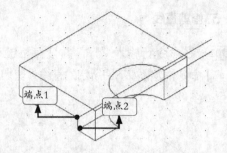

Tips

新绘制的两条直线是辅助线,因此只要过两端点且长度超出圆弧即可。

Step 11 重复 **Step 09**,绘制一条直线,如下图所示。

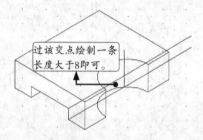

Step 12 在命令行输入"CO"并按空格键调用【复制】命令,然后选择如下图所示的圆弧为复制对象,并捕捉垂足为复制的基点,如下图所示。

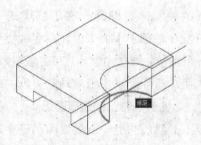

Step 13 捕捉如下图所示的交点为复制的第二点。

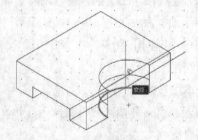

Step 14 复制完成后如下图所示。

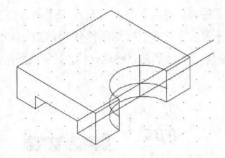

Step 15 在命令行输入"E"并按空格键调用【删除】命令，选择两条长的辅助直线将它们删除，结果如下图所示。

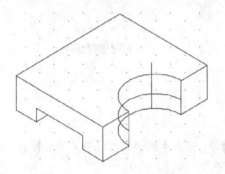

Step 16 在命令行输入"TR"并按空格键调用

【修剪】命令，选择如下图所示的直线和圆弧为剪切边。

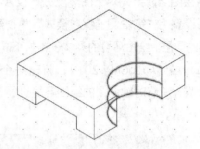

Step 17 修剪完成后结果如下图所示。

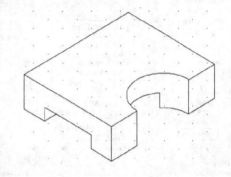

18.4 实例：绘制等轴测剖视图

这个案例相对比较复杂，通过该案例的学习，读者基本上就能掌握轴测图的画法，该案例的绘制思路如下。

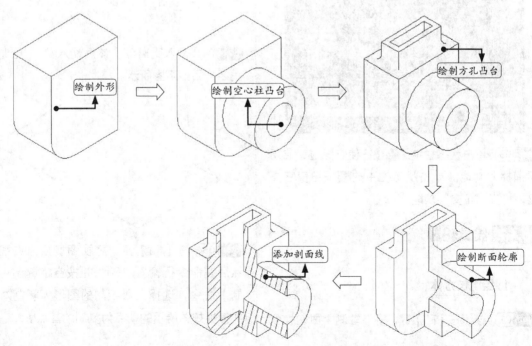

18.4.1 设置绘图环境

在绘图之前要先对绘图环境进行设置，将捕捉类型设置为"等轴测捕捉"模式，并创建放置各图形的图层。绘图环境的具体设置如下。

Step 01 启动AutoCAD 2017，新建一个DWG文件。参照18.2节对轴测图的绘图环境进行设置，如下图所示。

Step 02 在命令行输入"LA"并按空格键，在弹出的【图层特性】对话框中创建如下几个图层，并更改图层的相应特性。创建完成后双击"轮廓线"层，将它设置为当前层，如下图所示。

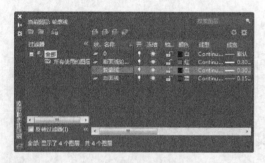

Step 03 单击状态栏中的■按钮使它亮显，启用"捕捉"功能。单击状态栏中的■按钮使它亮显，打开"正交"功能。

18.4.2 绘外轮廓

1. 绘制长方体

Step 01 连续按【F5】键，将等轴测平面切换到俯视图平面，然后在命令行输入"L"并按空格键调用【直线】命令，在绘图区任意单击一点作为直线的起点，然后向右拖动鼠标，如下图所示。

Step 02 输入距离42，然后向上拖动鼠标，如下图所示。

Step 03 输入距离24，然后向左拖动鼠标，如下图所示。

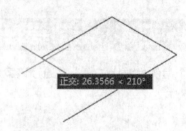

Step 04 输入距离42，然后输入"c"绘制的直线闭合后如下图所示。

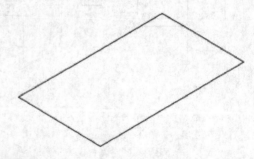

Step 05 按【F5】键，将视图切换为右视图，然后在命令行输入"CO"并按空格键调用【复制】命令，选择上面绘制的图形为复制对象，并捕捉如图所示的端点为复制的基点。

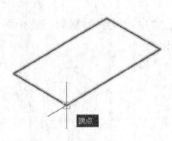

Step 06 向上拖动鼠标，指定复制方向，如下图所示。

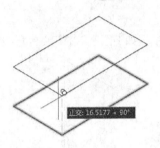

Step 07 输入复制距离50，按空格键结束【复制】命令后结果如下图所示。

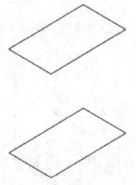

Step 08 在命令行输入"L"并按空格键调用【直线】命令，然后捕捉端点将其两两连接起来，如下图所示。

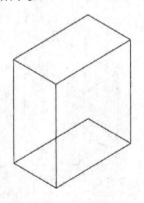

2. 绘制圆角

Step 01 在命令行输入"CO"并按空格键调用【复制】命令，将两条竖直线向后复制，距离为15，如下图所示。

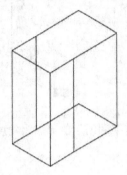

Step 02 重复 **Step 01**，将两条水平直线向上复制，距离为15，结果如下图所示。

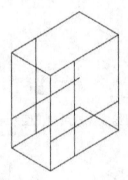

Step 03 在命令行输入"EL"并按空格键调用【椭圆】命令，根据命令行提示进行如下操作。

命令: _ ELLIPSE

指定椭圆轴的端点或 [圆弧(A)/中心点(C)/等轴测圆(I)]: a

指定椭圆弧的轴端点或 [中心点(C)/等轴测圆(I)]: i

Step 04 捕捉如下图所示的圆心。

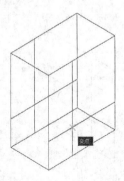

Step 05 输入半径值15，并指定下图所示的端点为角度的起点。

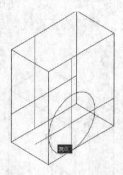

Step 06 指定下图所示的端点为角度的端点。

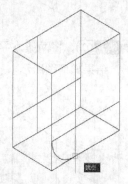

Step 07 圆弧绘制完成后如下图所示。

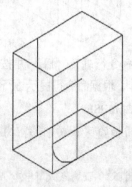

Step 08 在命令行输入"CO"并按空格键调用【复制】命令，将刚绘制的圆弧向后复制，结果如下图所示。

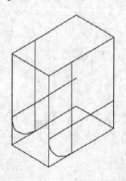

Step 09 在命令行输入"L"并按空格键调用【直线】命令，然后捕捉如下图所示的切点为直线的起点。

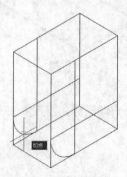

Step 10 捕捉如下图所示的切点为直线的第二点。

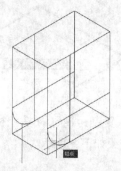

Step 11 直线绘制完成后结果如下图所示。

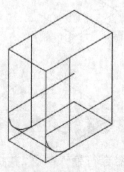

Step 12 在命令行输入"E"并按空格键调用【删除】命令，将多余的直线删除，结果如下图所示。

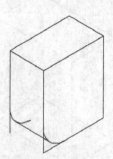

Step 13 在命令行输入"TR"并按空格键调用【修剪】命令，对图形进行修剪，结果如下图所示。

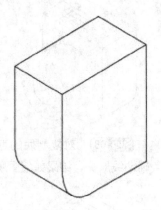

18.4.3 绘制空心圆柱凸台

Step 01 在命令行输入"CO"并按空格键调用【复制】命令，将图中竖直边向左复制21，上边直线向下复制25，结果如下图所示。

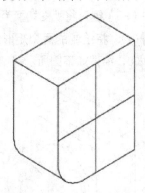

Step 02 在命令行输入"EL"并按空格键调用【椭圆】命令，以上步图形中两条直线的交点为圆心，绘制两个半径分别为16和8的等轴测圆。

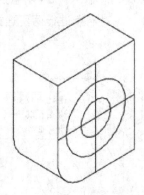

Step 03 在命令行输入"L"并按空格键调用【直线】命令，以上步绘制的大等轴测圆的两个象限点为端点绘制直线，结果如下图所示。

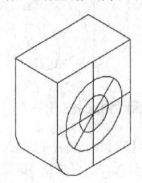

Step 04 按【F5】键，将视图切换为左视图，然后在命令行输入"CO"并按空格键调用【复制】命令，将两个等轴测圆向前复制，复制距离为20。

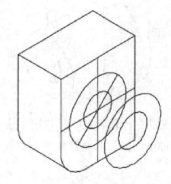

Step 05 在命令行输入"L"并按空格键调用【直线】命令，以第3步绘制的直线的端点为起点，绘制两条直线，结果如下图所示。

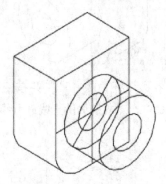

Step 06 在命令行输入"TR"并按空格键调用【修剪】命令，对图形进行修剪并将多余的直线删除，结果如下图所示。

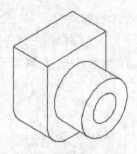

18.4.4 绘制方孔凸台

Step 01 按【F5】键,将视图切换为俯视图,然后在命令行输入"L"并按空格键调用【直线】命令,以各边的中点为端点绘制两条直线,如下图所示。

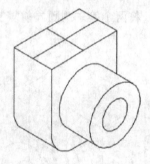

Step 02 在命令行输入"CO"并按空格键,将短直线向两侧复制15,长直线向两侧复制6。

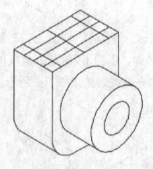

Step 03 在命令行输入"TR"并按空格键调用【修剪】命令,对复制后的直线进行修剪。

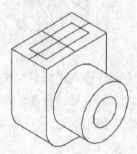

Step 04 重复 **Step 02**,将第1步绘制的短直线向两侧复制12,长直线向两侧复制3。

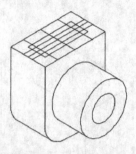

Step 05 重复 **Step 03**,对复制后的直线进行修剪并将两条辅助线删除,结果如下图所示。

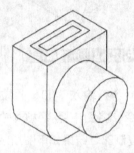

Step 06 按【F5】键,将视图切换为右视图,然后重复 **Step 02**,将绘制的两个矩形向上复制,复制距离为10,结果如下图所示。

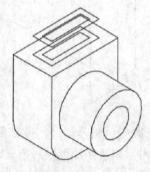

Step 07 在命令行输入"L"并按空格键调用【直线】命令,对端点进行两两连接,如下图所示。

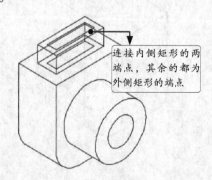

连接内侧矩形的两端点,其余的都为外侧矩形的端点

Step 08 在命令行输入"E"并按空格键调用【删除】命令，将多余的直线删除。

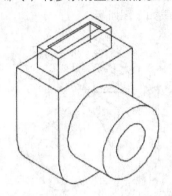

Step 09 在命令行输入"TR"并按空格键调用【修剪】命令，对方孔凸台图形进行修剪，结果如下图所示。

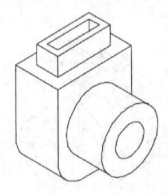

Step 10 按【F5】键，将视图切换为俯视图，在命令行输入"L"并按空格键调用【直线】命令，绘制两条直线，如下图所示。

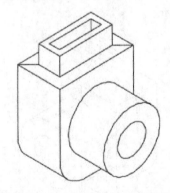

Step 11 在命令行输入"F"并按空格键调用【圆角】命令，对图中两直角处进行R2.5圆角，结果如下图所示。

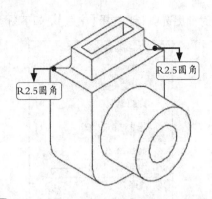

R2.5圆角 R2.5圆角

Step 12 在命令行输入"E"并按空格键调用【删除】命令，将圆角后看不见的直线删除，结果如下图所示。

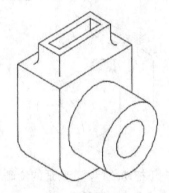

18.4.5 绘制剖视部分

第1步：绘制过中点的直线并复制对象

Step 01 按【F5】键，将视图切换为左视图，按【F3】键，将对象捕捉关闭。然后单击【默认】选项卡→【图层】面板→【图层】下拉列表，将"断面轮廓线"层置为当前层，如下图所示。

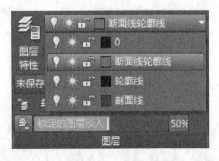

Step 02 在命令行输入"L"并按空格键调用【直线】命令，然后按住【Ctrl】单击鼠标右键，在弹出

的临时捕捉选项卡上选择【中点】，如下图所示。

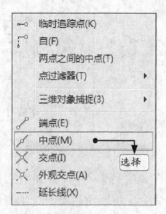

Step 03 捕捉如下图所示的中点为直线的第一点。

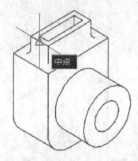

Step 04 向下拖动鼠标，在合适的位置单击，绘制一条竖直线，如下图所示。

绘制的直线，长度超过下面的水平线即可。

Step 05 重复 **Step 02**~**Step 04**，继续过中点绘制其他直线，结果如下图所示。

Step 06 按【F5】键，将视图切换为俯视图，然后重复 **Step 02**~**Step 04**，继续过中点绘制其他直线，结果如下图所示。

绘制水平直线时，捕捉该交点。

Step 07 按【F5】键，将视图切换到右视图，然后重复 **Step 02**~**Step 04**，过交点绘制直线，结果如下图所示。

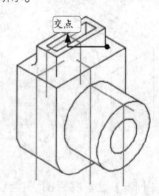

交点

Step 08 按【F5】键，将视图切换为俯视图，然后重复 **Step 02**~**Step 04**，过交点绘制直线，结果如下图所示。

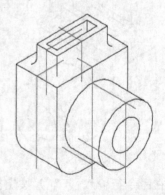

Step 09 按【F3】键，开启对象捕捉，然后在命令行输入"CO"并按空格键调用【复制】命令，选择如下图所示的圆弧和直线为复制对象，并捕捉下图所示的端点为复制的基点。

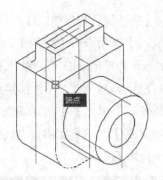

Step 10 移动鼠标如下图所示的端点点为复制的第二点。

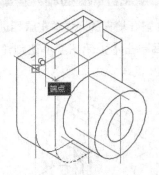

Step 11 复制完成后结果如下图所示。

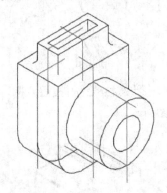

第2步：完成剖视部分绘制

Step 01 选中刚复制的圆弧和直线，然后单击【默认】选项卡→【图层】面板→【图层】下拉列表，将它放置到"断面轮廓线"层。

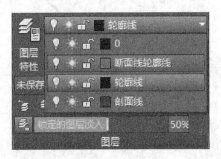

Step 02 在命令行输入"TR"并按空格键调用【修剪】命令，对绘制的断面轮廓线进行修剪，并将剖开后看不见的部分删除，结果如下图所示。

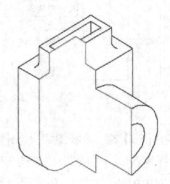

Step 03 在命令行输入"L"并按空格键调用【直线】命令，分别过图中的端点绘制3条水平直线，结果如下图所示。

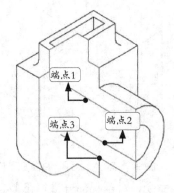

Step 04 按【F5】键，将视图切换为右视图，然后在命令行输入"L"并按空格键调用【直线】命令，分别过图中的端点绘制3条竖直直线，结果如下图所示。

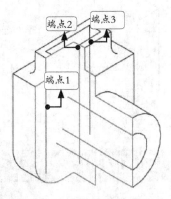

Step 05 在命令行输入"CO"并按空格键调用【复制】命令，将圆弧和直线复制到图中的位

置，结果如下图所示。

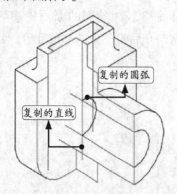

Step 06 按【F5】键，将视图切换为俯视图，然后在命令行输入"L"并按空格键调用【直线】命令，过图中的端点绘制一条水平直线，结果如下图所示。

Step 07 在命令行输入"TR"并按空格键调用【修剪】命令，对剖视部分进行修剪，并将看不见的图形删除，结果如下图所示。

Step 08 按【F5】键，将视图切换为右视图，然后单击【默认】选项卡→【图层】面板→【图层】下拉列表，将"剖面线"层置为当前层。

Step 09 在命令行输入"H"并按空格键调用【填充】命令，在弹出的【创建填充】选项卡上选择【ANSI31】为填充图案，并将填充角度设置为15°，如下图所示。

Step 10 在需要填充的区域单击鼠标进行选取，选取完毕后单击【关闭图案填充创建】按钮，结果如下图所示。

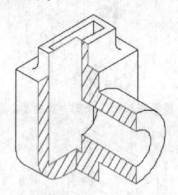

Step 11 单击状态栏的线宽按钮"▦"，显示线宽后如下图所示。

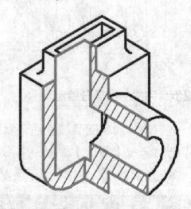

18.5 实战技巧

前面介绍了如何绘制轴测图以及给轴测图添加填充，下面来介绍如何再轴测图上书写文字以及如何给轴测图添加标注。

技巧1 如何在等轴测图上书写文字

如果用户要在轴测图中书写文本，并使该文本与相应的轴测面保持协调一致，则必须将文本和所在的平面一起变换成轴测图。将文本变换成轴测图的方法较为简单，只需改变文本的倾斜角与旋转角成30°的倍数。

1. 在俯视平面内书写文本

如果用户要在俯视平面内书写文本，且要让文本看起来与x轴平行，则应设置文本的倾斜角为-30°以及设置旋转角为30°；如果要让文本看起来与y轴平行，则应设置文本的倾斜角为30°以及设置旋转角为-30°。

下面举例说明在俯视平面内书写与x轴平行的文本，具体操作如下：

Step 01 参照18.2节对轴测图的绘图环境进行设置，将轴测面切换到俯视平面，如下图所示。

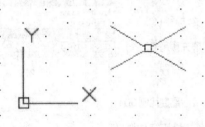

Step 02 在命令行输入"ST"并按空格键，在弹出【文字样式】对话框中单击【新建】按钮，在弹出的【新建文字样式】对话框中输入名称"俯视图文字样式"，单击【确定】按钮。

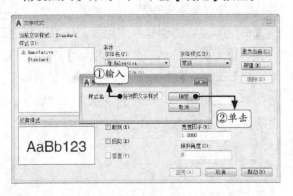

Step 03 取消对【使用大字体】复选项的选择，然后在【字体名】下拉列表中选择【宋体】，如下图所示。

Step 04 设置"倾斜角度"为-30°，如下图所示。

Step 05 设置完成后单击【置为当前】按钮，然后单击【关闭】按钮，关闭【文字样式】对话框。

Step 06 在命令行输入"DT"并按空格键调用【单行文字】命令，将文字高度设置为20，旋转角度设置为30，命令行提示如下。

命令: text↙

当前文字样式: Standard 当前文字高度: 2.5000

指定文字的起点或 [对正(J)/样式(S)]:

//在绘图区域任意单击一点

指定高度 <2.5000>: 20↙ //确定文字的高度

指定文字的旋转角度 <0>: 30↙

//输入文字的旋转角度并回车

Step 07 文字输入后结果如下图所示。

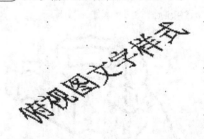

2. 在左视平面内书写文本

如果用户要在左视平面内书写文本，则

应设置文本的倾斜角为-30°，旋转角也为-30°。创建一个文字样式"左视图文字样式"，输入的文字效果如下图所示。

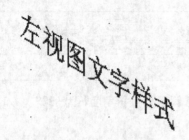

3. 在右视平面内书写文本

如果用户要在右视平面内书写文本，则应设置文本的倾斜角为30°，旋转角也为30°。创建一个文字样式"右视图文字样式"，输入的文3字效果如下图所示。

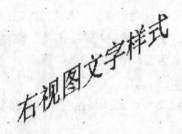

技巧2 给轴测图添加尺寸标注

轴测图的标注一般分两步，即先标注，再调整倾斜。下面以光盘中的"素材\CH18\给轴测图添加尺寸标注.dwg"文件为例，来介绍轴测图的标注，具体操作步骤如下。

Step 01 打开光盘中的"素材\CH18\给轴测图添加尺寸标注.dwg"文件，如下图所示。

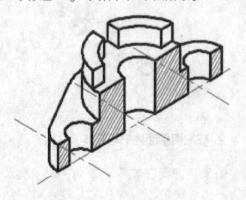

Step 02 在命令后输入"D"并按空格键，在弹出的【标注样式管理】上单击【新建】按钮，新建一个名称为"俯视图标注样式"的标注样式，如下图所示。

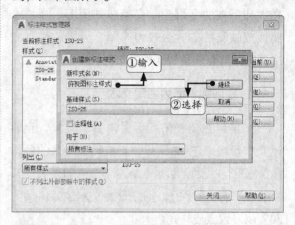

Step 03 单击【继续】按钮，在弹出的对话框上选择【文字】选项卡，单击【文字样式】下拉列表，选择【俯视图标注文字】，如下图所示。

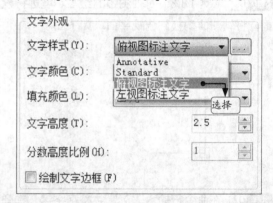

Step 04 文字修改完成后，单击【确定】按钮，回到【标注样式】对话框后单击【新建】按钮，创建一个名称为"左视视图标注样式"的标注样式，并将文字样式改为"左视图标注文字"。

Step 05 标注样式创建完成后将"俯视图标注样式"置为当前，然后选择【默认】选项卡→【注释】面板→【对齐标注】按钮，然后捕捉两条中心线的端点为尺寸界线原点，然后在合适的位置单击放置尺寸线，如下图所示。

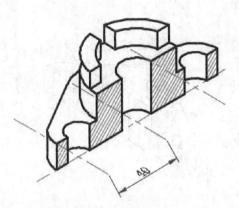

Step 06 重复 **Step 05**，继续添加对齐标注，结果如下图所示。

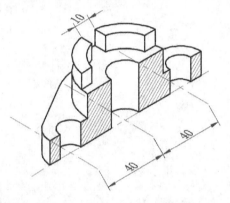

Step 07 将"左视图标注样式"置为当前，然后继续添加对齐标注，结果如下图所示。

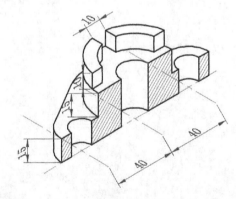

Step 08 选择【注释】选项卡→【标注】面板→【倾斜】按钮，根据命令行提示选择俯视图标注样式下小组的三个尺寸，然后输入倾斜角度为-30°。

命令: _dimedit

输入标注编辑类型 [默认(H)/新建(N)/旋转(R)/倾斜(O)] <默认>: _o

选择对象: ……总计 3 个

选择对象: ↙

输入倾斜角度 (按 ENTER 表示无): -30 ↙

Step 09 倾斜后结果如下图所示。

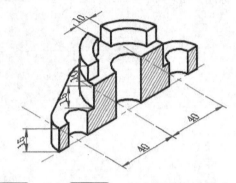

Step 10 重复 **Step 08**，将左视图标注样式下标注的三个尺寸倾斜30°，结果如下图所示。

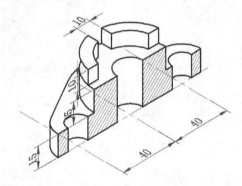

Step 11 选择【注释】选项卡→【引线】面板→多重引线按钮，在图中选择要标注的对象，并输入对象的半径值，如下图所示。

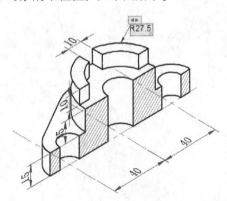

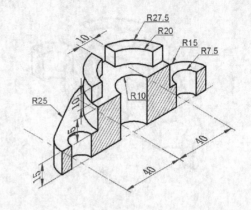

Tips

　　由于等轴测圆不是真正的圆,所以不能用半径或直径标注命令,这里可以使用引线标注,手动输入圆的半径。

Step 12 重复 **Step 11**,继续用多重引线对圆弧进行标注,结果如下图所示。

第19章

三维建模基础

■■ 本章引言

相对于二维xy平面视图,三维视图多了一个维度,不仅有xy平面,还有zx平面和yz平面,因此,三维视图相对于二维视图更加直观,可以通过三维空间和视觉样式的切换从不同角度观察图形。

■■ 学习要点

➡ 掌握三维建模工作空间

➡ 掌握三维建模选项设置

➡ 掌握三维线框的创建和编辑

➡ 掌握三维图形

19.1 三维建模工作空间

三维图形是在三维建模空间下完成的,因此在创建三维图形之前,首先应该将绘图空间切换到三维建模模式。

切换到三维建模工作空间的方法,除了本书1.3节介绍的两种方法外,还有以下两种方法:

- 选择【工具】→【工作空间】→【三维建模】菜单命令;
- 命令行输入"WSCURRENT"命令并按空格键然后输入"三维建模"。

切换到三维建模空间后,可以看到三维建模空间是由快速访问工具栏、菜单栏、选项卡、控制面板和绘图区和状态栏组成的集合,使用户可以在专门的、面向任务的绘图环境中工作,三维建模空间如下图所示。

除了上面切换工作空间外,用户还可以在工作空间设置对话框中切换工作空间,并可以设置哪些工作空间显示,哪些不显示。

【工作空间设置】对话框的几种常用调用方法如下:

- 选择【工具】→【工作空间】→【工作空间设置】菜单命令;
- 在命令行中输入"WSSETTINGS"命令并按空格键确认;

- 单击状态栏的【切换工作空间】按钮 ⚙ ▾，在弹出的选项板上选择【工作空间设置】。

下面将对【工作空间设置】对话框的相关内容进行详细介绍。

选择【工具】→【工作空间】→【工作空间设置】菜单命令，系统弹出【工作空间设置】对话框，如图所示。

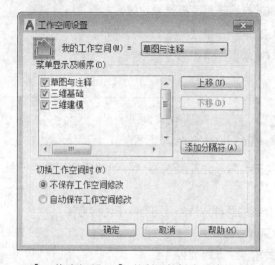

【工作空间设置】对话框中各选项含义如下。

【我的工作空间】：显示工作空间列表，从中可以选择要指定给【我的工作空间】工具栏按钮的工作空间。

【菜单显示及顺序】：控制要显示在【工作空间】工具栏和菜单中的工作空间名称，那些工作空间名称的顺序，以及是否在工作空间名称之间添加分隔符。无论如何设置显示，此处以及【工作空间】工具栏和菜单中显示的工作空间均包括当前工作空间（在工具栏和菜单中显示有复选标记）以及在【我的工作空间】下拉列表中定义的工作空间。

【上移】：在显示顺序中上移工作空间名称。

【下移】：在显示顺序中下移工作空间名称。

【添加分隔符】：在工作空间名称之间添加分隔符。

【不保存工作空间修改】：切换到另一个工作空间时，不保存对工作空间所做的更改。

【自动保存工作空间修改】：切换到另一工作空间时，将保存对工作空间所做的更改。

Tips

如果用户在自定义快速访问工具栏中设置"工作空间"为显示，则在快速访问工具栏中也可以切换工作空间。

（1）单击快速访问工具栏的下拉列表，选择【工作空间】，如下图所示。

（2）"工作空间"显示在快速访问工具栏上，单击可以切换工作空间，如下图所示。

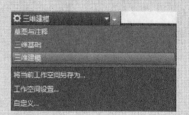

19.2 三维建模选项设置

用户可以利用【选项】对话框对三维建模的选项进行设置，以满足绘图需求。下面将对三维建模选项的相关设置进行详细介绍。

选择【工具】→【选项】菜单命令，在系统弹出【选项】对话框，选择【三维建模】选项卡，如图所示。

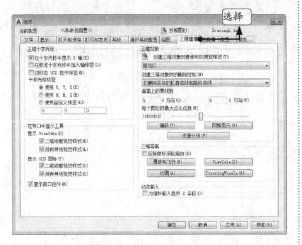

【三维十字光标】区域中各选项含义如下。

- 在十字光标中显示z轴：控制十字光标指针是否显示z轴。

- 在标准十字光标中加入轴标签：控制轴标签是否与十字光标指针一起显示。

- 对动态UCS显示标签：即使在【在标准十字光标中加入轴标签】框中关闭了轴标签，仍将在动态UCS的十字光标指针上显示轴标签。

- 十字光标标签：选择要与十字光标指针一起显示的标签。

【在视口中显示工具】区域各选项含义如下。

- 显示ViewCube（D）：控制ViewCube的显示。

- 显示UCS图标：控制UCS图标的显示。

- 显示视口控件：控制位于每个视口左上角的视口工具、视图和视觉样式的视口控件菜单的显示。

【三维对象】区域中各选项含义如下。

- 创建三维对象时要使用的视觉样式：

设置在创建三维实体、网格图元以及拉伸实体、曲面和网格时显示的视觉样式（DRAGVS系统变量）。

- 创建三维对象时的删除控制：控制保留还是删除用于创建其他对象的几何图形。

- 曲面上的素线数：为【PEDIT】命令的【平滑】选项设置在M（N）方向的曲面密度以及曲面对象上的U（V）素线密度。

- 每个图形的最大点云点数：设置可以为所有附着图形的点云显示的最大点数。64位系统的最大点数为一千万，32位系统的最大点数为五百万。增加限制会提高点云的视觉逼真度，降低限制会提高系统性能。

- 镶嵌：打开【网格镶嵌选项】对话框，从中可以指定要应用于使用MESHSMOOTH转换为网格对象的对象的设置。

- 网格图元：打开【网格图元选项】对话框，从中可以指定要应用于新网格图元对象的设置。

- 曲面分析：打开【分析选项】对话框，可以在其中设定斑纹、曲率和拔模分析的选项。

【三维导航】区域中各选项含义如下。

- 反转鼠标滚轮缩放：滚动鼠标中间的滑轮时，切换透明缩放操作的方向。

- 漫游和飞行：显示【漫游和飞行设置】对话框。

- 动画：显示【动画设置】对话框。

- ViewCube：显示【ViewCube 设置】对话框。

- SteeringWheels：显示【SteeringWheels 设置】对话框。

【动态输入】区域中各选项含义如下。

为指针输入显示z字段：在使用动态输入时为z坐标显示一个字段。

19.3 三维视图和三维视觉样式

视图是指从不同角度观察三维模型，对于复杂的图形可以通过切换视图样式来从多个角度全面观察图形。

视觉样式是用于观察三维实体模型在不同视觉下的效果，在AutoCAD 2017中程序提供了10种视觉样式，用户可以切换到不同的视觉样式来观察模型。

19.3.1 三维视图

三维视图可分为标准正交视图和等轴测视图。

标准正交视图有俯视、仰视、主视、左视、右视和后视。

等轴测视图有SW（西南）等轴测、SE（东南）等轴测、NE（东北）等轴测和 NW（西北）等轴测。

【三维视图】的切换通常有以下几种方法。

- 选择菜单栏中的【视图】→【三维视图】→……菜单命令，如下左图所示。
- 单击【常用】选项卡→【视图】面板→【三维导航】下拉列表，如下中左图所示。
- 单击【可视化】选项卡→【视图】面板→下拉列表，如下中右图所示。
- 单击绘图窗口左上角的视图控件，如下右图所示。

不同视图下显示的效果也不相同，例如同一个齿轮，在"西南等轴测"视图下效果如下左图所示，而在"西北等轴测"视图下的效果如下右图所示。

19.3.2 视觉样式的分类

AutoCAD 2017中的视觉样式有10种类型：二维线框、概念、隐藏、真实、着色、带边缘着色、灰度、勾画、线框和X射线，程序默认的视觉样式为二维线框。

【视觉样式】的切换方法通常有以下几种方法。

- 选择菜单栏中的【视图】→【视觉样式】→……菜单命令，如下图①所示。
- 单击【常用】选项卡→【视图】面板→【视觉样式】下拉列表，如下图②所示。
- 单击【可视化】选项卡→【视觉样式】面板→【视觉样式】下拉列表，如下图③所示。
- 单击绘图窗口左上角的视图控件，如下图④所示。

①

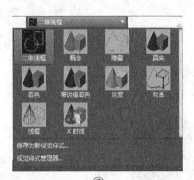
②

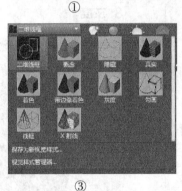
③

④

1. 二维线框

二维线框视觉样式显示是通过使用直线和曲线表示对象边界的显示方法。光栅图像、OLE对象、线型和线宽均可见，如下图所示。

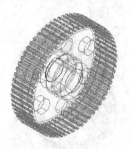

2. 线框

线框是通过使用直线和曲线表示边界从而来显示对象的方法，如下图所示。

3. 隐藏（消隐）

隐藏（消隐）是用三维线框表示的对象，并且将不可见的线条隐藏起来，如下图所示。

4. 真实

真实是将对象边缘平滑化，显示已附着到对象的材质，如下图所示。

5. 概念

概念是使用平滑着色和古氏面样式显示对象的方法，它是一种冷色和暖色之间的过渡，而不是从深色到浅色的过渡。虽然效果缺乏真实感，但是可以更加方便地查看模型的细节，如下图所示。

6. 着色

使用平滑着色显示对象，如下图所示。

7. 带边缘着色

使用平滑着色和可见边显示对象，如下图所示。

8. 灰度

使用平滑着色和单色灰度显示对象，如下图所示。

9. 勾画

使用线延伸和抖动边修改器显示手绘效果的对象，如下图所示。

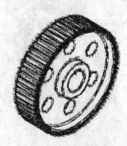

10. X射线

以局部透明度显示对象，如下图所示。

19.3.3 视觉样式管理器

视觉样式管理器用于管理视觉样式，对所选视觉样式的面、环境、边等特性进行自定义设置。

在AutoCAD 2017中视觉样式管理的调用方法和视觉样式的相同，在弹出的视觉样式下拉列表中选择【视觉样式管理器】选项即可。

打开【视觉样式管理器】选项板，当前的视觉样式用黄色边框显示，其可用的参数设置将显示在样例图像下方的面板中，如下图所示。

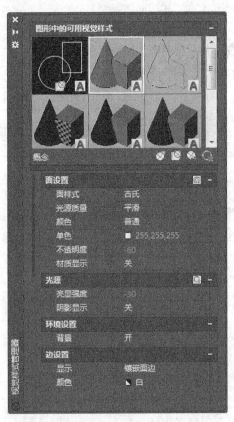

1. 工具栏

用户可通过工具栏创建或删除视觉样式，将选定的视觉样式应用于当前视口，或者将选定的视觉样式输出到工具选项板，如上图所示。

2. 面设置特性面板

【面设置】特性面板用于控制三维模型的面在视口中的外观，如下图所示。

其中各选项的含义如下。

- 【面样式】选项：用于定义面上的着色。其中，"真实"即非常接近于面在现实中的表现方式；"古氏"样式是使用冷色和暖色，而不是暗色和亮色来增强面的显示效果。

- 【光源质量】选项：用于设置三维实体的面插入颜色的方式。

- 【颜色】选项：用于控制面上的颜色的显示方式，包括"普通""单色""明"和"降饱和度"4种显示方式。

- 【单色】选项：用于设置面的颜色。

- 【不透明度】选项：可以控制面在视口中的不透明度。

- 【材质显示】选项：用于控制是否显示材质和纹理。

3. 光照和环境设置

【亮显强度】选项可以控制亮显在无材质的面上的大小。

【环境设置】特性面板用于控制阴影和背景的显示方式，如下图所示。

4. 边设置

【边设置】特性面板用于控制边的显示方式，如右图所示。

19.4 三维线框的创建与编辑

在AutoCAD中，用户使用【绘图】菜单中的命令不仅可以在二维环境中绘制图形，而且还可以在三维环境中绘制相应图形。

19.4.1 绘制三维多段线

三维多段线是作为单个对象创建的直线段相互连接而成的序列，三维多段线可以不共面，但是不能包括圆弧段。

【三维多段线】命令的几种常用调用方法如下：

• 选择【绘图】→【三维多段线】菜单命令；

• 在命令行中输入"3DPOLY"命令并按空格键确认；

• 单击【常用】选项卡→【绘图】面板中的【三维多段线】按钮。

下面将对三维多段线的绘制过程进行详细介绍，具体操作步骤如下。

Step 01 打开随书光盘中的"素材\CH19\三维多段线.dwg"文件。

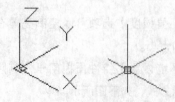

Step 02 单击【常用】选项卡→【绘图】面板中

的【三维多段线】按钮，在绘图区域中单击指定多段线的起点，如图所示。

Step 03 在绘图区域中拖动鼠标并单击，指定直线的端点，如图所示。

Step 04 继续在绘图区域中单击指定直线端点，并按【Enter】键结束【三维多段线】命令，结果如图所示。

Step 05 单击绘图窗口左上角的视图控件，选择【西南等轴测】。

Step 06 结果如图所示。

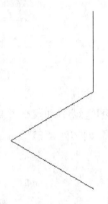

19.4.2 螺旋线

该命令用于创建二维或三维螺旋线。

【螺旋】命令的几种常用调用方法如下：

• 选择【绘图】→【螺旋】菜单命令；

• 在命令行中输入"HELIX"命令并按空格键确认；

• 单击【常用】选项卡→【绘图】面板中的【螺旋】按钮。

下面将对螺旋线的绘制过程进行详细介绍，具体操作步骤如下。

Step 01 新建一个AutoCAD文件，将工作空间切换到【三维建模空间】，然后将视图切换为【西南等轴测】。

Step 02 单击【常用】选项卡→【绘图】面板中的【螺旋】按钮，在绘图区域中单击指定螺旋线的底面中心点，如图所示。

Step 03 在绘图区域中拖动鼠标并单击指定螺旋线的底面半径，如图所示。

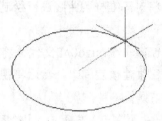

Step 04 在绘图区域中拖动鼠标并单击指定螺旋线的顶面半径，如图所示。

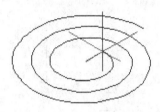

Step 05 在绘图区域中拖动鼠标并单击指定螺旋线的高度，如图所示。

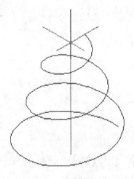

Step 06 结果如图所示。

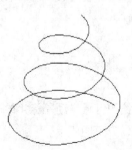

19.4.3 绘制三维样条曲线

　　三维样条曲线与二维样条曲线绘制方法类似，两者之间最大的区别在于三维样条曲线可以在z轴方向上指定高度值。

　　下面将对三维样条曲线进行绘制，具体操作步骤如下。

Step 01 新建一个AutoCAD文件，将工作空间切换到【三维建模空间】，然后将视图切换为【西南等轴测】。

Step 02 单击【常用】选项卡→【绘图】面板→【样条曲线】按钮，在绘图区域单击指定样条曲线的起点，如下图所示。

Step 03 在绘图区域拖动鼠标并单击指定样条曲线的下一点，如下图所示。

Step 04 在绘图区域拖动鼠标并单击指定样条曲线的下一点，如下图所示。

Step 05 在绘图区域拖动鼠标并单击指定样条曲线的下一点，如下图所示。

Step 06 在绘图区域拖动鼠标并单击，指定样条曲线的下一点，如下图所示。

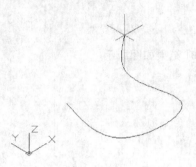

Step 07 在绘图区域拖动鼠标并单击，指定样条曲线的下一点，如下图所示。

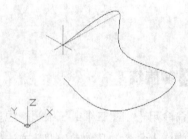

Step 08 在命令行中输入"c"，并按空格键确定。

　　输入下一个点或 [端点相切(T)/公差(L)/放弃(U)/闭合(C)]: c

Step 09 结果如下图所示。

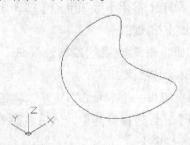

19.4.4 实例：绘制立方体线框图形

　　本实例将利用【三维多段线】命令绘制立方体线框图形，具体操作步骤如下。

Step 01 新建一个AutoCAD文件，将工作空间切换到【三维建模空间】，然后将视图切换为【西南等轴测】。

Step 02 单击【常用】选项卡→【绘图】面板中的【三维多段线】按钮，在绘图区域中单击指定多段线的起点，如图所示。

Step 03 在命令行分别指定三维多段线相应的端点位置，命令行提示如下。

指定直线的端点或 [放弃(U)]: @20,0,0 ↙

指定直线的端点或 [放弃(U)]: @0,-20,0 ↙

指定直线的端点或 [闭合(C)/放弃(U)]: @-20,0,0 ↙

指定直线的端点或 [闭合(C)/放弃(U)]: c ↙

Step 04 结果如图所示。

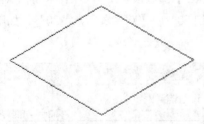

Step 05 重复执行【三维多段线】命令，在绘图区域中捕捉如图所示的端点作为多段线的起点。

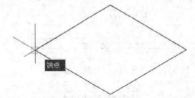

Step 06 在命令行分别指定三维多段线相应的端点位置，命令行提示如下。

指定直线的端点或 [放弃(U)]: @0,0,-20 ↙

指定直线的端点或 [放弃(U)]: @0,-20,0

↙

指定直线的端点或 [闭合(C)/放弃(U)]: @0,0,20 ↙

指定直线的端点或 [闭合(C)/放弃(U)]: ↙

Step 07 结果如图所示。

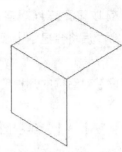

Step 08 重复执行【三维多段线】命令，在绘图区域中捕捉如图所示的端点作为多段线的起点。

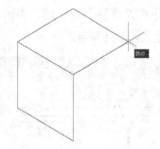

Step 09 在命令行分别指定三维多段线相应的端点位置，命令行提示如下。

指定直线的端点或 [放弃(U)]: @0,0,-20 ↙

指定直线的端点或 [放弃(U)]: @-20,0,0 ↙

指定直线的端点或 [闭合(C)/放弃(U)]: ↙

Step 10 结果如图所示。

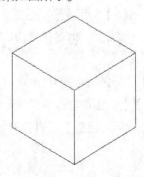

19.5 观察三维图形

AutoCAD提供了多种功能供用户对三维空间中的图形进行观察，下面将分别进行详细介绍。

19.5.1 设置视点

设置视点可以设置三维观察方向，调用【视点预设】命令后将会显示【视点预设】对话框。

【视点预设】对话框的几种常用调用方法如下：

• 选择【视图】→【三维视图】→【视点预设】菜单命令；

• 在命令行中输入"VPOINT/VP"命令并按空格键确认。

执行【视点预设】命令后，弹出【视点预设】对话框，如下图所示。

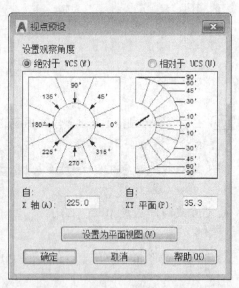

【视点预设】对话框中各选项含义如下。

【绝对于WCS】：相对于WCS设置查看方向。

【相对于UCS】：相对于当前UCS设置查看方向。

【X轴】：指定与x轴的角度。

【XY平面】：指定与xy平面的角度。

【设置为平面视图】：设置查看角度以相

对于选定坐标系显示平面视图（xy平面）。下面将对视点的设置过程进行详细介绍，具体操作步骤如下。

Step 01 打开随书光盘中的"素材\CH19\设置视点.dwg"文件。

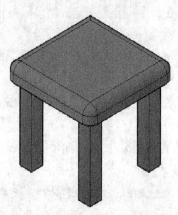

Step 02 在命令行中输入"VP"命令并按空格键，弹出【视点预设】对话框，更改【X轴】参数为"150"，【XY平面】为"30"，如下图所示。

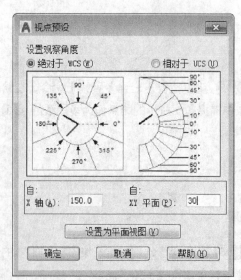

Step 03 单击【确定】按钮，结果如图所示。

19.5.2 三维动态观察 ▶

在三维空间中旋转视图，但仅限于水平动态观察和垂直动态观察。

【受约束的动态观察】命令的几种常用调用方法如下：

• 选择【视图】→【动态观察】→【受约束的动态观察】菜单命令；

• 在命令行中输入"3DORBIT/3DO"命令并按空格键确认；

• 单击【视图】选项卡→【导航】面板中的【动态观察】按钮✥。

下面将对【受约束的动态观察】命令的应用进行详细介绍，具体操作步骤如下。

Step 01 打开随书光盘中的"素材\CH19\动态观察.dwg"文件。

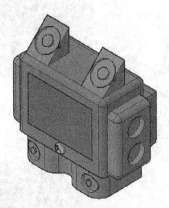

Step 02 单击【视图】选项卡→【导航】面板中的【动态观察】按钮✥，在绘图区域中按住鼠标左键并进行拖动，结果如图所示。

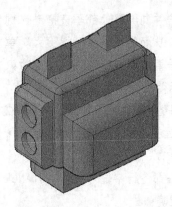

Step 03 继续在绘图区域中按住鼠标左键并进行拖动，结果如图所示。

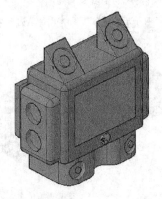

Step 04 继续在绘图区域中按住鼠标左键并进行拖动，结果如图所示。

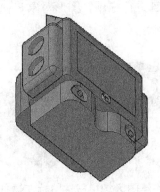

19.5.3 使用相机

在AutoCAD中，用户可以使用【相机】功能对图形对象进行观察，下面将对【相机】功能进行相关介绍。

1. 调整视距

将光标更改为具有上箭头和下箭头的直

线。单击并向屏幕顶部垂直拖动光标使相机靠近对象，从而使对象显示得更大。单击并向屏幕底部垂直拖动光标使相机远离对象，从而使对象显示得更小。

【调整视距】命令的几种常用调用方法如下：

• 选择【视图】→【相机】→【调整视距】菜单命令；

• 在命令行中输入"3DDISTANCE"命令并按空格键确认。

下面将对相机的【调整视距】功能进行详细介绍，具体操作步骤如下。

Step 01 打开光盘中的"素材\CH19\调整视距.dwg"文件。

Step 02 选择【视图】→【相机】→【调整视距】菜单命令，在绘图区域中按住鼠标左键并向屏幕顶部进行拖动，图形对象在视图中被放大显示，如图所示。

Step 03 在绘图区域中按住鼠标左键并向屏幕底部进行拖动，图形对象在视图中被缩小显示，如图所示。

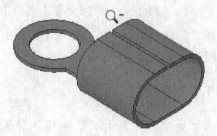

2. 回旋

在拖动方向上模拟平行相机。查看的目标将更改，可以沿xy平面或z轴回旋视图。

【回旋】命令的几种常用调用方法如下：

• 选择【视图】→【相机】→【回旋】菜单命令；

• 在命令行中输入"3DSWIVEL"命令并按空格键确认。

下面将对相机的【回旋】功能进行详细介绍，具体操作步骤如下。

Step 01 打开光盘中的"素材\CH19\回旋.dwg"文件。

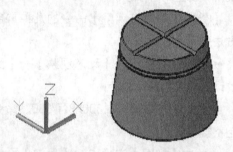

Step 02 选择【视图】→【相机】→【回旋】菜单命令，在绘图区域中按住鼠标左键进行拖动，结果如图所示。

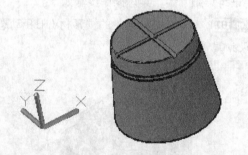

Step 03 在绘图区域中按住鼠标左键并反方向进行拖动，结果如图所示。

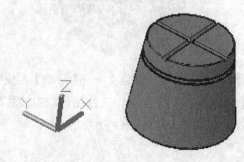

19.6 实战技巧

下面将对右手定则和三维视图中坐标系的变动进行介绍。

技巧1 右手定则的使用

在三维建模环境中修改坐标系是很频繁的一项工作，而在修改坐标系中旋转坐标系是最为常用的一种方式，在复杂的三维环境中，坐标系的旋转通常依据右手定则进行。

三维坐标系中 x、y、z 轴之间的关系如左图所示。右图即为右手定则示意图，右手大拇指指向旋转轴正方向，另外四指弯曲并拢所指方向即为旋转的正方向。

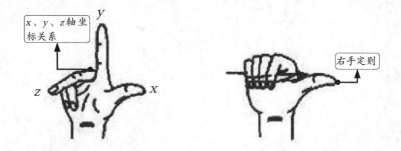

技巧2 为什么坐标系会自动变动

在三维绘图中经常需要在各种视图之间切换时，经常会出现坐标系变动的情况，如下左图是在"西南等轴测"下的视图，当把视图切换到"前视"视图，再切换回"西南等轴测"时，发现坐标系发生了变化，如下右图所示。

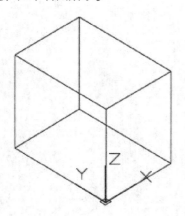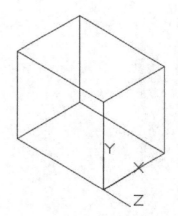

出现这种情况是因为"恢复正交"设定的问题，当设定为"是"时，就会出现坐标变动，当设定为"否"时，则可避免。

单击绘图窗口左上角的视图控件，然后选择"视图管理器"，如下左图所示。在弹出的【视图管理器】对话框中将"预设视图"中的任何一个视图的"恢复正交"改为"否"即可，如下右图所示。

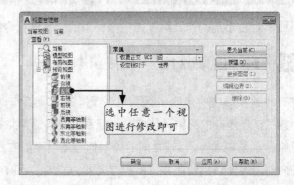

选中任意一个视图进行修改即可

第**20**章

绘制三维图形

■■ 本章引言

在三维界面内，除了可以绘制简单的三维图形外，还可以绘制三维曲面和三维实体。AutoCAD为用户提供了强大的三维图形绘制功能。

■■ 学习要点

❯❯ 掌握绘制三维实体对象的方法
❯❯ 掌握绘制三维曲面对象的方法
❯❯ 掌握由二维图形创建三维图形

20.1 绘制三维实体对象

实体是能够完整表达对象几何形状和物体特性的空间模型。与线框和网格相比，实体的信息最完整，也最容易构造和编辑。

20.1.1 绘制长方体

创建三维实体长方体。

【长方体】命令的几种常用调用方法如下：

• 选择【绘图】→【建模】→【长方体】菜单命令；

• 在命令行中输入"BOX"命令并按空格键确认；

• 单击【常用】选项卡→【建模】面板中的【长方体】按钮 。

下面将对长方体的绘制过程进行详细介绍，具体操作步骤如下。

Step 01 新建一个AutoCAD文件，选择【工具】→【工作空间】→【三维建模】菜单命令，将工作空间切换到【三维建模】空间。

Step 02 单击左上角的视口控件，将视图切换为【西南等轴测】。

Step 03 单击【常用】选项卡→【建模】面板中的【长方体】按钮 ，并在绘图区域中单击以指定长方体的第一个角点，如图所示。

Step 04 在命令行输入"@200,100"并按【Enter】键确认，以指定对角点的位置，命令行提示如下。

指定其他角点或 [立方体(C)/长度(L)]：@200,100 ✓

Step 05 在命令行输入"50"并按【Enter】键确认，以指定长方体的高度，命令行提示如下。

指定高度或 [两点(2P)] <200.0000>: 50 ↙

Step 06 结果如图所示。

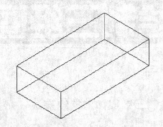

20.1.2 绘制圆柱体

圆柱体是一个具有高度特征的圆形实体，创建圆柱体时，首先需要指定圆柱体的底面圆心，然后指定底面圆的半径，再指定圆柱体的高度即可。

【圆柱体】命令的几种常用调用方法如下：

• 选择【绘图】→【建模】→【圆柱体】菜单命令；

• 在命令行中输入"CYLINDER/CYL"命令并按空格键确认；

• 单击【常用】选项卡→【建模】面板中的【圆柱体】按钮▣。

下面将对圆柱体的绘制过程进行详细介绍，具体操作步骤如下。

Step 01 新建一个AutoCAD文件，将工作空间切换到【三维建模】空间，然后将视图切换为【西南等轴测】。

Step 02 单击【常用】选项卡→【建模】面板中的【圆柱体】按钮▣，并在绘图区域中单击以指定圆柱体底面的中心点，如图所示。

Step 03 在命令行输入"300"并按【Enter】键确认，以指定圆柱体的底面半径，命令行提示如下。

指定底面半径或 [直径(D)]: 300 ↙

Step 04 在命令行输入"1000"并按【Enter】键确认，以指定圆柱体的高度，命令行提示如下。

指定高度或 [两点(2P)/轴端点(A)] <50.0000>: 1000 ↙

Step 05 结果如图所示。

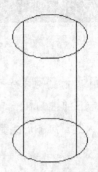

Step 06 如果想更改圆柱体的线控密度，可以在命令行中输入"ISOLINES"命令，输入"20"，按【Enter】键确认。

命令: ISOLINES

输入 ISOLINES 的新值 <4>:20 ↙

Step 07 选择【视图】→【重生成】菜单命令后结果如图所示。

Tips

系统变量"ISOLINES"用于控制表面的线框密度，它只决定显示效果，并不能影响表面的平滑度。

20.1.3 绘制圆锥体

圆锥体可以看作是具有一定斜度的圆柱体变化而来的三维实体。如果底面半径和顶面半径的值相同，则创建的将是一个圆柱体；如果底面半径或顶面半径其中一项为0，则创建的将是一个椎体；如果底面半径和顶面半径是两个不同的值，则创建一个圆台体。

【圆锥体】命令的几种常用调用方法如下：

• 选择【绘图】→【建模】→【圆锥体】菜单命令；

• 在命令行中输入"CONE"命令并按空格键确认；

• 单击【常用】选项卡→【建模】面板中的【圆锥体】按钮 。

下面将对圆锥体的绘制过程进行详细介绍，具体操作步骤如下。

Step 01 新建一个AutoCAD文件，将工作空间切换到【三维建模空间】，然后将视图切换为【西南等轴测】。

Step 02 单击【常用】选项卡→【建模】面板中的【圆锥体】按钮 ，并在绘图区域中单击以指定圆锥体底面的中心点，如图所示。

Step 03 在命令行输入"190"并按【Enter】键确认，以指定圆锥体的底面半径，命令行提示如下。

指定底面半径或 [直径(D)] <300.0000>: 190

Step 04 在命令行输入"500"并按【Enter】键确认，以指定圆锥体的高度，命令行提示如下。

指定高度或 [两点(2P)/轴端点(A)/顶面半径(T)] <1000.0000>: 500

Step 05 结果如图所示。

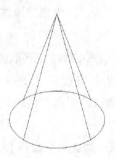

20.1.4 绘制圆环体

创建圆环形的三维实体。可以通过指定圆环体的圆心、半径或直径以及围绕圆环体的圆管的半径或直径创建圆环体。可以通过FACETRES系统变量控制着色或隐藏视觉样式的曲线式三维实体（例如圆环体）的平滑度。

【圆环体】命令的几种常用调用方法如下：

• 选择【绘图】→【建模】→【圆环体】菜单命令；

• 在命令行中输入"TORUS/TOR"命令并按空格键确认；

• 单击【常用】选项卡→【建模】面板中的【圆环体】按钮 。

下面将对圆环体的绘制过程进行详细介绍，具体操作步骤如下。

Step 01 新建一个AutoCAD文件，将工作空间切换到【三维建模空间】，然后将视图切换为【西南等轴测】。

Step 02 单击【常用】选项卡→【建模】面板中的【圆环体】按钮 ，并在绘图区域中单击以指定圆环体的中心点，如图所示。

Step 03 在命令行输入"30"并按【Enter】键确认，以指定圆环体的半径，命令行提示如下。

指定半径或 [直径(D)] <190.0000>: 30

Step 04 在命令行输入"5"并按【Enter】键确认，以指定圆管的半径，命令行提示如下。

指定圆管半径或 [两点(2P)/直径(D)]: 5

Step 05 结果如图所示。

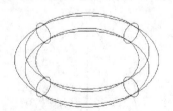

20.1.5 绘制棱锥体

创建三维实体棱锥体。默认情况下，使用

基点的中心、边的中点和可确定高度的另一个
点来定义棱锥体。

【棱锥体】命令的几种常用调用方法如下：

· 选择【绘图】→【建模】→【棱锥体】
菜单命令；

· 在命令行中输入"PYRAMID/PYR"命令并
按空格键确认；

· 单击【常用】选项卡→【建模】面板中
的【棱锥体】按钮。

下面将对棱锥体的绘制过程进行详细介
绍，具体操作步骤如下。

Step 01 新建一个AutoCAD文件，将工作空间
切换到【三维建模】空间，然后将视图切换为
【西南等轴测】。

Step 02 单击【常用】选项卡→【建模】面板中
的【棱锥体】按钮，并在绘图区域中单击以
指定棱锥体底面的中心点，如图所示。

Step 03 在命令行输入"10"并按【Enter】键
确认，以指定棱锥体的底面半径，命令行提示
如下。

指定底面半径或 [内接(I)]: 10

Step 04 在命令行输入"30"并按【Enter】键确
认，以指定棱锥体的高度，命令行提示如下。

指定高度或 [两点(2P)/轴端点(A)/顶面半径
(T)] <50.0000>: 30

Step 05 结果如图所示。

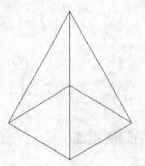

20.1.6 绘制多段体

该命令用于创建三维墙状多段体。可以创建
具有固定高度和宽度的直线段和曲线段的墙。

【多段体】命令的几种常用调用方法如下：

· 选择【绘图】→【建模】→【多段体】
菜单命令；

· 在命令行中输入"POLYSOLID"命令并按
空格键确认；

· 单击【常用】选项卡→【建模】面板中
的【多段体】按钮。

下面将对多段体的绘制过程进行详细介
绍，具体操作步骤如下。

Step 01 新建一个AutoCAD文件，将工作空间
切换到【三维建模】空间，然后将视图切换为
【西南等轴测】。

Step 02 单击【常用】选项卡→【建模】面板中
的【多段体】按钮，并在绘图区域中单击以
指定多段体的起点，如图所示。

Step 03 在命令行输入"@0,200"并按
【Enter】键确认，以指定多段体的下一个点，
命令行提示如下。

指定下一个点或 [圆弧(A)/放弃(U)]: @0,200

Step 04 在命令行输入"@400,0"并按
【Enter】键确认，以指定多段体的下一个点，
命令行提示如下。

指定下一个点或 [圆弧(A)/放弃(U)]: @400,0

Step 05 在命令行输入"@0,-200"并按
【Enter】键确认，以指定多段体的下一个点，
命令行提示如下。

指定下一个点或 [圆弧(A)/闭合(C)/放弃
(U)]: @0,-200

Step 06 在命令行输入"@-360,0"并按
【Enter】键确认，以指定多段体的下一个点，
命令行提示如下。

指定下一个点或 [圆弧(A)/闭合(C)/放弃(U)]: @-360,0 ✓

Step 07 按【Enter】键确认,结果如图所示。

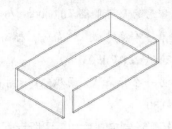

20.1.7 绘制楔体

楔体是指底面为矩形或正方形,横截面为直角三角形的实体。楔体的创建方法与长方体相同,先指定底面参数,然后设置高度(楔体的高度与z轴平行)。

【楔体】命令的几种常用调用方法如下:

• 选择【绘图】→【建模】→【楔体】菜单命令;

• 在命令行中输入"WEDGE/WE"命令并按空格键确认;

• 单击【常用】选项卡→【建模】面板中的【楔体】按钮◥。

下面将对楔体的绘制过程进行详细介绍,具体操作步骤如下。

Step 01 新建一个AutoCAD文件,将工作空间切换到【三维建模】空间,然后将视图切换为【西南等轴测】。

Step 02 单击【常用】选项卡→【建模】面板中的【楔体】按钮◥,并在绘图区域中单击以指定楔体的第一个角点,如图所示。

Step 03 在命令行输入"@200,100"并按【Enter】键确认,以指定楔体的对角点,命令行提示如下。

指定其他角点或 [立方体(C)/长度(L)]: @200,100 ✓

Step 04 在命令行输入"50"并按【Enter】键确认,以指定楔体的高度,命令行提示如下。

指定高度或 [两点(2P)] <29.2489>: 50 ✓

Step 05 结果如图所示。

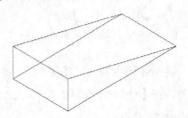

20.1.8 绘制球体

创建三维实心球体。可以通过指定圆心和半径上的点创建球体。

【球体】命令的几种常用调用方法如下:

• 选择【绘图】→【建模】→【球体】菜单命令;

• 在命令行中输入"SPHERE"命令并按空格键确认;

• 单击【常用】选项卡→【建模】面板中的【球体】按钮◯。

下面将对球体的绘制过程进行详细介绍,具体操作步骤如下。

Step 01 新建一个AutoCAD文件,将工作空间切换到【三维建模】空间,然后将视图切换为【西南等轴测】。

Step 02 选择【绘图】→【建模】→【球体】菜单命令,并在绘图区域中单击以指定球体的中心点,如图所示。

Step 03 在命令行输入"15"并按【Enter】键确认,以指定球体的半径,命令行提示如下。

指定半径或 [直径(D)]: 15 ✓

Step 04 结果如图所示。

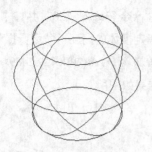

Step 05 在命令行中输入"ISOLINES"命令，输入"32"，按【Enter】确认。

命令: ISOLINES

输入 ISOLINES 的新值 <4>: 32 ✓

Step 06 选择【视图】→【重生成】菜单命令后结果如图所示。

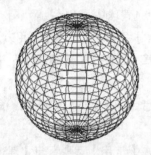

20.1.9 实例：创建三维机械造型 ▶

在绘制机件过程中用到"长方体""圆柱体""楔体""拉伸"成型和"布尔运算"等，关于"拉伸"成型参见本章20.3.1节，对布尔运算不具体介绍，详细介绍请参考下一章节。

1. 绘制机件的底部

本节通过【拉伸】命令将二维面域拉伸成三维实体，在创建二维面域时主要用到矩形、圆、差集等命令，具体的操作步骤如下。

Step 01 新建一个AutoCAD文件，将工作空间切换到【三维建模】空间，然后将视图切换为【西南等轴测】。

Step 02 单击【常用】选项卡→【绘图】面板→【矩形】按钮，绘制一个圆角半径为40的矩形，AutoCAD命令行提示如下。

命令: _rectang

指定第一个角点或 [倒角(C)/标高(E)/圆角(F)/厚度(T)/宽度(W)]: f

指定矩形的圆角半径 <0.0000>: 40

指定第一个角点或 [倒角(C)/标高(E)/圆角(F)/厚度(T)/宽度(W)]: 0,0

指定另一个角点或 [面积(A)/尺寸(D)/旋转(R)]: @260,80

Step 03 矩形绘制完毕后如下图所示。

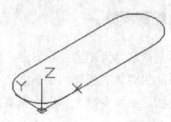

Step 04 单击【常用】选项卡→【绘图】面板→【圆】按钮，绘制一个以（40，40）为圆心，半径为18的圆，结果如下图所示。

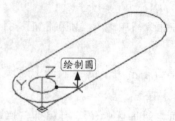

Step 05 重复 Step 04，以（220,40）为圆心，绘制一个半径为18的圆，如下图所示。

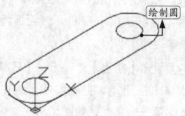

Step 06 单击【常用】选项卡→【绘图】面板→【面域】按钮，选择所有图形，将它们全部转换成面域，AutoCAD提示如下。

命令: _region

选择对象: …… 总计 3 个

选择对象: ✓

已提取 3 个环。

已创建 3 个面域。

Step 07 单击【常用】选项卡→【实体编辑】面板→【差集】按钮⬡，用矩形面域减去两个圆面域，AutoCAD提示如下。

命令：_subtract 选择要从中减去的实体、曲面和面域…

选择对象：找到 1 个　✓　　//选择矩形面域

选择对象：选择要减去的实体、曲面和面域…

选择对象：…… 总计 2 个　//选择两个圆

选择对象：✓

Step 08 单击【常用】选项卡→【建模】面板→【拉伸】按钮▥，选择差集后的面域（此时三个图形为一个整体）为拉伸对象，如下图所示。

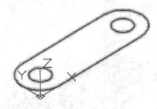

Step 09 拉伸对象选定后，在命令行输入拉伸高度28，结果如下图所示。

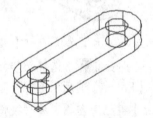

Tips

> 在进行"差集"之前，必须先将三个对象作为面域，这样才可以进行"差集"，关于【差集】命令的介绍见下一章。"差集"后的对象为一个整体，再进行拉伸时生成的三维对象才是一个实体。

2. 绘制机件的支撑部分

本节通过【拉伸】命令将二维面域拉伸成三维实体，在创建二维面域时主要用到矩形、圆、差集等命令，具体的操作步骤如下。

Step 01 单击坐标系，并按住坐标原点将它拖动到拉伸实体的一个边的中点处，如下图所示。

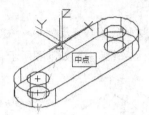

Step 02 坐标移动后，如下图所示。

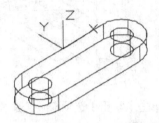

Step 03 单击【常用】选项卡→【建模】面板→【长方体】按钮▥，绘制两个长方体，AutoCAD提示如下。

命令：_box

指定第一个角点或 [中心(C)]：-54,-28,0

指定其他角点或 [立方体(C)/长度(L)]：@108,28,58

命令：BOX

指定第一个角点或 [中心(C)]：-54,0,58

指定其他角点或 [立方体(C)/长度(L)]：@108,114,-30

Step 04 绘制完毕结果如下图所示。

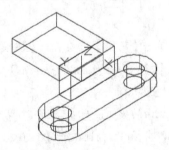

Step 05 单击【常用】选项卡→【坐标】面板→【绕z轴旋转用户坐标】按钮▥，将坐标系统z轴旋转-90°，AutoCAD提示如下。

命令：_ucs

当前 UCS 名称：*没有名称*

指定 UCS 的原点或 [面(F)/命名(NA)/对象

(OB)/上一个(P)/视图(V)/世界(W)/X/Y/Z/Z 轴
(ZA)] <世界>: _z

指定绕 Z 轴的旋转角度 <90>: -90

Step 06 坐标旋转结束后如下图所示。

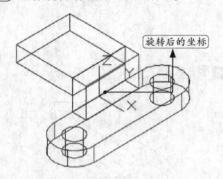

旋转后的坐标

Step 07 单击【常用】选项卡→【建模】面板→
【楔体】按钮，AutoCAD提示如下。

命令: _wedge

指定第一个角点或 [中心(C)]: 28,-15,0

指定其他角点或 [立方体(C)/长度(L)]:
@52,30,58

Step 08 楔体创建完成后结果如下图所示。

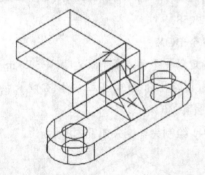

Step 09 单击【常用】选项卡→【建模】面板→
【圆柱体】按钮，AutoCAD提示如下。

命令: _cylinder

指定底面的中心点或 [三点(3P)/两点(2P)/切
点、切点、半径(T)/椭圆(E)]: -114,0,28

指定底面半径或 [直径(D)] <34.0000>: 54

指定高度或 [两点(2P)/轴端点(A)]
<58.0000>: 50

命令: CYLINDER

指定底面的中心点或 [三点(3P)/两点(2P)/切
点、切点、半径(T)/椭圆(E)]: -114,0,28

指定底面半径或 [直径(D)] <54.0000>: 34

指定高度或 [两点(2P)/轴端点(A)]
<50.0000>:50

Step 10 结果如下图所示。

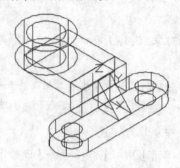

Step 11 单击【常用】选项卡→【实体编辑】面
板→【并集】按钮，选择除小圆柱体外的所
有对象，如下图所示。

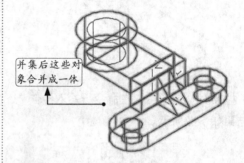

并集后这些对
象合并成一体

Step 12 单击【常用】选项卡→【实体编辑】
面板→【差集】按钮，选择上步并集后的对
象，然后按【Enter】键后再选择小圆柱体，最
后按【Enter】键结束差集。将"视觉样式"切
换为"概念"结果如下图所示。

Tips

创建楔体时应注意楔体的斜面高度沿 x 轴正
方向减小，底面平行于 xy 平面。

20.2 绘制三维曲面对象

曲面模型主要定义了三维模型的边和表面的相关信息，它可以解决三维模型的消隐、着色、渲染和计算表面等问题。

20.2.1 绘制长方体网格

创建三维网格图元长方体。

【网格长方体】命令的几种常用调用方法如下：

- 选择【绘图】→【建模】→【网格】→【图元】→【长方体】菜单命令；
- 单击【网格】选项卡→【图元】面板中的【网格长方体】按钮。

下面将对长方体表面的绘制过程进行详细介绍，具体操作步骤如下。

Step 01 新建一个AutoCAD文件，将工作空间切换到【三维建模空间】，然后将视图切换为【西南等轴测】。

Step 02 单击【网格】选项卡→【图元】面板中的【网格长方体】按钮，然后在绘图区域中单击以指定长方体表面的第一个角点，如图所示。

Step 03 在命令行输入"@300,200"并按【Enter】键确认，以确定长方体表面对角点的位置，命令行提示如下。

指定其他角点或 [立方体(C)/长度(L)]：@300,200 ↙

Step 04 在命令行输入"150"并按【Enter】键确认，以确定长方体表面的高度，命令行提示如下。

指定高度或 [两点(2P)] <100.0000>: 150 ↙

Step 05 结果如图所示。

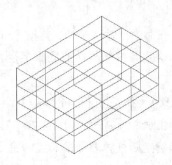

Tips

在命令行中输入"MESH"命令并按空格键确认，命令行提示如下：

命令: MESH 当前平滑度设置为: 0

输入选项 [长方体(B)/圆锥体(C)/圆柱体(CY)/棱锥体(P)/球体(S)/楔体(W)/圆环体(T)/设置(SE)] <长方体>:

根据命令行提示选择相应的选项，可以绘制长方体网格、圆锥体网格、圆柱体网格、冷椎体网格、球体网格、楔体网格、圆环体网格等。

20.2.2 绘制圆柱体网格

创建三维网格图元圆柱体。

【网格圆柱体】命令的几种常用调用方法如下：

- 选择【绘图】→【建模】→【网格】→【图元】→【圆柱体】菜单命令；
- 单击【网格】选项卡→【图元】面板中的【网格圆柱体】按钮。

下面将对圆柱体表面的绘制过程进行详细介绍，具体操作步骤如下。

Step 01 新建一个AutoCAD文件，将工作空间切换到【三维建模空间】，然后将视图切换为【西南等轴测】。

Step 02 单击【网格】选项卡→【图元】面板中的【网格圆柱体】按钮，然后在绘图区域中单击以指定圆柱体表面的底面中心点，如图所示。

Step 03 在命令行输入"20"并按【Enter】键确认，以确定圆柱体表面的底面半径，命令行提示如下。

指定底面半径或 [直径(D)] <15.0000>: 20

Step 04 在命令行输入"70"并按【Enter】键确认，以确定圆柱体表面的高度，命令行提示如下。

指定高度或 [两点(2P)/轴端点(A)] <150.0000>: 70

Step 05 结果如图所示。

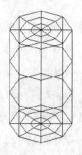

20.2.3 绘制圆锥体网格

创建三维网格图元圆锥体。

【网格圆锥体】命令的几种常用调用方法如下：

• 选择【绘图】→【建模】→【网格】→【图元】→【圆锥体】菜单命令；

• 单击【网格】选项卡→【图元】面板中的【网格圆锥体】按钮▲。

下面将对圆锥体表面的绘制过程进行详细介绍，具体操作步骤如下。

Step 01 新建一个AutoCAD文件，将工作空间切换到【三维建模空间】，然后将视图切换为【西南等轴测】。

Step 02 单击【网格】选项卡→【图元】面板中的【网格圆锥体】按钮▲，在绘图区域中单击

指定圆锥体表面的底面中心点，如图所示。

Step 03 在命令行输入"30"并按【Enter】键确认，以确定圆锥体表面的底面半径，命令行提示如下。

指定底面半径或 [直径(D)] <20.0000>: 30

Step 04 在命令行输入"90"并按【Enter】键确认，以确定圆锥体表面的高度，命令行提示如下。

指定高度或 [两点(2P)/轴端点(A)/顶面半径(T)] <70.0000>: 90

Step 05 结果如图所示。

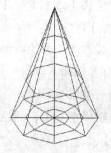

20.2.4 绘制圆环体网格

创建三维网格图元圆环体。

【网格圆环体】命令的几种常用调用方法如下：

• 选择【绘图】→【建模】→【网格】→【图元】→【圆环体】菜单命令；

• 单击【网格】选项卡→【图元】面板中的【网格圆环体】按钮◎。

下面将对圆环体表面的绘制过程进行详细介绍，具体操作步骤如下。

Step 01 新建一个AutoCAD文件，将工作空间切换到【三维建模空间】，然后将视图切换为【西南等轴测】。

Step 02 单击【网格】选项卡→【图元】面板中的【网格圆环体】按钮◎，在绘图区域中单击

指定圆环体表面的中心点，如图所示。

Step 03 在命令行输入"10"并按【Enter】键确认，以确定圆环体表面的半径，命令行提示如下。

指定半径或 [直径(D)] <30.0000>: 10 ✓

Step 04 在命令行输入"1"并按【Enter】键确认，以确定圆管的半径，命令行提示如下。

指定圆管半径或 [两点(2P)/直径(D)]: 1 ✓

Step 05 结果如图所示。

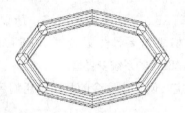

20.2.5 绘制棱锥体网格

创建三维网格图元棱锥体。

【网格棱锥体】命令的几种常用调用方法如下：

• 选择【绘图】→【建模】→【网格】→【图元】→【棱锥体】菜单命令；

• 单击【网格】选项卡→【图元】面板中的【网格棱锥体】按钮▲。

下面将对棱锥体表面的绘制过程进行详细介绍，具体操作步骤如下。

Step 01 新建一个AutoCAD文件，将工作空间切换到【三维建模空间】，然后将视图切换为【西南等轴测】。

Step 02 单击【网格】选项卡→【图元】面板中的【网格棱锥体】按钮▲，在绘图区域中单击指定棱锥体表面的底面中心点，如图所示。

Step 03 在命令行输入"15"并按【Enter】键确认，以确定棱锥体表面的底面半径，命令行提示如下。

指定底面半径或 [内接(I)]: 15 ✓

Step 04 在命令行输入"70"并按【Enter】键确认，以确定棱锥体表面的高度，命令行提示如下。

指定高度或 [两点(2P)/轴端点(A)/顶面半径(T)]: 70 ✓

Step 05 结果如图所示。

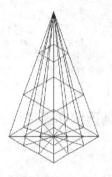

20.2.6 绘制楔体网格

创建三维网格图元楔体。

【网格楔体】命令的几种常用调用方法如下：

• 选择【绘图】→【建模】→【网格】→【图元】→【楔体】菜单命令；

• 单击【网格】选项卡→【图元】面板中的【网格楔体】按钮◩。

下面将对楔体表面的绘制过程进行详细介绍，具体操作步骤如下。

Step 01 新建一个AutoCAD文件，将工作空间切换到【三维建模空间】，然后将视图切换为【西南等轴测】。

Step 02 单击【网格】选项卡→【图元】面板中的【网格楔体】按钮◩，在绘图区域中单击指定楔体表面的第一个角点，如图所示。

Step 03 在命令行输入"@30,15"并按【Enter】键确认，以确定楔体表面的其他角点，命令行提示如下。

指定其他角点或[立方体(C)/长度(L)]：@30,15 ↙

Step 04 在命令行输入"10"并按【Enter】键确认，以确定楔体表面的高度，命令行提示如下。

指定高度或[两点(2P)] <20.0000>: 10 ↙

Step 05 结果如图所示。

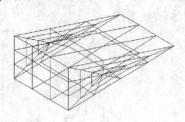

20.2.7 绘制球体网格

创建三维网格图元球体。

【网格球体】命令的几种常用调用方法如下：

• 选择【绘图】→【建模】→【网格】→【图元】→【球体】菜单命令；

• 单击【网格】选项卡→【图元】面板中的【网格球体】按钮。

下面将对球体表面的绘制过程进行详细介绍，具体操作步骤如下。

Step 01 新建一个AutoCAD文件，将工作空间切换到【三维建模空间】，然后将视图切换为【西南等轴测】。

Step 02 单击【网格】选项卡→【图元】面板中的【网格球体】按钮，然后在绘图区域中单击以指定球体表面的中心点，如图所示。

Step 03 在命令行输入"15"并按【Enter】键确认，以确定球体表面的半径，命令行提示如下。

指定半径或[直径(D)]: 15 ↙

Step 04 结果如图所示。

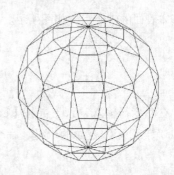

20.2.8 绘制旋转网格

旋转网格是通过将路径曲线或轮廓曲线绕指定的轴旋转，创建一个近似于旋转曲面的网格。网格的密度由"SURFTAB1"和"SURFTAB2"系统变量控制，所以在使用旋转网格之前要预先设置"SURFTAB1"和"SURFTAB2"的系统变量值。

【旋转网格】命令的几种常用调用方法如下：

• 选择【绘图】→【建模】→【网格】→【旋转网格】菜单命令；

• 在命令行中输入"REVSURF"命令并按空格键确认；

• 单击【网格】选项卡→【图元】面板中的【建模，网格，旋转曲面】按钮。

下面将对旋转曲面的创建过程进行详细介绍，具体操作步骤如下。

Step 01 打开随书光盘中的"素材\CH20\旋转网格.dwg"文件。

Step 02 单击【网格】选项卡→【图元】面板中的【建模，网格，旋转曲面】按钮，在绘图区域中选择需要旋转的对象，如图所示。

单击选择该
图形对象

Step 03 在绘图区域中单击选择定义旋转轴的对象，如图所示。

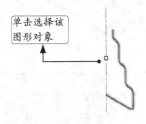

单击选择该
图形对象

Step 04 在命令行中输入起点角度"0"和旋转角度"360"，分别按【Enter】键确认。命令行提示如下。

指定起点角度 <0>: 0 ↙

指定包含角 (+=逆时针，−=顺时针) <360>:
360 ↙

Step 05 结果如图所示。

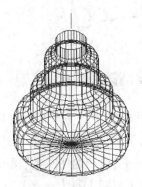

20.2.9 绘制平移网格

平移网格是将选择的对象按照指定的矢量方向进行拉伸，矢量方向必须是一条直线。网格的高度就是矢量轴的高度。

【平移网格】命令的几种常用调用方法如下：

• 选择【绘图】→【建模】→【网格】→

【平移网格】菜单命令；

• 在命令行中输入"TABSURF"命令并按空格键确认；

• 单击【网格】选项卡→【图元】面板中的【建模，网格，平移曲面】按钮。

下面将对平移曲面的创建过程进行详细介绍，具体操作步骤如下。

Step 01 打开随书光盘中的"素材\CH20\平移网格.dwg"文件。

Step 02 单击【网格】选项卡→【图元】面板中的【建模，网格，平移曲面】按钮，然后在绘图区域中单击选择用作轮廓曲线的对象，如图所示。

单击选择该
图形对象

Step 03 在绘图区域中单击选择用作方向矢量的对象，如图所示。

单击选择该
图形对象

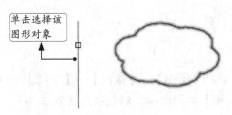

Step 04 结果如图所示。

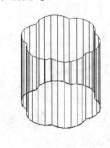

选择矢量轴时如果选择的是矢量轴的上端则拉伸方向向下,拉伸长度为矢量轴的长度。同理,如果选择的是矢量轴的下端,则拉伸向上,长度为矢量轴的长度。

20.2.10 绘制直纹网格

直纹网格是将两条曲线进行连接,选择的曲线可以是点、直线、圆弧或多段线。选择的两条直线必须同时是闭合的或同时是开放的。直纹网格的密度只由SURFTAB1决定。

【直纹网格】命令的几种常用调用方法如下:

• 选择【绘图】→【建模】→【网格】→【直纹网格】菜单命令;

• 在命令行中输入"RULESURF"命令并按空格键确认;

• 单击【网格】选项卡→【图元】面板中的【建模,网格,直纹曲面】按钮 。

下面将对直纹曲面的创建过程进行详细介绍,具体操作步骤如下。

Step 01 打开随书光盘中的"素材\CH20\直纹网格.dwg"文件。

Step 02 选择【绘图】→【建模】→【网格】→【直纹网格】菜单命令,然后在绘图区域中单击选择第一条定义曲线,如图所示。

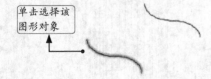

单击选择该图形对象

Step 03 在绘图区域中单击选择第二条定义曲线,如图所示。

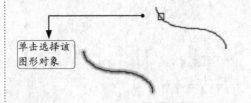

单击选择该图形对象

Step 04 结果如图所示。

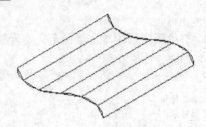

选择曲线对象时如果两条曲线在同一侧则创建的网格是平滑的网格曲面,如上图所示。如果选择的不在同一侧,创建的将是扭曲的网格,如下图所示。直纹网格只有一个方向,所以在设置网格系统变量的时候,只设置一个方向即可。

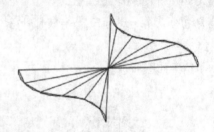

20.2.11 绘制边界网格

边界曲面是在指定的4个首尾相连的曲线边界之间形成的一个指定密度的三维网格。

【边界网格】命令的几种常用调用方法如下:

• 选择【绘图】→【建模】→【网格】→【边界网格】菜单命令;

• 在命令行中输入"EDGESURF"命令并按空格键确认;

• 单击【网格】选项卡→【图元】面板中的【建模,网格,边界曲面】按钮 。

下面将对边界曲面的创建过程进行详细介绍,具体操作步骤如下。

Step 01 打开随书光盘中的"素材\CH20\边界网格.dwg"文件。

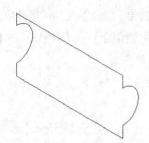

Step 02 选择【绘图】→【建模】→【网格】→【边界网格】菜单命令，然后在绘图区域中单击选择用作曲面边界的对象1，如图所示。

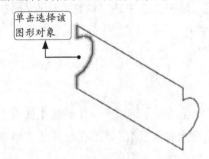

单击选择该图形对象

Step 03 在绘图区域中单击选择用作曲面边界的对象2，如图所示。

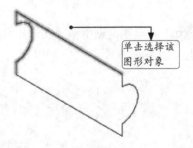

单击选择该图形对象

Step 04 在绘图区域中单击选择用作曲面边界的对象3，如图所示。

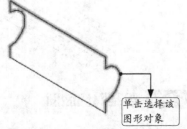

单击选择该图形对象

Step 05 在绘图区域中单击选择用作曲面边界的对象4，如图所示。

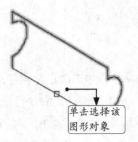

单击选择该图形对象

Step 06 结果如图所示。

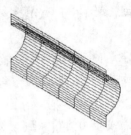

Tips

> 边界网格第一条边决定着边界网格的纵横方向，第一条边选定后，其他三条边的选择顺序对生成结果没有影响。

20.2.12 绘制三维面

通过指定每个顶点来创建三维多面网格，常用来构造由3边或4边组成的曲面。

【三维面】命令的几种常用调用方法如下：

• 选择【绘图】→【建模】→【网格】→【三维面】菜单命令；

• 在命令行中输入"3DFACE"命令并按空格个键确认。

下面将对三维面的创建过程进行详细介绍，具体操作步骤如下。

Step 01 打开光盘中的"素材\CH20\三维面.dwg"文件。

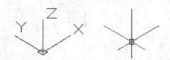

Step 02 选择【绘图】→【建模】→【网格】→【三维面】菜单命令，然后在绘图区域中单击指定第一点，如图所示。

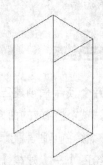

Step 03 在命令行中连续指定相应点的位置，并分别按【Enter】键确认，命令行提示如下。

指定第二点或 [不可见(I)]: @0,0,20 ✓
指定第三点或 [不可见(I)] <退出>: @10,0,0 ✓
指定第四点或 [不可见(I)] <创建三侧面>: @0,0,−20 ✓
指定第三点或 [不可见(I)] <退出>: @0,−10,0 ✓
指定第四点或 [不可见(I)] <创建三侧面>: @0,0,20 ✓
指定第三点或 [不可见(I)] <退出>: @−10,0,0 ✓
指定第四点或 [不可见(I)] <创建三侧面>: @0,0,−20 ✓
指定第三点或 [不可见(I)] <退出>: ✓

Step 04 结果如图所示。

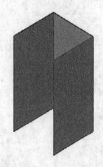

Step 05 选择【视图】→【视觉样式】→【概念】菜单命令，结果如图所示。

20.2.13 绘制平面曲面

可以通过选择关闭的对象或指定矩形表面的对角点创建平面曲面。支持首先拾取选择并

基于闭合轮廓生成平面曲面。通过命令指定曲面的角点时，将创建平行于工作平面的曲面。

【平面曲面】命令的几种常用调用方法如下：

• 选择【绘图】→【建模】→【曲面】→【平面】菜单命令；

• 在命令行中输入"PLANESURF"命令并按空格键确认；

• 单击【曲面】选项卡→【创建】面板中的【平面曲面】按钮  。

下面将对平面曲面的创建过程进行详细介绍，具体操作步骤如下。

Step 01 打开随书光盘中的"素材\CH20\平面曲面.dwg"文件。

Step 02 单击【曲面】选项卡→【创建】面板中的【平面曲面】按钮 ，然后在绘图区域中单击指定第一个角点，如图所示。

Step 03 在绘图区域中拖动鼠标并单击指定其他角点，如图所示。

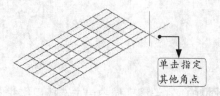

单击指定其他角点

Step 04 结果如图所示。

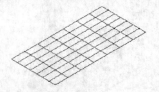

20.2.14 绘制网络曲面

可以在曲线网络之间或在其他三维曲面或实体的边之间创建网络曲面。

【网络曲面】命令的几种常用调用方法如下：

• 选择【绘图】→【建模】→【曲面】→【网络】菜单命令；

• 在命令行中输入"SURFNETWORK"命令并按空格键确认；

• 单击【曲面】选项卡→【创建】面板中的【网络曲面】按钮 。

下面将对网络曲面的创建过程进行详细介绍，具体操作步骤如下。

Step 01 打开随书光盘中的"素材\CH20\网络曲面.dwg"文件。

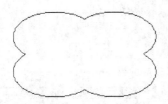

Step 02 单击【曲面】选项卡→【创建】面板中的【网络曲面】按钮 ，在绘图区域中选择如图所示的两条圆弧对象，并按【Enter】键确认。

Step 03 继续在绘图区域中选择其余的两条圆弧对象，并按【Enter】键确认。

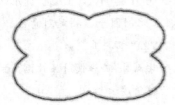

Step 04 结果如图所示。

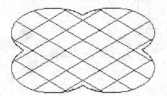

20.2.15 绘制截面平面

截面平面对象可创建三维实体、曲面和网格的截面。使用带有截面平面对象的活动截面分析模型，并将截面另存为块，以便在布局中使用。下面将对截面平面的创建过程进行详细介绍，具体操作步骤如下。

选择【绘图】→【建模】→【截面平面】菜单命令

在命令行中输入"SECTIONPLANE"命令并按空格键确认

单击【常用】选项卡→【截面】面板→【截面平面】按钮

Step 01 打开随书光盘中的"素材\CH20\截面平面.dwg"文件。

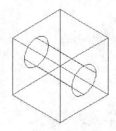

Step 02 单击【常用】选项卡→【截面】面板中的【截面平面】按钮 ，然后在绘图区域中单击选择如图所示的面。

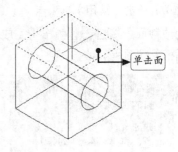

Step 03 结果如图所示。

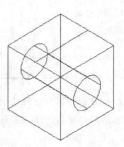

Step 04 选择【修改】→【移动】菜单命令，然后在绘图区域中选择如图所示的截面线，并按【Enter】键确认。

Step 05 在绘图区域中任意单击一点作为基点，然后在命令行中输入第二个点的位置，命令行提示如下。

指定第二个点或 <使用第一个点作为位移>: @0,0,-100 ↙

Step 06 结果如图所示。

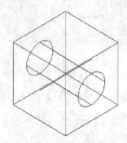

Step 07 单击【常用】选项卡→【截面】面板→【生成截面】按钮，弹出【生成截面/立面】对话框，如图所示。

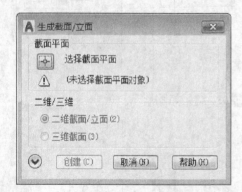

Step 08 单击【选择截面平面】按钮，然后在绘图区域中单击选择如图所示的截面线。

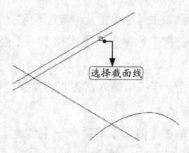
选择截面线

Step 09 返回【生成截面/立面】对话框，在【二维/三维】区域中选择【三维截面】选项，如图所示。

选择

Step 10 在【生成截面/立面】对话框中单击【创建】按钮，然后在绘图区域中单击指定插入点的位置，如图所示。

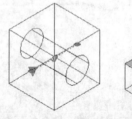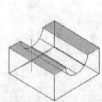

Step 11 在命令行指定比例因子及旋转角度，并分别按【Enter】键确认，命令行提示如下。

输入 X 比例因子，指定对角点，或 [角点(C)/XYZ(XYZ)] <1>: 1 ↙

输入 Y 比例因子或 <使用 X 比例因子>: 1 ↙

指定旋转角度 <0>: 0 ↙

Step 12 结果如图所示。

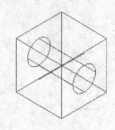
三维截面
创建结果

20.2.16 实例：绘制玩具模型

下面将利用【平移网格】和【网格球体】命令绘制玩具模型，具体操作步骤如下。

Step 01 打开随书光盘中的"素材\CH20\玩具模型.dwg"文件。

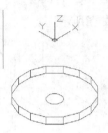

Step 02 单击【网格】选项卡→【图元】面板中的【建模，网格，平移曲面】按钮，在绘图区域中选择如图所示的圆形作为轮廓曲线。

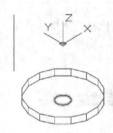

Step 03 在绘图区域中选择如图所示的直线段作为方向矢量。

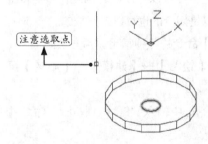

Step 04 结果如图所示。

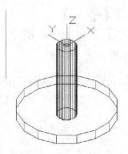

Step 05 单击【网格】选项卡→【图元】面板中的【网格球体】按钮，在命令行输入球体表面的中心点以及半径，并分别按【Enter】键确认，命令行提示如下。

指定中心点或 [三点(3P)/两点(2P)/切点、切点、半径(T)]: 0,0,0 ↙

指定半径或 [直径(D)]: 30 ↙

Step 06 结果如图所示。

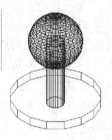

Step 07 在绘图区域中选择如图所示的直线段以及圆形，并按【Delete】键将其删除。

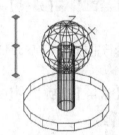

Step 08 结果如图所示。

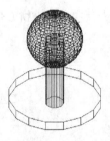

Step 09 选择【视图】→【视觉样式】→【概念】菜单命令，结果如图所示。

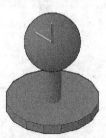

20.3 由二维图形创建三维图形

在AutoCAD中，不仅可以直接利用系统本身的模块创建基本三维图形，还可以利用编辑命令将二维图形生成三维图形，以便创建更为复杂的三维模型。

20.3.1 拉伸建模

拉伸生成模型较为常用的有两种方式，即按一定的高度将二维图形拉伸成三维图形，这样生成的三维对象在高度形态上较为规则，通常不会有弯曲角度及弧度出现；还有一种方式为按路径拉伸，这种拉伸方式可以将二维图形沿指定的路径生成三维对象，相对而言较为复杂且允许沿弧度路径进行拉伸。

【拉伸】命令的几种常用调用方法如下：

• 选择【绘图】→【建模】→【拉伸】菜单命令；

• 在命令行中输入"EXTRUD/EXT"命令并按空格键确认；

• 单击【常用】选项卡→【建模】面板→【拉伸】按钮。

下面将对【拉伸】命令的应用方法进行详细介绍，具体操作步骤如下。

Step 01 打开光盘中的"素材\CH20\拉伸.dwg"文件。

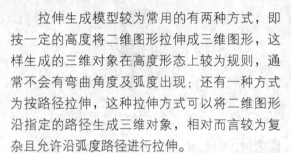

Step 02 单击【常用】选项卡→【建模】面板→【拉伸】按钮，在绘图区域中选择需要拉伸的对象并按【Enter】键确认，如图所示。

选择对象

Step 03 在命令行指定图形对象的拉伸高度并按【Enter】键确认，命令行提示如下。

指定拉伸的高度或 [方向(D)/路径(P)/倾斜角(T)/表达式(E)] <200.0000>: 50

Step 04 结果如图所示。

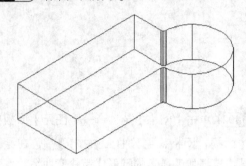

Tips

如果输入的拉伸高度为负值，则向相反方向拉伸。

20.3.2 旋转建模

用于旋转的二维图形可以是多边形、圆、椭圆、封闭多段线、封闭样条曲线、圆环以及封闭区域，旋转过程中可以控制旋转角度，即旋转生成的实体可以是闭合的也可以是开放的。

【旋转】命令的几种常用调用方法如下：

• 选择【绘图】→【建模】→【旋转】菜单命令；

• 在命令行中输入"REVOLVE/REV"命令并按空格键确认；

• 单击【常用】选项卡→【建模】面板中的【旋转】按钮。

下面将对【旋转】命令的应用方法进行详细介绍，具体操作步骤如下。

Step 01 打开光盘中的"素材\CH20\旋转.dwg"文件。

Step 02 选择【绘图】→【建模】→【旋转】菜单命令，在绘图区域中选择需要旋转的对象，并按【Enter】键确认，如图所示。

选择对象

Step 03 在绘图区域中捕捉如图所示的端点作为旋转轴的起点。

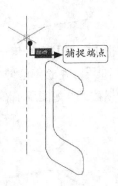

捕捉端点

Step 04 在绘图区域中拖动鼠标并捕捉如图所示的端点作为旋转轴的端点。

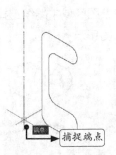

捕捉端点

Step 05 在命令行指定旋转角度并按【Enter】键确认，命令行提示如下。

指定旋转角度或 [起点角度(ST)/反转(R)/表达式(EX)] <360>: 360

Step 06 结果如图所示。

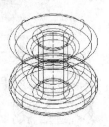

Step 07 选择【视图】→【视觉样式】→【概念】菜单命令，结果如图所示。

20.3.3 扫掠建模

【扫掠】命令可以用来生成实体或曲面，当扫掠的对象是闭合图形时扫掠的结果是实体，当扫掠的对象是开放图形时，扫掠的结果是曲面。

【扫掠】命令的几种常用调用方法如下：

• 选择【绘图】→【建模】→【扫掠】菜单命令；

• 在命令行中输入"SWEEP"命令并按空格键确认；

• 单击【常用】选项卡→【建模】面板→【扫掠】按钮 。

下面将对【扫掠】命令的应用方法进行详细介绍，具体操作步骤如下。

Step 01 打开光盘中的"素材\CH20\扫掠.dwg"文件。

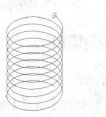

Step 02 单击【常用】选项卡→【建模】面板→【扫掠】按钮，在绘图区域中选择圆形作为需要扫掠的对象，并按【Enter】键确认，如图所示。

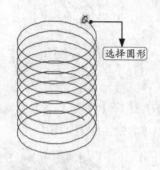

选择圆形

Step 03 在绘图区域中选择螺旋线作为扫掠路径，如图所示。

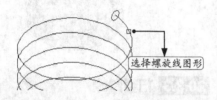

选择螺旋线图形

Step 04 结果如图所示。

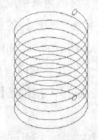

Step 05 选择【视图】→【视觉样式】→【概念】菜单命令，结果如图所示。

20.3.4 放样建模

放样命令用于在横截面之间的空间内绘制实体或曲面。使用【放样】命令时，至少必须指定两个横截面。【放样】命令通常用于变截面实体的绘制。

【放样】命令的几种常用调用方法如下：

• 选择【绘图】→【建模】→【放样】菜单命令；

• 在命令行中输入"LOFT"命令并按【Enter】键确认；

• 单击【常用】选项卡→【建模】面板→【放样】按钮。

下面将对【放样】命令的应用方法进行详细介绍，具体操作步骤如下。

Step 01 打开光盘中的"素材\CH20\放样.dwg"文件。

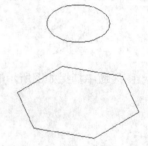

Step 02 单击【常用】选项卡→【建模】面板→【放样】按钮，在绘图区域中选择正六边形作为放样的横截面，如图所示。

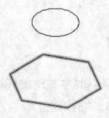

Step 03 在绘图区域中继续选择圆形作为放样的横截面，如图所示。

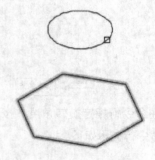

Step 04 按两次【Enter】键确认，结果如图所示。

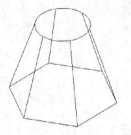

Step 05 选择【视图】→【视觉样式】→【概念】菜单命令，结果如图所示。

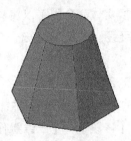

20.4 实战技巧

【圆锥体】命令除了绘制圆锥外，还能绘制圆台，实体可以转换为曲面，曲面也可以转换为实体。下面就通过案例来详细介绍如何用【圆锥体】命令绘制圆台，如何让实体和曲面之间互相转换。

技巧1 如何通过【圆锥体】命令绘制圆台

AutoCAD中【圆锥体】命令默认圆锥体的顶端半径为0，如果在绘图时设置圆锥体的顶端半径不为0，则绘制的结果是圆台体。

用【圆锥体】命令绘制圆台的具体操作如下。

Step 01 新建一个AutoCAD文件，将工作空间切换到【三维建模空间】，然后将视图切换为【西南等轴测】。

Step 02 单击【常用】选项卡→【建模】面板→【圆锥体】按钮△，在绘图区域中单击以指定圆锥体底面的中心点，如下图所示。

Step 03 在命令行输入"200"并按空格键确认，指定圆锥体的底面半径，如下图所示。

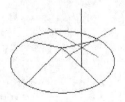

Step 04 当命令行提示输入圆锥体高度时输入"T"，然后输入顶端半径为100，AutoCAD提示如下。

指定高度或 [两点(2P)/轴端点(A)/顶面半径(T)] <10.0000>: t

指定顶面半径 <5.0000>: 100

Step 05 输入高度"250"，如下图所示。

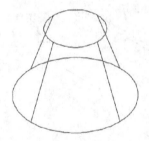

Step 06 选择【视图】→【视觉样式】→【概念】菜单命令，结果如下图所示。

技巧2 实体和曲面之间的相互转换

实体转换曲面命令可以将下列对象转换成曲面：利用SOLID命令创建的二维实体；面域；

具有厚度的零线宽的多段线，并且没有生成封闭的图形；具有厚度的直线和圆弧。

曲面转换实体命令则可以将具有厚度的宽度均匀的多段线、宽度为0的闭合多段线和圆转换成实体。

AutoCAD 2017中调用"实体和曲面之间切换"的命令的常用方法有以下4种：

• 选择【修改】→【三维操作】→【转换为实体/转换为曲面】菜单命令。

• 在命令行中输入"CONVTOSURFACE"或"CONVTOSLID"命令并按空格键确认。

• 单击【常用】选项卡→【实体编辑】面板→【转换为实体/转换为曲面】按钮 / 。

• 单击【网格】选项卡→【转换网格】面板→【转换为实体/转换为曲面】按钮 / 。

实体和曲面之间相互转换的具体操作如下。

Step 01 打开光盘中的"素材\CH20\实体和曲面间的相互转换.dwg"文件，如下图所示。

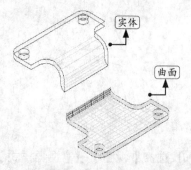

Step 02 单击【常用】选项卡→【实体编辑】面板→【转换为曲面】按钮 ，然后选择上侧图形，将它转换为曲面，结果如下图所示。

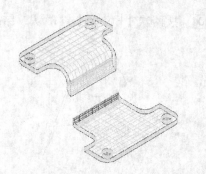

Step 03 单击【常用】选项卡→【实体编辑】面板→【转换为实体】按钮 ，然后选择下侧图形，将它转换为实体，结果如下图所示。

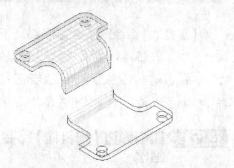

Step 04 选择【视图】→【视觉样式】→【真实】菜单命令，结果如图所示。

第**21**章
编辑三维图形

▓ 本章引言

　　在绘图时，用户可以对图形进行三维图形编辑。三维图形编辑就是对图形对象进行移动、旋转、镜像、阵列等修改操作的过程，以及对曲面及网格对象进行编辑。AutoCAD提供了强大的三维图形编辑功能，可以帮助用户合理地构造和组织图形。

▓ 学习要点

- ◈ 三维基本编辑操作
- ◈ 三维实体边编辑
- ◈ 三维实体面编辑
- ◈ 三维曲面编辑操作

21.1 三维基本编辑操作

　　下面将对比较常用的三维编辑操作命令分别进行详细介绍，例如布尔运算、三维镜像、三维移动、三维阵列、三维旋转等。

21.1.1 布尔运算

　　在AutoCAD中，利用布尔运算可以对多个面域和三维实体进行并集、差集和交集运算。

1. 并集运算

　　并集运算可以在图形中选择两个或两个以上的三维实体，系统将自动删除实体相交的部分，并将不相交部分保留下来合并成一个新的组合体。

　　【并集】命令的几种常用调用方法如下：

- 选择【修改】→【实体编辑】→【并集】菜单命令；
- 在命令行中输入"UNION/UNI"命令并按空格键确认；
- 单击【常用】选项卡→【实体编辑】面

板→【实体，并集】按钮。

　　下面将对【并集】布尔运算的操作过程进行详细介绍，具体操作步骤如下。

Step 01 打开随书光盘中的"素材\CH21\并集运算.dwg"文件。

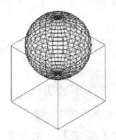

Step 02 单击【常用】选项卡→【实体编辑】面板→【实体，并集】按钮，并在绘图区域中选择球体作为第一个对象，如图所示。

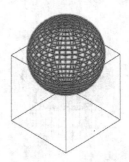

Step 03 在绘图区域中选择立方体作为第二个对象,如图所示。

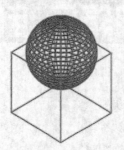

Step 04 按【Enter】键确认,结果如图所示。

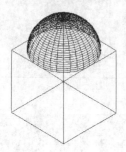

2. 差集运算

差集运算可以对两个或两组实体进行相减运算。

【差集】命令的几种常用调用方法如下:

● 选择【修改】→【实体编辑】→【差集】菜单命令;

● 在命令行中输入"SUBTRACT/SU"命令并按空格键确认;

● 单击【常用】选项卡→【实体编辑】面板→【实体,差集】按钮 ⑩。

下面将对【差集】布尔运算的操作过程进行详细介绍,具体操作步骤如下。

Step 01 打开随书光盘中的"素材\CH21\差集运算.dwg"文件。

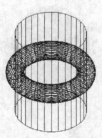

Step 02 单击【常用】选项卡→【实体编辑】面板→【实体,差集】按钮 ⑩,并在绘图区域中选择要从中减去的实体或面域并按【Enter】键确认,如图所示。

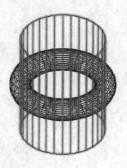

Step 03 在绘图区域中选择要减去的实体或面域并按【Enter】键确认,如图所示。

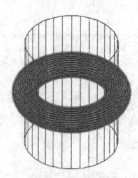

Step 04 结果如图所示。

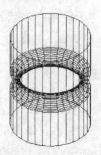

3. 交集运算

交集运算可以对两个或两组实体进行相交运算。当对多个实体进行交集运算后,它会删除实体不相交的部分,并将相交部分保留下来生成一个新组合体。

【交集】命令的几种常用调用方法如下:

● 选择【修改】→【实体编辑】→【交

集】菜单命令;

• 在命令行中输入"INTERSECT/IN"命令并按空格键确认;

• 单击【常用】选项卡→【实体编辑】面板→【实体,交集】按钮⚪。

下面将对【交集】布尔运算的操作过程进行详细介绍,具体操作步骤如下。

Step 01 打开随书光盘中的"素材\CH21\交集运算.dwg"文件。

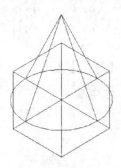

Step 02 单击【常用】选项卡→【实体编辑】面板→【实体,交集】按钮⚪,并在绘图区域中选择立方体作为第一个对象,如图所示。

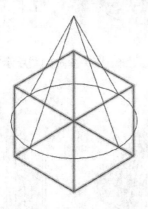

Step 03 在绘图区域中选择圆锥体作为第二个对象,如图所示。

Step 04 按【Enter】键确认,结果如图所示。

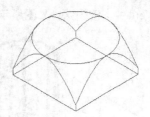

4. 干涉运算

干涉运算是指把实体保留下来,并用两个实体的交集生成一个新的实体。

【干涉检查】命令的几种常用调用方法如下:

• 选择【修改】→【三维操作】→【干涉检查】菜单命令;

• 在命令行中输入"INTERFERE"命令并按空格键确认;

• 单击【常用】选项卡→【实体编辑】面板→【干涉】按钮🗐。

下面将对【干涉检查】命令的应用过程进行详细介绍,具体操作步骤如下。

Step 01 打开随书光盘中的"素材\CH21\干涉运算.dwg"文件。

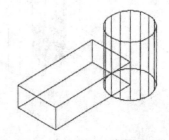

Step 02 单击【常用】选项卡→【实体编辑】面板→【干涉】按钮🗐,在绘图区域中选择长方体作为第一组对象,并按【Enter】键确认,如图所示。

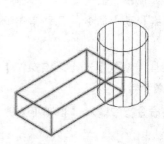

Step 03 在绘图区域中选择圆柱体作为第二组对象，并按【Enter】键确认，如图所示。

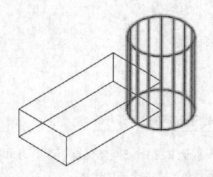

Step 04 弹出【干涉检查】对话框，如图所示。

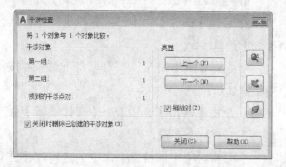

Step 05 把对话框移到一边，结果如图所示。

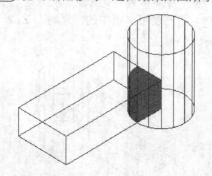

21.1.2 三维移动

执行【三维移动】命令后，在三维视图中显示三维移动小控件，以便将三维对象在指定方向上移动指定距离。

【三维移动】命令的几种常用调用方法如下：

• 选择【修改】→【三维操作】→【三维移动】菜单命令；

• 在命令行中输入"3DMOVE/3M"命令并按空格键确认；

• 单击【常用】选项卡→【修改】面板→【三维移动】按钮。

下面将对【三维移动】命令的应用方法进行详细介绍，具体操作步骤如下。

Step 01 打开随书光盘中的"素材\CH21\三维移动.dwg"文件。

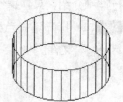

Step 02 单击【常用】选项卡→【修改】面板→【三维移动】按钮，在绘图区域中选择圆锥体作为移动对象，并按【Enter】键确认，如图所示。

Step 03 在绘图区域中捕捉如图所示的圆心位置作为基点。

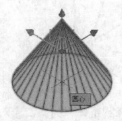

Step 04 在绘图区域中拖动鼠标并捕捉如图所示的圆心位置作为位移的第二个点。

Step 05 结果如图所示。

21.1.3 三维镜像

三维镜像是将三维实体模型按照指定的平面进行对称复制，选择的镜像平面可以是对象的面、三点创建的面，也可以是坐标系的三个基准平面。三维镜像与二维镜像的区别在于，二维镜像是以直线为镜像参考，而三维镜像则是以平面为镜像参考。

【三维镜像】命令的几种常用调用方法如下：

• 选择【修改】→【三维操作】→【三维镜像】菜单命令；

• 在命令行中输入"MIRROR3D"命令并按空格键确认；

• 单击【常用】选项卡→【修改】面板→【三维镜像】按钮 。

下面将对【三维镜像】命令的应用方法进行详细介绍，具体操作步骤如下。

Step 01 打开随书光盘中的"素材\CH21\三维镜像.dwg"文件。

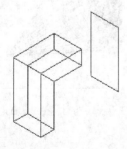

Step 02 单击【常用】选项卡→【修改】面板→【三维镜像】按钮 ，在绘图区域中选择需要镜像的对象并按【Enter】键确认，如图所示。

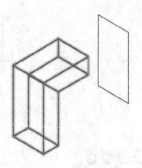

Step 03 在绘图区域中捕捉如图所示的端点作为镜像平面的第一个点。

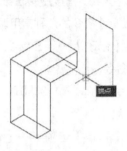

Step 04 在绘图区域中拖动鼠标并捕捉如图所示的端点作为镜像平面的第二个点。

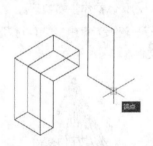

Step 05 在绘图区域中拖动鼠标并捕捉如图所示的端点作为镜像平面的第三个点。

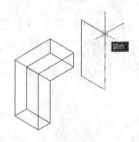

Step 06 在命令行中输入"N"并按【Enter】键确认，命令行提示如下。

是否删除源对象？[是(Y)/否(N)] <否>: n ↙

Step 07 结果如图所示。

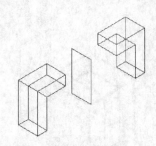

21.1.4 三维旋转

【三维旋转】命令可以使指定对象绕预定义轴，按指定基点、角度旋转三维对象。

【三维旋转】命令的几种常用调用方法如下：

* 选择【修改】→【三维操作】→【三维旋转】菜单命令；

* 在命令行中输入"3DROTATE/3R"命令并按空格键确认；

* 单击【常用】选项卡→【修改】面板→【三维旋转】按钮 。

下面将对【三维旋转】命令的应用方法进行详细介绍，具体操作步骤如下。

Step 01 打开随书光盘中的"素材\CH21\三维旋转.dwg"文件。

Step 02 单击【常用】选项卡→【修改】面板→【三维旋转】按钮 ，在绘图区域中选择需要旋转的对象并按【Enter】键确认，如图所示。

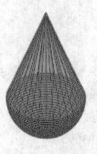

Step 03 在绘图区域中捕捉如图所示的端点作为旋转基点。

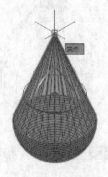

Step 04 在绘图区域中拾取红色的旋转轴，如图所示。

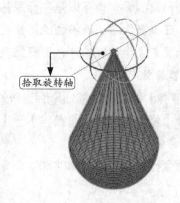

拾取旋转轴

Step 05 在命令行输入旋转角度，并按【Enter】键确认，命令行提示如下。

指定角的起点或键入角度: 90

Step 06 结果如图所示。

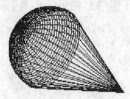

Tips

CAD中默认x轴为红色，y轴为绿色，z轴为蓝色。

21.1.5 三维对齐

【三维对齐】命令可以在二维和三维空间

中将对象与其他对象对齐。

【三维对齐】命令的几种常用调用方法如下：

• 选择【修改】→【三维操作】→【三维对齐】菜单命令；

• 在命令行中输入"3DALIGN/3AL"命令并按空格键确认；

• 单击【常用】选项卡→【修改】面板→【三维对齐】按钮 。

下面将对【三维对齐】命令的应用方法进行详细介绍，具体操作步骤如下。

Step 01 打开随书光盘中的"素材\CH21\三维对齐.dwg"文件。

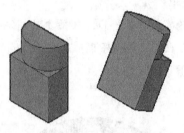

Step 02 单击【常用】选项卡→【修改】面板→【三维对齐】按钮 ，在绘图区域中选择如图所示的图形对象，并按【Enter】键确认。

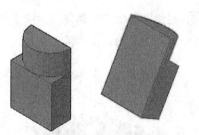

Step 03 在绘图区域中捕捉如图所示的端点作为基点。

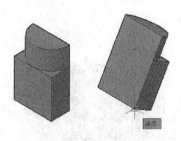

Step 04 在绘图区域中拖动鼠标并捕捉如图所示

的端点作为第二个点。

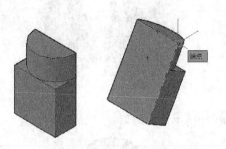

Step 05 在绘图区域中拖动鼠标并捕捉如图所示的端点作为第三个点。

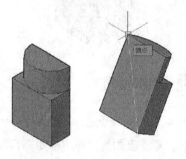

Step 06 在绘图区域中拖动鼠标并捕捉如图所示的端点作为第一个目标点。

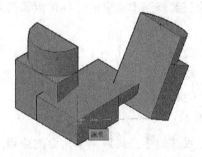

Step 07 在绘图区域中拖动鼠标并捕捉如图所示的端点作为第二个目标点。

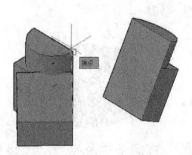

Step 08 在绘图区域中拖动鼠标并捕捉如图所示的端点作为第三个目标点。

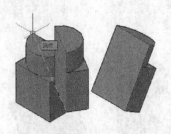

Step 09 结果如图所示。

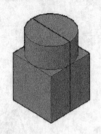

21.1.6 三维阵列

根据对象的分布形式，三维阵列分为矩形和环形阵列。矩形阵列是指对象按照等行距、等列距和等层高进行排列分布，环形阵列是指生成的相同结构等间距地分布在圆周或圆弧上。

【三维阵列】命令的几种常用调用方法如下：

· 选择【修改】→【三维操作】→【三维阵列】菜单命令；

· 在命令行中输入"3DARRAY/3A"命令并按空格键确认。

下面将对【三维阵列】命令的应用方法进行详细介绍，具体操作步骤如下。

Step 01 打开随书光盘中的"素材\CH21\三维阵列.dwg"文件。

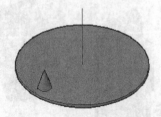

Step 02 在命令行中输入"3A"命令并按空格键，在绘图区域中选择需要阵列的对象并按【Enter】键确认，如图所示。

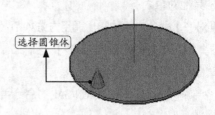

选择圆锥体

Step 03 在命令行指定阵列类型、阵列项目数以及阵列填充角度，并分别按【Enter】键确认，命令行提示如下。

输入阵列类型 [矩形(R)/环形(P)] <矩形>:p ✓

输入阵列中的项目数目：10 ✓

指定要填充的角度 (+=逆时针，-=顺时针) <360>:360 ✓

旋转阵列对象？ [是(Y)/否(N)] <Y>: ✓

Step 04 在绘图区域中捕捉如图所示的端点作为阵列的中心点。

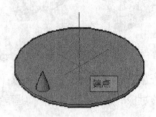

端点

Step 05 在绘图区域中拖动鼠标并捕捉如图所示的端点作为阵列旋转轴上的第二点。

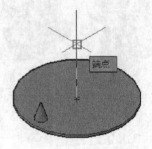

端点

Step 06 结果如图所示。

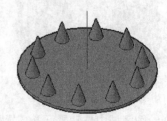

21.1.7 提取素线

通常将在U和V方向、曲面、三维实体或三维实体的面上创建曲线。曲线可以基于直线、多段线、圆弧或样条曲线，具体取决于曲面或三维实体的形状。

【提取素线】命令的几种常用调用方法如下：

• 选择【修改】→【三维操作】→【提取素线】菜单命令；

• 在命令行中输入"SURFEXTRACTCURVE"命令并按空格键确认；

• 单击【曲面】选项卡→【曲线】面板→【提取素线】按钮。

下面将对【提取素线】命令的应用方法进行详细介绍，具体操作步骤如下。

Step 01 打开随书光盘中的"素材\CH21\提取素线.dwg"文件。

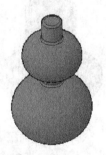

Step 02 单击【曲面】选项卡→【曲线】面板→【提取素线】按钮，在绘图区域中选择如图所示的实体对象。

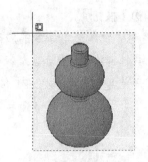

Step 03 在绘图区域中捕捉如图所示的圆心点。

Step 04 继续在绘图区域中捕捉如图所示的圆心点。

Step 05 按【Enter】键确认，结果如图所示。

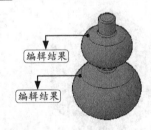

编辑结果

编辑结果

21.2 三维实体边编辑

三维实体编辑（SOLIDEDIT）命令的选项分为三类，分别是边、面和体。这一节我们先来对边编辑进行介绍。

21.2.1 倒角边

利用倒角边功能可以为选定的三维实体对象的边进行倒角，倒角距离可由用户自行设定，不允许超过可倒角的最大距离值。

【倒角边】命令的几种常用调用方法如下：

• 选择【修改】→【实体编辑】→【倒角边】菜单命令；

• 在命令行中输入"CHAMFEREDGE"命令并按空格键确认；

• 单击【实体】选项卡→【实体编辑】面

板→【倒角边】按钮。

下面将对【倒角边】命令的应用方法进行详细介绍，具体操作步骤如下。

Step 01 打开光盘中的"素材\CH21\倒角边.dwg"文件。

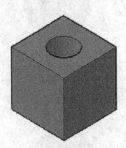

Step 02 单击【实体】选项卡→【实体编辑】面板→【倒角边】按钮，在命令行指定倒角边的距离值，命令行提示如下。

命令：_CHAMFEREDGE 距离 1 = 1.0000，距离 2 = 1.0000

选择一条边或 [环(L)/距离(D)]: d ✓

指定距离 1 或 [表达式(E)] <1.0000>: 5 ✓

指定距离 2 或 [表达式(E)] <1.0000>: 5 ✓

Step 03 在绘图区域中选择需要倒角的边，如图所示。

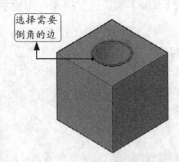

选择需要倒角的边

Step 04 按两次【Enter】键确认，结果如图所示。

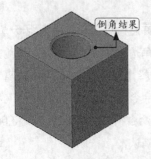

倒角结果

21.2.2 圆角边

利用圆角边功能可以为选定的三维实体对象的边进行圆角，圆角半径可由用户自行设定，不允许超过可圆角的最大半径值。

【圆角边】命令的几种常用调用方法如下：

● 选择【修改】→【实体编辑】→【圆角边】菜单命令；

● 在命令行中输入"FILLETEDGE"命令并按空格键确认；

● 单击【实体】选项卡→【实体编辑】面板→【圆角边】按钮。

下面将对【圆角边】命令的应用方法进行详细介绍，具体操作步骤如下。

Step 01 打开光盘中的"素材\CH21\圆角边.dwg"文件。

Step 02 单击【实体】选项卡→【实体编辑】面板→【圆角边】按钮，在命令行指定圆角边的半径值，命令行提示如下。

命令：_FILLETEDGE

半径 = 1.0000

选择边或 [链(C)/环(L)/半径(R)]: r ✓

输入圆角半径或 [表达式(E)] <1.0000>: 2 ✓

Step 03 在绘图区域中选择需要圆角的边，如图所示。

Step 04 按两次【Enter】键确认，结果如图所示。

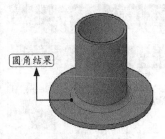

圆角结果

21.2.3 压印边

通过【压印边】命令可以压印三维实体或曲面上的二维几何图形，从而在平面上创建其他边。被压印的对象必须与选定对象的一个或多个面相交，才可以完成压印。【压印】选项仅限于以下对象执行：圆弧、圆、直线、二维和三维多段线、椭圆、样条曲线、面域、体和三维实体。

【压印边】命令的几种常用调用方法如下。

• 选择【修改】→【实体编辑】→【压印边】菜单命令；

• 在命令行中输入"Imprint"命令并按空格键确认；

• 单击【常用】选项卡→【实体编辑】面板→【压印】按钮；

• 单击【实体】选项卡→【实体编辑】面板→【压印】按钮。

压印边的具体操作步骤如下。

Step 01 打开光盘中的"素材\CH21\三维实体边编辑.dwg"文件，如下图所示。

Step 02 单击【实体】选项卡→【实体编辑】面板→【压印】按钮，并在绘图区单击选择三维实体对象，如下图所示。

Step 03 在绘图区单击选择矩形作为要压印的对象，如下图所示。

Step 04 在命令行中输入"N"并按【Enter】键确认，以确定不删除矩形对象，然后按【Enter】键确认后结果如下图所示。

Step 05 选择矩形，然后按【Delete】键将其删除，结果如下图所示。

21.2.4 着色边

利用着色边功能可以为选定的三维实体对象的边进行着色，着色颜色可由用户自行选定，默认情况下着色边操作完成后，三维实体对象在选定状态下会以最新指定颜色显示。

【着色边】命令的几种常用调用方法如下：

• 选择【修改】→【实体编辑】→【着色边】菜单命令；

• 单击【常用】选项卡→【实体编辑】面板→【着色边】按钮 。

着色边的具体操作步骤如下。

Step 01 打开光盘中的"素材\CH21\三维实体边编辑.dwg"文件，将矩形对象删除。单击绘图窗口左上角的视图控件，将视图切换为"东北等轴侧视图"，如下图所示。

Step 02 单击【常用】选项卡→【实体编辑】面板→【着色边】按钮 ，然后选择需要着色的边，如下图所示。

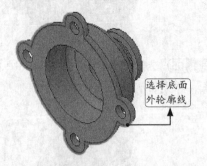

选择底面外轮廓线

Step 03 选择完毕按空格键结束选择，AutoCAD自动弹出【选择颜色】对话框，选择"红色"，如下图所示。

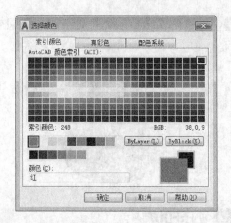

Step 04 单击【确定】按钮退出【选择颜色】对话框，然后连续按空格键退出【着色边】命令。单击绘图窗口左上角的视觉样式控件，将视觉样式切换为"隐藏"，结果如下图所示。

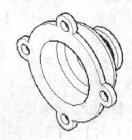

21.2.5 复制边

复制边功能可以对三维实体对象的各个边进行复制，所复制边将被生成为直线、圆弧、圆、椭圆或样条曲线。

【复制边】命令的几种常用调用方法如下：

• 选择【修改】→【实体编辑】→【复制边】菜单命令；

• 单击【常用】选项卡→【实体编辑】面板→【复制边】按钮 。

复制边的具体操作步骤如下。

Step 01 打开光盘中的"素材\CH21\复制和偏移边.dwg"文件，如下图所示。

Step 02 单击【常用】选项卡→【实体编辑】面板→【复制边】按钮，然后选择需要复制的边，如下图所示。

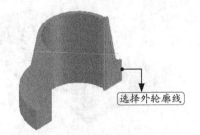

选择外轮廓线

Step 03 按空格键确认后在绘图区域单击指定位移基点，然后拖动鼠标在绘图区域单击指定位移第二点，如下图所示。

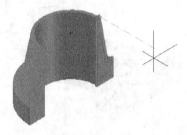

Step 04 连续按空格键确认并退出【复制边】命令，结果如下图所示。

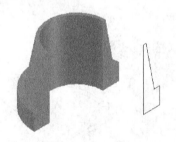

Tips

着色边和复制边除了上面的调用方法外，还可以通过【SOLIDEDIT】命令调用，具体操作如下。

　命令: SOLIDEDIT ✔

实体编辑自动检查: SOLIDCHECK=1

输入实体编辑选项 [面(F)/边(E)/体(B)/放弃(U)/退出(X)] <退出>:e ✔

输入边编辑选项 [复制(C)/着色(L)/放弃(U)/退出(X)] <退出>:

　//选择复制或着色选项即可调用

21.2.6 偏移边

【偏移边】命令可以偏移三维实体或曲面上平整面的边。其结果会产生闭合多段线或样条曲线，位于与选定的面或曲面相同的平面上，而且可以是原始边的内侧或外侧。

【偏移边】命令的几种常用调用方法如下：

● 在命令行中输入"Offsetedge"命令并按空格键确认；

● 单击【实体】选项板→【实体编辑】面板→【偏移边】按钮；

● 单击【曲面】选项卡→【编辑】面板→【偏移边】按钮。

偏移边的具体操作步骤如下。

Step 01 打开光盘中的"素材\CH21\复制和偏移边.dwg"文件。单击【实体】选项卡→【实体编辑】面板→【偏移边】按钮，然后选择需要偏移的边，如下图所示。

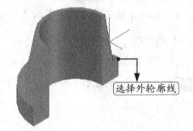

选择外轮廓线

Step 02 当命令行提示指定通过的距离时，输入"d"，然后设定通过的距离为2，AutoCAD命令行提示如下。

指定通过点或 [距离(D)/角点(C)]:d

指定距离 <0.0000>:2

Step 03 在选定的边框外侧单击，结果如下图所示。

偏移后的边可以使用生成的对象与PRESSPULL 或 EXTRUDE 来创建新实体。

21.2.7 提取边

【提取边】命令可以从实体或曲面提取线框对象。通过【提取边】命令，可以提取所有边，创建线框的几何体有：三维实体、三维实体历史记录子对象、网格、面域、曲面、子对象（边和面）。

【提取边】命令的几种常用调用方法如下：

- 选择【修改】→【三维操作】→【提取边】菜单命令；
- 在命令行中输入"Xedges"命令并按空格键确认；
- 单击【常用】选项板→【实体编辑】面板→【提取边】按钮；
- 单击【实体】选项板→【实体编辑】面板→【提取边】按钮。

提取边的具体操作步骤如下。

Step 01 打开光盘中的"素材\CH21\提取边.dwg"文件，如下图所示。

Step 02 单击【常用】选项板→【实体编辑】面板→【提取边】按钮，然后单击三维图形作为提取边对象，如下图所示。

Step 03 按空格键后结束对象选择。然后单击【常用】选项板→【修改】面板→【移动】按钮，选择三维实体为移动对象，如下图所示。

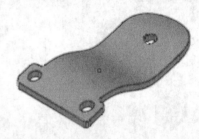

Step 04 将实体对象移动到合适位置后，结果如下图所示。

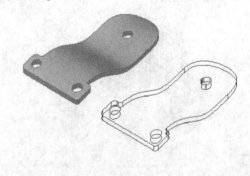

21.3 三维实体面编辑

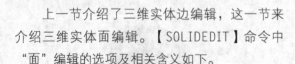

上一节介绍了三维实体边编辑，这一节来介绍三维实体面编辑。【SOLIDEDIT】命令中"面"编辑的选项及相关含义如下。

命令: SOLIDEDIT ↙

实体编辑自动检查: SOLIDCHECK=1

输入实体编辑选项 [面(F)/边(E)/体(B)/放弃(U)/退出(X)] <退出>: f ↙

输入面编辑选项

[拉伸(E)/移动(M)/旋转(R)/偏移(O)/倾斜(T)/删除(D)/复制(C)/颜色(L)/材质(A)/放弃(U)/退出(X)] <退出>:

命令行中各选项含义如下。

【拉伸（E）】：在X、Y或Z方向上延伸三维实体面，可以通过移动面来更改对象的形状。

【移动(M)】：沿指定的高度或距离移动选定的三维实体对象的面，一次可以选择多个面。

【旋转(R)】：绕指定的轴旋转一个面或多个面或实体的某些部分，可以通过旋转面来更改对象的形状。

【偏移(O)】：按指定的距离或通过指定的点，将面均匀地偏移。正值会增大实体的大小或体积，负值会减小实体的大小或体积。

【倾斜(T)】：以指定的角度倾斜三维实体上的面，倾斜角上旋转方向由选择基点和第二点（沿选定矢量）的顺序决定。正角度将向里倾斜面，负角度将向外倾斜面。默认角度为"0"，可以垂直于平面拉伸面。选择集中所有选定的面将倾斜相同的角度。

【删除(D)】：删除面，包括圆角和倒角。使用此选项可删除圆角和倒角边，并在稍后进行修改。如果更改生成无效的三维实体，将不删除面。

【复制(C)】：将面复制为面域或体。如果指定两个点，SOLIDEDIT将使用第一个点作为基点，并相对于基点放置一个副本。如果指定一个点（通常输入为坐标），然后按【Enter】键，SOLIDEDIT将使用此坐标作为新位置。

【颜色(L)】：修改面的颜色，着色面可用于亮显复杂三维实体模型内的细节。

【材质(A)】：将材质指定给选定面。

【放弃(U)】：放弃操作，一直返回到SOLIDEDIT任务的开始状态。

【退出(X)】：退出面编辑选项并显示"输入实体编辑选项"提示。

21.3.1 拉伸面

【拉伸面】命令可以根据指定的距离拉伸平面，或者将平面沿着指定的路径进行拉伸。【拉伸面】命令只能拉伸平面，对球体表面、圆柱体或圆锥体的曲面均无效。

【拉伸面】命令的几种常用调用方法如下：

• 选择【修改】→【实体编辑】→【拉伸面】菜单命令；

• 单击【常用】选项卡→【实体编辑】面板→【拉伸面】按钮；

• 单击【实体】选项卡→【实体编辑】面板→【拉伸面】按钮。

拉伸面的具体操作步骤如下。

Step 01 打开光盘中的"素材\CH21\三维实体面编辑.dwg"文件，如下图所示。

Step 02 单击【常用】选项卡→【实体编辑】面板→【拉伸面】按钮。并在绘图区域选择需要拉伸的面，如下图所示。

选择拉伸面

Step 03 按空格键确认。并在命令行分别指定拉伸高度及角度。命令行提示如下：

指定拉伸高度或 [路径(P)]: 15
指定拉伸的倾斜角度 <0>: 0

Step 04 连续按空格键确认并退出【拉伸面】命令，结果如下图所示。

21.3.2 移动面

【移动面】命令可以在保持面的法线方向

不变的前提下移动面的位置,从而修改实体的尺寸或更改实体中槽和孔的位置。

【移动面】命令的几种常用调用方法如下:

· 选择【修改】→【实体编辑】→【移动面】菜单命令;

· 单击【常用】选项卡→【实体编辑】面板→【移动面】按钮 。

移动面的具体操作步骤如下。

Step 01 打开光盘中的"素材\CH21\三维实体面编辑.dwg"文件。单击【常用】选项卡→【实体编辑】面板→【移动面】按钮 ,在绘图区域单击选择需要移动的面并按空格键确认,如下图所示。

Step 02 按空格键确认后在绘图区域单击指定移动基点,如下图所示。

Step 03 拖动鼠标并在绘图区域单击指定位移第二点,如下图所示。

Step 04 连续按空格键确认并退出【移动面】命令,结果如下图所示。

21.3.3 偏移面

【偏移面】命令不具备复制功能,它只能按照指定的距离或通过点均匀地偏移实体表面。在偏移面时,如果偏移面是实体轴,则正偏移值使得轴变大,如果偏移面是一个孔,正的偏移值将使得孔变小,因为它将最终使得实体体积变大。

【偏移面】命令的几种常用调用方法如下:

· 选择【修改】→【实体编辑】→【偏移面】菜单命令;

· 单击【常用】选项卡→【实体编辑】面板→【偏移面】按钮 ;

· 单击【实体】选项卡→【实体编辑】面板→【偏移面】按钮 。

偏移面的具体操作步骤如下。

Step 01 打开光盘中的"素材\CH21\三维实体面编辑.dwg"文件。单击【常用】选项卡→【实体编辑】面板→【偏移面】按钮 ,在绘图区域单击选择需要偏移的面并按空格键确认,如下图所示。

Step 02 在命令行输入"15"以指定偏移距离。连续按空格键确认并退出【偏移面】命令,结果如下图所示。

21.3.4 删除面

使用【删除面】命令可以从选择集中删除以前选择的面。

【删除面】命令的几种常用调用方法如下：

- 选择【修改】→【实体编辑】→【删除面】菜单命令；
- 单击【常用】选项卡→【实体编辑】面板→【删除面】按钮。

删除面的具体操作步骤如下。

Step 01 打开光盘中的"素材\CH21\三维实体面编辑.dwg"文件。单击【常用】选项卡→【实体编辑】面板→【删除面】按钮，在绘图区域单击选择需要删除的面，如下图所示。

Step 02 连续按空格键确认并退出【删除面】命令，结果如下图所示。

21.3.5 着色面

【着色面】命令可以对三维实体的选定面进行相应颜色的指定。

【着色面】命令的几种常用调用方法如下：

- 选择【修改】→【实体编辑】→【着色面】菜单命令；
- 单击【常用】选项卡→【实体编辑】面板→【着色面】按钮。

着色面的具体操作步骤如下。

Step 01 打开光盘中的"素材\CH21\三维实体面编辑.dwg"文件。单击【常用】选项卡→【实体编辑】面板→【着色面】按钮，选择需要着色的面，如下图所示。

Step 02 按空格键确认后，系统自动弹出【选择颜色】对话框。在【选择颜色】对话框中选择"红色"作为着色颜色，如下图所示。

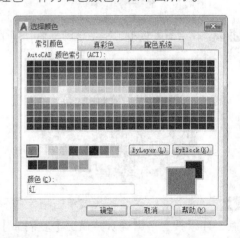

Step 03 单击【确定】按钮关闭【选择颜色】对话框，然后连续按孔键确认并退出【着色面】命令，结果如下图所示。

21.3.6 复制面

【复制面】命令可以将实体中的平面和曲面分别复制生成面域和曲面模型。

【复制面】命令的几种常用调用方法如下：

- 选择【修改】→【实体编辑】→【复制面】菜单命令；
- 单击【常用】选项卡→【实体编辑】面板→【复制面】按钮。

复制面的具体操作步骤如下。

Step 01 打开光盘中的"素材\CH21\三维实体面编辑.dwg"文件。单击【常用】选项卡→【实体编辑】面板→【复制面】按钮，选择需要复制的面，如下图所示。

Step 02 在绘图区域单击指定移动基点，如下图所示。

Step 03 拖动鼠标在绘图区域单击指定位移第二点，连续按空格键确认并退出【复制面】命令，结果如下图所示。

21.3.7 倾斜面

【倾斜面】命令可以使实体表面产生倾斜和锥化效果。

【倾斜面】命令的几种常用调用方法如下：

- 选择【修改】→【实体编辑】→【倾斜面】菜单命令；
- 单击【常用】选项卡→【实体编辑】面板→【倾斜面】按钮；
- 单击【实体】选项卡→【实体编辑】面板→【倾斜面】按钮。

倾斜面的具体操作步骤如下。

Step 01 打开光盘中的"素材\CH21\三维实体面编辑.dwg"文件。单击【常用】选项卡→【实体编辑】面板→【倾斜面】按钮，选择需要倾斜的面，如下图所示。

Step 02 在绘图区域单击指定倾斜基点，如下图所示。

Step 03 在绘图区域拖动鼠标单击指定倾斜轴另一点，如下图所示。

Step 04 并在命令行输入"3"并按空格键确认以指定倾斜角度。连续按空格键确认并退出【倾斜面】命令，结果如下图所示。

21.3.8 旋转面

【旋转面】命令可以将选择的面沿着指定的旋转轴和方向进行旋转，从而改变实体的形状。

【旋转面】命令的几种常用调用方法如下：

• 选择【修改】→【实体编辑】→【旋转面】菜单命令；

• 单击【常用】选项卡→【实体编辑】面板→【旋转面】按钮。

旋转面的具体操作步骤如下。

Step 01 打开光盘中的"素材\CH21\三维实体面编辑.dwg"文件。单击【常用】选项卡→【实体编辑】面板→【选择面】按钮，选择需要旋转的面，如下图所示。

Step 02 在绘图区域单击指定旋转的轴点，如下图所示。

Step 03 在绘图区域拖动光标并单击指定旋转轴上的第二点，如下图所示。

Step 04 并在命令行输入"3"并按空格键确认以指定倾旋转度。连续按空格键确认并退出【选择面】命令，结果如下图所示。

21.4 三维实体体编辑

前面介绍了三维实体边编辑和面编辑，这一节来介绍三维实体体编辑。

21.4.1 剖切

通过剖切或分割现有对象，创建新的三维实体和曲面，可以保留剖切三维实体的一个或两个侧面。

【剖切】命令的几种常用调用方法如下：

• 选择【修改】→【三维操作】→【剖切】菜单命令；

• 在命令行中输入"SLICE/SL"命令并按空格键确认；

• 单击【常用】选项卡→【实体编辑】面

板中的【剖切】按钮 。

下面将对【剖切】命令的应用方法进行详细介绍，具体操作步骤如下。

Step 01 打开光盘中的"素材\CH21\剖切.dwg"文件。

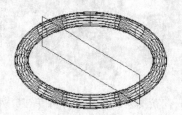

Step 02 单击【常用】选项卡→【实体编辑】面板中的【剖切】按钮 ，选择需要剖切的对象并按【Enter】键确认，如图所示。

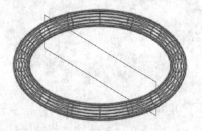

Step 03 在命令行输入"O"并按【Enter】键确认，命令行提示如下。

指定 切面 的起点或 [平面对象(O)/曲面(S)/Z 轴(Z)/视图(V)/XY(XY)/YZ(YZ)/ZX(ZX)/三点(3)] <三点>: o

Step 04 在绘图区域中选择矩形对象，如图所示。

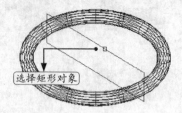

选择矩形对象

Step 05 在绘图区域中拖动鼠标并在矩形的左侧单击，如图所示。

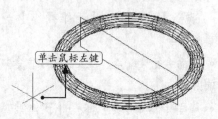

单击鼠标左键

Step 06 结果如图所示。

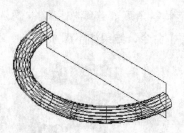

21.4.2 分割

分割可以将不相连的组合实体分割成独立的实体。虽然分离后的三维实体看起来没有什么变化，但实际上它们已是各自独立的三维实体了。

【分割】命令的几种常用调用方法如下：

- 选择【修改】→【实体编辑】→【分割】菜单命令；
- 单击【常用】选项卡→【实体编辑】面板→【分割】按钮 ；
- 单击【实体】选项卡→【实体编辑】面板→【分割】按钮 。

分割对象的具体操作步骤如下。

Step 01 打开随书光盘中的"素材\CH21\分割对象.dwg"文件，如下图所示。

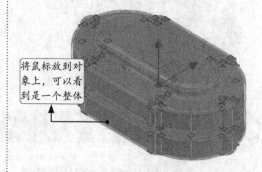

将鼠标放到对象上，可以看到是一个整体

Step 02 单击【常用】选项卡→【实体编辑】面板→【分割】按钮 ，然后选择三维实体，连续按空格键退出【分割】命令。实体分割后将鼠标放置到图形上，可以看到图形是两个独立的实体，如下图所示。

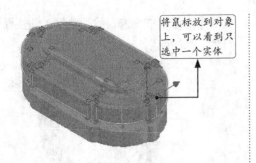

将鼠标放到对象上，可以看到只选中一个实体

Tips

分割不用设置分割面，分割不能将一个三维实体分解恢复到它的原始状态，也不能分割相连的实体。

21.4.3 抽壳

【抽壳】命令通过偏移被选中的三维实体的面，将原始面与偏移面之外的东西删除，也可以在抽壳的三维实体内通过挤压创建一个开口。该选项对一个特殊的三维实体只能执行一次。

【抽壳】命令的几种常用调用方法如下：

• 选择【修改】→【实体编辑】→【抽壳】菜单命令；

• 单击【常用】选项卡→【实体编辑】面板→【抽壳】按钮；

• 单击【实体】选项卡→【实体编辑】面板→【抽壳】按钮。

抽壳的具体操作步骤如下。

Step 01 打开光盘中的"素材\CH21\抽壳.dwg"文件，如下图所示。

Step 02 单击【常用】选项卡→【实体编辑】面板→【抽壳】按钮。选择三维实体，如下图所示。

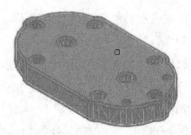

Step 03 当命令行提示选择删除面时选择上表面并按空格键，如下图所示。

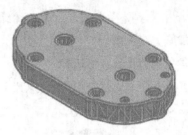

Step 04 当命令行输入抽壳距离时输入"2"，然后连续按空格键退出抽壳命令，结果如下图所示。

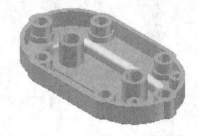

Tips

分割和抽壳除了上面的调用方法外，还可以通过【SOLIDEDIT】命令调用，具体操作如下。

命令：SOLIDEDIT

实体编辑自动检查：SOLIDCHECK=1

输入实体编辑选项 [面(F)/边(E)/体(B)/放弃(U)/退出(X)] <退出>:b

输入体编辑选项

[压印(I)/分割实体(P)/抽壳(S)/清除(L)/检查(C)/放弃(U)/退出(X)] <退出>:

//选择分割或抽壳选项即可调用

21.4.4 加厚

【加厚】命令可以加厚曲面，从而把它转换成实体。该命令只能将由平移、拉伸、扫描、放样或者旋转命令创建的曲面通过加厚后转换成实体。

【加厚】命令的几种常用调用方法如下：

• 选择【修改】→【三维操作】→【加厚】菜单命令；

• 命令行输入"THICKEN"命令并按空格键；

• 单击【常用】选项卡→【实体编辑】面板→【加厚】按钮 ；

• 单击【实体】选项卡→【实体编辑】面板→【加厚】按钮 。

加厚的具体操作步骤如下。

Step 01 打开随书光盘中的"素材\CH21\加厚对象.dwg"文件，如下图所示。

Step 02 单击【常用】选项卡→【实体编辑】面

板→【加厚】按钮 ，然后选择上侧曲面为加厚对象，如下图所示。

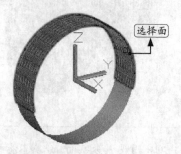

选择面

Step 03 当命令行提示输入厚度时，输入"10"，结果如下图所示。

Tips

当输入的厚度为正直时，向外加厚，当输入的厚度值为负数时，向内加厚。

21.5 三维曲面编辑操作

三维曲面编辑操作包括曲面延伸、曲面造型、曲面圆角、曲面修剪、取消曲面修剪、分割面、拉伸面、合并面等，下面将对相关功能进行详细介绍。

21.5.1 曲面延伸

按指定的距离拉长曲面。可以将延伸曲面合并为原始曲面的一部分，也可以将其附加为与原始曲面相邻的第二个曲面。

【延伸】命令的几种常用调用方法如下：

• 选择【修改】→【曲面编辑】→【延伸】菜单命令；

• 在命令行中输入"SURFEXTEND"命令并

按空格键确认；

• 单击【曲面】选项卡→【编辑】面板→【曲面延伸】按钮 。

下面将对曲面延伸功能的应用进行详细介绍，具体操作步骤如下。

Step 01 打开随书光盘中的"素材\CH21\曲面延伸.dwg"文件。

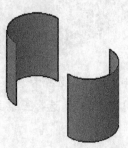

Step 02 单击【曲面】选项卡→【编辑】面板中的【曲面延伸】按钮 ⚡，在绘图区域中选择要延伸的曲面边，如图所示。

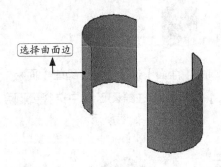

选择曲面边

Step 03 按【Enter】键确认，然后在绘图区域中捕捉如图所示的端点。

端点

Step 04 结果如图所示。

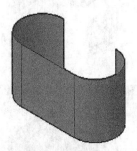

Step 05 重复执行【延伸】命令，在绘图区域中选择要延伸的曲面边，如图所示。

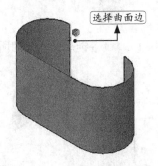

选择曲面边

Step 06 按【Enter】键确认，然后在绘图区域

中捕捉如图所示的端点。

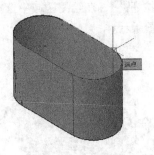

端点

Step 07 结果如图所示。

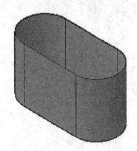

21.5.2 曲面造型

曲面造型可以修剪并合并限制无间隙区域的边界以创建实体的曲面。

【造型】命令的几种常用调用方法如下：

• 选择【修改】→【曲面编辑】→【造型】菜单命令；

• 在命令行中输入"SURFSCULPT"命令并按空格键确认；

• 单击【曲面】选项卡→【编辑】面板→【造型】按钮 🔲。

下面将对曲面造型功能的应用进行详细介绍，具体操作步骤如下。

Step 01 打开随书光盘中的"素材\CH21\曲面造型.dwg"文件。

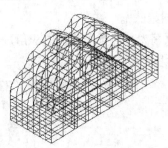

Step 02 单击【曲面】选项卡→【编辑】面板→【造型】按钮 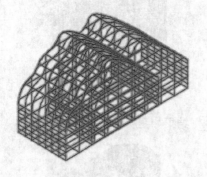，在绘图区域中选择两个曲面对象，如图所示。

Step 03 按【Enter】键确认，结果如图所示。

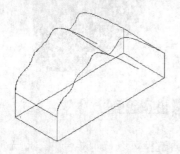

21.5.3 曲面圆角

曲面圆角是在现有曲面之间的空间中创建新的圆角曲面。圆角曲面具有固定半径轮廓且与原始曲面相切，会自动修剪原始曲面，以连接圆角曲面的边。

【圆角】命令的几种常用调用方法如下：

• 选择【绘图】→【建模】→【曲面】→【圆角】菜单命令；

• 在命令行中输入"SURFFILLET"命令并按【Enter】键确认；

• 单击【曲面】选项卡→【编辑】面板→【圆角】按钮 。

下面将对曲面圆角功能的应用进行详细介绍，具体操作步骤如下。

Step 01 打开随书光盘中的"素材\CH21\曲面圆角.dwg"文件。

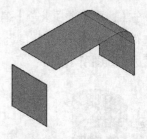

Step 02 单击【曲面】选项卡→【编辑】面板中的【圆角】按钮 ，在绘图区域中选择要圆角化的第一个曲面对象，如图所示。

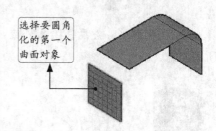

选择要圆角化的第一个曲面对象

Step 03 继续在绘图区域中选择要圆角化的第二个曲面对象，如图所示。

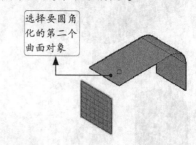

选择要圆角化的第二个曲面对象

Step 04 绘图区域显示如图所示。

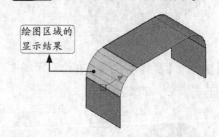

绘图区域的显示结果

Step 05 按【Enter】键确认，如图所示。

曲面圆角结果

21.5.4 曲面修剪

修剪与其他曲面或其他类型的几何图形相交的曲面部分。

【修剪】命令的几种常用调用方法如下：

• 选择【修改】→【曲面编辑】→【修剪】菜单命令；

• 在命令行中输入"SURFTRIM"命令并按空格键确认；

• 单击【曲面】选项卡→【编辑】面板→【修剪】按钮⊕。

下面将对曲面修剪功能的应用进行详细介绍，具体操作步骤如下。

Step 01 打开随书光盘中的"素材\CH21\曲面修剪.dwg"文件。

Step 02 单击【曲面】选项卡→【编辑】面板→【修剪】按钮⊕，在绘图区域中选择要修剪的曲面对象，如图所示。

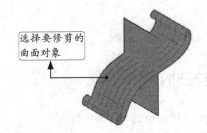

选择要修剪的曲面对象

Step 03 按【Enter】键确认，在绘图区域中选择剪切曲面，如图所示。

选择剪切曲面

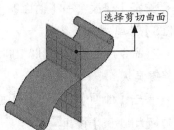

Step 04 按【Enter】键确认，在绘图区域中单击选择要修剪的区域，如图所示。

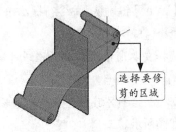

选择要修剪的区域

Step 05 按【Enter】键确认，结果如图所示。

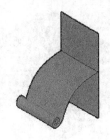

21.5.5 取消修剪

取消修剪替换由【SURFTRIM】命令删除的曲面区域。如果修剪边依赖于另一条也已被修剪的曲面边，则用户可能无法完全恢复修剪区域。

【取消修剪】命令的几种常用调用方法如下：

• 选择【修改】→【曲面编辑】→【取消修剪】菜单命令；

• 在命令行中输入"SURFUNTRIM"命令并按空格键确认；

• 单击【曲面】选项卡→【编辑】面板→【取消曲面修剪】按钮⊡。

下面将对曲面取消修剪功能的应用进行详细介绍，具体操作步骤如下。

Step 01 打开光盘中的"素材\CH21\曲面取消修剪.dwg"文件。

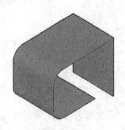

Step 02 单击【曲面】选项卡→【编辑】面板→【取消曲面修剪】按钮，在命令行输入"SUR"并按【Enter】键确认，命令行提示如下。

命令：_SURFUNTRIM

选择要取消修剪的曲面边或 [曲面(SUR)]：

sur ↙

Step 03 在绘图区域中选择要取消修剪的曲面对象，如图所示。

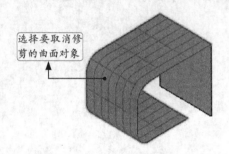

选择要取消修剪的曲面对象

Step 04 按【Enter】键确认，结果如图所示。

21.5.6 转换为网格

将三维对象（例如多边形网格、曲面和实体）转换为网格对象。

【转换为网格】命令的几种常用调用方法如下：

• 选择【修改】→【曲面编辑】→【转换为网格】菜单命令；

• 在命令行中输入"MESHSMOOTH"命令并按空格键确认；

• 单击【常用】选项卡→【网格】面板→【平滑对象】按钮。

下面将对【转换为网格】命令的应用进行详细介绍，具体操作步骤如下。

Step 01 打开随书光盘中的"素材\CH21\转换为网格.dwg"文件。

Step 02 单击【常用】选项卡→【网格】面板→【平滑对象】按钮，在绘图区域中选择要转换的对象，如图所示。

Step 03 按【Enter】键确认，结果如图所示。

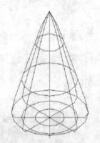

21.5.7 转换为NURBS曲面

将三维实体和曲面转换为NURBS曲面。

【转换为NURBS曲面】命令的几种常用调用方法如下：

• 选择【修改】→【曲面编辑】→【转换为NURBS】菜单命令；

• 在命令行中输入"CONVTONURBS"命令并按空格键确认；

• 单击【曲面】选项卡→【控制点】面板→【转换为NURBS】按钮。

下面将对【转换为NURBS】命令的应用进行详细介绍，具体操作步骤如下。

Step 01 打开随书光盘中的"素材\CH21\转换为NURBS曲面.dwg"文件。

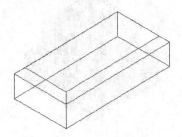

Step 02 单击【曲面】选项卡→【控制点】面板→【转换为NURBS】按钮，在绘图区域中选择要转换的对象，如图所示。

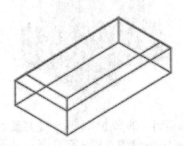

Step 03 按【Enter】键确认，结果如图所示。

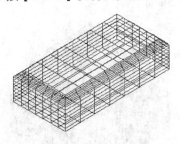

21.5.8 NURBS曲面编辑操作

可以使用三维编辑栏或通过编辑控制点来更改NURBS曲面和曲线的形状。

1. 显示与隐藏控制点

【显示控制点】命令的几种常用调用方法如下：

- 选择【修改】→【曲面编辑】→【NURBS曲面编辑】→【显示控制点】菜单命令；

- 在命令行中输入"CVSHOW"命令并按空格键确认；

- 单击【曲面】选项卡→【控制点】面板→【显示控制点】按钮。

【隐藏控制点】命令的几种常用调用方法如下：

- 选择【修改】→【曲面编辑】→【NURBS曲面编辑】→【隐藏控制点】菜单命令；

- 在命令行中输入"CVHIDE"命令并按空格键确认；

- 单击【曲面】选项卡→【控制点】面板→【隐藏控制点】按钮。

下面将对控制点的显示与隐藏功能进行详细介绍，具体操作步骤如下。

Step 01 打开光盘中的"素材\CH21\NURBS曲面编辑.dwg"文件。

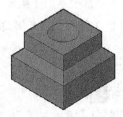

Step 02 单击【曲面】选项卡→【控制点】面板→【显示控制点】按钮，在绘图区域中选择如图所示的NURBS曲面。

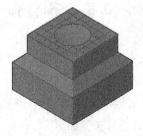

Step 03 按【Enter】键确认，控制点显示结果如图所示。

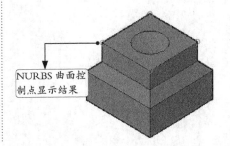

NURBS曲面控制点显示结果

Step 04 单击【曲面】选项卡→【控制点】面板→【隐藏控制点】按钮，控制点隐藏结果如图所示。

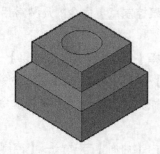

2. 添加与删除控制点

【添加控制点】命令的几种常用调用方法如下：

- 选择【修改】→【曲面编辑】→【NURBS曲面编辑】→【添加控制点】菜单命令；
- 在命令行中输入"CVADD"命令并按空格键确认；
- 单击【曲面】选项卡→【控制点】面板→【添加】按钮。

【删除控制点】命令的几种常用调用方法如下：

- 选择【修改】→【曲面编辑】→【NURBS曲面编辑】→【删除控制点】菜单命令；
- 在命令行中输入"CVREMOVE"命令并按空格键确认；
- 单击【曲面】选项卡→【控制点】面板→【删除】按钮。

下面将对控制点的添加与删除功能进行详细介绍，具体操作步骤如下。

Step 01 打开光盘中的"素材\CH21\NURBS曲面编辑.dwg"文件。

Step 02 单击【曲面】选项卡→【控制点】面板→【显示控制点】按钮，在绘图区域中选择如图所示的NURBS曲面。

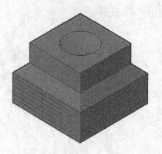

Step 03 按【Enter】键确认，结果如图所示。

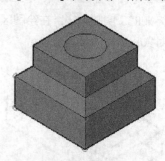

Step 04 单击【曲面】选项卡→【控制点】面板→【添加】按钮，在绘图区域中选择如图所示的NURBS曲面。

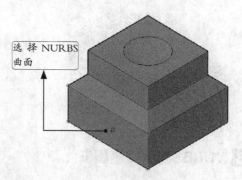

选择 NURBS 曲面

Step 05 在曲面上选择点，如图所示。

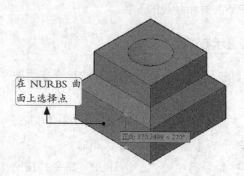

在 NURBS 曲面上选择点

Step 06 控制点添加结果如图所示。

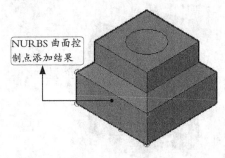

Step 07 单击【曲面】选项卡→【控制点】面板→【删除】按钮，在绘图区域中选择如图所示的NURBS曲面。

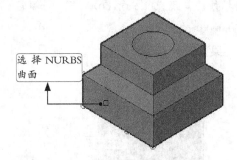

Step 08 在曲面上选择点，如图所示。

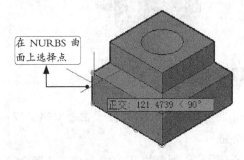

Step 09 控制点删除结果如图所示。

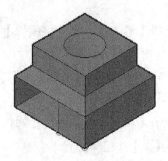

21.5.9 分割面

分割面可将更多定义添加到区域中，而无需优化该区域。由于指定了分割的起点和端点，因此该方法可更加精确地控制分割位置。

【分割面】命令的几种常用调用方法如下：

• 选择【修改】→【网格编辑】→【分割面】菜单命令；

• 在命令行中输入"MESHSPLIT"命令并按空格键确认；

• 单击【网格】选项卡→【网格编辑】面板→【分割面】按钮。

下面将对【分割面】命令的应用进行详细介绍，具体操作步骤如下。

Step 01 打开光盘中的"素材\CH21\分割面.dwg"文件。

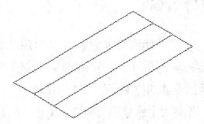

Step 02 单击【网格】选项卡→【网格编辑】面板→【分割面】按钮，在绘图区域中选择要分割的网格面，如图所示。

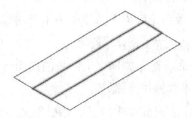

Step 03 在绘图区域中指定面边缘上的第一个分割点，如图所示。

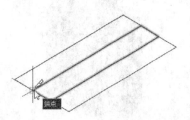

Step 04 在绘图区域中指定面边缘上的第二个分割点，如图所示。

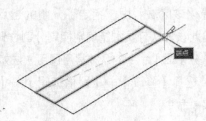

Step 05 结果如图所示。

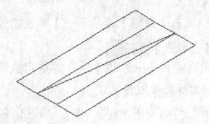

21.5.10 拉伸面

拉伸或延伸网格面时，可以指定几个选项以确定拉伸的形状。还可以确定拉伸多个网格面将导致合并的拉伸还是独立的拉伸。

【拉伸面】命令的几种常用调用方法如下：

● 选择【修改】→【网格编辑】→【拉伸面】菜单命令；

● 在命令行中输入"MESHEXTRUDE"命令并按空格键确认；

● 单击【网格】选项卡→【网格编辑】面板→【拉伸面】按钮 🔳。

下面将对【拉伸面】命令的应用进行详细介绍，具体操作步骤如下。

Step 01 打开光盘中的"素材\CH21\曲面编辑拉伸面.dwg"文件。

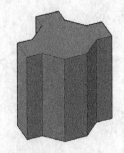

Step 02 单击【网格】选项卡→【网格编辑】面板→【拉伸面】按钮 🔳，在绘图区域中选择要

拉伸的三个网格面，如图所示。

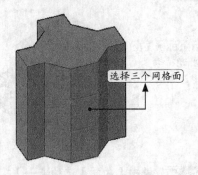

选择三个网格面

Step 03 按【Enter】键确认，在命令行指定拉伸高度，命令行提示如下。

指定拉伸的高度或 [方向(D)/路径(P)/倾斜角(T)] <60.0000>: 10

Step 04 结果如图所示。

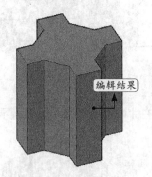

编辑结果

21.5.11 合并面

合并面可以合并两个或多个相邻网格面以形成单个面。

【合并面】命令的几种常用调用方法如下：

● 选择【修改】→【网格编辑】→【合并面】菜单命令；

● 在命令行中输入"MESHMERGE"命令并按空格键确认；

● 单击【网格】选项卡→【网格编辑】面板→【合并面】按钮 🔳。

下面将对【合并面】命令的应用进行详细介绍，具体操作步骤如下。

Step 01 打开光盘中的"素材\CH21\合并面.dwg"文件。

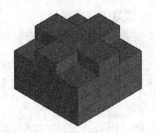

Step 01 打开光盘中的"素材\CH21\旋转三角面.dwg"文件。

Step 02 单击【网格】选项卡→【网格编辑】面板→【合并面】按钮，在绘图区域中选择要合并的相邻网格面，如图所示。

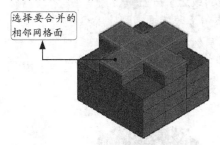

选择要合并的相邻网格面

Step 02 单击【网格】选项卡→【网格编辑】面板→【旋转三角面】按钮，在绘图区域中选择要旋转的第一个三角形网格面。

选择要旋转的第一个三角形网格面

Step 03 按【Enter】键确认，结果如图所示。

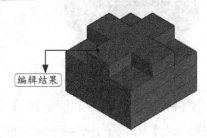

编辑结果

Step 03 继续在绘图区域中选择要旋转的第二个相邻三角形网格面，如图所示。

选择要旋转的第二个三角形网格面

21.5.12 旋转三角面

旋转三角面可以旋转合并两个三角形网格面的边，以修改面的形状。旋转选定面共享的边以与每个面的顶点相交。

【旋转三角面】命令的几种常用调用方法如下：

• 选择【修改】→【网格编辑】→【旋转三角面】菜单命令；

• 在命令行中输入"MESHSPIN"命令并按空格键确认；

• 单击【网格】选项卡→【网格编辑】面板→【旋转三角面】按钮。

下面将对【旋转三角面】命令的应用进行详细介绍，具体操作步骤如下。

Step 04 结果如图所示。

编辑结果

21.5.13 闭合孔

可以通过选择周围的网格面的边闭合网格对象中的间隙。为获得最佳效果，这些面应位于同一平面上。

【闭合孔】命令的几种常用调用方法如下：

• 选择【修改】→【网格编辑】→【闭合孔】菜单命令；

• 在命令行中输入"MESHCAP"命令并按空格键确认；

• 单击【网格】选项卡→【网格编辑】面板→【闭合孔】按钮🔲。

下面将对【闭合孔】命令的应用进行详细介绍，具体操作步骤如下。

Step 01 打开光盘中的"素材\CH21\闭合孔.dwg"文件。

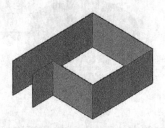

Step 02 单击【网格】选项卡→【网格编辑】面板→【闭合孔】按钮🔲，在绘图区域中选择相应的边，如图所示。

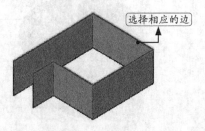

选择相应的边

Step 03 按【Enter】键确认，结果如图所示。

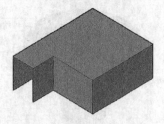

21.5.14 收拢面或边

收拢面或边可以使周围的网格面的顶点在选定边或面的中心收敛，周围的面的形状会更

改以适应一个或多个顶点的丢失。

【收拢面或边】命令的几种常用调用方法如下：

• 选择【修改】→【网格编辑】→【收拢面或边】菜单命令；

• 在命令行中输入"MESHCOLLAPSE"命令并按空格键确认；

• 单击【网格】选项卡→【网格编辑】面板→【收拢面或边】按钮🔲。

下面将对【收拢面或边】命令的应用进行详细介绍，具体操作步骤如下。

Step 01 打开随书光盘中的"素材\CH21\收拢面或边.dwg"文件。

Step 02 单击【网格】选项卡→【网格编辑】面板→【收拢面或边】按钮🔲，在绘图区域中选择要收拢的网格面或边，如图所示。

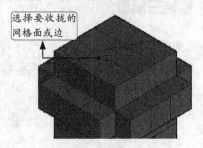

选择要收拢的
网格面或边

Step 03 结果如图所示。

编辑结果

21.6 实战技巧

下面将对三维图形的标注方法进行详细介绍。

技巧 在AutoCAD中为三维图形添加尺寸标注

在AutoCAD中没有三维标注的功能，尺寸标注都是基于二维xy平面的标注。因此，要为三维图形标注就要想办法通过转换坐标系，把xy平面转换到需要标注尺寸的平面上，具体操作步骤如下。

Step 01 打开光盘中的"素材\CH21\标注三维图形.dwg"文件。

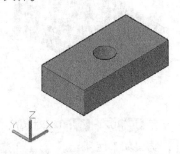

Step 02 单击【注释】选项卡→【标注】面板→【线性】按钮，捕捉如下图所示的端点作为标注的第一个尺寸界线原点。

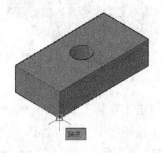

Step 03 捕捉如下图所示的端点作为尺寸第二个尺寸界线的原点。

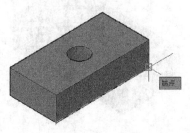

Step 04 拖动鼠标在合适的位置单击放置尺寸线，结果如下图所示。

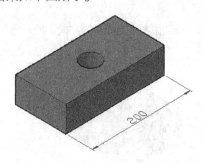

Step 05 单击【常用】选项卡→【坐标】面板→【Z】按钮，然后在命令行输入旋转的角度180°，如下图所示。

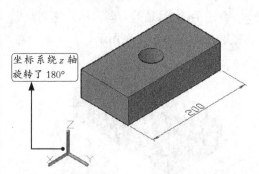

坐标系绕z轴旋转了180°

Step 06 重复 **Step 02**~**Step 04** 对图形进行线性标注，结果如下图所示。

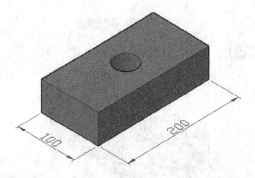

Step 07 单击【常用】选项卡→【坐标】面板→【三点】按钮，然后捕捉如下图所示的端点为坐标系的原点。

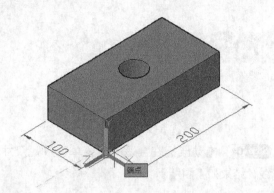

Step 08 拖动鼠标指引x轴的方向，如下图所示。

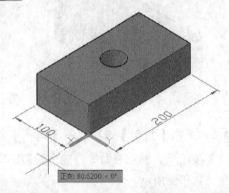

Step 09 单击后确定x轴的方向，然后拖动鼠标指引y轴的方向，结果如下图所示。

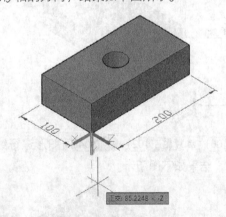

Step 10 单击后确定y轴的方向后如下图所示。

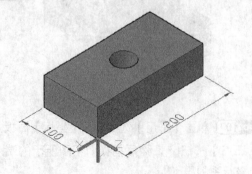

Step 11 重复 **Step 02**～ **Step 04** 对图形进行线性标注，结果如下图所示。

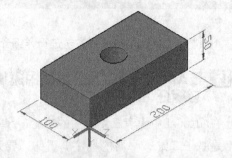

Step 12 重复 **Step 07**～ **Step 10** 将坐标系的xy平面放置与图形顶部平面平齐，并将x轴和y轴的方向放置到如下图所示的位置。

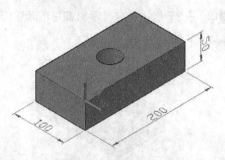

Step 13 重复 **Step 02**～ **Step 04** 对圆心位置进行线性标注，结果如下图所示。

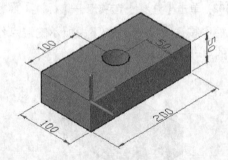

Step 14 单击【注释】选项卡→【标注】面板→【直径】按钮⊘，然后捕捉图中的圆进行标注，结果如下图所示。

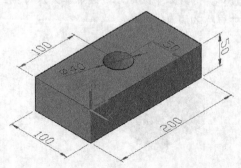

由三维模型生成二维图

22.1 新建布局

用户可以根据实际情况创建和修改图形布局。

新建布局的几种常用方法如下：

- 选择【插入】→【布局】菜单命令，选择一种适当的方式；
- 在命令行中输入"LAYOUT/LO"并按空格键确认，选择一种适当的方式；
- 单击【布局】选项卡→【布局】面板，选择新建布局或从样板创建布局。

Tips

> 当切换到布局模式时（单击状态栏左侧布局标签），CAD会自动弹出【布局】选项卡。

执行【布局】命令后，AutoCAD提示如下：

命令：LAYOUT

输入布局选项 [复制(C)/删除(D)/新建(N)/样板(T)/重命名(R)/另存为(SA)/设置(S)/?] <设置>：

命令行中各选项含义如下：

　　【复制（C）】：复制布局。如果不提供名称，则新布局以被复制的布局的名称附带一个递增的数字（在括号中）作为布局名。新选项卡插到复制的【布局】选项卡之前。

　　【删除（D）】：删除布局。默认值是当前布局。不能删除【模型】选项卡。要删除【模型】选项卡上的所有几何图形，必须选择所有的几何图形然后使用【ERASE】命令。

　　【新建（N）】：创建新的【布局】选项卡。在单个图形中可以创建最多255个布局。布局名必须唯一。布局名最多可以包含255个字符，不区分大小写。【布局】选项卡上只显示最前面的31个字符。

【样板（T）】：基于样板（DWT）、图形（DWG）或图形交换（DXF）文件中现有的布局创建新【布局】选项卡。如果将系统变量FILEDIA设置为1，将显示【标准文件选择】对话框，用以选择DWT、DWG或DXF文件。选定文件后，程序将显示【插入布局】对话框，其中列出了保存在选定的文件中的布局。选择布局后，该布局和指定的样板或图形文件中的所有对象被插入到当前图形。

【重命名(R)】：给布局重新命名。要重命名的布局的默认值为当前布局。布局名必须唯一。布局名最多可以包含255个字符，不区分大小写。【布局】选项卡上只显示最前面的31个字符。

【另存为（SA）】：将布局另存为图形样板（DWT）文件，而不保存任何未参照的符号表和块定义信息。可以使用该样板在图形中创建新的布局，而不必删除不必要的信息。上一个当前布局用作要另存为样板的默认布局。如果FILEDIA系统变量设为1，则显示【标准文件选择】对话框，用以指定要在其中保存布局的样板文件。默认的布局样板目录在【选项】对话框中指定。

【设置（S）】：设定当前布局。

【?】：列出图形中定义的所有布局。

下面将对新建布局的方法进行详细介绍，具体操作步骤如下。

Step 01 在命令行输入"LO"并按空格键调用布局命令，然后行输入"N"并按空格键确认。

输入布局选项 [复制(C)/删除(D)/新建(N)/样板(T)/重命名(R)/另存为(SA)/设置(S)/?] <设置>: n ↙

Step 02 按空格键接受默认布局数3。

输入新布局名 <布局3>: ↙

Step 03 结果状态栏左侧显示如图所示。

模型　布局1　布局2　布局3　+

Tips

单击右侧的"+"，可以添加布局。在布局标签上单击鼠标右键，在弹出的快捷菜单上选择【重命名】可以更改布局的名称，单击【删除】按钮，可以将布局删除，但不能删除模型。

22.2 布局视口

在AutoCAD中，用户可以对布局视口进行多种操作，如新建、剪裁以及锁定等，下面将分别进行详细介绍。

22.2.1 新建布局视口

用户可以根据工作需要在布局中创建多个视口。

在布局中新建视口的几种常用方法如下：

• 选择【视图】→【视口】菜单命令，选择一种适当的方式；

• 在布局模式下，在命令行中输入"-VPORTS"命令并按空格键确认，选择一种适当的方式；

• 单击【布局】选项卡→【布局视口】面板，选择一种适当的方式。

下面将对布局中新建视口的方法进行详细介绍，具体操作步骤如下。

Step 01 打开随书光盘中的"素材\CH22\新建视口.dwg"文件。

Step 02 单击【布局】选项卡→【布局视口】面板中的【矩形】按钮，并单击确定视口的第一角点，如图所示。

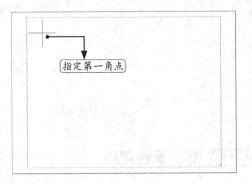

Step 03 在布局中拖动鼠标并单击确定视口的另一角点，如图所示。

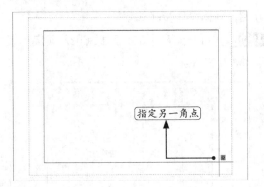

Step 04 结果如图所示。

22.2.2 剪裁视口

可以选择现有对象以指定为新边界，或者指定组成新边界的点。新边界不会剪裁旧边界，而是重定义旧边界。

【剪裁视口】命令的几种常用调用方法如下：

- 选择【修改】→【剪裁】→【视口】菜单命令；
- 在命令行中输入"VPCLIP"命令并按空格键确认；
- 单击【布局】选项卡→【布局视口】面板中的【剪裁】按钮□。

下面将对剪裁视口的应用进行详细介绍，具体操作步骤如下。

Step 01 打开光盘中的"素材\CH22\剪裁视口.dwg"文件。

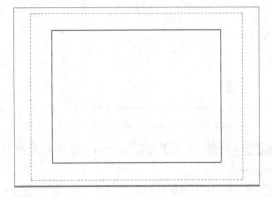

Step 02 单击【布局】选项卡→【布局视口】面板中的【剪裁】按钮，然后选择如图所示的视口作为要剪裁的视口。

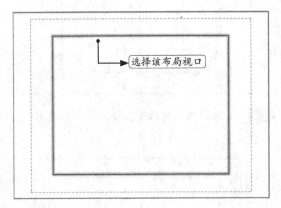

Step 03 在命令行输入"P"并按【Enter】键确认，命令行提示如下。

选择剪裁对象或 [多边形(P)] <多边形>: p

Step 04 捕捉如图所示的端点作为起点。

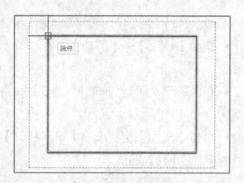

Step 05 拖动鼠标并捕捉如图所示的中点作为下一个点。

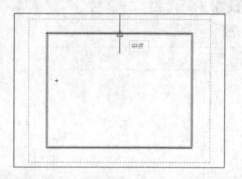

Step 06 拖动鼠标并捕捉如图所示的中点作为下一个点。

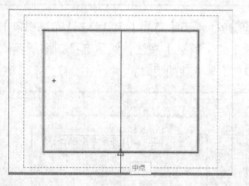

Step 07 拖动鼠标并捕捉如图所示的端点作为下一个点。

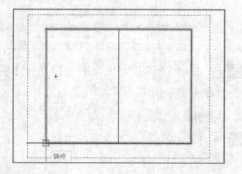

Step 08 按【Enter】键确认，结果如图所示。

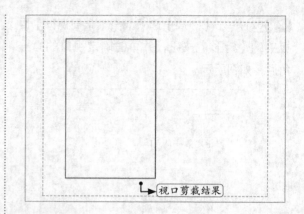

视口剪裁结果

22.2.3 锁定/解锁视口

用于锁定或解除锁定视口对象的比例。

下面将对锁定、解锁视口的应用进行详细介绍，具体操作步骤如下。

Step 01 打开光盘中的"素材\CH22\锁定解锁视口.dwg"文件。

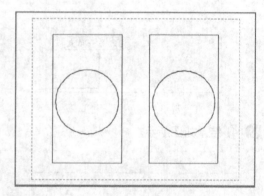

Step 02 单击【布局】选项卡→【布局视口】面板中的【锁定】按钮，然后选择如图所示的视口作为要锁定的视口。

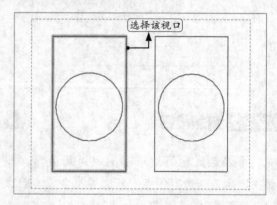

选择该视口

Step 03 按【Enter】键确认，结果如图所示。

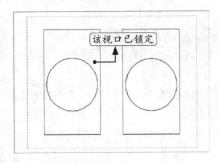

Step 04 在左侧视口中双击，将其激活，如图所示。

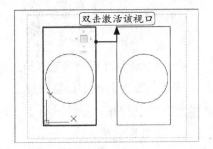

Step 05 选择【视图】→【缩放】→【实时】菜单命令，对左侧视口进行缩放操作，结果如图所示。

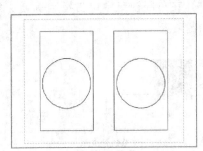

Step 06 退出实时缩放命令，并在空白位置处双击。

Step 07 单击【布局】选项卡→【布局视口】面板中的【解锁】按钮，选择如图所示的视口作为要解锁的视口。

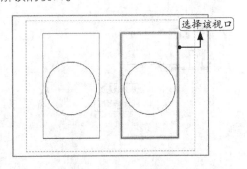

Step 08 按【Enter】键确认，结果如图所示。

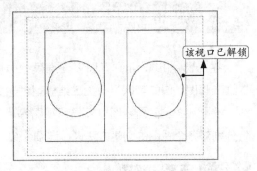

Step 09 在右侧视口中双击，将其激活，如图所示。

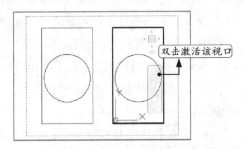

Step 10 选择【视图】→【缩放】→【实时】菜单命令，对右侧视口进行缩放操作，结果如图所示。

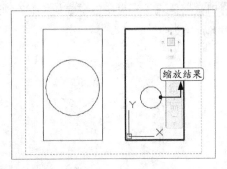

Step 11 退出实时缩放命令，并在空白位置处双击，结果如图所示。

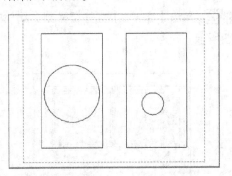

22.3 创建视图

在AutoCAD中，用户可以将三维模型转换为二维工程图，例如可以为相关三维模型创建父视图、投影视图、截面视图以及局部视图等，下面将分别对各个视图的创建方法进行详细介绍。

22.3.1 创建父视图

从模型空间或Autodesk Inventor模型创建基础视图。基础视图是指在图形中创建的第一个视图，其他所有视图都来源于基础视图。

在布局中创建基础视图的几种常用方法如下：

• 在命令行中输入"VIEWBASE"命令并按空格键确认；

• 单击【布局】选项卡→【创建视图】面板，选择一种适当的方式。

下面将对布局中创建基础视图的过程进行详细介绍，具体操作步骤如下。

Step 01 打开随书光盘中的"素材\CH22\创建父视图.dwg"文件。

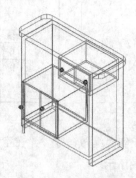

Step 02 单击【布局1】标签切换到布局模式，如图所示。

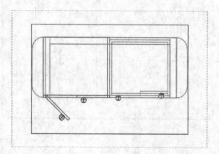

Step 03 单击选中当前视口，如图所示。

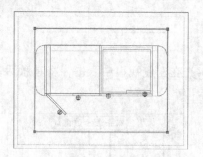

Step 04 单击【Delete】键将当前视口删除，然后单击【布局】选项卡→【创建视图】面板中的【从模型空间】按钮，系统弹出【工程视图创建】选项卡，如图所示。

Step 05 在布局视口中单击指定基础视图的位置，如图所示。

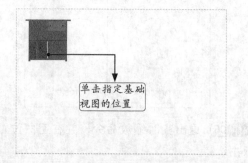

单击指定基础视图的位置

Step 06 在【工程视图创建】选项卡中单击【确定】按钮，并按【Enter】键确认，结果如图所示。

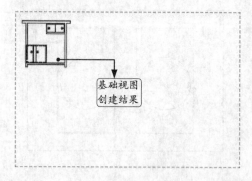

基础视图创建结果

22.3.2 创建投影视图

从现有工程图创建一个或多个投影视图。投影视图继承父视图的比例、显示设置和对齐，不能使用过期的工程图或无法读取的工程图作为父视图，退出该命令后，显示"已成功创建 n 个投影视图"提示。

Tips

> 在参照编辑期间或在使用视口时，【VIEWPROJ】命令在块编辑器中不可用。

在布局中创建投影视图的几种常用方法如下：

在命令行中输入"VIEWPROJ"命令并按空格键确认；

单击【布局】选项卡→【创建视图】面板中的【投影】按钮 。

下面将对布局中创建投影视图的过程进行详细介绍，具体操作步骤如下。

Step 01 打开光盘中的"素材\CH22\创建投影视图.dwg"文件。

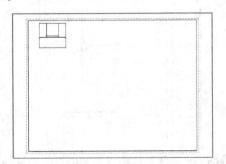

Step 02 单击【布局】选项卡→【创建视图】面板中的【投影】按钮，然后选择如图所示的视图作为父视图。

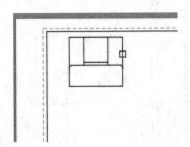

Step 03 拖动鼠标并单击指定投影视图的位置，如图所示。

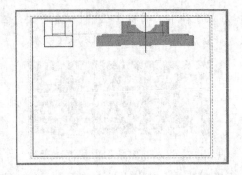

Step 04 继续拖动鼠标并单击指定投影视图的位置，如图所示。

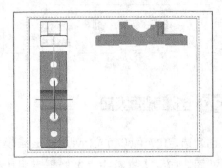

Step 05 继续拖动鼠标并单击指定投影视图的位置，如图所示。

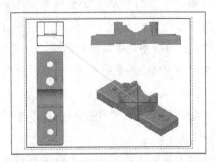

Step 06 按【Enter】键确认，结果如图所示。

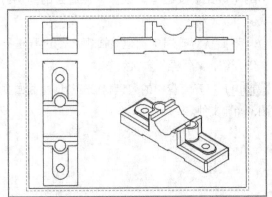

Tips

选中父视图后，系统自动弹出【工程图】选项卡，在该选项卡的面板上选中【投影】选项也可以进行创建投影视图，如下图所示。

此外，选中父视图后，单击鼠标右键，在弹出的快捷菜单上选择【创建视图】→【投影视图】，也可以创建投影视图。

创建视图	▶	投影视图
编辑视图		截面视图
更新视图		局部视图

22.3.3 创建截面视图 ▶

创建选定的AutoCAD或Inventor三维模型的截面视图。如果【推断约束】处于启用状态，将基于对象捕捉点将剖切线约束到父视图几何图形。如果【推断约束】处于禁用状态，则不会将剖切线约束到父视图几何图形。但是，可以在创建截面视图后手动添加约束。

在布局中创建截面视图的几种常用方法如下：

在命令行中输入"VIEWSECTION"命令并按空格键确认；

单击【布局】选项卡→【创建视图】面板中的【截面】按钮，选择一种适当的剖切方式。

下面将对布局中创建截面视图的过程进行详细介绍，具体操作步骤如下。

Step 01 打开光盘中的"素材\CH22\创建截面视图.dwg"文件。

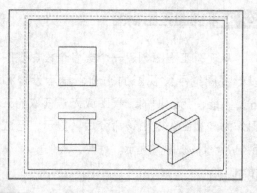

Step 02 单击【布局】选项卡→【创建视图】面板中的【截面】按钮，选择【全剖】选项，然后选择如图所示的视图作为父视图。

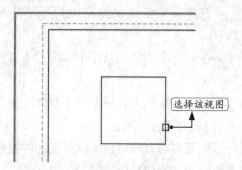

选择该视图

Step 03 捕捉如图所示的中点作为起点。

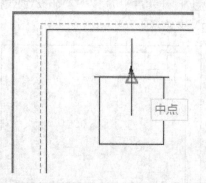

中点

Step 04 拖动鼠标并捕捉如图所示的中点作为端点，按【Enter】键。

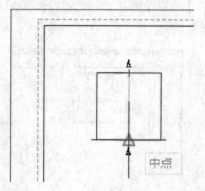

中点

Step 05 拖动鼠标并单击指定截面视图的位置，如图所示。

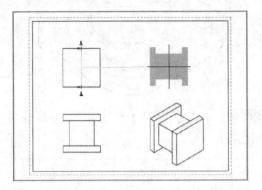

Step 06 在【截面视图创建】选项卡中单击【确定】按钮 ✔，结果如图所示。

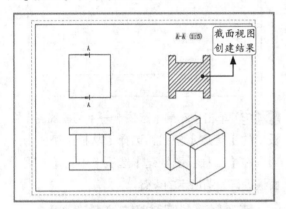

22.3.4 创建局部视图

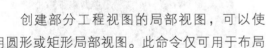

创建部分工程视图的局部视图，可以使用圆形或矩形局部视图。此命令仅可用于布局中，因而必须有工程视图。

在布局中创建局部视图的几种常用方法如下：

在命令行中输入"VIEWDETAIL"命令并按空格键确认；

单击【布局】选项卡→【创建视图】面板中的【局部】按钮 ，选择【圆形】或【矩形】。

下面将对布局中创建局部视图的过程进行详细介绍，具体操作步骤如下。

Step 01 打开光盘中的"素材\CH22\创建局部视图.dwg"文件。

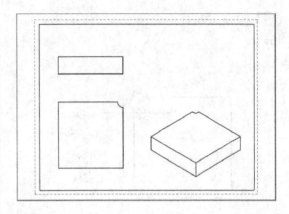

Step 02 单击【布局】选项卡→【创建视图】面板中的【局部】按钮，选择【圆形】选项，然后选择如图所示的视图作为父视图。

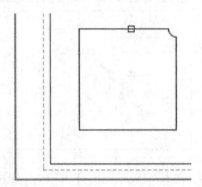

Step 03 在【局部视图创建】选项卡中进行如图所示的设置。

Step 04 在布局视口中捕捉如图所示的中点作为圆心。

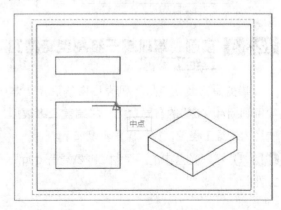

Step 05 拖动鼠标并单击指定边界的尺寸，如图所示。

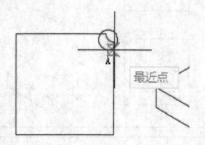

Step 06 拖动鼠标并单击指定局部视图的位置，如图所示。

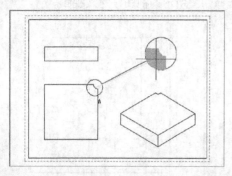

Step 07 在【局部视图创建】选项卡中单击【确定】按钮 ✔，结果如图所示。

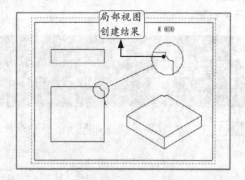

22.3.5 实例：将机械三维模型转换为二维工程图 ▶

端盖是安装在电机等机壳后面的后盖。本实例利用AutoCAD的布局功能，将端盖三维模型转换为二维工程图，具体操作步骤如下。

Step 01 打开光盘中的"素材\CH22\端盖.dwg"文件。

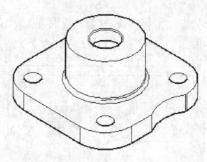

Step 02 单击【布局1】标签切换到布局模式，如图所示。

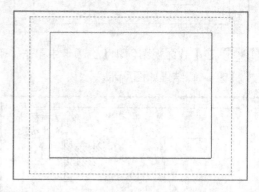

Step 03 单击【布局】选项卡→【创建视图】面板中的【基点】按钮，选择【从模型空间】选项，在【工程视图创建】选项卡中对【外观】面板进行如图所示的设置。

Step 04 在布局视口中单击指定基础视图的位置，按【Enter】键。

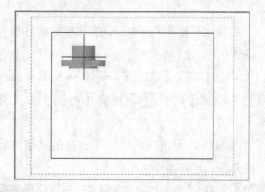

Step 05 在布局视口中单击指定投影视图的位

置，如图所示。

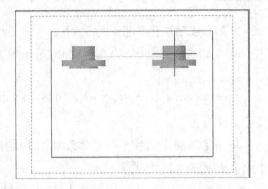

Step 06 在布局视口中拖动鼠标继续单击指定投影视图的位置，如图所示。

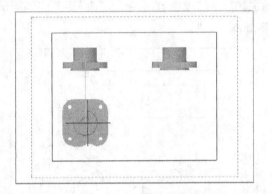

Step 07 在布局视口中拖动鼠标继续单击指定投影视图的位置，如图所示。

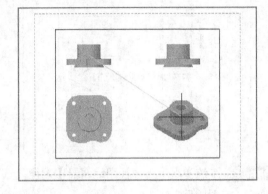

Step 08 按【Enter】键确认，结果如图所示。

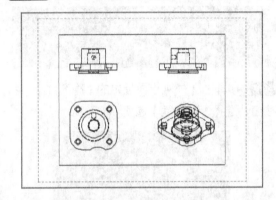

22.4 修改布局视图

在AutoCAD中，用户可以对三维模型转换而成的二维工程图进行编辑，下面将分别对编辑视图及编辑部件的方法进行详细介绍。

22.4.1 编辑视图

编辑现有工程视图。如果功能区处于活动状态，则此命令将显示【工程视图编辑器】功能区上下文选项卡。如果功能区未处于活动状态，则使用命令行来更改视图的特性以进行编辑。

【编辑视图】命令的几种常用调用方法如下：

● 在命令行中输入"VIEWEDIT"命令并按空格键确认。

● 单击【布局】选项卡→【修改视图】面

板中的【编辑视图】按钮。

● 双击需要编辑的视图。

下面将对布局中编辑视图的过程进行详细介绍，具体操作步骤如下。

Step 01 打开随书光盘中的"素材\CH22\编辑视图.dwg"文件。

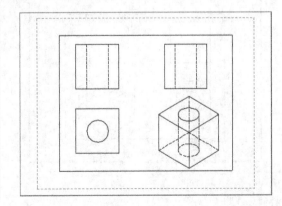

Step 02 双击如下图所示的视图。

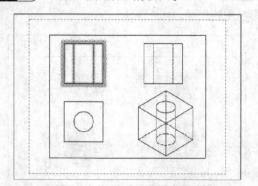

Step 03 系统弹出【工程视图编辑器】功能区选项卡，如图所示。

Step 04 单击【外观】面板中的【隐藏线】下拉按钮，选择【可见线】选项，如图所示。

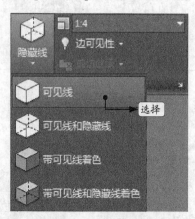

Step 05 单击【工程视图编辑器】选项卡中的【确定】按钮，结果如图所示。

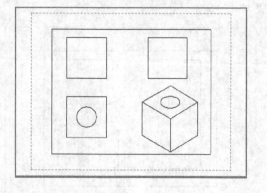

22.4.2 编辑部件

从工程视图中选择部件进行编辑。

【编辑部件】命令的几种常用调用方法如下：

在命令行中输入"VIEWCOMPONENT"命令并按空格键确认；

单击【布局】选项卡→【修改视图】面板中的【编辑部件】按钮。

下面将对布局中【编辑部件】命令的调用过程进行详细介绍，具体操作步骤如下。

Step 01 打开随书光盘中的"素材\CH22\编辑部件.dwg"文件。

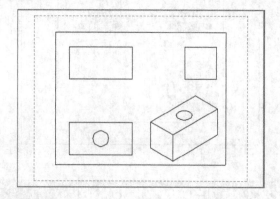

Step 02 单击【布局】选项卡→【修改视图】面板中的【编辑部件】按钮，然后拾取相应部件并按【Enter】键确认，命令行提示如下。

选择截面参与方式 [无(N)/截面(S)/切片(L)]
<截面>:

命令行中各选项含义如下。

【无】：指定在创建此部件的截面视图或局部视图时，该部件没有拆分，而是以其完整的形式显示。

【截面】：指定在使用截面视图或局部视图时，用户可以剖切选定的部件。

【切片】：指定在剖切部件时，将创建一个真正的零深度几何图形。

Step 03 根据命令行提示执行相应选项即可完成操作。

22.5 管理视图样式及标准

在AutoCAD中，用户可以对截面视图样式及局部视图样式进行管理，也可以对新工程视图的默认值进行设定。

22.5.1 管理截面视图样式

创建和修改截面视图样式。截面视图样式是设置的命名集合，用来控制截面视图和剖切线的外观。可以使用截面视图样式来快速指定用于构成截面视图和剖切线的所有对象的格式，并确保它们符合标准。

【截面视图样式管理器】对话框的几种常用调用方法如下：

• 在命令行中输入"VIEWSECTIONSTYLE"命令并按空格键确认；

• 单击【布局】选项卡→【样式和标准】面板中的【截面视图样式】按钮 。

单击【布局】选项卡→【样式和标准】面板中的【截面视图样式】按钮 ，系统弹出【截面视图样式管理器】对话框，如图所示。

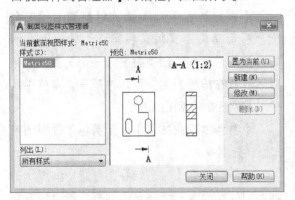

【截面视图样式管理器】对话框中各选项含义如下。

【当前截面视图样式】：显示应用于所创建的截面视图的截面视图样式的名称。

【样式】：显示当前图形文件中可用的截面视图样式列表。当前样式被亮显。

【列出】：过滤【样式】列表的内容。单击【所有样式】，可显示图形文件中可用的所有截面视图样式。单击【正在使用的样式】，仅显示被当前图形中的截面视图参照的截面视图样式。

【预览】：显示【样式】列表中选定样式的预览图像。

【置为当前】：将【样式】列表中选定的截面视图样式设定为当前样式。使用此截面视图样式创建所有新截面视图。

【新建】：显示【新建截面视图样式】对话框，从中可以定义新截面视图样式。

【修改】：显示【修改截面视图样式】对话框，从中可以修改截面视图样式。

【删除】：删除【样式】列表中选定的截面视图样式。如果【样式】列表中选定的样式当前正用于截面视图，则此按钮不可用。

22.5.2 管理局部视图样式

创建和修改局部视图样式。局部视图样式是已命名的设置集合，用来控制局部视图、详图边界和引线的外观。可以使用局部视图样式来快速指定所有图元的格式，这些图元属于局部视图和局部视图定义，并确保它们符合标准。

【局部视图样式管理器】对话框的几种常用调用方法如下：

• 在命令行中输入"VIEWDETAILSTYLE"命令并按【Enter】键确认；

• 单击【布局】选项卡→【样式和标准】面板中的【局部视图样式】按钮 。

单击【布局】选项卡→【样式和标准】面板中的【局部视图样式】按钮 ，系统弹出【局部视图样式管理器】对话框，如图所示。

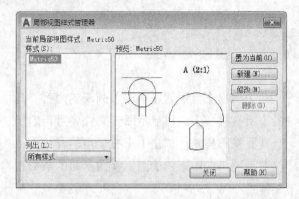

【局部视图样式管理器】对话框中各选项含义如下。

【当前局部视图样式】：显示应用于所创建的局部视图的局部视图样式的名称。

【样式】：显示当前图形文件中可用的局部视图样式的列表。当前样式被亮显。

【列表】：过滤【样式】列表的内容。单击【所有样式】将显示图形文件中所有可用的局部视图样式。单击【正在使用的样式】，将仅显示由当前图形中的局部视图参照的局部视图样式。

【预览】：显示【样式】列表中选定样式的预览图像。

【置为当前】：将【样式】列表中选定的局部视图样式设置为当前样式。所有新局部视图都将使用此局部视图样式创建。

【新建】：显示【新建局部视图样式】对话框，从中可以定义新局部视图样式。

【修改】：显示【修改局部视图样式】对话框，从中可以修改局部视图样式。

【删除】：删除【样式】列表中选定的局部视图样式。如果【样式】列表中选定的样式被当前图形中的局部视图所参照，此按钮将不可用。

22.5.3 设置工程视图默认值

为工程视图定义默认设置。仅当创建新的基础视图时才会使用指定的值，它们不会影响布局中已经存在的工程视图。

【绘图标准】对话框的几种常用调用方法如下：

• 在命令行中输入"VIEWSTD"命令并按空格键确认；

• 单击【布局】选项卡→【样式和标准】面板中的【对话框启动器】按钮 ↘。

单击【布局】选项卡→【样式和标准】面板中的【对话框启动器】按钮 ↘，系统弹出【绘图标准】对话框，如图所示。

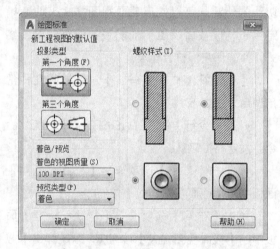

【绘图标准】对话框中各选项含义如下。

【投影类型】：设置工程视图的投影角度。投影角度定义放置投影视图的位置。例如，如果活动的投影类型是第一个角度，则俯视图放置在前视图的下面。在第三个角度中，俯视图放置在前视图的上面。

【着色的视图质量】：为着色工程视图设置默认分辨率。

【预览类型】：指定视图创建期间显示的临时图形是着色预览还是边界框。着色预览要花费较长时间才能生成，对于大型模型可能不可取。

【螺纹样式】：设置图形中用于截面视图的螺纹端的外观以及设置图形中螺纹边的外观。

22.6 视图更新

更新由于源模型已更改而变为过期的工程视图。自动更新关闭时，过期的工程视图会在视图边界的角上亮显红色标记，一旦更新命令执行完毕，将会显示【已成功更新n个视图】的提示。

Tips

当系统变量VIEWUPDATEAUTO的值为【0】时，更改源模型，工程视图不会自动更新；当系统变量VIEWUPDATEAUTO的值为【1】时，更改源模型，工程视图会自动更新。

【更新视图】命令的几种常用调用方法如下：

• 在命令行中输入"VIEWUPDATE"命令并按空格键确认；

• 单击【布局】选项卡→【更新】面板中的【更新视图】按钮或【更新所有视图】按钮。

下面将对【更新视图】命令的应用进行详细介绍，具体操作步骤如下。

Step 01 打开随书光盘中的"素材\CH22\更新视图.dwg"文件。

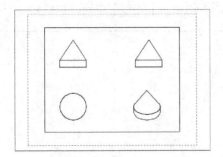

Step 02 切换到【模型】空间，如图所示。

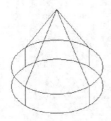

Step 03 选择如图所示的圆锥体，如图所示。

Step 04 按【Delete】键将所选圆锥体删除，结果如图所示。

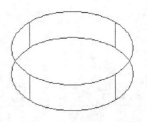

Step 05 切换到【布局】空间，如图所示。

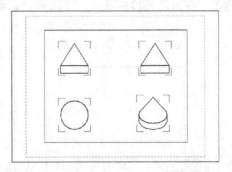

Step 06 单击【布局】选项卡→【更新】面板中的【更新所有视图】按钮，命令行提示如下。

已成功更新 4 个视图

Step 07 结果如图所示。

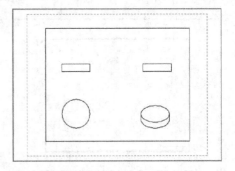

22.7 实战技巧

由于工作需要，经常需要在【布局】空间与【模型】空间之间进行切换，某些时候，为了避免这种繁琐的情况出现，可以直接在布局空间中向模型空间中绘图，下面将详细介绍如何在布局空间中向模型空间中绘图。

Step 01 打开光盘中的"素材\CH22\在布局空间中向模型空间中绘图.dwg"文件。

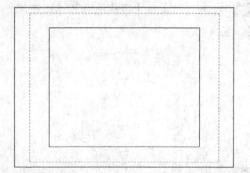

Step 02 在布局视口中双击，使其激活，如图所示。

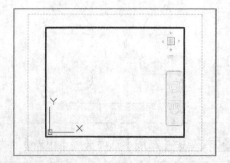

Step 03 选择【默认】选项卡→【绘图】面板→矩形按钮，在绘图区域单击指定矩形的第一个角点，如图所示。

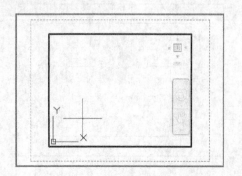

Step 04 在绘图区域拖动鼠标并单击指定矩形的另一个角点，如图所示。

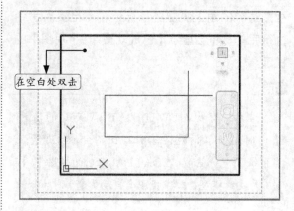

Step 05 结果如图所示。

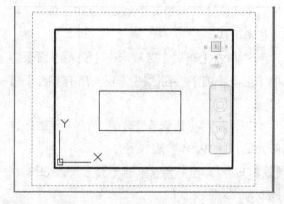

Step 06 切换到【模型】空间，结果如图所示。

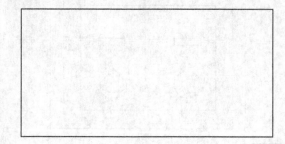

第5篇

高级应用

导读

本篇主要讲解AutoCAD 2017的高级应用。通过对渲染及中望CAD 2017等的讲解，让用户了解AutoCAD 2017的高级用法，掌握这些应用可以使用户的绘图技能更加完善。

第 23 章

渲染

本章引言

三维模型对象可以对事物进行整体上的有效表达，使其更加直观，结构更加明朗，但是在视觉效果上面却与真实物体存在着很大差距，AutoCAD中的渲染功能有效地弥补了这一缺陷，使三维模型对象表现得更加完美，更加真实。

学习要点

- 了解渲染
- 掌握使用材质
- 掌握新建光源
- 掌握渲染环境和曝光
- 设置渲染参数

23.1 了解渲染

渲染基于三维场景来创建二维图像。它使用已设置的光源、已应用的材质和环境设置（例如背景和雾化），为场景的几何图形着色。

渲染可以生成真实准确的模拟光照效果，包括光线跟踪反射和折射以及全局照明。

一系列标准渲染预设、可重复使用的渲染参数均可以使用。某些预设适用于相对快速的预览渲染，而其他预设则适用于质量较高的渲染。

最终目标是创建一个可以表达用户想像的真实照片级演示质量图像，而在此之前则需要创建许多渲染。基础水平的用户可以使用【RENDER】命令来渲染模型，而不应用任何材质、添加任何光源或设置场景。渲染新模型时，渲染器会自动使用"与肩齐平"的虚拟平行光，这个光源不能移动或调整。

【渲染】命令的几种常用调用方法如下：

- 选择【视图】→【渲染】→【高级渲染设置】菜单命令，在【渲染预设管理器】对话框中单击【渲染】按钮；

- 在命令行中输入"RENDER/RR"命令并按

空格键确认；

- 单击【可视化】选项卡→【渲染】面板→【渲染窗口】按钮，在【渲染预设管理器】对话框中单击【渲染】按钮。

下面将使用系统默认参数对电机模型进行渲染，具体操作步骤如下。

Step 01 打开光盘中的"素材\CH23\电机.dwg"文件。

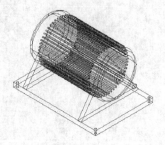

Step 02 选择【视图】→【渲染】→【高级渲染设置】菜单命令。

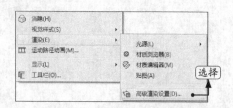

Step 03 弹出【渲染预设管理器】对话框，单击
【渲染】按钮。

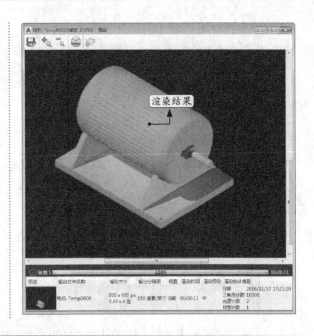

渲染结果

Step 04 结果如图所示。

23.2 使用材质

材质能够详细描述对象如何反射或透射灯
光，可使场景更加具有真实感。

23.2.1 材质浏览器

用户可以使用材质浏览器导航和管理材
质。

【材质浏览器】面板的几种常用调用方法
如下：

• 选择【视图】→【渲染】→【材质浏览
器】菜单命令；

• 在命令行中输入"MATBROWSEROPEN"命
令并按空格键确认；

• 单击【可视化】选项卡→【材质】面板
中的【材质浏览器】按钮 ；

• 单击【可视化】选项卡→【材质】面板
中的【材质浏览器】按钮 ，系统弹出【材质
浏览器】面板，如图所示。

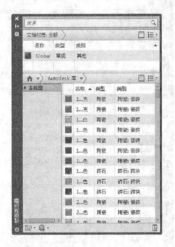

【材质浏览器】面板中各个模块的功能如下。

【在文档中创建新材质】按钮 ：在图形
中创建新材质，主要包含下图所示的材质。

新建使用类型：
陶瓷
混凝土
玻璃
砌石
金属
金属漆
镜子
塑料
实心玻璃
石材
墙面漆
水
木材
新建常规材质...

【文档材质：全部】：描述图形中所有应用材质。单击下拉列表后如下图所示。

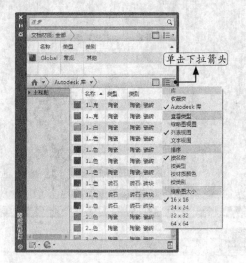

【Autodesk库】：包含了Autodesk提供的所有材质。

【管理】按钮的下拉箭头如下图所示。

23.2.2 材质编辑器

编辑在【材质浏览器】中选定的材质。

【材质编辑器】面板的几种常用调用方法如下：

- 选择【视图】→【渲染】→【材质编辑器】菜单命令；
- 在命令行中输入"MATEDITOROPEN"命令并按空格键确认；
- 单击【可视化】选项卡→【材质】面板中的 按钮。

下面将对【材质编辑器】面板的相关功能进行详细介绍。

Step 01 单击【可视化】选项卡→【材质】面板中的 按钮，系统弹出【材质编辑器】面板，选择【外观】选项卡，如图所示。

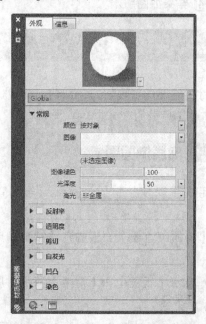

【外观】选项卡中各个模块的功能如下。

【材质预览】：预览选定的材质。

【选项】下拉菜单：提供用于更改缩略图预览的形状和渲染质量的选项。

【名称】：指定材质的名称。

【显示材质浏览器】按钮：显示材质浏览器。

【创建材质】按钮：创建或复制材质。

Step 02 在【材质编辑器】面板中选择【信息】选项卡，如图所示。

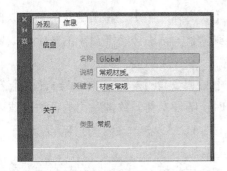

【信息】选项卡中各个模块的功能如下。

【信息】：指定材质的常规说明。

【关于】：显示材质的类型、版本和位置。

23.2.3 附着材质

下面将利用【材质浏览器】面板为三维模型附着材质，具体操作步骤如下。

Step 01 打开随书光盘中的"素材\CH23\附着材质.dwg"文件。

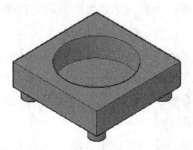

Step 02 单击【可视化】选项卡→【材质】面板中的【材质浏览器】按钮 。

Step 03 选择【12英寸顺砌-紫红色】材质选项，如图所示。

Step 04 将【12英寸顺砌-紫红色】材质拖动到三维建模空间中的三维模型上面，如图所示。

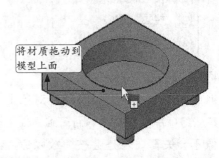

Step 05 选择【视图】→【渲染】→【高级渲染设置】菜单命令。弹出【渲染预设管理器】对话框，单击【渲染】按钮，结果如图所示。

23.2.4 设置贴图

将贴图频道和贴图类型添加到材质后，用户可以通过修改相关的贴图特性优化材质。可以使用贴图控件来调整贴图的特性。

【贴图】命令的几种常用调用方法如下：

• 选择【视图】→【渲染】→【贴图】菜单命令，然后选择一种适当的贴图方式；

• 在命令行中输入"MATERIALMAP"命令并按【Enter】键确认，然后在命令提示下输入相应选项按【Enter】键确认；

• 单击【可视化】选项卡→【材质】面板→【材质贴图】，然后选择一种适当的贴图方式。

下面将对【贴图】的几种类型进行详细介绍。

Step 01 选择【视图】→【渲染】→【贴图】菜单命令。

Step 02 执行命令后，将显示以下4种贴图方式。

平面贴图(P)

长方体贴图(B)

柱面贴图(C)

球面贴图(S)

这4种贴图方式分别解释如下。

【平面贴图】：将图像映射到对象上，就像将其从幻灯片投影器投影到二维曲面上一样。图像不会失真，但是会被缩放以适应对象。该贴图最常用于面。

【长方体贴图】：将图像映射到类似长方体的实体上。该图像将在对象的每个面上重复使用。

【柱面贴图】：在水平和垂直两个方向上同时使图像弯曲。纹理贴图的顶边在球体的"北极"压缩为一个点。同样，底边在"南极"压缩为一个点。

【球面贴图】：将图像映射到圆柱形对象上，水平边将一起弯曲，但顶边和底边不会弯曲。图像的高度将沿圆柱体的轴进行缩放。

23.3 新建光源

AutoCAD提供了3种光源单位：标准（常规）、国际（国际标准）和美制。AutoCAD的默认光源流程是基于国际（国际标准）光源单位的光度控制流程。此选择将产生真实准确的光源。

场景中没有光源时，将使用默认光源对场景进行着色或渲染。来回移动模型时，默认光源来自视点后面的两个平行光源。模型中所有的面均被照亮，以使其可见。可以控制亮度和对比度，但不需要自己创建或放置光源。

插入自定义光源或启用阳光时，将会为用户提供禁用默认光源的选项。另外，用户可以仅将默认光源应用到视口，同时将自定义光源应用到渲染。

23.3.1 新建点光源

法线点光源不以某个对象为目标，而是照亮它周围的所有对象。使用类似点光源来获得基本照明效果。目标点光源具有其他目标特性，因此它可以定向到对象。也可以通过将点光源的目标特性从【否】更改为【是】，从点光源创建目标点光源。

在标准光源工作流中可以手动设定点光源，使其强度随距离线性衰减（根据距离的平方呈反比）或者不衰减。默认情况下，衰减设定为【无】。

用户可以使用【POINTLIGHT】命令新建点光源。

【新建点光源】命令的几种常用调用方法如下：

• 选择【视图】→【渲染】→【光源】→【新建点光源】菜单命令；

• 在命令行中输入"POINTLIGHT"命令并按空格键确认；

• 单击【可视化】选项卡→【光源】面板→【点】按钮 。

下面将对新建点光源的方法进行详细介绍。

Step 01 打开随书光盘中的"素材\CH23\新建光源.dwg"文件。

Step 02 单击【可视化】选项卡→【光源】面板→【点】按钮 ，系统弹出【光源-视口光源模式】对话框，选择【关闭默认光源（建议）】

选项，如图所示。

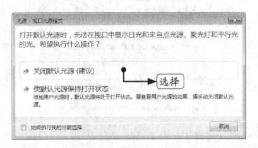

Step 03 在命令提示下指定新建点光源的位置及强度因子，命令行提示如下。

命令: _pointlight

指定源位置 <0,0,0>: 0,0,50 ✓

输入要更改的选项 [名称(N)/强度因子(I)/状态(S)/光度(P)/阴影(W)/衰减(A)/过滤颜色(C)/退出(X)] <退出>: i ✓

输入强度 (0.00 – 最大浮点数) <1>: 0.01 ✓

输入要更改的选项 [名称(N)/强度因子(I)/状态(S)/光度(P)/阴影(W)/衰减(A)/过滤颜色(C)/退出(X)] <退出>: ✓

Step 04 结果如图所示。

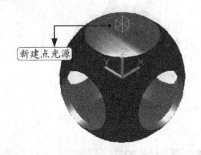

新建点光源

23.3.2 新建聚光灯

聚光灯（例如闪光灯、剧场中的跟踪聚光灯或前灯）投射一个聚焦光束。聚光灯发射定向锥形光，可以控制光源的方向和圆锥体的尺寸。像点光源一样，聚光灯也可以手动设定为强度随距离衰减，但是，聚光灯的强度始终还是根据相对于聚光灯的目标矢量的角度衰减，此衰减由聚光灯的聚光角角度和照射角角度控制。可以用聚光灯亮显模型中的特定特征和区域。

用户可以使用【SPOTLIGHT】命令新建聚光灯。

【新建聚光灯】命令的几种常用调用方法如下：

• 选择【视图】→【渲染】→【光源】→【新建聚光灯】菜单命令；

• 在命令行中输入"SPOTLIGHT"命令并按【Enter】键确认；

• 单击【可视化】选项卡→【光源】面板→【聚光灯】按钮。

下面将对新建聚光灯的方法进行详细介绍。

Step 01 打开随书光盘中的"素材\CH23\新建光源.dwg"文件。

Step 02 单击【可视化】选项卡→【光源】面板→【聚光灯】按钮，系统弹出【光源-视口光源模式】询问对话框，选择【关闭默认光源（建议）】选项，如图所示。

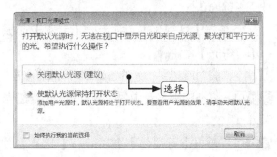

Step 03 在命令提示下指定新建聚光灯的位置及强度因子，命令行提示如下。

命令: _spotlight

指定源位置 <0,0,0>: –120,0,0 ✓

指定目标位置 <0,0,–10>: –90,0,0 ✓

输入要更改的选项 [名称(N)/强度因子(I)/状态(S)/光度(P)/聚光角(H)/照射角(F)/阴影(W)/衰减(A)/过滤颜色(C)/退出(X)] <退出>: i ✓

输入强度 (0.00 – 最大浮点数) <1>: 0.03 ✓

输入要更改的选项 [名称(N)/强度因子(I)/状态(S)/光度(P)/聚光角(H)/照射角(F)/阴影(W)/衰减(A)/过滤颜色(C)/退出(X)] <退出>: ✓

Step 04 结果如图所示。

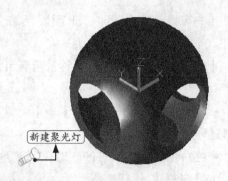

新建聚光灯

23.3.3 新建平行光

用户可以使用【DISTANTLIGHT】命令新建平行光源。

【新建平行光】命令的几种常用调用方法如下：

- 选择【视图】→【渲染】→【光源】→【新建平行光】菜单命令；
- 在命令行中输入"DISTANTLIGHT"命令并按空格键确认；
- 单击【可视化】选项卡→【光源】面板→【平行光】按钮。

下面将对新建平行光的方法进行详细介绍。

Step 01 打开随书光盘中的"素材\CH23\新建光源.dwg"文件。

Step 02 单击【可视化】选项卡→【光源】面板→【平行光】按钮，系统弹出【光源-视口光源模式】询问对话框，选择【关闭默认光源（建议）】选项，如图所示。

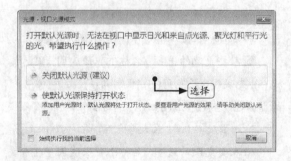

Step 03 系统弹出【光源-光度控制平行光】对话框，选择【允许平行光】选项，如图所示。

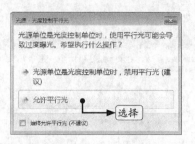

Step 04 然后在命令提示下指定新建平行光的光源来向、光源去向及强度因子，命令行提示如下。

命令：_distantlight

指定光源来向 <0,0,0> 或 [矢量(V)]: 0,0,130 ↙

指定光源去向 <1,1,1>: 0,0,70 ↙

输入要更改的选项 [名称(N)/强度因子(I)/状态(S)/光度(P)/阴影(W)/过滤颜色(C)/退出(X)] <退出>: i ↙

输入强度 (0.00 - 最大浮点数) <1>: 2 ↙

输入要更改的选项 [名称(N)/强度因子(I)/状态(S)/光度(P)/阴影(W)/过滤颜色(C)/退出(X)] <退出>: ↙

Step 05 结果如图所示。

23.3.4 新建光域灯光

光域灯光（光域）是光源的光强度分布的三维表示。光域灯光可用于表示各向异性（非统一）光分布，此分布来源于现实中的光源制造商提供的数据。与聚光灯和点光源相比，这样提供了更加精确的渲染光源表示。

使用光度控制数据的IES LM-63-1991标准文件格式将定向光分布信息以IES格式存储在光度控制数据文件中。

要描述光源发出的光的方向分布，则通过置于光源的光度控制中心的点光源近似光源。使用此近似，将仅分布描述为发出方向的功能，提供用于水平角度和垂直角度预定组的光源的照度，并且系统可以通过插值计算沿任意方向的照度。

用户可以使用【WEBLIGHT】命令新建光域网灯光。

【光域网灯光】命令的几种常用调用方法如下：

• 在命令行中输入"WEBLIGHT"命令并按空格键确认；

• 单击【可视化】选项卡→【光源】面板→【光域网灯光】按钮。

下面将对新建光域网灯光的方法进行详细介绍。

Step 01 打开随书光盘中的"素材\CH23\新建光源.dwg"文件。

Step 02 单击【可视化】选项卡→【光源】面板→【光域网灯光】按钮，系统弹出【光源-视口光源模式】询问对话框，如图所示。

Step 03 选择【关闭默认光源（建议）】选项，然后在命令提示下指定新建光域网灯光的源位置、目标位置及强度因子，命令行提示如下：

命令：_WEBLIGHT

指定源位置 <0,0,0>: −30,0,130 ↙

指定目标位置 <0,0,−10>: 0,0,0 ↙

输入要更改的选项 [名称(N)/强度因子(I)/状态(S)/光度(P)/光域网(B)/阴影(W)/过滤颜色(C)/退出(X)] <退出>: i ↙

输入强度 (0.00 − 最大浮点数) <1>: 0.1 ↙

输入要更改的选项 [名称(N)/强度因子(I)/状态(S)/光度(P)/光域网(B)/阴影(W)/过滤颜色(C)/退出(X)] <退出>: ↙

Step 04 结果如图所示。

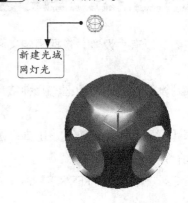

23.4 渲染环境和曝光

控制对象外观距离的视觉提示。执行【RENDERENVIRONMENT】命令后将显示【渲染环境和曝光】对话框。

【渲染环境和曝光】对话框的几种常用调用方法如下：

• 选择【视图】→【渲染】→【渲染环境】菜单命令；

• 在命令行中输入"RENDERENVIRONMENT"命令并按空格键确认；

• 单击【可视化】选项卡→【渲染】面板→【渲染环境和曝光】按钮；

• 单击【可视化】选项卡→【渲染】面板→【渲染环境和曝光】按钮，系统弹出【渲染环境和曝光】对话框。

【渲染环境和曝光】对话框中各参数含义如下。

【环境】：控制渲染时基于图像的照明的使用及设置。

【环境（切换）】：启用基于图像的照明。

【基于图像的照明】：指定要应用的图像照明贴图。

【旋转】：指定图像照明贴图的旋转角度。

【使用 IBL 图像作为背景】：指定的图像照明贴图将影响场景的亮度和背景。

【使用自定义背景】：指定的图像照明贴图仅影响场景的亮度。可选的自定义背景可以应用到场景中。

【背景】：单击"背景"以弹出【基于图像的照明背景】对话框，并指定自定义的背景。

【曝光】：控制渲染时要应用的摄影曝光设置。

【曝光（亮度）】：设置渲染的全局亮度级别。减小该值可使渲染的图像变亮，增加该值可使渲染的图像变暗。

【白平衡】：设置渲染时全局照明的开尔文色温值。低（冷温度）值会产生蓝色光，而高（暖温度）值会产生黄色或红色光。

23.5 设置渲染参数

控制渲染的所有主设置，包括预定义和自定义设置。

【渲染预设管理器】对话框的几种常用调用方法如下：

- 选择【视图】→【渲染】→【高级渲染设置】菜单命令；
- 在命令行中输入"RPREF/RPR"命令并按空格键确认；
- 单击【可视化】选项卡→【渲染】面板中的▼按钮；
- 单击【可视化】选项卡→【渲染】面板中的▼按钮，系统弹出【渲染预设管理器】对话框。

【渲染位置】：确定渲染器显示渲染图像的位置。有窗口、视口和面域三个选项。

- 窗口：将视图渲染到"渲染"窗口。
- 视口：在当前视口中渲染当前视图。
- 面域：在当前视口中渲染指定区域。

【渲染大小】：单击下拉列表指定渲染图像的输出尺寸和分辨率。仅当从【渲染位置】下拉列表中选择【窗口】时，此选项才可用。

【渲染按钮 】：单击开始渲染，并在"渲染"窗口或当前视口中显示渲染的图像。

【当前预设】：指定渲染视图或区域时要使用的渲染预设，有低、中、高、茶歇质量、午餐质量和夜间质量等6个选项。

【创建副本按钮 】：复制选定的渲染预设。将复制的渲染预设名称以后缀"－ CopyN"附加到该名称，以便为该新的自定义渲染预设创建唯一名称。N 所表示的数字会递增，直到创建唯一名称。

【删除按钮 】：从图形的【当前预设】下拉列表中，删除选定的自定义渲染预设。在删除选定的渲染预设后，将另一个渲染预设置为当前。

【预设信息】：显示选定渲染预设的名称和说明。

【名称】：指定选定渲染预设的名称。您可以重命名自定义渲染预设而非标准渲染预设。

【说明】：指定选定渲染预设的说明。

【渲染持续时间】：控制渲染器为创建最终渲染输出而执行的迭代时间或层级数。增加时间或层级数可提高渲染图像的质量。

【直到满意为止】：渲染将继续，直到取消为止。

【按级别渲染】：指定渲染引擎为创建渲染图像而执行的层级数或迭代数。

【按时间渲染】：指定渲染引擎用于反复细化渲染图像的分钟数。

【光源和材质】：控制用于渲染图像的光源和材质计算的准确度。

【低】：简化光源模型；最快但最不真实。全局照明、反射和折射处于禁用状态。

【草稿】：基本光源模型；平衡性能和真实感。全局照明处于启用状态，反射和折射处于禁用状态。

【高】：高级光源模型；较慢但更真实。全局照明、反射和折射处于启用状态。

23.6 实例：渲染书桌模型

书桌在家庭中较为常见，通常摆放在书房，有很高的实用价值。本实例将为书桌三维模型附着材质及添加灯光，具体操作步骤如下。

1. 为书桌模型添加材质

Step 01 打开随书光盘中的"素材\CH23\书桌模型.dwg"文件。

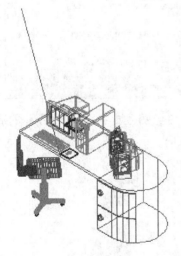

Step 02 单击【可视化】选项卡→【材质】面板中的【材质浏览器】按钮，系统弹出【材质浏览器】选项板，如图所示。

Step 03 在【Autodesk库】→【漆木】材质上面单击鼠标右键，在快捷菜单中选择【添加到】→【文档材质】选项，如图所示。

Step 04 在【文档材质：全部】区域中单击【漆

木】材质的编辑按钮，如图所示。

Step 05 在系统弹出【材质编辑器】的选项板上将【材质编辑器】选项中的【凹凸】复选框取消，并在【常规】卷展栏下对【图像褪色】及【光泽度】的参数进行调整，如图所示。

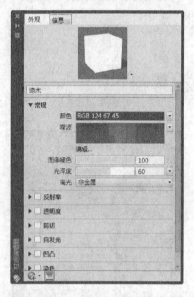

Step 06 将【材质编辑器】选项板关闭，然后在绘图区域中选择书桌模型，如图所示。

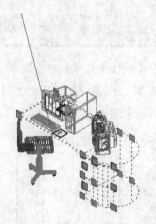

Step 07 在【文档材质：全部】区域中右键单击【漆木】选项，在弹出的快捷菜单中选择【指定给当前选择】选项，如图所示。

Step 08 将【材质浏览器】选项板关闭。

2. 为书桌模型添加灯光

Step 01 单击【可视化】选项卡→【光源】面板→【平行光】按钮，系统弹出【光源-视口光源模式】对话框，选择【关闭默认光源（建议）】选项，如图所示。

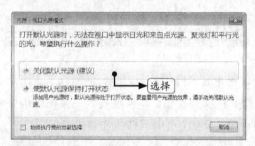

Step 02 系统弹出【光源-光度控制平行光】对话框，选择【允许平行光】选项，如图所示。

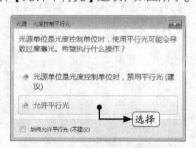

Step 03 在绘图区域中捕捉如图所示的端点以指定光源来向。

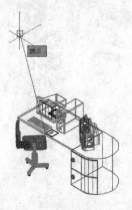

Step 04 在绘图区域中拖动鼠标并捕捉如图所示的端点以指定光源去向。

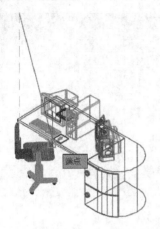

Step 05 按【Enter】键确认，然后在绘图区域中选择如图所示的直线段，按【Delete】键将其删除。

选择该直线段并按【Delete】键将其删除

3. 渲染书桌模型

Step 01 单击【可视化】选项卡→【渲染】面板中的 按钮，在弹出的【渲染预设管理器】对话框中将当前预设设置为高，如下图所示。

Step 02 单击【渲染】按钮，结果如图所示。

23.7 实战技巧

下面将对渲染的背景颜色的设置方法进行详细介绍。

技巧 设置渲染的背景颜色

在AutoCAD中，默认以黑色作为背景对模型进行渲染，用户可以根据实际需求对其进行更改，具体操作步骤如下。

Step 01 打开光盘中的"素材\CH23\设置渲染的背景颜色.dwg"文件。

Step 02 在命令行输入"BACKGROUND"命令并按空格键确认，弹出【背景】对话框，设置【类型】为"纯色"，单击【纯色选项】区域中的颜色位置，如图所示。

Step 03 弹出【选择颜色】对话框，如图所示。

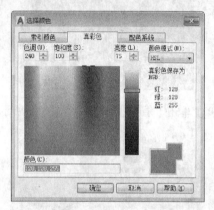

Step 04 将颜色设置为白色，如图所示。

Step 05 在【选择颜色】对话框中单击【确定】按钮，返回【背景】对话框，如图所示。

Step 06 在【背景】对话框中单击【确定】按钮，然后执行【渲染】命令，结果如图所示。

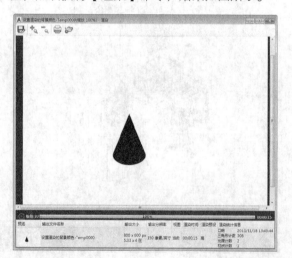

第 **24** 章

中望CAD 2017

■■ 本章引言

中望CAD是基于AutoCAD为平台开发的国产CAD软件，中望CAD界面风格和操作习惯与AutoCAD高度一致，兼容DGW最新版本格式文件。在使用方面，中望CAD运行速度更快，系统稳定性高，而且更符合国人的使用习惯。

■■ 学习要点

- ➢ 中望CAD简介
- ➢ 安装中望CAD 2017
- ➢ 中望CAD 2017的扩展功能

24.1 中望CAD简介

中望CAD是中望数字化设计软件有限责任公司自主研发的新一代二维CAD平台软件，运行更快更稳定，功能持续进步，兼容最新DWG文件格式；创新的智能功能系列，如智能语音、手势精灵等，简化CAD设计，是CAD正版化的首选解决方案。

2016年5月，中望CAD推出了最新版本中望CAD 2017。作为广州中望数字化设计软件有限责任公司自主研发的全新一代二维CAD平台软件，中望CAD通过独创的内存管理机制和高效的运算逻辑技术，软件在长时间的设计工作中快速稳定运行；动态块、光栅图像、关联标注、最大化视口、CUI定制Ribbon界面系列实用功能，手势精灵、智能语音、Google地球等独创智能功能，最大限度提升生产设计效率；强大的API接口为CAD应用带来无限可能，满足不同专业应用的二次开发需求。

24.2 中望CAD 2017的安装

中望CAD 2017的安装步骤如下。

Step 01 双击中望CAD 2017的安装程序，弹出安装向导界面，单击【安装】按钮。

Step 02 弹出选择安装产品界面，选择需要安装的产品后，单击【下一步】按钮。

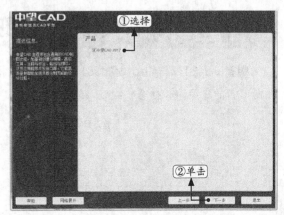

Step 03 弹出许可证协议面板，勾选【我接受许可协议中的条款】复选框，单击【下一步】按钮。

Step 04 弹出【配置】界面，单击【更改】按钮，选择安装路径，如下图所示。

Step 05 选择好安装路径后单击【下一步】按钮，开始安装程序，如下图所示。

Step 06 程序安装完成后，弹出【安装完成】界面，选择【Ribbon样式】，然后单击【完成】按钮即可完成安装，如下图所示。

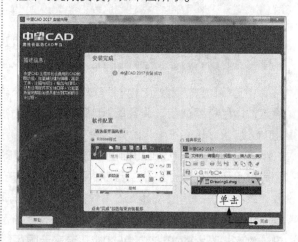

Tips

中望CAD有很多产品，例如机械版、建筑版、电气版、通信版等，我们这里选择的是通用版本。

24.3　中望CAD 2017的工作界面

中望CAD 2017与Auto CAD 2017的界面非常相似，功能选项按钮、标题栏、快速访问工具栏、绘图窗口、命令窗口和状态栏组成，如下图所示。

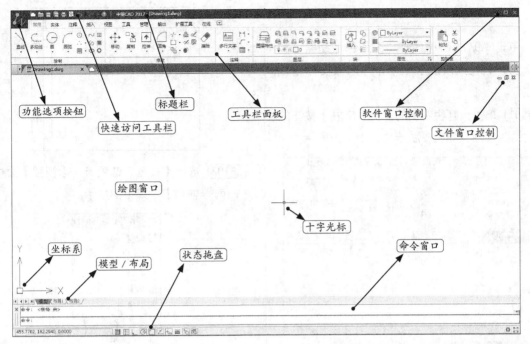

中望CAD 2017的界面显示大部分与AutoCAD 2017相似，功能也相同，只有少部分显示不同，如菜单栏、三维窗口的调用等。

Tips

> 中望CAD 2017提供了"二维草图与注释"与"ZWCAD经典"工作空间。上图是二维草图与注释界面，单击右下角的"⚙▾"下拉箭头，可以切换工作空间，如下图所示。

1. 菜单栏

中望CAD 2017的菜单栏是收缩起来的，通过打开收缩的按钮可以从菜单栏调用命令。

Step 01 单击标题栏右侧的【显示菜单】按钮，弹出菜单栏下拉菜单，如下图所示。

Step 02 将鼠标放到菜单选项上，可以弹出二级、三级菜单，如下图所示。

2. 更改皮肤

中望CAD 2017有两种皮肤颜色，即黑色和银灰色，通过更改皮肤颜色，可以改变标题栏的颜色。

Step 01 单击标题栏右侧的【更改皮肤】按钮的下拉箭头👕，弹出皮肤选项，如下图所示。

Step 02 单击选择【黑色】，结果标题栏颜色变成灰色，如下图所示。

3. 显示三维图形

中望CAD 2017没有三维建模窗口和三维基础窗口，但并不是说就不能创建和显示三维图形。

Step 01 打开随书光盘中的"CH24\显示三维图形.dwg"文件，如下图所示。

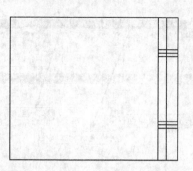

Step 02 选择【视图】选项卡→【视图】面板→【西南等轴测】，如下图所示。

Step 03 结果如下图所示。

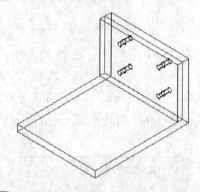

Step 04 单击【视图】选项卡→【视觉样式】面板→消隐按钮，结果如下图所示。

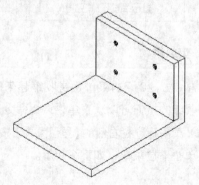

24.4 中望CAD 2017的扩展功能

中望CAD 2017除了继承AutoCAD的基本功能外，还扩展了很多功能，比如手势精灵、智能语音、弧形文字、增强偏移功能、增强缩放功能等。

24.4.1 手势精灵

毋庸置疑，中望CAD的手势精灵功能领先于AutoCAD。用户通过按住鼠标右键并向一定方向拖动形成一个字符的形状，即可调用命令。例如，我按住鼠标右键并拖动形成一个C字，就可以调用【圆】命令；而更为人性化的是，这个手势精灵功能可以让用户自定义使用方法。

Step 01 打开光盘中的 "CH24\手势精灵.dwg" 文件，如下图所示。

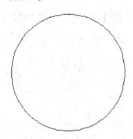

Step 02 在绘图区域按住鼠标右键向左下方拖动，如下图所示。

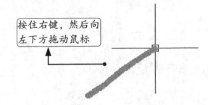

按住右键，然后向左下方拖动鼠标

Step 03 松开鼠标右键后弹出 "_Arc（圆弧）" 命令，如下图所示。

Step 04 在绘图区域任意单击三点，绘制一段与圆相交的圆弧，如下图所示。

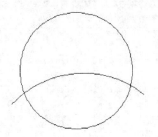

Step 05 选择【工具】选项卡→【手势精灵】面板→【设置】按钮，弹出【手势精灵设置】对话框，在该对话框中可以对手势进行设置，如下图所示。

Step 06 单击【手势】下拉列表，选择 "T"，如下图所示。

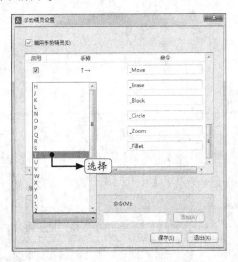

Step 07 在【命令】输入窗口输入 "_Trim"，然后单击【添加】按钮，如下图所示。

Step 08 单击【保存】按钮，回到绘图窗口后按住鼠标右键 "写" 一个 "T"，如下图所示。

Step 09 松开鼠标右键后弹出 "_Trim（修剪）" 命令，如下图所示。

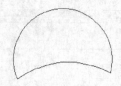

Step 10 选择圆弧和圆进行修剪，结果如下图所示。

Tips

（1）手势精灵只有在手势精灵启动后才可以使用，即选择【工具】选项卡→【手势精灵】面板→【手势精灵】按钮🖱处于激活状态下才可以使用。

（2）手势精灵根据书写自动判断，因此书写不准确时可能会判断失误，出现其他命令。

24.4.2 智能语音

中望CAD 2017的智能语音功能能够将音频插入到CAD文件中，智能语音功能在多个部门进行图纸交流的时候能发挥很好的作用，比传统的文字注解更加生动、直观明了。

Step 01 打开光盘中的 "CH24\智能语音.dwg" 文件，如下图所示。

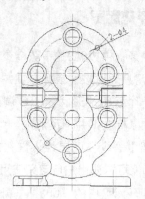

Step 02 选择【工具】选项卡→【智能语音】面板→【创建语音】按钮🎤，然后捕捉图中的中心点为插入点，如下图所示。

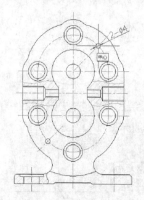

Step 03 插入后如下图所示。

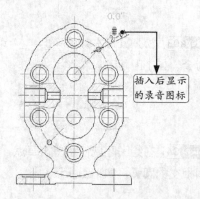

插入后显示的录音图标

Step 04 用鼠标单击录音图标，然后按住鼠标左键进行录音，如下图所示。

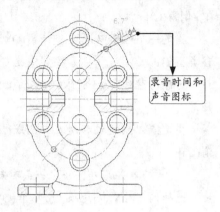

录音时间和声音图标

Step 05 选择【工具】选项卡→【智能语音】面板→【语音管理器】按钮，弹出【语音管理器】对话框，在该对话框中可以对语音进行播放、查找、删除或设置，如下图所示。

Step 06 选中该段语音，单击【设置】按钮，在弹出的【语音设置】对话框中可以选中显示或隐藏语音图标，也可以更改录音人和语音类型，如下图所示。

24.4.3 创建弧形文字

在AutoCAD中创建弧形文字非常困难，但是在中望CAD 2017中创建弧形文字非常简单，具体操作步骤如下。

Step 01 打开中望CAD 2017，新建一个图形文件，选择【常用】选项卡→【绘制】面板→单击三点绘制圆弧按钮，然后任意单击三点绘制一段圆弧，如下图所示。

Step 02 选择【扩展工具】选项卡→【文本工具】面板→【弧形文本】按钮，然后选刚绘制的择圆弧，在弹出的【创建对齐文字-创建】对话框中进行如下图所示的设置。

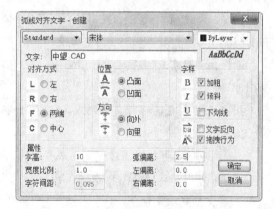

Step 03 单击【确定】按钮后结果如下图所示。

24.4.4 增强偏移功能

中望CAD 2017中在偏移多段线的同时可以创建圆角和倒角，具体操作步骤如下。

Step 01 打开随书光盘中的"CH24\增强偏移功能.dwg"文件，如下图所示。

Step 02 选择【扩展工具】选项卡→【编辑工具】面板→【增强偏移】按钮，命令行提示如下：

命令：_EXOFFSET

设置:距离 = 30, 图层 = Source 偏移类型 = Normal:

指定偏移距离或[通过(T)] <30>:10

选择偏移对象或[选项(O)/取消(U)]:o

指定一个选项以设置：[距离(D)/图层(L)/偏移类型(G)]:g

为PLINE对象指定偏移类型[正常(N)/圆角(F)/倒角(C)]:f

指定一个选项以设置：[距离(D)/图层(L)/偏移类型(G)]:　　　　//按空格键

选择偏移对象或[选项(O)/取消(U)]:　//选择矩形

指定点以确定偏移所在一侧或[选项(O)/取消(U)]:

　　　//在矩形外侧任意一点单击

选择偏移对象或[选项(O)/取消(U)]:

//按空格键结束命令

Step 03 偏移后结果如下图所示。

Step 04 重复**Step 02**，命令行提示如下：

命令：EXOFFSET

设置:距离 = 10, 图层 = Source 偏移类型 = Fillet:

指定偏移距离或[通过(T)] <10>:20

选择偏移对象或[选项(O)/取消(U)]:o

指定一个选项以设置：[距离(D)/图层(L)/偏

移类型(G)]:g

为PLINE对象指定偏移类型[正常(N)/圆角(F)/倒角(C)]:c

指定一个选项以设置：[距离(D)/图层(L)/偏移类型(G)]:　　　　//按空格键

选择偏移对象或[选项(O)/取消(U)]:　//选择矩形

指定点以确定偏移所在一侧或[选项(O)/取消(U)]:

　　　//在矩形外侧任意一点单击

选择偏移对象或[选项(O)/取消(U)]:

//按空格键结束命令

Step 05 偏移后结果如下图所示。

24.4.5 增强缩放功能

AutoCAD中的缩放功能是等比例缩放，即x轴和y轴同比例缩放，但是在中望CAD 2017中增强缩放功能却能不等比例缩放，即x轴和y轴的缩放比例不相同，具体操作步骤如下。

Step 01 打开随书光盘中的"CH24\增强缩放功能.dwg"文件，如下图所示。

Step 02 选择【扩展工具】选项卡→【编辑工具】面板→【增强缩放】按钮，命令行提示如下：

命令：_EXSCALE

请选取要缩放的实体<退出>:
　找到1个　　　　　　　//选择圆
请选取要缩放的实体<退出>:　//按空格键
X方向比例<退出>: 1
Y方向比例<退出>: 2

Step 03 缩放后结果如下图所示。

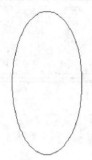

24.4.6 创建折断线　▶

在绘制较大图形时，对于中间相同的部分，常用折断线将其省去，在AutoCAD中绘制折断线比较困难，但在中望CAD 2017中可以直接用折断线命令绘制，具体操作步骤如下。

Step 01 打开光盘中的"CH24\创建折断线.dwg"文件，如下图所示。

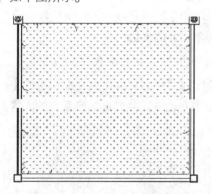

Step 02 选择【扩展工具】选项卡→【编辑工具】面板→【折断线】按钮，根据命令行提示进行如下设置：

命令: BREAKLINE
块= BRKLINE.DWG, 块尺寸 = 1.000, 延伸距 = 1.250.
指定折线起点或[块(B)/尺寸(S)/延伸(E)]:s
折线符号尺寸<1.000000>:3

块= BRKLINE.DWG, 块尺寸 = 3.000, 延伸距 = 1.250.
指定折线起点或[块(B)/尺寸(S)/延伸(E)]:e
折线延伸距离<1.250000>:50
块= BRKLINE.DWG, 块尺寸 = 3.000, 延伸距 = 50.000.

Step 03 当命令提示指定折断线起点时，捕捉左侧最外侧直线的端点，如下图所示。

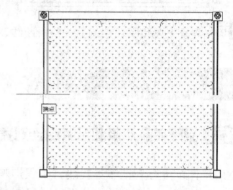

Step 04 当命令提示指定折断线终点时，捕捉右侧最外侧直线的端点，如下图所示。

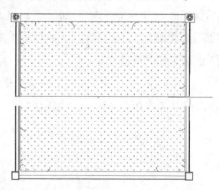

Step 05 当命令提示指定折线符号位置时，捕捉折线的中点，如下图所示。

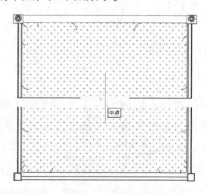

Step 06 折断线创建完成后如下图所示。

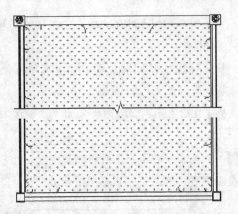

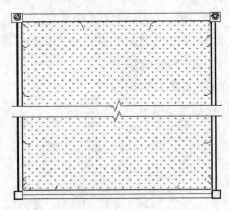

果如下图所示。

Step 07 重复上述步骤，绘制另一条折断线，结

24.5 实战技巧

技巧1 删除重复对象和合并相连对象

如果图纸中存在很多重复线，不仅影响捕捉准确度，减慢绘图速度，打印时会把每一条线都打印一遍，使得细线变粗线，影响打印效果。不仅如此，如果是线切割加工，这些重复的线会严重影响加工的流畅。下面就来介绍一下如何删除这些重复的对象。

Step 01 打开光盘中的"素材\CH24\删除重复对象和合并相连对象.dwg"文件，如下图所示。

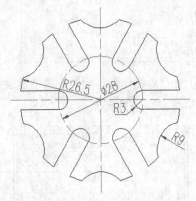

Step 02 选择【扩展工具】选项卡→【编辑工具】面板→【删除重复对象】按钮，然后选择所有对象，如下图所示。

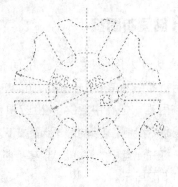

Step 03 命令行提示找到的对象个数为67个。

命令: _OVERKILL

选择对象: 指定对角点: 找到 67 个

Step 04 按空格键，弹出如下图所示的【删除重复对象】对话框，并勾选删除重复的内容。

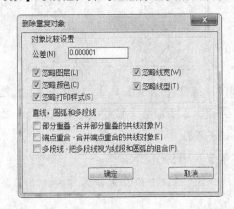

Step 05 单击【确定】按钮后，命令行提示如下。

12 个重复实体被删除。

0 个重叠实体被删除。

Step 06 选择图中的圆弧，可以看到圆弧不是一个整体，如下图所示。

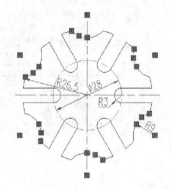

Step 07 选择整个对象，然后重复 **Step 02**，按空格键后弹出如下图所示的【删除重复对象】对话框，并勾选要合并的对象属性。

Step 08 单击【确定】按钮后，再次选择图中的 R9 圆弧，可以看到圆弧已经合并成了一体。

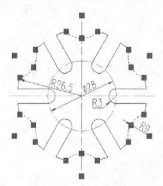

技巧2 单行、多行文字互转

在中望CAD 2017中不仅可以输入单行文字

和多行文字，而且还可以轻松地在这两种文字之间互相转换。

中望CAD 2017中单行、多行文字互转的具体操作如下。

Step 01 打开光盘中的"素材\CH24\单行多行文字互转.dwg"文件，如下图所示。

> 中望软件是中国CAD行业唯一国家级重
> 点软件企业，凭借中望CAD、中望
> 3DCAD/CADM、机械CAD、建筑CAD等解决
> 方案的领先技术，已经畅销全球80多个
> 国家，为超过32万用户提供了帮助。
> 中望CAD完美兼容AutoCAD在AutoCAD的基础上做出
> 了二次开发，增加了许多智能快捷功能，更加专业，
> 使用更加简单，是行业人员非常不错的选择。

Step 02 在命令行输入"PR"并按空格键调用【特性】选项板，然后选择上边的文字，特性选项板提示是"多行文字"。

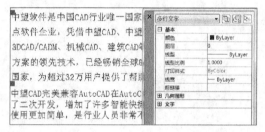

Step 03 取消多行文字的选择，然后选择下边的文字，【特性】选项板提示为3行单行文字。

Step 04 选择【扩展工具】选项卡→【文本工具】面板→【合并成段】按钮，然后选择所有的单行文字对象，按空格键后将所有单行文字转换为多行文字，然后在选择转换后的文字，【特性】选项板显示如下。

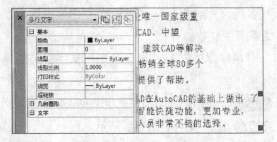

Step 05 选择【扩展工具】选项卡→【文本工具】面板→【单行文字】按钮，然后选择上边的多行文字对象，按空格键后将多行文字转换为单行文字，然后再选择转换后的文字，

【特性】选项板显示如下。

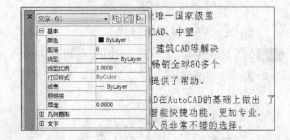

Tips

在中望CAD 2017中也可以用分解命令将多行文字分解后转为单行文字。

第6篇

案例实战

导读

本篇主要讲解AutoCAD 2017的案例实战。通过机械设计、三维综合案例、园林景观设计案例、建筑设计案例、家具设计案例以及电子电路设计案例的讲解，使用户可以通过案例实战，全面掌握CAD绘图软件的使用。

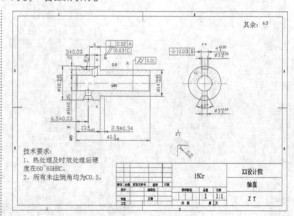

第25章

机械设计案例——绘制轴套

▓▓ 本章引言

在运动部件中，因为长期的磨擦而造成零件的磨损，当轴和孔的间隙磨损到一定程度的时候必须要更换零件，因此设计者在设计的时候选用硬度较低、耐磨性较好的材料为轴套或衬套，这样可以减少轴和座的磨损，当轴套或衬套磨损到一定程度进行更换，这样可以节约因更换轴或座的成本。

▓▓ 学习要点

- ➤ 绘图环境设置
- ➤ 绘制轴套主视图
- ➤ 绘制轴套的阶梯剖视图
- ➤ 完善主视图并添加放大图
- ➤ 添加标注、文字说明和图框

25.1 轴套的概念和作用

轴套在一些转速较低，径向载荷较高且间隙要求较高的地方（如凸轮轴）用来替代滚动轴承（其实轴套也算是一种滑动轴承），材料要求硬度低且耐磨，轴套内孔经研磨刮削，能达到较高配合精度，内壁上一定要有润滑油的油槽，轴套的润滑非常重要，如果干磨，轴和轴套很快就会报废，安装时刮削轴套内孔壁，这样可以留下许多小凹坑，增强润滑。

轴套的主要作用有以下几点：

① 减少摩擦；

② 减少振动；

③ 防腐蚀；

④ 减少噪音；

⑤ 便于维修；

⑥ 利用不同材料组成的摩擦副减少黏结；

⑦ 简化结构制造工艺。

轴套绘制完毕后如下图所示。

25.2 绘图环境设置

绘图之前先对绘图环境进行设置，这些设置主要包括图层、文字样式、标注样式和多重引线等。

1. 设置图层

Step 01 新建一个"dwg"文件，单击【默认】选项卡→【图层】面板→【图层特性】按钮，弹出【图层特性管理器】对话框，如下图所示。

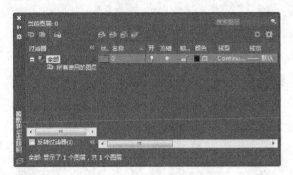

Step 02 单击【新建图层】按钮 ，建立默认的"图层1"，如下图所示。

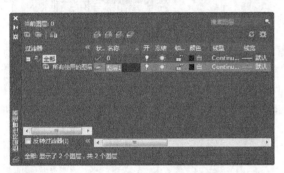

Step 03 更改图层的名字为"中心线"，如下图所示。

Step 04 单击"中心线"图层的线型按钮【Continuous】，弹出【选择线型】对话框，单击【加载】按钮，如下图所示。

Step 05 弹出【加载或重载线型】对话框，选择【CENTER】线型，单击【确定】按钮。

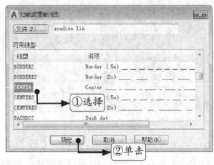

Step 06 返回【选择线型】对话框并选择【CENTER】线型，单击【确定】按钮。

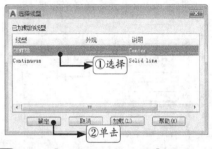

Step 07 返回【图层特性管理器】对话框，"中心线"图层的线型已变成【CENTER】线型，如下图所示。

Step 08 单击【颜色】按钮 白，弹出【选择颜色】对话框，选择【红色】，单击【确定】按钮。

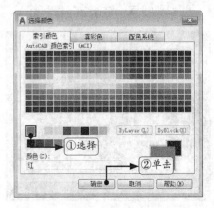

Step 09 返回到【图层特性管理器】后，颜色变成了红色，如下图所示。

Step 10 单击【线宽】按钮，弹出【线宽】对话框，选择线宽为0.15mm，单击【确定】按钮。

Step 11 返回【图层特性管理器】后，线宽变成了0.15，如下图所示。

Step 12 重复 **Step 02**~ **Step 11**，设置其他图层的颜色、线型和线宽，结果如下图所示。

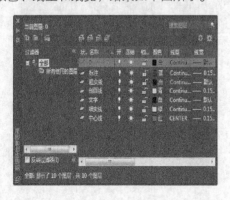

Step 13 设置完成后关闭【图层特性管理器】对话框。

2. 设置文字样式

Step 01 在命令行输入"ST"并按空格键，弹出【文字样式】对话框，单击【字体名】下拉列表，选择【txt.shx】字体样式。

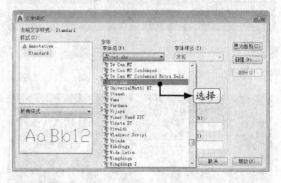

Step 02 勾选【使用大字体】复选框，然后单击【大字体】下拉列表，选【bigfont.shx】选项。

Step 03 单击【新建】按钮，弹出AutoCAD提示框，如下图所示，单击【是】按钮。

Step 04 在弹出的【新建文字样式】对话框，输入样式名：机械字体，单击【确定】按钮。

Step 05 将【使用大字体】复选框前的勾去掉，然后单击【字体名】下拉列表，选择【宋体】，如下图所示。

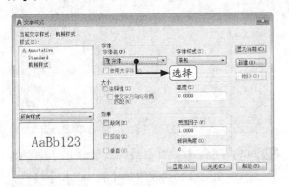

Step 06 选中左侧样式列表中的【机械样式】，然后单击【置为当前】按钮，最后单击【关闭】按钮关闭【文字样式】对话框。

3. 设置标注样式

Step 01 在命令行输入"D"并按空格键，弹出【标注样式管理器】，单击【新建】按钮。

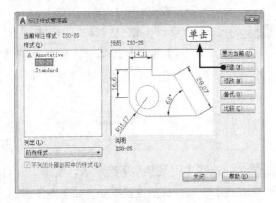

Step 02 弹出【新建标注样式】对话框，将新建样式名改为【轴套标注】，单击【继续】按钮。

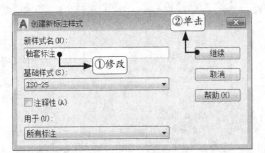

Step 03 弹出【新建标注样式：轴套标注】对话框。选择【文字】选项卡，选择【Standard】为

【文字样式】，选择【与尺寸线对齐】为文字对齐形式。

Step 04 选择【调整】选项卡，选择【标注特征比例】选项框中的【使用全局比例】，并将全局比例值改为0.7，单击【确定】按钮。

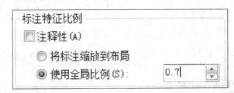

Step 05 回到【标注样式管理器】对话框后，单击【置为当前】按钮，然后单击【关闭】按钮。

4. 设置多重引线

Step 01 在命令行输入"MLS"并按空格键，弹出【多重引线样式管理器】对话框，单击【新建】按钮。

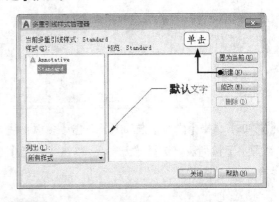

Step 02 弹出【创建新多重引线样式】对话框，将新样式名改为【样式1】，单击【继续】按钮。

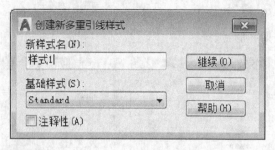

Step 03 弹出【修改多重引线样式：样式1】对话框。选择【引线格式】选项卡，将箭头大小改为1，其他设置不变，如下图所示。

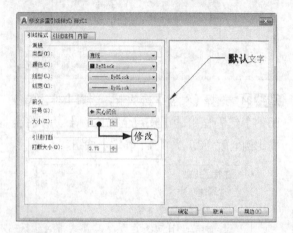

Step 04 选择【引线结构】选项卡，将【最大引线点数】改为3，然后取消【自动包含基线】选项，其他设置不变，如下图所示。

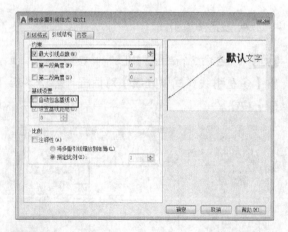

Step 05 选择【内容】选项卡，单击【多重引线类型】下拉列表，选择"无"，单击【确定】按钮，如下图所示。

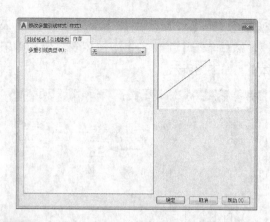

Step 06 回到【多重引线样式管理器】对话框后，选中左侧样式列表中的【Standard】样式，然后单击【新建】按钮，弹出【创建新多重引线样式】对话框，将新样式名改为【样式2】，单击【继续】按钮。

Step 07 弹出【修改多重引线样式：样式2】对话框。选择【引线格式】选项卡，将箭头符号选择为"无"，其他设置不变，如下图所示。

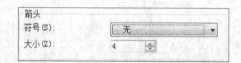

Step 08 选择【引线结构】选项卡，取消【自动包含基线】选项，其他设置不变，如下图所示。

Step 09 选择【内容】选项卡，将文字高度改为1.25，引线连接文字的最后一行加下划线，并将

基线间隙改为0.5，如下图所示。

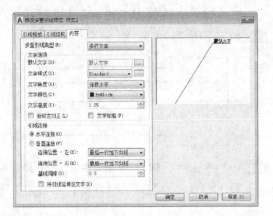

Step 10 单击【确定】按钮，回到【多重引线样

式管理器】对话框后，选中左侧样式列表中的【样式1】样式，单击【置为当前】按钮，然后单击【关闭】按钮，如下图所示。

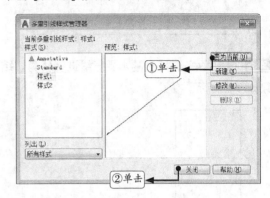

25.3 绘制轴套主视图

本节主要绘制轴套主视图，根据轴套的结构，先绘制轴套的外轮廓，然后绘制轴孔，最后通过修改命令来修整轴套的外轮廓和轴孔形状。

25.3.1 绘制轴套外轮廓及轴孔

在整个绘图过程中，主视图的外轮廓和轴孔是整个图形的基础部分，先将这部分绘制完成后，其他图形根据视图关系从主视图作辅助线绘制完成。

1. 绘制轴套的外轮廓和轴孔

Step 01 将"粗实线"层设置为当前层，在命令行输入"L"并按空格键调用【直线】命令。在屏幕任意单击一点作为直线的起点，然后在命令行输入"@0,18"绘制一条长度为18的竖直线，结果如下图所示。

Step 02 重复【直线】命令，过上步所绘制的直

线的中点绘制一条长46的直线，如下图所示。

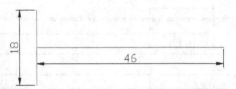

Step 03 在命令行输入"M"并按空格键调用【移动】命令，将竖直线向右侧移动3，结果如下图所示。

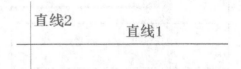

Step 04 在命令行输入"O"并按空格键调用【偏移】命令，将直线1向上和向下偏移9，直线2向右偏移13，结果如下图所示。

Step 05 在命令行输入"TR"并按空格键调用【修剪】命令，选择两条竖直线为剪切边，如下图所示。

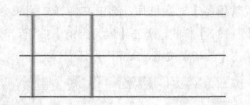

Step 06 对两条偏移后的水平直线进行修剪，结果如下图所示。

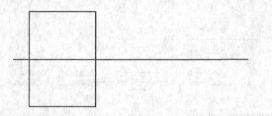

Step 07 继续调用【偏移】命令，将直线1向两侧分别偏移4、6.75和7，将直线而向右侧偏移40，结果如下图所示。

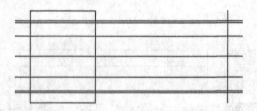

Step 08 继续调用【修剪】命令，对图形进行修剪，修剪后结果如下图所示。

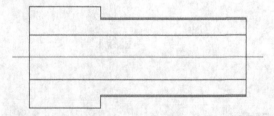

2. 绘制轴套的外的细节部分

Step 01 在命令行输入"O"并按空格键调用【偏移】命令，将直线2向右偏移15.5，结果如下图所示。

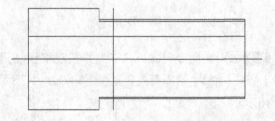

Step 02 在命令行输入"L"并按空格键调用【直线】命令，连接图中的端点，绘制两条直线，如下图所示。

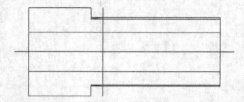

Step 03 在命令行输入"TR"并按空格键调用【修剪】命令，对图形进行修剪，结果如下图所示。

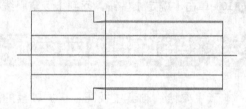

Step 04 在命令行输入"E"并按空格键调用【删除】命令，然后选择需要删除的直线，按空格键后将它们删除，结果如下图所示。

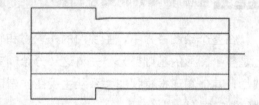

Step 05 选择直线1，然后选择【默认】选项卡→【图层】面板→【图层】下拉列表，选择"中心线"，将直线1切换到中心线层上，如下图所示。

Step 06 将直线1放置到"中心线"层后，发现仅仅是颜色发生了变化，但线型并未发生变化，如下图所示。

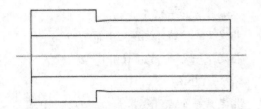

Step 07 在命令行输入"PR"并按空格键调用【特性】面板，然后选择直线1，将线型比例改为0.25，如下图所示。

Step 08 线型比例修改完成后直线1变成了点划线，如下图所示。

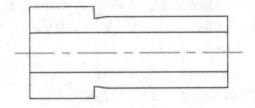

25.3.2 完善外轮廓及轴孔

外轮廓及轴孔的形状绘制完成后，还需要进行倒圆角、倒角等工业修饰。除了这些还要对主视图剖开后的内部情况进行绘制。

1. 给外轮廓和轴孔添加倒角

Step 01 选择【默认】选项卡→【修改】面板→【倒角】按钮。在命令行输入"d"，然后将两个倒角距离都设置为0.5，AutoCAD命令行提示如下。

命令: _chamfer
("修剪"模式) 当前倒角距离 1 = 0.0000，距离 2 = 0.0000
选择第一条直线或 [放弃(U)/多段线(P)/距离(D)/角度(A)/修剪(T)/方式(E)/多个(M)]: d
指定 第一个 倒角距离 <0.0000>: 0.5
指定 第二个 倒角距离 <0.5000>: ✓

Step 02 在命令行输入"m"，根据命令行提示选择第一条直线，如下图所示。

选择第一条直线或 [放弃(U)/多段线(P)/距离(D)/角度(A)/修剪(T)/方式(E)/多个(M)]: m
选择第一条直线或 [放弃(U)/多段线(P)/距离(D)/角度(A)/修剪(T)/方式(E)/多个(M)]:
//选择下图所示的直线

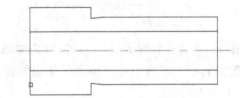

Step 03 选择第二条倒角的边，结果如下图所示。

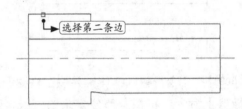

选择第二条边

Step 04 重复 **Step 02**~**Step 03**，对其他地方进行倒角，结果如下图所示。

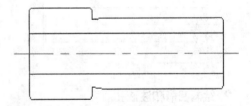

Step 05 在不退出【倒角】命令的情况下在命令行输入"t"，然后选择不修剪。AutoCAD命令行提示如下：

选择第一条直线或 [放弃(U)/多段线(P)/距离(D)/角度(A)/修剪(T)/方式(E)/多个(M)]: t
输入修剪模式选项 [修剪(T)/不修剪(N)] <修剪>: n

Step 06 选择"轴孔"和"轴套"的端面为倒角的两条边，结果如下图所示。

不修剪的倒角结果

Step 07 重复 **Step 06**，继续进行不修剪倒角。然后按空格键，结束【倒角】命令，结果如下图所示。

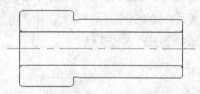

Step 08 在命令行输入 "L" 并按空格键调用【直线】命令，将不修剪倒角的端点连接起来，如下图所示。

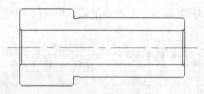

Step 09 在命令行输入 "TR" 并按空格键调用【修剪】命令，将倒角部分多余的直线修剪掉，结果如下图所示。

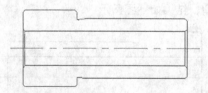

2. 绘制凹槽和注油孔

Step 01 在命令行输入 "L" 并按空格键调用【直线】命令，根据命令行提示进行如下操作。

命令: LINE

指定第一个点: fro 基点: //捕捉A点

<偏移>: @-5.5,1

指定下一点或 [放弃(U)]: @0,-4

指定下一点或 [放弃(U)]: ↙

命令: LINE

指定第一个点: fro 基点: //捕捉A点

<偏移>: @-2.5,1

指定下一点或 [放弃(U)]: @0,-7

指定下一点或 [放弃(U)]: ↙

命令: LINE

指定第一个点: fro 基点: //捕捉B点

<偏移>: @-6,-1

指定下一点或 [放弃(U)]: @0,7

指定下一点或 [放弃(U)]: ↙

Step 02 直线绘制完毕后如下图所示。

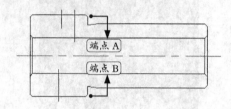

端点 A

端点 B

Step 03 在命令行输入 "C" 并按空格键调用【圆】命令。根据命令行提示进行如下操作。

命令: C CIRCLE

指定圆的圆心或 [三点(3P)/两点(2P)/切点、切点、半径(T)]: fro 基点: //捕捉C点

<偏移>: @0,5

指定圆的半径或 [直径(D)]: 7

Step 04 圆绘制完毕后如下图所示。

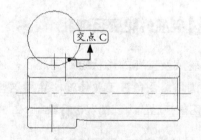

交点 C

Step 05 在命令行输入 "O" 并按空格键调用【偏移】命令，将步骤1绘制的两条长直线分别向两侧偏移1.5，如下图所示。

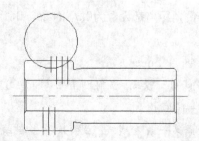

Step 06 在命令行输入"TR"并按空格键调用【修剪】命令，对不需要的图形进行修剪，修剪后结果如下图所示。

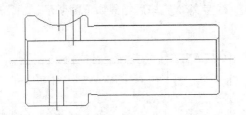

Step 07 在命令行输入"L"并按空格键调用【直线】命令，捕捉图中D点为直线的端点，绘制一条水平直线，如下图所示。

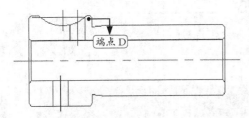

Step 08 在命令行输入"TR"并按空格键调用【修剪】命令，将上步绘制的直线超出圆弧的部分修剪掉，如下图所示。

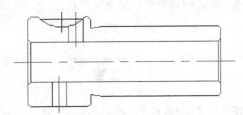

Step 09 选中步骤1绘制的3条直线，然后选择【默认】选项卡→【图层】面板→【图层】下拉列表，选择"中心线"，将3条直线切换到中心线层上，并在【特性】面板上将段中心线的线型比例改为0.05，两条长中心线的线型比例改为0.1，结果如下图所示。

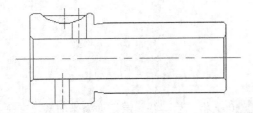

Tips

（1）步骤7绘制直线时，选中端点后按住【Shift】键，然后可以直接捕捉直线与圆弧的交点。

（2）步骤7绘制直线时也可以通过"最近点"捕捉，直接捕捉到与圆弧的交点。

3. 绘制阶梯剖的位置线

Step 01 将图层切换到"细实线"层，选择【默认】选项卡→【注释】面板→【引线】按钮，然后在合适的位置单击指定多重引线的第一点，如下图所示。

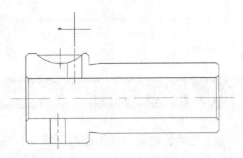

Step 02 向左拖动鼠标，当出现过中心线的指引线（虚线）时，单击鼠标左键，确定多重引线的第二点，如下图所示。

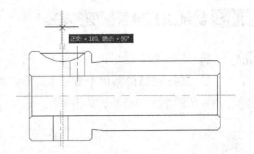

Step 03 捕捉中心线的端点作为多重引线的第三点，结果如下图所示。

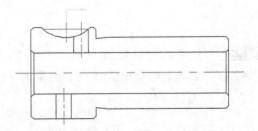

Step 04 重复 **Step 01** ~ **Step 03** ，绘制另一条多

重引线，结果如下图所示。

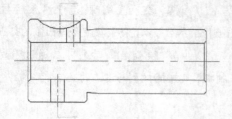

Step 05 在命令行输入"PL"并按空格键调用【多段线】命令，绘制一条如下图所示的多段线。

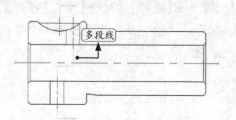

Step 06 在命令行输入"DT"并按空格键调用【单行文字】命令，当命令行提示输入文字高度时输入文字高度为1.25，然后输入旋转角度为0度，文字输入完毕后结果如下图所示。

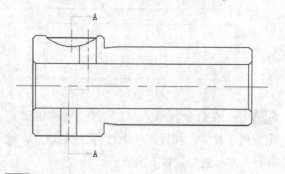

Tips

该处的多重引线样式为"样式1"。

25.4 绘制轴套的阶梯剖视图

为了更清楚地表达视图的内部结构，在绘图时往往某个视图采用剖视图的形式来表达，对于内部比较复杂的图形，还可以采用阶梯剖视的方法对图形进行多处剖视。

25.4.1 绘制阶梯剖视图的外轮廓

Step 01 将"中心线"层切换为当前层，在命令行输入"L"并按空格键调用【直线】命令。绘制阶梯剖视图的水平中心线，如下图所示。

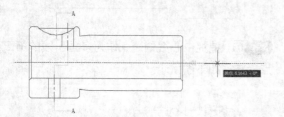

Step 02 指定第一点位置后在命令行输入"@24,0"，设置线型比例为0.2，结果如下图所示。

Step 03 在命令行输入"RO"并按空格键调用【旋转】命令，选择中心线为旋转对象，然后捕捉中点为旋转基点，如下图所示。

Step 04 选定基点后，在命令行输入"c"，然后输入旋转角度为90°，AutoCAD命令行提示如下。

指定旋转角度，或 [复制(C)/参照(R)] <0>: c 旋转一组选定对象。

指定旋转角度，或 [复制(C)/参照(R)] <0>: 90

Step 05 旋转完成后结果如下图所示。

Step 06 将"粗实线"层切换为当前层，在命令行输入"C"并按空格键调用【圆】命令。以中

心线的交点为圆心，绘制两个半径分别为9和4的圆，如下图所示。

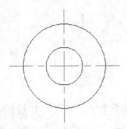

Tips

（1）为了方便绘制直线，在绘图时可以将正交模式打开。

（2）如果绘制的中心线显示出来为实线，则可以通过更改线型比例的值来将它改为中心线。

25.4.2 绘制阶梯剖视图的剖视部分

阶梯剖视部分分两步来绘制，即剖视部分的轮廓线和剖视部分的内部结构。

1. 绘制剖视部分的轮廓线

Step 01 在命令行输入"O"并按空格键调用【偏移】命令。将阶梯剖视图的竖直中心线向两侧分别偏移1.5和2，结果如下图所示。

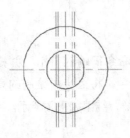

Step 02 选择【默认】选项卡→【绘图】面板→【射线】按钮。根据命令行提示，捕捉图中的交点为射线的起点，如下图所示。

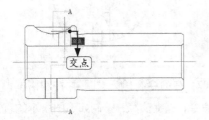

Step 03 拖动鼠标，在右侧水平方向上任意一点单击鼠标左键，然后按空格键，结果如下图所示。

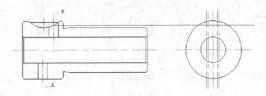

Step 04 重复 **Step 02**~**Step 03**，绘制另一条水平射线，如下图所示。

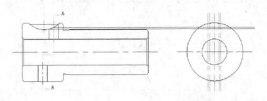

Step 05 在命令行输入"L"并按空格键调用【直线】命令。绘制两条直线，如下图所示。

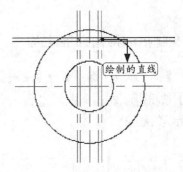

绘制的直线

Step 06 在命令行输入"TR"并按空格键调用【修剪】命令，对不需要的图形进行修剪，修剪成下图所示的结果后不要退出【修剪】命令。

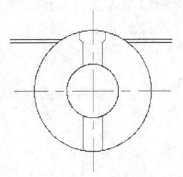

Step 07 在命令行输入"r"，然后选择射线修剪后的剩余选段，按空格键后将它们删除，结果如下图所示。

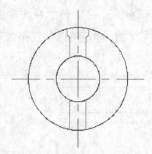

Step 08 选中绘制的所有轮廓线，将它们切换到"粗实线"层上，最终结果如下图所示。

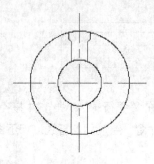

2. 绘制阶梯剖视图的内部结构

Step 01 选择【默认】选项卡→【绘图】面板→【射线】按钮 。根据命令行提示，绘制一条如下图所示的射线。

Step 02 选择【默认】选项卡→【绘图】面板→【圆弧】按钮 （三点）。捕捉图中的交点，绘制相贯线，如下图所示。

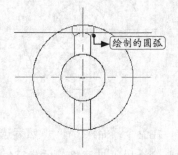

Step 03 选中步骤1中绘制的射线，然后单击【Delete】键，将射线删除，结果如下图所示。

Step 04 在命令行输入"L"并按空格键调用【直线】命令，根据AutoCAD提示，进行如下操作。

命令: LINE

指定第一个点: //捕捉小圆与中心线的交点

指定下一点或 [放弃(U)]: <60

角度替代: 60

指定下一点或 [放弃(U)]:

//在第三象限任意单击一点，只要长度超出大圆即可。

指定下一点或 [放弃(U)]: ↙

Step 05 直线绘制完毕后结果如下图所示。

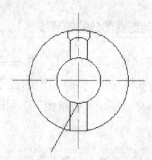

Step 06 在命令行输入"MI"并按空格键调用【镜像】命令，将上步中绘制的直线沿竖直中心线进行镜像，结果如下图所示。

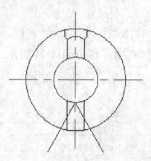

Step 07 在命令行输入"L"并按空格键调用【直线】命令，捕捉交点，绘制如下图所示的直线。

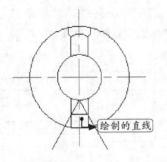

Step 08 在命令行输入"TR"并按空格键调用【修剪】命令，将多余的直线修剪掉，结果如下图所示。

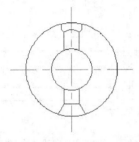

Step 09 将"剖面线"层设置为当前层，然后在命令行输入"H"并按空格键调用【填充】命令，在弹出的【图案填充创建】选项卡中，选择图案"ANSI31"为填充图案，并将填充比例设置为0.5，如下图所示。

Step 10 设置完成后在图形需要填充的区域单击鼠标左键，选择完填充区域后，按空格键，退出【图案填充】命令，结果如下图所示。

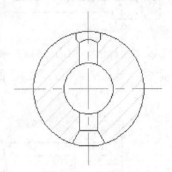

Step 11 将"文字"层设置为当前层，在命令行输入"DT"并按空格键调用【单行文字】命令，当命令行提示输入文字高度时输入文字高度为1.25，然后输入旋转角度为0度，在阶梯剖视图上方输入剖视图符号，如下图所示。

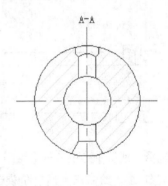

25.5 完善主视图并添加放大图

阶梯剖视图绘制完毕后，通过视图关系由阶梯剖视图来完善注释图内部的剖视部分。

在视图中，有些局部细节地方很难看清楚，比如：倒角、圆角等，为了看清这些局部细节部分，经常采用将局部部分放大来观察。

25.5.1 完善主视图的内部结构和外部细节

主视图的剖视图剖视部分和阶梯剖视图的剖视部分类似，画法也相同，具体操作步骤如下。

Step 01 将"粗实线"设置为当前层，在命令行输入"L"并按空格键调用【直线】命令，绘制一条与水平中心线成60夹角的直线，如下图所示。

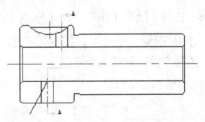

Step 02 在命令行输入"MI"并按空格键调用【镜像】命令，将上步中绘制的直线沿竖直中心线进行镜像，结果如下图所示。

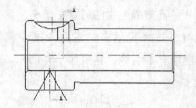

Step 03 在命令行输入"L"并按空格键调用【直线】命令，捕捉交点，绘制如下图所示的直线。

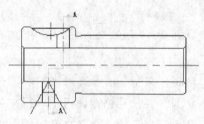

Step 04 在命令行输入"TR"并按空格键调用【修剪】命令，将多余的直线修剪掉，结果如下图所示。

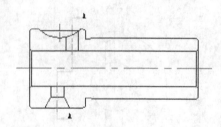

Step 05 选择【默认】选项卡→【绘图】面板→【射线】按钮。绘制三条通过阶梯剖视图的三个交点的水平射线，如下图所示。

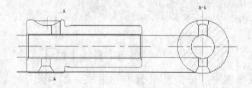

Step 06 选择【默认】选项卡→【绘图】面板→【圆弧】按钮（三点），捕捉图中的交点，绘制三条相贯线，如下图所示。

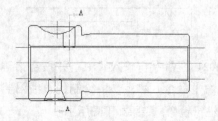

Step 07 选中三条射线，然后单击【Delete】键，将三条射线删除，结果如下图所示。

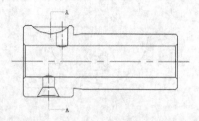

Step 08 在命令行输入"TR"并按空格键调用【修剪】命令，以三条圆弧为剪切边，将与圆弧相交的直线修剪掉，结果如下图所示。

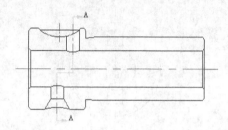

Step 09 在命令行输入"F"并按空格键调用【圆角】命令，根据命令行提示，对圆角进行如下设置。

命令: FILLET

当前设置: 模式 = 不修剪，半径 = 0.0000

选择第一个对象或 [放弃(U)/多段线(P)/半径(R)/修剪(T)/多个(M)]: r 指定圆角半径<0.0000>: 0.2

选择第一个对象或 [放弃(U)/多段线(P)/半径(R)/修剪(T)/多个(M)]: m

选择第一个对象或 [放弃(U)/多段线(P)/半径(R)/修剪(T)/多个(M)]: t

输入修剪模式选项 [修剪(T)/不修剪(N)] <不修剪>: t

Step 10 设置完成后选择需要圆角的对象，结果如下图所示。

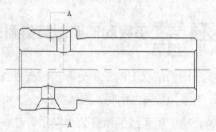

25.5.2 给主视图添加剖面线和放大符号

主视图绘制完毕后，本节来给主视图添加剖面线以及给上节圆角处添加放大符号。

Step 01 将"剖面线"层设置为当前层，然后在命令行输入"H"并按空格键调用【填充】命令，在弹出的【图案填充创建】选项卡中，选择图案"ANSI31"为填充图案，并将填充比例设置为0.5，如下图所示。

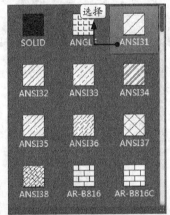

Step 02 设置完成后在图形需要填充的区域单击鼠标左键，选择完填充区域后，按空格键，退出【图案填充】命令，结果如下图所示。

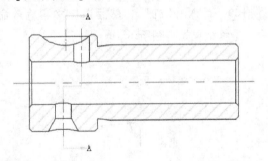

Step 03 因为圆角部分太小，所以要通过局部放大图来具体显示圆角。将"细实线"层设置为当前层，然后在命令行输入"C"并按空格键调用【圆】命令，以圆角圆弧的圆心为圆心绘制一个半径为1的圆，如下图所示。

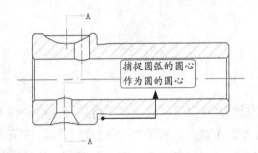

Step 04 选择【默认】选项卡→【注释】面板的下拉列表→【多重引线】样式下拉列表，选择【样式2】而为当前样式，如下图所示。

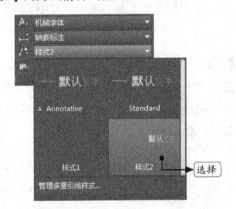

Step 05 选择【默认】选项卡→【注释】面板→【引线】按钮，根据命令行提示绘制一条多重引线，并输入放大符号"I"，如下图所示。

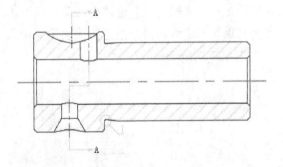

25.5.3 修改局部放大图

修改局部放大图，就是将上部圆范围内的圆弧重新复制出来，通过【修剪】命令将不在圆内的部分删除，然后绘制剖断轮廓线，通过缩放比例将整体图形放大一定的倍数即可。

Step 01 在命令行输入"CO"并按空格键调用【复制】命令。将局部放大图从主视图中复制出来放置到合适的位置，如下图所示。

Step 02 在命令行输入"TR"并按空格键调用【修剪】命令，将圆外的部分修剪掉。在不退出【修剪】命令下输入"r"，将圆删除，结果如下图所示。

Step 03 选择【默认】选项卡→【绘图】面板下拉按钮→【样条曲线拟合】按钮✒，绘制一条样条曲线作为局部放大图的剖断轮廓线，如下图所示。

Step 04 在命令行输入"SC"并按空格键调用【缩放】命令，选中整个放大图（包括剖段轮廓线）。在放大图的样条曲线内任意一点单击作为基点，当命令行提示指定比例因子时输入5，结果如下图所示。

Step 05 将"剖面线"层设置为当前层，然后对放大图进行填充，选择"ANSI31"为填充图案，并将填充比例设置为0.5，结果如下图所示。

Step 06 将"文字"层设置为当前层，然后在命令行输入"T"并按空格键调用【多行文字】命令，拖动鼠标选择输入文字的矩形框。在【样式】面板上将文字高度设置为1.25，如下图所示。

Step 07 在矩形框内输入"I"局部放大符号，如下图所示。

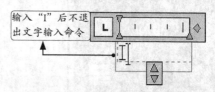

Step 08 输入"I"后，按【Enter】键，然后单击【格式】面板上的上划线按钮 O，如下图所示。

Step 09 输入"5:1"，然后退出文字输入命令，最终结果如下图所示。

25.6 添加标注、文字说明和图框

　　一幅完整的图形，尺寸标注是不可或缺的部分。本例主要通过线型标注、角度标注、半径标注等完善图形。此外，本节还要介绍如何给尺寸添加尺寸公差，以及如何创建形位公差等。

25.6.1 添加尺寸标注

在添加尺寸标注之前，首先应将25.2设置的标注样式置为当前，然后再进行标注。尺寸标注的具体方法可以参见前面标注的相关章节，这里重点介绍通过特性选项板给标注后的尺寸添加公差的方法。

1. 添加尺寸标注

Step 01 在命令行输入"DIM"命令，然后输入"L"，然后输入"标注"将"标注"层作为放置标注的图层，AutoCAD命令行提示如下。

命令: DIM

选择对象或指定第一个尺寸界线原点或 [角度(A)/基线(B)/连续(C)/坐标(O)/对齐(G)/分发(D)/图层(L)/放弃(U)]:L

输入图层名称或选择对象来指定图层以放置标注或输入 . 以使用当前设置 [?/退出(X)]<"文字">:标注 ↙

输入图层名称或选择对象来指定图层以放置标注或输入 . 以使用当前设置 [?/退出(X)]<"标注">: ↙

Step 02 对主视图进行标注，结果如下图所示。

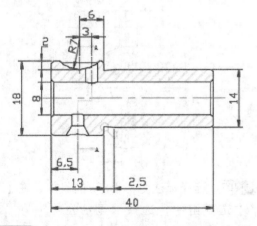

Step 03 主视图标注结束后对左视图进行标注，结果如下图所示。

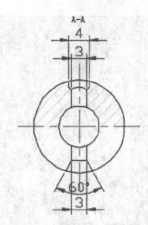

Step 04 在给放大图添加半径标注时，当命令提示指定尺寸线位置时，输入"T"并按空格键，然后输入圆角在实际零件中的大小0.2。

命令: DIMRADIUS

选择圆弧或圆:

标注文字 = 1

指定尺寸线位置或 [多行文字(M)/文字(T)/角度(A)]: t

输入标注文字 <1>: 0.2

Step 05 放大图标注完成后如下图所示。

Tips

放大图只是为了方便观察图形的细节处进行的放大，但图形的尺寸还应该标注未放大前的实际尺寸。

2. 修改尺寸和添加公差

Step 01 按【Ctrl+1】键，弹出【特性】面板，如下图所示。

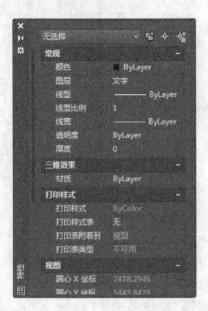

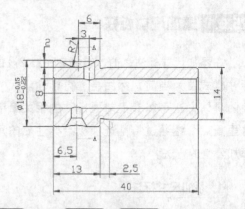

Step 05 重复 **Step 01**~ **Step 04**，给主视图的尺寸添加直径符号和公差，结果如下图所示。

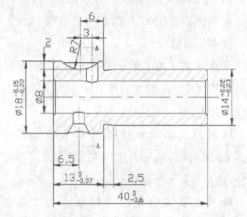

Step 02 选择标注为18的尺寸，然后在【特性】面板【主单位】选项组中"标注前缀"输入框中输入"%%C"，如下图所示。

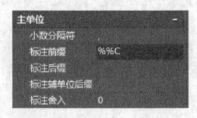

Step 03 在【公差】选项组中，选择"显示公差"为"极限偏差"，然后在"公差下偏差"输入框中输入0.22，在"公差上偏差"输入框中输入"−0.15"，"水平放置"公差选项选择"中"，将公差的文字高度改为0.6，如下图所示。

Step 06 重复 **Step 01**~ **Step 04**，给阶梯剖视图的尺寸添加直径符号和公差，结果如下图所示。

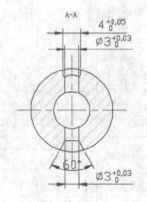

Step 07 选择标注为"Φ8"的尺寸，在【公差】选项组中，选择"显示公差"为"对称"，然后在"公差上偏差"输入框中输入0.05，"水平放置"公差选项选择"中"，将公差的文字高度设置为1，如下图所示。

Step 04 退出【特性】选项面板后，图形中的尺寸发生了变化，如下图所示。

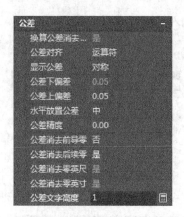

Step 08 退出【特性】选项面板后，图形中的尺寸发生了变化，如下图所示。

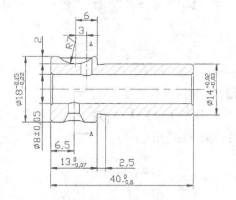

Step 09 重复 **Step 07**，对其他对称公差尺寸进行公差标注，结果如下图所示。

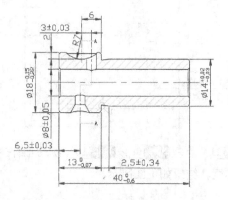

25.6.2 添加形位公差和粗糙度

在零件图中，除了尺寸标注和尺寸公差外，对于要求较高的图纸，往往需要添加形位公差来对图形的形状和位置做进一步的要求。下面就具体来讲解给图纸添加形位公差的操作步骤。

1. 添加形位公差

Step 01 在命令行输入"I"调用【插入】命令。弹出【插入】对话框，如下图所示。

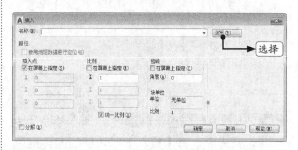

Step 02 单击【浏览】按钮，打开光盘文件，选择"基准符号"，如下图所示。

Step 03 单击【确定】按钮后，在屏幕上指定插入点后，在弹出的【编辑属性】对话框中输入基准符号"A"，如下图所示。

Step 04 插入基准符号后如下图所示。

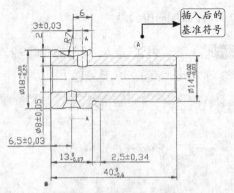

Step 05 重复 **Step 01**~**Step 04**，插入基准符号 B和C，插入时，将【插入】对话框的旋转角度设置为90°，插入后如下图所示。

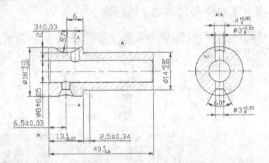

Step 06 选择【标注】→【公差】菜单命令。弹出【形位公差】对话框，单击"符号"选项下的黑色方框。

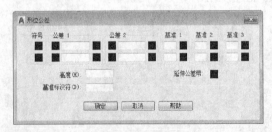

Step 07 弹出【特征符号】选择框，在【特征符号】选择框中选择垂直度符号，如下图所示。

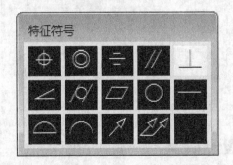

Step 08 在公差值输入框中输入"0.02"，在基

准1中输入"A"，如下图所示。

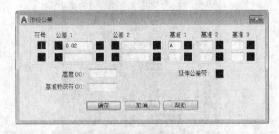

Step 09 重复 **Step 07**~**Step 08**，定义平行度形位公差，如下图所示，单击【确定】按钮。

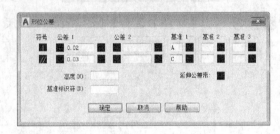

Step 10 将形位公差插入到图形中。在命令行输入"L"调用【直线】命令，绘制形位公差的指引线，如下图所示。

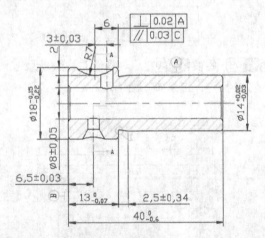

Step 11 重复 **Step 06**~**Step 10**，添加圆柱度和对称度，结果如下图所示。

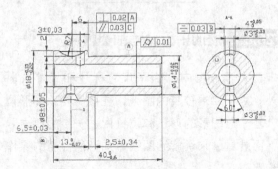

2. 添加粗糙度

Step 01 在命令行输入"I"调用【插入】命令。在弹出的【插入】对话框上单击【浏览】按钮，选择"粗糙度"，单击【确定】按钮，如下图所示。

Step 02 在屏幕上指定插入点后，在弹出的【编辑属性】对话框中输入粗糙度的字"0.8"，如下图所示。

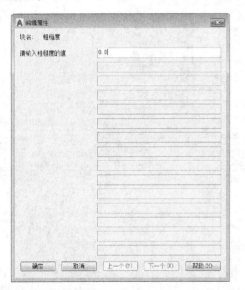

Step 03 插入粗糙度符号后如下图所示。

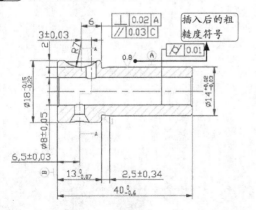

Step 04 重复 **Step 01** ~ **Step 03** ，插入其他粗糙

度符号，结果如下图所示。

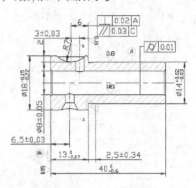

25.6.3 添加文字说明和图框

图形绘制完毕后，有些地方需要进一步用文字来加以说明，即要添加技术要求。而一个完整的图形除了有标注、文字说明外还要有图框。本节我们就具体来讲解如何添加文字说明和插入图框。

Step 01 在命令行输入"I"调用【插入】命令。弹出【插入】对话框，单击【浏览】按钮，打开光盘文件，选择"图框"，单击【确定】按钮，如下图所示。

Step 02 在屏幕上合适的位置指定插入点，结果如下图所示。

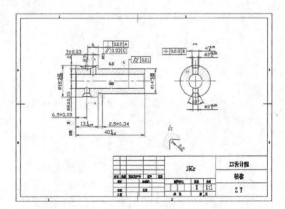

Step 03 将"文字"层设置为当前层，然后在命令行输入"T"调用【多行文字】命令，输入技术要求，如下图所示。

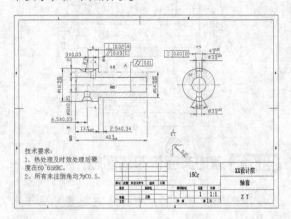

Step 04 在命令行输入"T"调用【单行文字】命令，然后在命令行输入文字的高度为2.5，旋转角度为0，在图框的右上角合适的位置输入文字，如下图所示。

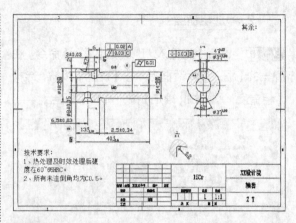

Step 05 在命令行输入"I"调用【插入】命令，将粗糙度插入到"其余："单行文字后面，并将粗糙度的值改为6.3，如下图所示。

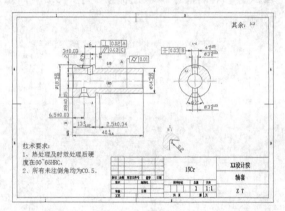

第26章

三维综合案例——绘制减速器下箱体

本章引言

减速器是原动机和工作机之间独立的闭式传动装置，在原动机和工作机或执行机构之间起匹配转速和传递转矩的作用，箱体是减速器传动零件的基座，在减速器的整体结构中起重要作用。

学习要点

- 了解减速器箱体
- 创建减速器下箱体三维模型
- 将三维模型转换为二维工程图

26.1 减速器箱体概述及绘图思路

减速器箱体是典型的箱体类零件，其结构和形状复杂，壁薄，外部为了增加强度通常在关键部位设计有多个加强筋。上箱盖和下箱体之间采用螺栓联接，轴承座的联接螺栓应尽量靠近轴承座孔，而轴承座旁边的凸台，应具有足够的承托面，以便放置联接螺栓，并保证旋紧螺栓时所需的扳手空间。

减速器箱体在整个减速器中起支撑和联接作用，把各个零件联接起来，支撑传动轴，保证各传动机构的正确安装及运作。减速器箱体通常是由灰铸铁制造，根据工作需要也可由铸钢箱体或钢板焊接制造。

用户可以参考下图所示的绘制思路对减速器下箱体进行绘制。

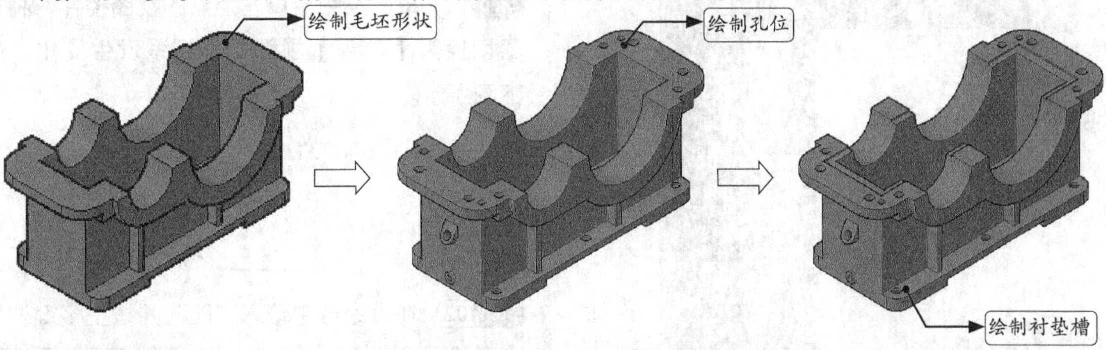
绘制毛坯形状
绘制孔位
绘制衬垫槽

26.2 创建减速器下箱体三维模型

本节将对减速器下箱体三维模型进行创建，需要注意减速器下箱体各个部分的结构特征。

26.2.1 创建绘图环境和绘制底板

底板的创建过程主要运用了【多段线】、【圆角边】及【拉伸】等命令，下面将对其进行创建，具体操作步骤如下。

1. 创建新文件并设置绘图环境

Step 01 新建一个CAD图形文件，单击工作界面右下角中的【切换工作空间】按钮 ⚙️ ▾ ，在弹出的菜单中选择【三维建模】工作空间，如下图所示。

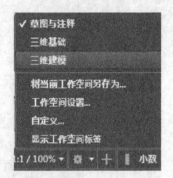

Step 02 单击快速访问工具栏右侧的下拉按钮，弹出下拉列表，在下拉列表中选择【显示菜单栏】选项，如下图所示。

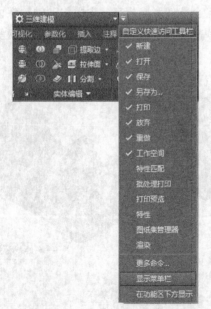

Step 03 单击绘图窗口左上角的视图控件，将视图切换为【西南等轴测】视图，如下图所示。

Step 04 切换后坐标系发生变化，如下图所示。

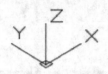

Step 05 选择【常用】选项卡→【坐标】面板→【X】按钮 ⌐ ，将坐标系统绕x轴旋转90°，结果如下图所示。

2. 绘制底板

Step 01 单击绘图窗口左上角的视图控件，将视图切换为【前视】视图，坐标系发生变化，如下图所示。

Step 02 在命令行中输入"PL"并按空格键调用【多段线】命令，根据AutoCAD命令行提示进行如下操作。

命令: PLINE

指定起点:　　　　　　//任意单击一点作为多段线的起点

当前线宽为 0.0000

指定下一个点或 [圆弧(A)/半宽(H)/长度(L)/放弃(U)/宽度(W)]: @100,0 ✓

指定下一点或 [圆弧(A)/闭合(C)/半宽(H)/长度(L)/放弃(U)/宽度(W)]: @0,10 ✓

指定下一点或 [圆弧(A)/闭合(C)/半宽(H)/长度(L)/放弃(U)/宽度(W)]: @200,0 ✓

指定下一点或 [圆弧(A)/闭合(C)/半宽(H)/长度(L)/放弃(U)/宽度(W)]: @0,−10 ✓

指定下一点或 [圆弧(A)/闭合(C)/半宽(H)/长度(L)/放弃(U)/宽度(W)]: @100,0 ✓

指定下一点或 [圆弧(A)/闭合(C)/半宽(H)/长度(L)/放弃(U)/宽度(W)]: @0,20 ✓

指定下一点或 [圆弧(A)/闭合(C)/半宽(H)/长度(L)/放弃(U)/宽度(W)]: @−400,0 ✓

指定下一点或 [圆弧(A)/闭合(C)/半宽(H)/长度(L)/放弃(U)/宽度(W)]: c ✓

Step 03 结果如下图所示。

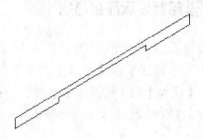

Step 04 单击绘图窗口左上角的视图控件，将视图切换为【西南等轴测】视图，结果如下图所示。

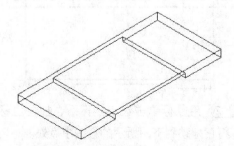

Step 05 选择【常用】选项卡→【建模】面板→【拉伸】按钮 ![拉伸], 在绘图区域中选择闭合多段线作为要拉伸的对象，然后输入拉伸高度180，结果如下图所示。

Step 06 选择【实体】选项卡→【实体编辑】面板→【圆角边】按钮 ![圆角边]，选择需要圆角的4条边，如下图所示。

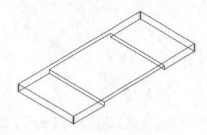

Step 07 按空格键结束圆角边的选择，然后在命令行输入"R"并按空格键，输入圆角半径"20"，圆角后结果如下图所示。

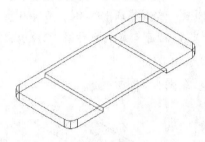

26.2.2 绘制内腔胚体及联接板

内腔胚体及联接板的创建过程主要运用了【长方体】和【圆角边】命令，其中为了方便绘图可以将坐标系的原点移动到图形的特殊点上作为参照，下面将分别对其进行创建，具体操作步骤如下。

Step 01 用鼠标单击选中坐标系，如下图所示。

Step 02 按住坐标原点，将它拖动到下图所示的中点处。

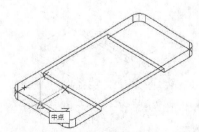

Step 03 在空白区域单击鼠标左键确定移动，结果如下图所示。

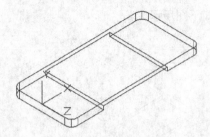

Step 04 选择【常用】选项卡→【建模】面板→【长方体】按钮，在命令行指定长方体的两个角点。

命令: _box

指定第一个角点或 [中心(C)]: 0,0,60

指定其他角点或 [立方体(C)/长度(L)]: 400,150,-60

Step 05 结果如下图所示。

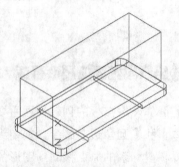

Step 06 重复 **Step 04**，绘制联接板，在命令行指定长方体的两个角点。

命令: _box

指定第一个角点或 [中心(C)]: -40,150,-90

指定其他角点或 [立方体(C)/长度(L)]: 440,166,-90

Step 07 绘制完成后结果如下图所示。

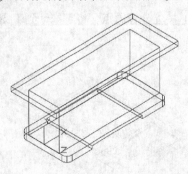

Step 08 选择【实体】选项卡→【实体编辑】面板→【圆角边】按钮，选择需要圆角的4条边，如下图所示。

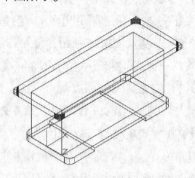

Step 09 按空格键结束圆角边的选择，然后在命令行输入"R"并按空格键，输入圆角半径"40"，圆角后结果如下图所示。

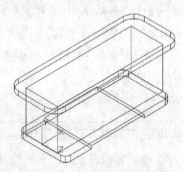

26.2.3 绘制轴承座及凸台

轴承座及凸台的创建过程主要运用了【圆】、【直线】、【修剪】、【多段线编辑】、【拉伸】和【长方体】等命令，下面将分别对其进行创建，具体操作步骤如下。

1. 创建轴承座二维轮廓线

Step 01 单击绘图窗口左上角的视图控件，将视图切换为【前视】视图，如下图所示。

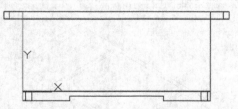

Step 02 用鼠标单击选中坐标系，按住坐标原点，将它拖动到下图所示的直线中点处。

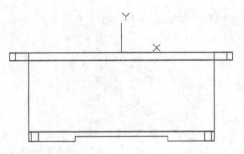

Step 03 在命令行中输入"C"并按空格键调用【圆】命令，以坐标（55,0）为圆心，绘制一个半径为110的圆，如下图所示。

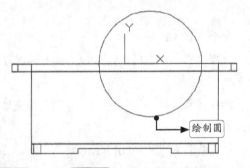

绘制圆

Step 04 重复 **Step 03**，以坐标（-105,0）为圆心，绘制一个半径为70的圆，如下图所示。

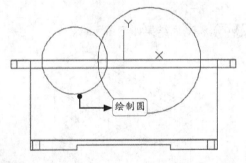

绘制圆

Step 05 在命令行中输入"L"并按空格键调用【直线】命令，在绘图区域中捕捉如下图所示的象限点作为直线起点。

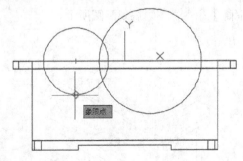

象限点

Step 06 绘制一条长130的水平直线，如下图所示。

Step 07 重复【直线】命令，在绘图区域中捕捉如下图所示的象限点作为直线起点。

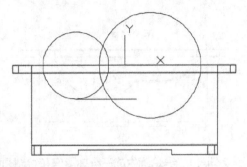

捕捉象限点

象限点

Step 08 在绘图区域中拖动鼠标并捕捉如下图所示的象限点作为直线端点。

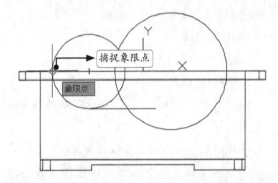

象限点

Step 09 在命令行中输入"TR"并按空格键调用【修剪】命令，选择绘制的两个圆和两条直线为修剪对象，如下图所示。

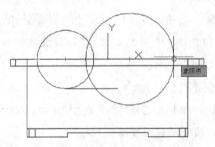

Step 10 对图形进行修剪，结果如下图所示。

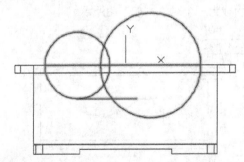

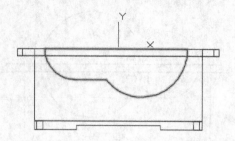

2. 通过二维轮廓生成三维轴承座和绘制凸台

Step 01 在命令行中输入"PE"并按空格键调用【多段线编辑】命令，AutoCAD命令行提示如下。

命令: PEDIT

选择多段线或 [多条(M)]: m

选择对象: 找到 1 个

……，总计 4 个   //选择刚绘制的圆弧和直线

选择对象: //按空格键结束选择

是否将直线、圆弧和样条曲线转换为多段线？ [是(Y)/否(N)]? <Y>   //按空格键接受默认选项

输入选项 [闭合(C)/打开(O)/合并(J)/宽度(W)/拟合(F)/样条曲线(S)/非曲线化(D)/线型生成(L)/反转(R)/放弃(U)]: j

合并类型 = 延伸

输入模糊距离或 [合并类型(J)] <0.0000>:

//按空格键接受默认选项

多段线已增加 3 条线段

//按空格键结束命令

Step 02 两条圆弧和两条直线转换成多段线并合并后成为一个对象，如下图所示。

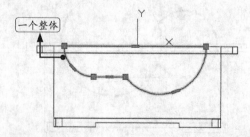

Step 03 选择【常用】选项卡→【建模】面板→【拉伸】按钮，在绘图区域中选择上步创建的多段线对象，然后输入拉伸高度200。将视图

切换到【西南等轴测】后如下图所示。

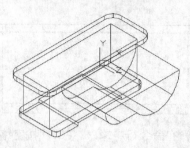

Step 04 在命令行中输入"M"并按空格键调用【移动】命令，根据AutoCAD命令行提示进行如下操作。

命令: MOVE

选择对象: 找到 1 个   //选择拉伸后的实体

选择对象: //按空格键结束选择

指定基点或 [位移(D)] <位移>:

//在任意位置单击

指定第二个点或 <使用第一个点作为位移>:

@0,0,-190

Step 05 移动后结果如下图所示。

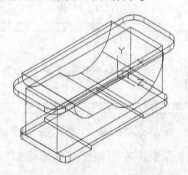

Step 06 在命令行中输入"HI"并按空格键调用【消隐】命令，消隐后如下图所示。

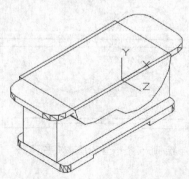

Step 07 选择【常用】选项卡→【建模】面板→【长方体】按钮 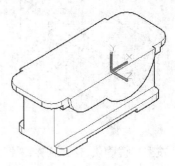，在命令行指定长方体的两个角点。

命令: _box

指定第一个角点或 [中心(C)]: 195,0,0

指定其他角点或 [立方体(C)/长度(L)]: −195,−30,−180

Step 08 长方体绘制完成后如下图所示。

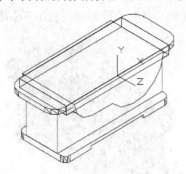

Step 09 单击绘图窗口左上角的视图控件，将视觉样式切换为【隐藏】，如下图所示。

Step 10 在隐藏视觉样式下如下图所示。

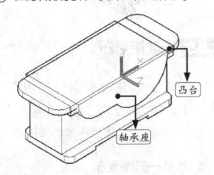

26.2.4 绘制内腔及轴承孔

内腔及轴承孔的创建过程主要运用了【并集】、【长方体】、【圆柱体】及【差集】等命令，下面将分别对其进行创建，具体操作步骤如下。

Step 01 选择【常用】选项卡→【实体编辑】面板→【并集】按钮 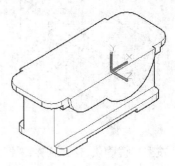，在绘图区域中选择全部对象，将它们合并成一个整体，结果如下图所示。

Step 02 选择【常用】选项卡→【建模】面板→【长方体】按钮，在命令行指定长方体的两个角点。

命令: _box

指定第一个角点或 [中心(C)]: −185,−170,−40

指定其他角点或 [立方体(C)/长度(L)]: 185,0,−140

Step 03 长方体绘制完成后如下图所示。

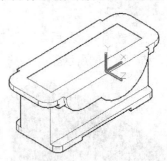

Step 04 单击绘图窗口左上角的视图控件，将视觉样式切换为【二维线框】，绘制的长方体如下图所示。

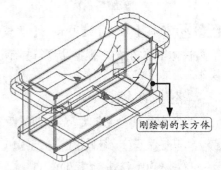

Step 05 选择【常用】选项卡→【实体编辑】面板→【差集】按钮⓪，在绘图区域中选择"要从中减去的实体、曲面和面域"，如下图所示。

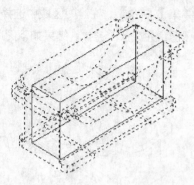

Step 06 按空格键确认，然后在绘图区域中选择"要减去的实体、曲面和面域"，如下图所示。

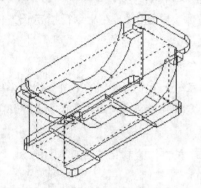

Step 07 按空格键确认，然后将视图切换到【概念】样式，结果如下图所示。

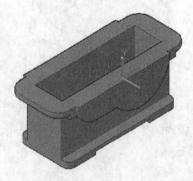

Step 08 选择【常用】选项卡→【建模】面板→【圆柱体】按钮，根据命令行提示进行如下操作。

命令：CYLINDER
指定底面的中心点或 [三点(3P)/两点(2P)/切点、切点、半径(T)/椭圆(E)]：-105,0,10
指定底面半径或 [直径(D)]：45

指定高度或 [两点(2P)/轴端点(A)]
<-100.0000>：-200
命令：CYLINDER
指定底面的中心点或 [三点(3P)/两点(2P)/切点、切点、半径(T)/椭圆(E)]：55,0,10
指定底面半径或 [直径(D)] <45.0000>：80
指定高度或 [两点(2P)/轴端点(A)]
<-200.0000>：-200

Step 09 两个圆柱体绘制完成后如下图所示。

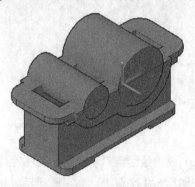

Step 10 选择【常用】选项卡→【实体编辑】面板→【差集】按钮⓪，将刚绘制的两个圆柱体从箱体中减去，结果如下图所示。

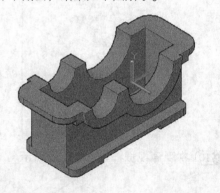

26.2.5 绘制加强筋

加强筋的创建过程主要运用了【长方体】、【三维镜像】及【并集】等命令，下面将对其进行创建，具体操作步骤如下。

1. 绘制一侧加强筋

Step 01 将视图切换到【隐藏】样式，如下图所示。

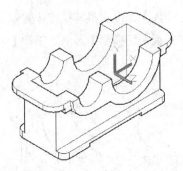

Step 02 用鼠标单击选中坐标系，按住坐标原点，将它拖动到下图所示的直线中点处。

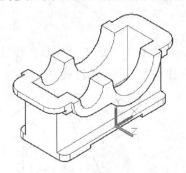

Step 03 选择【常用】选项卡→【建模】面板→【长方体】按钮，在命令行指定长方体的两个角点。

命令: _box

指定第一个角点或 [中心(C)]: −100, 0,−10

指定其他角点或 [立方体(C)/长度(L)]:
−110,100,−30

Step 04 第一条筋绘制完毕后如下图所示。

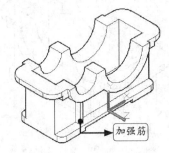

加强筋

Step 05 重复调用【长方体】命令，绘制另一条加强筋，在命令行指定长方体的两个角点。

命令: _box

指定第一个角点或 [中心(C)]:50, 0,−10

指定其他角点或 [立方体(C)/长度(L)]:
60,60,−30

Step 06 结果如下图所示。

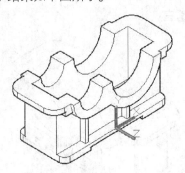

2. 绘制另一侧加强筋

Step 01 选择【常用】选项卡→【修改】面板→【三维镜像】按钮，选择刚绘制的两条加强筋为镜像对象，如下图所示。

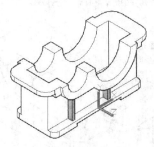

Step 02 按空格键结束镜像对象的选择，然后捕捉如下图所示的中点作为镜像平面上的第一点。

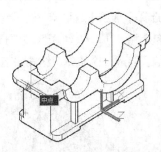

中点

Step 03 继续捕捉如下图所示的中点作为镜像平面上的第二点。

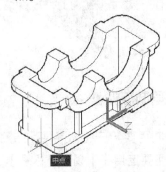

中点

Step 04 继续捕捉如下图所示的中点作为镜像平面上的第三点。

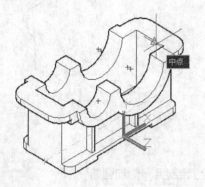

Step 05 镜像平面选择完成后当命令行提示是否删除源对象时，选择"否"，镜像完成后将视图切换到【东北等轴测】视图来观察镜像后另一侧的两条加强筋，如下图所示。

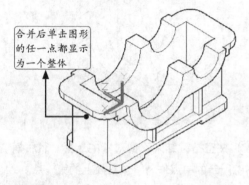

Step 06 选择【常用】选项卡→【实体编辑】面板→【并集】按钮，在绘图区域中选择全部对象，将它们合并成一个整体，结果如下图所示。

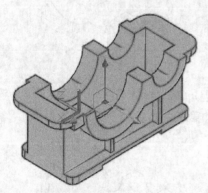

26.2.6 绘制放油孔

放油孔主要用于排放污油和清洗液，创建过程中主要运用了【创建坐标系】、【圆柱体】及【差集】命令。具体操作步骤如下。

Step 01 将视图切换到【西南等轴测】，如下图所示。

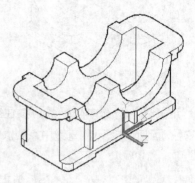

Step 02 用鼠标单击选中坐标系，按住坐标原点，将它拖动到图所示的直线中点处。

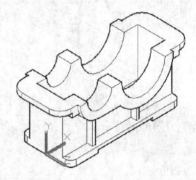

Step 03 选择【常用】选项卡→【坐标】面板→【Y】按钮，将坐标系绕y轴旋转-90°，如下图所示。

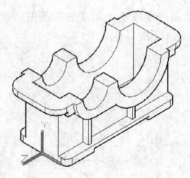

Step 04 选择【常用】选项卡→【建模】面板→【圆柱体】按钮，根据命令行提示进行如下操作。

命令： CYLINDER

指定底面的中心点或 [三点(3P)/两点(2P)/切点、切点、半径(T)/椭圆(E)]:0,20, 0

指定底面半径或 [直径(D)]: 9

指定高度或 [两点(2P)/轴端点(A)]
<−100.0000>: 5

Step 05 圆柱体绘制完成后将坐标系移到绘图区空白处，结果如下图所示。

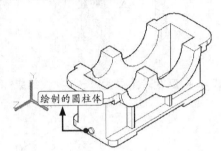

Step 06 重复调用【圆柱体】命令，根据命令行提示进行如下操作。

命令: CYLINDER

指定底面的中心点或 [三点(3P)/两点(2P)/切点、切点、半径(T)/椭圆(E)]:

//捕捉上步绘制的圆柱体的底面圆心

指定底面半径或 [直径(D)]: 5

指定高度或 [两点(2P)/轴端点(A)]
<−100.0000>: −30

Step 07 结果如下图所示。

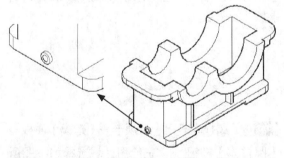

Step 08 选择【常用】选项卡→【实体编辑】面板→【差集】按钮，命令行提示如下。

命令: _subtract

选择要从中减去的实体、曲面和面域…

选择对象: //选择除步骤6的圆柱体外的所有图形

选择对象:

选择要减去的实体、曲面和面域…

选择对象: //选择步骤6创建的圆柱体

选择对象:

Step 09 差集后整个图形成为一个整体，如下图所示。

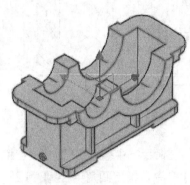

26.2.7 绘制油位测量孔

油位测量孔主要用于检查减速器内油池油面的高度，创建过程中主要运用了【矩形】、【圆角】、【旋转】、【圆柱体】及【差集】命令。具体操作步骤如下。

1. 绘制油位测量孔凸出部分

Step 01 选择【常用】选项卡→【绘图】面板→【矩形】按钮，命令行提示如下。

命令: _rectang

指定第一个角点或 [倒角(C)/标高(E)/圆角(F)/厚度(T)/宽度(W)]: fro

Step 02 捕捉如下图所示的中点作为参考点。

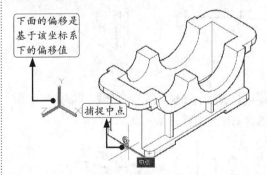

Step 03 命令行提示如下。

基点: <偏移>: @−12,80

指定另一个角点或 [面积(A)/尺寸(D)/旋转(R)]: @24,32

Step 04 结果如下图所示。

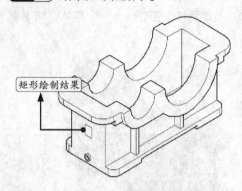

矩形绘制结果

Step 05 在命令行中输入"F"并按空格键调用【圆角】命令，指定圆角半径为"12"，对步骤4创建的矩形进行圆角，结果如下图所示。

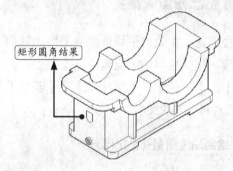

矩形圆角结果

Step 06 选择【常用】选项卡→【建模】面板→【旋转】按钮，在绘图区域选择 **Step 05** 创建的圆角矩形作为旋转拉伸对象，如下图所示。

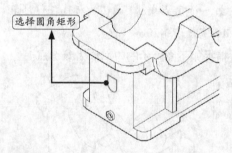

选择圆角矩形

Step 07 按空格键确认旋转对象后捕捉如下图所示的端点作为旋转轴第一点。

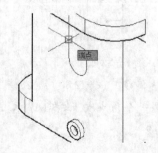

端点

Step 08 捕捉如下图所示的端点作为旋转轴另一点。

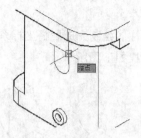

端点

Step 09 指定旋转角度为"-30"，结果如下图所示。

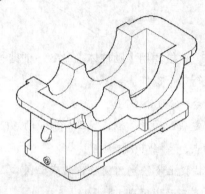

2. 绘制油位测量孔

Step 01 选择【常用】选项卡→【坐标】面板→【Y】按钮，将坐标系统绕x轴旋转-30°，结果如下图所示。

Step 02 选择【常用】选项卡→【建模】面板→【圆柱体】按钮，在绘图区域选择如下图所示的圆心位置作为圆柱体的底面中心点。

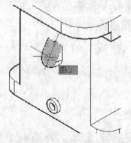

圆心

Step 03 指定圆柱体的底面半径为"7.5"，高度指定为"-40",结果如下图所示。

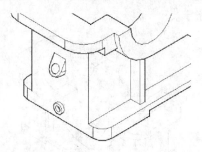

Step 04 选择【常用】选项卡→【实体编辑】面板→【差集】按钮◎,命令行提示如下。

命令: _subtract

选择要从中减去的实体、曲面和面域...

选择对象:

//选择除底面半径为"7.5"的圆柱体外的所有图形

选择对象: ↙

选择要减去的实体、曲面和面域...

选择对象: //选择底面半径为"7.5"的圆柱体

选择对象: ↙

Step 05 差集后结果如下图所示。

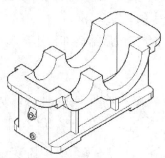

26.2.8 绘制底板螺栓孔

底板螺栓孔的创建主要运用了【圆柱体】、【阵列】及【差集】命令。具体操作步骤如下。

1. 绘制圆柱体

Step 01 选择【常用】选项卡→【坐标】面板→【世界坐标系】按钮🔲,将坐标系重新设定为世界坐标系,如下图所示。

Step 02 选择【常用】选项卡→【建模】面板→【圆柱体】按钮🔲,在绘图区域选择如下图所示的圆心点作为圆柱体的底面中心。

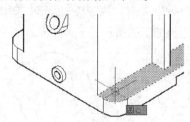

Step 03 指定圆柱体的底面半径为"7.25",高度指定为"-5",结果如下图所示。

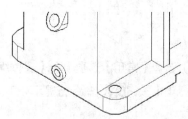

Step 04 选择【常用】选项卡→【建模】面板→【圆柱体】按钮🔲,在绘图区域选择如下图所示的圆心点作为圆柱体的底面中心。

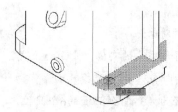

Step 05 指定圆柱体的底面半径为"3.4",高度指定为"-35",结果如下图所示。

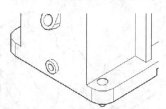

2. 绘制底板螺栓孔

Step 01 选择【常用】选项卡→【修改】面板→【矩形阵列】按钮⊞,选择上面绘制的两个圆柱体为阵列对象，在弹出的【阵列创建】选项卡上对行和列进行如下图所示的设置。

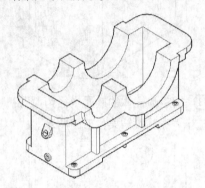

Step 02 设置层数为1，然后单击【关闭阵列】按钮，结果如下图所示。

Step 03 选择【常用】选项卡→【实体编辑】面板→【差集】按钮，命令行提示如下。

命令: _subtract

选择要从中减去的实体、曲面和面域...

选择对象: //选择除底面半径为"7.25"和底面半径为"3.4"的12个圆柱体以外的所有图形

选择对象: ↙

选择要减去的实体、曲面和面域...

选择对象: //选择底面半径为"7.25"和底面半径为"3.4"的正面的6个圆柱体

选择对象: ↙

Step 04 差集完成后结果如下图所示。

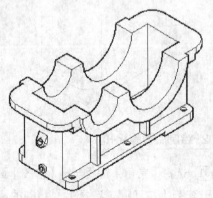

Step 05 将视图切换到【东北等轴测】视图，如下图所示。

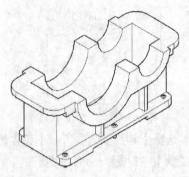

Step 06 选择【常用】选项卡→【实体编辑】面板→【差集】按钮，命令行提示如下。

命令: _subtract

选择要从中减去的实体、曲面和面域...

选择对象: //选择除底面半径为"7.25"和底面半径为"3.4"的6个圆柱体以外的所有图形

选择对象: ↙

选择要减去的实体、曲面和面域...

选择对象: //选择底面半径为"7.25"和底面半径为"3.4"的正面的6个圆柱体

选择对象: ↙

Step 07 差集完成后结果如下图所示。

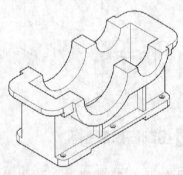

26.2.9 绘制凸台螺栓孔

凸台螺栓孔的创建主要运用了【圆柱体】、【阵列】及【差集】命令。具体操作步骤如下。

Step 01 将视图切换到【西南等轴测】视图，如下图所示。

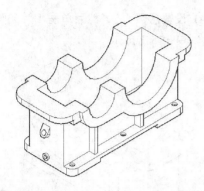

Step 02 用鼠标单击选中坐标系，按住坐标原点，将它拖动到如下图所示的端点处。

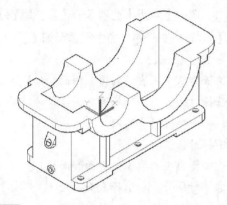

Step 03 选择【常用】选项卡→【建模】面板→【圆柱体】按钮，根据命令行提示进行如下操作。

命令：CYLINDER

指定底面的中心点或 [三点(3P)/两点(2P)/切点、切点、半径(T)/椭圆(E)]:-30,25

指定底面半径或 [直径(D)]: 6.5

指定高度或 [两点(2P)/轴端点(A)] <-30.0000>: -40

Step 04 结果如下图所示。

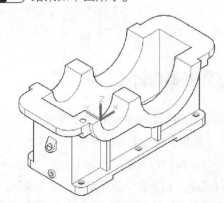

Step 05 选择【常用】选项卡→【修改】面板→

【矩形阵列】按钮，选择上面绘制的圆柱体为阵列对象，在弹出的【阵列创建】选项卡上对行和列进行如下图所示的设置。

列数：	2	行数：	2
介于：	360	介于：	150
总计：	360	总计：	150
列		行 ▼	

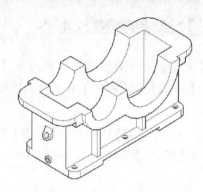

Step 06 设置层数为1，然后单击【关闭阵列】按钮，结果如下图所示。

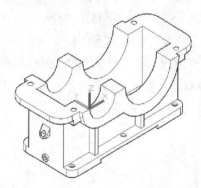

Step 07 选择【常用】选项卡→【实体编辑】面板→【差集】按钮，命令行提示如下。

命令：_subtract

选择要从中减去的实体、曲面和面域…

选择对象：   //选择除底面半径为"6.5"的4个圆柱体以外的所有图形

选择对象： ↙

选择要减去的实体、曲面和面域…

选择对象：   //选择底面半径为"6.5"的4个圆柱体

选择对象： ↙

Step 08 差集完成后结果如下图所示。

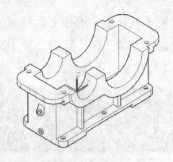

26.2.10 绘制联接板螺栓孔

联接板螺栓孔的创建主要运用了【圆柱体】、【阵列】及【差集】命令。具体操作步骤如下。

Step 01 选择【常用】选项卡→【建模】面板→【圆柱体】按钮，根据命令行提示进行如下操作。

命令：CYLINDER
指定底面的中心点或 [三点(3P)/两点(2P)/切点、切点、半径(T)/椭圆(E)]:-65,50
指定底面半径或 [直径(D)]: 8
指定高度或 [两点(2P)/轴端点(A)]<-40.0000>:-30

Step 02 结果如下图所示。

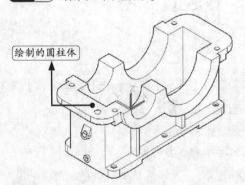

Step 03 选择【常用】选项卡→【修改】面板→【矩形阵列】按钮，选择上面绘制的圆柱体为阵列对象，在弹出的【阵列创建】选项卡上对行和列进行如下图所示的设置。

III 列数:	2	三 行数:	2
介于:	360	介于:	150
总计:	360	总计:	150
	列		行

Step 04 设置层数为1，然后单击【关闭阵列】按钮，结果如下图所示。

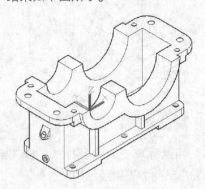

Step 05 选择【常用】选项卡→【实体编辑】面板→【差集】按钮，命令行提示如下。

命令: _subtract
选择要从中减去的实体、曲面和面域...
选择对象:　//选择除底面半径为"8"的4个圆柱体以外的所有图形
选择对象:　↙
选择要减去的实体、曲面和面域...
选择对象:　//选择底面半径为"8"的4个圆柱体
选择对象:　↙

Step 06 差集后结果如下图所示。

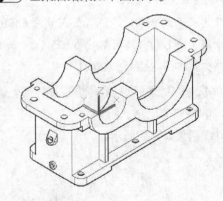

26.2.11 绘制销钉孔

销钉孔的创建主要运用了【圆柱体】、【复制】及【差集】命令。具体操作步骤如下。

Step 01 选择【常用】选项卡→【建模】面板→【圆柱体】按钮，根据命令行提示进行如下操作。

命令：CYLINDER

指定底面的中心点或 [三点(3P)/两点(2P)/切点、切点、半径(T)/椭圆(E)]:−60,30

指定底面半径或 [直径(D)]:6

指定高度或 [两点(2P)/轴端点(A)] <−30.0000>:−30

Step 02 结果如下图所示。

绘制的圆柱体

Step 03 在命令行输入"CO"并按空格键调用【复制】命令，命令行提示如下。

命令: _copy

选择对象: //选择底面半径为"6"的圆柱体

选择对象: ↙

当前设置: 复制模式 = 多个

指定基点或 [位移(D)/模式(O)] <位移>:

//任意单击一点

指定第二个点或 [阵列(A)] <使用第一个点作为位移>: @420,140 ↙

Step 04 复制完成后如下图所示。

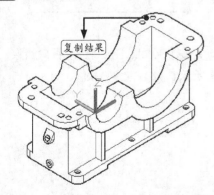

复制结果

Step 05 选择【常用】选项卡→【实体编辑】面板→【差集】按钮，命令行提示如下。

命令: _subtract

选择要从中减去的实体、曲面和面域...

选择对象: //选择除底面半径为"6"的2个圆柱体以外的所有图形

选择对象: ↙

选择要减去的实体、曲面和面域...

选择对象: //选择底面半径为"6"的2个圆柱体

选择对象: ↙

Step 06 差集后结果如下图所示。

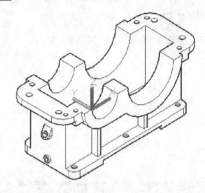

26.2.12 绘制衬垫槽

衬垫槽的创建主要运用了【长方体】和【差集】命令。具体操作步骤如下。

Step 01 选择【常用】选项卡→【建模】面板→【长方体】按钮，在命令行指定长方体的两个角点。

命令: _box

指定第一个角点或 [中心(C)]: −50,40,0

指定其他角点或 [立方体(C)/长度(L)]: −350,160,−3

Step 02 长方体绘制完成后如下图所示。

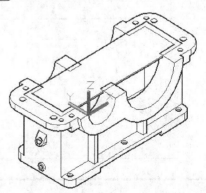

Step 03 选择【常用】选项卡→【实体编辑】面板→【差集】按钮 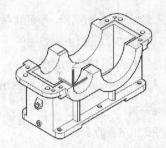，命令行提示如下。

命令：_subtract

选择要从中减去的实体、曲面和面域...

选择对象：

//选择除刚绘制的长方体以外的所有图形

选择对象：　　↙

选择要减去的实体、曲面和面域...

选择对象：　　//选择刚绘制的长方体

选择对象：　　↙

Step 04 差集后结果如下图所示。

Step 05 选择【常用】选项卡→【坐标】面板→【世界坐标系】按钮，将坐标系重新设定为世界坐标系，如下图所示。

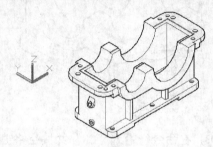

26.3 将减速器下箱体三维模型转换为二维工程图

减速器下箱体三维模型创建完成后可以将其转换为二维工程图，本节将对减速器下箱体三维模型转换为二维工程图的转换过程进行讲解。

26.3.1 将三维模型转换为二维工程图

可以利用AutoCAD 2017中的布局功能将减速器下箱体三维模型转换为二维工程图，具体操作步骤如下。

Step 01 将当前窗口切换至【布局1】，如图所示。

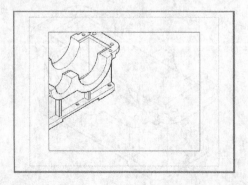

Step 02 单击选中当前视口，如下图所示。

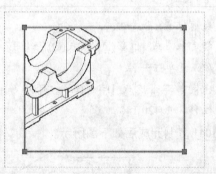

Step 03 按【Delete】键将当前视口删除，结果如下图所示。

Step 04 单击【布局】选项卡→【布局视口】面板→【矩形】按钮，在当前布局窗口单击指定视口第一角点，如下图所示。

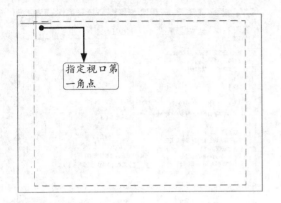

Step 05 拖动鼠标并单击指定视口对角点，如下图所示。

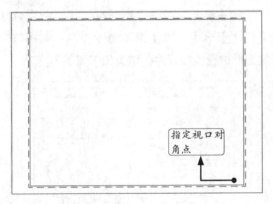

Step 06 结果如下图所示。

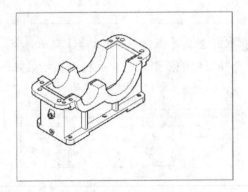

Step 07 双击当前视口并滚动鼠标滚轮，将减速器下箱体三维模型移至视口之外。然后在视口之外的空白区域处双击确定，结果如下图所示。

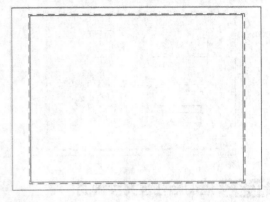

Step 08 单击【布局】选项卡→【创建视图】面板→【基点】下拉按钮→【从模型空间】按钮，在当前视口中单击指定基础视图的位置，如下图所示。

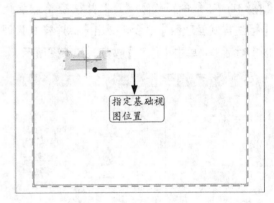

Step 09 在【工程视图创建】选项卡的【外观】面板中将比例设置为1:5，单击【隐藏线】下拉按钮，选择【可见线】按钮，如下图所示。

Step 10 单击【确定】按钮后拖动鼠标并分别单击指定其他视图的位置，按空格键确认后结果如下图所示。

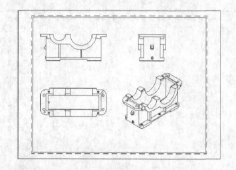

26.3.2 添加标注及文字说明

可以利用AutoCAD中的标注功能对减速器下箱体二维工程图进行尺寸标注及文字说明，具体操作步骤如下。

Step 01 在命令行输入"D"并按空格键调用【标注样式管理器】命令，弹出【标注样式管理器】对话框，单击【修改】按钮，如下图所示。

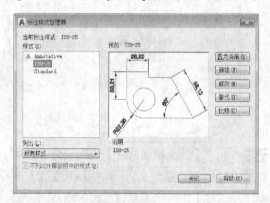

Step 02 在弹出的【修改标注样式：ISO-25】对话框中选择【线】选项卡，并进行如下图所示的设置。

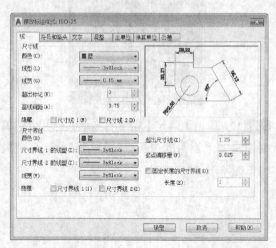

Step 03 选择【调整】选项卡，将标注特征比例选为【使用全局比例】，并将比例值改为2，如下图所示。

Step 04 将【ISO-25】标注样式置为当前，并将【标注样式管理器】对话框关闭，然后选择【标注】→【线性】菜单命令，对当前视口中的图形进行线性标注，结果如下图所示。

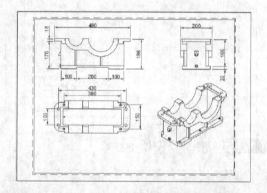

Step 05 选择【标注】→【半径】菜单命令，对当前视口中的图形进行半径标注，结果如下图所示。

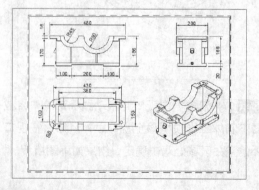

Step 06 在命令行输入"T"并按空格键调用

【多行文字】命令，字体大小指定为"5"，对当前视口中的图形进行文字注释，如下图所示。

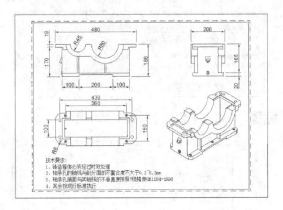

26.3.3 插入图框

对减速器下箱体二维工程图进行尺寸标注及文字说明后，还可以为其插入图框，具体操作步骤如下。

Step 01 在命令行输入"I"并按空格键调用【插入】命令，弹出【插入】对话框，单击【浏览】按钮，选择光盘中的"A4图框.dwg"文件，单击【确定】按钮，如下图所示。

Step 02 单击指定图框的插入点，如下图所示。

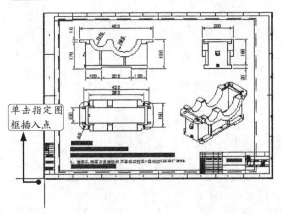

Step 03 结果如下图所示。

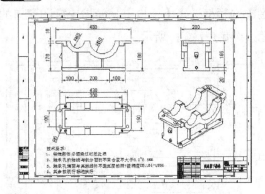

Step 04 选择视口线框，如下图所示。

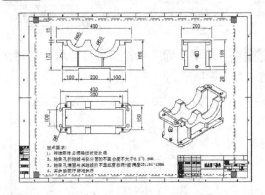

Step 05 单击【常用】选项卡→【图层】面板中的【图层】下拉按钮，然后选择【Defpoints】图层，如下图所示。

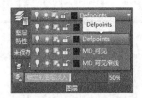

Step 06 按【Esc】键取消对视口线框的选择，然后选择【文件】→【打印】菜单命令，弹出【打印-布局1】对话框，如下图所示。

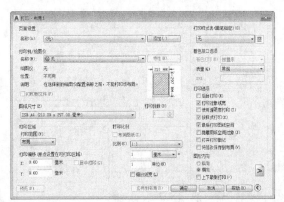

Step 07 选择相应的打印机，然后在【打印范围】选项框选择【窗口】，并指定打印窗口的第一个角点，如图所示。

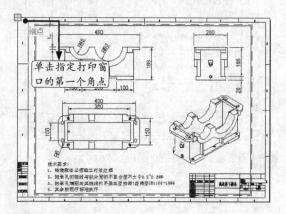

Step 08 拖动鼠标并单击指定打印窗口的对角点，如下图所示。

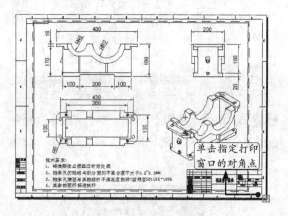

Step 09 系统自动返回【打印-布局1】对话框，进行相关选项设置，如下图所示。

Step 10 单击【预览】按钮，如下图所示。

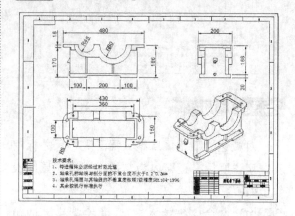

第**27**章

园林景观设计案例——绘制植物观光园总平面图

■■ 本章引言

    植物观光园是一种以植物为载体的新型园林景观，近年来，随着城市建设的不断扩展和要求的提高，人们的环境意识也在不断提高，植物观光园不仅具有观赏性还可以改善生态环境质量，为人们提供观光、休闲、度假的生活功能。

■■ 学习要点

❯❯ 了解园林景观设计

❯❯ 绘制植物观光园总平面图

27.1 园林景观概述及设计图绘制思路

    园林景观设计是在传统园林理论的基础上，在一定的地域范围内，相关专业人士通过运用园林艺术和工程技术手段，通过营造建筑、改造地形、种植植物以及布置园路等途径，对自然环境进行有意识的改造的过程。园林景观设计在一定程度上体现了当代人类文明的发展程度以及价值取向。

    园林景观设计所涉及到的内容根据出发点不同会有很大不同。从详细规划与建筑角度出发，可以对面积较小的城市广场、小区绿地以及住宅庭院进行设计。从规划和园林的角度出发，可以对中等规模的主题公园以及街道景观进行设计。从地理和生态角度出发，可以对大面积的河域治理以及城镇总体规划进行设计。

    园林景观的基本成分可以分为两大类，软质景观和硬质景观。软质景观通常是自然的，如树木、水体、阳光、天空等。硬质景观通常是人为的，如铺地、墙体、栏杆、景观构筑等。

    用户可以参考下图所示的绘制流程对园林景观设计图进行绘制。

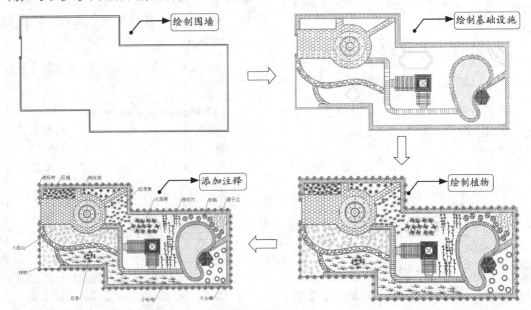

27.2 绘制园林景观设计总平面图

下面将以绘制园林景观设计总平面图为实例，讲解园林景观设计中各个部分平面图的绘制方法及步骤，包括了观光园的轮廓图、设计绿地造型、铺地园路、插入植物图块及添加文字标注等。

27.2.1 绘图环境设置

绘图环境主要包括图层设置和多线样式设置，图层设置可以参考前面章节的图层设置方法，这里重点介绍多线样式的设置方法。

1. 设置图层

在绘制园林景观设计图之前，参见前面章节的图层设置方法，创建如下图所示的图层。

2. 设置多线样式

Step 01 选择【格式】→【多线样式】菜单命令，弹出【多线样式】对话框，单击【新建】按钮。

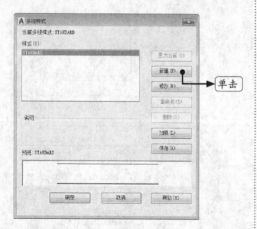

Step 02 在弹出来的【创建新的多线样式】对话框中输入新样式名为"围墙"，单击【继续】按钮。

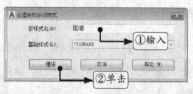

Step 03 在弹出来的【新建多线样式：围墙】对话框中，在封口区域勾选直线后面起点和端点的复选框，如下图所示。

Step 04 选中图元"0.5"，然后在偏移输入框中输入"7.5"，再选中图元"−0.5"，将它改为"−7.5"，单击【确定】按钮，如下图所示。

Step 05 回到【多线样式】对话框后选择"围墙"多线样式，然后单击【置为当前】按钮，如下图所示。

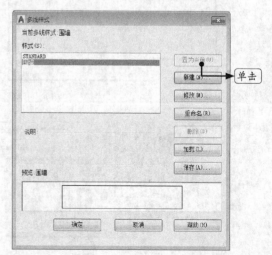

27.2.2 绘制围墙

本节将通过1:20比例将该植物园展现给大家，其具体操作步骤如下。

Step 01 将"围墙及轮廓线"层置为当前，然后在命令行输入"ML"并按空格键调用【多线】命令，根据命令行提示进行如下操作。

命令: MLINE

当前设置: 对正 = 上, 比例 = 20.00, 样式 = 围墙

指定起点或 [对正(J)/比例(S)/样式(ST)]: s

输入多线比例 <20.00>: 1

当前设置: 对正 = 上, 比例 = 1.00, 样式 = 围墙

指定起点或 [对正(J)/比例(S)/样式(ST)]:

//任意单击一点作为起点

指定下一点: @0,270

指定下一点或 [放弃(U)]: @1450,0

指定下一点或 [闭合(C)/放弃(U)]: @0,-400

指定下一点或 [闭合(C)/放弃(U)]: @ 1550,0

指定下一点或 [闭合(C)/放弃(U)]: @0,-1200

指定下一点或 [闭合(C)/放弃(U)]: @-2000,0

指定下一点或 [闭合(C)/放弃(U)]: @0,300

指定下一点或 [闭合(C)/放弃(U)]: @-1000,0

指定下一点或 [闭合(C)/放弃(U)]: @0,720

指定下一点或 [闭合(C)/放弃(U)]:

//按空格键结束命令

Step 02 围墙完成后如下图所示。

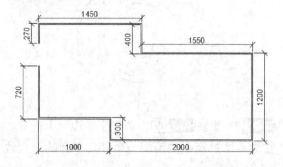

Step 03 选择【默认】选项卡→【绘图】面板→【矩形】按钮 ▣，AutoCAD命令行提示如下。

命令: _rectang

指定第一个角点或 [倒角(C)/标高(E)/圆角(F)/厚度(T)/宽度(W)]: fro 基点:

//捕捉围墙起点多线的中点

<偏移>: @-15,0

指定另一个角点或 [面积(A)/尺寸(D)/旋转(R)]: @30,-30

Step 04 大门立柱绘制完毕后如下图所示。

Step 05 在命令行输入"CO"并按空格键调用【复制】命令，将绘制好的立柱复制到大门的另一侧，如下图所示。

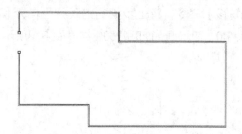

Step 06 在命令行输入"L"并按空格键调用【直线】命令，完善大门立柱并将它们连接起来，结果如下图所示。

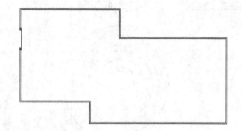

27.2.3 绘制水景

该植物观光园有两处水景，即喷泉和人工湖，下面将分别对其进行绘制，具体操作步骤

如下。

1. 绘制喷泉

Step 01 在命令行输入"C"并按空格键调用【圆】命令，根据命令行提示进行如下操作。

命令: CIRCLE

指定圆的圆心或 [三点(3P)/两点(2P)/切点、切点、半径(T)]: fro 基点:　　//捕捉立柱连线的中点

<偏移>: @730,-25

指定圆的半径或 [直径(D)]: 50

Step 02 圆绘制完成后如下图所示。

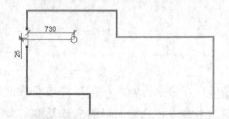

Step 03 在命令行输入"O"并按空格键调用【偏移】命令，将上步绘制的圆分别向外偏移10、40、70、90、125和160，结果如下图所示。

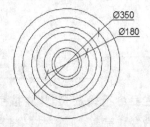

Step 04 重复【圆】命令，在直径为350的圆的象限点处绘制一个半径为4的圆，如下图所示。

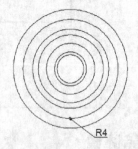

Step 05 选择【默认】选项卡→【绘图】面板→【多边形】按钮，AutoCAD命令行提示如下。

命令: _polygon 输入侧面数 <4>:6

指定正多边形的中心点或 [边(E)]:

　　　　//捕捉直径为180的圆的象限点

输入选项 [内接于圆(I)/外切于圆(C)] <I>: c

指定圆的半径: 6

Step 06 多边形绘制完成后结果如下图所示。

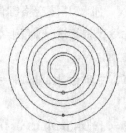

Step 07 选择【默认】选项卡→【修改】面板→【环形阵列】按钮，选择刚绘制的半径为4的圆和正六边形为阵列对象，然后捕捉同心圆的圆心为阵列中心，在弹出的【创建阵列】面板上进行如下图所示的设置。

Step 08 阵列完成后结果如下图所示。

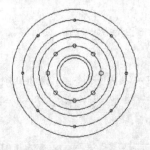

Step 09 阵列完成后将直径为180和350的两个圆删除，结果如下图所示。

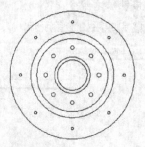

Step 10 重复 **Step 05**，调用【多边形】命令，在同心圆的圆心处绘制一个外切于圆的正六边

形，圆的半径为"17.5"，如下图所示。

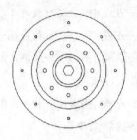

2. 绘制人工湖并对水景进行填充

Step 01 选择【默认】选项卡→【绘图】面板→【样条曲线拟合】按钮，绘制湖的外轮廓，如下图所示。

Step 02 在命令行输入"O"并按空格键调用【偏移】命令，将上步中绘制的湖的外轮廓向内侧偏移"50"，如下图所示。

Step 03 将【铺地】图层置为当前，在命令行输入"H"并按空格键调用【填充】命令，在弹出的【图案填充创建】选项卡的【图案】面板上选择"HONEY"图案，如下图所示。

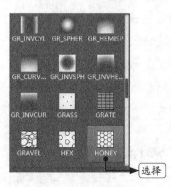

选择

Step 04 在【特性】面板上将比例改为4，如下图所示。

Step 05 对喷泉的底部建筑进行填充，如下图所示。

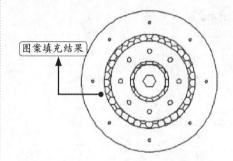

图案填充结果

Step 06 重复 **Step 03**~**Step 05** 对人工湖的底部建筑进行填充，如下图所示。

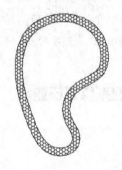

Step 07 将【水景】图层置为当前，然后调用【填充】命令，在弹出的【图案填充创建】面板上选择"TRANS"图案，将角度设置为"45°"，比例设置为"6"，对喷泉进行填充，如下图所示。

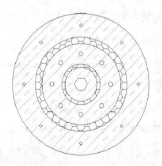

Step 08 重复 **Step 07**，对人工湖的湖水进行填充，如下图所示。

Step 09 绘制完成后，两个水景在整幅图中的布局如下图所示。

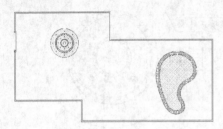

Tips

湖的外轮廓是用"样条曲线"绘制的，这里主要是介绍园林中图形的画法，所以图的位置和形状不要求特别精确，只要大致相当就可以了。

27.2.4 道路系统及铺地

下面将绘制植物观光园的道路系统及铺地，具体操作步骤如下。

1. 道路系统及铺地1

Step 01 将【道路系统】图层置为当前，然后在命令行输入"L"并按空格键调用【直线】命令，绘制围墙旁边的甬路，AutoCAD提示如下。

命令: _line
指定第一个点: fro 基点:　//捕捉图中A点
<偏移>: @0,-195
指定下一点或 [放弃(U)]: @50,50
指定下一点或 [放弃(U)]: @0,145
指定下一点或 [闭合(C)/放弃(U)]: @1320,0
指定下一点或 [闭合(C)/放弃(U)]:@0,- 400
指定下一点或 [闭合(C)/放弃(U)]:@ 1550,0
指定下一点或 [闭合(C)/放弃(U)]:@0,- 1070

指定下一点或 [闭合(C)/放弃(U)]:@- 1870,0
指定下一点或 [闭合(C)/放弃(U)]: @0,300
指定下一点或 [闭合(C)/放弃(U)]: @-740,0
指定下一点或 [闭合(C)/放弃(U)]:
//捕捉垂足B点
指定下一点或 [闭合(C)/放弃(U)]:
//按空格键结束命令

Step 02 直线绘制完毕后如下图所示。

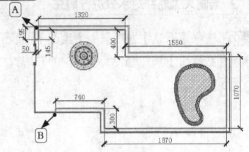

Step 03 在命令行输入"C"并按空格键调用【圆】命令，以喷泉的同心圆的圆心为圆心，绘制一个半径为300的圆，如下图所示。

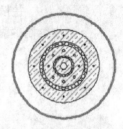

Step 04 在命令行输入"L"并按空格键调用【直线】命令，绘制喷泉的入口道路，AutoCAD提示如下。

命令: _line
指定第一个点: fro 基点:　//捕捉两条垂直线的交点
<偏移>: @0,-40
指定下一点或 [放弃(U)]: <30
角度替代: 30
指定下一点或 [放弃(U)]:
//拖动鼠标在合适的位置单击
指定下一点或 [放弃(U)]:　//按空格键结束命令
命令: LINE

指定第一个点: fro 基点: //捕捉两条垂直线的交点

<偏移>: @-70,0

指定下一点或 [放弃(U)]: <30

角度替代: 30

指定下一点或 [放弃(U)]:

//拖动鼠标在合适的位置单击

指定下一点或 [放弃(U)]: //按空格键结束命令

Step 05 直线绘制完毕后如下图所示。

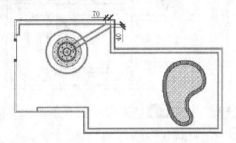

Step 06 在命令行输入"TR"并按空格键调用【修剪】命令,对图形进行修剪,结果如下图所示。

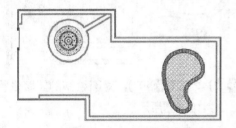

Step 07 在命令行输入"O"并按空格键调用【偏移】命令,将竖直线向左偏移720和820,将水平线向下偏移145和545,如下图所示。

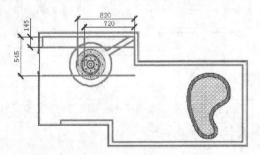

Step 08 在命令行输入"TR"并按空格键调用【修剪】命令,对图形进行修剪,结果如下图所示。

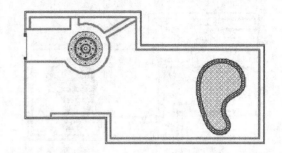

Tips

修剪完成后,在不退出【修剪】命令的前提下,按住【Shift】键,将下方的直线延伸到与围墙相交。

2. 道路系统及铺地2

Step 01 在命令行输入"O"并按空格键调用【偏移】命令,将最右侧竖直线向左偏移1630,将最上方水平线向下偏移545,将最下方水平直线向上偏移225,如下图所示。

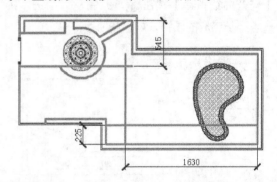

Step 02 在命令行输入"F"并按空格键调用【圆角】命令,对上步中绘制的通道进行圆角,圆角半径为"80",结果如下图所示。

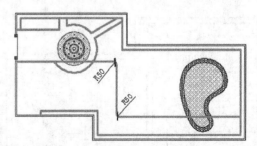

Step 03 在命令行输入"O"并按空格键调用【偏移】命令,将修剪后的直线和圆角向左和下方偏移70,结果如下图所示。

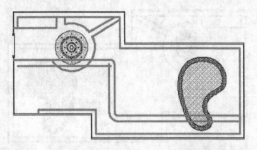

Step 04 在命令行输入"TR"并按空格键调用【修剪】命令,对新绘制的甬道进行修剪,结果如下图所示。

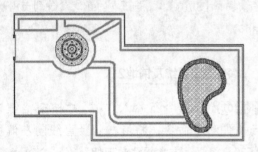

Step 05 选择【默认】选项卡→【绘图】面板→【样条曲线拟合】按钮,绘制从大门进入的一条石子铺成的园路,如下图所示。

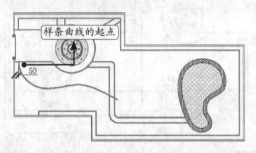

Step 06 在命令行输入"O"并按空格键调用【偏移】命令,将上一步中绘制的园路向下方偏移70,如下图所示。

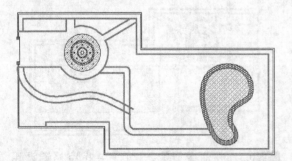

Step 07 在命令行输入"TR"并按空格键调用【修剪】命令对图形进行修剪,结果如下图所示。

Step 08 重复 **Step 05** 绘制另一条园路,如下图所示。

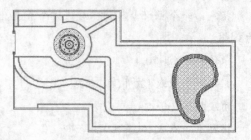

Step 09 重复 **Step 06** 将绘制的样条曲线向左侧偏移60,如下图所示。

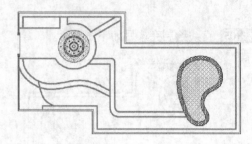

Step 10 重复 **Step 07**,对刚绘制的园路进行修剪,结果如下图所示。

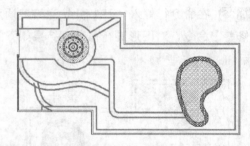

Tips

用样条曲线绘制甬道时,位置和形状不做特殊要求,大致差不多就可以了。

3. 道路系统及铺地3

Step 01 在命令行输入"L"并按空格键调用

【直线】命令，绘制喷泉的入口道路，AutoCAD
提示如下。

　　命令：_line
　　指定第一个点：fro 基点：
　　//捕捉两条垂直线的交点
　　<偏移>：@0,-335
　　指定下一点或 [放弃(U)]：<30
　　角度替代：30
　　指定下一点或 [放弃(U)]：
　　//拖动鼠标在合适的位置单击
　　指定下一点或 [放弃(U)]：　　//按空格键结束
命令

Step 02 直线绘制完毕后如下图所示。

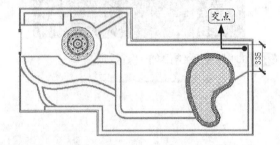

Step 03 在命令行输入"O"并按空格键调用
【偏移】命令，将上一步中绘制的园路向下偏
移"70"，如下图所示。

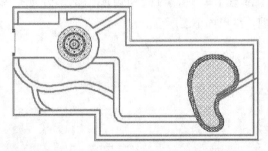

Step 04 在命令行输入"TR"并按空格键调用【修
剪】命令对图形进行修剪，结果如下图所示。

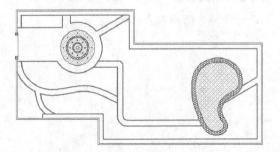

Step 05 将【铺地】图层置为当前，然后在命
令行输入"H"并按空格键调用【填充】命令，
在弹出的【图案填充创建】选项卡的【图案】
面板上选择"HONEY"图案，在【特性】面板上
设置比例为"8"，对大门到喷泉的铺地进行填
充，如下图所示。

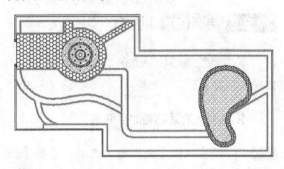

Step 06 重复执行【图案填充】命令，选择
"GRAVEL"图案，比例设置为"4"，对大门到
围墙的园路铺地进行填充，如下图所示。

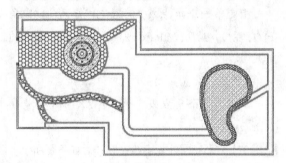

Step 07 重复执行【图案填充】命令，选择
"ANGLE"图案，比例设置为"4"，对两处水
景通道铺地进行填充，如下图所示。

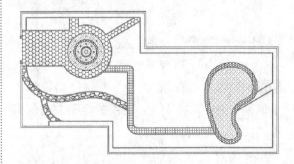

Step 08 重复执行【图案填充】命令，选择
"AR-HBONE"图案，比例设置为"0.2"，对围
墙边的甬路和从甬路进入湖的园路进行填充，
如下图所示。

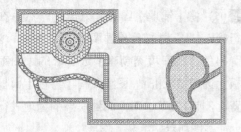

27.2.5 绘制花圃平面图

下面将绘制植物观光园的花圃平面图，具体操作步骤如下。

1. 绘制火焰菊花圃池平面图

Step 01 将【花圃】图层置为当前，选择【默认】选项卡→【绘图】面板→【矩形】按钮■，AutoCAD提示如下。

命令：_rectang

指定第一个角点或 [倒角(C)/标高(E)/圆角(F)/厚度(T)/宽度(W)]: fro 基点： //捕捉图中的交点

<偏移>: @50，-60

指定另一个角点或 [面积(A)/尺寸(D)/旋转(R)]: @470，-240

Step 02 方形花圃外轮廓绘制完毕后如下图所示。

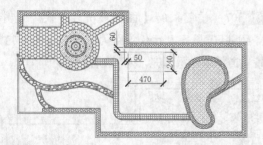

Step 03 在命令行输入"O"并按空格键调用【偏移】命令，将上一步绘制的矩形向内侧偏移"15"，如下图所示。

Step 04 在命令行输入"C"并按空格键调用【圆】命令，以大矩形顶点为圆心，绘制一个半径为"65"的圆，如下图所示。

Step 05 选择【默认】选项卡→【修改】面板→【矩形阵列】按钮■■，选择上一步绘制的圆为阵列对象，在弹出的【阵列创建】面板上进行如下图所示的设置。

Step 06 阵列后结果如下图所示。

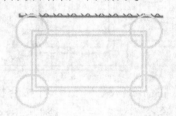

Step 07 在命令行输入"TR"并按空格键调用【修剪】命令，对圆和矩形相交部分进行修剪，结果如下图所示。

Step 08 重复 **Step 04**~**Step 07**，在内侧矩形的顶点处也绘制4个半径为"65"的圆，然后对图形进行修剪，结果如下图所示。

2. 绘制君子兰和月季的花围池平面图

Step 01 在命令行输入"C"并按空格键调用【圆】命令，绘制君子兰阶梯型花围的4各同心圆，半径分别为"25""85""185""235"，如下图所示。

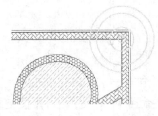

Step 02 在命令行输入"TR"并按空格键调用【修剪】命令，对阶梯型花围进行修剪，如下图所示。

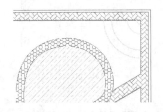

Step 03 选择【默认】选项卡→【绘图】面板→指定中心创建椭圆按钮 ，根据AutoCAD命令行提示进行如下操作。

命令: _ellipse

指定椭圆的轴端点或 [圆弧(A)/中心点(C)]: _c

指定椭圆的中心点: fro 基点:

//捕捉下图中所示的交点

<偏移>: @-270,130

指定轴的端点: @100,0

指定另一条半轴长度或 [旋转(R)]: 50

Step 04 椭圆绘制完毕后如下图所示。

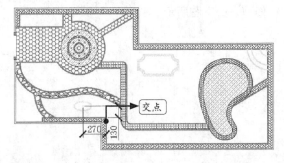

Step 05 在命令行输入"RO"并按空格键调用

【旋转】命令，选择上步绘制的椭圆为旋转对象，根据AutoCAD命令行提示进行如下操作。

命令: _rotate

UCS 当前的正角方向: ANGDIR=逆时针 ANGBASE=0

选择对象: 找到 1 个   //选择椭圆

选择对象: //按空格键结束选择

指定基点: //捕捉椭圆的圆心

指定旋转角度, 或 [复制(C)/参照(R)] <0>: c 旋转一组选定对象。

指定旋转角度, 或 [复制(C)/参照(R)] <0>: 90

Step 06 旋转完成后结果如下图所示。

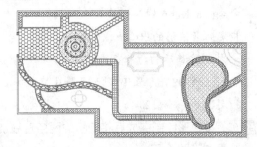

Step 07 在命令行输入"TR"并按空格键调用【修剪】命令，将两椭圆相交部分修剪掉，修剪完成后整个花围在植物观光园中的布置如下图所示。

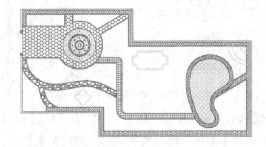

27.2.6 绘制凉亭

下面将绘制植物观光园的凉亭平面图，具体操作步骤如下。

1. 绘制四角凉亭

Step 01 将【凉亭及石阶】图层置为当前，然后在命令行输入"0"并按空格键调用【偏移】命令，将图中的水平直线向上偏移350，将竖直线向右偏移470，如下图所示。

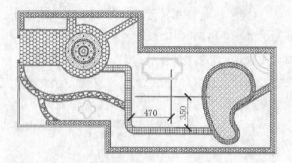

Step 02 选择【默认】选项卡→【绘图】面板→【多边形】按钮，根据AutoCAD命令行提示进行如下操作。

命令:

命令: _polygon 输入侧面数 <4>: 4

指定正多边形的中心点或 [边(E)]:

//捕捉偏移后的两条直线的交点

输入选项 [内接于圆(I)/外切于圆(C)] <I>: c

指定圆的半径: 120

Step 03 多边形绘制完成后将偏移的两条直线删除，结果如下图所示。

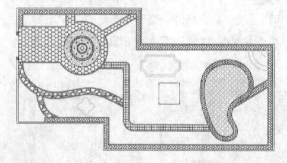

Step 04 在命令行输入"0"并按空格键调用【偏移】命令，将绘制的正方形向内侧偏移6、66和72，如下图所示。

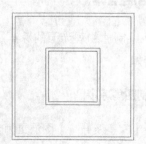

Step 05 在命令行输入"L"并按空格键调用【直线】命令，绘制外侧正方形的对角线，如下图所示。

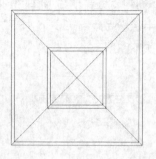

Step 06 在命令行输入"0"并按空格键调用【偏移】命令，将上步中绘制的正方形对角线向两侧各偏移"3"，如下图所示。

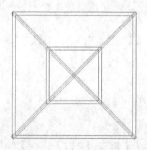

Step 07 重复【直线】命令，连接偏移后直线的端点，并将对角线删除，如下图所示。

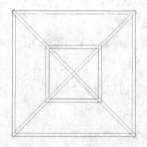

Step 08 在命令行输入"TR"并按空格键调用【修剪】命令，对正方形和直线相交的部分进行修剪，如下图所示。

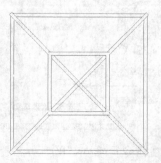

Step 09 在命令行输入"H"并按空格键调用【填充】命令,选择"STEEL"图案,填充角度设为"45",比例设置为"2.5",对凉亭顶部进行填充,如下图所示。

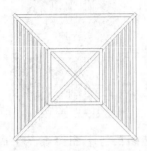

Step 10 重复执行【图案填充】命令,选择"STEEL"图案,填充角度设为"135",比例设置为"2.5",对凉亭顶部进行填充,如下图所示。

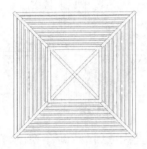

2. 绘制六角凉亭

Step 01 将【凉亭及石阶】图层置为当前,然后在命令行输入"O"并按空格键调用【偏移】命令,将图中的水平直线向上偏移380,将竖直线向左偏移330,如下图所示。

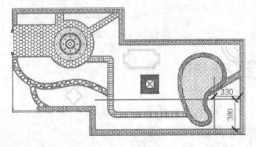

Step 02 选择【默认】选项卡→【绘图】面板→【多边形】按钮,根据AutoCAD命令行提示进行如下操作。

命令:

命令: _polygon 输入侧面数 <4>: 6

指定正多边形的中心点或 [边(E)]:

//捕捉偏移后的两条直线的交点

输入选项 [内接于圆(I)/外切于圆(C)] <I>: c

指定圆的半径: 100

Step 03 多边形绘制完成后将偏移的两条直线删除,结果如下图所示。

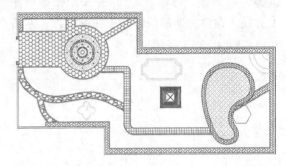

Step 04 在命令行输入"O"并按空格键调用【偏移】命令,将上步中绘制的正六边形向内侧偏移"6",如下图所示。

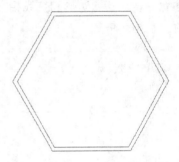

Step 05 在命令行输入"L"并按空格键调用【直线】命令,绘制外侧正六边形的对角线,如下图所示。

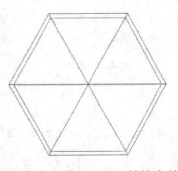

Step 06 在命令行输入"O"并按空格键调用【偏移】命令,将上步中绘制的正六边形对角线向两侧各偏移"3",如下图所示。

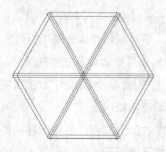

Step 07 在命令行输入"L"并按空格键调用【直线】命令，连接偏移后直线的端点，并将对角线删除，如下图所示。

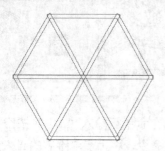

Step 08 在命令行输入"TR"并按空格键调用【修剪】命令，对正六边形和直线相交的部分进行修剪，如下图所示。

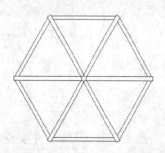

Step 09 在命令行输入"H"并按空格键调用【填充】命令，选择"STEEL"图案，填充角度设为"45"，比例设置为"2.5"，对凉亭顶部进行填充，如下图所示。

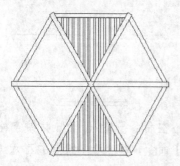

Step 10 重复执行【图案填充】命令，选择

"STEEL"图案，填充角度设为"105"，比例设置为"2.5"，对凉亭顶部进行填充，如下图所示。

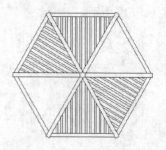

Step 11 继续执行【图案填充】命令，选择"STEEL"图案，填充角度设为"345"，比例设置为"2.5"，对凉亭顶部进行填充，如下图所示。

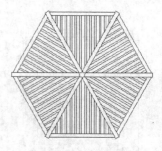

Step 12 填充完成后两个凉亭在植物观光园中的布置如下图所示。

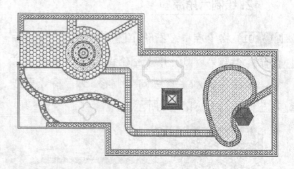

27.2.7 绘制石阶

下面将绘制植物观光园通向凉亭的石阶平面图，具体操作步骤如下。

1. 绘制石阶1

Step 01 选择【默认】选项卡→【绘图】面板→【矩形】按钮，根据AutoCAD命令行提示进行如下操作。

命令: _rectang

指定第一个角点或 [倒角(C)/标高(E)/圆角
(F)/厚度(T)/宽度(W)]: fro 基点: //捕捉下图所
示的中点

<偏移>: @-100,-12

指定另一个角点或 [面积(A)/尺寸(D)/旋转
(R)]: @200,12

Step 02 完成后如下图所示。

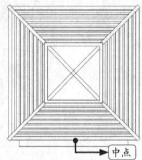

Step 03 选择【默认】选项卡→【修改】面板→
【矩形阵列】按钮 ，选择刚绘制的矩形为阵
列对象，在弹出的【创建阵列】面板上进行如
下图所示的设置。

列数:	1	行数:	9
介于:	300	介于:	-20
总计:	300	总计:	-160
	列	行	

Step 04 阵列完成后如下图所示。

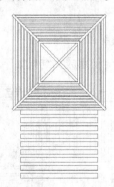

Step 05 选择【默认】选项卡→【绘图】面板→
【矩形】按钮 ，根据AutoCAD命令行提示进行
如下操作。

命令: _rectang

指定第一个角点或 [倒角(C)/标高(E)/圆角
(F)/厚度(T)/宽度(W)]: fro 基点: //捕捉图中所
示的中点

<偏移>: @-70, 0

指定另一个角点或 [面积(A)/尺寸(D)/旋转
(R)]: @15,-190

Step 06 矩形绘制完成后结果如下图所示。

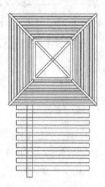

Step 07 在命令行输入"CO"并按空格键调
用【复制】命令，把刚绘制的矩形向右复制
"125"，如下图所示。

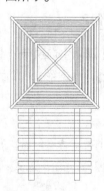

Step 08 重复执行【矩形】命令，根据AutoCAD
命令行提示进行如下操作。

命令: _rectang

指定第一个角点或 [倒角(C)/标高(E)/圆角
(F)/厚度(T)/宽度(W)]: fro 基点: //捕捉下图所
示的中点

<偏移>: @-50, 0

指定另一个角点或 [面积(A)/尺寸(D)/旋转
(R)]: @100,-19

Step 09 矩形绘制完成胡结果如下图所示。

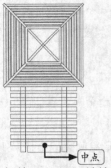

中点

Step 10 在命令行输入"CO"并按空格键调用【复制】命令，把刚绘制的矩形向下复制，结果如下图所示。

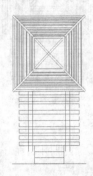

2. 绘制石阶2

Step 01 选择【默认】选项卡→【绘图】面板→【矩形】按钮■，根据AutoCAD命令行提示进行如下操作。

命令: _rectang

指定第一个角点或 [倒角(C)/标高(E)/圆角(F)/厚度(T)/宽度(W)]: fro 基点: //捕捉如图所示的中点

<偏移>: @-12,100

指定另一个角点或 [面积(A)/尺寸(D)/旋转(R)]: @12,-200

Step 02 矩形绘制完成后如下图所示。

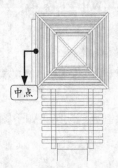

中点

Step 03 选择【默认】选项卡→【修改】面板→【矩形阵列】按钮■，选择刚绘制的矩形为阵列对象，在弹出的【创建阵列】面板上进行如下图所示的设置。

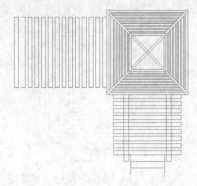

Ⅲ 列数:	14	亖 行数:	1
Ⅲ 介于:	-20	亖 介于:	300
Ⅲ 总计:	-260	亖 总计:	300
	列		行 ▼

Step 04 阵列完成后如下图所示。

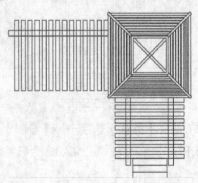

Step 05 重复【矩形】命令，根据AutoCAD命令行提示进行如下操作。

命令: _rectang

指定第一个角点或 [倒角(C)/标高(E)/圆角(F)/厚度(T)/宽度(W)]: fro 基点: //捕捉如图所示的中点

<偏移>: @0,70

指定另一个角点或 [面积(A)/尺寸(D)/旋转(R)]:

@-290,-15

Step 06 矩形绘制完成后结果如下图所示。

Step 07 在命令行输入"CO"并按空格键调

用【复制】命令，把刚绘制的矩形向下复制
"125"，如下图所示。

Step 08 重复执行【矩形】命令，根据AutoCAD
命令行提示进行如下操作。

命令: _rectang

指定第一个角点或 [倒角(C)/标高(E)/圆角
(F)/厚度(T)/宽度(W)]: fro 基点: //捕捉如图所
示的中点

<偏移>: @0, 50

指定另一个角点或 [面积(A)/尺寸(D)/旋转
(R)]:

@-19,-100

Step 09 矩形绘制完成后结果如下图所示。

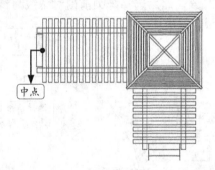

Step 10 在命令行输入"CO"并按空格键调用
【复制】命令，把刚绘制的矩形向左复制，结
果如下图所示。

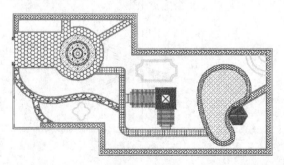

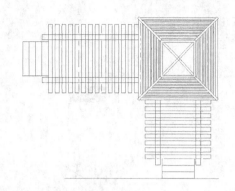

27.2.8 插几植物图块

园林景观中有很多植物都是通过绘制一个
图块，然后将这些图块按照一定的排列格式插
入，下面将对这些图块进行创建及插入，具体
操作步骤如下。

1. 绘制胡杨木

Step 01 将【胡杨树】图层置为当前，然后在命
令行输入"C"并按空格键调用【圆】命令，绘
制一个半径为"25"的圆，作为胡杨树的外轮
廓，如下图所示。

Step 02 选择【默认】选项卡→【绘图】面板→
【多边形】按钮 ，AutoCAD命令行提示如下。

命令: _polygon 输入侧面数 <4>:6

指定正多边形的中心点或 [边(E)]:

//捕捉刚绘制的圆
的圆心

输入选项 [内接于圆(I)/外切于圆(C)] <I>:
//按空格键接受默认值

指定圆的半径:

//拖动鼠标在多边形顶点与圆相交时单击，

如下图所示。

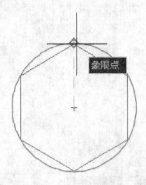

Step 03 绘制完成后如下图所示。

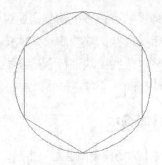

Step 04 在命令行输入"L"并按空格键调用【直线】命令，将正六边形的对角线连接起来，如下图所示。

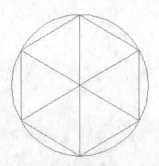

Step 05 选择【默认】选项卡→【修改】面板→【环形阵列】按钮，选择其中一条对角线为阵列对象，然后捕捉圆心为阵列中心，在弹出的【创建阵列】面板上进行如下图所示的设置。

Step 06 阵列结束后如下图所示。

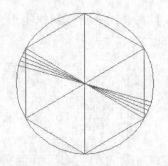

Step 07 重复执行【环形阵列】命令，将另一条对角线也以圆心为基点进行环形阵列，阵列个数为"4"，填充的总角度为"15°"，如下图所示。

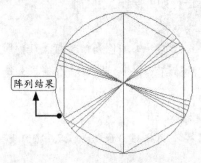

Step 08 在命令行输入"MI"并按空格键调用【镜像】命令，选择上步中阵列后的三条直线为阵列对象，然后选择阵列前的对角线为镜像线，如下图所示。

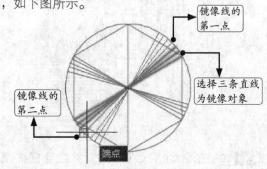

Step 09 镜像完成后，结果如下图所示。

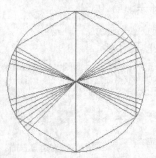

Step 10 重复 **Step 07**～**Step 09**，将剩余的最后一条对角线以圆心为基点进行环形阵列，阵列个数为"3"，填充总角度为"15"，然后将阵列后的两条直线以对角线为镜像线进行镜像，结果如下图所示。

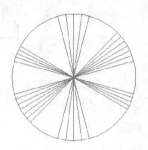

2. 创建胡杨木图块并将图块插入到图形中

Step 01 在命令行输入"X"并按空格键调用【分解】命令，将多线围墙进行分解，分解后围墙被隔断成独立的直线，如下图所示。

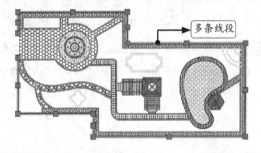

多条线段

Step 02 在命令行输入"J"并按空格键调用【合并】命令，选择围墙外围的直线（如上图所示），然后按空格键将选择的9条直线合并成一条多段线，如下图所示。

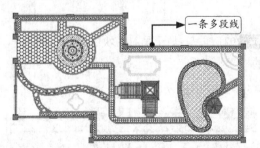

一条多段线

Step 03 在命令行输入"B"并按空格键调用【块定义】对话框，在弹出的【块定义】对话框中进行如下图所示的设置，单击【确定】按钮后即可完成"胡杨木"图块的创建。

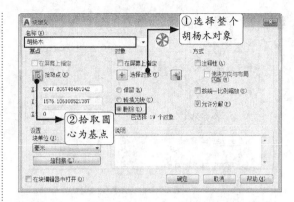

①选择整个胡杨木对象

②拾取圆心为基点

Step 04 在命令行输入"I"并按空格键调用【插入】对话框，在弹出的【插入】对话框中选择刚创建的胡杨木为插入对象，如下图所示。

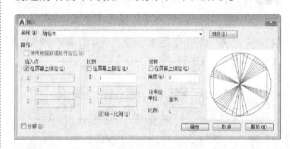

Step 05 将胡杨木图块插入到大门的立柱处，如下图所示。

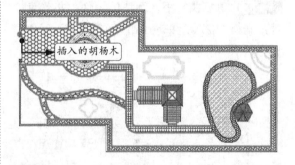

插入的胡杨木

Step 06 选择【默认】选项卡→【修改】面板→【路径阵列】按钮，选择刚插入的胡杨木图块为阵列对象，然后选择合并后的围墙外轮廓为路径，阵列后如下图所示。

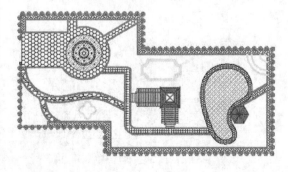

Step 07 阵列后将第5步插入的胡杨木删除，结果如下图所示。

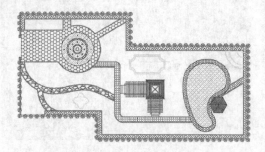

3. 插入其他植物图块

Step 01 将"0"层置为当前，然后在命令行输入"I"并按空格键调用【插入】对话框，将光盘中的"素材\CH27\百媚.dwg"图块插入到图中位置，如下图所示。

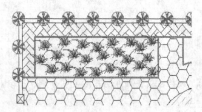

Step 02 重复执行插入图块的操作，将光盘中的"素材\CH27\绣线菊.dwg"图块插入到图中位置，如下图所示。

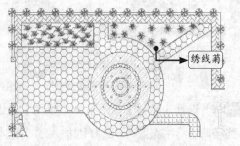

绣线菊

Step 03 重复执行插入图块的操作，将光盘中的"素材\CH27\四季草.dwg"图块插入到图中位置，如下图所示。

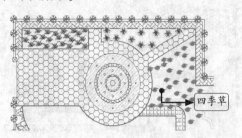

四季草

Step 04 重复执行插入图块的操作，将光盘中的"素材\CH27\火焰菊.dwg"图块插入到图中位置，如下图所示。

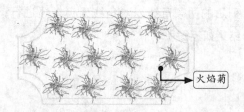

火焰菊

Step 05 重复执行插入图块的操作，将光盘中的"素材\CH27\湘妃竹.dwg"图块插入到图中位置，如下图所示。

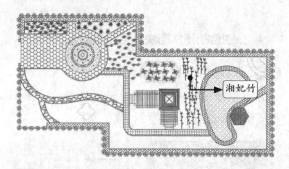

湘妃竹

Step 06 重复执行插入图块的操作，将光盘中的"素材\CH27\京桃.dwg"图块插入到图中位置，如下图所示。

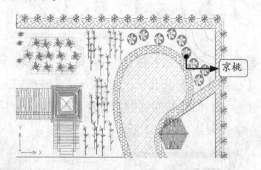

京桃

Step 07 重复执行插入图块的操作，将光盘中的"素材\CH27\君子兰.dwg"图块插入到图中位置，如下图所示。

君子兰

Step 08 重复执行插入图块的操作，将光盘中的 "素材\CH27\千头椿.dwg" 图块插入到图中位置，如下图所示。

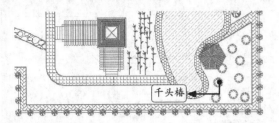

Step 09 重复执行插入图块的操作，将光盘中的 "素材\CH27\小桧柏.dwg" 图块插入到图中位置，如下图所示。

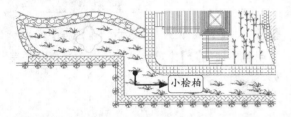

Step 10 重复执行插入图块的操作，将光盘中的 "素材\CH27\月季.dwg" 图块插入到图中位置，如下图所示。

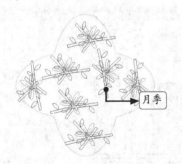

Step 11 重复执行插入图块的操作，将光盘中的 "素材\CH27\八蕊仙.dwg" 图块插入到图中位置，如下图所示。

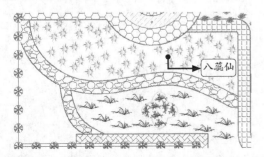

Step 12 重复执行插入图块的操作，将光盘中的

"素材\CH27\梓树.dwg" 图块插入到图中位置，如下图所示。

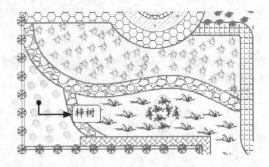

Step 13 全部图块插入完毕后，结果如下图所示。

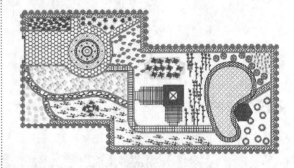

27.2.9 创建文字注释

为了能使一幅图更准确地表达所绘制的内容，经常要在图形中添加一些文字注释来进一步对图形解释，下面就通过添加植物名称来对所插入的图块进行说明，具体操作步骤如下。

Step 01 将【文字】图层置为当前，然后在命令行输入 "ST" 并按空格键调用【文字样式】对话框，并新建一个 "植物名称" 文字样式，将字体设置 "宋体"，将文字高度设置为 "50"，如下图所示。

Step 02 选择【格式】→【多重引线样式】菜

单命令，并新建一个"植物注释"多重引线样式，选择【引线样式】选项卡，将实心箭头改为"空心闭合"箭头，箭头大小为"25"，具体设置如下图所示。

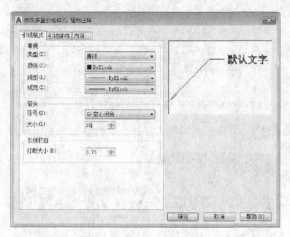

Step 03 选择【内容】选项卡，将文字样式选为

"植物名称"，如下图所示，设置完成后将该样式设置为当前样式。

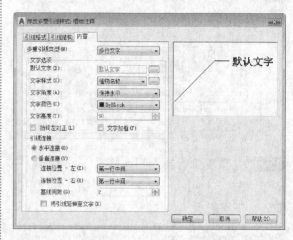

Step 04 选择【默认】选项卡→【注释】面板→【引线】按钮，对植物进行名称注释，结果如下图所示。

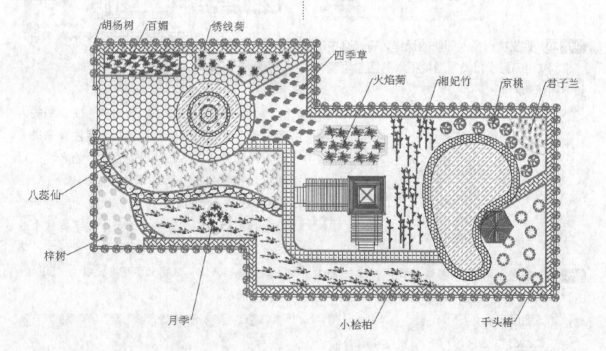

第**28**章

建筑设计案例——绘制住宅平面图

■■ 本章引言

　　建筑平面图是建筑施工图中的重要组成部分，完整的建筑施工图一般都是从平面图开始的。建筑平面图是建筑施工图中的一种，是整个建筑平面的真实写照，用于表现建筑物的平面形状、布局、墙体、柱子、楼梯以及门窗的位置等。

■■ 学习要点

- ◎ 住宅平面图绘制思路
- ◎ 绘制建筑平面图
- ◎ 绘制门窗
- ◎ 利用图块完善布局
- ◎ 添加文字说明
- ◎ 创建图案填充
- ◎ 添加标注

28.1 住宅平面图绘制思路

　　在绘制住宅平面图之前首先需要对绘图环境进行设置，绘图环境设置完成之后，用户可以参考下面的绘制思路对住宅平面设计图进行绘制。

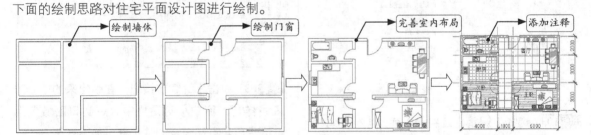

28.2 绘图环境设置

　　住宅平面图的环境设置主要包括图层设置、标注样式设置和多线样式设置，其中图层和标注样式设置方法和上一章设置相似，具体操作如下。

1. 设置图层

　　参见上一章的图层设置方法，创建下图所示的图层。

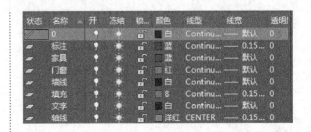

状态	名称 ▲	开	冻结	锁...	颜色	线型	线宽	透明！
	0				白	Continu...	—— 默认	0
	标注				蓝	Continu...	—— 0.15...	0
	家具				蓝	Continu...	—— 默认	0
	门窗				红	Continu...	—— 默认	0
	墙线				白	Continu...	—— 默认	0
	填充				8	Continu...	—— 0.15...	0
	文字				白	Continu...	—— 默认	0
	轴线				洋红	CENTER	—— 0.15...	0

2. 设置标注样式

Step 01 执行【格式】→【标注样式】菜单命令，在弹出的【标注样式管理器】对话框上单击【新建】按钮，弹出【创建新标注样式】对话框，将新建样式名改为"建筑标注"，单击【继续】按钮，如下图所示。

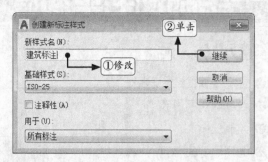

Step 02 弹出【新建标注样式：建筑标注】对话框。选择【符号和箭头】选项卡，单击【箭头】选项的下拉列表，选择【建筑标记】，如下图所示。

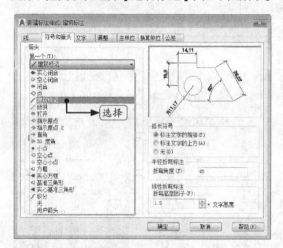

Step 03 选择【调整】选项卡，选择【标注特征比例】选项框中的【使用全局比例】，并将全局比例值改为150，如下图所示。

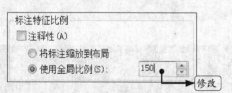

Step 04 单击【确定】按钮，回到【标注样式管理器】对话框后，选择【建筑标注】，然后单击【置为当前】按钮将它置为当前，最后单击【关闭】按钮。

3. 设置多线样式

Step 01 选择【格式】→【多线样式】菜单命令，弹出【多线样式】对话框，单击【新建】按钮，如下图所示。

Step 02 在弹出来的【创建新的多线样式】对话框中输入新样式名：窗户，如下图所示。

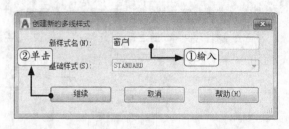

Step 03 单击【继续】按钮，在弹出来的【新建多线样式：窗户】对话框中，在封口区域勾选直线后面起点和端点的复选框，如下图所示。

Step 04 在【图元】选项区连续单击【添加】按钮两次，添加两个图元，如下图所示。

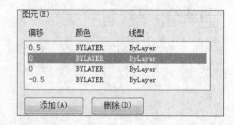

Step 05 选中图元【0.5】，然后在偏移输入框中输入120，如下图所示。

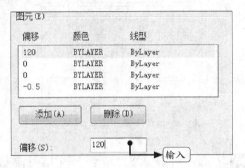

Step 06 单击颜色下拉列表，选择红色，如下图所示。

Step 07 结果如下图所示。

Step 08 重复 **Step 05** ～ **Step 07**，对其他几个图元进行设置，结果如下图所示。

Step 09 单击【确定】按钮，返回到【多线样式】对话框，选择【STANDARD】样式，然后单击【置为当前】按钮将它置为当前。

28.3 绘制墙体轮廓平面图

下面将介绍墙体轮廓平面图的绘制方法，先使用多线来绘制墙线，然后再使用多线编辑命令修改多线，最后绘制门洞和窗洞。

28.3.1 绘制墙线

绘制墙线时，应使用多线来绘制，墙线之间的距离应为240，具体操作步骤如下。

Step 01 选择【默认】选项卡→【图层】面板→【图层】下拉列表，选择"轴线"，将轴线层设置为当前层，如下图所示。

Step 02 在命令行输入"L"并按空格键调用【直线】命令，绘制两条相互垂直的直线，水平直线长12800，竖直直线长10000，如下图所示。

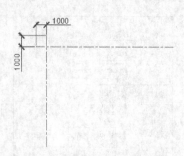

Step 03 在命令行输入"0"并按空格键调用【偏移】命令，将水平轴线依次向下偏移2000、5000、8000 如下图所示。

Step 04 继续使用【偏移】命令，将竖直轴线依次向右偏移4000、5800和10800，如下图所示。

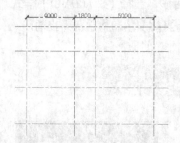

Step 05 将"墙线"图层设置为当前层，在命令行输入"ML"并按空格键调用多线命令，根据命令行提示进行如下操作。

命令: ML MLINE

当前设置: 对正 = 上，比例 = 20.00，样式 = STANDARD

指定起点或 [对正(J)/比例(S)/样式(ST)]: s

输入多线比例 <20.00>: 240

当前设置: 对正 = 上，比例 = 240.00，样式 = STANDARD

指定起点或 [对正(J)/比例(S)/样式(ST)]: j

输入对正类型 [上(T)/无(Z)/下(B)] <上>: z

Step 06 然后捕捉轴线的交点绘制多线，结果如

下图所示。

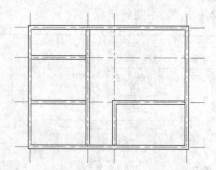

Step 07 选择【默认】选项卡→【图层】面板→【图层】下拉列表，单击"轴线"图层前的"💡"按钮，关闭"轴线"图层，如下图所示。

Step 08 关闭"轴线"图层后的墙线效果如下图所示。

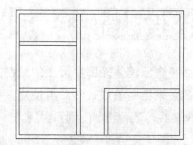

Tips

（1）将线型比例设置为30。

（2）在绘制墙体外框时，最后输入"C"进行闭合，不要选择捕捉点进行闭合。

28.3.2 编辑墙线

使用多线绘制墙线后，使用【多线编辑】命令可以快速修改多线，下面将介绍编辑墙线的方法，具体操作步骤如下。

Step 01 选择【修改】→【对象】→【多线】菜单命令，在【多线编辑工具】对话框中，单击【T形打开】按钮，如下图所示。

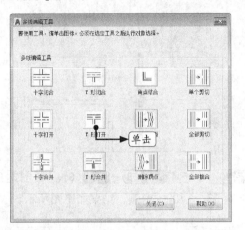

Step 02 在绘图窗口中单击中间竖直多线上方为第一条多线。如下图所示。

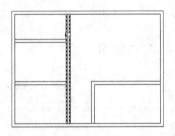

Step 03 选择与第一条多线相交的第二条多线，如下图所示。

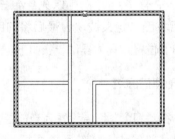

Step 04 结果T形相交的两条多线被打开，如下图所示。

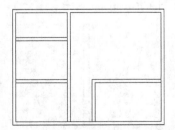

Step 05 继续单击【T形打开】按钮，选择相交

的多线，结果如下图所示。

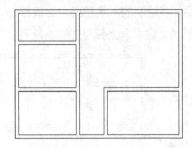

Step 06 在命令行输入"X"并按空格键调用【分解】命令，选择所有的多线，然后按【Enter】键确定，将多线进行分解，分解后多线变成单独的直线，如下图所示。

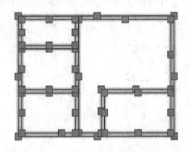

Tips

在用"T形打开"编辑多线时，打开结果与选择多线的顺序有关，先选择的将被打开。选择顺序不同，打开结果也不相同。

28.3.3 创建门洞和窗洞

门洞和窗洞的创建方法较简单，先绘制两条竖直直线，然后使用竖直直线来修剪墙线即可创建门洞和窗洞，具体操作步骤如下。

Step 01 在命令行输入"L"并按空格键调用【直线】命令，在多线中间绘制一条水平直线，如下图所示。

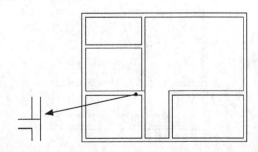

Step 02 在命令行输入"0"并按空格键调用【偏移】命令，将绘制的水平直线向上偏移140，然后将偏移后的直线再向上偏移900，如下图所示。

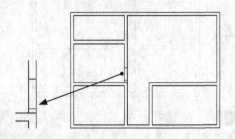

Step 03 在命令行输入"TR"并按空格键调用【修剪】命令，以偏移后的直线为修剪边，然后将多余的直线修剪掉，结果如下图所示。

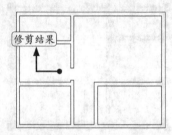

Step 04 以同样的方法，在图形中创建宽分别为900、900、900、1350的门洞，结果如下图所示。

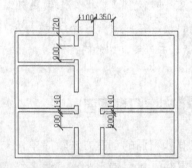

Step 05 创建窗洞与创建门洞的方法基本相同，首先绘制一条竖直直线，然后将直线向右偏移1280，再将偏移后的直线向右偏移1200，如下图所示。

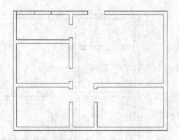

Step 06 在命令行输入"TR"并按空格键调用【修剪】命令，修剪出窗洞，然后将竖直直线删除，如下图所示。

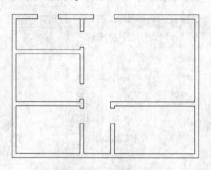

Step 07 重复 **Step 05** ~ **Step 06**，再创建2个1200和3个1500的窗洞，结果如下图所示。

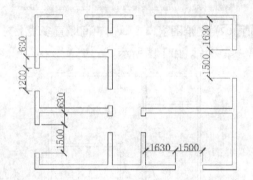

28.3.4 绘制门

图形中有多个门，可以先绘制一个门图形，然后将图形定义成块，最后将门图块插入到其他门洞位置，具体操作步骤如下。

1. 创建门图块

Step 01 将"门窗"图层设置为当前层，然后选择【默认】选项卡→【绘图】面板→【矩形】按钮，在绘图窗口中绘制一个50×900的矩形，如下图所示。

Step 02 选择【默认】选项卡→【绘图】面板→【圆弧】下拉列表→【起点、圆心、角度】按钮，AuotCAD提示如下。

命令:ARC

指定圆弧的起点或 [圆心(C)]:

//以矩形右上角的端点为起点

指定圆弧的第二个点或 [圆心(C)/端点(E)]: _c

指定圆弧的圆心: //以矩形右下角的端点为圆心

指定圆弧的端点或 [角度(A)/弦长(L)]: _a

指定包含角: 90   //回车结束命令

Step 03 圆弧绘制完毕后如下图所示。

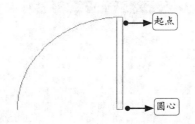

Step 04 在命令行输入"B"并按空格键调用【块定义】命令，在弹出来的【块定义】对话框中，输入块的名称为"门"，如下图所示。

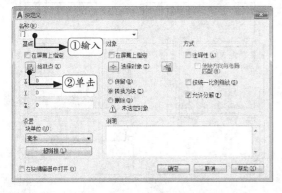

Step 05 单击【拾取点】按钮，然后在绘图窗口中捕捉矩形左下角的端点为拾取点，如下图所示。

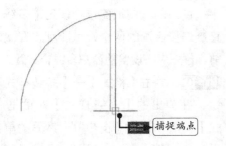

Step 06 返回到【块定义】对话框中先选择【删除】单选按钮，再单击【选择对象】按钮，然后在绘图窗口中选择门对象，如下图所示。按【Enter】键返回【块定义】对话框中，单击【确定】按钮。

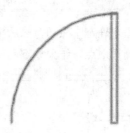

2. 插入门图块

Step 01 在命令行输入"I"并按空格键调用【插入】命令，在弹出来的【插入】对话框中，选择"门"图块，旋转角度为90，如下图所示。

Step 02 单击【确定】按钮，然后指定下方门洞上边的中点为插入点，结果如下图所示。

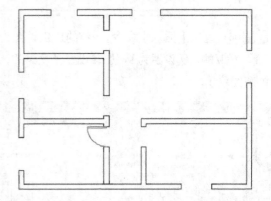

Step 03 重复【插入】命令，将X的比例设置为−1，Y和Z的比例设置为1，旋转设置角度为90，如下图所示。

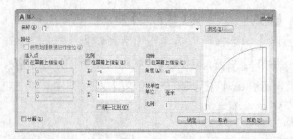

Step 04 单击【确定】按钮，然后指定中间门洞下边的中点为插入点，结果如下图所示。

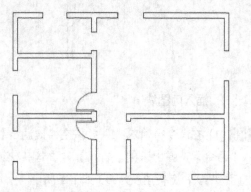

Step 05 重复 **Step 03** ~ **Step 04**，插入最上方的门，如下图所示。

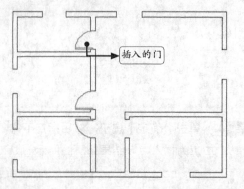

Step 06 重复【插入】命令，将Y的比例设置为-1，X和Z的比例设置为1，旋转设置角度为90，如下图所示。

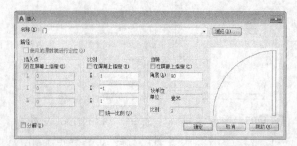

Step 07 单击【确定】按钮，然后指定右侧门洞上边的中点为插入点，结果如下图所示。

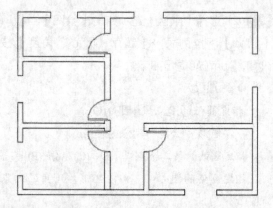

Step 08 继续调用【插入】命令，在【插入】对话框中，设置比例为1.5，旋转角度为-180，如下图所示。

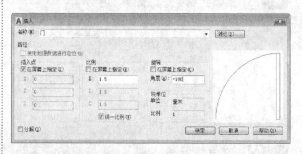

Step 09 单击【确定】按钮，然后指定上方门洞左边的中点为插入点，结果如下图所示。

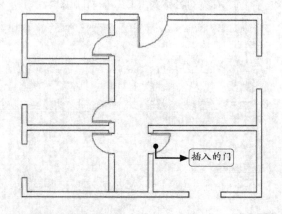

28.3.5 绘制窗

窗户的绘制很简单，调用【多线】命令，直接连接窗洞的两个端点即可，在绘制窗户之前，首先应将设置的窗户多线样式置为当前。

Step 01 单击【格式】→【多线样式】菜单命令，在弹出的【多线样式】对话框中的【样式】列表中选择"窗户"，然后的单击【置为当前】按钮，然后单击【确定】按钮，如下图所示。

Step 02 在命令行输入"ML"并按空格键调用【多线】命令，根据命令行提示进行如下设置。

命令：MLINE

当前设置：对正 = 无，比例 = 240.00，样式 = 窗户

指定起点或 [对正(J)/比例(S)/样式(ST)]: s

28.4 布置房间

房间布置主要介绍布置家具的方法，需要在各个房屋内布置家具，如沙发、茶几、床、柜、桌、椅、洁具、厨具、植物、电器等。也可以插入块的方式将家具图块插入到图形中。

28.4.1 布置客厅

下面将介绍布置客厅的方法，在绘制沙发、茶几等家具时需要用到【多段线】、【矩形】、【偏移】、【圆弧】、【圆角】等命令，具体操作步骤如下。

1. 绘制沙发

Step 01 将"家具"图层设置为当前层，在命令

输入多线比例 <240.00>: 1

Step 03 在窗洞处以中点为起点绘制窗户，结果如下图所示。

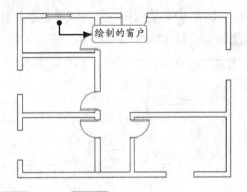

绘制的窗户

Step 04 重复 **Step 03**，绘制其他的窗户，结果如下图所示。

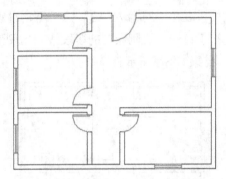

行输入"PL"并按空格键调用【多段线】命令，AutoCAD命令提示如下。

命令：PLINE

指定起点: fro   基点: //以端点为基点

<偏移>: @2000,1000

当前线宽为 0.0000

指定下一个点或 [圆弧(A)/半宽(H)/长度(L)/放弃(U)/宽度(W)]: @-600,0

指定下一点或 [圆弧(A)/闭合(C)/半宽(H)/长度(L)/放弃(U)/宽度(W)]: @0,-1000

指定下一点或 [圆弧(A)/闭合(C)/半宽(H)/长度(L)/放弃(U)/宽度(W)]: @2700,0

指定下一点或 [圆弧(A)/闭合(C)/半宽(H)/长度(L)/放弃(U)/宽度(W)]: @0,1000

指定下一点或 [圆弧(A)/闭合(C)/半宽(H)/长度(L)/放弃(U)/宽度(W)]: @-600,0

指定下一点或 [圆弧(A)/闭合(C)/半宽(H)/长度(L)/放弃(U)/宽度(W)]:　//按回车结束命令

Step 02 多段线绘制完成后如下图所示。

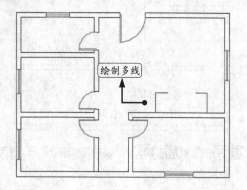

Step 03 在命令行输入 "O" 并按空格键调用【偏移】命令，将刚绘制的多段线向内侧偏移100，结果如下图所示。

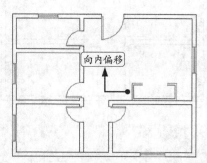

Step 04 在命令行输入 "X" 并按空格键调用【分解】命令，然后选择刚偏移的多段线将其分解，结果如下图所示。

Step 05 在命令行输入 "O" 并按空格键调用【偏移】命令，将沙发内轮廓上的两边向内侧偏移300，如下图所示。

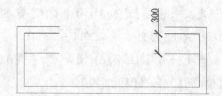

Step 06 选择【格式】→【点样式】菜单命令，在【点样式】对话框中设置点样式，如下图所示。

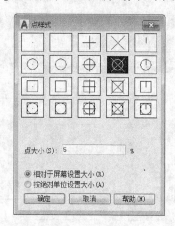

Step 07 选择【默认】选项卡→【绘图】面板的下拉按钮→【定数等分】按钮，将沙发内轮廓靠背进行4等分。如下图所示

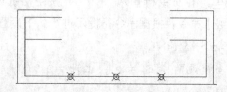

Step 08 在命令行输入 "L" 并按空格键调用【直线】命令，在第一个和第三个节点处，绘制两条长300的沙发分割线，如下图所示。

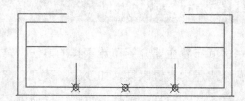

Step 09 选择【默认】选项卡→【绘图】面板→【起点、端点、半径】绘制圆弧按钮，以上一步绘制的沙发分割线的端点为圆弧的起点和端点，绘制一段半径为2000的圆弧，如下图所示。

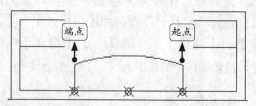

Step 10 重复 **Step 09**，在沙发两侧分别绘制两段半径为400的圆弧。如下图所示。

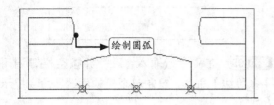

Step 11 在命令行输入"L"并按空格键调用【直线】命令，以沙发靠背中间的等分点为起点，绘制一条竖直直线，使其与2000的圆弧相交。结果如下图所示。

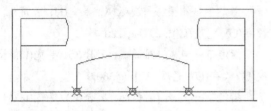

Step 12 继续使用【直线】命令，将沙发的缺口连接起来，并删除所有的等分点，如下图所示。

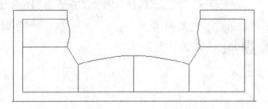

Step 13 在命令行输入"F"并按空格键调用【圆角】命令，设置圆角半径为150，对沙发进行圆角，结果如下图所示。

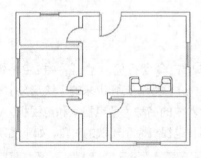

Tips

以"起点、端点、半径"绘制圆弧时，绘制出来的圆弧与选择的起点和端点的顺序有关，选择顺序不同，绘出的圆弧也不相同。

等分点属于节点，因此，在绘制沙发前应在【对象捕捉】选项卡中将【节点】选项勾选上。

2. 布置茶几

Step 01 选择【默认】选项卡→【绘图】面板→【矩形】按钮，命令提示如下。

命令: RECTANG

当前矩形模式: 圆角=1.0000

指定第一个角点或 [倒角(C)/标高(E)/圆角(F)/厚度(T)/宽度(W)]: F

指定矩形的圆角半径 <1.0000>: 80

指定第一个角点或 [倒角(C)/标高(E)/圆角(F)/厚度(T)/宽度(W)]: fro

基点: //以端点为基点

<偏移>: @350,150

指定另一个角点或 [面积(A)/尺寸(D)/旋转(R)]: @800,-400 //按回车结束命令

Step 02 绘制完成后结果如下图所示。

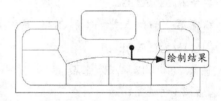

Step 03 在命令行输入"O"并按空格键调用【偏移】命令，将上一步绘制的矩形向内侧偏移40，如下图所示。

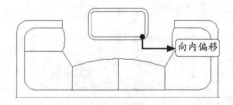

Step 04 在命令行输入"H"并按空格键调用【填充】命令，出现【图案填充创建】选项卡，在【图案】面板中选择【ANSI36】，如下图所示。

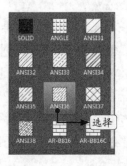

Step 05 在【特性】面板中设置填充图案比例为30，如下图所示。

Step 06 对茶几进行填充后结果如下图所示。

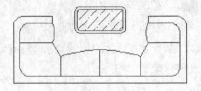

3. 绘制电视及电视桌

Step 01 绘制电视桌，选择【默认】选项卡→【绘图】面板→【矩形】按钮■，命令提示如下。

命令:RECTANG

指定第一个角点或 [倒角(C)/标高(E)/圆角(F)/厚度(T)/宽度(W)]: fro

基点: //以端点为基点

<偏移>: @500,0

指定另一个角点或 [面积(A)/尺寸(D)/旋转(R)]:@2500,-450 //按回车结束命令

Step 02 绘制完成后结果如下图所示

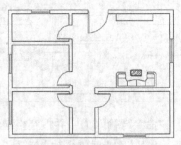

Step 03 重复【矩形】命令，命令提示如下。

命令: _rectang

指定第一个角点或 [倒角(C)/标高(E)/圆角(F)/厚度(T)/宽度(W)]: fro //以中点为基点

基点: <偏移>: @-320,220

指定另一个角点或 [面积(A)/尺寸(D)/旋转(R)]:@640,-150 //按回车结束命令

Step 04 矩形绘制完毕后结果如下图所示。

Step 05 在命令行输入"PL"并按空格键调用【多段线】命令，绘制电视机的后端，命令提示如下。

命令: PLINE

指定起点: //捕捉上步绘制矩形的左上角点为起点

当前线宽为 0.0000

指定下一个点或 [圆弧(A)/半宽(H)/长度(L)/放弃(U)/宽度(W)]: @140, 120

指定下一点或 [圆弧(A)/闭合(C)/半宽(H)/长度(L)/放弃(U)/宽度(W)]: @360,0

指定下一点或 [圆弧(A)/闭合(C)/半宽(H)/长度(L)/放弃(U)/宽度(W)]: //捕捉矩形的右上角点为端点

指定下一点或 [圆弧(A)/闭合(C)/半宽(H)/长度(L)/放弃(U)/宽度(W)]: //按回车键

Step 06 结果如下图所示。

Step 07 选择【默认】选项卡→【绘图】面板→【起点、端点、半径】绘制圆弧按钮，绘制半径为1100的圆弧作为电视机的屏幕，如下图所示。

Step 08 在命令行输入"B"并按空格键调用【块定义】命令，在弹出来的【块定义】对话框中，输入块的名称为"电视桌和电视机"，选择电视桌和电视机为创建块的对象，如下图所示。

Step 09 单击【拾取点】按钮，指定电视桌左上角点为拾取点，如下图所示。回到【块定义】对话框后单击【确定】按钮即可。

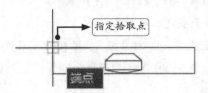

Tips

此处将电视柜和电视机创建为块，主要是为了后面布置房间会用到。

4. 插入餐桌、盆景等图块

Step 01 在命令行输入"I"并按空格键调用【插入】命令，在弹出的【插入】对话框，选择"素材文件\CH28\盆景.dwg"，输入比例为0.8，然后单击【确定】按钮，如下图所示。

Step 02 将"盆景"分别插入到电视机两旁，放在电视柜上，如下图所示。

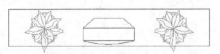

Step 03 重复 **Step 01** ~ **Step 02**，将素材文件中的"花"放到茶几上进行装饰，如下图所示。

Step 04 重复 **Step 01** ~ **Step 02**，将素材文件中的"餐桌"放到客厅窗户边上，如下图所示。

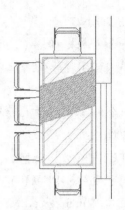

Step 05 至此，客厅家具布置完成，如下图所示。

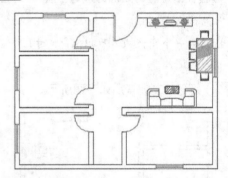

28.4.2 布置卧室

本节将介绍布置卧室的方法，在绘制双人床、床头柜的过程中需要用到【矩形】【直线】【圆】【镜像】等命令，以及插入电视柜和电视机图块，电脑图块等，具体操作步骤如下。

1. 绘制双人床和枕头

Step 01 绘制靠背、双人床及枕头，选择【默认】选项卡→【绘图】面板→【矩形】按钮，命令提示如下。

命令: _rectang

指定第一个角点或 [倒角(C)/标高(E)/圆角(F)/厚度(T)/宽度(W)]: fro 基点: //捕捉右下角墙角的端点

<偏移>: @-480,0

指定另一个角点或 [面积(A)/尺寸(D)/旋转(R)]:

@-1800,50

命令: RECTANG

指定第一个角点或 [倒角(C)/标高(E)/圆角(F)/厚度(T)/宽度(W)]: //捕捉上步绘制的矩形的左上角点

指定另一个角点或 [面积(A)/尺寸(D)/旋转(R)]: @1800,2000

命令: RECTANG

指定第一个角点或 [倒角(C)/标高(E)/圆角(F)/厚度(T)/宽度(W)]: fro 基点:

//捕捉刚绘制的矩形的底边中点

<偏移>: @100,100

指定另一个角点或 [面积(A)/尺寸(D)/旋转(R)]: @600,300

Step 02 矩形绘制完毕后如下图所示。

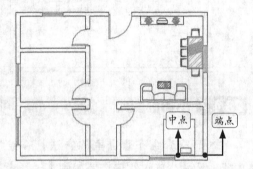

Step 03 在命令行输入"F"调用【圆角】命令，对靠背和枕头进行圆角，圆角半径分别为25和50，命令提示如下。

命令: FILLET

当前设置: 模式 = 修剪，半径 = 150.0000

选择第一个对象或 [放弃(U)/多段线(P)/半径(R)/修剪(T)/多个(M)]: m

选择第一个对象或 [放弃(U)/多段线(P)/半径(R)/修剪(T)/多个(M)]: r

指定圆角半径 <150.0000>: 25

选择第一个对象或 [放弃(U)/多段线(P)/半径(R)/修剪(T)/多个(M)]: p

选择二维多段线或 [半径(R)]: //选择靠背

4 条直线已被圆角

选择第一个对象或 [放弃(U)/多段线(P)/半径(R)/修剪(T)/多个(M)]: r

指定圆角半径 <25.0000>: 50

选择第一个对象或 [放弃(U)/多段线(P)/半径(R)/修剪(T)/多个(M)]: p

选择二维多段线或 [半径(R)]: //选择枕头

4 条直线已被圆角

选择第一个对象或 [放弃(U)/多段线(P)/半径(R)/修剪(T)/多个(M)]: //回车结束命令

Step 04 圆角完成后结果如下图所示。

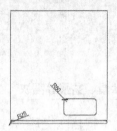

Step 05 在命令行输入"O"调用【偏移】命令，将枕头向内偏移38，结果如下图所示。

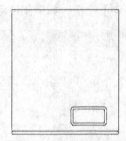

Step 06 在命令行输入"MI"调用【镜像】命令，将枕头沿双人床的竖直中心线进行镜像，结果如下图所示。

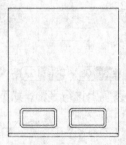

Step 07 在命令行输入"H"调用【填充】命令，在弹出的【图案填充创建】选项卡的"图案"面板中选择"CROSS"，在【特性】面板中设置"填充图案比例"为12，对枕头进行填充，结果如下图所示。

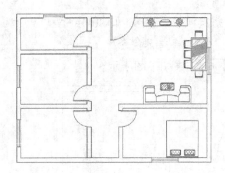

2. 绘制被褥示意图

Step 01 在命令行输入"L"调用【直线】命令，绘制被褥，命令提示如下。

命令: LINE

指定第一点: fro 基点: //床的左下角点

<偏移>: @0,450

指定下一点或 [放弃(U)]: @1800,0

指定下一点或 [放弃(U)]: @0,500

指定下一点或 [闭合(C)/放弃(U)]: @-1300,-500

指定下一点或 [闭合(C)/放弃(U)]: //按回车结束命令

Step 02 被褥绘制完后如下图所示。

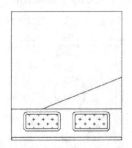

Step 03 选择【默认】选项卡→【修改】面板→【打断于点】按钮，将上一步绘制的水平直线在与倾斜直线相交的地方打断，如下图所示。

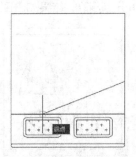

Step 04 在命令行输入"MI"调用【镜像】命令，选择组成三角形的三条直线为源对象，如下图所示。

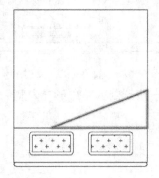

Step 05 以三角形的倾斜边为镜像线进行镜像，并删除源对象，结果如下图所示。

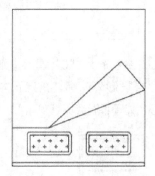

Step 06 在命令行输入"I"调用【插入】命令，将随书附带的素材文件中的"花"放到被褥上，设置比例为3，角度为90，如下图所示。

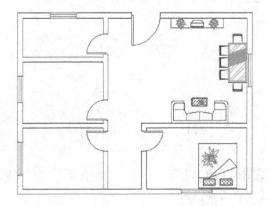

3. 绘制床头柜

Step 01 选择【默认】选项卡→【绘图】面板→【矩形】按钮，绘制一个480×480的矩形作为床头柜的外轮廓，如下图所示。

绘制的矩形

Step 02 在命令行输入"O"调用【偏移】命令，将上一步绘制的正方形向内侧偏移24，如下图所示。

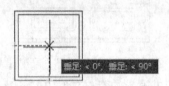

Step 03 在命令行输入"C"调用【圆】命令，绘制台灯平面投影外轮廓，指定正方形的中心点左为圆心，如下图所示。

垂足: < 0°, 垂足: < 90°

Step 04 指定圆心后输入半径为180，如下图所示。

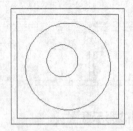

Step 05 继续【圆】命令，绘制台灯顶部投影轮廓，命令提示如下。

命令: CIRCLE

指定圆的圆心或 [三点(3P)/两点(2P)/切点、切点、半径(T)]: fro

基点:　　//捕捉上步绘制圆的圆心

<偏移>: @-20,20

指定圆的半径或 [直径(D)] <55.0000>: 66

//按回车结束命令

Step 06 结果如下图所示。

Step 07 选择【格式】→【点样式】菜单命令，在【点样式】对话框中设置点样式，然后单击【确定】按钮，如下图所示。

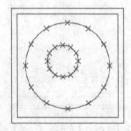

Step 08 选择【默认】选项卡→【绘图】面板的下拉按钮→【定数等分】按钮，将前面绘制的两个圆进行12等分，如下图所示。

Step 09 在命令行输入"L"调用【直线】命令，将小圆上的等分点与大圆上的等分点进行两两连接，然后将等分点删除，结果如下图所示。

Step 10 在命令行输入"MI"调用【镜像】命令，选中绘制好的床头柜和台灯，将它们沿双人床的竖直中心线进行镜像，结果如下图所示。

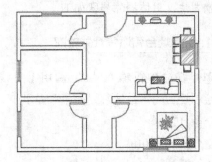

Tips

绘制圆时，将对象捕捉和对象捕捉追踪打开，通过对象捕捉和对象捕捉追踪捕捉正方形的中心。

4. 绘制衣柜并插入电视图块

Step 01 选择【默认】选项卡→【绘图】面板→【矩形】按钮■，设置圆角半径为0，在主卧左下角绘制一个450×1400的矩形，如下图所示

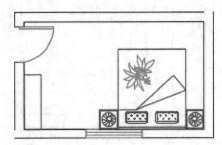

Step 02 继续【矩形】命令，在上一步绘制矩形的上边和右边，分别绘制80×550和50×1400的两个矩形，如下图所示。

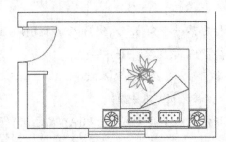

Step 03 在命令行输入"L"调用【直线】命令，绘制衣柜的顶部线，如下图所示。

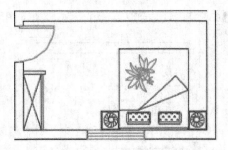

Step 04 在命令行输入"I"调用【插入】命令，在【插入】对话框中选择"电视柜和电视机"图块，比例和角度不变，将该图块放到房间相应的位置，如下图所示。

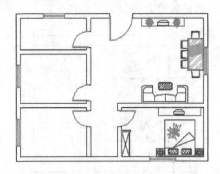

5. 布置次卧

Step 01 在命令行输入"CO"调用【复制】命令，将卧室的床头柜复制到次卧相应的位置，如下图所示。

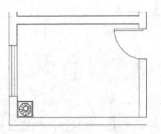

Step 02 在命令行输入"I"调用【插入】命令，在【插入】对话框中选择"单人床"图块，设置旋转角度为90度，如下图所示。

Step 03 将图块放到床头柜的下边，如下图所示

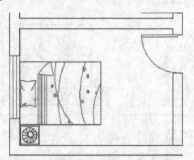

Step 04 在命令行输入"MI"调用【镜像】命令，以床上下两边的中点为镜像线，将床头柜和台灯进行镜像，结果如下图所示。

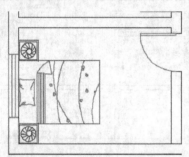

Step 05 重复【插入】命令，将"电脑"图块插入到次卧，设置比例为1.5，旋转角度为−90度，如下图所示。

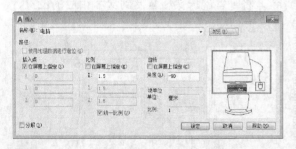

Step 06 并该图插入到次卧的相应位置，结果如下图所示。

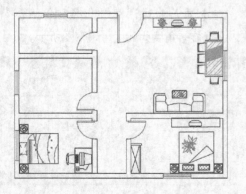

28.4.3 布置厨房

本节厨房的布置主要介绍燃气灶和洗涤盆的绘制方法，具体操作步骤如下。

1. 绘制灶台和燃气灶外轮廓

Step 01 在命令行输入"L"调用【直线】命令，绘制灶台的平面轮廓线，命令提示如下。

命令：LINE

指定第一点：fro

基点： //内墙的左下角点

<偏移>：@600,0

指定下一点或 [放弃(U)]：@0,2160

指定下一点或 [放弃(U)]：@2000,0

指定下一点或 [闭合(C)/放弃(U)]：@0,600

指定下一点或 [闭合(C)/放弃(U)]：

//按回车结束命令

Step 02 结果如下图所示。

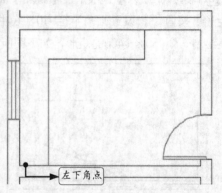

左下角点

Step 03 选择【默认】选项卡→【绘图】面板→【矩形】按钮，绘制燃气灶的外轮廓，命令提示如下。

命令：RECTANG

指定第一个角点或 [倒角(C)/标高(E)/圆角(F)/厚度(T)/宽度(W)]：fro

基点： //以中点为基点

<偏移>：@−75,−225

指定另一个角点或 [面积(A)/尺寸(D)/旋转(R)]：

@−450,750　　　　//按回车结束命令

Step 04 结果如下图所示。

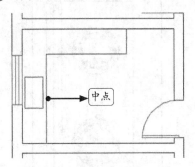

Step 05 继续【矩形】命令，命令提示如下。

命令: RECTANG

指定第一个角点或 [倒角(C)/标高(E)/圆角(F)/厚度(T)/宽度(W)]: fro

基点: //矩形的右上角点

<偏移>: @-50,-50

指定另一个角点或 [面积(A)/尺寸(D)/旋转(R)]:

@-300,-650 //按回车结束命令

Step 06 结果如下图所示。

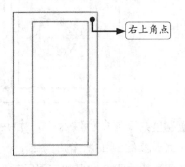

Step 07 在命令行输入"X"调用【分解】命令，将上步绘制的矩形进行分解。然后在命令行输入"O"调用【偏移】命令，将分解后的矩形的右侧边向左偏移25，然后将偏移后的直线再向左偏移25，如下图所示。

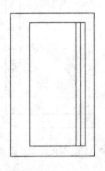

2. 绘制燃气灶

Step 01 在命令行输入"C"调用【圆】命令，命令提示如下。

命令: CIRCLE

指定圆的圆心或 [三点(3P)/两点(2P)/切点、切点、半径(T)]: fro

基点: //端点

<偏移>: @130,170

指定圆的半径或 [直径(D)] <60.0000>: 80

//按回车结束命令

命令: CIRCLE

指定圆的圆心或 [三点(3P)/两点(2P)/切点、切点、半径(T)]: //捕捉刚绘制的圆的圆心

指定圆的半径或 [直径(D)] <80.0000>: 60

Step 02 结果如下图所示。

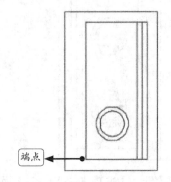

Step 03 在命令行输入"MI"调用【镜像】命令。将两个同心圆以矩形两竖直边的中点的连线为镜像线进行镜像，结果如下图所示。

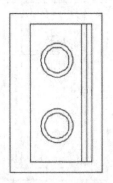

Step 04 选择【格式】→【点样式】菜单命令，在【点样式】对话框中设置点的样式，然后单击【确定】按钮，如下图所示。

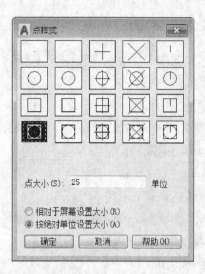

Step 05 选择【默认】选项卡→【绘图】面板的下拉按钮→【定数等分】按钮，将两个小同心圆等分为6份，如下图所示。

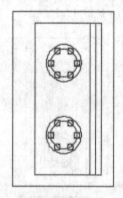

Step 06 选择【默认】选项卡→【绘图】面板的下拉按钮→【多点】按钮，用鼠标捕捉燃气灶的圆心后向右侧拖动鼠标，如下图所示。

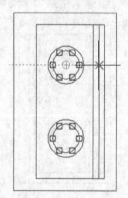

Step 07 当鼠标出现如下图所示的交点时单击鼠标左键，绘制的燃气灶按钮如下图所示。

Step 08 用同样的方法绘制另一个按钮如下图所示。

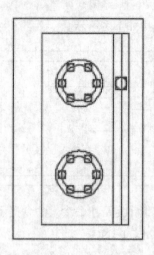

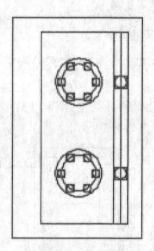

Step 09 在命令行输入"C"调用【圆】命令，以上一步绘制的两个点为圆心，分别绘制两个半径为20的圆，结果如下图所示。

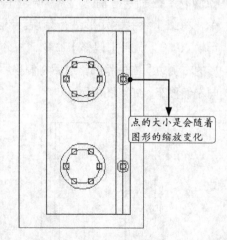

点的大小是会随着图形的缩放变化

Step 10 选中中间的直线，然后按【Delete】键将它删除，结果如下图所示。

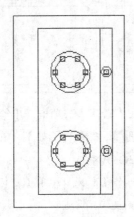

3. 绘制洗涤盆外轮廓及排水孔

Step 01 选择【默认】选项卡→【绘图】面板→【矩形】按钮▢，绘制洗涤盆的外轮廓，命令提示如下。

命令: RECTANG

指定第一个角点或 [倒角(C)/标高(E)/圆角(F)/厚度(T)/宽度(W)]: f

指定矩形的圆角半径 <0.0000>: 50

指定第一个角点或 [倒角(C)/标高(E)/圆角(F)/厚度(T)/宽度(W)]: fro

基点:　　//水平线的中点

<偏移>: @-520,75

指定另一个角点或 [面积(A)/尺寸(D)/旋转(R)]: @800,450　　//按回车结束命令

Step 02 结果如下图所示。

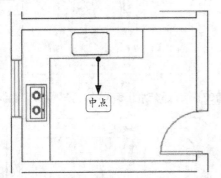

Step 03 继续【矩形】命令，绘制矩形，命令提示如下。

命令:RECTANG

指定第一个角点或 [倒角(C)/标高(E)/圆角(F)/厚度(T)/宽度(W)]: f

指定矩形的圆角半径 <0.0000>: 60

指定第一个角点或 [倒角(C)/标高(E)/圆角(F)/厚度(T)/宽度(W)]: fro

基点:　　// 选择洗涤盆下方水平线的中点

<偏移>: @-150,35

指定另一个角点或 [面积(A)/尺寸(D)/旋转(R)]:

@-200,340　　　//按回车结束命令

Step 04 结果如下图所示。

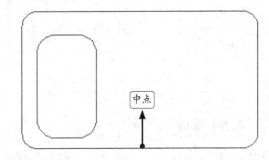

Step 05 继续【矩形】命令，绘制矩形，命令提示如下。

命令: RECTANG

当前矩形模式: 圆角=60.0000

指定第一个角点或 [倒角(C)/标高(E)/圆角(F)/厚度(T)/宽度(W)]: fro

基点:　　　　//以矩形水平边的中点为基点

<偏移>: @-120,35

指定另一个角点或 [面积(A)/尺寸(D)/旋转(R)]: @470,340　　//按回车结束命令

Step 06 结果如下图所示。

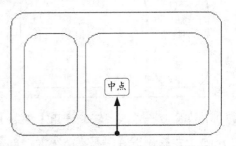

Step 07 在命令行输入"C"调用【圆】命令，捕捉矩形的中心作为圆的圆心，如下图所示。

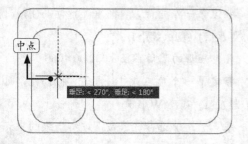

Step 08 绘制一个半径为30的排水孔，然后继续以右侧矩形的中心为圆心绘制一个半径为60的排水孔，结果如下图所示。

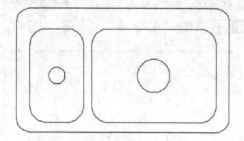

4. 绘制旋钮

Step 01 在命令行输入"C"调用【圆】命令，命令提示如下。

命令: CIRCLE

指定圆的圆心或 [三点(3P)/两点(2P)/切点、切点、半径(T)]: fro

基点: //洗涤盆的上方水平线的中点

<偏移>: @-220,-40

指定圆的半径或 [直径(D)] <20.0000>: 20

//按回车结束命令

Step 02 结果如下图所示。

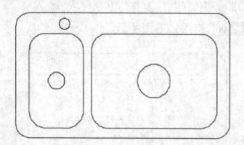

Step 03 在命令行输入"CO"调用【复制】命令，将上一步绘制的圆向左复制两个，距离分别为90和210，如下图所示。

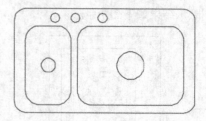

Step 04 选择【默认】选项卡→【绘图】面板→【矩形】按钮▢，命令提示如下。

命令: RECTANG

指定第一个角点或 [倒角(C)/标高(E)/圆角(F)/厚度(T)/宽度(W)]: fro

基点: //以中间圆的圆心为基点

<偏移>: @45,-5

指定另一个角点或 [面积(A)/尺寸(D)/旋转(R)]: @20,-150 //按回车结束命令

Step 05 结果如下图所示。

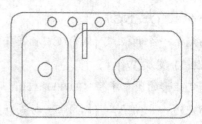

Step 06 选中上一步绘制的矩形，然后单击矩形左上角的夹点，将光标水平向左移动，如下图所示。

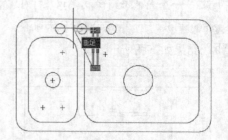

Step 07 输入移动距离为23，结果如下图所示。

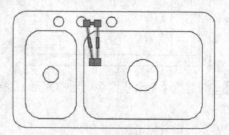

Step 08 再单击右上角的夹点，水平向右移动23，结果如下图所示。

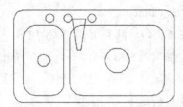

Step 09 在命令行输入"F"调用【圆角】命令，设置圆角半径为20，对夹点编辑后的矩形上面两个角进行圆角，如下图所示。

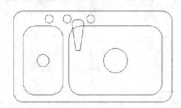

Step 10 在命令行输入"RO"调用【旋转】命令，以底边圆角后剩余线段的中点为基点，将图形旋转30°，如下图所示。

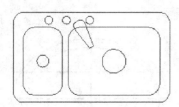

Step 11 在命令行输入"TR"调用【修剪】命令，将与旋柄相交的线段剪掉，如下图所示。

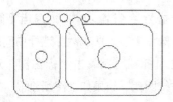

Step 12 至此，厨房布置完成，如下图所示。

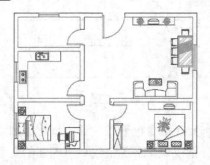

28.4.4 布置卫生间

卫生间的布置主要包括浴盆、台式洗脸盆以及马桶等设施，具体操作步骤如下。

1. 绘制浴盆

Step 01 在命令行输入"L"调用【直线】命令，绘制浴缸的外形轮廓，命令提示如下。

命令: LINE

指定第一点: fro

基点:　　　　　　　//内墙的左上角点为基点

<偏移>: @0,-800

指定下一点或 [放弃(U)]: @1800,0

指定下一点或 [放弃(U)]: @0,800

指定下一点或 [闭合(C)/放弃(U)]:

// 按回车结束命令

Step 02 结果如下图所示。

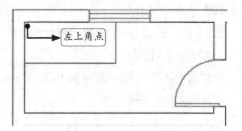

Step 03 选择【默认】选项卡→【绘图】面板→【矩形】按钮□，命令提示如下。

命令: _rectang

当前矩形模式: 圆角=60.0000

指定第一个角点或 [倒角(C)/标高(E)/圆角(F)/厚度(T)/宽度(W)]: f

指定矩形的圆角半径 <60.0000>: 50

指定第一个角点或 [倒角(C)/标高(E)/圆角(F)/厚度(T)/宽度(W)]: fro

基点:　　　　　　　//内墙的左上角点为基点

<偏移>: @130,-80

指定另一个角点或 [面积(A)/尺寸(D)/旋转(R)]: @1520,-640　　// 按回车结束命令

Step 04 结果如下图所示。

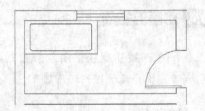

Step 05 在命令行输入"F"调用【圆角】命令，设置圆角半径为320，对上一步绘制的矩形的左侧两个角点进行圆角，结果如下图所示。

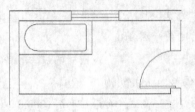

Step 06 在命令行输入"C"调用【圆】命令，命令提示如下。

命令: CIRCLE

指定圆的圆心或 [三点(3P)/两点(2P)/切点、切点、半径(T)]: fro

基点: //以浴缸右侧竖直线的中点为基点

<偏移>: @-120,0

指定圆的半径或 [直径(D)] <60.0000>: 40

//按回车结束命令

结果如下图所示。

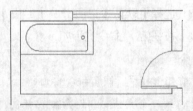

2. 绘制洗脸盆

Step 01 在命令行输入"O"调用【偏移】命令，将左侧的内墙壁向右偏移1880，下边的内墙壁向上偏移250，如下图所示。

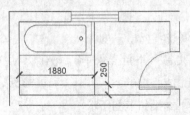

Step 02 选择【默认】选项卡→【绘图】面板→【椭圆、圆心】按钮 ，命令行提示如下。

命令: _ellipse

指定椭圆的轴端点或 [圆弧(A)/中心点(C)]: _c

指定椭圆的中心点: //两条偏移直线的交点

指定轴的端点: @265,0

指定另一条半轴长度或 [旋转(R)]: 200

Step 03 椭圆绘制完毕后结果如下图所示。

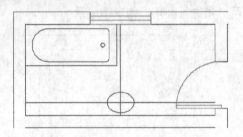

Step 04 在命令行输入"O"调用【偏移】命令，将上步所绘制的椭圆向内偏移30，然后再将水平直线分别向上、下各偏移90，110，结果如下图所示。

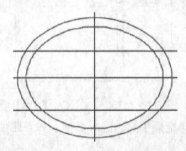

Step 05 在命令行输入"F"调用【圆角】命令，设置圆角半径为25，然后选择中间的水平直线，并在小椭圆上侧单击鼠标左键，对洗脸盆的两侧进行圆角，结果如下图所示。

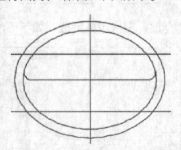

Step 06 在命令行输入"DO"调用【圆环】命令，分别以最下面的直线与小椭圆的交点为圆

环的中心点，绘制两个内径为0，外径为20的圆环，如下图。

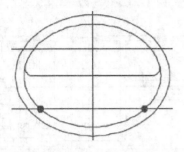

Step 07 在命令行输入"C"调用【圆】命令，以最上面的水平直线与竖直直线的交点为圆心，绘制一个半径为15圆，如下图。

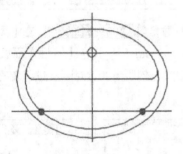

Step 08 在命令行输入"TR"调用【修剪】命令，修剪掉多余的线段，并将整个洗脸盆都放置到"家具"图层上，结果如下图所示。

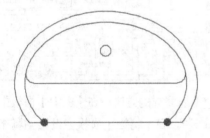

3. 绘制洗脸盆外围并插入马桶图块

Step 01 在命令行输入"O"调用【偏移】命令，将左侧的内墙壁向右偏移1515和2245，下边的内墙壁向上偏移350，如下图所示。

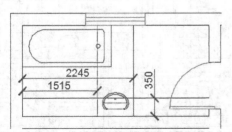

Step 02 选择【默认】选项卡→【绘图】面板→【起点、端点、半径】绘制圆弧按钮，以直线的两个交点为起点和端点，绘制一个半径为520的圆弧，如下图所示。

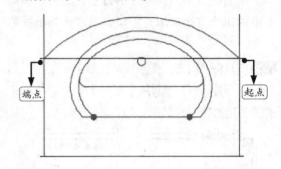

Step 03 在命令行输入"TR"调用【修剪】命令，修剪掉多余的线段，并将整个洗脸盆都放置到"家具"图层上，结果如下图所示。

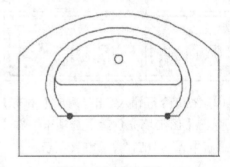

Step 04 在命令行输入"I"并按空格键调用【插入】命令，在弹出来的【插入】对话框，选择素材文件中的"坐便器"，设置旋转角度为-90°，然后将该图块放置到卫生间相应的位置，结果如下图所示。

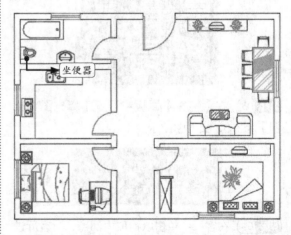

28.5 给房间进行图案填充

本节将介绍图案填充的方法，需要在平面图中的每个房间中填充图案，以表示其不同的材质。

Step 01 将"填充"图层设置为当前图层，然后在命令行输入"L"调用【直线】命令，将图中的门洞用直线连接起来，如下图所示。

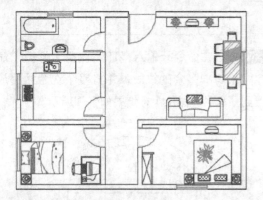

Step 02 在命令行输入"H"调用【填充】命令，弹出【图案填充创建】选项卡，在【图案】面板中选择"NET"，如下图所示。

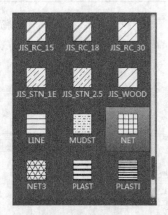

Step 03 在【特性】面板中设置【填充图案比例】为250，如下图所示。

Step 04 在客厅中单击以拾取内部点，对客厅进行填充，结果如下图所示。

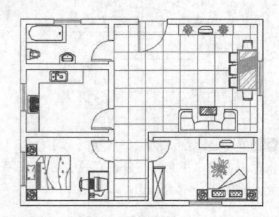

Step 05 重复 **Step 02** ~ **Step 04**，在【图案】面板中选择"DOLMIT"，在【特性】面板中设置"填充图案比例"为30，对卧室进行填充，如下图所示。

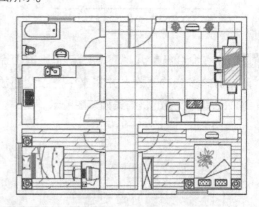

Step 06 以同样的方法，在【图案】面板中选择"ANGLE"，在【特性】面板中设置"填充图案比例"为50，对厨房和卫生间进行填充，如下图所示。

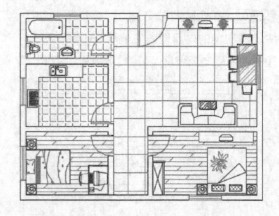

28.6 添加文字和尺寸标注

房间布置完成后，需要对每个房间进行标注尺寸和添加文字。本节主要介绍标注类型，比如线性标注、连续标注等类型。文字主要会用到单行文字。

Step 01 为了便于标注定位，在标注前首先将"轴线"层打开，如下图所示。

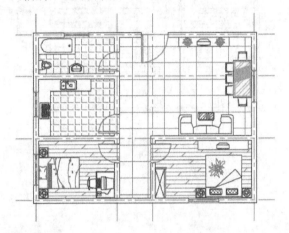

Step 02 将"标注"图层设置为当前层，选择【默认】选项卡→【注释】面板→【标注】按钮，捕捉最上边两条水平轴线的端点，创建一个线性尺寸，如下图所示。

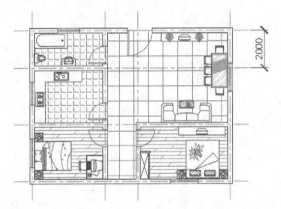

Step 03 不退出智能标注的情况下在命令行输入"C"，然后捕捉刚创建的线性标注的下侧尺寸界限为连续标注的基线，如下图所示。

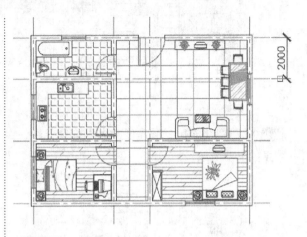

Step 04 然后捕捉相应的水平轴线的端点创建连续标注，如下图所示。

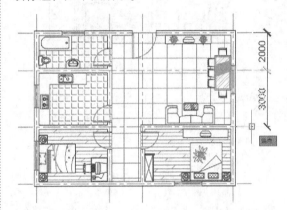

Step 05 垂直方向的尺寸标注完成后如下图所示。

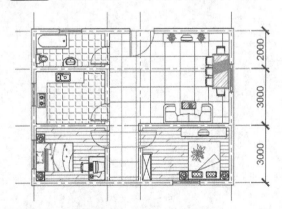

Step 06 连续按空格键两次，退出智能标注的连续标注（但不退出智能标注）后重新创建一个水平线性标注，如下图所示。

Step 07 重复 **Step 03** 继续创建水平连续标注，结果如下图所示。

Step 08 尺寸标注完成后，将"文字"图层设置为当前层，在命令行输入"DT"调用【单行】命令，在图形中指定起点，设置旋转角度为0，文字高度为400，输入相应文字，如下图所示。

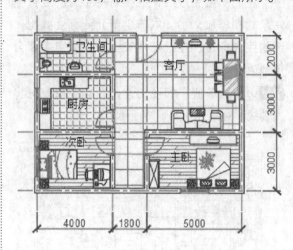

第29章

家具设计案例——绘制靠背椅

▓▓ 本章引言

靠背椅是椅类家具的重要成员，它的主要功能是使人在较长时间维持坐姿的状态下拥有一种较舒适的环境，另外，在某些特殊场合下也可作为攀爬登高、放置物品之用。

▓▓ 学习要点

❱❱ 了解椅子的分类和构成
❱❱ 家具常用材料剖切面的表达
❱❱ 绘制靠背椅

29.1 椅子的分类和构成

椅类家具是使人在较轻松状态下维持坐姿以及供人做短暂休息用的家具，是生活中使用频率最高的家具之一，其实用价值在家具行业中可谓首屈一指。

29.1.1 椅子的分类

椅子按造型可分为靠背椅、扶手椅、折叠椅、叠放椅和固定椅。各种椅子的定义及图例如下表所示。

名称	定义及解释	图例
靠背椅	凡是只有靠背没有扶手的椅子都属于靠背椅。靠背椅根据靠背材料不同，又有软垫、木材及各种材料编织构成的靠背椅。靠背可宽可窄，可高可矮，可简可繁。 靠背椅用途广泛，是室内陈设的必备家具	
扶手椅	有靠背又有扶手的椅子称为扶手椅。扶手椅在舒适性上比靠背椅好，常用在办公、会议、客房使用	

续表

名称	定义及解释	图例
折叠椅	折叠椅是指椅子在不使用时，可以折叠成一个小的长方体，其主要目的是考虑使用和存放方便	
叠放椅	叠放椅是指椅子在不用时，可以重叠摞在一起，其目的是解决多功能使用大厅多数量椅子的存放问题。常用于多功能大型餐厅、会堂、演奏厅、学校礼堂等。 这种椅子在设计时就应考虑其叠放功能，为便于叠放，应尽量采用轻质材料，如椅子框架多用金属材料，椅座多用模压胶合板成型以及ABS等成型品	
固定椅	固定椅是指经常使用的固定在地面上的椅子。这种椅子都是根据房间使用要求，在设计时就决定了位置。如在会堂、影剧院、体育场馆中使用的固定座椅	

除了按造型结构分，还可以按材料分类，按材料分椅子可分为：实木椅、曲木椅、模压胶合板椅、多层胶合弯曲木椅、竹藤椅、金属椅和塑料椅等。

29.1.2 椅子的构成

椅子是由框架和人体的接触面两部分构成的。框架是椅子成型的骨架，起支撑人体的作用，在满足功能使用的前提下，形式可以千变万化。和框架相对的接触面由于受人体形态和尺寸的限制，变化较少，但在面料及装饰上有较多的选择。

1. 框架

根据材料不同框架可以分为木框架、金属框架和竹藤框架。

完整的木质框架由椅腿、望板、撑档、椅座、靠背和扶手等连接而成，如右上图所示。

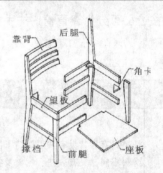

金属框架构成有三种，一是铸造法，用于成排椅子侧壁的支架；二是用钢筋仿木框架形式构成的框架；三是用钢管构成，根据钢材的特性，可以设计处与木家具截然不同的样式，金属框架中，钢管结构应用最多，如下图所示。

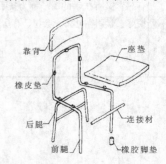

竹藤框架多采用竹竿和粗藤竿，结合方法有弯接法、插接法和缠接法。

2. 接触面

接触面主要是靠背和座面。

靠背由于不是主要受力的地方，可以做成不同的装饰，基本类型有编织靠背（如下左图所示）、软垫靠背（如下中图所示）和木质靠背（如下右图所示）。

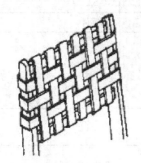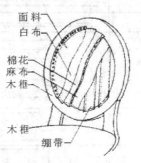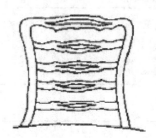

座面主要有木质座面、编织座面、绷带座面和软垫座面四类。

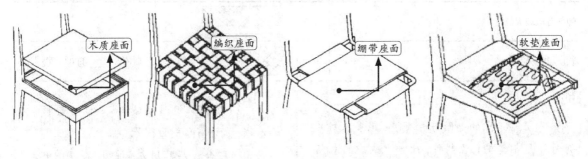

29.2 家具常用材料剖切面的表达

当家具的零、部件画成剖视图时，假想被剖切的部分，一般应画出剖面符号，以表示被剖切部分和零部件材料的类别，剖面符号均用细实线表示，各种材料的剖面符号如下表所示。

家具常用材料剖切面

材料			剖面符号	CAD中填充图案代码
木材	横剖（断面） 板材	方材		木断面纹
			木纹面3	
	纵剖			木纹面1、木纹面5、木纹面6
胶合板（不分层数）				胶合板
覆面刨花板				木纹面2

续表

材料		剖面符号	CAD中填充图案代码
细木工板	横剖	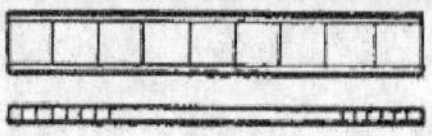	JIS_WOOD，角度为45°
	纵剖	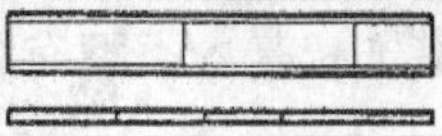 JIS_WOOD，角度为45°	
纤维板			 AR–SAND
薄木（薄皮）			 木纹面4
空芯板			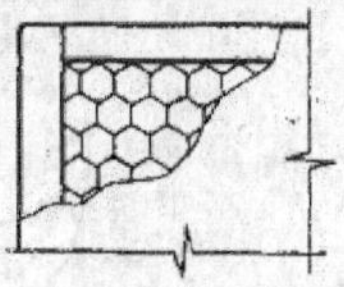 HONEY
金属			 ANSI31
玻璃			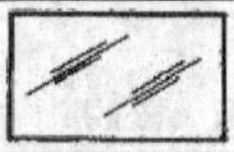 GOST_GLASS
塑料有机玻璃橡胶			 ANSI37
软质填充料			 SACNCR，0°和90°两次填充

Tips

（1）CAD中的剖面符号有限，很多木材的剖面符号都需要自己制作，比如上表中的木断面纹、胶合板，木纹面1~6都是自定义的剖面符号。这些符号详见本书的光盘文件，只需将光盘文件的相应内容复制到CAD安装目录下的"Support"文件夹下，就可以在CAD的填充图案中调用了。

（2）在基本视图中木材纵剖面时若影响图面清晰，允许省略剖面符号。

（3）胶合板层数用文字注明，在视图中很薄时可以不画剖面符号。

（4）基本视图中，覆面刨花板、细木工板、空芯板等覆面部分，与轮廓线合并，不需要单独表示。

29.3 绘制靠背椅

本靠背椅为实木拼板，前边比后边宽50mm，腿椅和撑档的榫肩应略有斜度，三根撑档不在一个平面，前撑档高，侧撑档低。后腿上下端弯曲度相等，以保证其稳定性，冒头（最上端的靠背）和靠背有一定的弧度，以满足人靠时的舒服度，冒头和靠背贴近人体侧的榫肩和后腿靠近人体侧的面平齐。

椅面为实木板胶结合，椅面与椅架为木螺钉吊面结合，其他部位均为不贯通单榫结合。

29.3.1 靠背椅的加工工艺

本节我们主要从下料、建立基准面及划线、加工和装配等几个工序来介绍靠背椅的加工工序。

1. 下料

椅面拼板若干块，满足椅面宽度尺寸。后腿2根，前腿2根，望板4根，撑档3根，冒头（上端靠背）1根，靠背2根。

2. 基准面刨削及划线

（1）将座面料刨出基准面，并胶拼在一起。

（2）尺寸划线（mm）：

椅面：前宽400，后宽350，长380，厚20；

后腿：长860，上下底端断面30×30；

前腿：长400，顶端断面45×45，底端断面35×35；

侧望板：285×45×20，前望板：260×45×20，后望板：290×45×20。

冒头与靠背有弯曲度，前腿撑档和侧撑档都有斜面，应与相应的前腿、后腿相配合。

3. 加工

（1）按已划好的净料尺寸与榫孔位置、榫头尺寸进行刨削、开榫、打眼；

（2）在望板上钻螺丝孔，以备椅面吊接；

（3）座面的前两角加工成R10的圆角。

4. 装配

（1）检查各零部件的数量、质量和规格，均应符合要求。

（2）装配关系

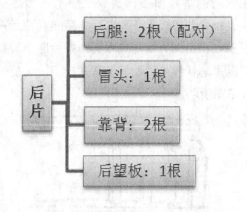

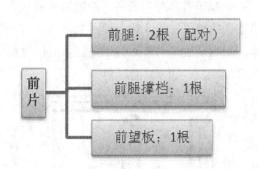

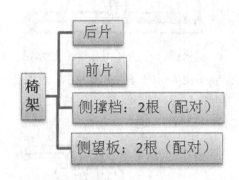

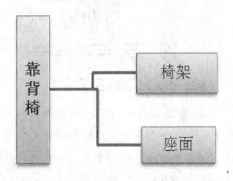

（3）装配过程及注意事项

a 拢后片，将一对后腿平放在工作台上，

先把腿的榫孔和各榫头涂上胶水，然后把冒头、靠背和望板逐一装入一条后腿，然后再倒过来，将各榫头相应装入另一条后腿，装配时可以借助丝杠或辅助工具装紧校正。装配过程如下图所示。

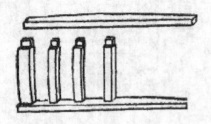

b 拢前片，将左右各一对前腿及望板、前腿撑档的榫眼、榫头涂上胶水后，先装入一条腿，然后反过来再装入另一条腿。装配过程如下图所示。

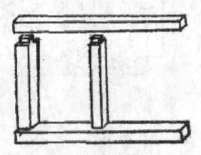

c 拢椅架，将前片榫孔涂上胶水后，再将侧望板和侧撑档的榫头涂上胶水，然后装入，最后再将后片榫孔涂上胶水后装入，可以用丝杠家具装紧校正。装配过程如下图所示。

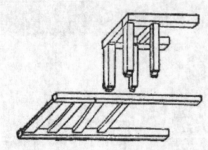

d 吊座面，将刨光后的座面放在椅架上，划出嵌入后腿的缺口位置，然后将座面平放在工作台上，再将椅架反扣在座面上，用木螺钉吊接固定。最后用直尺检查四脚是否平稳。若不平，则应对长腿进行修正。装配后如下图所示。

29.3.2 设置绘图环境

设置绘图环境包括设置对象捕捉、设置图层、设置文字样式、设置标注样式和设置多重引线样式。

1. 设置对象捕捉

在命令行输入"SE"并按空格键调用【草图设置】对话框，在弹出的【草图设置】对话框上选择【对象捕捉】选项卡，勾选【启用对象捕捉】和【启用对象捕捉追踪】两个复选框，然后勾选常用的捕捉模式，如下图所示。

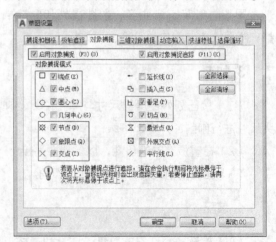

2. 设置图层

参见上一章的图层设置方法，创建如下图所示的图层。

3. 设置文字样式

参见前面章节创建"家具设计"字体,完成后并将该字体"置为当前",如下图所示。

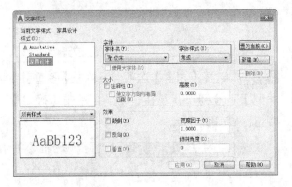

4. 设置标注样式

Step 01 调用标注样式命令,在弹出的【标注样式管理器】上单击【新建】按钮,弹出【创建新标注样式】对话框,将新建样式名改为"家具标注",如下图所示,单击【继续】按钮。

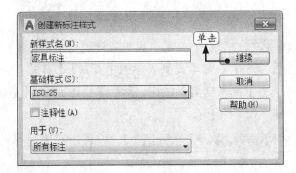

Step 02 弹出【新建标注样式:家具标注】对话框。选择【符号和箭头】选项卡,单击【箭头】选项的下拉列表,选择【倾斜】,如下图所示。

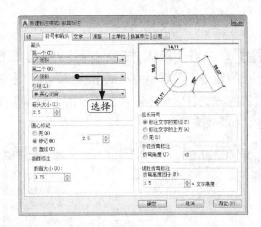

Step 03 选择【调整】选项卡,选择【标注特征比例】选项框中的【使用全局比例】,并将全局比例值改为10,当文字不在默认位置时,将其放置在【尺寸线上方,带引线】,如下图所示。

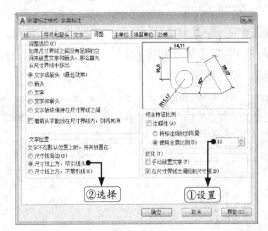

Step 04 单击【主单位】选项卡,将【线性标注】的精度改为"0",【角度标注】的精度都改为"0.0",如下图所示。设置完成后单击【确定】按钮,并将新建的标注样式"置为当前"。

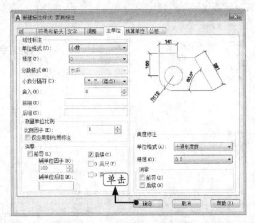

5. 设置多重引线样式

Step 01 选择【默认】选项卡→【注释】面板下拉按钮→【多重引线样式】按钮，弹出【多重引线样式管理器】对话框，单击【新建】按钮，如下图所示。

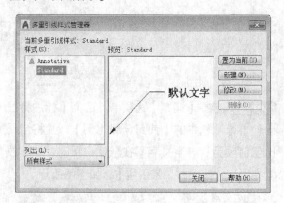

Step 02 弹出【创建新多重引线样式】对话框，将新样式名改为"样式1"，单击【继续】按钮，如下图所示。

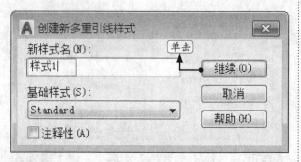

Step 03 弹出【修改多重引线样式：样式1】对话框。选择【引线格式】选项卡，将箭头大小改为60，其他设置不变，如下图所示。

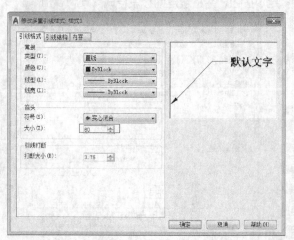

Step 04 选择【引线结构】选项卡，将【最大引线点数】改为3，然后取消【自动包含基线】选项，其他设置不变，如下图所示。

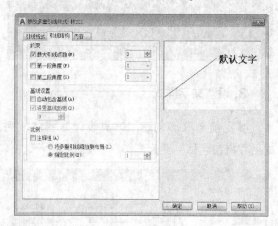

Step 05 选择【内容】选项卡，单击【多重引线类型】下拉列表，选择"无"，单击【确定】按钮，如下图所示。

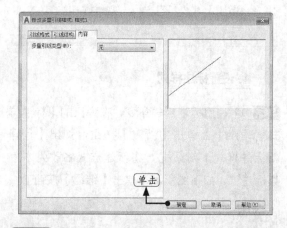

Step 06 回到【多重引线样式管理器】对话框后，选中左侧样式列表中的【样式1】样式，单击【置为当前】按钮，然后单击【关闭】按钮，如下图所示。

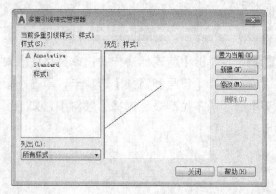

29.3.3 绘制靠背椅的正立面和背立面图

靠背椅结构比较复杂，座面前后宽度不同，而且前后腿的形状完全不同，因此，为了能更准确清晰地表达靠背椅的立面情况，我们这里采用半正立面半背立面来表达靠背椅的立面图。

正立面和背立面绘制完成后如下图所示。

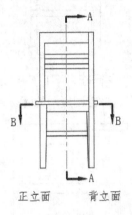

正立面　　　背立面

1. 绘制冒头、靠背、后腿和座面的投影

Step 01 将"轮廓线"层置为当前层，然后选择【默认】选项卡→【绘图】面板→【矩形】按钮□，以坐标原点为第一个角点，绘制一个400×20矩形，如下图所示。

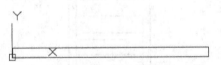

Step 02 继续调用【矩形】命令，以（25，-400）和（375,460）为矩形的两个角点绘制矩形。

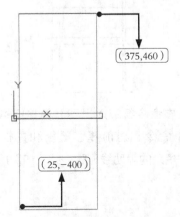

Step 03 在命令行输入"X"并按空格键调用【分解】命令，将上两步绘制的矩形分解。

分解后的矩形不再是一个整体，而是独立的直线

Step 04 为了不影响后面的绘制和标注，在命令行输入"M"并按空格键调用【移动】命令，将图形移动到合适的位置，如下图所示。

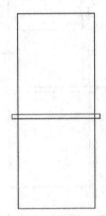

Step 05 在命令行输入"O"并按空格键调用【偏移】命令，将两条竖直线分别向内侧偏移30，如下图所示。

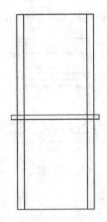

Step 06 重复【偏移】命令，将上端的水平直线

分别向下偏移70、140、170、200、230，如下图所示。

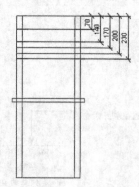

Step 07 在命令行输入"TR"并按空格键调用【修剪】命令，对5~6步偏移的直线进行修剪，得到冒头、靠背、座面、后腿的投影，如下图所示。

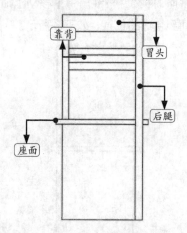

2. 绘制前腿、望板和撑档的投影

Step 01 在命令行输入"0"并按空格键调用【偏移】命令，将最底端的直线向上分别偏移200、230和355，结果如下图所示。

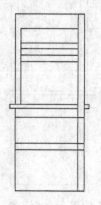

Step 02 重复【偏移】命令，将最左侧的直线向右偏移35和45，如下图所示。

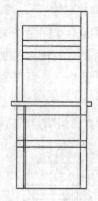

Step 03 在命令行输入"L"并按空格键调用【直线】命令，连接图所示的两交点。

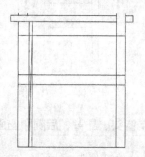

Step 04 在命令行输入"MI"并按空格键调用【镜像】命令，将上一步绘制的直线以靠背水平线中点连线为镜像线进行镜像，结果如图所示。

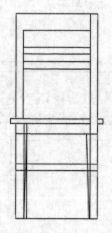

Step 05 在命令行输入"TR"并按空格键调用【修剪】命令，对前腿、望板和撑档进行修剪，并将多余的辅助线删除，结果如图所示。

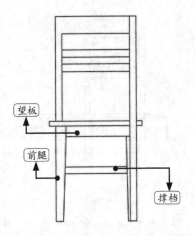

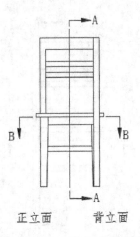

正立面　　　背立面

Step 06 在命令行输入"L"并按空格键调用【直线】命令，给视图添加中心线，如下图所示。

Step 09 选中中心线，选择【默认】选项卡→【图层】面板→图层下拉列表，单击"中心线"层，如下图所示。

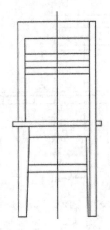

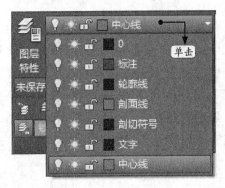

Step 07 选择【默认】选项卡→【注释】面板→【引线】按钮，给视图添加剖切符号，如下图所示。

Step 10 将中心线放在到"中心线"层上后，中心线发生变化，如下图所示。

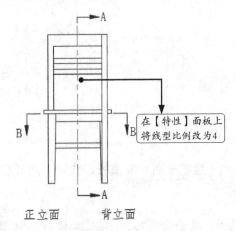

正立面　　　背立面

Step 08 在命令行输入"DT"并按空格键调用【单行文字】命令，将文字高度设置为50，角度设置为"0"。给视图添加剖切标记和注释，如下图所示。

Step 11 重复 **Step 09**，将剖切符号放置到"剖切符号"层，将文字放置到"文字"层，结果如下图所示。

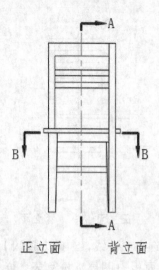

正立面　　　　背立面

29.3.4 绘制A-A剖视图

侧立面图中能清晰地观察椅子前后腿、侧望板以及侧撑档的投影情况，但是不能看到前后望板、前撑档以及冒头、靠背的投影情况，为了能清楚地观察前后望板、前撑档以及冒头、靠背的投影情况，侧立面采用剖视图，剖视图完成后如下图所示。

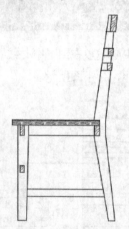

1. 绘制座面、侧望板、前腿、后腿和侧撑档

Step 01 在命令行输入"L"并按空格键调用【直线】命令，以上节绘制的立面图的座面和望板的端点为起点绘制直线，如下图所示。

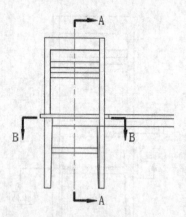

Step 02 重复绘制直线，绘制一条与上一步绘制的直线相垂直的直线，如下图所示。

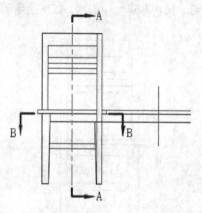

Step 03 在命令行输入"0"并按空格键调用【偏移】命令，将上一步绘制的直线向右侧分别偏移70、355和380，如下图所示。

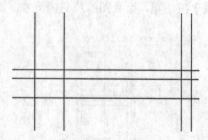

Step 04 在命令行输入"TR"并按空格键调用【修剪】命令，对图形进行修剪，得到座面和侧望板的投影，如下图所示。

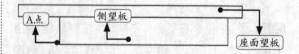

Step 05 在命令行输入"L（直线）"，绘制椅子的前腿，AutoCAD命令行提示如下。

命令：LINE

指定第一个点：　　　　　　//捕捉上图中的A点

指定下一点或 [放弃(U)]: @-10,-355

指定下一点或 [放弃(U)]: @-35,0

指定下一点或 [闭合(C)/放弃(U)]: @0,400

指定下一点或 [闭合(C)/放弃(U)]:

//按空格键结束命令

Step 06 椅子的前腿绘制完成后，如下图所示。

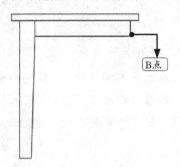

Step 07 重复【直线】命令，绘制椅子的后腿，AutoCAD提示如下。

命令: LINE

指定第一个点：　　　　　　//捕捉上图中的B点

指定下一点或 [放弃(U)]: @60,-355

指定下一点或 [放弃(U)]: @30,0

指定下一点或 [闭合(C)/放弃(U)]: @-40,355

指定下一点或 [闭合(C)/放弃(U)]: @0,65

指定下一点或 [闭合(C)/放弃(U)]: @40,440

指定下一点或 [闭合(C)/放弃(U)]: @-30,0

指定下一点或 [闭合(C)/放弃(U)]: @-60,-440

指定下一点或 [闭合(C)/放弃(U)]:

//按空格键结束命令

Step 08 椅子的后腿绘制完成后，如下图所示。

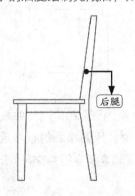

Step 09 在命令行输入"O"并按空格键调用【偏移】命令，将侧望板的投影线向下偏移225和255，如下图所示。

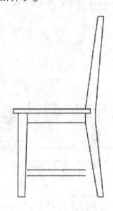

Step 10 在命令行输入"EX"并按空格键调用【延伸】命令，将上一步偏移后的两条直线延伸到和椅子的前后腿相交，如下图所示。

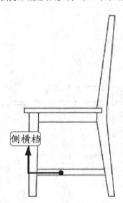

2.绘制侧望板、前后望板、前撑档和冒头

Step 01 在命令行输入"L"并按空格键调用【直线】命令，以上节立面图前后望板和前腿撑档投影的端点为起点绘制三条直线，如下图所示。

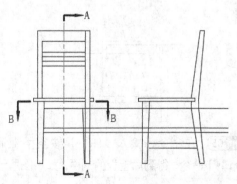

Step 02 在命令行输入"0"并按空格键调用【偏移】命令，将前腿投影的最外侧竖直线向右分别偏移8和28，如下图所示。

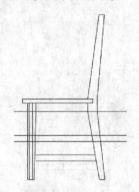

Step 03 在命令行输入"TR"并按空格键调用【修剪】命令，得到前望板和前撑档的剖面。

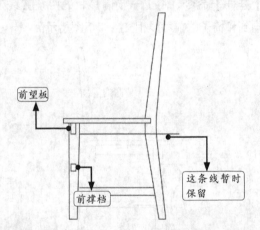

前望板

前撑档

这条线暂时保留

Step 04 在命令行输入"0"并按空格键调用【偏移】命令，将前腿投影的最外侧竖直线向右分别偏移335和355，如下图所示。

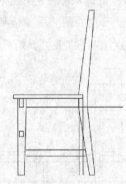

Step 05 在命令行输入"TR"并按空格键调用【修剪】命令，得到后望板的剖面，如下图所示。

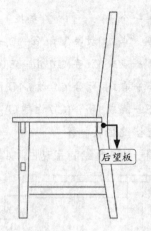

后望板

Step 06 在命令行输入"0"并按空格键调用【偏移】命令，将椅子后腿的外侧投影线向内侧偏移15，向外侧偏移7，如下图所示。

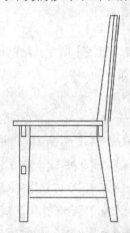

Step 07 重复【偏移】命令，将顶端水平线向下偏移70，如下图所示。

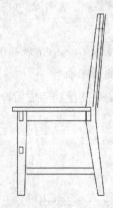

Step 08 在命令行输入"EX"并按空格键调用【延伸】命令，把偏移后的直线延伸到与椅子后腿顶端直线和靠背直线相交，如下图所示。

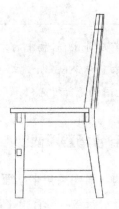

Step 09 在命令行输入"TR"并按空格键调用【修剪】命令，把上一步相交的直线进行修剪并删除多余的直线，得到冒头的剖面，如下图所示。

冒头剖面

3. 绘制靠背剖面并对所有剖面进行填充

Step 01 在命令行输入"O"并按空格键调用【偏移】命令，将椅子后腿的外侧投影线向内侧偏移15，向外侧偏移5，如下图所示。

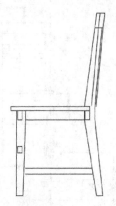

Step 02 重复【偏移】命令，将顶端水平线向下分别偏移140、170、200、230，如下图所示。

Step 03 在命令行输入"EX"并按空格键调用【延伸】命令，将偏移后的水平直线延伸到椅子后腿的投影线，延伸后如下图所示。

Step 04 在命令行输入"TR"并按空格键调用【修剪】命令，对偏移延伸后的直线进行修剪，结果得到靠背的剖面，如下图所示。

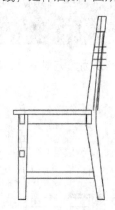

靠背剖面　靠背剖面

Step 05 将"剖面线"层置为当前层，在命令行输入"H"并按空格键调用【填充】命令，在弹出【图案填充创建】选项板上选择"木纹面5"为填充图案，如下图所示。

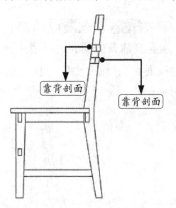

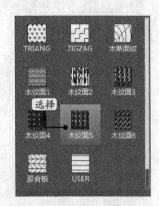

Step 06 在【特性】面板上将填充比例设置为50，如下图所示。

Step 07 选择座面为填充对象进行填充，结果如下图所示。

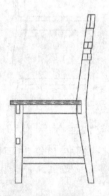

Step 08 重复 **Step 05**~ **Step 07** 给前后望板、前腿撑档、冒头及靠背的剖面进行填充，填充图案选择"木纹面1"，填充比例为10，结果如下图所示。

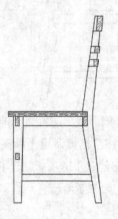

29.3.5 绘制靠背椅平面图

靠背椅的平面图采用半平面板剖视（B-B剖）结合的方法表达。靠背椅平面图绘制完成后如下图所示。

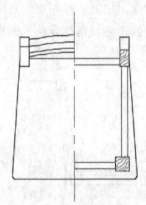

1. 绘制座面和前椅腿

Step 01 将"轮廓线"层置为当前，然后选择【默认】选项卡→【绘图】面板→【矩形】按钮🔲，当命令行提示指定第一角点时，捕捉（仅捕捉住不选中）立面图中椅子的边缘端点，然后向下拖动鼠标，如下图所示。

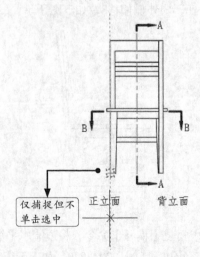

Step 02 向下拖动鼠标在合适的位置单击鼠标左键，作为矩形的第一个角点，然后输入"@400，-380"作为矩形的另一个角点，绘制完成后如下图所示。

Step 03 单击选中刚绘制的矩形，然后用鼠标按住矩形的右上端点向左拖动，如下图所示。

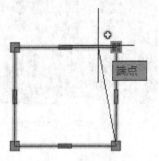

Step 04 在呈现出向左倾斜趋势时（见上图），在命令行输入移动距离25，结果如下图所示。

Step 05 重复 **Step 03**~**Step 04**，按住矩形的左上端点，向右缩进25，如下图所示。

Step 06 选择【默认】选项卡→【绘图】面板→【矩形】按钮，根据命令行提示进行如下操作。

命令: RECTANG

指定第一个角点或 [倒角(C)/标高(E)/圆角(F)/厚度(T)/宽度(W)]: fro 基点:　　//捕捉上图的右下端点

<偏移>: @-25,25

指定另一个角点或 [面积(A)/尺寸(D)/旋转(R)]:

@-45,45

Step 07 矩形绘制完成后如下图所示。矩形绘制完成后在命令行输入"X"并按空格键调用【分解】命令，将外侧的梯形（即座面投影）分解。

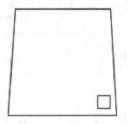

Step 08 在命令行输入"F"并按空格键调用【圆角】命令，AutoCAD命令行提示如下。

命令: FILLET

当前设置: 模式 = 修剪，半径 = 0.0000

选择第一个对象或 [放弃(U)/多段线(P)/半径(R)/修剪(T)/多个(M)]: m

选择第一个对象或 [放弃(U)/多段线(P)/半径(R)/修剪(T)/多个(M)]: r

指定圆角半径 <0.0000>: 10

Step 09 根据提示选择需要倒圆角的相交直线，倒圆角后如下图所示。

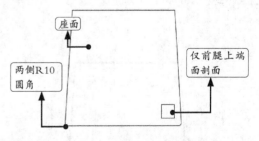

Step 10 将"剖面线"层设置为当前层，然后在命令行输入"H"并按空格键调用【填充】命令，选择"木纹面1"为填充图案，填充比例为10，对前腿端面的剖面进行填充，结果如下图所示。

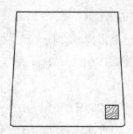

2. 添加关联中心线

Step 01 将"中心线"层置为当前，然后选择【注释】选项卡→【中心线】面板→【中心线】按钮■，然后选择下图所示的直线为第一条直线。

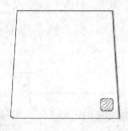

Step 02 根据命令行提示选择如下左图所示的直线为第二条直线，结果如下右图所示。

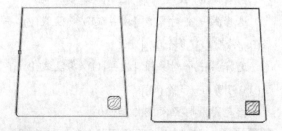

Step 03 选中刚创建的中心线，通过夹点编辑将它拉伸到合适的长度，如下图所示。

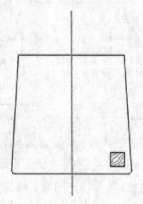

Step 04 按【Ctrl+1】快捷键，弹出【特性】面板后，选择刚创建的中心线，并将中心线的线型比例改为200，如下图所示。

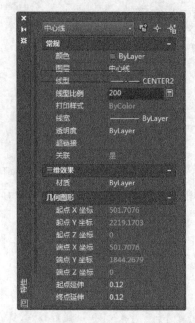

Step 05 线型比例修改完成后结果如下图所示。

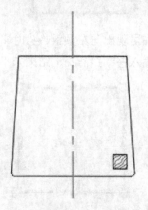

3. 绘制后腿和望板平面图

Step 01 将"轮廓线"层置为当前，然后选择【默认】选项卡→【绘图】面板→【矩形】按钮■，命令行提示如下。

命令: RECTANG

指定第一个角点或 [倒角(C)/标高(E)/圆角(F)/厚度(T)/宽度(W)]: fro 基点: //捕捉梯形的右上端点

<偏移>: @0,65

指定另一个角点或 [面积(A)/尺寸(D)/旋转(R)]:

@-30,-90

Step 02 矩形绘制完成后如下图所示。

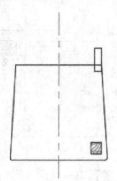

Step 03 调用【镜像】命令，以中心线为镜像线，对上一步绘制的矩形进行镜像，如下图所示。

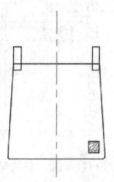

Step 04 在命令行输入"X"并按空格键调用【分解】命令，将刚绘制的两个矩形分解。然后在命令行输入"0"并按空格键调用【偏移】命令，将分解后的边向下偏移30和40，结果如下图所示。

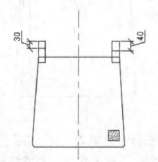

Step 05 在命令行输入"TR"并按空格键调用【修剪】命令，对椅子后腿投影进行修剪，如下图所示。

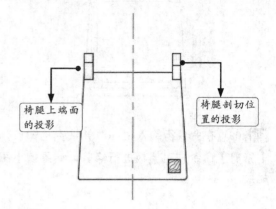

椅腿上端面的投影

椅腿剖切位置的投影

Step 06 在命令行输入"L"并按空格键调用【直线】命令，绘制侧望板的投影，根据AutoCAD提示进行如下操作。

命令: LINE

指定第一个点: fro

基点: //捕捉前腿投影的右上端点

<偏移>: @-5,0

指定下一点或 [放弃(U)]:@0,285

指定下一点或 [放弃(U)]:   //按空格键结束命令

Step 07 直线绘制结束后如下图所示。

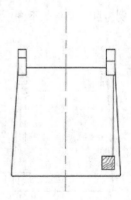

Step 08 在命令行输入"0"并按空格键调用【偏移】命令，将座面上侧直线向下偏移20，下侧直线向上偏移33和53，上步绘制的直线向左侧偏移20，如下图所示。

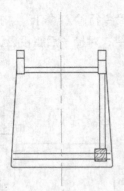

Step 09 在命令行输入"TR"并按空格键调用【修剪】命令，对望板进行修剪，结果如下图所示。

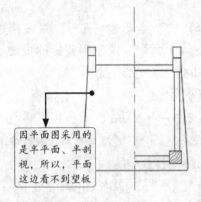

因平面图采用的是半平面、半剖视，所以，平面这边看不到望板

Step 10 将"剖面线"层设置为当前层，然后在命令行输入"H"并按空格键调用【填充】命令，对后腿剖切部分进行填充，填充图案为"木纹面1"，填充比例为10，结果如下图所示。

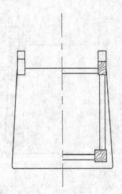

4.绘制冒头和靠背平面图

Step 01 将"轮廓线"层置为当前，选择【默认】选项卡→【绘图】面板→【起点、端点、

半径】绘制圆弧按钮，当命令行提示指定圆弧起点时，捕捉图中A点，然后拖动鼠标，当指引线与右侧后腿投影相交时单击鼠标左键，如下图所示。

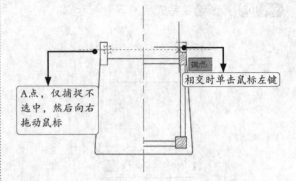

A点，仅捕捉不选中，然后向右拖动鼠标

端点

相交时单击鼠标左键

Step 02 确定圆弧第一点后，当命令行提示制定圆弧端点时，单击A点，如下图所示。

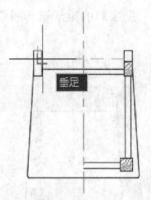

垂足

Step 03 当命令行提示输入圆弧半径时，输入半径值700，圆弧绘制完成后如下图所示。

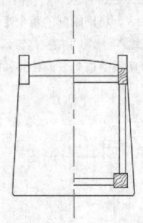

Step 04 在命令行输入"O"并按空格键调用【偏移】命令，将上步绘制的圆弧向外侧偏移22，向内侧偏移19和31，结果如下图所示。

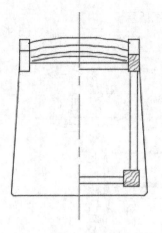

Step 05 在命令行输入"TR"并按空格键调用【修剪】命令，将中心线右侧的圆弧和超出椅腿上端面投影线的圆弧修剪掉，如下图所示。

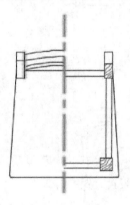

Step 06 在不退出【修剪】命令的前提下，按住【Shift】键，将下方两条圆弧延伸到修剪边（椅腿上端面右侧投影线），然后按空格键结束【修剪】命令，结果如下图所示。

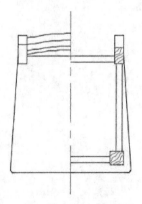

29.3.6 完善图形

图形绘制完毕后，最后给图形添加标注、给A-A剖视图添加剖切标记，给平面图添加文字注释等。

Step 01 将"文字"层置为当前，然后在命令行输入"DT"并按空格键调用【单行文字】命令，将文字高度设置为50，角度设置为0，给A-A剖视图添加剖切标记，如下图所示。

A-A

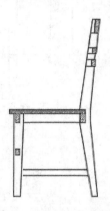

Step 02 因平面图一半是平面图，一半是B-B剖视图，因此要给视图添加文字注释。重复 **Step 01**，给平面图添加文字注释，结果如下图所示。

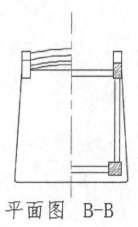

平面图　B-B

Step 03 将"标注"层置为当前，给视图添加标注，结果如下图所示。

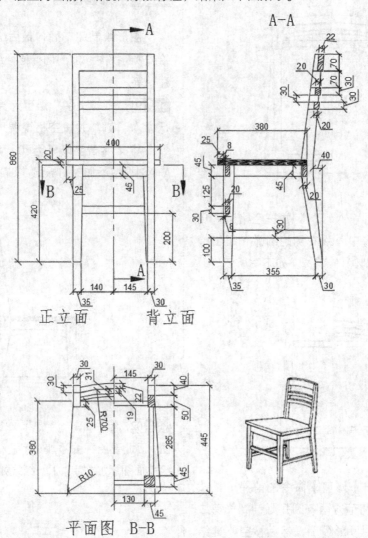

正立面　　背立面

平面图　B-B

第 30 章

电子电路设计案例——绘制RS-422标准通信接口

▣ 本章引言

本章主要介绍PCRS-422标准通信接口电路图的绘制，当PC需要与外设之间进行较远距离、较高速率的数据通信时，通常采用RS-422通信接口，将微机总线信息转换为串行数据，实现与外设的通信。

▣ 学习要点

❯ RS-422标准通信接口概述

❯ 绘图环境设置

❯ 绘制数字逻辑元件

❯ 绘制电路的基本符号

❯ 元件布局与连线

❯ 插入图框

30.1 RS-422标准通信接口概述

RS-422标准全称是"平衡电压数字接口电路的电气特性"，它定义了接口电路的特性。RS-422支持点对多点的双向通信，分为主设备和从设备，从设备之间不能通信。RS-422四线接口由于采用单独的发送和接收通道，因此不必控制数据方向，各装置之间任何必须的信号交换均可以按软件方式或硬件方式实现。

RS-422最大传输距离为4000英尺，最大传输速率为10Mb/s，其平衡双绞线的长度与传输速率成反比，在100Kb/s的速率以下才能达到最大传输距离，同理在短距离下才能获得较高传输速率。RS-422需要一终接电阻，接在传输电缆的最远端。

30.2 绘图环境设置

在绘制RS-422标准通信接口电路图前先要对绘图环境进行设置，具体操作步骤如下。

1. 设置图层

参见前面章节的图层设置方法，创建如下图所示的图层。

2. 设置文字样式

参照前面章节的字体设置，创建一个【电子电路字体】，具体设置如下图所示。

Tips

字体的高度一旦设定，在用该字体创建单行文字时，文字高度将为此处设定的高度，不能更改，命令行也不在提示指定文字高度。因此，当图中所用字体高度确定为某一高度时，在文字样式中提前设定好高度有利于提高绘图速度，否则，此处不要设置文字高度。

30.3 绘制数字逻辑元件

本节分9个小节来具体讲解各种数字逻辑元件的画法。

30.3.1 绘制数据收发器8251

绘制数据收发器8251的具体操作步骤如下。

1. 绘制逻辑非输出符

Step 01 选择【默认】选项卡→【图层】面板→【图层】下拉按钮，在弹出的下拉列表中选择【数字逻辑元件】图层，如下图所示。

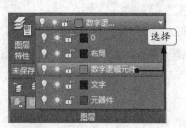

Step 02 选择【默认】选项卡→【绘图】面板→【矩形】按钮，在适当的位置单击指定矩形第一角点，当提示指定另一个角点时输入"@15,45"，结果如下图所示。

Step 03 在命令行输入"L"并按空格键调用【直线】命令，根据命令提示进行如下操作。

命令：LINE

指定第一个点：fro 基点： //捕捉矩形的左

上角点

<偏移>：@0,-2.5

指定下一点或 [放弃(U)]：@-5,0

指定下一点或 [放弃(U)]： //按空格键结束命令

捕捉端点

Step 04 选择【默认】选项卡→【修改】面板→【矩形阵列】按钮，选择上一步绘制的直线为阵列对象，在【阵列创建】选项卡中进行如下图所示的设置。

列数：	1	行数：	8
介于：	7.5	介于：	-2.5
总计：	7.5	总计：	-17.5
列		行	

Step 05 结果如下图所示。

Step 06 在命令行输入"I"并按空格键调用

【插入】命令，在【插入】对话框中单击【浏览】按钮，选择名称为【逻辑非输出符】的图块，输入旋转角度180，如下图所示。

Step 07 单击【确定】按钮，然后根据命令行提示进行如下操作。

命令：INSERT

指定插入点或 [基点(B)/比例(S)/旋转(R)]:

fro 基点：　　　　　//捕捉矩形的端点

<偏移>: @0,-5

Step 08 插入后结果如下图所示。

捕捉最下方
直线的端点

Step 09 选择【默认】选项卡→【修改】面板→【矩形阵列】按钮，选择【逻辑非输出符】图块为阵列对象，在【阵列创建】选项卡中进行如下图所示设置。

Step 10 结果如下图所示。

2. 绘制带逻辑非动态输入符（1）

Step 01 在命令行输入"L"并按空格键调用【直线】命令，AutoCAD提示如下。

命令：LINE

指定第一个点: fro　基点：

//捕捉最下端逻辑非输出符的第一象限点

<偏移>: @0,-2.5

指定下一点或 [放弃(U)]:@-5,0

指定下一点或 [放弃(U)]:　　　　//按空格键结束命令

Step 02 直线绘制完毕后如下图所示。

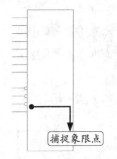

捕捉象限点

Step 03 在命令行输入"I"并按空格键调用【插入】命令，在【插入】对话框中单击【浏览】按钮，选择名称为【带逻辑非动态输入符】的图块，输入旋转角度180，如下图所示。

Step 04 单击【确定】按钮，然后根据命令行提示进行如下操作。

命令：INSERT

指定插入点或 [基点(B)/比例(S)/旋转(R)]:

fro 基点：　　　　　//捕捉直线的端点

<偏移>: @0,-5

Step 05 结果如下图所示。

捕捉端点

Step 06 在命令行输入"L"并按空格键调用
【直线】命令，AutoCAD提示如下。

命令: LINE

指定第一个点: fro 基点:

//捕捉矩形的右上角点

<偏移>: @0,-2.5

指定下一点或 [放弃(U)]:@ 5,0

指定下一点或 [放弃(U)]:　　//按空格键结

束命令

Step 07 结果如下图所示。

捕捉端点

Step 08 选择【默认】选项卡→【修改】面板→
【矩形阵列】按钮█，以上步绘制的直线为阵
列对象，在【阵列创建】选项卡中进行如下图
所示设置。

⫴ 列数:	1	☰ 行数:	5
⫴ 介于:	7.5	☰ 介于:	-5
⫴ 总计:	7.5	☰ 总计:	-20
	列		行 ▾

Step 09 阵列后结果如下图所示。

3. 绘制带逻辑非动态输入符（2）

Step 01 在命令行输入"I"并按空格键调用
【插入】命令，在【插入】对话框中单击【浏
览】按钮，选择名称为【带逻辑非动态输入
符】的图块，如下图所示。

①单击

②选择

Step 02 单击【确定】按钮，然后根据命令行提
示进行如下操作。

命令: INSERT

指定插入点或 [基点(B)/比例(S)/旋转(R)]:

fro 基点:

　　　　　　　　//捕捉矩形的右角点

<偏移>: @0,-10　　//插入后如下图所示

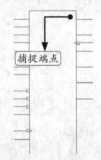

捕捉端点

Step 03 在命令行输入"CO"并按空格键调用
【复制】命令，以上一步插入的图块为复制对
象，根据AutoCAD命令行提示进行如下操作。

命令: COPY

选择对象: 找到 1 个　　　　//选择刚插入

的图块

选择对象:　　　　　　　　//按空格键结

束选择

当前设置: 复制模式 = 多个

指定基点或 [位移(D)/模式(O)] <位移>:

//任意单击一点作为基点

指定第二个点或 [阵列(A)] <使用第一个点

作为位移>: @0,-15

指定第二个点或 [阵列(A)/退出(E)/放弃(U)]
<退出>:

     //按空格键结束命令，结果如下图
所示

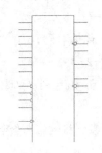

Step 04 在命令行输入"I"并按空格键调用
【插入】命令，在【插入】对话框中单击【浏
览】按钮，选择名称为【逻辑非输出符】的图
块，如下图所示。

Step 05 单击【确定】按钮，然后根据命令行提
示进行如下操作。

命令: INSERT

指定插入点或 [基点(B)/比例(S)/旋转(R)]:
fro 基点:

     //捕捉右边最下方直线的
的左端点

  <偏移>: @0,-5 //插入后结果如下图所示

Step 06 选择【默认】选项卡→【修改】面板→

【矩形阵列】按钮 ▦ ，以上一步插入的图块为
阵列对象，在【阵列创建】选项卡中进行如下
图所示设置。

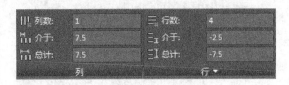

Step 07 结果如下图所示。

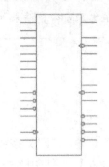

Step 08 将"文字"图层切换为当前层，然后
在命令行输入【DT】并按空格键调用【单行文
字】命令，在合适的位置输入相应的内容，结
果如下图所示。

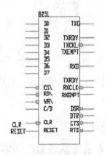

30.3.2 绘制双向总线收发器74LS245

  74LS245是我们常用的芯片，用来驱动led
或者其他的设备，它是8路同相三态双向总线收
发器，可双向传输数据。74LS245还具有双向三
态功能，既可以输出，也可以输入数据。绘制
双向总线收发器74LS245的具体操作步骤如下。

Step 01 在命令行输入"L"并按空格键调用
【直线】命令，根据令行提示进行如下操作:

命令: LINE

指定第一个点: //任意单击一点作
为第一点

指定下一点或 [放弃(U)]: @0,1.5

指定下一点或 [放弃(U)]: @-1.5,0

指定下一点或 [闭合(C)/放弃(U)]: @0,5

指定下一点或 [闭合(C)/放弃(U)]: @10,0

指定下一点或 [闭合(C)/放弃(U)]: @0,-5

指定下一点或 [闭合(C)/放弃(U)]: @-1.5,0

指定下一点或 [闭合(C)/放弃(U)]: @0,-1.5

指定下一点或 [闭合(C)/放弃(U)]:

//按空格键结束命令，结果如下图所示

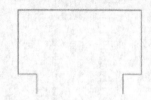

Step 02 在命令行输入"I"并按空格键调用【插入】命令，在【插入】对话框中单击【浏览】按钮，选择名称为【输入逻辑极性指示符】的图块。

Step 03 单击【确定】按钮，然后根据命令行提示进行如下操作。

命令：INSERT

指定插入点或 [基点(B)/比例(S)/旋转(R)]: fro 基点：

　　　　　　　　　　　//捕捉右边直线端点

<偏移>: @0,-1.25　　//插入后如下图所示

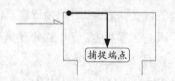

Step 04 在命令行输入"CO"并按空格键调用【复制】命令，以上一步插入的图块为复制对象，根据AutoCAD命令行提示进行如下操作。

命令：COPY

选择对象：找到 1 个　　　　//选择刚插入

的图块

选择对象：　　　　　　　//按空格键结束选择

当前设置：复制模式 = 多个

指定基点或 [位移(D)/模式(O)] <位移>:

//任意单击一点作为基点

指定第二个点或 [阵列(A)] <使用第一个点作为位移>: @0,-2.5

指定第二个点或 [阵列(A)/退出(E)/放弃(U)] <退出>:

　　　　　　//按空格键结束命令，结果如下图所示

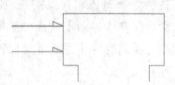

Step 05 选择【默认】选项卡→【绘图】面板→【矩形】按钮，然后利用对象捕捉追踪捕捉竖直直线与端点延伸线的交点为矩形的第一个角点，如下图所示。

Step 06 在命令行输入"@10,-2.5"为矩形第二个角点，结果如图所示。

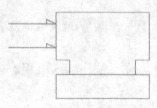

Step 07 在命令行输入"L"并按空格键调用【直线】命令，分别以矩形两边的中点为第一点，绘制两条直线长度为5，结果如下图所示。

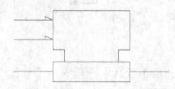

Step 08 选择【默认】选项卡→【修改】面板→【矩形阵列】按钮，然后选择刚才绘制的矩形和两条直线作为阵列对象，在【阵列创建】选项卡中进行如下图所示设置。

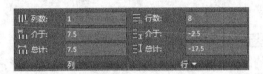

Step 09 阵列结果如下图所示。

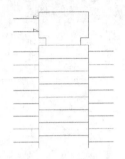

Step 10 将"文字"层切换为当前层，然后在命令行输入"DT"并按空格键调用【单行文字】命令，然后在合适的位置输入文字，结果如下图所示。

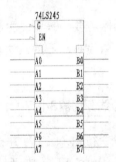

30.3.3 绘制双向总线驱动器74LS244A 及其他74LS244

双向总线驱动器74LS244A内含有两个相同的单元，只绘制其中一个然后将它复制到合适位置得到另一个即可，具体操作步骤如下。

Step 01 在命令行输入"L"并按空格键调用【直线】命令，AutoCAD提示如下。

命令: L LINE

指定第一个点: //任意单击一点作

为第一点

指定下一点或 [放弃(U)]: @0,1.5

指定下一点或 [放弃(U)]: @-1.5,0

指定下一点或 [闭合(C)/放弃(U)]: @0,2.5

指定下一点或 [闭合(C)/放弃(U)]: @10,0

指定下一点或 [闭合(C)/放弃(U)]: @0,-2.5

指定下一点或 [闭合(C)/放弃(U)]: @-1.5,0

指定下一点或 [闭合(C)/放弃(U)]: @0,-1.5

指定下一点或 [闭合(C)/放弃(U)]:

/按空格键结束命令，结果如下图所示

Step 02 在命令行输入"I"并按空格键调用【插入】命令，在【插入】对话框中单击【浏览】按钮，选择名称为【输入逻辑极性指示符】的图块，如下图所示。

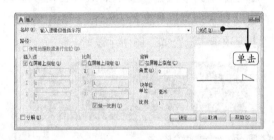

Step 03 单击【确定】按钮，然后捕捉右边直线的中点为插入点，结果如下图所示。

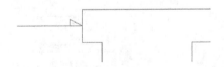

Step 04 重复**Step 02**~**Step 03**，插入【接地符号】图块，结果如下图所示。

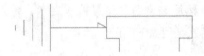

Step 05 选择【默认】选项卡→【绘图】面板→【矩形】按钮，然后利用对象捕捉追踪捕捉竖直直线与端点延伸线的交点为矩形的第一个角点，如下图所示。

Step 06 在命令行输入"@10,-2.5"为矩形第二个角点，结果如下图所示。

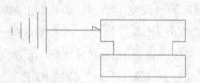

Step 07 在命令行输入"L"并按空格键调用【直线】命令，分别以矩形两边的中点为第一点，绘制两条直线长度为5，结果如下图所示。

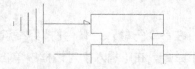

Step 08 选择【默认】选项卡→【修改】面板→【矩形阵列】按钮，然后选择上两步绘制的矩形和两条直线作为阵列对象，在【阵列创建】选项卡中进行如下图所示设置。

列数:	1	行数:	4
介于:	7.5	介于:	-2.5
总计:	7.5	总计:	-7.5
	列		行▼

Step 09 结果如下图所示。

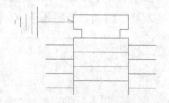

Step 10 将"文字"层切换为当前层，然后在命令行输入"DT"并按空格键调用【单行文字】命令，然后在合适的位置输入文字，输入相应的内容，结果如下图所示。

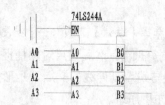

Step 11 在命令行输入"CO"并按空格键调用【复制】命令，选择上一步中的图形作为复制对象，然后对复制后的图形文字进行更改，结果如下图所示。

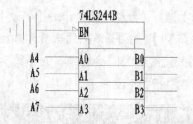

Step 12 继续使用【复制】命令，选择上两步中的图形作为复制对象，然后对复制后的图形文字进行更改，结果如下图所示。

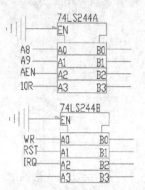

30.3.4 绘制总线驱动器3487和3486

总线驱动器主要用来驱动主板的程序，本节重点来讲解总线驱动器的画法，具体操作步骤如下。

1. 绘制总线驱动器3487（1）

Step 01 在命令行输入"L"并按空格键调用【直线】命令，AutoCAD提示如下。

命令：L LINE

指定第一个点：　　　　　　　//任意单击一点作为第一点

指定下一点或 [放弃(U)]: @0,1

指定下一点或 [放弃(U)]: @-1,0

指定下一点或 [闭合(C)/放弃(U)]: @0,2.5

指定下一点或 [闭合(C)/放弃(U)]: @7.5,0

指定下一点或 [闭合(C)/放弃(U)]: @0,-2.5

指定下一点或 [闭合(C)/放弃(U)]: @-1,0

指定下一点或 [闭合(C)/放弃(U)]: @0,-1

指定下一点或 [闭合(C)/放弃(U)]:

//按空格键结束命令，结果如下图所示

Step 02 选择【默认】选项卡→【绘图】面板→【矩形】按钮▣，然后利用对象捕捉追踪捕捉竖直直线与端点延伸线的交点为矩形的第一个角点，如下图所示。

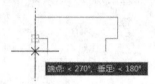

Step 03 输入 "@7.5,-10" 为矩形的第二点，结果如下图所示。

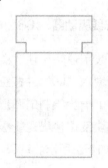

Step 04 在命令行输入 "L" 并按空格键调用【直线】命令，AutoCAD提示如下。

命令: LINE

指定第一个点: fro　基点:

//捕捉右侧直线的上端点

<偏移>: @0,-1

指定下一点或 [放弃(U)]:@-5,0

指定下一点或 [放弃(U)]:

　　//按空格键结束命令，结果如下图所示

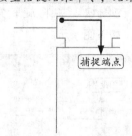

Step 05 在命令行输入 "I" 并按空格键调用【插入】命令，在【插入】对话框中单击【浏】

览】按钮，选择名称为【电源】的图块，如下图所示。

Step 06 插入后结果如下图所示。

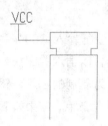

Step 07 在命令行输入 "O" 并按空格键调用【偏移】命令，将上一步绘制的直线向下偏移5，再将偏移后的直线向下偏移5，结果如下图所示。

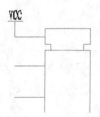

2. 绘制总线驱动器3487（2）

Step 01 在命令行输入 "I" 并按空格键调用【插入】命令，在【插入】对话框中单击【浏览】按钮，选择名称为【输出逻辑极性指示符】的图块，如下图所示。

Step 02 单击【确定】按钮，然后根据命令行提示进行如下操作。

命令: INSERT

指定插入点或 [基点(B)/比例(S)/旋转(R)]:
fro 基点:

　　　　　　　　　//捕捉右边直线端点

<偏移>: @0,-4.75　//结果如下图所示

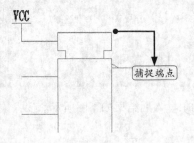

Step 03　在命令行输入"CO"并按空格键调用
【复制】命令，以插入的图块为复制对象，任
意单击一点作为复制的基点，然后在命令行输
入"@0,-5"为第二点，结果如下图所示。

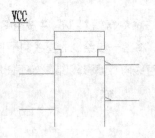

Step 04　在命令行输入"L"并按空格键调用
【直线】命令，AutoCAD提示如下。

　　命令: LINE
　　指定第一个点: fro　基点:
　　//捕捉矩形的右上角点
　　<偏移>: @0,-3.75
　　指定下一点或 [放弃(U)]:@ 5,0
　　指定下一点或 [放弃(U)]:
　　//按空格键结束命令，结果如下图所示

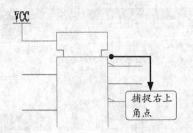

Step 05　在命令行输入"O"并按空格键调用
【偏移】命令，将上一步绘制的直线向下偏移
5，结果如下图所示。

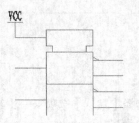

Step 06　将"文字"层切换为当前层，然后在命
令行输入"DT"并按空格键调用【单行文字】
命令，输入相应的内容，结果如下图所示。

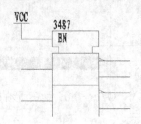

3. 绘制总线驱动器3486

Step 01　将"数字逻辑元件"图层切换为当前
层，在命令行输入"CO"并按空格键调用【复
制】命令，将上一步绘制的图形进行复制，并
将【电源】图块及【输出逻辑极性指示符】图
块删除，结果如下图所示。

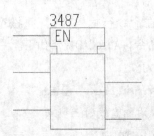

Step 02　在命令行输入"I"并按空格键调用
用【插入】命令，在【插入】对话框中单击
【浏览】按钮，选择名称为【输入逻辑极
性指示符】的图块，并将旋转角度设置为
"-180°"，如下图所示。

Step 03 单击【确定】按钮，然后根据命令行提示进行如下操作。

命令: INSERT

指定插入点或 [基点(B)/比例(S)/旋转(R)]:

fro 基点:

　　　　　　　　　　　　//捕捉右边直线端点

<偏移>: @0,-4.75　　//结果如下图所示

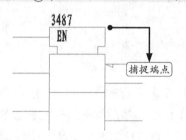

Step 04 在命令行输入"CO"并按空格键调用【复制】命令，选择插入的块为复制对象，任意单击一点作为复制的基点，然后输入"@0,-5"为第二点，结果如下图所示。

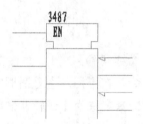

Step 05 对文字进行修改，结果如下图所示。

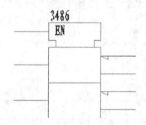

30.3.5 绘制四输入与非门74LS20

"与非门"是数字电子技术的一种基本逻辑电路，是"与门"和"非门"（非门参见下一节的定义）的叠加，有两个或两个以上输入和一个输出。

本节所绘制的"与非门"是一个四输入的与非门，具体操作步骤如下。

Step 01 选择【默认】选项卡→【绘图】面板→【矩形】按钮，绘制一个长10、宽7.5的矩形，如下图所示。

Step 02 在命令行输入"L"并按空格键调用【直线】命令，AutoCAD提示如下。

命令: LINE

指定第一个点: fro　基点:

//捕捉矩形的左上角点

<偏移>: @0,-1.25

指定下一点或 [放弃(U)]:@ -5,0

指定下一点或 [放弃(U)]:

//按空格键结束命令，结果如下图所示

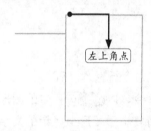

Step 03 选择【默认】选项卡→【修改】面板→【矩形阵列】按钮，选择直线为阵列对象，在【阵列创建】选项卡中进行如下图所示设置。

	列数:	1		行数:	4
	介于:	7.5		介于:	-2.5
	总计:	7.5		总计:	-7.5
	列			行	

Step 04 结果如下图所示。

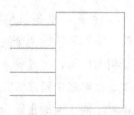

Step 05 在命令行输入"I"并按空格键调用

【插入】命令，在【插入】对话框中单击【浏览】按钮，选择名称为【逻辑非输出符】的图块，如下图所示。

Step 06 单击【确定】按钮，当提示指定插入点时捕捉矩形右侧边的中点，结果如下图所示。

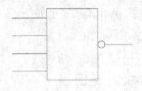

Step 07 将"文字"层切换为当前层，然后在命令行输入"DT"并按空格键调用【单行文字】命令，然后输入相应的内容，结果如下图所示。

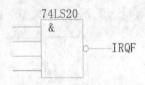

Step 08 在命令行输入"CO"并按空格键调用【复制】命令，以 **Step 07** 中的图形为复制对象，然后将复制后图形上多余的文字删除掉，结果如下图所示。

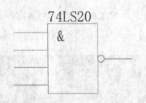

30.3.6 绘制非门

非门又称反相器，是逻辑电路的重要基本单元，非门有输入和输出两个端。其输出端的圆圈代表反相的意思，当其输入端为高电平（"电平"就是指电路中两点或几点在相同阻抗下电量的相对比值）时输出端为低电平，当其输入端为低电平时输出端为高电平。也就是说，输入端和输出端的电平状态总是反相的。

绘制非门的具体操作步骤如下。

Step 01 选择【默认】选项卡→【绘图】面板→【矩形】按钮 ⬚，绘制一个长7.5，宽5的矩形，如下图所示。

Step 02 在命令行输入"L"并按空格键调用【直线】命令，然后捕捉矩形左侧边的中点为直线的第一点，绘制一条长度为5的直线，结果如下图所示。

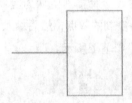

Step 03 在命令行输入"I"并按空格键调用【插入】命令，在【插入】对话框中单击【浏览】按钮，选择名称为【逻辑非输出符】的图块，如下图所示。

Step 04 单击【确定】按钮，以矩形的右侧边的中点为插入点，结果如下图所示。

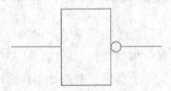

Step 05 将"文字"层切换为当前层，然后在命令行输入"DT"并按空格键调用【单行文字】命令，然后输入相应的内容，结果如下图所示。

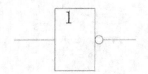

Step 06 在命令行输入"CO"并按空格键调用【复制】命令，以步骤 **Step 05** 中的图形为复制对象，复制7个非门图形。

30.3.7 绘制高速CMOS器件74HC138

CMOS常指保存基本启动信息（如日期、时间、启动设置等）的芯片。CMOS是主板上的一块可读写的RAM芯片，是用来保存硬件配置和用户对某些参数的设定。CMOS可由主板的电池供电，即使系统掉电，信息也不会丢失。

绘制高速CMOS的具体操作步骤如下。

1. 绘制高速CMOS（1）

Step 01 选择【默认】选项卡→【绘图】面板→【矩形】按钮■，绘制一个长22.5、宽7.5的矩形，结果如下图所示。

Step 02 在命令行输入"L"并按空格键调用【直线】命令，AutoCAD提示如下。

> 命令：LINE
> 指定第一个点：fro 基点：
> //捕捉矩形的左上角点
> <偏移>：@0,-2.5
> 指定下一点或 [放弃(U)]：@ -5,0
> 指定下一点或 [放弃(U)]：
> //按空格键结束命令，结果如下图所示

Step 03 在命令行输入"O"并按空格键调用【偏移】命令，输入偏移距离2.5，以直线为偏移对象，分别向下偏移两次，结果如下图所示。

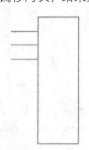

Step 04 在命令行输入"I"并按空格键调用【插入】命令，在【插入】对话框中单击【浏览】按钮，选择名称为【逻辑非输出符】的图块，设置旋转角度为180°，如下图所示。

Step 05 单击【确定】按钮，根据命令行提示进行如下操作。

> 命令：INSERT
> 指定插入点或 [基点(B)/比例(S)/旋转(R)]：
> fro 基点：
> //捕捉最下方直线
> 的右端点
> <偏移>：@0,-7.5 //结果如下图所示

Step 06 在命令行输入"CO"并按空格键调用【复制】命令，以插入的块为复制对象，任意单击一点作为基点，然后输入"@0,-2.5"为第二点，结果如下图所示。

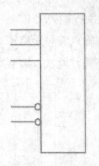

Step 07 在命令行输入"O"并按空格键调用【偏移】命令，将最下方直线向下偏移12.5，结果如下图所示。

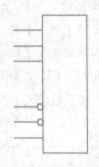

2. 插入"逻辑非输出符"和添加文字

Step 01 在命令行输入"I"并按空格键调用【插入】命令，在【插入】对话框中单击【浏览】按钮，选择名称为【逻辑非输出符】的图块，如下图所示。

Step 02 单击【确定】按钮，根据命令行提示进行如下操作。

命令: INSERT

指定插入点或 [基点(B)/比例(S)/旋转(R)]:
fro 基点:

//捕捉矩形右上角点

<偏移>: @0,-2.5，结果如下图所示

Step 03 选择【默认】选项卡→【修改】面板→【矩形阵列】按钮 ⊞，选择刚插入的图块为阵列对象，在【阵列创建】选项卡中进行如下图所示设置。

Step 04 结果如下图所示。

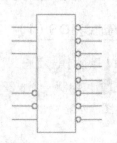

Step 05 将"文字"层切换为当前层，然后在命令行输入"DT"并按空格键调用【单行文字】命令，输入相应的内容，结果如下图所示。

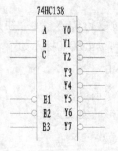

30.3.8 绘制三位计数器74LS197

绘制三位计数器74LS197的具体操作步骤如下。

1. 绘制三位计数器74LS197（1）

Step 01 在命令行输入"L"并按空格键调用

【直线】命令，AutoCAD提示如下。

命令: L LINE

指定第一个点: //任意单击一点作为第一点

指定下一点或 [放弃(U)]: @0,1.5

指定下一点或 [放弃(U)]: @-1.5,0

指定下一点或 [闭合(C)/放弃(U)]: @0,5

指定下一点或 [闭合(C)/放弃(U)]: @10,0

指定下一点或 [闭合(C)/放弃(U)]: @0,-5

指定下一点或 [闭合(C)/放弃(U)]: @-1.5,0

指定下一点或 [闭合(C)/放弃(U)]: @0,-1.5

指定下一点或 [闭合(C)/放弃(U)]:

//按空格键结束命令，结果如下图所示

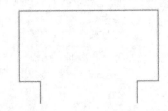

Step 02 在命令行输入"I"并按空格键调用【插入】命令，在【插入】对话框中单击【浏览】按钮，选择名称为【输入逻辑极性指示符】的图块，如下图所示。

Step 03 单击【确定】按钮，根据命令行提示进行如下操作。

命令: INSERT

指定插入点或 [基点(B)/比例(S)/旋转(R)]:
fro 基点:

//捕捉左侧竖直线的端点

<偏移>: @0,-1.25 //结果如下图所示

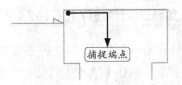

捕捉端点

Step 04 继续调用【插入】命令，插入【电源】图块，以端点为插入点，结果如下图所示。

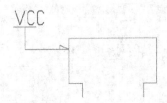

Step 05 在命令行输入"CO"并按空格键调用【复制】命令，以插入的【输入逻辑极性指示符】图块为复制对象，任意单击一点作为基点，然后输入"@0,-2.5"为第二点，结果如下图所示。

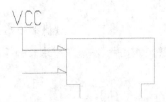

Step 06 选择【默认】选项卡→【绘图】面板→【矩形】按钮，然后利用对象捕捉追踪捕捉竖直直线与端点延伸线的交点为矩形的第一个角点，如下图所示。

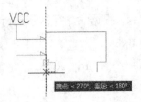

Step 07 输入"@10,-15"为矩形的第二角点，结果如下图所示。

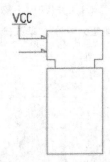

2. 绘制三位计数器74LS197（2）

Step 01 在命令行输入"I"并按空格键调用【插入】命令，在【插入】对话框中单击【浏览】按钮，选择名称为【极性指示动态输入符】的图块，如下图所示。

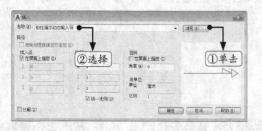

Step 02 单击【确定】按钮，根据命令行提示进行如下操作。

命令: INSERT

指定插入点或 [基点(B)/比例(S)/旋转(R)]:

fro 基点:

　　　　　　　　　　//捕捉矩形左上角点

<偏移>: @0,-1.25　　//结果如下图所示

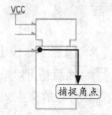

Step 03 在命令行输入"L"并按空格键调用【直线】命令，根据命令行提示进行如下操作。

命令: LINE

指定第一个点: fro　基点:

//捕捉矩形的左上角点

<偏移>: @0,-3.75

指定下一点或 [放弃(U)]:@ -5,0

指定下一点或 [放弃(U)]:

//按空格键结束命令，结果如下图所示

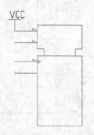

Step 04 在命令行输入"CO"并按空格键调用【复制】命令，将插入的图块和上一步绘制的直线向下复制距离5，结果如下图所示。

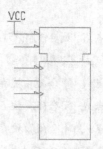

Step 05 在命令行输入"O"并按空格键调用【偏移】命令，输入偏移距离为2.5，以最下方直线为偏移对象，向下偏移两次，结果如下图所示。

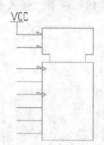

Step 06 在命令行输入"MI"并按空格键调用【镜像】命令，以左边的直线为镜像对象，以上方直线的中点与下方直线的中点的连线为镜像线进行镜像，结果如下图所示。

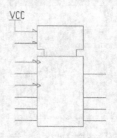

Step 07 在命令行输入"O"并按空格键调用【偏移】命令，设置偏移距离为11.5，以最上侧的直线为偏移对象，然后在下侧单击一点作为偏移方向，结果如下图所示。

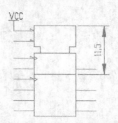

Step 08 将"文字"层切换为当前层，然后在命令行输入"DT"并按空格键调用【单行文字】命令，在合适的位置输入相应的内容，结果如下图所示。

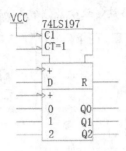

Step 09 在命令行输入"CO"并按空格键调用【复制】命令，以 **Step 08** 中的图形为复制对象，复制2个三位计数器74LS 197，然后对其中一个进行更改，结果如下图所示。

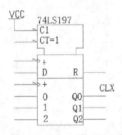

30.3.9 绘制多谐振荡器74LS123

多谐振荡器就是利用深度正反馈，通过阻容耦合使两个电子器件交替导通与截止，从自激多谐振荡器而自激产生方波输出的振荡器。常用作方波发生器。绘制多谐振荡器74LS123的具体操作步骤如下。

1. 绘制多谐振荡器74LS123（1）

Step 01 选择【默认】选项卡→【绘图】面板→【矩形】按钮▭，AutoCAD命令行提示如下。

命令: _rectang

指定第一个角点或 [倒角(C)/标高(E)/圆角(F)/厚度(T)/宽度(W)]:

//任意单击一点作为矩形的第一个角点

指定另一个角点或 [面积(A)/尺寸(D)/旋转(R)]: @10,12.5

命令: RECTANG

指定第一个角点或 [倒角(C)/标高(E)/圆角(F)/厚度(T)/宽度(W)]:

//捕捉刚绘制的矩形的左上角点

指定另一个角点或 [面积(A)/尺寸(D)/旋转(R)]:

@5,-5   //矩形绘制完成后如下图所示

Step 02 在命令行输入"L"并按空格键调用【直线】命令，根据命令行提示进行如下操作。

命令: LINE

指定第一个点: fro   基点:

//捕捉矩形的左上角点

<偏移>: @0,-3.75

指定下一点或 [放弃(U)]:@ -5,0

指定下一点或 [放弃(U)]:

//按空格键结束命令，结果如下图所示

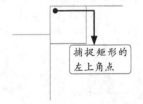

捕捉矩形的
左上角点

Step 03 在命令行输入"CO"并按空格键调用【复制】命令，将上步绘制的直线向下复制4.5和7的距离，结果如下图所示。

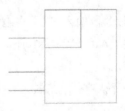

Step 04 在命令行输入"I"并按空格键调用【插入】命令，在【插入】对话框中单击【浏览】按钮，选择名称为【输入逻辑极性指示符】的图块，如下图所示。

Step 05 单击【确定】按钮，根据命令行提示进行如下操作。

命令：INSERT

指定插入点或 [基点(B)/比例(S)/旋转(R)]：

fro 基点：

　　　　　　　//捕捉矩形的左上角点

<偏移>：@0,-1.25 　//结果如下图所示

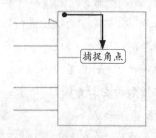

Step 06 在命令行输入"CO"并按空格键调用【复制】命令，以上一步插入的图块为复制对象，将它向下复制5，结果如下图所示。

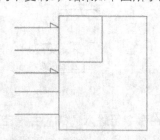

2. 绘制多谐振荡器74LS123（2）

Step 01 在命令行输入"L"并按空格键调用【直线】命令，AutoCAD提示如下。

命令：LINE

指定第一个点：fro　基点：//捕捉矩形的右

上角点

<偏移>：@0,-5

指定下一点或 [放弃(U)]:@ 5,0

指定下一点或 [放弃(U)]:

　//按空格键结束命令，结果如下图所示

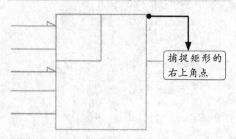

Step 02 在命令行输入"0"并按空格键调用【偏移】命令，将上一步绘制的直线向下偏移2.5，结果如下图所示。

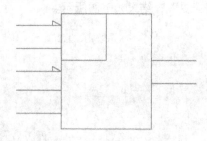

Step 03 继续调用用【插入】块命令，分别插入【接地符号】、【电源】、【电解电容】、【电阻】图块，结果如下图所示。

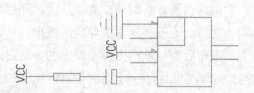

Step 04 将"文字"层切换为当前层，然后在命令行输入"DT"并按空格键调用【单行文字】命令，输入相应的内容，结果如下图所示。

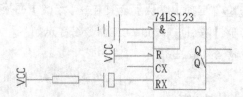

30.4 绘制电路的基本符号

本节我们来绘制电路中的基本符号，本图中要用到的基本符号有：9针插件和晶体振荡器。

30.4.1 绘制9针插件

绘制9针插件的具体操作步骤如下。

Step 01 将图层切换为"元器件"层，选择【默认】选项卡→【绘图】面板→【矩形】按钮，绘制一个长20、宽5的矩形，结果如下图所示。

Step 02 选择【默认】选项卡→【修改】面板→【倒角】按钮，根据命令行提示对倒角距离进行设置。

命令: CHAMFER

("修剪"模式) 当前倒角距离 1 = 0.0000，距离 2 = 0.0000

选择第一条直线或 [放弃(U)/多段线(P)/距离(D)/角度(A)/修剪(T)/方式(E)/多个(M)]: m

选择第一条直线或 [放弃(U)/多段线(P)/距离(D)/角度(A)/修剪(T)/方式(E)/多个(M)]: d

指定 第一个 倒角距离 <0.0000>: 5

指定 第二个 倒角距离 <5.0000>:

　　　　　　　　　//按空格键接受默认值

Step 03 选择两垂直边为倒角对象，结果如下图所示。

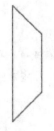

Step 04 在命令行输入"F"并按空格键调用【圆角】命令，根据命令行提示对圆角半径进行设置。

命令: FILLET

当前设置: 模式 = 修剪，半径 = 0.0000

选择第一个对象或 [放弃(U)/多段线(P)/半径(R)/修剪(T)/多个(M)]: m

选择第一个对象或 [放弃(U)/多段线(P)/半径(R)/修剪(T)/多个(M)]: r 指定圆角半径 <0.0000>: 1

Step 05 选择需要圆角的两条边，结果如下图所示。

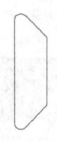

Step 06 在命令行输入"I"并按空格键调用【插入】命令，在【插入】对话框中单击【浏览】按钮，选择名称为【逻辑非输出符】的图块，设置旋转角度为180°，如下图所示。

Step 07 单击【确定】按钮，根据命令行提示进行如下操作。

命令: INSERT

指定插入点或 [基点(B)/比例(S)/旋转(R)]: fro 基点:

　　　　　　　　　//捕捉直线的中点

<偏移>: @1.25, 5　　//结果如下图所示

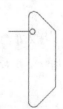

Step 08 重复 **Step 06**~**Step 07**，以中点为基点，输入偏移距离"@3.75,3.75"，结果如下图所示。

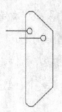

Step 09 选择【默认】选项卡→【修改】面板→【矩形阵列】按钮，选择 **Step 06**~**Step 07** 步插入的图块为阵列对象，在【阵列创建】选项卡中进行如下图所示设置。

Ⅲ 列数：	1	三 行数：	5
Ⅲ 介于：	7.5	三 介于：	-2.5
Ⅲ 总计：	7.5	三 总计：	-10
	列		行 ▾

Step 10 阵列后结果如下图所示。

Step 11 重复 **Step 09** 的操作，将第8步插入的图块进行矩形阵列，在【阵列创建】选项卡中进行如下图所示设置。

Ⅲ 列数：	1	三 行数：	4
Ⅲ 介于：	7.5	三 介于：	-2.5
Ⅲ 总计：	7.5	三 总计：	-7.5
	列		行 ▾

Step 12 阵列后结果如下图所示。

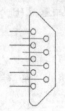

Step 13 继续调用【插入】命令，插入【接地符号】图块，以端点为插入点，结果如下图所示。

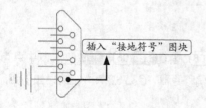

插入"接地符号"图块

30.4.2 绘制晶体振荡器

绘制完9针插件后，我们来绘制最后一个电路符号——晶体振荡器，具体操作步骤如下。

Step 01 在命令行输入"L"并按空格键调用【直线】命令，AutoCAD提示如下。

命令: LINE

　　指定第一个点:　　　　　//任意单击一点

　　指定下一点或 [放弃(U)]: @0, 2.5

　　指定下一点或 [放弃(U)]:　　　　//按空格键结束命令

　　命令: LINE

　　指定第一个点:　　　　　//捕捉刚绘制的直线的中点

　　指定下一点或 [放弃(U)]: @1.25, 0

　　指定下一点或 [放弃(U)]:

　　//按空格键结束命令，结果如下图所示

Step 02 选择【默认】选项卡→【绘图】面板→【矩形】按钮，AutoCAD命令行提示如下。

　　命令: _rectang

　　指定第一个角点或 [倒角(C)/标高(E)/圆角(F)/厚度(T)/宽度(W)]: fro 基点:　//捕捉竖直线的上端点

　　<偏移>: @0.5,0

　　指定另一个角点或 [面积(A)/尺寸(D)/旋转(R)]: @0.5,-2.5　　//矩形绘制完毕后结果如下图所示

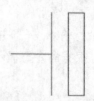

Step 03 在命令行输入"MI"并按空格键调用

【镜像】命令，以左侧的直线为镜像对象，以矩形上下边的中点连线为镜像线，并选择不删除源对象，镜像后的结果如右图所示。

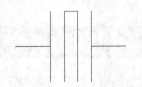

30.5 元器件布局与连线

所有的元器件和电路符号绘制完毕后，我们接下来对这些元器件和符号进行排布，排布之后再用导线将它们连接起来。

Step 01 选择【修改】→【移动】菜单命令，将元器件移动到合适的位置，结果如下图所示。

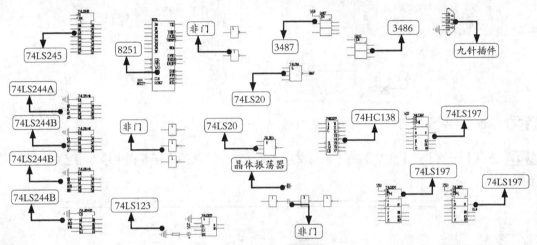

Step 02 在命令行输入"I"并按空格键调用【插入】命令，在【非门】和【晶体振荡器】中间插入【电阻】图块，结果如下图所示。

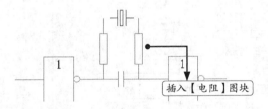

Step 03 使用【直线】命令将个元器件和电路符号连接起来，结果如下图所示。

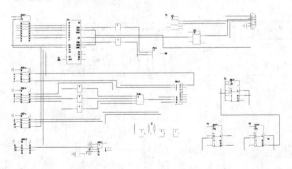

Step 04 在命令行输入"C"并按空格键调用【圆】命令，在【四输入与非门74LS20】与直线的连接处分别绘制一个半径0.25的圆，结果如下图所示。

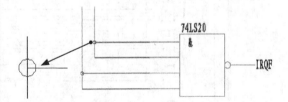

Step 05 继续使用【圆】命令，在"三位计数器74LS 197"与直线的连接处绘制一个半径0.25的圆，结果如下图所示。

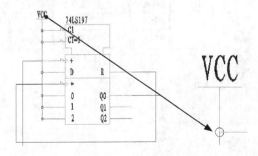

30.6 插入图框

一幅完整图形，除了基本构件、文字注释外还要有图框，本节通过插入图块的方法给标准通信接口电路图添加图框。

Step 01 在命令行输入"I"并按空格键调用【插入】命令，在弹出来的【插入】对话框中选择【电路图框】图块，如下图所示。

的位置，如下图所示。

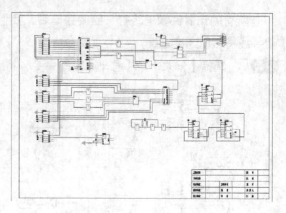

Step 02 单击【确定】按钮，将图框插入到合适

Step 03 选择【绘图】→【文字】→【单行文字】菜单命令，然后在标题栏中输入相应的内容，结果如下图所示。

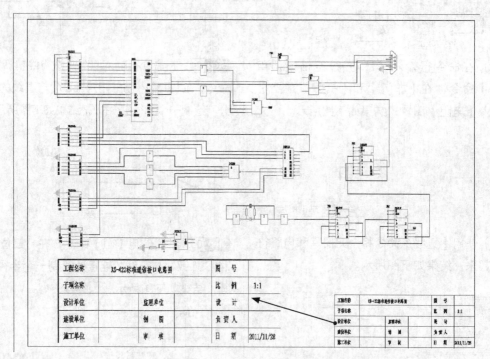